Dr. W. C. Röntgen.

WILHELM CONRAD RÖNTGEN

UND DIE GESCHICHTE DER RÖNTGENSTRAHLEN

VON

DR. PHIL. OTTO GLASSER

PROFESSOR DER BIOPHYSIK
CLEVELAND CLINIC FOUNDATION

MIT EINEM BEITRAG

PERSÖNLICHES ÜBER W. C. RÖNTGEN

VON

DR. MARGRET BOVERI

BERLIN

ZWEITE AUFLAGE

MIT 112 ABBILDUNGEN
UND EINEM PORTRÄT

SPRINGER-VERLAG
BERLIN · GÖTTINGEN · HEIDELBERG

Softcover reprint of the hardcover 2nd edition 1959

ISBN 978-3-642-49402-4 ISBN 978-3-642-49680-6 (eBook)
DOI 10.1007/978-3-642-49680-6

BRÜHLSCHE UNIVERSITÄTSDRUCKEREI GIESSEN

IM ANDENKEN AN

GEORGE W. CRILE

UND

EDWARD E. LOWER

GRÜNDER DER

CLEVELAND CLINIC FOUNDATION

Vorwort zur zweiten Auflage

Die erste Auflage dieses Röntgenbuches erschien zum 3. Internationalen Kongreß für Radiologie in Paris im Jahre 1931. Die zweite Auflage soll zum 9. Kongreß in München im Jahre 1959 erscheinen. In der Zwischenzeit hat die Wissenschaft der Radiologie, auf RÖNTGENs Entdeckung fußend, und eng damit verbunden die Wissenschaft der Atomenergie und deren praktische Verwertung, gewaltige Fortschritte gemacht. Ungeahnte Entwicklungen von großer Bedeutung für Naturwissenschaften und Medizin sind nach RÖNTGEN vielen Wissenschaftlern aller Nationen zu verdanken.

Im Gegensatz zu diesen großen Fortschritten in der radiologischen und nuklearen Physik und Medizin haben die verflossenen 25 Jahre wenig Neues zur Biographie des großen Entdeckers der Röntgenstrahlen noch zu der an und für sich erstaunlichen Geschichte des Jahres I. (1896) der Strahlen beigetragen. Allerdings erhielt ich zahlreiche mündliche und schriftliche Vorschläge zur Verbesserung des Textes. Wirklich neue Auskunft über RÖNTGEN kam aber nur von den folgenden Quellen. G. A. EVERS, Konservator an der Utrechter Universitätsbibliothek, berichtete einige zuvor unbekannte Tatsachen aus RÖNTGENs holländischer Schulzeit. H. SCHINZ, der weitbekannte Radiologe an der Züricher Universität, sammelte wertvolle Daten aus RÖNTGENs Züricher Studentenzeit. LEWIS ETTER, ein Pittsburger Radiologe, besichtigte als Major der amerikanischen Besatzungstruppen im Jahre 1945 die von RÖNTGEN hinterlassenen Apparate und Dokumente im Würzburger Physikalischen Institut und hatte auch eine Unterredung mit PHILIP LENARD über Ereignisse im Zusammenhang mit der Entdeckung der Röntgenstrahlen. ETTER berichtete mancherlei interessante Beobachtungen. ERNST STRELLER, der Leiter des Deutschen Röntgen-Museums in Remscheid-Lennep, hat viele Einzelheiten, die mit RÖNTGENs Leben und Arbeit zusammenhängen, gesammelt, wie z. B. die Namen der Bildhauer und Photographen, welche die vielen Büsten und Bilder von RÖNTGEN schufen. Dieses neue Material ist mit entsprechender Angabe der Quellen, oft wörtlich, in der zweiten Auflage verwendet worden. Es ist mir eine ernste Pflicht, den genannten Autoren sowie auch den vielen Freunden, welche der in der ersten Auflage gemachten Bitte, Unrichtigkeiten zu korrigieren und weitere Beiträge zu machen, nachkamen, herzlichst dafür zu danken, daß mit ihrer Hilfe diese zweite Auflage genauere Auskunft über RÖNTGEN gibt.

Es war für alle diejenigen, die ihr Scherflein zum Gelingen der ersten Auflage beigetragen hatten, etwas verwunderlich zu sehen, daß ihr Material in mehreren der später erschienenen und im Anhang aufgeführten Röntgenbücher in novellen- oder romanhafter Form weiterverbreitet wurde, wobei oft der Hinweis auf den Ursprung des benutzten Textes unzureichend war. Doch waren diese Bestreben möglicherweise begrüßenswert, da sie vielleicht die Persönlichkeit des großen Entdeckers und die Einzelheiten seiner Entdeckung in weit ausgedehntere Leserkreise brachten als es die immerhin trockene rein biographische Darstellung vermocht hätte.

Abschließend soll gesagt werden, daß jede allgemeine Verbreitung der genauen Tatsachen über RÖNTGEN und seine Entdeckung von allen Seiten gefördert werden soll, und diesem Ziel ist auch wiederum die zweite Auflage dieses Buches gewidmet.

Cleveland 6, Ohio (USA), im September 1958
Cleveland Clinic Foundation, 2020 East 93rd St.

OTTO GLASSER

Vorwort und Einleitung zur ersten Auflage

Am Donnerstag, dem 27. März 1845, nachmittags 4 Uhr, wurde in Lennep am Niederrhein dem Kaufmann FRIEDRICH CONRAD RÖNTGEN und seiner Ehefrau CHARLOTTE CONSTANZE, geb. FROWEIN, ein Sohn, WILHELM CONRAD, geboren.

Frühe ungewöhnliche Schulerfahrungen ließen den aufgeweckten WILHELM RÖNTGEN mehr oder minder seinen eigenen Weg der Bildung suchen. Es war nicht der gewöhnliche Weg zur deutschen Universitätsprofessur, und doch fand das Jahr 1875 den erst Dreißigjährigen schon als Professor der Mathematik und Physik an der Landwirtschaftlichen Hochschule in Hohenheim. Wiederum 20 Jahre später, am 8. November 1895, sah der nunmehr schon bekannte Wissenschaftler RÖNTGEN, o. Professor der Physik an der Universität Würzburg, bei experimentellen Arbeiten in seinem Laboratorium die Wirkungen einer merkwürdigen und ungewöhnlichen Naturerscheinung. Er verfolgte und untersuchte diese Erscheinung in genialer und gründlicher Weise und erkannte sie als „eine neue Art von Strahlen". Nach 7 Wochen intensivster Arbeit reichte er am 28. Dezember 1895 den ersten schriftlichen Bericht, die klassische „Vorläufige Mittheilung", über die neuen Strahlen dem Sekretär der Physikalisch-Medizinischen Gesellschaft in Würzburg ein. Dieser Bericht wurde in die Sitzungsberichte der Gesellschaft aufgenommen, obgleich in keiner Sitzung darüber gesprochen worden war, da in den Weihnachtsferien keine Sitzungen stattfanden. Wenige Tage später war die aufsehenerregende Mitteilung gedruckt, und am 6. Januar 1896 ging sie per Kabel von London in alle Welt hinaus. Allüberall stürzten sich Wissenschaftler und Laien in das von RÖNTGEN mit genialer Hand neueröffnete Zauberland. Ein ungeahntes Arbeiten mit den vom Entdecker benannten „X-Strahlen" hub an. Die Kunde von diesen Strahlen hatte schon die äußersten Vorposten menschlicher Kultur erreicht, als ihr bescheidener Entdecker am 23. Januar 1896 zum ersten Male öffentlich vor der Physikalisch-Medizinischen Gesellschaft an der Universität Würzburg über seines Geistes Kind sprach. Nach diesem Vortrag hub der allverehrte greise Anatom v. KOELLIKER dieses Kind aus der Taufe und gab ihm den Namen „Röntgensche Strahlen".

Über 27 Jahre lang war es dem gefeierten und doch so bescheidenen Entdecker vergönnt, sich des beispiellosen Siegeszuges seiner Strahlen zu erfreuen. Am Sonnabend, dem, 10. Februar 1923, schloß ein Großer im Reiche der Wissenschaft seine Augen für immer. Drei Tage später gab auf dem östlichen Friedhofe in München eine kleine Schar von Leidtragenden den sterblichen Resten Seiner Exzellenz Geheimrat WILHELM CONRAD RÖNTGEN das letzte Geleit. Am 10. November desselben Jahres wurde RÖNTGENs Asche neben der seiner Frau und seiner Eltern auf dem Friedhof in Gießen beigesetzt. RÖNTGENs Geist aber und RÖNTGENs Werk sind unsterblich.

Dies sind einige wenige Daten aus der Lebensgeschichte eines der großen Wissenschaftler aller Zeiten. Seine Entdeckung der X-Strahlen wurde im Herzen Deutschlands gemacht und eroberte sich von da aus in wenigen Tagen die ganze Welt. Die laute und jubelnde Begeisterung, die sie auf diesem Siegeszuge auslöste, steht im Gegensatz zu dem zurückhaltenden und bescheidenen Wesen des Mannes, der sie der Welt geschenkt hatte. Die Schilderung des Siegeszuges der Röntgenschen Entdeckung muß versuchen, die Lebensbeschreibung des Entdeckers mit einzuschließen, selbst wenn es nicht im Sinne RÖNTGENs liegen würde, des großen Aufhebens, das von seiner Entdeckung allenthalben gemacht wurde, im Zusammenhang mit seiner Person zu gedenken.

Die Zurückhaltung RÖNTGENs zu seinen Lebzeiten hat das Auffinden der Züge seiner großen Persönlichkeit, die für eine zufriedenstellende Lebensbeschreibung erforderlich erscheinen, sehr erschwert.

Beim Sammeln der Daten aus RÖNTGENs Leben durfte ich mich vor allem der freundlichsten Mitarbeit der Frau Geheimrat M. BOVERI und des Fräulein MARGRET BOVERI erfreuen. Fräulein BOVERI hat in einem Kapitel „Persönliches über W. C. RÖNTGEN" ein prachtvolles Lebensbild des großen Gelehrten gezeichnet. Herr Prof. E. WOELFFLIN, Basel, und Herr Prof. L. ZEHNDER, Basel, wie auch die in Cleveland und Indianapolis lebenden Nachkommen des Zweiges der RÖNTGEN', aus dem W. C. RÖNTGEN stammt, und Frau Dr. DONGES, die Adoptivtochter RÖNTGENs, stellten ebenfalls wertvolles Material zur Verfügung. Manche wichtige Daten trugen RÖNTGENs alte Freunde in Zürich, Gießen, Würzburg, München, Weilheim und Pontresina zusammen. Herr P. WINDGASSEN, der Verwalter des Stadtarchives in Lennep, wie auch Herr STOSBERG, der frühere Bürgermeister von Lennep, bemühten sich in anerkennenswerter Weise um die Röntgensche und Froweinsche Familiengeschichte. Leider mußte der Plan, die umfangreichen Familienforschungen des Herrn WINDGASSEN in die vorliegende Arbeit aufzunehmen, wegen Mangels an Raum, aufgegeben werden. Den ausgezeichneten Würdigungen von RÖNTGENs Person und RÖNTGENs Arbeit aus der Feder seiner Kollegen und Schüler: Prof. A. SOMMERFELD, Prof. L. ZEHNDER, Prof. W. KÖNIG, Prof. E. WAGNER, Prof. W. WIEN, Prof. P. P. KOCH, Prof. F. HARMS und Prof. W. FRIEDRICH wurden wichtige Informationen, oft fast wörtlich, entnommen. Ferner trugen die Lebensbeschreibungen RÖNTGENs aus der Feder der Professoren A. EISELBERG, G. FORSSELL, R. GRASHEY, F. HAENISCH, I. S. HIRSCH, A. KOEHLER, P. KRAUSE, E. LECHER, M. LEVY-DORN, H. RIEDER, F. SAUERBRUCH und anderer viel zur Kenntnis der Persönlichkeit des Entdeckers bei.

Die mit der Persönlichkeit RÖNTGENs verbundene Schilderung der Geschichte der Entdeckung der Röntgenstrahlen selbst wie auch deren Aufnahme und Verbreitung in der ganzen Welt beschränkt sich im folgenden mit verschwindenden Ausnahmen auf das Jahr 1896. Die ungeheuere Begeisterung sowie der große Arbeitseifer, mit dem sich in jenem ersten Jahre der Röntgenologie fast jedermann in die Arbeit mit den neuentdeckten Strahlen stürzte, macht dieses Jahr neben seiner historischen Bedeutung zu einem der romantischsten Zeitabschnitte in der Geschichte der Wissenschaft. Das Material für diesen Teil der nachfolgenden Ausführungen wurde größtenteils aus der Literatur des Jahres 1896 zusammengestellt, wobei neben den wissenschaftlichen Zeitschriften, die zumeist im Original studiert wurden, weitestgehend die Tagespresse und die populären Zeitschriften desselben Jahres herangezogen wurden. Bei der Beschaffung dieser Literatur waren mir die Cleveland Medical Library Association, die Public Library in Cleveland, die Nela Park Library in Cleveland, die Case School Library in Cleveland und die Congressional Library in Washington in jeder Weise behilflich. Ein ausführliches Literaturverzeichnis der in den wissenschaftlichen Zeitschriften des Jahres 1896 erschienenen Artikel über Röntgenstrahlen ist in einem Anhang zusammengestellt. Diese Zusammenstellung baut sich auf dem Verzeichnis in GOCHTs bekanntem Werk „Röntgen-Literatur" auf. Auf die in nichtwissenschaftlichen Zeitschriften erschienenen Berichte über die Röntgenschen Strahlen wird jeweils im Text aufmerksam gemacht. Bei der Schilderung der Aufnahme der Nachricht der Entdeckung und deren Weiterverarbeitung waren die Auskünfte der heute noch lebenden Röntgenpioniere besonders wertvoll. So haben aus dem Schatz ihrer Erinnerungen die folgenden Wissenschaftler hilfsbereit einen Teil zur Geschichte der Entdeckung der Röntgenstrahlen beigetragen: F. CAJORI in Berkeley (Cal.), J. MCKEEN CATTELL in New York, H. W. CATTELL in Burlington (N. J.), C. DEETJEN in Baltimore (Md.), L. FREUND in Wien, E. B. FROST in Williams Bay (Wis.), H. GOCHT in Berlin, A. W. GOODSPEED in Philadelphia (Pa.), E. W. HAMMER in South Orange (N. J.), E. HASCHEK in Wien, J. C. HEMMETER in Baltimore (Md.), D. W. HERING in New York, E. C. JERMAN in Chicago, G. W. C. KAYE in Teddington, A. E. KENNELLY in Cambridge, W. W. KEEN in Philadelphia, F. KOHL in Leipzig, P. LENARD in Heidelberg, M. LEVY in Berlin, M. LEVY-DORN in Berlin, Sir OLIVER LODGE in Normanton House, W. H. MEADOWCROFT in Orange (N. J.), E. MERRITT in Ithaca (N. Y.), D. C. MILLER in Cleveland (Ohio), R. A. MILLIKAN in Pasadena (Cal.), C. L. NORTON in Cambridge, M. I. PUPIN in New York, H. RIEDER in München, J. ROSENTHAL in München, P. C. SOUTHALL in New York, W. M. STINE in Penfield (Pa.), A. A. C. SWINTON in London, E. THOMSON in Lynn (Mass.), B. WALTER in Hamburg, H. WILLIAMS in Boston und R. W. WOOD in Baltimore.

Das Bildermaterial ist teilweise aus anderen Veröffentlichungen reproduziert und teils von privater Seite zur Verfügung gestellt worden. Bei der photographischen und zeichnerischen Reproduktion der Bilder war die fachmännische Arbeit der Herren W. BROWNLOW und MAX BARTHOLOMEY von der Cleveland Clinic von großem Werte. Nach dem tragischen Tode dieser Mitarbeiter in dem Explosionsunglück der Clinic am 15. Mai 1929 wurde dieser Teil der Arbeit von Herrn I. E. BEASLEY mustergültig fortgesetzt. Frau J. FORWARD hat mich beim Sammeln der englischen Literatur wie auch in der englischen schriftlichen Arbeit und Korrespondenz unterstützt; Frl. CH. ULLRICH übernahm den deutschen Teil dieser Arbeiten.

Allen denen, die durch ihre hilfsbereite und wertvolle Arbeit das Zustandekommen dieses Buches ermöglichten, sei an dieser Stelle herzlichst gedankt.

Mit Zögern übergebe ich einen Auszug des Materials, das sich in den letzten Jahren angesammelt hat und das immer noch anwächst, der Öffentlichkeit. Das fortdauernde Auftauchen dieses oder jenes neuen Gesichtspunktes aus dem Leben RÖNTGENs oder aus den ersten Tagen und Monaten nach dem Bekanntwerden der Röntgenschen Entdeckung gibt zu der Befürchtung Anlaß, daß die jetzt abgeschlossene Abhandlung unfertig das Studierzimmer verläßt, ganz abgesehen von der allgemeinen Schwierigkeit, von dem Menschen und Wissenschaftler Wilhelm Conrad Röntgen ein Bild zu zeichnen, das dem großen Manne gerecht wird. Diese Schwierigkeit ist letzten Endes aber dafür verantlich, daß um den Gelehrten manche Fabel gesponnen wurde, die Unrichtiges mit Richtigem verbindet. Der Wunsch, manche dieser Legenden durch Feststellung der Tatsachen, soweit diese festzustellen waren, aus der Welt zu schaffen, war die Veranlassung, die nachfolgenden Ausführungen der Öffentlichkeit zu übergeben.

Dabei möchte ich mich besonders an die Leser wenden, die auf Grund ihrer Erfahrung in der Lage sind, Unrichtigkeiten in dem nachfolgenden Bericht aufzufinden oder auch weitere Beiträge, die nicht aufgenommen sind, zu machen. Alle Vorschläge, die zur Verbesserung des Geschilderten beitragen, werden erbeten und sind hochwillkommen.

Cleveland, Ohio (USA), im Juli 1931
Cleveland Clinic, 2040 East 93rd St.

Otto Glasser.

Inhaltsverzeichnis

1. Die Entdeckung der Röntgenstrahlen

Am 4. Mai des Jahres 1894 schrieb WILHELM CONRAD RÖNTGEN, der Direktor des Physikalischen Institutes an der Julius-Maximilians-Universität zu Würzburg, zwei Briefe [STARK (a-69)[1]], die zum Ausgangspunkt einer der größten Entdeckungen auf den Gebieten der Naturwissenschaften und Medizin werden sollten. Der erste Brief war an RÖNTGENs siebzehn Jahre jüngeren Kollegen, Privatdozenten Dr. PHILIP LENARD, der mit HEINRICH HERTZ an der Friedrich-Wilhelms-Universität in Bonn arbeitete, gerichtet:

„Sehr geehrter Herr Doctor! Ich möchte gerne Ihren wichtigen Versuch über Kathodenstrahlen in der freien Atmosphäre etc. sehen und habe mir dazu bei MÜLLER-UNKEL einen ‚bewährten' Entladungsapparat bestellt. Für den Bezug der Fensterblättchen fehlt mir aber eine zuverlässige Quelle; vielleicht haben Sie die Freundlichkeit, mir eine solche per Postkarte anzugeben. Hochachtungsvollst Ihr ergebener gez. Dr. W. C. RÖNTGEN." (RÖNTGEN an LENARD, Würzburg, 4. Mai 1894.)

Der zweite Brief ging an den wohlbekannten Glastechniker MÜLLER-UNKEL in Braunschweig:

„In der Arbeit des Herrn Dr. LENARD finde ich die Notiz, daß sich ein von Ihnen konstruierter Entladungsapparat gut bewährt hat (Wied. Ann. **51**, p. 228). Ich ersuche Sie deshalb, mir einen solchen baldmöglichst zu liefern. Hochachtungsvoll gez. Prof. Dr. W. C. RÖNTGEN." (RÖNTGEN an MÜLLER-UNKEL, Würzburg, 4. Mai 1894.)

LENARDs [ETTER (a-12)] Antwort lief schon wenige Tage später ein:

„Hochgeehrter Herr Professor! Die Bezugsquelle für die dünne Aluminiumfolie ist auch für mich immer eine Schwierigkeit gewesen, denn die Fabrikanten geben nicht gern ungewöhnliche Dicken ab, oder verwenden doch wenig Sorgfalt auf kleine Partien, so daß die Blätter löcherig ausfallen. Es mangelt mir gegenwärtig auch an einer guten Bezugsquelle. Ich erlaube mir daher, Ihnen zwei Blätter aus meinem kleinen Vorrat zu übersenden. Die Dicke beträgt etwa 0,005 mm. Ich habe übrigens von Herrn MÜLLER-UNKEL kürzlich gehört, daß er nunmehr Apparate mit fertigem Fensterverschluß, unausgepumpt, liefert. Hochachtungsvoll bin ich Ihr ergebener P. LENARD." (LENARD an RÖNTGEN, Bonn, 7. Mai 1894.)

Einige Tage später erhielt RÖNTGEN auch die „Kathodenstrahlenröhre nach LENARD" von MÜLLER-UNKEL und laut Eintrag M-93 bezahlte das Physikalische Institut M. 36.50 für diesen Apparat. RÖNTGEN ging gleich an eine Wiederholung der Lenardschen Kathodenstrahlenversuche und er schrieb seinem Freund und Kollegen LUDWIG ZEHNDER [ZEHNDER (a-85)]:

„. . . will ich Ihnen gleich mitteilen, daß ich mit einem von MÜLLER-UNKEL in Braunschweig bezogenen Apparat die Kathodenstrahlen in Luft und in Wasserstoff von normaler Dichte gesehen habe und von dem schönen Versuch ganz begeistert bin . . . ." (RÖNTGEN an ZEHNDER, Würzburg, 21. Juni 1894.)

Anderweitige Verpflichtungen, vor allem im Zusammenhang mit dem Amt des Rektors der Universität, zu dem RÖNTGEN für das akademische Jahr 1894/95 gewählt wurde, ließen ihm wenig Zeit für experimentelle Arbeiten. Erst im Spätherbst 1895 zog erneutes Interesse den Forscher wieder zu seiner Induktionsspule und seinen Vakuumröhren. Eine solche Apparatur war in den neunziger

[1] Diese Nummern in runden Klammern bezeichnen die jeweiligen Arbeiten im Literaturverzeichnis am Ende des Buches.

Jahren des letzten Jahrhunderts in vielen physikalischen Laboratorien anzutreffen. Es war eine einfache Apparatur — und doch das Resultat der Arbeit genialer Denker und Forscher dreier Jahrhunderte, eines GILBERT, GUERICKE, TORRICELLI, BOYLE, HAUKSBEE, ABBÉ NOLLET, GALVANI, VOLTA, OERSTEDT, AMPÈRE, OHM, FARADAY, FRANKLIN, HENRY, PLÜCKER, HELMHOLTZ, HITTORF, CROOKES, HERTZ, GOLDSTEIN, LENARD und vieler anderer. Eine einfache Apparatur — und doch das Handwerkszeug zur Entdeckung einer Naturerscheinung, die als Markstein in naturwissenschaftlichem und medizinischem Wissen für alle Zeiten bestehen wird!

Um RÖNTGEN und sein Werk gebührend beurteilen zu können, muß man, um mit dem bekannten englischen Physiker und begeisterten Vertreter der Röntgenschen Wissenschaft, SYLVANUS P. THOMPSON, zu reden, auch nach seinen „wissenschaftlichen Ahnen" Umschau halten, doch setzt der Umfang des der Entdeckung der Röntgenstrahlen und der Biographie ihres Entdeckers gewidmeten Werkes diesem Plan an dieser Stelle seine engen Grenzen [GLASSER (a-21)]. An vielen anderen Stellen aber haben die grundlegenden Arbeiten dieser Vorgänger RÖNTGENs ihre verdiente Würdigung gefunden, und die historische Entwicklung zeigt, daß RÖNTGENs Entdeckung seiner X-Strahlen der glorreiche Abschluß der Forschungen vieler Jahre war. Hinter RÖNTGEN stehen LENARD, HERTZ, v. HELMHOLTZ, HITTORF und CROOKES und alle die anderen verdienten Kathodenstrahlenforscher, und hinter diesen wiederum stehen MAXWELL und FARADAY, OHM und AMPÈRE, VOLTA und FRANKLIN und die vielen anderen Wissenschaftler bis zurück zu GUERICKE und GILBERT. Sie alle haben mit beigetragen zu der glänzenden Entwicklung der Erkenntnis der Eigenschaften der Elektrizität und dem Großteil derer Erzeugung, von der Herstellung hochgespannter Ströme bis zum Studium der beim Durchgange dieser Ströme durch hochevakuierte Röhren erzeugten mannigfachen Naturerscheinungen. Ihr Werk genial abschließend, eröffnete RÖNTGEN mit seiner Entdeckung einen neuen Zeitabschnitt in der Wissenschaft!

RÖNTGEN war vom Schlage der alten Experimentalphysiker, die, obwohl sie die meisten ihrer Apparaturen selbst zusammenstellten und auch zum großen Teil selbst bauten oder vielleicht gerade deshalb, ihren Aufbau äußerst sauber und sorgfältig durchführten. Auch die Apparatur, mit der er seine weltbewegenden Resultate erzielen sollte, hatte er selbst aufgestellt. Die beiden Pole des Funkeninduktors der Firma Ernecke in Berlin mit angebautem Deprez-Hammer-Unterbrecher (Akkumulatorenbetrieb), der heute im Deutschen Museum in München steht (s. Abb. 1a), waren mit den Elektroden einer Hittorf-Crookesschen Röhre von der Art der in Abb. 1b dargestellten verbunden. Er beschrieb kurz seine Apparatur in einem Brief an seinen Kollegen ZEHNDER:

„... ich gebrauche einen großen Ruhmkorf, 50/20 cm, mit Deprezunterbrecher und ca. 20 Amp. Primärstrom. Mein Apparat, der an der Rapsschen Pumpe sitzen bleibt, braucht einige Tage zum Auspumpen; beste Wirkung, wenn die Funkenstrecke eines parallel geschalteten Entladers ca. 3 cm beträgt ... ." (RÖNTGEN an ZEHNDER, Februar 1896, Würzburg.)

Es entsprach RÖNTGENs gründlicher Arbeitsweise, beim Aufnehmen eines neuen Gebietes sich zunächst in dasselbe durch Wiederholung der von anderen gemachten wichtigen Experimente einzuarbeiten. Außer LENARDs Röhre schaffte sich RÖNTGEN andere Kathodenstrahlenröhren an und benutzte auch für seine

Beobachtungen den schon seit STOKES und MILLERS Versuchen in den 50er Jahren bekannten Leuchtschirm und die photographische Platte. In einigen seiner Experimente mit Kathodenstrahlen hatte LENARD seine Röhre in einem Gehäuse aus Zinkblech untergebracht, um die Strahlenwirkungen im verdunkelten Raum besser beobachten zu können. RÖNTGEN wiederholte solche Experimente, ersetzte aber den Metallkasten durch einen der Röhre „ziemlich eng anliegenden Mantel aus dünnem, schwarzem Karton". Intuitiv muß er dabei aber auf der Suche nach weiteren unbekannten Strahlungserscheinungen gewesen sein, da er auch andere Röhren mit schwarzem Papier umhüllte und seine Versuche auf diese Röhren ausdehnte. Eine solche Röhre war die Hittorfsche Röhre, und nach RÖNTGENS eigenen Aussagen arbeitete er mit einer Hittorfschen Röhre, als er die Strahlen entdeckte [ZEHNDER (a-8), GLASSER (a-23)]. Das ganze Zimmer war verdunkelt, und es war wohl bei einem Probeexperiment, als der hochgespannte Strom durch die Röhre gesandt wurde, um die Lichtdichtigkeit der schwarzen Röhrenhülle zu prüfen, als RÖNTGENS Blick ganz plötzlich durch einige hell fluoreszierende Kristalle angezogen wurde, die in einiger Entfernung von der Röhre auf einem

Abb. 1a

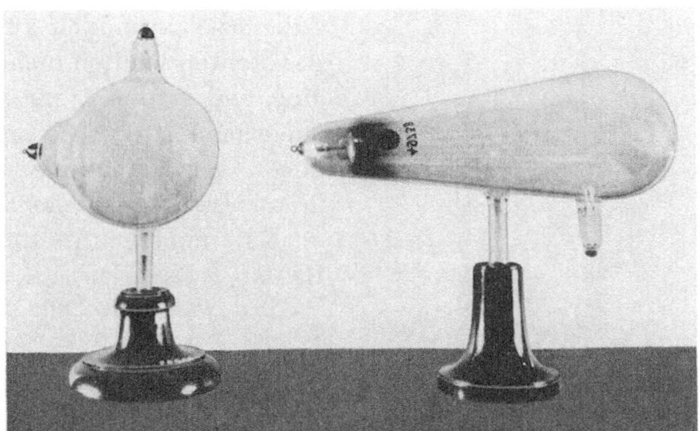

Abb. 1b

Abb. 1a und b. RÖNTGENS Originalapparate im Deutschen Museum in München. *a* Ernecke Funkeninduktor. *b* Hittorf-Crookessche Röhren. (Mit Genehmigung des Deutschen Museums in München)

Tische lagen. Diese Beobachtung, die zu weltbewegenden Resultaten führen sollte, wurde an einem Freitagabend (den 8. November 1895) zu später Abendstunde, in der sich keine dienstbaren Geister mehr im Laboratorium befanden, gemacht, wie Frau Dr. J. B. DONGES-RÖNTGEN, die Adoptivtochter RÖNTGENS erzählte.

Es ist schwer vorstellbar, welche Gedanken nach dieser ersten Beobachtung hinter der hohen Stirn des Gelehrten durcheinander stürmten; RÖNTGEN selbst hat selten über das Erleben in den Stunden und Tagen nach dieser ersten Beobachtung gesprochen. Seinem guten Freunde, dem Zoologen TH. BOVERI, sagte er

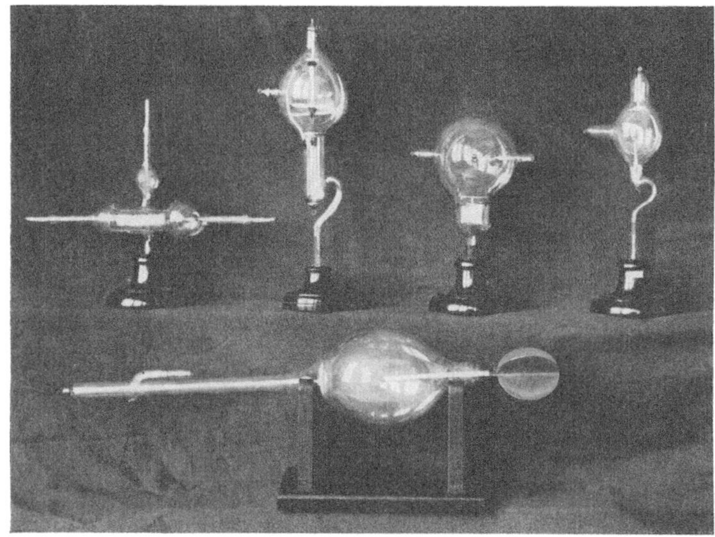

Abb. 2a

einmal in der ersten Zeit nach der Entdeckung ganz kurz: „Ich habe etwas Interessantes entdeckt, aber ich weiß nicht, ob meine Beobachtungen korrekt sind.“ Sonst aber schwieg sich RÖNTGEN über seine Beobachtungen und sein Arbeitsziel gründlich aus; selbst seine Assistenten wußten nicht, was vor sich ging und erfuhren erst nach der Veröffentlichung der „Vorläufigen Mitteilung“, welch wichtige Entdeckung in ihrem Institut gemacht worden war.

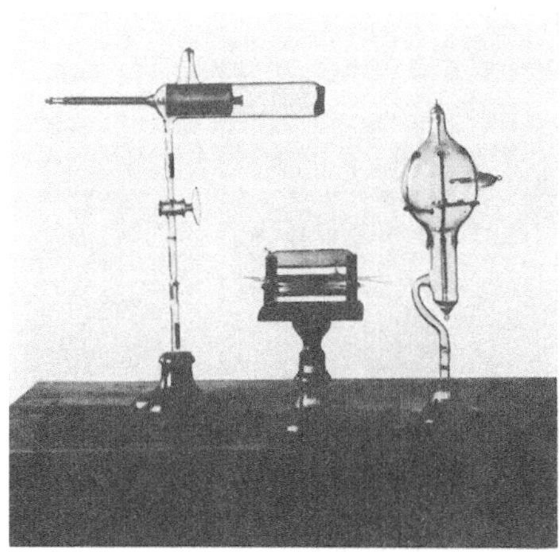

Abb 2b

Abb. 2*a* und *b*. Verschiedene Röhren, die RÖNTGEN in seinen Versuchen benutzte. (Mit Genehmigung des Deutschen Museums in München)

Ein jüngerer Assistent RÖNTGENs, HANAUER, schrieb am 20. Mai 1934:

„Ich war wohl Ende 1895 der einzige Schüler und kann nur bestätigen, daß uns keine Gelegenheit geboten war, irgendeine bezügliche Beobachtung zu machen. (Ich war nämlich Assistent, obwohl ich mein Examen noch nicht gemacht hatte.) Mein Anteil an der Entdeckung der Röntgenstrahlen besteht in folgendem (ich erzähle dies als Anekdote, die indessen auf RÖNTGENs Auffassung und Sparsamkeit mit den Mitteln des Institutes ein bezeichnendes Licht wirft): Ich hatte zu meiner Doktorarbeit täglich 2 Daniellsche und vor allem zwei oder mehr Bunsensche Elemente zusammenzusetzen, eine Arbeit, die mir jeden Tag etwa eine halbe Stunde nahm. Deshalb regte ich die Anschaffung einer — damals gerade in den Großbetrieb eintretenden — Akkumulatorenbatterie an, was auf fruchtbaren Boden beim ‚Chef‘ fiel. Nur meinte Röntgen, ich solle die Hälfte davon bezahlen, ein Vorschlag, mit dem einverstanden zu sein ich in der glücklichen Lage war. Die Batterie wurde — 16 Zellen stark — bestellt und von mir zusammengesetzt und bildete auch die Stromquelle für Röntgens Versuche; auch darf ich erwähnen, daß eine Bezahlung meines Anteiles niemals von mir verlangt wurde. Sonst habe ich mit der Entdeckung der Röntgenstrahlen nichts zu tun gehabt.“ (J. Hanauer an O. Glasser, Berlin, 20. Mai 1934.) Siehe auch Hille (a-42).

Rückschließend von der knappen und doch formvollendeten „Vorläufigen Mitteilung“ (767) über „Eine neue Art von Strahlen“, die nur wenige Wochen nach der Entdeckung erschien, und die in ihrer klassischen Vollständigkeit der Beschreibung gesicherter Experimente mit „X-Strahlen“ einzig dasteht, kann man sagen, daß Röntgen mit äußerstem Arbeitseifer diese Wochen benutzt haben muß, um alle seine Unterlagen zu gewinnen. Es muß fast übermenschlicher Anstrengung bedurft haben, das schon anfangs beobachtete grundlegende Phänomen für sich zu behalten, bis er nach echt klassischer Arbeitsweise in wenigen Wochen die gesamten damit verbundenen Erscheinungen gründlichst untersucht und geprüft hatte. In diesen Wochen befand sich Röntgen immerhin in einem Zustand starker innerer Erregung, und es ist nur zu begreiflich, daß er sich ganz und gar von der Außenwelt abschloß, um ungestörter der Verfolgung der Erscheinungen nachgehen zu können, deren Anlaß die an und für sich unbedeutende Beobachtung der fluoreszierenden Kristalle gewesen war. Der Gelehrte nahm in den ersten Tagen nach der Entdeckung nicht nur die Mahlzeiten in seinem Arbeitsraume ein, sondern ließ sich sogar auf längere Zeit seine Schlafstätte dort aufschlagen, um auf diese Weise in keiner Form von nebensächlichen Kleinigkeiten des Lebens oder sonstigen Eindrücken beeinflußt zu werden, und um in Zeiten unterbrochenen Schlafes diesen oder jenen Gedanken sofort in die Tat umsetzen zu können [Franke (a-15)]. Wenn auch Röntgen sich selbst kaum über seine Arbeiten in diesen ersten Tagen ausließ, so kann man doch leicht sehen, wie er in scharfsinniger Weise die erste Beobachtung der Fluoreszenz des Leuchtschirmes gleich verfolgte und diesen in der Annahme, daß die Leuchterscheinung vielleicht doch noch von Kathodenstrahlen herrühren konnte, weiter weglegte von der Röhre, jenseits des Bereiches, den irgendwelche bis dahin bekannte Kathodenstrahlen noch zu durchdringen vermochten. Aber die geheimnisvolle Fluoreszenz blieb bestehen. Also hatte er es entweder mit einer Art von noch nicht beobachteten sehr durchdringenden Kathodenstrahlen zu tun oder aber, da solche bis dahin bei den mannigfachen Experimenten an Kathodenstrahlenröhren noch nie bemerkt wurden, mit einer neuen Art von Strahlen. Nachdem aber festgestellt war, daß diese Strahlen eine große Strecke Luft durchdringen konnten, lag es wiederum nahe, andere Körper als Luft in ihren Gang zu bringen. Röntgen nahm zunächst ein Buch und stellte es zwischen der Röhre und dem fluoreszierenden Schirm auf und bemerkte immer noch die Fluoreszenz, wenn auch etwas geschwächt, scheinbar durch das Papier des Buches. Das Buch wurde ersetzt durch schwerere Körper, durch Metalle, und bald fand sich Platin und dann Blei als Materialien, die in der Lage waren, die Strahlen vollständig von dem Schirm abzuhalten, während andere verschieden schwere Körper die Strahlen in verschiedener Weise absorbierten.

Diese Beobachtungen brachten Röntgen dann auf den Gedanken, die absorbierenden Körper durch seine eigene Hand zu ersetzen und richtig, auf dem

Leuchtschirm konnte er die Schatten der stärker absorbierenden Knochen innerhalb der Umrisse des weniger absorbierenden Fleisches erkennen. Und da die photographische Platte, wie schon gesagt, zum allgemeinen Rüstzeug des Forschers der Kathodenstrahlen gehörte, lag es wiederum nahe, den Leuchtschirm durch die photographische Platte zu ersetzen. Auf diese Weise konnte RÖNTGEN dann eine bleibende Kontrolle der verschiedenartigen Erscheinungen auf dem Leuchtschirm erzielen, und er hatte somit zweierlei Verfahren, mit denen er an die genauere Untersuchung der Wirkungen der merkwürdigen Strahlen herangehen konnte. Das tat er auch ausgiebig, und die Mitteilung „Über eine neue Art von Strahlen", deren experimenteller Inhalt in der erstaunlich kurzen Zeit von nur etwa 8 Wochen gesammelt war, ist in ihrer Vollständigkeit einzigartig.

Abb. 3. Aufnahme des Physikalischen Institutes der Universität Würzburg aus dem Jahre 1896

Nach der Veröffentlichung dieser Mitteilung sind Gespräche mit RÖNTGEN über die Entstehung der Entdeckung selbst bekanntgeworden, und es sei aus diesen ein Interview mit dem großen Gelehrten herausgegriffen, das Anfang 1896 stattfand. Dasselbe wurde von einem Berichterstatter, H. J. W. DAM, der amerikanischen und englischen Zeitschrift "McClure's Magazine, 6, 403 (April 1896)" geschrieben, der kurz nach dem Bekanntwerden der Entdeckung nach Würzburg geschickt wurde. Wenn es auch einerseits bedauerlich ist, daß sich authentische Informationen über die ersten Beobachtungen an den X-Strahlen großenteils auf die Beobachtungen eines nichtfachmännischen Reporters stützen, so muß doch anerkannt werden, daß dieser Berichterstatter scharf beobachtete, weswegen sein Bericht auch von bekannten Wissenschaftlern jener Zeit wie z. B. SYLVANUS P. THOMPSON (in seiner Ansprache als Präsident der englischen Röntgengesellschaft am 5. November 1897 in London) und anderen aufgenommen und in vielen Veröffentlichungen benutzt wurde. H. J. W. DAM berichtete:

Am Pleicher-Ring, einer sehr schönen Straße mitten in der Stadt, liegt Prof. RÖNTGENs Wirkungskreis, das Physikalische Institut. Es ist dies ein bescheidenes

Gebäude von zwei Stockwerken und Keller. Im oberen Stock hat er seine Wohnung, der Rest des Gebäudes wird für Vorlesungsräume, Laboratorien und zugehörige Räume benutzt. Ein alter Mann öffnete die Tür und führte mich durch einen Korridor, der durch die ganze Länge des Gebäudes lief, in ein kleines Zimmer auf der rechten Seite. In demselben stand ein großer Tisch und ein kleiner Tisch am Fenster, der ganz mit Photographien bedeckt war, während eine Reihe von Schäften an der Wand mit Laboratoriums- und anderen Apparaten gefüllt waren. Durch eine offene Tür sah man in einen etwas größeren Raum von ungefähr 20 × 15 Fuß. Dieses war das Laboratorium, in welchem die Entdeckung stattfand, und das deshalb, so bescheiden es auch ist, von dauerndem geschichtlichen Wert bleiben wird. In der linken Ecke stand ein anderer großer Tisch; ein zweiter kleinerer, auf dem lebende Knochen zum ersten Male photographiert worden waren, stand nahe dem Ofen links von einer Ruhmkorffschen Induktionsspule. Dieses Laboratorium sprach für sich selbst. Vergleicht man es z. B. mit den wunderbar eingerichteten und kostspieligen Laboratorien der Universität London oder irgendeiner der großen amerikanischen Universitäten, so ist es kahl und anspruchslos.

Plötzlich trat Herr Prof. RÖNTGEN ein. Er ist groß, schlank und sehr beweglich, und aus seiner ganzen Erscheinung spricht Begeisterung und Energie. Er trug einen dunkelblauen Anzug und sein langes dunkles Haar stand aufrecht auf seiner Stirn, so als ob es dauernd durch seine eigene Begeisterung elektrisiert wäre. Er hat eine volle, tiefe Stimme, spricht schnell und gibt im allgemeinen den Eindruck eines Mannes, der mit unermüdlichem Eifer einer geheimnisvollen Erscheinung nachgehen wird, sobald er nur auf deren Spur ist. Seine Augen sind gütig, schnell und durchdringend, und zweifellos zieht er Crookessche Röhren seinem Besucher vor, da zur Zeit die Besucher ihm viel seiner kostbaren Zeit rauben. Da jedoch unser Zusammentreffen verabredet war, war sein Gruß freundlich und herzlich.

„Nun", sagte er lächelnd und mit einiger Ungeduld, als einige persönliche Fragen, die ihm unangenehm waren, erledigt waren, „Sie sind gekommen, um die unsichtbaren Strahlen zu sehen."

„Ist das Unsichtbare sichtbar?"

„Nicht direkt mit dem Auge, aber die Wirkungen sind sichtbar. Kommen Sie bitte hierher."

Er führte mich in den anderen Raum und zeigte die Induktionsspule, mit welcher seine Untersuchungen gemacht worden waren, eine gewöhnliche Ruhmkorffsche Spule von etwa 4—6 Zoll Funkenlänge, die mit einem Strom von 20 Ampere betrieben wurde. Zwei Drähte gingen von der Spule aus durch eine offene Tür in einen kleineren zur Rechten gelegenen Raum. In diesem Zimmer befand sich ein kleiner Tisch, auf dem eine Crookessche Röhre stand, die mit der Spule verbunden war. Der merkwürdigste Gegenstand in diesem Raume war jedoch eine große und mysteriös aussehende Zinkkiste, die ungefähr 7 Fuß hoch und 4 Fuß im Quadrat war. Sie stand auf einem Ende wie eine große Kiste und eine ihrer Seiten war nur etwa 5 Zoll von der Crookesschen Röhre entfernt.

Der Professor erklärte das Geheimnis dieser Zinkkiste und sagte, daß er sie gebaut hätte, um eine tragbare Dunkelkammer zu haben. Im Anfang seiner Untersuchungen benutzte er das ganze Zimmer, wie man noch aus den schweren schwarzen Vorhängen ersehen konnte, die alles Licht von den Fenstern abhielten. An einer Seite der Zinkkiste, und zwar direkt gegenüber der Röhre, war ein rundes Aluminiumblech von 1 mm Dicke und ungefähr 18 Zoll im Durchmesser angebracht, welches an das es umgebende Zink angelötet war. Um die Strahlen zu untersuchen, brauchte der Professor also nur den Strom einzuschalten und nach dem Eintritt in die Kiste die Tür zu schließen, um dann in vollkommener Dunkelheit nur das Licht oder die Effekte seines Lichtes zu studieren.

„Gehen Sie herein", sagte er, indem er die Tür auf der der Röhre entgegengesetzten Seite der Kiste öffnete. „Auf dem Schaft liegt ein Stück Bariumpapier",

Abb. 4. Laboratorium im Würzburger Institut, in dem die Röntgenstrahlen entdeckt wurden (Aufnahme aus dem Jahre 1923, mit Genehmigung, Dr. PAUL C. HODGES, Chicago, Illinois)

sagte er und ging dann hinüber zu der Induktionsspule. Die Türe wurde geschlossen, und es wurde vollständig dunkel im Inneren der Kiste. Ich fand einen Stuhl, auf welchen ich mich setzte. Dann fand ich den Schaft auf der Seite in der Nähe der Röhre und auch einen Papierbogen, der mit Bariumplatinzyanür bestrichen war. Ich sah nun das erste Phänomen, welches die Aufmerksamkeit des Entdeckers auf sich gezogen und zur Entdeckung geführt hatte, nämlich den Durchgang der Strahlen, die selbst ganz unsichtbar sind und deren Vorhandensein nur durch die Wirkung, die sie auf sensitisiertem photographischem Papier hervorrufen, bemerkt werden kann.

Im nächsten Augenblick wurde die Dunkelheit durchsetzt von dem schnell wechselnden Geräusch des Erzeugers des Hochspannungsstromes, und ich wußte, daß die Röhre außen am Kasten glühte. Ich hielt den Papierbogen in die Höhe, ungefähr 4 Zoll von der Platte weg. Es zeigte sich jedoch nichts.

„Können Sie etwas sehen?“ rief er.

„Nein.“

„Dann ist die Spannung nicht hoch genug“; er erhöhte die Spannung durch Bewegen eines nahe bei der Spule stehenden Apparates, der Quecksilber in langen aufrechtstehenden Röhren enthielt, die automatisch durch einen Gewichtsheber bewegt wurden. Nach wenigen Minuten konnte ich wieder das Geräusch der Entladung hören und sah dann zum ersten Male die Wirkung der Röntgenstrahlen.

Sobald der Strom floß, begann das Papier zu leuchten. Über die ganze Oberfläche verbreitete sich ein gelbgrünes Licht in Wellenform wolkenförmig oder kurz aufleuchtend. Die gelbgrüne Lumineszenz zitterte und veränderte sich im

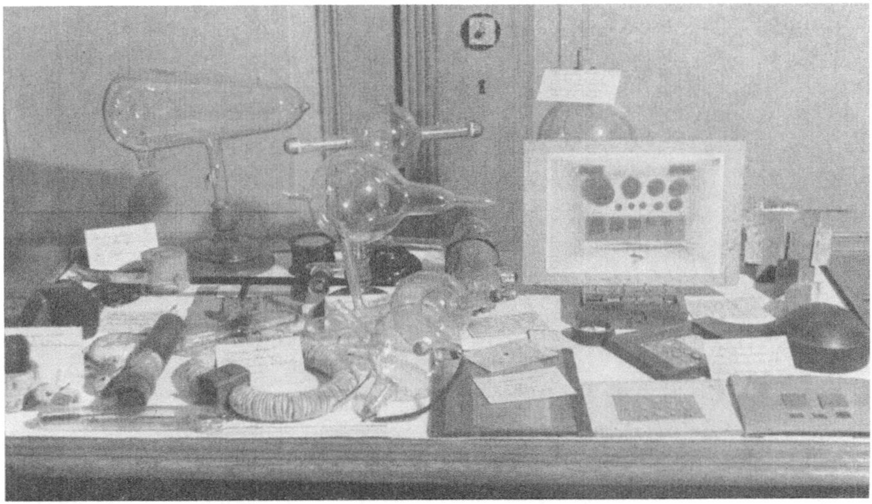

Abb. 5. Röntgenschrein im Würzburger Institut mit RÖNTGENs Originalapparaten (Aufnahme aus dem Jahre 1945, mit Genehmigung, Dr. L. E. ETTER, Warrendale, Pennsylvania)

selben Rhythmus wie die schwankende Entladung, was in der Dunkelheit sonderbar aussah. Die unsichtbaren Strahlen flogen durch die Metallplatte, das Papier, mich und die Zinkkiste hindurch und waren von einer merkwürdig interessanten, aber geheimnisvollen Wirkung. Die Metallplatte schien der fliegenden Kraft keinen besonders großen Widerstand entgegenzusetzen, und das Fluoreszenzlicht war genau so, als ob nichts zwischen der Röhre und dem Schirm gelegen hätte.

„Stellen Sie das Buch dazwischen.“

Ich fühlte auf dem Schaft herum in der Dunkelheit und fand ein schweres Buch, etwa 2 Zoll dick, welches ich gegen die Platte legte. Ich konnte keinen Unterschied bemerken. Die Strahlen flogen durch das Metall und das Buch hindurch, so als ob keines von beiden dagewesen wäre, und die Lichtwellen, die wie Wolken über das Papier hinwegrollten, zeigten keine Änderung in ihrer Lichtstärke.

Dieses war eine klare Demonstration, mit welcher Leichtigkeit Papier und Holz von den Strahlen durchdrungen werden. Ich legte das Buch und Papier weg und richtete meine Augen gegen die Strahlen. Es blieb jedoch alles schwarz, und ich sah und fühlte nichts. Die Entladung hatte ihre Höchststärke erreicht, und die Strahlen flogen durch meinen Kopf und so weit ich denken konnte durch die Seite der Kiste hinter mir. Sie waren jedoch unsichtbar und unfühlbar. Sie erregten keinerlei Empfindung; die mysteriösen Strahlen können nicht gesehen, sondern nur nach ihren Wirkungen beurteilt werden.

Ich verließ ungern diese historische Zinkkiste, aber da die Zeit knapp wurde, dankte ich dem Professor, der sehr glücklich über seine Entdeckung war.

Ich fragte dann: „ Wo haben Sie zum ersten Male lebende Knochen photographiert?"

„Hier", sagte er, indem er mich in den Raum führte, wo die Spule stand. Er zeigte auf einen Tisch, auf welchen ein anderer kleinerer mit kurzen Füßen

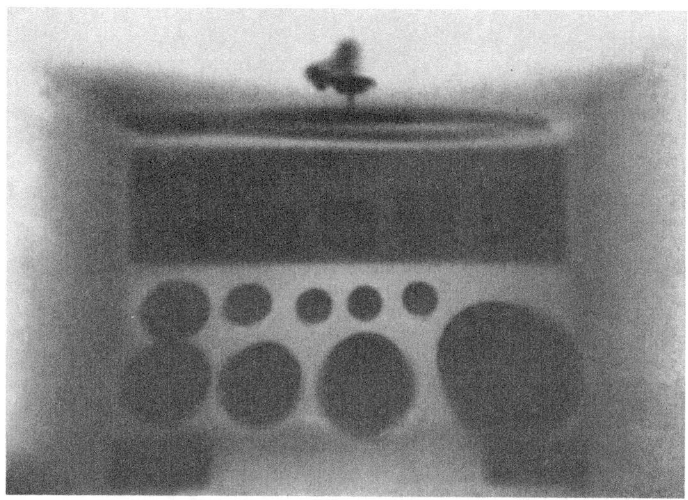

Abb. 6. Eine der ersten Röntgenaufnahmen. „Ein in einem Kästchen eingeschlossener Gewichtsatz"

stand; letzterer hatte mehr die Gestalt und Größe eines Holzsitzes. Er war 2 × 2 Fuß groß und ganz schwarz angestrichen.

„Wie machten Sie die erste Photographie einer Hand?"

Der Professor ging nach einem Schaft in der Nähe des Fensters, auf dem eine Reihe von vorbereiteten Glasplatten lagen, die dicht in schwarzes Papier eingepackt waren. Er befestigte eine Crookessche Röhre unter dem Tisch, so daß sie nur wenige Zoll von der unteren Tischseite entfernt war. Daraufhin legte er seine Hand flach auf den Tisch und legte eine Platte lose auf seine Hand.

„So müßten Sie eigentlich gemalt werden", sagte ich.

„Ach Unsinn", sagte er und lachte.

„Oder photographiert." Dieser Vorschlag wurde mit einer gewissen heimlichen Absicht gemacht. Die Strahlen von RÖNTGENs Augen jedoch durchdrangen unmittelbar diese Absicht.

„Nein, nein", sagte er, „ich kann Ihnen nicht erlauben, von mir Aufnahmen zu machen; ich habe keine Zeit dazu."

Auf jeden Fall war der Professor zu bescheiden, um den Wünschen einer neugierigen Welt nachzukommen.

„Nun, Herr Professor", sagte ich, „wollen Sie so freundlich sein, mir die Geschichte der Entdeckung zu erzählen?"

„Da gibt es eigentlich keine Geschichte", antwortete er. „Ich interessierte mich schon seit langer Zeit für die Kathodenstrahlen, wie sie von HERTZ und speziell von LENARD in einer luftleeren Röhre studiert worden waren. Ich hatte die Untersuchung dieser und anderer Physiker mit großem Interesse verfolgt und mir vorgenommen, sobald ich Zeit hätte, einige selbständige Versuche in dieser Beziehung anzustellen; diese Zeit fand ich Ende Oktober 1895. Ich war noch nicht lange bei der Arbeit, als ich etwas Neues beobachtete."

„Welches Datum war es?"

„Der 8. November."

„Und welcher Art war die Beobachtung?"

„Ich arbeitete mit einer Hittorf-Crookesschen Röhre, welche ganz in schwarzes Papier eingehüllt war. Ein Stück Bariumplatinzyanürpapier lag daneben auf dem Tisch. Ich schickte einen Strom durch die Röhre und bemerkte quer über das Papier eine eigentümliche schwarze Linie."

„Was war das?"

„Die Wirkung war derart, daß sie den damaligen Vorstellungen gemäß nur von einer Lichtstrahlung herrühren konnte. Es war aber ganz ausgeschlossen, daß von der Röhre Licht kam, weil das dieselbe bedeckende Papier sicherlich kein Licht hindurchließ, selbst nicht das einer elektrischen Bogenlampe."

„Was dachten Sie sich da?"

„Ich dachte nicht, sondern ich untersuchte. Ich vermutete, daß die Wirkung von der Röhre herkommen müsse und prüfte nach dieser Richtung hin genauer. Bald war jeder Zweifel ausgeschlossen. Es kamen ‚Strahlen' von der Röhre, welche eine lumineszierende Wirkung auf den Schirm ausübten. Ich wiederholte den Versuch mit Erfolg in immer größeren und größeren Entfernungen, fast bis zu 2 Metern. Anfangs hielt ich sie für eine neue Art von Licht. Sicher aber war es etwas Neues, noch Unbekanntes."

„Ist es Licht?"

„Nein, denn es kann weder reflektiert noch gebrochen werden."

„Ist es Elektrizität?"

„Nicht in der bekannten Form."

„Was ist es dann?"

„Ich weiß es nicht. Nachdem ich die Existenz einer neuen Art von Strahlen nachgewiesen hatte, ging ich daran, ihre Eigenschaften zu untersuchen. Es zeigte sich aus den Versuchen bald, daß die Strahlen ein ungewöhnliches Durchdringungsvermögen besitzen, und zwar von einer Kraft, die bis jetzt an Strahlen unbekannt ist. Sie durchdringen Papier, Holz und Tuch mit Leichtigkeit, und innerhalb gewisser Grenzen spielt die Dicke der Substanz überhaupt keine Rolle. Die Strahlen gehen durch alle untersuchten Metalle hindurch, und zwar mit einer Leichtigkeit, die im umgekehrten Verhältnis zur Dichtigkeit des Metalls zu stehen scheint. Diese Erscheinungen sind alle ausführlich in meiner Abhandlung besprochen, welche ich der Würzburger Physikalisch-Medizinischen Gesellschaft vorgelegt habe; dort finden Sie auch alle Resultate angegeben.

Da die Strahlen diese große Durchdringungskraft hatten, schien es selbstverständlich, daß sie auch durch Fleisch hindurchgehen konnten, und den Beweis fand ich beim Photographieren der Hand, wie ich Ihnen das schon zeigte."

„Wie denken Sie sich die weitere Entwicklung der Anwendung der Strahlen?"

„Ich bin kein Prophet und liebe das Prophezeien nicht. Ich setze meine Untersuchungen fort, und sobald meine Resultate sich bestätigen, werde ich sie veröffentlichen."

„Denken Sie, daß die Strahlen so geändert werden können, daß Sie damit die Organe des menschlichen Körpers aufnehmen könnten?"

Anstatt einer Antwort nahm er die Photographie einer Schachtel mit Gewichten (Abb. 6). „Hier sind schon solche Änderungen", sagte er, indem er die verschieden starken Schatten zeigte, die durch das Aluminium, Platin und Messing der Gewichte und durch die Messingscharniere verursacht worden waren, und man konnte selbst die gedruckten metallunterlegten Buchstaben des Deckels der Schachtel gerade noch erkennen.

„Herr Prof. NEUSSER hat schon mitgeteilt, daß Aufnahmen der inneren Organe möglich sein werden."

„Wir werden ja sehen, was wir sehen werden. Wir haben den Anfang gemacht, und mit der Zeit werden die weiteren Entwicklungen folgen."

„Es gibt noch viel zu tun, und ich bin sehr beschäftigt."

Er reichte mir zum Abschied die Hand, aber seine Augen wanderten schon zurück zu seiner Arbeit in das Innere des Laboratoriums. — — —

Dieses Interview war eines der wenigen, welches RÖNTGEN gewährte, und die darin geschilderten Äußerungen des großen Entdeckers müssen den Berichten anderer Besucher nach mit den Tatsachen übereinstimmen. Der schon früher genannte englische Physiker SYLVANUS P. THOMPSON benutzte diesen Bericht in seinen an der „Royal Institution von Großbritannien" gehaltenen Vorlesungen „Über sichtbares und unsichtbares Licht".

Die Thompsonschen Vorlesungen wurden späterhin von Prof. O. LUMMER, dem damaligen Mitglied der Physikalisch-Technischen Reichsanstalt zu Charlottenburg, übersetzt und sind 1897 bei W. Knapp, Halle, erschienen. LUMMER bemerkte in seiner Übersetzung folgendes: „Wenn das hier mitgeteilte Interview, abgesehen vom abrupten Stil, im großen ganzen auch richtig ist, so möchte ich es doch nicht unterlassen, einige Berichtigungen anzufügen. Zunächst ging, soviel mir bekannt ist, RÖNTGEN von der ihm auffallenden Erscheinung aus, daß die Lenardstrahlen nur auf wenige Zentimeter Entfernung eine sichtbare Fluoreszenzwirkung äußerten, während sie eine entelektrisierende elektrische Wirkung noch auf eine große Distanz hin ausübten.

Was die Umhüllung der Röhre in Papier betrifft, so erheischte das Lenardsche Fenster einen Schutz gegen die elektrostatische Ladung der Röhre, zu welchem Zwecke die letztere wohl schon eo ipso zum größten Teile mit einem undurchsichtigen Gehäuse (mit Stanniol überzogene Pappe?) umgeben war.

Der Bariumplatinzyanürschirm lag aber auf dem Tische, weil RÖNTGEN sehen wollte, ob derselbe nicht wirksamer wäre als die von LENARD benutzte fluoreszierende Substanz (Pentadezylparatolylketone). Was den Schatten auf dem Schirme betrifft, so ist derselbe sehr nebensächlich, während das Aufleuchten des Schirmes, trotzdem er sich im „Schatten" befand, die Aufmerksamkeit RÖNTGENs und infolge weiterer scharfsinniger Versuche die Entdeckung der X-Strahlen veranlaßte."

Diese Berichte wurden bestätigt durch ein anderes Interview, welches der bekannte englische Röntgenologe, Sir JAMES MCKENZIE DAVIDSON (558), der später der Vorsitzende der englischen Röntgengesellschaft wurde, mit RÖNTGEN im Juli 1896 hatte.

„Was machten Sie mit der Hittorfschen Röhre, als Sie die X-Strahlen entdeckten ?“ frug MCKENZIE DAVIDSON.

„Ich suchte nach unsichtbaren Strahlen“, antwortete RÖNTGEN.

„Und warum benutzten Sie den Bariumplatinzyanürschirm ?“

„In Deutschland benutzten wir diesen Schirm, um die unsichtbaren Strahlen des Spektrums zu finden, und ich dachte, daß Bariumplatinzyanür eine geeignete Substanz wäre, um unsichtbare Strahlen zu entdecken, die von der Röhre ausgehen könnten.“

MCKENZIE DAVIDSON erzählte weiter, daß RÖNTGEN darüber belustigt war, als er vorschlug, den Leuchtschirm, der bei der Entdeckung benutzt worden war, nicht im Laboratorium herumliegen zu lassen, sondern unter Glas zu bringen, um ihn für die Nachwelt aufzubewahren.

Im Laufe der folgenden Jahre sind eine Reihe von Geschichten über den Vorgang bei der Entdeckung der Strahlen bekannt geworden, die sich mehr oder minder mit diesen Originalberichten decken.

Jedoch gibt es noch zwei andere Lesarten über die Weise wie RÖNTGENs Entdeckung zustande kam, die beide eine gewisse Ähnlichkeit zeigen. ZEHNDER weist auf die erste Lesart in seinem Buch (a-85) hin durch Veröffentlichung eines Briefs den DYROFF im Jahre 1933 an ZEHNDER schrieb über RÖNTGENs Institutsdiener MARSTALLER:

„Zu dem Aufsatz über RÖNTGEN drängt es mich, Ihnen einen Beitrag zu liefern. Als ich noch ‚Gymnasiallehrer‘ am Neuen Gymnasium zu Würzburg war (1894—1899), hatte ich auch den Sohn MARSTALLERs zum Schüler. MARSTALLER besuchte mich einmal, und dabei fragte ich ihn um den Hergang der Entdeckung RÖNTGENs. Er war sofort lebhaft und berichtete: RÖNTGEN habe Versuche gemacht, bei denen ein Kästchen auf einem Tisch gestanden habe; in dem Kästchen habe ein Ring gelegen. Eines Morgens sei RÖNTGEN wieder einmal gekommen und habe sich wieder seine Versuchsanordnung angesehen und dann weitergehen wollen. Da habe aber er (MARSTALLER) RÖNTGEN auf ein photographisches Papier aufmerksam gemacht, das zufällig auf dem Tisch in der Nähe des Kästchens gelegen habe, und ihm gesagt, es sei doch merkwürdig, daß sich auf diesem Papier ein Bild des Ringes im Kästchen zeige. Da sei RÖNTGEN stutzig geworden und habe sich die Sache überlegt ....“ (A. DYROFF an ZEHNDER, 1933, Bonn.)

Die andere ähnliche Geschichte über die Entdeckung zirkulierte jahrelang in amerikanischen Zeitschriften und wurde noch im Jahre 1933 durch TROSTLER als durchaus glaubwürdig bezeichnet. Ihr Urheber war ein Arzt, Dr. E. S. MIDDLETON aus Chicago, der im Jahre 1895 an der Universität Würzburg studierte. TROSTLER (a-74) veröffentlichte den folgenden Bericht von MIDDLETON: „Während des Nachmittags des 29. April 1895 wurde RÖNTGEN, der gerade die Fluoreszenz studierte, die auf einem leuchtenden Bariumcyanürpapier scheinbar produziert wurde, von irgendeiner Emanation, die von einer kleinen Glasröhre kam, welche mit einer Ruhmkorff-Spule verbunden war, hinweggerufen. Ohne die Drähte von der Röhre abzunehmen oder den Strom abzuschalten, legte er die leuchtende Röhre auf ein Buch, in welchem ein großer flacher Schlüssel als Buchzeichen lag.

Glücklicherweise für die Wissenschaft, für die Medizin und für den Mann selbst lag zufällig eine geladene Kassette unter dem Buch. Als er zurückkam, drehte er den Strom zur Spule ab, sammelte verschiedene Kassetten und verbrachte den Rest des Nachmittages in der frischen Luft, trieb etwas Botanik und seine Liebhaberei, Photographie, und machte einige Aufnahmen von frühen Frühlingsblumen.

Beim Entwickeln der Platten am nächsten Morgen — dem Tag des großen Ereignisses, dem 30. April 1895 — fand er den Schatten des Schlüsselbuchzeichens auf einer derselben und frug sich, woher dieser kam. Er frug einige seiner Studenten aber keiner konnte den Vorfall erklären.“

Diese Geschichte weist mehrere Unklarheiten auf. Beobachtung der „Fluoreszenz auf einem Schirm“ würde darauf hinweisen, daß die Fluoreszenzwirkung der Strahlen schon zuvor beobachtet worden war. Wie das in Gegenwart der leuchtenden Röhre möglich sein sollte, ist schwer zu sagen. Um die Röhre weiterhin auf ein Buch zu legen, müßte man die Hochspannung abstellen und keine Strahlen könnten erzeugt werden. Der 30. April 1895 als Tag der Entdeckung ist sicherlich falsch. Jedoch wurde diese amerikanische Darstellung der Entdeckung der Röntgenstrahlen bis in die vierziger Jahre weitgehend verbreitet und der fragliche 35. Jahrestag (30. April, 1930) der Entdeckung wurde von der Chicago Roentgen Society zum Beispiel durch ein Bankett im Lake Shore Athletic Club am 8. Mai 1930 gefeiert [Glasser (a-33)]. Erst etwa zehn Jahre später anerkannte die Chicagoer Röntgengesellschaft die historisch richtigen Daten.

Daß schon vor der Entdeckung der Röntgenstrahlen unerklärliche Schwärzungen von photographischen Platten in der Nähe von Kathodenstrahlen beobachtet wurden, ist bekannt und es wird später noch näher darauf eingegangen. So ist es nicht ganz von der Hand zu weisen, daß in den obigen Darstellungen der Entdeckung ein Kern von Wahrheit steckt, wenn auch allgemein anerkannt wird, daß die Beobachtung der Fluoreszenz des Leuchtschirmes der erste Schritt zur Entdeckung der Röntgenstrahlen war.

Die Weise, wie Röntgen die erste an und für sich unbedeutende Wirkung der unbekannten Naturerscheinung erkannte und weiter verfolgte, und die Art, wie er in genialer Weise aus der Masse der Erscheinungen das Phänomen der X-Strahlen in kurzer Zeit klar herausschälte, stempeln ihn zu einem der großen Wissenschaftler aller Zeiten.

2. Röntgens vorläufige Mitteilung „Über eine neue Art von Strahlen“

Es ist erstaunlich, daß Röntgen mit der Veröffentlichung seiner Entdeckung nicht eher an die Öffentlichkeit trat, bis er die vielen neuen merkwürdigen Eigenschaften der neuen Strahlen in seiner gründlichen Weise ausgiebig untersucht hatte. Am 28. Dezember reichte er dem Sekretär der Physikalisch-Medizinischen Gesellschaft an der Universität Würzburg das Manuskript seiner Arbeit „Über eine neue Art von Strahlen“ ein. Einer der drei Herausgeber der „Sitzungsberichte der Physikalisch-Medizinischen Gesellschaft in Würzburg“, Professor Schultze, Professor Reubold oder Dr. Geigel schrieb auf die erste Seite des Manuskriptes, neben den Titel „an den Schluß *vor* den Jahresbericht“ und so wurde die Arbeit sofort gedruckt (S. 132—141, Bd. 137, 1895), obgleich in keiner Sitzung darüber gesprochen worden war, da in den Weihnachtsferien keine Sitzungen stattfanden.

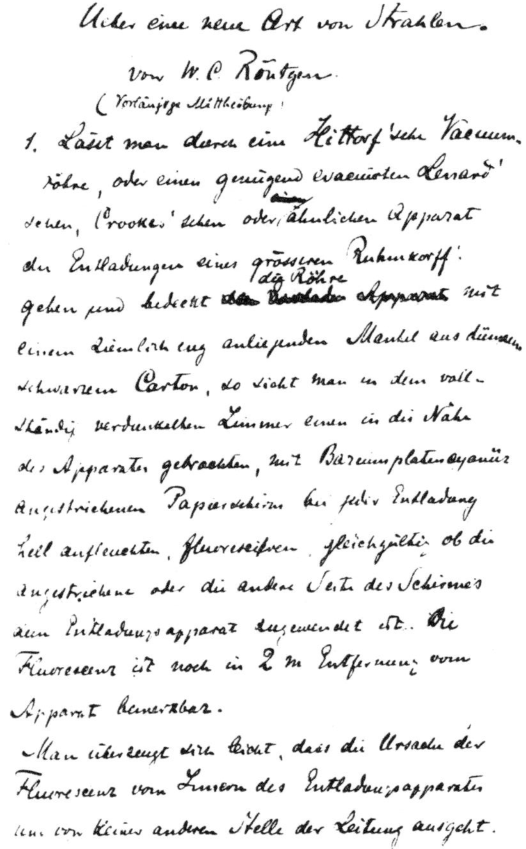

Ueber eine neue Art von Strahlen.

Von W. C. Röntgen.

(Vorläufige Mittheilung.)

1. Lässt man durch eine Hittorf'sche Vacuumröhre, oder einen genügend evacuirten Lenard'schen, Crookes'schen oder ähnlichen Apparat die Entladungen eines grösseren Ruhmkorff's gehen und bedeckt die Röhre mit einem ziemlich eng anliegenden Mantel aus dünnem schwarzem Carton, so sieht man in dem vollständig verdunkelten Zimmer einen in die Nähe des Apparates gebrachten, mit Bariumplatincyanür angestrichenen Papierschirm bei jeder Entladung hell aufleuchten, fluoresciren, gleichgültig ob die angestrichene oder die andere Seite des Schirmes dem Entladungsapparat zugewendet ist. Die Fluorescenz ist noch in 2 m Entfernung vom Apparat bemerkbar.

Man überzeugt sich leicht, dass die Ursache der Fluorescenz vom Innern des Entladungsapparates und von keiner anderen Stelle der Leitung ausgeht.

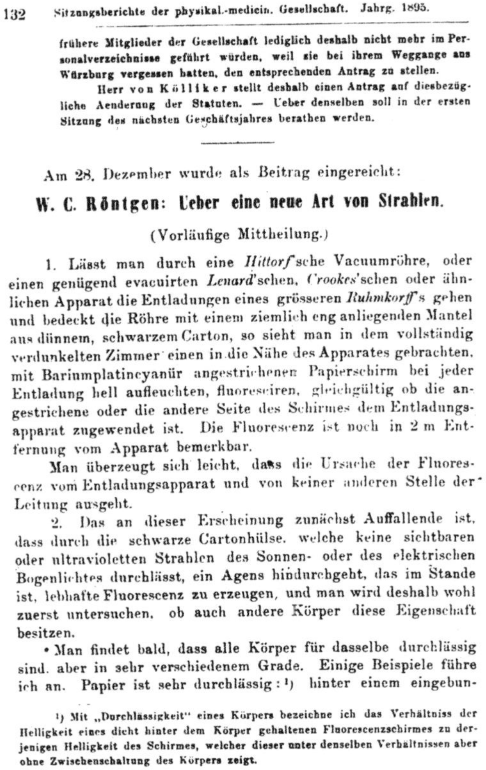

a

frühere Mitglieder der Gesellschaft lediglich deshalb nicht mehr im Personalverzeichnisse geführt würden, weil sie bei ihrem Weggange aus Würzburg vergessen hatten, den entsprechenden Antrag zu stellen.

Herr von Kölliker stellt deshalb einen Antrag auf diesbezügliche Aenderung der Statuten. — Ueber denselben soll in der ersten Sitzung des nächsten Geschäftsjahres berathen werden.

Am 28. Dezember wurde als Beitrag eingereicht:

W. C. Röntgen: Ueber eine neue Art von Strahlen.

(Vorläufige Mittheilung.)

1. Lässt man durch eine *Hittorf*'sche Vacuumröhre, oder einen genügend evacuirten *Lenard*'schen, *Crookes*'schen oder ähnlichen Apparat die Entladungen eines grösseren *Ruhmkorff*'s gehen und bedeckt die Röhre mit einem ziemlich eng anliegenden Mantel aus dünnem, schwarzem Carton, so sieht man in dem vollständig verdunkelten Zimmer einen in die Nähe des Apparates gebrachten, mit Bariumplatincyanür angestrichenen Papierschirm bei jeder Entladung hell aufleuchten, fluoresciren, gleichgültig ob die angestrichene oder die andere Seite des Schirmes dem Entladungsapparat zugewendet ist. Die Fluorescenz ist noch in 2 m Entfernung vom Apparat bemerkbar.

Man überzeugt sich leicht, dass die Ursache der Fluorescenz vom Entladungsapparat und von keiner anderen Stelle der Leitung ausgeht.

2. Das an dieser Erscheinung zunächst Auffallende ist, dass durch die schwarze Cartonhülse, welche keine sichtbaren oder ultravioletten Strahlen des Sonnen- oder des elektrischen Bogenlichtes durchlässt, ein Agens hindurchgeht, das im Stande ist, lebhafte Fluorescenz zu erzeugen, und man wird deshalb wohl zuerst untersuchen, ob auch andere Körper diese Eigenschaft besitzen.

Man findet bald, dass alle Körper für dasselbe durchlässig sind, aber in sehr verschiedenem Grade. Einige Beispiele führe ich an. Papier ist sehr durchlässig: [1]) **hinter einem eingebun-**

[1]) Mit „Durchlässigkeit" eines Körpers bezeichne ich das Verhältniss der Helligkeit eines dicht hinter dem Körper gehaltenen Fluorescenzschirmes zu derjenigen Helligkeit des Schirmes, welcher dieser unter denselben Verhältnissen aber ohne Zwischenschaltung des Körpers zeigt.

b

EINE NEUE ART

VON

STRAHLEN.

VON

DR. W. RÖNTGEN,

O. O. PROFESSOR AN DER K. UNIVERSITÄT WÜRZBURG.

WÜRZBURG.

VERLAG UND DRUCK DER STAHEL'SCHEN K. HOF- UND UNIVERSITÄTS-BUCH- UND KUNSTHANDLUNG.

Ende 1895.

60 ₰.

c

Abb. 7a—c. a Erste Seite des Originalmanuskriptes von RÖNTGENs „Vorläufiger Mittheilung". b Erste Seite der „Vorläufigen Mittheilung" in den „Sitzungsberichten der physikal.-medicin. Gesellschaft". Jahrg. 1895, p. 132. c Titelblatt einer der ersten Sonderdrucke der „Vorläufigen Mittheilung" Ende 1895

Der Wortlaut der ersten Mitteilung RÖNTGENs über seine Entdeckung ist der folgende:

Am 28. Dezember wurde als Beitrag eingereicht:

W. C. Röntgen: Über eine neue Art von Strahlen

(Vorläufige Mitteilung)

1. Läßt man durch eine Hittorfsche Vakuumröhre, oder einen genügend evakuierten Lenardschen, Crookesschen oder ähnlichen Apparat die Entladungen eines größeren Ruhmkorffs gehen und bedeckt die Röhre mit einem ziemlich eng anliegenden Mantel aus dünnem, schwarzem Karton, so sieht man in dem vollständig verdunkelten Zimmer einen in die Nähe des Apparates gebrachten, mit Bariumplatinzyanür angestrichenen Papierschirm bei jeder Entladung hell aufleuchten, fluoreszieren, gleichgültig ob die angestrichene oder die andere Seite des Schirmes dem Entladungsapparat zugewendet ist. Die Fluoreszenz ist noch in 2 m Entfernung vom Apparat bemerkbar.

Man überzeugt sich leicht, daß die Ursache der Fluoreszenz vom Entladungsapparat und von keiner anderen Stelle der Leitung ausgeht.

2. Das an dieser Erscheinung zunächst Auffallende ist, daß durch die schwarze Kartonhülse, welche keine sichtbaren oder ultravioletten Strahlen des Sonnen- oder des elektrischen Bogenlichtes durchläßt, ein Agens hindurchgeht, das imstande ist, lebhafte Fluoreszenz zu erzeugen, und man wird deshalb wohl zuerst untersuchen, ob auch andere Körper diese Eigenschaft besitzen.

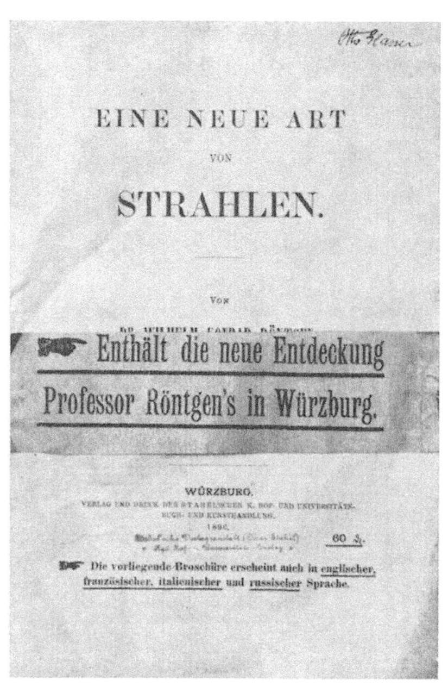

EINE NEUE ART

VON

STRAHLEN.

VON

Enthält die neue Entdeckung

Professor Röntgen's in Würzburg.

WÜRZBURG.

VERLAG UND DRUCK DER STAHEL'SCHEN K. HOF- UND UNIVERSITÄTS-

BUCH- UND KUNSTHANDLUNG.

1896.

60 ₰.

Die vorliegende Broschüre erscheint auch in englischer, französischer, italienischer und russischer Sprache.

Abb. 7d. Sonderdruck mit Streifband

Man findet bald, daß alle Körper für dasselbe durchlässig sind, aber in sehr verschiedenem Grade. Einige Beispiele führe ich an. Papier ist sehr durchlässig[1]: hinter einem eingebundenen Buch von etwa 1000 Seiten sah ich den Fluoreszenzschirm noch deutlich leuchten; die Druckerschwärze bietet kein merkliches Hindernis. Ebenso zeigte sich Fluoreszenz hinter einem doppelten Whistspiel; eine einzelne Karte zwischen Apparat und Schirm gehalten, macht sich dem Auge fast gar nicht bemerkbar. — Auch ein einfaches Blatt Stanniol ist kaum wahrzunehmen; erst nachdem mehrere Lagen übereinandergelegt sind, sieht man ihren Schatten deutlich auf dem Schirm. — Dicke Holzblöcke sind noch durch-

[1] Mit „Durchlässigkeit" eines Körpers bezeichne ich das Verhältnis der Helligkeit eines dicht hinter dem Körper gehaltenen Fluoreszenzschirmes zu derjenigen Helligkeit des Schirmes, welcher dieser unter denselben Verhältnissen, aber ohne Zwischenschaltung des Körpers zeigt.

lässig; 2—3 cm dicke Bretter aus Tannenholz absorbieren nur sehr wenig. — Eine etwa 15 mm dicke Aluminiumschicht schwächte die Wirkung recht beträchtlich, war aber nicht imstande, die Fluoreszenz ganz zum Verschwinden zu bringen. — Mehrere Zentimeter dicke Hartgummischeiben lassen noch Strahlen[1] hindurch. — Glasplatten gleicher Dicke verhalten sich verschieden, je nachdem sie bleihaltig sind (Flintglas) oder nicht; erstere sind viel weniger durchlässig als letztere. — Hält man die Hand zwischen den Entladungsapparat und den Schirm, so sieht man die dunkleren Schatten der Handknochen in dem nur wenig dunklen Schattenbild der Hand. — Wasser, Schwefelkohlenstoff und verschiedene andere Flüssigkeiten erweisen sich in Glimmergefäßen untersucht als sehr durchlässig. — Daß Wasserstoff wesentlich durchlässiger wäre als Luft, habe ich nicht finden können. — Hinter Platten aus Kupfer bzw. Silber, Blei, Gold, Platin ist die Fluoreszenz noch deutlich zu erkennen, doch nur dann, wenn die Plattendicke nicht zu bedeutend ist. Platin von 0,2 mm Dicke ist noch durchlässig; die Silber- und Kupferplatten können schon stärker sein. Blei in 1,5 mm Dicke ist so gut wie undurchlässig und wurde deshalb häufig wegen dieser Eigenschaft verwendet. — Ein Holzstab mit quadratischem Querschnitt (20 × 20 mm), dessen eine Seite mit Bleifarbe weiß angestrichen ist, verhält sich verschieden, je nachdem er zwischen Apparat und Schirm gehalten wird; fast vollständig wirkungslos, wenn die X-Strahlen parallel der angestrichenen Seite durchgehen, entwirft der Stab einen dunklen Schatten, wenn die Strahlen die Anstrichfarbe durchsetzen müssen. — In eine ähnliche Reihe, wie die Metalle, lassen sich ihre Salze, fest oder in Lösung, in bezug auf ihre Durchlässigkeit ordnen.

3. Die angeführten Versuchsergebnisse und andere führen zu der Folgerung, daß die Durchlässigkeit der verschiedenen Substanzen, gleiche Schichtendicke vorausgesetzt, wesentlich bedingt ist durch ihre Dichte: keine andere Eigenschaft macht sich wenigstens in so hohem Grade bemerkbar als diese.

Daß aber die Dichte doch nicht ganz allein maßgebend ist, das beweisen folgende Versuche. Ich untersuchte auf ihre Durchlässigkeit nahezu gleich dicke Platten aus Glas, Aluminium, Kalkspat und Quarz; die Dichte dieser Substanzen stellte sich als ungefähr gleich heraus, und doch zeigte sich ganz evident, daß der Kalkspat beträchtlich weniger durchlässig ist als die übrigen Körper, die sich untereinander ziemlich gleich verhielten. Eine besonders starke Fluoreszenz des Kalkspates (vgl. Nr. 6) namentlich im Vergleich zum Glas habe ich nicht bemerkt.

4. Mit zunehmender Dicke werden alle Körper weniger durchlässig. Um vielleicht eine Beziehung zwischen Durchlässigkeit und Schichtendicke finden zu können, habe ich photographische Aufnahmen (vgl. Nr. 6) gemacht, bei denen die photographische Platte zum Teil bedeckt war mit Stanniolschichten von stufenweise zunehmender Blätterzahl; eine photometrische Messung soll vorgenommen werden, wenn ich im Besitz eines geeigneten Photometers bin.

5. Aus Platin, Blei, Zink und Aluminium wurden durch Auswalzen Bleche von einer solchen Dicke hergestellt, daß alle nahezu gleich durchlässig erschienen.

---

[1] Der Kürze halber möchte ich den Ausdruck „Strahlen“, und zwar zur Unterscheidung von anderen den Namen „X-Strahlen“ gebrauchen [Vgl. Nr. 11 u. 12)].

Die folgende Tabelle enthält die gemessene Dicke in Millimetern, die relative Dicke, bezogen auf die des Platinbleches und die Dichte.

	Dicke	Relative Dicke	Dichte
Pt	0,018 mm	1	21,5
Pb	0,05 mm	3	11,3
Zn	0,10 mm	6	7,1
Al	3,5 mm	200	2,6

Aus diesen Werten ist zu entnehmen, daß keineswegs gleiche Durchlässigkeit verschiedener Metalle vorhanden ist, wenn das Produkt aus Dicke und Dichte gleich ist. Die Durchlässigkeit nimmt in viel stärkerem Maße zu, als jenes Produkt abnimmt.

6. Die Fluoreszenz des Bariumplatinzyanürs ist nicht die einzige erkennbare Wirkung der X-Strahlen. Zunächst ist zu erwähnen, daß auch andere Körper fluoreszieren; so z. B. die als Phosphore bekannten Kalziumverbindungen, dann Uranglas, gewöhnliches Glas, Kalkspat, Steinsalz usw.

Von besonderer Bedeutung in mancher Hinsicht ist die Tatsache, daß photographische Trockenplatten sich als empfindlich für die X-Strahlen erwiesen haben. Man ist imstande, manche Erscheinung zu fixieren, wodurch Täuschungen leichter ausgeschlossen werden; und ich habe, wo es irgend anging, jede wichtigere Beobachtung, die ich mit dem Auge am Fluoreszenzschirm machte, durch eine photographische Aufnahme kontrolliert.

Dabei kommt die Eigenschaft der Strahlen, fast ungehindert durch dünnere Holz-, Papier- und Stanniolschichten hindurchgehen zu können, sehr zustatten; man kann die Aufnahmen mit der in der Kassette oder in einer Papierumhüllung eingeschlossenen photographischen Platte im beleuchteten Zimmer machen. Andererseits hat diese Eigenschaft auch zur Folge, daß man unentwickelte Platten, nicht bloß durch die gebräuchliche Hülle aus Pappendeckel und Papier geschützt, längere Zeit in der Nähe des Entladungsapparates liegenlassen darf.

Fraglich erscheint es noch, ob die chemische Wirkung auf die Silbersalze der photographischen Platte direkt von den X-Strahlen ausgeübt wird. Möglich ist es, daß diese Wirkung herrührt von dem Fluoreszenzlicht, das, wie oben angegeben, in der Glasplatte oder vielleicht in der Gelatineschicht erzeugt wird. „Filme“ können übrigens ebensogut wie Glasplatten verwendet werden.

Daß die X-Strahlen auch eine Wärmewirkung auszuüben imstande sind, habe ich noch nicht experimentell nachgewiesen; doch darf man wohl diese Eigenschaft als vorhanden annehmen, nachdem durch die Fluoreszenzerscheinungen die Fähigkeiten der X-Strahlen, verwandelt zu werden, nachgewiesen ist, und es sicher ist, daß nicht alle auffallenden X-Strahlen den Körper als solche wieder verlassen.

Die Retina des Auges ist für unsere Strahlen unempfindlich; das dicht an den Entladungsapparat herangebrachte Auge bemerkt nichts, wiewohl nach den gemachten Erfahrungen die im Auge enthaltenen Medien für die Strahlen durchlässig genug sein müssen.

7. Nachdem ich die Durchlässigkeit verschiedener Körper von relativ großer Dicke erkannt hatte, beeilte ich mich, zu erfahren, wie sich die X-Strahlen beim Durchgang durch ein Prisma verhalten, ob sie darin abgelenkt werden oder nicht.

Versuche mit Wasser und Schwefelkohlenstoff in Glimmerprismen von etwa 30° brechendem Winkel haben gar keine Ablenkung erkennen lassen, weder am Fluoreszenzschirm noch an der photographischen Platte. Zum Vergleich wurde unter denselben Verhältnissen die Ablenkung von Lichtstrahlen beobachtet; die abgelenkten Bilder lagen auf der Platte um etwa 10 mm bzw. etwa 20 mm von dem nicht abgelenkten entfernt. — Mit einem Hartgummi- und einem Aluminiumprisma von ebenfalls etwa 30° brechendem Winkel habe ich auf der photographischen Platte Bilder bekommen, an denen man vielleicht eine Ablenkung erkennen kann. Doch ist die Sache sehr unsicher, und die Ablenkung ist, wenn überhaupt vorhanden, jedenfalls so klein, daß der Brechungsexponent der X-Strahlen in den genannten Substanzen höchstens 1,05 sein könnte. Mit dem Fluoreszenzschirm habe ich auch in diesem Fall keine Ablenkung beobachten können.

Versuche mit Prismen aus dichteren Metallen lieferten bis jetzt wegen der geringen Durchlässigkeit und der infolgedessen geringen Intensität der durchgelassenen Strahlen kein sicheres Resultat.

In Anbetracht dieser Sachlage einerseits und andererseits der Wichtigkeit der Frage, ob die X-Strahlen beim Übergang von einem Medium zum anderen gebrochen werden können oder nicht, ist es sehr erfreulich, daß diese Frage noch in anderer Weise untersucht werden kann als mit Hilfe von Prismen. Fein pulverisierte Körper lassen in genügender Schichtendicke das auffallende Licht nur wenig und zerstreut hindurch infolge von Brechung und Reflexion; erweisen sich nun die Pulver für die X-Strahlen gleich durchlässig wie die kohärente Substanz — gleiche Massen vorausgesetzt —, so ist damit nachgewiesen, daß sowohl eine Brechung als auch eine regelmäßige Reflexion nicht in merklichem Betrage vorhanden ist. Die Versuche wurden mit fein pulverisiertem Steinsalz, mit feinem, auf elektrolytischem Wege gewonnenem Silberpulver und dem zu chemischen Untersuchungen vielfach verwandten Zinkstaub angestellt; es ergab sich in allen Fällen kein Unterschied in der Durchlässigkeit der Pulver und der kohärenten Substanz, sowohl bei der Beobachtung am Fluoreszenzschirm als auch auf der photographischen Platte.

Daß man mit Linsen die X-Strahlen nicht konzentrieren kann, ist nach dem Mitgeteilten selbstverständlich; eine große Hartgummilinse und eine Glaslinse erwiesen sich in der Tat als wirkungslos. Das Schattenbild eines runden Stabes ist in der Mitte dunkler als am Rande; dasjenige einer Röhre, die mit einer Substanz gefüllt ist, die durchlässiger ist als das Material der Röhre, ist in der Mitte heller als am Rande.

8. Die Frage nach der Reflexion der X-Strahlen ist durch die Versuche des vorigen Paragraphen als in dem Sinne erledigt zu betrachten, daß eine merkliche regelmäßige Zurückwerfung der Strahlen an keiner der untersuchten Substanzen stattfindet. Andere Versuche, die ich hier übergehen will, führen zu demselben Resultat.

Indessen ist eine Beobachtung zu erwähnen, die auf den ersten Blick das Gegenteil zu ergeben scheint. Ich exponierte eine durch schwarzes Papier gegen Lichtstrahlen geschützte photographische Platte, mit der Glasseite dem Entladungsapparat zugewendet, den X-Strahlen; die empfindliche Schicht war bis auf einen frei bleibenden Teil mit blanken Platten aus Platin, Blei, Zink und

Aluminium in sternförmiger Anordnung bedeckt. Auf dem entwickelten Negativ ist deutlich zu erkennen, daß die Schwärzung unter dem Platin, dem Blei und besonders unter dem Zink stärker ist als an den anderen Stellen; das Aluminium hatte gar keine Wirkung ausgeübt. Es scheint somit, daß die drei genannten Metalle die Strahlen reflektieren; indessen wären noch andere Ursachen für die stärkere Schwärzung denkbar, und um sicher zu gehen, legte ich bei einem zweiten Versuch zwischen die empfindliche Schicht und die Metallplatten ein Stück dünnes Blattaluminium, welches für ultraviolette Strahlen undurchlässig, dagegen für die X-Strahlen sehr durchlässig ist. Da auch jetzt wieder im wesentlichen dasselbe Resultat erhalten wurde, so ist eine Reflexion von X-Strahlen an den genannten Metallen nachgewiesen.

Hält man diese Tatsache zusammen mit der Beobachtung, daß Pulver ebenso durchlässig sind wie kohärente Körper, daß weiter Körper mit rauher Oberfläche sich beim Durchgang der X-Strahlen wie auch bei dem zuletzt beschriebenen Versuch ganz gleich wie polierte Körper verhalten, so kommt man zu der Anschauung, daß zwar eine regelmäßige Reflexion, wie gesagt, nicht stattfindet, daß aber die Körper sich den X-Strahlen gegenüber ähnlich verhalten wie die trüben Medien dem Licht gegenüber.

Da ich auch keine Brechung beim Übergang von einem Medium zum anderen nachweisen konnte, so hat es den Anschein, als ob die X-Strahlen sich mit gleicher Geschwindigkeit in allen Körpern bewegen, und zwar in einem Medium, das überall vorhanden ist, und in welchem die Körperteilchen eingebettet sind. Die letzteren bilden für die Ausbreitung der X-Strahlen ein Hindernis, und zwar im allgemeinen ein desto größeres, je dichter der betreffende Körper ist.

9. Demnach wäre es möglich, daß auch die Anordnung der Teilchen im Körper auf die Durchlässigkeit desselben einen Einfluß ausübte, daß z. B. ein Stück Kalkspat bei gleicher Dicke verschieden durchlässig wäre, wenn dasselbe in der Richtung der Achse oder senkrecht dazu durchstrahlt wird. Versuche mit Kalkspat und Quarz haben aber ein negatives Resultat ergeben.

10. Bekanntlich ist Lenard bei seinen schönen Versuchen über die von einem dünnen Aluminiumblättchen hindurchgelassenen Hittorfschen Kathodenstrahlen zu dem Resultat gekommen, daß diese Strahlen Vorgänge im Äther sind, und daß sie in allen Körpern diffus verlaufen. Von unseren Strahlen haben wir Ähnliches aussagen können.

In seiner letzten Arbeit hat Lenard das Absorptionsvermögen verschiedener Körper für die Kathodenstrahlen bestimmt und dasselbe u. a. für Luft von Atmosphärendruck zu 4,10, 3,40, 3,10 auf 1 cm bezogen gefunden, je nach der Verdünnung des im Entladungsapparat enthaltenen Gases. Nach der aus der Funkenstrecke geschätzten Entladungsspannung zu urteilen, habe ich es bei meinen Versuchen meistens mit ungefähr gleich großen und nur selten mit geringeren und größeren Verdünnungen zu tun gehabt. Es gelang mir, mit dem L. Weberschen Photometer — ein besseres besitze ich nicht — in atmosphärischer Luft die Intensitäten des Fluoreszenzlichtes meines Schirmes in zwei Abständen — etwa 100 bzw. 200 mm — vom Entladungsapparat miteinander zu vergleichen, und ich fand aus drei recht gut miteinander übereinstimmenden Versuchen, daß dieselben sich umgekehrt wie die Quadrate der bzw. Entfernungen des Schirmes vom Entladungsapparat verhalten. Demnach hält die Luft von den hindurchgehenden X-Strahlen einen viel kleineren Bruchteil zurück als von den Kathodenstrahlen. Dieses Resultat ist auch ganz in Übereinstimmung mit der obenerwähnten Beobachtung, daß das Fluoreszenzlicht noch in 2 m Distanz vom Entladungsapparat wahrzunehmen ist.

Ähnlich wie Luft verhalten sich im allgemeinen die anderen Körper; sie sind für die X-Strahlen durchlässiger als für die Kathodenstrahlen.

11. Eine weitere sehr bemerkenswerte Verschiedenheit in dem Verhalten der Kathodenstrahlen und der X-Strahlen liegt in der Tatsache, daß es mir trotz vieler Bemühungen nicht gelungen ist, auch in sehr kräftigen magnetischen Feldern eine Ablenkung der X-Strahlen durch den Magnet zu erhalten.

Die Ablenkbarkeit durch den Magnet gilt aber bis jetzt als ein charakteristisches Merkmal der Kathodenstrahlen; wohl ward von Hertz und Lenard beobachtet, daß es verschiedene Arten von Kathodenstrahlen gibt, die sich durch „ihre Phosphoreszenzerzeugung, Absorbierbarkeit und Ablenkbarkeit durch den Magnet voneinander unterscheiden“, aber eine beträchtliche Ablenkung wurde doch in allen von ihnen untersuchten Fällen wahrgenommen, und ich glaube nicht, daß man dieses Charakteristikum ohne zwingenden Grund aufgeben wird.

12. Nach besonders zu diesem Zweck angestellten Versuchen ist es sicher, daß die Stelle der Wand des Entladungsapparates, die am stärksten fluoresziert, als Hauptausgangspunkt der nach allen Richtungen sich ausbreitenden X-Strahlen zu betrachten ist. Die X-Strahlen gehen somit von der Stelle aus, wo nach den Angaben verschiedener Forscher die Kathodenstrahlen die Glaswand treffen. Lenkt man die Kathodenstrahlen innerhalb des Entladungsapparates durch einen Magnet ab, so sieht man, daß auch die X-Strahlen von einer anderen Stelle, d. h. wieder von dem Endpunkte der Kathodenstrahlen ausgehen.

Auch aus diesem Grund können die X-Strahlen, die nicht ablenkbar sind, nicht einfach unverändert von der Glaswand hindurchgelassene bzw. reflektierte Kathodenstrahlen sein. Die größere Dichte des Glases außerhalb des Entladungsgefäßes kann ja nach Lenard für die große Verschiedenheit der Ablenkbarkeit nicht verantwortlich gemacht werden.

Ich komme deshalb zu dem Resultat, daß die X-Strahlen nicht identisch sind mit den Kathodenstrahlen, daß sie aber von den Kathodenstrahlen in der Glaswand des Entladungsapparates erzeugt werden.

13. Diese Erzeugung findet nicht nur in Glas statt, sondern, wie ich an einem mit 2 mm starkem Aluminiumblech abgeschlossenen Apparat beobachten konnte, auch in diesem Metall. Andere Substanzen sollen später untersucht werden.

14. Die Berechtigung, für das von der Wand des Entladungsapparates ausgehende Agens den Namen „Strahlen“ zu verwenden, leite ich zum Teil von der ganz regelmäßigen Schattenbildung her, die sich zeigt, wenn man zwischen den Apparat und den fluoreszierenden Schirm (oder die photographische Platte) mehr oder weniger durchlässige Körper bringt.

Viele derartige Schattenbilder, deren Erzeugung mitunter einen ganz besonderen Reiz bietet, habe ich beobachtet und teilweise auch photographisch aufgenommen; so besitze ich z. B. Photographien von den Schatten der Profile einer Türe, welche die Zimmer trennt, in welchen einerseits der Entladungsapparat, andererseits die photographische Platte aufgestellt waren (Abb. 15); von den

Schatten der Handknochen (Abb. 8); von dem Schatten eines auf einer Holzspule versteckt aufgewickelten Drahtes; eines in einem Kästchen eingeschlossenen Gewichtssatzes (Abb. 6); einer Bussole (Abb. 9a), bei welcher die Magnetnadel ganz von Metall eingeschlossen ist; eines Metallstückes (Abb. 9b), dessen Inhomogenität durch die X-Strahlen bemerkbar wird, usw.

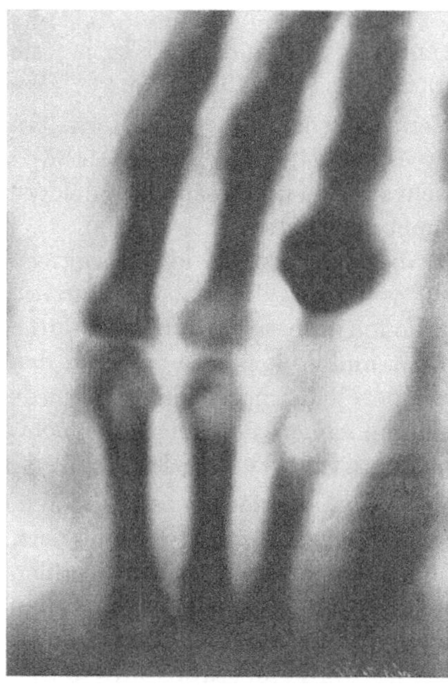

Abb. 8. RÖNTGENs Aufnahme der Hand seiner Frau. Einer auf der Aufnahme angebrachten Notiz zufolge wurde diese am 22. Dezember 1895 hergestellt. (Mit Genehmigung des Deutschen Museums in München)

Für die geradlinige Ausbreitung der X-Strahlen beweisend ist weiter eine Lochphotographie, die ich von dem mit schwarzem Papier eingehüllten Entladungsapparat habe machen können; das Bild ist schwach, aber unverkennbar richtig.

15. Nach Interferenzerscheinungen der X-Strahlen habe ich viel gesucht, aber leider, vielleicht nur infolge der geringen Intensität derselben, ohne Erfolg.

16. Versuche, um zu konstatieren, ob elektrostatische Kräfte in irgendeiner Weise die X-Strahlen beeinflussen können, sind zwar angefangen, aber noch nicht abgeschlossen.

17. Legt man sich die Frage vor, was denn die X-Strahlen — die keine Kathodenstrahlen sein können — eigentlich sind, so wird man vielleicht im ersten Augenblick, verleitet durch ihre lebhaften Fluoreszenz- und chemischen Wirkungen, an ultraviolettes Licht denken. Indessen stößt man doch sofort auf

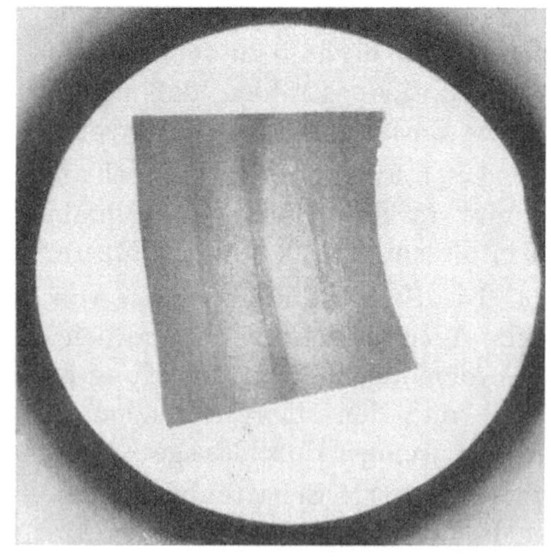

Abb. 9a (links). RÖNTGENs Aufnahme einer „Bussole, bei welcher die Magnetnadel ganz von Metall eingeschlossen ist“. b (rechts). RÖNTGENs Aufnahme „eines Metallstückes, dessen Inhomogenität durch die X-Strahlen bemerkbar wird“

schwerwiegende Bedenken. Wenn nämlich die X-Strahlen ultraviolettes Licht sein sollten, so müßte dieses Licht die Eigenschaft haben:

a) daß es beim Übergang aus Luft in Wasser, Schwefelkohlenstoff, Aluminium, Steinsalz, Glas, Zink usw. keine merkliche Brechung erleiden kann;

b) daß es von den genannten Körpern nicht merklich regelmäßig reflektiert werden kann;

c) daß es somit durch die sonst gebräuchlichen Mittel nicht polarisiert werden kann;

d) daß die Absorption desselben von keiner anderen Eigenschaft der Körper so beeinflußt wird als von ihrer Dichte.

Das heißt, man müßte annehmen, daß sich diese ultravioletten Strahlen ganz anders verhalten als die bisher bekannten ultraroten, sichtbaren und ultravioletten Strahlen.

Dazu habe ich mich nicht entschließen können und nach einer anderen Erklärung gesucht.

Eine Art von Verwandtschaft zwischen den neuen Strahlen und den Lichtstrahlen scheint zu bestehen, wenigstens deutet die Schattenbildung, die Fluoreszenz und die chemische Wirkung, welche bei beiden Strahlenarten vorkommen, darauf hin. Nun weiß man schon seit langer Zeit, daß außer den transversalen Lichtschwingungen auch longitudinale Schwingungen im Äther vorkommen können und nach Ansicht verschiedener Physiker vorkommen müssen. Freilich ist ihre Existenz bis jetzt noch nicht evident nachgewiesen und sind deshalb ihre Eigenschaften noch nicht experimentell untersucht.

Sollten nun die neuen Strahlen nicht longitudinalen Schwingungen im Äther zuzuschreiben sein?

Ich muß bekennen, daß ich mich im Laufe der Untersuchung immer mehr mit diesem Gedanken vertraut gemacht habe, und gestatte mir dann auch diese Vermutung hier auszusprechen, wiewohl ich mir sehr wohl bewußt bin, daß die gegebene Erklärung einer weiteren Begründung noch bedarf."

Würzburg, Physikal. Institut der Universität. Dezember 1895.

Der Verlag und Druck der „Sitzungsberichte", die eine Ergänzung der „Verhandlungen" derselben Gesellschaft waren, die Stahelsche K. Hof- und Universitäts- Buch- und Kunsthandlung, brachte sofort Sonderdrucke dieser Arbeit heraus [Sarton (a—62); Weil (a—77)]. Die allerersten dieser Sonderdrucke, die Röntgen am Neujahrstag 1896 an eine Reihe seiner Kollegen sandte, umfaßten zehn Seiten und waren geheftet in der Form von Dissertationen mit einem Heftstreifen aus farbigem Glanzpapier; sie hatten kein Titelblatt oder Umschlag und führten auf der ersten Seite den Titel „Über eine neue Art von Strahlen". Unmittelbar nach dem Druck dieser ersten Hefte erschien Röntgens Arbeit in einem gelben Umschlag, aber noch ohne Titelblatt. Auf dem Umschlag steht der Titel „Eine neue Art von Strahlen" (Abb. 7c) ohne das „Über" und der Name des Verfassers ist als Dr. W. Röntgen angegeben, trotzdem Röntgen seinen Namen „W. C. Röntgen" schrieb. Diese ersten beiden Ausgaben der berühmten Arbeit, die in der Literatur als 1. Auflage bezeichnet werden, zeigen das Jahr der Veröffentlichung als „Ende 1895" an; die letztere gibt auf dem Umschlag auch den Preis der Broschüre mit 60 ch. an. Die angegebenen verschiedenen Änderungen in Text und Aufmachung deuten auf die Eile hin, mit welcher diese ersten Heftchen gedruckt wurden. Auch diese müssen schnellstens vergriffen gewesen sein, und die Nachfrage muß sich so gesteigert haben, daß die Stahelsche Buchhandlung während des Jahres 1896 vier weitere Auflagen herausbrachte, die unter sich nur geringe Änderungen aufweisen. Die zweite und folgenden Auflagen zeigen 1896 als das Jahr der Herausgabe an; alle diese Auflagen hatten ein Titelblatt mit dem auf dem Umschlag erschienenen Text. Die zweite Seite war unbedruckt, der wissenschaftliche Text nahm Seiten 3—12 ein und der Umschlag wies auf den Seiten 2, 3 und 4 Geschäftsanzeigen des Verlages auf. Der Umschlag der zweiten Auflage war wiederum gelb, derjenige der dritten, vierten und fünften Auflage ein helles Braun. Eine Reihe der Kopien der dritten, vierten und fünften Auflage hatten ein grell rotes Streifband (Abb. 7d), auf dem ein Zeigefinger auf den in großen Buchstaben gedruckten Satz „Enthält die neue Entdeckung Professor RÖNTGENs in Würzburg" hindeutet. Auf dem Umschlag der fünften Auflage deutet ebenfalls ein Finger, allerdings in kleinerem Umfang auf die folgende Notiz „Die vorliegende Broschüre erscheint auch in *englischer, französischer, italienischer* und *russischer Sprache*

RÖNTGENs Arbeit erschien in englischer Sprache schon am 23. Januar 1896 in der Londoner Zeitschrift „Nature" und am 14. Februar in der amerikanischen „Science", in französischer Sprache am 8. Februar in «L'Eclairage Electrique». So war in wenigen Wochen nach der Entdeckung RÖNTGENs der Wortlaut seiner ersten Mitteilung in alle Kultursprachen übersetzt worden und dadurch in aller Welt bekannt geworden.

3. Der erste Eindruck der Nachricht von der Röntgenschen Entdeckung auf Wissenschaftler und Laien

Selten hat in der Geschichte der Wissenschaft eine neue Entdeckung oder Erfindung in wenigen Tagen eine solche Verbreitung gefunden und einen derartig tiefen Eindruck auf das Publikum gemacht, wie die Entdeckung der Röntgenstrahlen. Zusammen mit seiner ersten Veröffentlichung hatte RÖNTGEN an einige seiner Freunde, den Wiener Physiker F. EXNER, die Berliner Professoren WARBURG und O. LUMMER, Prof. VOLLER in Hamburg und Prof. SCHUSTER in Manchester u. a. Abzüge seiner ersten X-Strahlen-Aufnahmen geschickt und auf die Weise einen kleinen Kreis von Wissenschaftlern mit seiner wichtigen Entdeckung bekannt gemacht. Selbst diese Freunde hätten an der Echtheit der erhaltenen Bilder gezweifelt, wäre ihnen nicht die exakte und zuverlässige Art der Arbeit RÖNTGENs bekannt gewesen. So schrieb LUMMER (529) z. B. am 15. Februar 1896: „Denn wahrlich beim Lesen der einige Tage vorher von Professor RÖNTGEN mir zugesandten vorläufigen Mitteilung: ‚Über eine neue Art von Strahlen', konnte ich mich des Gedankens nicht erwehren, ein Märchen vernommen zu haben, wenn auch der Name des Autors und dessen stichhaltige Beweise mich von diesem Wahne schnell genug befreiten. Wohl stand es schwarz auf weiß gedruckt, daß man die Metallgewichte in einem geschlossenen Holzkasten photographieren und die Knochen der lebenden Hand auf die Platte zaubern könnte, aber erst die wirkliche Photographie vermochte für jedermann die Tatsache zur Gewißheit zu stempeln. Selten dürfte es sich ereignen, daß eine reale physikalische Tatsache bei ihrem ersten, freilich unvollkommenen Bekanntwerden durch die Tageszeitungen scheu aufgenommen wird als Hirngespinst eines Kranken oder Spaßvogels und deswegen von ernsteren Blättern nicht abgedruckt, von den Spiritisten sofort aber gedeutet wird als Offenbarung aus der vierten Dimension." Prof. LUMMER nahm in dieser Mitteilung Bezug auf die von Prof. WARBURG bei der Feier des 50jährigen Bestehens der Berliner Physikalischen Gesellschaft am 4. Januar 1896 im Physikalischen Institut ausgestellten Röntgenschen Photographien[1].

Dr. NEUHAUSS, der diese Bilder in dem Warburgschen Institut gesehen hatte, beschrieb dieselben folgendermaßen: „Ein Kompaß in Metallkapsel hatte auf der Platte ein schwarzes Bild der Nadel wiedergegeben. Ein Bild zeigte eine abgestufte Schattenskala durch viele übereinanderliegende Stanniolblättchen gebildet. Ein Satz von Gewichten in geschlossenem Holzkasten und eine besponnene, in einem dicken Holzklotz eingelassene Drahtspirale gaben kräftige Bilder des Metalles, das Holz nur in schwacher Andeutung. Am merkwürdigsten ist aber die Abbildung einer menschlichen Hand[2]."

Daß diese Aufnahmen bei den anwesenden Wissenschaftlern an diesem Tage allerdings noch nicht das außerordentliche Aufsehen erregten wie einige Tage später, geht daraus hervor, daß der Festredner des am Abend des Jubiläumstages im Hotel „Reichshof" stattfindenden Bankettes, der Vorsitzende der Physikalischen Gesellschaft Prof. W. v. BEZOLD, wohl von den lehrreichen Demonstrationen im Physikalischen Institut sprach, die Röntgensche Entdeckung aber nicht erwähnte. In einer Fußnote der in den erwähnten „Verhandlungen der Physikalischen Gesellschaft zu Berlin" gedruckten Festrede holte der Redner dann das Versäumte in begeisterten Worten nach: „Leider war es dem Redner, der überdies an diesem Abend geschäftlich stark in Anspruch genommen war, ebenso wie manchen anderen Mitgliedern der Gesellschaft gänzlich unbekannt geblieben, daß sich unter den ausgestellten Gegenständen an einer weniger auffallenden und durch zahlreiche Beschauer verdeckten Stelle die ersten Röntgenschen Photographien befanden. Wäre ihm auch nur ein Wort darüber zu Ohren gekommen, so hätte er seine Rede in ganz anderem Tone geschlossen und der seltenen Weihe gedacht, welche dem Feste dadurch verliehen worden sei, daß an diesem Tage zum ersten Male die Ergebnisse einer Entdeckung mitgeteilt wurden, deren weittragende Bedeutung auf den ersten Blick erkannt werden mußte."

Diese Begeisterung ergriff nun allenthalben die wissenschaftlichen Kreise und auch einen großen Teil der Laienwelt, besonders da ein oder zwei Tage später schon ausführlichere Nachrichten über die Entdeckung den Weg in die Tagesblätter fanden. Wurde auch zunächst die erste Mitteilung vielfach mit zweifelndem Kopfschütteln oder überlegenem Lächeln als Scherz empfangen, so verwandelte sich dieser Zweifel in wenigen Tagen, besonders nachdem andere Wissenschaftler über ihre Bestätigung der Röntgenschen Ergebnisse berichteten, in Erstaunen.

Die schnelle Bestätigung der Röntgenschen Resultate in vielen Laboratorien ist der Tatsache zu verdanken, daß, durch HITTORFs und CROOKESs glänzende

---

[1] Die Ankündigung im Programm der Versammlung lautete: „Eine Reihe von Photographien, welche Herr RÖNTGEN in Würzburg vermittels der jüngst von ihm entdeckten X-Strahlen aufgenommen hat". Verh. physik. Ges. Berlin **15**, 8 (Jan. 1896).

[2] Photogr. Rdsch. **10**, 40 (Febr. 1896).

Experimente veranlaßt, die Hittorf-Crookesschen Röhren und die hochspannungsliefernden Apparate sich fast in jedem physikalischen Laboratorium befanden. Mit vielen dieser Ausrüstungen wurden die Versuche Röntgens nicht nur schnell bestätigt, sondern auch erweitert durch Bearbeitung der sich neu eröffnenden wissenschaftlichen Fragen. Zu diesen physikalischen Laboratorien brachten auch die Ärzte zunächst ihre Patienten, um sie mit den Wunderstrahlen durchleuchten zu lassen und damit das neue Hilfsmittel der Diagnose zu studieren (Abb. 10).

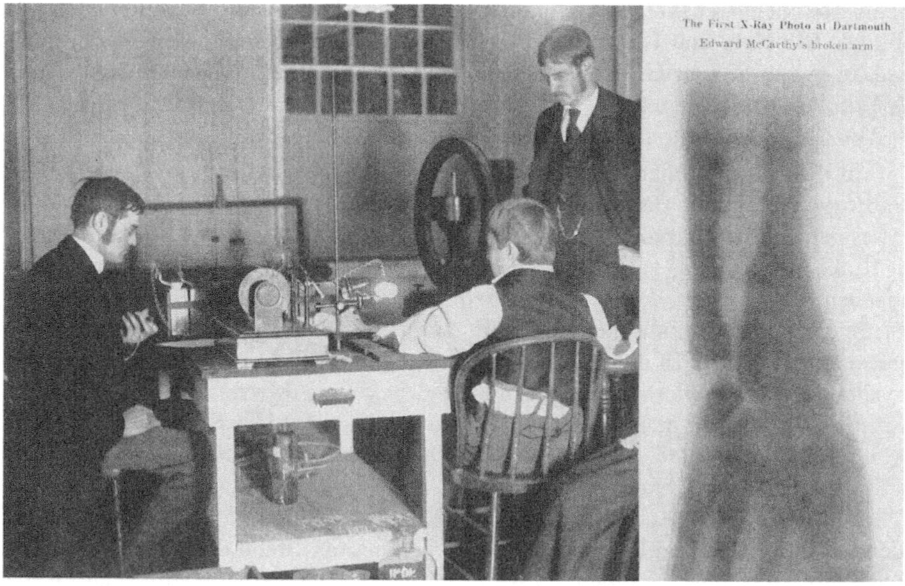

Abb. 10. Eine der ersten Röntgenaufnahmen in Amerika, die am 20. Januar 1896 am Dartmouth College gemacht wurde. Von links nach rechts Prof. Edwin P. Frost, Patient Eddie McCarthy, Prof. Gilman D. Frost

Den größten Eindruck von allen ersten Röntgenbildern machte die Aufnahme der menschlichen Hand. Fraglos trugen die unzähligen Aufnahmen von Händen, die in den ersten Wochen nach der Entdeckung gemacht wurden, dazu bei, die wichtigen Eigenschaften der Röntgenstrahlen sozusagen ad oculus zu demonstrieren und ihre Bedeutung für das Studium anatomischer Veränderungen zu zeigen. Durch seine Aufnahme einer Hand hat Röntgen in glücklicher Weise seiner Entdeckung von Anfang an eine weite Perspektive auf praktische Verwertung eröffnet, die hauptsächlich daran schuld war, daß nicht nur Wissenschaftler, sondern auch das Publikum die Entdeckung mit einer Begeisterung aufnahm, die sonst vielleicht für einige Zeit auf die Einsamkeit des physikalischen Laboratoriums hätte beschränkt bleiben müssen. Neben der weltbekannten ersten Aufnahme von Frau Röntgens Hand (Abb. 8) haben andere Aufnahmen aus den ersten Januartagen 1896 auch weitere Verbreitung erlangt. Eine der bekanntesten ist wohl die des Hamburger Physikers Prof. Voller, die am 17. Januar 1896 im Hamburger Physikalischen Institut gemacht wurde. Diese Aufnahme (Abb. 11) wurde z. B. mit dem ersten Bericht über die Entdeckung in der bekannten französischen Zeitschrift «L'Illustration» reproduziert und fand auch Eingang in viele medizinische Zeitschriften. Eine andere sehr bekannte Handaufnahme ist die in Abb. 12c dargestellte „Schattenphotographie einer lebenden Hand nach RÖNTGENs Methode mit einer gewöhnlichen photographischen Trockenplatte in einer Kassette aufgenommen und 5 Minuten den Strahlen einer Crookesschen Vakuumröhre ausgesetzt, von A. A. C. SWINTON und J. C. M. STANTON". Diese berühmte Aufnahme, die erste in England gemachte, führte A. A. C. SWINTON am 24. Januar der Physikalischen Gesellschaft und am 13. Februar 1896 anläßlich eines Vortrages dem Londoner Camera Club vor. Am 23. Januar 1896 war sie schon in "Nature" (885) abgedruckt worden und am 25. Januar 1896 zusammen mit den Aufnahmen eines Frosches in der medizinischen Zeitschrift "Lancet". Viel früher schon, nämlich am 9. Januar, also wenige Tage nach dem Erscheinen der ersten Nachrichten über die Röntgensche Entdeckung im Londoner „Standard", hatte SWINTON, der einer der eifrigsten und fruchtbarsten Röntgenstrahlenpioniere in England wurde, schon in den Zeitungen über seine Experimente berichtet[1].

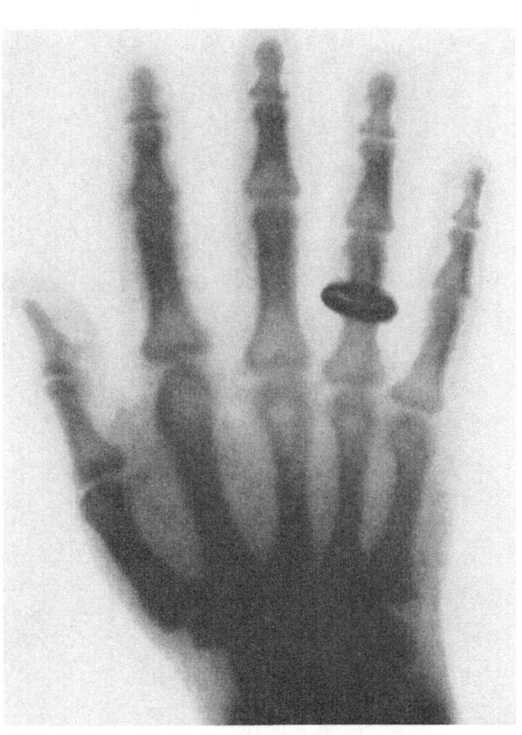

Abb. 11. Lebende Hand, aufgenommen am 17. Januar 1896 mit X-Strahlen nach Prof. RÖNTGEN im physikalischen Staats-Laboratorium zu Hamburg

Diese erste Bestätigung der Röntgenschen Resultate in England trug viel zur Zerstreuung der anfänglichen Zweifel über die Echtheit der Wunderstrahlen bei. Etwas später, am 24. Januar, kündigte das "British Journal of Photographie" an, daß die Firma Newton & Co., Fleetst., London, Diapositive der Swintonschen Röntgenaufnahmen in den Handel gebracht habe, so daß nunmehr die Leser eine Gelegenheit haben, diese interessanten Bilder selbst zu studieren[2]." Der bekannte Physiker J. J. THOMPSON nahm schon in den ersten Januartagen in dem Physikalischen Laboratorium der Universität Cambridge Röntgenbilder auf und zeigte sie der Cambridge Philosophical Society am 27. Januar 1896. Andere bekannte englische Röntgenpioniere waren Lord BLYTHSWOOD (141), J. JOLLY (437), J. MCINTYRE (537), A. W. PORTER (700), S. D. ROWLAND (778), OLIVER LODGE (504) und A. SCHUSTER (831).

Mit derselben Begeisterung gingen Physiker und Ärzte auf der ganzen Welt an die Arbeit mit den X-Strahlen heran. Die ersten Aufnahmen in Frankreich

[1] Siehe Brit. J. Photogr. **43**, 36 (17. Jan. 1896). Lancet **741**, 179, 245 (18. u. 25. Jan. 1896).
[2] Brit. J. Photogr. **43**, 59 (24. Jan. 1896).

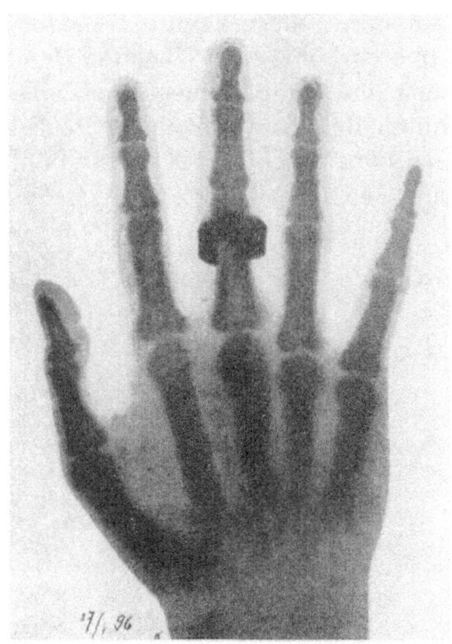

Abb. 12a

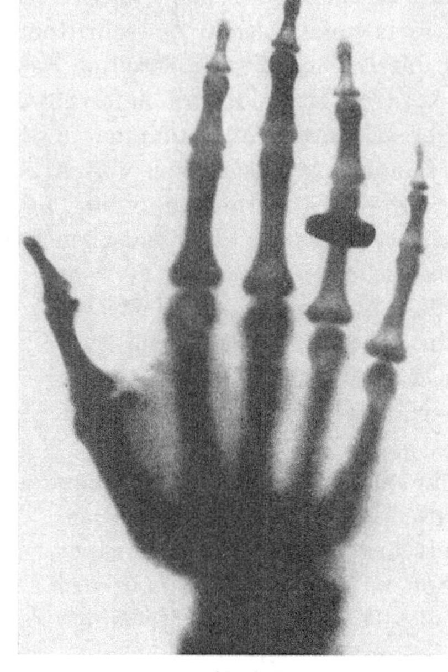

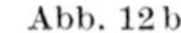

Abb. 12b

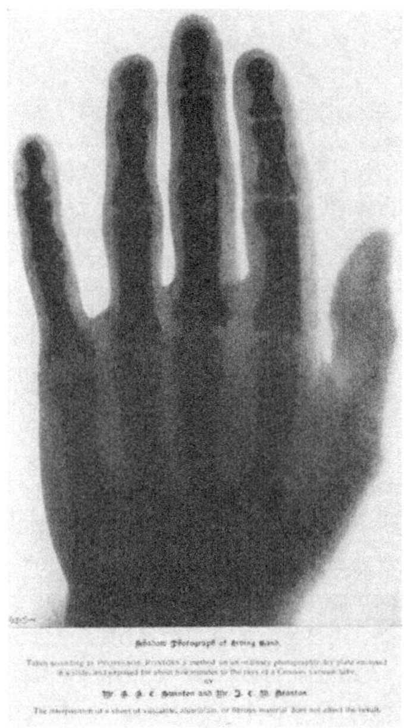

Abb. 12c

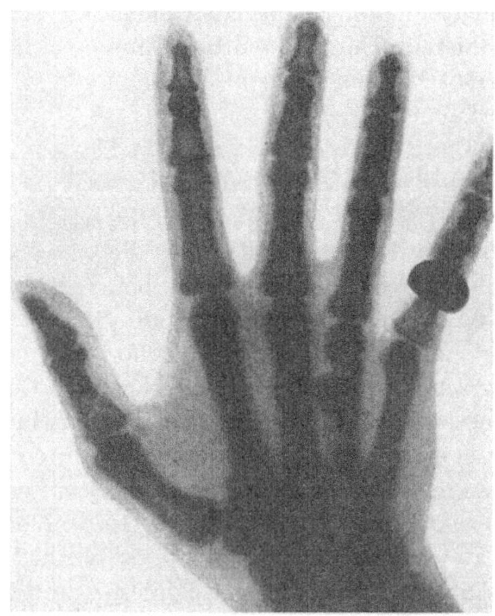

Abb. 12d

Abb. 12a. Röntgenaufnahme einer Hand. Aufgenommen am 17. Januar 1896 durch KLINGENBERG und SLABY in Charlottenburg

Abb. 12b. Eine Damenhand, photographiert mit Röntgenschen Strahlen in der Urania zu Berlin von P. SPIES

Abb. 12c. Schattenphotographie einer lebenden Hand. Hergestellt von SWINTON und STANTON im Januar 1896 in London

Abb. 12d. Radiographie einer Hand mit Revolverkugel. Hergestellt von M. ALBERT LONDE in Paris im Januar 1896

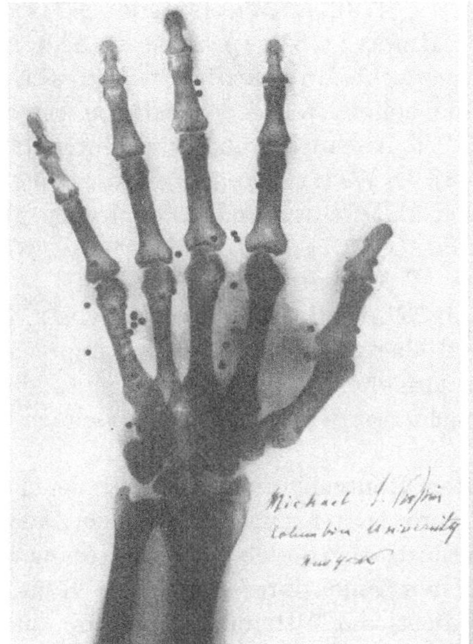

Abb. 12e

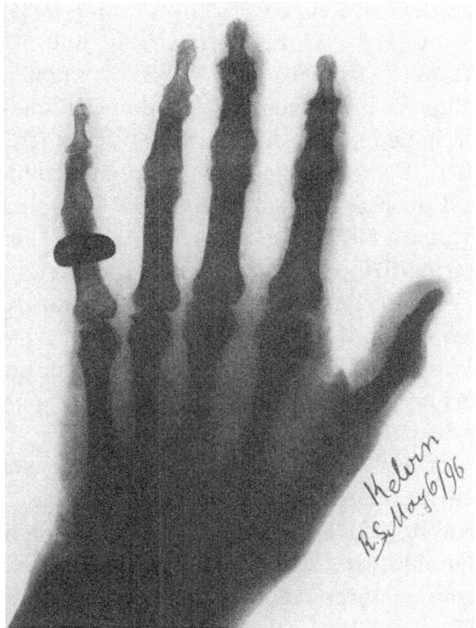

Abb. 12f

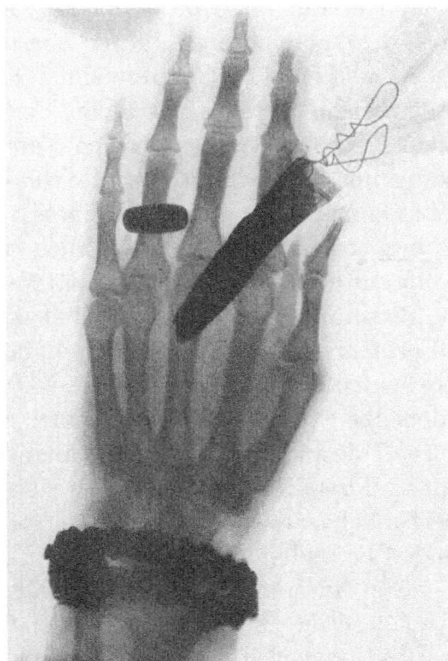

Abb. 12g

Abb. 12h

Abb. 12e. Hand mit Schrotschüssen. Hergestellt von M. Pupin in New York im Februar 1896

Abb. 12f. Lord Kelvins Hand. Hergestellt in London am 6. Mai 1896

Abb. 12g. Damenhand mit Blumenstrauß. Hergestellt von Prof. Dr. König in Frankfurt am Main im Februar 1896

Abb. 12h. Röntgen-Photographie zweier ineinander geschlungener Hände. Aufgenommen während eines Vortrages am 27. Juni 1896 von Prof. Dr. König

wurden von A. BARTHELEMY und P. OUDIN (478), L. BENOIST und D. HURMUZESCU (113), C. E. GUILLAUME (366), C. HENRY (385), A. LONDE (Abb. 12d), M. MESLANS (586) und G. SÉGUY (836) gemacht. In Amerika teilten sich die folgenden Wissenschaftler den Ruhm die ersten Röntgenaufnahmen gemacht zu haben: F. CAJORI (186), J. COX (227), T. A. EDISON und Assistenten (276), E. B. FROST (312), A. W. GOODSPEED (348), D. W. HERING (389), E. J. HOUSTON and A. E. KENNELLY (406), E. C. JERMAN, E. MERRITT and G. S. MOLER, D. C. MILLER (597), C. L. NORTON (646), M. I. PUPIN (707), J. P. C. SOUTHALL, W. M. STINE (870), J. TROWBRIDGE (958) and A. W. WRIGHT (1932).

In Berlin mußte Professor SPIES (Abb. 12b) in der „Urania"-Gesellschaft in den ersten Januartagen 1896 jeden Abend über die neue Entdeckung sprechen[1]. Professor NERNSTs Hand, deren Röntgenaufnahme im Physikalischen Laboratorium der Universität Göttingen gemacht worden war, wurde vielfach abgedruckt[2].

Auf weitere Beschreibungen der ersten Röntgenaufnahmen und der Fortführung der Röntgenschen Versuchen wird später zurückgekommen werden (Kapitel 12). Doch sollen hier zur ferneren Illustration der ersten Begeisterung zwei Berichte alter Röntgenologen aus den ersten Tagen ihrer Arbeit mit Röntgenstrahlen aufgenommen werden. Es sind dieses die Mitteilungen des Hamburger Physikers Prof. B. WALTER und des Prof. H. GOCHT, der damals ebenfalls in Hamburg lebte. WALTER macht in einem persönlichen Schreiben[3] folgende Mitteilung:

„Ich benutzte die Röntgenstrahlen zum ersten Male im Januar 1896. Der damalige Direktor unseres Laboratoriums, der vor mehreren Jahren verstorbene Prof. VOLLER, hatte nämlich Anfang 1896 von Prof. RÖNTGEN einen Sonderdruck seiner ersten Mitteilung „Über eine neue Art von Strahlen" erhalten, nach deren Studium mein Kollege CLASSEN, der ebenfalls kürzlich verstorben ist, und ich den Bestand unseres Laboratoriums an Kathodenstrahlenröhren, die sämtlich von C. H. F. MÜLLER, hierselbst, herrührten, mit Hilfe eines Bariumplatinzyanürschirmes auf Röntgenwirkung untersuchten. Tatsächlich fanden wir darunter eine solche Röhre. Wir benutzten bei diesen und den späteren Versuchen stets einen 10-cm-Induktor mit Platinunterbrecher nach DEPREZ. Die genannte Röhre war von zylindrischer Form und hatte etwa 20 cm Länge und einen Durchmesser von etwa 5 cm. Ihre Elektroden bestanden aus etwa 0,2 mm dickem Aluminiumblech, und die eine derselben hatte die Gestalt einer ebenen Scheibe von etwa 3 cm Durchmesser, während die andere, die wir stets als Kathode benutzten, einen Teil eines Zylindermantels darstellte, also nicht etwa eine sog. Hohlspiegelkathode (Teil einer Kugeloberfläche) war, wie sie ja später meist für diese Zwecke benutzt wurde. Die Elektroden befanden sich an den beiden Enden der Glasröhre. Die Röntgenstrahlen gingen in unserem Falle hauptsächlich von dem unten befindlichen Ende der Röhre aus, und die zu durchleuchtenden Gegenstände stellten wir dann auch stets diesem Ende gegenüber.

Besonders die beiliegenden Aufnahmen dürften von Interesse sein, da sie die ersten Aufnahmen darstellen, welche wir mit der genannten Röhre machten.

[1] Lancet **74 I**, 331 (1. Febr. 1896).

[2] Siehe z. B. Nature (Lond.) **53**, 224 (6. Febr. 1896).

[3] 25. Januar 1929.

Sie stellen Teile der Hand von Prof. VOLLER dar, und es betrug der Abstand zwischen dem unteren Ende der Röhre und der in einer Holzkassette liegenden gewöhnlichen photographischen Platte bei *1* und *2* nur 5 cm, bei *3* dagegen 15 cm. Die Expositionszeit ferner betrug bei *1* und *2* 5 Minuten und bei *3* 20 Minuten."

Von ebenso großem Interesse sind die Ausführungen des bedeutenden Berliner Orthopäden Prof. H. GOCHT über seine ersten Erfahrungen mit den Röntgenstrahlen:

„Es war in den ersten Tagen des Jahres 1896. Ich hatte gegen Abend als sog. Aufnahmevolontär die Anamnese und den Status der verschiedenen neuaufgenommenen Männer und Frauen der Chirurgischen Abteilung des Eppendorfer Krankenhauses zu Papier gebracht und war auf mein Zimmer gegangen. Ein Mitassistent besuchte mich und erzählte mir mit einer gewissen Erregung von den eigenartigen Versuchen RÖNTGENS; seine Kenntnisse stammten aus irgendeiner Tageszeitung. Ich hörte mit Kopfschütteln, man könne Gegenstände photographieren, ohne daß die photographische Kassette überhaupt geöffnet zu werden brauchte; die Tragweite der Zeitungsnotiz war dem jungen Medizinmann nicht im entferntesten klar geworden. Ich scherzte — er wurde ärgerlich —, schließlich gingen wir zusammen zum Ärztekasino, es war Abendbrotzeit.

Hier war schon eine größere Zahl der Assistenzärzte versammelt; einzelne lasen aus den verschiedenen Tagesblättern vor, andere debattierten laut und lachend, die ganze Unterhaltung drehte sich um die X-Strahlen von RÖNTGEN. Nun las auch ich in aller Ruhe die diesbezügliche Notiz und war sprachlos.

Am nächsten Morgen vor und bei der Visite in den Aufnahmepavillons erörterte unser Chef und Oberarzt KÜMMELL die Röntgensche Entdeckung mit uns. Er hatte sich die ganze Nacht, wachend und träumend, wie er uns sagte, mit dem Problem der X-Strahlen beschäftigt, und schließlich schloß er impulsiv und uns alle überraschend: ‚Solchen Apparat müssen wir haben.' Wir nahmen diesen Entschluß zunächst nicht einmal ganz ernst.

Für mich hatte die Angelegenheit eine ganz besondere Bedeutung. KÜMMELL hatte mir, da ich damals gern und viel photographierte, die photographischen Arbeiten seiner Chirurgischen Abteilung übertragen. So kam es, daß KÜMMELL in den folgenden Tagen und Wochen die Beschaffung des Röntgenapparates immer wieder mit mir, seinem photographischen Assistenten, besprach.

Es war sehr schwierig, einen großen Induktionsapparat zu beschaffen. Die Nachfrage war verhältnismäßig groß, der Vorrat bei den elektrotechnischen Fabriken gleich Null. Sie vertrösteten die Besteller. So erhielt KÜMMELL die Nachricht, daß wir vor Mitte März nicht auf die Lieferung des Ruhmkorffschen Apparates rechnen dürften.

Eines Tages im Februar teilte mir KÜMMELL mit, daß in Hamburg (Bremer Straße 14) ein Herr MÜLLER wohne, der Besitzer einer elektrischen Zentrale und einer Fabrik für elektrische Glühlampen sei, der sich auch mit der Herstellung von Geißlerröhren, von Hittorfschen und von Röntgenröhren beschäftigte und bereits Röntgenaufnahmen angefertigt habe; es wäre am besten, wenn wir einmal zu ihm gingen, alles besichtigten und uns so schon vorbereiteten.

So pilgerten wir, OPITZ und ich, am nächsten freien Spätnachmittag zu C. H. F. MÜLLER, und was wir da erlebten, ging weit über unsere Erwartungen.

Wir beiden jungen Assistenten wurden von dem mehr als 20 Jahre älteren Praktiker mit einer Freude und Herzlichkeit aufgenommen, daß sofort alles Fremdsein geschwunden war.

Im Hochparterre des Vorderhauses lagen die Fabrikräume von MÜLLER; im Vorderzimmer standen die Quecksilberluftpumpen zum Evakuieren der Röhren, bedient von MÜLLERs Faktotum SCHMIDT, einem liebenswürdigen, sehr tüchtigen, einfachen Menschen. Außerdem befanden sich hier einige kleinere Induktionsapparate und ein großer 25—30 cm-Induktor mit Platinunterbrecher; an Röntgenröhren standen mehr als ein Dutzend zur Verfügung.

MÜLLER hatte schon einige Platten mit Schlüsseln, Spiralen, Reißzeug, von Fingern, Handteilen angefertigt. Er zeigte uns zunächst seine Einrichtung und erklärte uns den Bau und die Evakuierung der Röhren. In einem Hinterzimmer saß sein Glasbläser, BECKER, der vor unseren Augen neue Röhren und Röhrenteile entstehen ließ. Diese ersten Röhren waren noch so gebaut, daß die Kathodenstrahlen von einem mehr oder weniger großen Aluminiumplanspiegel ausgingen und auf die gegenüberliegende gewölbte Glaswand fielen. Diese Stelle der Glaswand, welche besonders intensiv fluoreszierte und der Entstehungsort der Röntgenstrahlen war, wurde stets sehr heiß, so daß große Vorsicht mit der Stromzufuhr geboten war; mitunter platzte plötzlich die Röhre bei den langen Expositionszeiten mit lautem Knall.

Zu dem sehr einfachen Instrumentarium gehörte noch ein kleiner Apparat, den MÜLLER selbst gefertigt und ‚Sucher' getauft hatte: ein schwarzer Pappzylinder, der an dem einen Ende geschlossen war; auf die innere Bodenfläche waren einige Bariumplatinzyanürkristalle geklebt.

Ich sehe und höre noch in Gedanken, mit welcher Freude uns MÜLLER dies alles demonstrierte, und ich erinnere mich, mit welcher Spannung und Ungeduld wir das erste Experimentieren erwarteten. Endlich wurde der Induktionsapparat eingeschaltet, und die birnenförmig geblasene Röhre leuchtete zum ersten Male auf. Gegenüber der Kathode fluoreszierte die Glaswand besonders stark; wir mußten nach Ausschalten des Stromes fühlen, wie heiß hier die Röhrenwand war, und schließlich drückten wir den Sucher vor das eine Auge, um die von den Kathodenstrahlen getroffene Stelle zu visieren und das Aufleuchten der Bariumplatinzyanürkristalle zu beobachten. Zuerst sah man gewöhnlich nichts, bis dann plötzlich ein geringes Leuchten erschien. So wanderte dieser kleine Sucher an jenem ersten Abend zwischen uns dreien von Auge zu Auge, die Lichterscheinung war wirklich gering, aber für uns bedeutete sie einen fast überirdischen Glanz und den Blick in eine neue Welt[1]."

Diese beiden Berichte sind charakteristisch für die erste Röntgenzeit, und die darin geschilderte begeisterte Aufnahme der Entdeckung hat sich in vielen tausenden Laboratorien wiederholt.

Die große Begeisterung ergriff alle Welt, und der Optimismus über das, was mit den Strahlen zu erreichen sei, schoß oft über das Ziel hinaus und trieb hie und da sonderbare Blüten. Durch die Schnelligkeit der Erfolge wurden auch weite Kreise in kurzer Zeit recht verwöhnt, und das Erreichte, wie wunderbar es auch immer schien, genügte ihnen nicht mehr. So telegraphierte z. B. ein

[1] Die Gründung des Chirurgischen Röntgeninstitutes am Allgemeinen Krankenhaus Hamburg-Eppendorf. Beitr. klin. Chir. **92** (1914).

Kunde eines englischen Photographen, dem dieser Anfang des Jahres 1896 das Röntgenbild einer in das Gewebe eines Fußes eingeschlossenen Nadel übersandte, folgendes: „Photogramm erhalten. Recht zahm. Sendet aufsehenerregendere, wie Inneres des Magens, Rückgrates, Gehirn, Leber, Niere, Herz, Lunge usw."[1]

Aber nicht alle Meinungen über die Wichtigkeit der praktischen Verwendung der neuen Strahlen waren optimistisch, und manche Stimme sprach sich ängstlich gegen die Verbreitung dieser „Gespensterbilder" aus. Schon in der ersten Mitteilung der neuen Entdeckung in der Londoner Zeitschrift „ The Electrician"[2] konnte man zum Schluß lesen: „Wir stimmen jedoch den Tageszeitungen nicht bei, wenn sie diese Entdeckung als eine ‚Revolution in der Photographie' bezeichnen. Es gibt sicherlich nur wenige Leute, die für ein Porträt sitzen wollen, welches ‚nur die Knochen und Ringe an den Fingern' zeigt.' Diese krankhafte Angst kam in vielen anderen Berichten jener Tage zum Ausdruck. So bot z. B. der Redakteur des „Grazer Tageblattes" Herrn Prof. P. Czermak in Graz an, eine Röntgenaufnahme seines Kopfes machen zu lassen, und es wird berichtet, daß er, nachdem er die Aufnahme sah, „absolut verweigerte, daß das Bild irgendjemand anderem als Wissenschaftlern gezeigt werden dürfe". „Er hat kein Auge zugetan", fährt der Bericht fort, „seit er seinen eigenen Totenkopf gesehen hat[3]." Selbst von wissenschaftlicher Seite wurden solche Einwände gemacht. Der bekannte amerikanische Physiker A. E. Dolbear (248) vom Tuft's College in Midford Hillside (Mass.) gab demselben Gedanken Ausdruck in der amerikanischen Zeitschrift „Electrical World", wo er sagte: „Es ist ein geisterhafter Versuch, das Skelett eines lebenden Menschen zu photographieren, so, als ob es seziert wäre und mit Drähten bewegt würde. Auch hat das Verfahren seine bedrohlichen Wirkungen; wenn man durch Holz und Steinwände und auch im Dunkeln photographieren kann, dann gibt es keine Zurückgezogenheit mehr, denn es wird überall hell sein, außer für unsere Augen, und für diese wird es bald einen Ersatz geben." Viele ähnliche Berichte erschienen zu jener Zeit besonders in den Tageszeitungen und den populären Zeitschriften (s. z. B. auch „No Privacy, The Critic, New York, 28. Jan. 1896, S. 45). Auch in poetische Form wurden die ängstlichen Empfindungen gegenüber den Schattenphotographien gekleidet. Ein für diese Empfindungen charakteristisches Gedicht „Stoßseufzer eines Fürchtsamen" aus den Meggendorfer Humoristischen Blättern[4] sei hier erwähnt:

Überall Professor Röntgen!
Die Begeist'rung will nicht end'gen,
Mir allein wird bei dem Klange
Dieses Namens schrecklich bange,
Und es faßt mich grauser Schrecken;
Mußte er denn auch entdecken
Diese memento-mori-Strahlen?
In den Blättern und Journalen
Und in allen Auslagfenstern
Wimmelt's heute von Gespenstern!

[1] Literary Digest **12**, 766 (25. April 1896).
[2] Electrician **36**, 333 (10. Jan. 1896).
[3] Brit. J. Photogr. **43**, 74 (31. Januar 1896).
[4] Meggendorfer Humoristische Bl. **25**, 74 (Mai 1896).

Schwarze graus'ge Krallenhände,
Wirbel, Rippen ohne Ende,
Grabentstiegene Skelette
Grinsen üb'rall um die Wette
In den Straßen, auf den Wegen,
Kalt und höhnisch mir entgegen,
Um sich schließlich zu verein'gen,
Mich im Traume noch zu pein'gen!
Ja, ich kann seit vielen Tagen
Mich nicht auf die Gasse wagen,
Darf, soll mich die Furcht nicht lähmen,
Kein Journal zur Hand mehr nehmen,
Und ich fühl's, daß ich zum Schluß
Noch am — Gruseln sterben muß!
— Schreibt sodann auf meine Truhe,
Daß in mir, der ich hier ruhe,
Ward ein Opfer hingerafft
Der modernen Wissenschaft! O. E. W.

Ganz ähnlich drückte sich ein Dichter in der bekannten englischen Zeitschrift „Punch"[1] schon am 25. Januar 1896 über „Die neue Photographie" aus:

The New Photography

(Professor RÖNTGEN, of Würzburg, has discovered how to photograph through a person's body, giving a picture only of the bones.)

O, RÖNTGEN, then the news is true,
And not a trick of idle rumour,
That bids us each beware of you,
And of your grim and graveyard humour.
We do not want, like Dr. SWIFT,
To take our flesh off and to pose in
Our bones, or show each little rift
And joint for you to poke your nose in.
We only crave to contemplate
Each other's usual full-dress photo;
Your worse than "alltogether" state
Of portraiture we bar *in toto*!
The fondest swain would scarcely prize
A picture of his lady's framework;
To gaze on this with yearning eyes
Would probably be voted tame work!
No, keep them for your epitaph,
These tombstone-souvenirs unpleasant;
Or go away and photograph
Mahatmas, spooks, and Mrs. B-s-nt!

Die amerikanische Fassung erschien im März 1896[2], unter dem Titel „Verse auf ein X-Strahlen- Portrait einer Dame":

Lines on an X-ray Portrait of a Lady

She is so tall, so slender, and her bones —
Those frail phosphates, those carbonates of lime —
Are well produced by cathode rays sublime,
By oscillations, amperes and by ohms.
Her dorsal vertebrae are not concealed
By epidermis, but are well revealed.

[1] Punch **100**, 45.
[2] Life **27**, 191 (12. März 1896).

Around her ribs, those beauteous twenty-four,
Her flesh a halo makes, misty in line,
Her noseless, eyeless face looks into mine
And I but whisper, "Sweetheart, Je T'adore."
Her white and gleaming teeth at me do laugh.
Ah! Lovely, cruel, sweet cathodagraph!

LAWRENCE K. RUSSEL

Viele dieser unangenehmen Befürchtungen rührten daher, daß man zuerst dachte, die Methode der Röntgenphotographie sei identisch mit der gewöhnlichen Photographie, mit dem einzigen Unterschied, daß die Röntgenstrahlen auch durch feste Körper hindurchdringen und dadurch gestatten, das Innere dieser Körper zu photographieren. Diese Ansicht ist auch in vielen witzigen Bemerkungen und Zeichnungen der humoristischen Blätter des Jahres 1896 niedergelegt.

Auf diese wird im Kapitel 20 näher eingegangen werden. Hier sei nur eine Reihe von bezeichnenden Karikaturen des französischen Künstlers A. ROBIDA wiedergegeben, die im Mai 1896 in der populärwissenschaftlichen Pariser Zeitschrift ,,La Nature" erschienen[1].

In diesen zum Teil phantasievollen Gedanken des Künstlers drückte sich, wie meist in Karikaturen, das wahre Empfinden des Publikums über die große Entdeckung aus, aber doch hat die weitere Entwicklung dieser Entdeckung manche der damaligen phantasiereichen und unglaublichen Ideen zur Wahrheit werden lassen. Es soll nicht unerwähnt bleiben, daß es in jener Zeit auch gerissene Kaufleute gab, die aus der Furcht des Publikums vor den ,,alles durchdringenden Strahlen" Nutzen zogen. Schon wenige Wochen nach der Entdeckung zeigte eine Firma in London den ,,Verkauf X-Strahlen-sicherer Unterwäsche an"[2].

Daß diese Empfindungen auch oft ernst genommen wurden, geht daraus hervor, daß der Abgeordnete REED vom Sommerset-Bezirk im amerikanischen Staate New Jersey am 19. Februar 1896, im Landtag zu Trenton einen Gesetzesvorschlag einbrachte, ,,nach dem der Gebrauch von X-Strahlen in Operngläsern im Theater verboten werden soll"[3].

Wenn auch diese Stimmen gegen die Verwendung der Röntgenstrahlenbilder im Strome der allgemeinen Begeisterung über den großen Fortschritt in den medizinischen und naturwissenschaftlichen Fächern durch die Entdeckung untergingen, so ist es nur zu natürlich, daß die merkwürdige Entdeckung selbst für den Laien lange Zeit unverständlich blieb. Es zeigt sich dies in den Berichten der Verwendung der Strahlen im Jahre 1896 in einer Reihe von humorvollen Erlebnissen, die die Röntgenologen mit ihren Patienten hatten.

Ein Korrespondent der englischen medizinischen Zeitschrift ,,Lancet", B. HUNTER, der einer Demonstration mit X-Strahlen in einer großen Ausstellung in London einige Tage lang beiwohnte, veröffentlichte einige seiner Erlebnisse im ,,Lancet"[4] und im ,,Electrical Engineer, New York"[5]. Sein Bericht sei hier auszugsweise wiedergegeben: ,,Ein älterer Herr machte die Bemerkung, daß die Demonstration nicht ,up to date' sei; er habe irgendwo in einer Zeitung

[1] Nature (Paris) **34**, 91 (9. Mai 1896).
[2] Elec. World **27**, 339 (28. März 1896).
[3] Electr. Engr. **21**, 216 (26. Febr. 1896).
[4] Lancet **74 II**, 1203 (24. Okt. 1896).
[5] Electr. Engr. **22**, 534 (25. Nov. 1896).

gelesen, daß man jetzt so weit wäre, sehen zu können, ‚wie die Leber schlägt und das Herz pulsiert'. — Zwei ältliche Damen betraten den kleinen Raum, in dem das Fluoroskop aufgestellt war, setzten sich feierlich und baten, die Tür zu verschließen. Nachdem dies geschehen war, sagten sie, sie möchten ‚gegen-

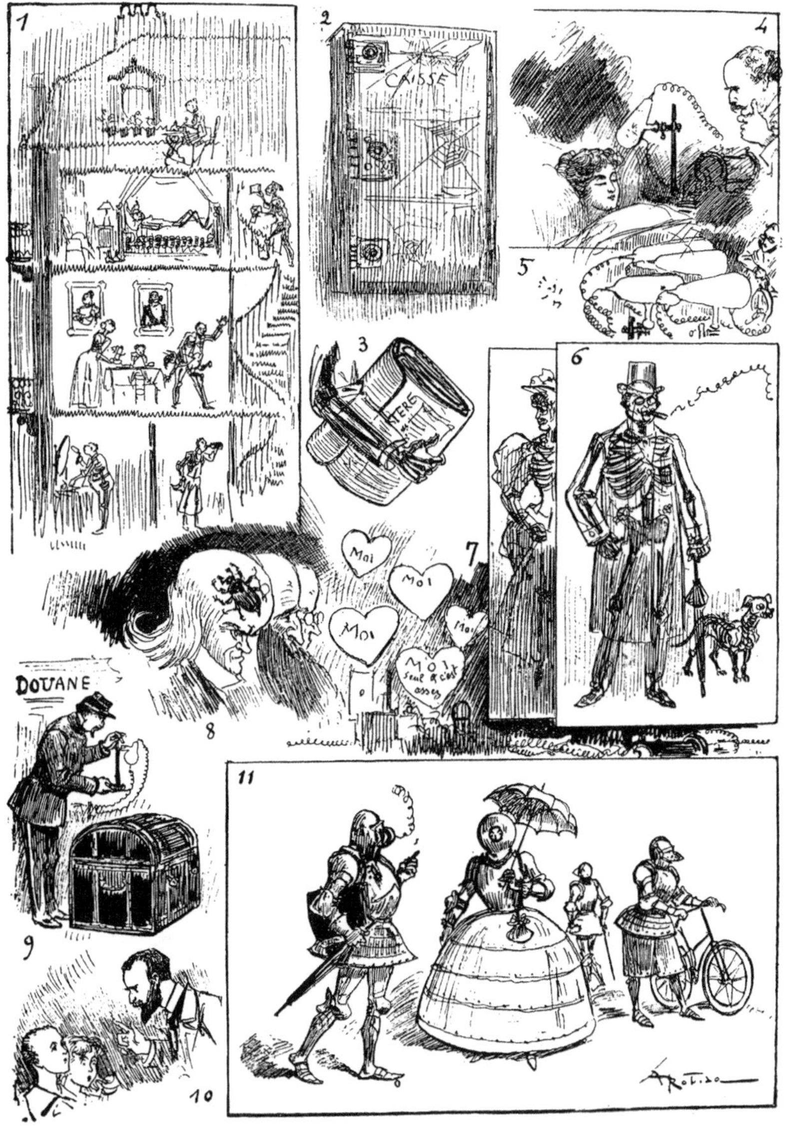

Abb. 13. Zeichnungen des französischen Künstlers A. ROBIDA mit dem Titel «Variations sur les Rayons X». 1. Indiskretionen der Röntgenphotographie; das Privatleben wird aus der Verborgenheit ans Tageslicht gebracht. 2. Ein bequemes Mittel, um festzustellen, ob der Bankier in seinem Geldschrank nicht nur Spinnweben hat. 3. Was das Portefeuille eines Ministers enthalten mag. 4. Kann man so nicht die Geheimnisse der Träume aufdecken? 5. Im Kampf mit den Mikroben. Wenn man mit der Röntgenphotographie die Stellungen des Feindes zu erkennen vermag, kann man ihn dann nicht auch mit Batterien von Röhren zerschmettern? 6. Erkenne dich selbst. 7. Was das Herz mancher Menschen enthält. 8. Ein Blick in das Hirn einiger tiefer Denker. 9. Ein verdächtiger Koffer. 10. „Die Röntgenstrahlen werden schon zeigen, wer von euch den Kuchen gegessen hat". 11. Die Mode von morgen. Dies wird künftig die einzige Möglichkeit sein, um den Indiskretionen der neuen Photographie zu entgehen

seitig ihre Knochen sehen‘, aber daß sie nicht unterhalb der Taille durchleuchtet werden wollten; jede wünschte auf die Weise, die entkleidete Knochenstruktur ihrer Freundin zuerst zu sehen. — Eine junge und ängstliche Mutter bat, nachzusehen, ob ihr kleiner Junge wirklich ein 3-Penny-Stück geschluckt hätte; er selbst wisse es nicht mehr. Sie hätte in einer der Zeitungen gelesen, daß ein berühmter Doktor in einem Vortrag vor einer großen Versammlung in Liverpool vor einiger Zeit gesagt hätte, daß er einen half-penny im ‚Sarcophagus‘ eines Knaben gesehen hätte. — Ein junges Dienstmädchen kam und frug vertraulich, ob man vielleicht durch ihren jungen Bräutigam, ohne daß er es bemerkte, hindurchsehen könne, um festzustellen, ob er im Inneren gesund sei.“

Man kann nur immer staunend wiederholen, wie unendlich groß die Aufregung über die Röntgensche Entdeckung in den ersten Monaten des Jahres 1896 war. Wohl lösten die geschilderten pessimistischen Gedanken hie und da die begeisterte Aufnahme der X-Strahlen ab, aber je weiter das Jahr fortschritt, je mehr Bestätigungen und neue Verwendungen der Röntgenschen Entdeckung bekannt wurden, um so mehr setzte sich der allgemeine Gebrauch dieser wunderbaren Strahlen in den medizinischen Kliniken und die weitere Untersuchung ihrer Eigenschaften in den physikalischen Laboratorien durch.

4. Röntgens Vortrag „Über eine neue Art von Strahlen“ vor der Physikalisch-Medizinischen Gesellschaft zu Würzburg am 23. Januar 1896

Am 13. Januar 1896 hielt Röntgen den im 5. Kapitel ausführlicher besprochenen Vortag vor Kaiser Wilhelm II., scheint aber sonst in keiner Weise über seine Entdeckung gesprochen zu haben, bis zu jenem denkwürdigen Vortrag in der Sitzung der Würzburger Physikalisch-Medizinischen Gesellschaft am Abend des 23. Januar 1896.

Die unglaublichen Berichte über die Zauberstrahlen, die in der kurzen Zeit zwischen Röntgens Veröffentlichung und seinem Vortrag sich über die ganze Welt verbreitet hatten, lockten Zuhörer aus allen Kreisen der Wissenschaft und Gesellschaft zu dieser Demonstration von außerordentlicher Wichtigkeit herbei, und schon lange vor Beginn des Vortrages waren sämtliche Bänke des Hörsaales des physikalischen Institutes bis auf den letzten Platz besetzt. Viele Professoren der Universität Würzburg, Vertreter der Generalität und des Offizierkorps und eine große Anzahl Studierender füllten den Saal. Eine tiefe Erregung und Begeisterung herrschte unter den Anwesenden. Als Röntgen den Saal betrat, erhob sich ein wahrer Beifallssturm, der sich während des Abends mehrfach wiederholte. In seiner einfachen und bescheidenen Weise dankte der Gefeierte für die begeisterten Kundgebungen, und in derselben schlichten Art begann er, die Einzelheiten seiner Entdeckung darzulegen. Zunächst betonte er, daß er es des allgemeinen Interesses wegen für seine Pflicht hielte, öffentlich über seine Arbeit zu reden, obwohl sich die ganzen Versuche noch im Stadium der Entwicklung befänden. Nach einleitenden historischen Bemerkungen über die Untersuchung an Kathodenstrahlen mit Hittorfschen Röhren ging er im besonderen auf die Hertzschen Versuche über die Durchdringung der Kathodenstrahlen durch die Metallfolien und dann auf die Arbeiten Lenards über Untersuchungen an Kathodenstrahlen in freier Luft ein. Diese Versuche führten ihn, wie er sagte, „auch zu Arbeiten auf diesem Gebiete, wobei ich dann durch Zufall meine Entdeckung machte“. Er erzählte, wie er beobachtete, daß ein auf dem Tisch liegendes mit Bariumplatinzyanür bestrichenes Blättchen bei jeder Entladung der in eine schwarze Kartonhülle eingeschlossenen Hittorfschen Röhre aufleuchtete. Schnell hätte er sich

Abb. 14. Die berühmte Tür in RÖNTGENs Laboratorium, durch die er eine X-Strahlenaufnahme machte. Auf der Platte fand er zu seinem Erstaunen einen hellen Streifen, der quer über die Platte lief (s. Abb. 15). Dieser rührte her von der Absorption der Strahlen in dem Bleiweiß, mit dem die Tür angestrichen war. (Mit Genehmigung von Dr. PAUL C. HODGES, Chicago, Illinois)

überzeugt, daß die Ursache dieses Leuchtens von der Röhre selbst und nicht von einer anderen Stelle der Leitung ausgehen konnte. Auch in größeren Entfernungen von der Röhre beobachtete er noch das Leuchten. „Ich fand durch Zufall“, sagte er bescheiden, „daß die Strahlen durch schwarzes Papier drangen. Ich nahm Holz, Papierhefte, aber immer noch glaubte ich, das Opfer einer Täuschung zu sein. Dann nahm ich die Photographie zu Hilfe, und der Versuch gelang.“

Hierauf führte RÖNTGEN eine Reihe von Versuchen über die Durchdringungsfähigkeit seiner X-Strahlen durch Papier, Blech, Holz und auch durch seine eigene Hand vor. Ein Platinblech jedoch hielt die Strahlen vollkommen auf. Er erwähnte ferner, daß er bei seinen ersten Experimenten versuchte, durch eine Tür (Abb. 14) hindurch zu photographieren, welche das Zimmer, in dem der Entladungsapparat aufgestellt war, von dem Zimmer, in welchem die photographische Platte war, trennte, und daß er auf der exponierten photographischen Platte helle Streifen gefunden habe, deren Zustandekommen ihm zuerst unerklärlich war. „Diese Abschattierung fiel mir auf und ich erkannte daran, daß nicht die Absorption durch die ungleichen Holzdicken des Türpfostens das Maßgebende war, sondern eine Oberflächenabsorption des Pfostens. Ich erkundigte mich nach der Art des Türanstrichs und erfuhr, daß derselbe aus Bleiweiß bestand. Weil Blei für diese Strahlen so schwer durchlässig ist, absorbiert eine in der Richtung der Strahlen verlaufende Bleiweißschicht dieselben beträchtlich mehr als eine senkrecht zu den Strahlen orientierte Schicht“ (Abb. 15).

Abb. 15. Röntgenaufnahme durch die Tür (Abb. 14). Dem Vermerk von RÖNTGENs Hand auf der Platte nach wurde diese Aufnahme am 20. November 1895 gemacht. (Mit Genehmigung des Deutschen Museums in München)

RÖNTGEN machte einige Versuche und reichte dann seine X-Strahlen-Bilder herum von dem Schatten eines auf einer Holzspule versteckt aufgewickelten Drahtes, von dem Gewichtssatz und der Bussole und schließlich seine Photographie der menschlichen Hand.

Nach Beendigung des Vortrages und den glänzenden Demonstrationen bat RÖNTGEN unter größter Begeisterung des Auditoriums den berühmten Anatomen, Exzellenz Geheimrat A. VON KÖLLIKER, dessen Hand mit den neuen Strahlen photographieren zu dürfen, ein Ersuchen, dem der Nestor der Würzburger Universitätsprofessoren gerne nachkam. Als die wohlgelungene Photographie (Abb. 16) herumgezeigt wurde, brach brausender Beifall los und alle Anwesenden hatten den Eindruck, einem weltgeschichtlichen Moment beigewohnt zu haben. v. KÖLLIKER hielt in tiefer Erregung eine zu Herzen gehende Ansprache, in der er bemerkte, daß er in den 48 Jahren seiner Zugehörigkeit zu der Physikalisch-Medizinischen Gesellschaft noch keiner Sitzung beigewohnt habe, in der so Großes und Bedeutendes vorgetragen worden sei wie in dieser. Er glaube, daß die Entdeckung für die experimentelle Naturwissenschaft — vielleicht auch für die Medizin — von weittragender Bedeutung werden könnte. Er schloß seine Ansprache mit einem dreifachen Hoch auf den Entdecker, in welches das Auditorium begeistert einstimmte, und schlug dann noch vor, die X-Strahlen in Zukunft Röntgensche Strahlen zu benennen. Auch dieser Vorschlag wurde von der Versammlung unter erneuter Ovation für Röntgen angenommen.

Der Vorsitzende dieser Versammlung, Professor K. B. Lehmann, sagte später, einmal: „Wie Röntgen sprach? Ganz schlicht und einfach, ohne jeden Versuch, das Unerhörte, was er uns berichtete, durch Zutaten, Hypothesen, gelehrte Berechnungen und dergleichen zu vergrößern, trug er vor den gedrängt lauschenden Zuhörern seine Entdeckung vor und zeigte die wichtigsten Versuche. Aber gerade durch seine schlichte Größe erweckte der Vortrag die weihevollste Empfindung."

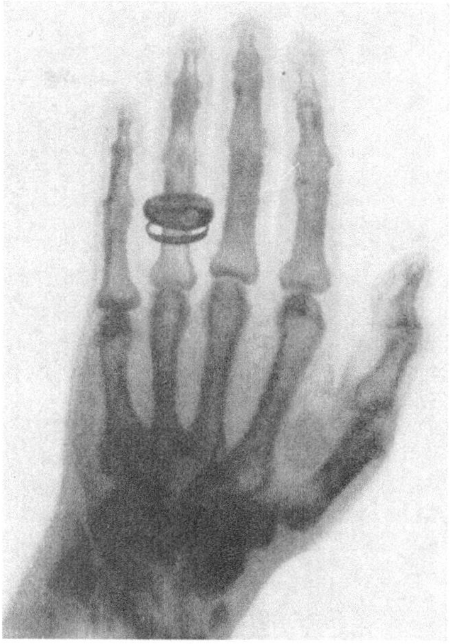

Abb. 16. Hand des Anatomen Geheimrath von Kölliker in Würzburg. Im Physikalischen Institut der Universität Würzburg am 23. Januar 1896 mit X-Strahlen aufgenommen von Prof. Dr. W. C. Röntgen

In der Diskussion fragte v. Kölliker zunächst an, ob Röntgen glaube, daß es mit der Zeit möglich sein werde, auch andere Teile des menschlichen Körpers so zu photographieren wie beispielsweise die Hand, kurz, ob wohl auch die Chirurgie und die Anatomie aus der Entdeckung für sich praktischen Nutzen werde ziehen können. Nach Röntgens Ausführungen sei dieses wohl vorläufig noch nicht möglich, da ja die Weichteile, Gefäße, Nerven und Muskeln von annähernd gleicher Dichte seien und durch die Strahlen nur die Schattenrisse der Medien, also z. B. der Knochen, entworfen würden. Prof. Schönborn, der Chirurg der Würzburger Universität, glaubte vor allzu großem Optimismus warnen zu müssen, da die Methode für innere Diagnosen doch wenig Aussicht hätte. Röntgen antwortete, daß man auf jeden Fall einen Hund oder eine Katze in der von ihm dargestellten Weise photographieren könnte und daß er glaube, daß es möglich sein werde, auch von größeren Abschnitten des menschlichen Körpers Knochenbilder zu verfertigen. Doch habe ihm leider zu einer Fortsetzung seiner Versuche auf diesem Gebiete die Zeit gemangelt. Er sei aber gern bereit, seine Kraft für diesbezügliche Experimente, die von den Kliniken angestellt werden, zur Verfügung zu stellen. — Damit war dieser denkwürdige Vortrag beendet. Jeder der vielen Hörer nahm beim Verlassen des Saales die Erinnerung an ein Erlebnis mit, das ihm in unvergeßlich tiefer Erinnerung zu bleiben versprach[1].

Es war dieser Vortrag Röntgens wohl der einzige, den er je vor größerer Zuhörerschaft über die Entdeckung seiner Strahlen hielt.

---

[1] Die Berichte über den Verlauf dieser Versammlung stammen aus den folgenden Quellen: Münch. med. Wschr. **43**, 88, 114 (28. Jan. u. 4. Febr. 1896) — Würzburg. General-Anz. **19** (24. Jan. 1896) — Privatmitteilung der Würzburg. Phys.-Med. Ges. vom 30. I. 1929.

5. Wilhelm Conrad Röntgen als Wissenschaftler und Mensch

Sofort nach der ersten Bekanntmachung der Entdeckung der X-Strahlen verlangte das große Publikum Näheres über die Persönlichkeit und die Lebensverhältnisse des Mannes zu erfahren, dem es geglückt war, eine bedeutende Naturerscheinung zu enthüllen. Bei der allgemeinen Aufregung nach dem Bekanntwerden der unglaublichen Nachricht ist es nicht verwunderlich, daß zuerst in aller Eile viele ungenaue Daten über Röntgen in der Presse und auch in manchen

Abb. 17. Lennep im Bergischen, Rheinprovinz, der Geburtsort Röntgens, aus der Vogelschau. Der Pfeil rechts deutet auf das Geburtshaus

wissenschaftlichen Zeitschriften zusammengetragen und den Lesern vorgesetzt wurden. Der Name des Entdeckers wurde als Routgen oder Rothgen in vielen Veröffentlichungen abgedruckt. Sein Geburtsort wurde vielfach nach Holland verlegt und sein Alter um viele Jahre falsch angegeben. [Siehe z. B. London Standard vom 7. Januar 1896; Le Matin vom 13. Januar 1896; Nature (Paris) vom 25. Januar 1896; Literary Digest vom 15. Februar 1896; (36).]

Dadurch, daß die Bekanntmachung der Entdeckung in den Tageszeitungen von Wien ausging, wurde anfangs der Ursprung der Entdeckung in die Hauptstadt Österreichs verlegt. Bald nach der Entdeckung gelang es jedoch, genauere Auskunft über Röntgens Persönlichkeit zu erhalten.

Aber viele der ersten Berichte über Röntgen selbst — wie auch manche der in späterer Zeit geschriebenen kurzen Biographien — wurden der Persönlichkeit dieses Mannes nicht gerecht. Jubelnde Begeisterung über seine wichtige Entdeckung ließ manchen Chronologen das Lob des Wissenschaftlers und des Menschen in blumenreichen Worten singen, die kaum zu dem bescheidenen Wesen des großen Wissenschaftlers paßten. Andererseits ist es schwer, nüchternen Worten von Leben und Taten eines Mannes zu folgen, vor dem man ehrfurchtsvoll und bewundernd steht und über dessen wissenschaftliche Erfolge man begeisternd jubeln möchte. Die genialen Taten RÖNTGENs mitfühlend nachzuerzählen, ist schwierig; sie nachzuerleben und zu verstehen, ist ein Erlebnis, zu dessen Wiedergabe oft passende Worte fehlen.

WILHELM CONRAD RÖNTGEN war ein Sohn des preußischen Rheinlandes. Er wurde am 27. März 1845, nachmittags 4 Uhr, in dem heute noch stehenden hübschen Fachwerkhause Nr. 287 an der alten Poststraße (jetzt Gänsemarkt 1) in Lennep im Bergischen (Rheinprovinz) geboren. Sein Vater, der Kaufmann und Tuchfabrikant FRIEDRICH CONRAD RÖNTGEN, der ebenfalls zu Lennep am 11. Januar 1801 geboren war, entstammte einer in dieser Stadt altangesehenen rheinischen Kaufmannsfamilie, deren Stammbaum sich um einige Jahrhunderte zurückverfolgen läßt. Die Mutter, eine geborene CHARLOTTE CONSTANZE FROWEIN, kam aus einer in Handel und Industrie angesehenen alten Lenneper Familie, die in Holland ansässig war. Ihr Vater, JOHANN WILHELM FROWEIN (geboren am 19. August 1775), stammte auch aus Lennep; ihre Mutter war eine geborene SUSANNE MARIA MOYET und war in Amsterdam am 1. März 1774 geboren. Sie kam von einer aus Italien im 17. Jahrhundert nach Holland eingewanderten Familie. RÖNTGENs Mutter war auch in Amsterdam geboren (am 28. Februar 1806). WILHELM CONRAD RÖNTGEN war das einzige Kind seiner Eltern; sein Vater hingegen, wie auch sein Großvater, der Tuchmacher und Kupferschläger JOHANNES HEINRICH RÖNTGEN (am 7. März 1759 in Lennep geboren), und auch sein Urgroßvater, der Gemeindevorstand, Tuchmacher und Kupferschläger JOHANNES HEINRICH RÖNTGEN (geboren am 22. Juli 1732 in Lennep), stammten aus sehr kinderreichen Familien[1].

Abb. 18. Geburtshaus RÖNTGENs in Lennep, Alte Poststraße 287, jetzt Gänsemarkt 1. Gedenktafel über den Fenstern des ersten Stockes

[1] Herr PAUL WINDGASSEN vom Stadtarchiv in Remscheid-Lennep hat die Röntgensche Familiengeschichte zusammengestellt. Diese Studien konnten ihres Umfanges wegen leider hier nicht vollständig aufgenommen werden. Nur die Ahnentafel ist wiedergegeben.

Nichts besonders Bemerkenswertes läßt sich aus der Familiengeschichte Röntgens herauslesen, was auf die zukünftige Entwicklung des großen Gelehrten hingedeutet hätte. Ohne Zweifel wurde die in Generationen gepflegte Überlieferung der Emsigkeit und Ordnungsmäßigkeit der Röntgenschen und der Froweinschen Familien dem jungen Wilhelm mit in die Wiege gelegt, Gaben, die dem späteren Vertreter einer exakten Wissenschaft wohl zugute kommen sollten.

Abb. 19. Röntgens Eltern mit den Familienwappen der Röntgens und Froweins

Auch erbte er ein gut Teil rheinischen Humors, von dem er später oft und mit rechter Freude Gebrauch machen sollte. Vielleicht ist eine Tatsache der Röntgenschen Familiengeschichte erwähnenswert. Röntgens Vater und Mutter waren Verwandte, Vetter und Base. Röntgens Großvater väterlicherseits, Joh. Heinrich Röntgen, hatte die Schwester, Anna Luise Frowein, des Großvaters mütterlicherseits, Johann Wilhelm Frowein, geehelicht. Der Verwandtschaftsehe ist also ein Genie entsprungen. Die Röntgens waren lutherischer Konfession, die Mutter Wilhelm Conrad Röntgens und deren Vorfahren mütterlicherseits waren reformiert.

Ein anderer Röntgen, aber kein Verwandter, hatte sich schon 100 Jahre zuvor einen berühmten Namen gemacht. Es war dies der bekannte Kunstmöbeltischler David Röntgen aus Neuwied (geb. 4. August 1743 zu Herrenhag, gest. 12. Februar 1807 zu Wiesbaden), der um die Mitte des 18. Jahrhunderts seine wunderbaren Marketerien (eingelegte Arbeit in Holz) an hochstehende Persönlichkeiten wie KATHARINA von Rußland, die Königin MARIE ANTOINETTE von Frankreich und FRIEDRICH WILHELM II. von Preußen verkaufte.

Andere RÖNTGENs waren berühmte Musiker, wie z. B. ENGELBERT RÖNTGEN (1829—1897), der fast dreißig Jahre lang als zweiter Konzertmeister des Leipziger Gewandhausorchesters wirkte, dessen Sohn JULIUS RÖNTGEN (geb. 1855), der ein weitbekannter Komponist war.

Die Geburtsurkunde WILHELM CONRAD RÖNTGENs hat den folgenden Wortlaut:

Geburt von Wilhelm Conrad Röntgen. Evangelisch.

Nr. 86 Geburts-Urkunde

Zu Lennep, im Kreise Lennep, den 29. des Monats März 1845, Vormittags eilf Uhr, erschien vor mir, Bürgermeister Carl August Theodor Wilhelm Wille als Beamten des Zivilstandes der Bürgermeisterei Lennep, der Friedrich Conrad Röntgen, 44 Jahre alt, Standes Kaufmann, wohnhaft zu Lennep, welcher mir erklärte, daß von seiner Ehefrau Charlotte Constanze Frowein, 37 Jahre alt, wohnhaft zu Lennep, am Donnerstag, den 27. dieses Monats und Jahres, Nachmittags vier Uhr, in ihrer gemeinschaftlichen Wohnung zu Lennep ein Kind männlichen Geschlechts geboren sei, welchem Kinde die Vornamen

Wilhelm Conrad

beigelegt wurden.

Diese von mir aufgenommene Erklärung ist geschehen in Anwesenheit der beiden Zeugen als nämlich:

1. Richard Röntgen, 34 Jahre alt, Standes Kaufmann, wohnhaft zu Lennep
2. Heinrich Frowein, 48 Jahre alt, Standes Director, wohnhaft zu Lennep.

Gegenwärtige Urkunde ist demnach dem Deklaranten und den Zeugen vorgelesen, von denselben genehmigt und unterschrieben

Friedrich Conrad Röntgen
Richard Röntgen
Heinrich Frowein

Wille

Am 6. Mai 1845 wurde der junge Staatsbürger durch Pastor WISSMANN in der evangelischen Kirche zu Lennep aus der Taufe gehoben.

Drei Jahre später verkauften die Eltern das schieferbedeckte Geburtshaus WILHELM CONRADs an die Familie GUSTAV KÜHNE und siedelten nach Apeldoorn in Holland über, wo sie in der heutigen Hoofstraat Nr. 171 wohnten. Ob die 1848er Revolution mit der Entscheidung, Deutschland zu verlassen, etwas zu tun hatte oder ob Vater RÖNTGEN dachte, daß in Holland bessere Geschäftsmöglichkeiten für seine Tuchfabrikation bestanden, läßt sich nicht mehr feststellen. Jedoch ist folgende Urkunde erhalten geblieben, die über den Wunsch der RÖNTGENS nach Holland auszuwandern einigen Aufschluß gibt: ,,Verhandelt zu Lennep, den 23. Mai 1848. Nach dem gemäß Verfügung Königlicher Landräthlicher Behörde vom 19. ds. Mts. Nr. 1906 der von dem Kaufmann Herrn FRIEDRICH

CONRAD RÖNTGEN von hier sich und seine Ehefrau CONSTANZE CHARLOTTE FROWEIN nebst seinem Sohne WILHELM CONRAD RÖNTGEN, 3 Jahre alt, nachgesuchte Consens zur Auswanderung nach Holland ausgefertigt von Königlicher Regierung zu Düsseldorf am 13. ds. Mts. I. F. I. W. 2322 hier eingegangen waren, erschien auf Vorladung der Herr RÖNTGEN und wurde demselben die fragliche Urkunde mit dem Bemerken übergeben, daß mit der Empfangnahme derselben er der Eigenschaft als Preußischer Unterthan entsage. Nach Vorlesung hat Herr RÖNTGEN gegenwärtige Verhandlung unterschrieben. gez. FR. CONR. RÖNTGEN
Der Bürgermeister: gez. TRIPP."

So wurde der kleine WILLY Holländer und er sollte sein Geburtsland, in dem ihm eine solch große Zukunft bevorstand, für über 20 Jahre nur gelegentlich sehen. Das einzige Zeichen, das ihn oft an seine Vaterstadt erinnerte, war ein Modell seines Geburtshauses, das sein Vater gebaut hatte. Es ist fast rührend, RÖNTGENs Antwort auf eine Anfrage des Lenneper Bürgermeisters SAUERBRONN zu lesen, die dieser nach seiner großen Entdeckung an ihn richtete. RÖNTGEN antwortete: „. . .Ich bin in der Tat der am 27. März 1845 zu Lennep geborene WILHELM CONRAD RÖNTGEN. — Mein Geburtshaus muß noch in Lennep existieren, da mir Herr E. R. RÖNTGEN aus Lennep vor einiger Zeit eine Photographie davon schickte, die in Übereinstimmung ist mit einem Modell, das mein Vater vor vielen Jahren angefertigt hat. ..." (RÖNTGEN an SAUERBRONN, Sorrento, 2. April 1896).

In Apeldoorn lebte der junge WILLY inmitten der alten Kultur der Froweinschen Familie in glücklicher Jugendzeit auf. Über seine Schulzeit ist wenig Sicheres bekannt. Auf jeden Fall nahm seine Erziehung nicht den gewohnten Lauf, sondern war unregelmäßig. In einem im Staatsarchiv in Zürich aufbewahrten Lebenslauf [(SCHINZ(a-64)] schrieb RÖNTGEN im Jahre 1869, daß er bis 1861, also seinem sechzehnten Lebensjahr, in dem Wohnort seiner Eltern, Apeldoorn, die Primar- und Sekundarschulen besuchte. Eine dieser Schulen oder vielleicht die einzige war das Institut des Herrn MARTINUS HERMANN VAN DOORN, ein Internat auf einem großen Landsitz auf „de Pasch" in der Middelaan, am Platz des jetzigen öffentlichen Lesesaales [EVERS (a-13)]. Dieses Privatinstitut war kein Gymnasium. Am 27. Dezember 1862 verzog RÖNTGEN nach Utrecht und wurde Schüler der dortigen Technischen Schule. Welche Kenntnisse sich RÖNTGEN in seiner Apeldoorner Schulzeit aneignete, ist unbekannt. Es ist nicht bekannt, ob er andere Schulen außer dem Doornschen Institut besuchte. G. A. EVERS (a-13), Conservator an der Utrechter Universitätsbibliothek, hat eingehende Forschungen über RÖNTGENs holländische Schuljahre angestellt ohne indes viele neue Gesichtspunkte zu finden. Er konnte feststellen, daß RÖNTGENS Name weder in den Schülerverzeichnissen des Utrechter Gymnasiums noch in den Gymnasien anderer Städte des Gelderlandes erscheint.

Die Technische Schule, die RÖNTGEN 1862 und 1863 besuchte, war eine kleinere Privatschule, eine Art Industrieschule, die 1850 eröffnet worden war. Sie nahm Knaben im Alter von 14 bis 18 Jahren auf, die in zwei Jahren zum Studium eines technischen Berufes vorbereitet wurden. Jedoch war das von der Schule ausgestellte Abschlußzeugnis nicht gleichwertig mit einem Reifezeugnis, das zum Besuch aller Hochschulen berechtigte. Die Aufnahme RÖNTGENs in diese Schule in seinem vorgerückten Alter deutet darauf hin, daß er entweder kein guter

Schüler war oder daß seine Ausbildung in Apeldoorn zurückgeblieben war. An der Technischen Schule studierte er die folgenden Fächer: Trigonometrie, Stereometrie, deskriptive Geometrie, Algebra, Experimentalphysik, Chemie, Technologie. Es ist möglich, daß RÖNTGEN in jenen Jahren plante, sich auf einen technischen Beruf vorzubereiten, um später, der Familientradition folgend, den väterlichen Beruf als Tuchfabrikant zu ergreifen.

Abb. 20. RÖNTGEN mit Eltern. (Mit Genehmigung des Physikalischen Instituts der Universität Würzburg)

Ebensowenig, wie wir von RÖNTGENs frühen Schuljahren wissen, wissen wir viel von seinen Freuden, Liebhabereien, Sinn für Sport, Theater, Musik. Als Kind hatte er schon eine Vorliebe für die Natur und streifte gerne mit seinen Kameraden durch Wald und Feld. Nichts deutete in seiner Jugend auf seine kommende Größe hin, doch hatte er von jeher eine ausgesprochene Vorliebe fürs Basteln und für die Herstellung mancherlei kleiner mechanischer Apparate. So stellte er sich zum Beispiel, als er anfangen durfte, Zigarren zu rauchen, und von seinem Onkel eine schöne Meerschaumspitze erhielt, eine kleine Saugpumpe her, um vermittels dieser das sonst so unangenehme Anrauchen der Spitze schnell und automatisch durchzuführen.

In Utrecht wohnte RÖNTGEN, zum ersten Male vom Wohnort seiner Eltern weg, im Hause des bekannten Chemieprofessors J. W. GUNNING im Nieuwegracht an der Ecke des Schalkwijksteeg. Er war sehr froh und zufrieden im Kreise der interessanten Gunningfamilie und dachte oft in späteren Jahren an diese schöne Jugendzeit zurück. Allerdings wurden diese sorglosen Zeiten durch einen traurigen Vorfall unterbrochen, ein Vorfall, der in seinen Einzelheiten nie ganz aufgeklärt werden konnte, der aber doch von so nachhaltigem Eindruck auf RÖNTGEN war, daß er ihn zeitlebens nicht vergaß. Ja, er erzählte dieses Ereignis, nämlich seine zwangsweise Entfernung (consilium abeundi) aus der Utrechter Technischen Schule im Jahre 1863 seinen besten Freunden. Daher kann kein Zweifel über diesen Vorfall bestehen, wenn auch G. A. EVERS trotz eingehender Bemühungen keine Beweise dafür finden konnte. Jedoch hinsichtlich der Schwierigkeiten, überhaupt einigermaßen zuverlässige Auskunft über RÖNTGENs holländische Schuljahre zu bekommen, ist es wohl kaum verwunderlich, daß Versuche, nach vielen Jahren Einzelheiten über RÖNTGENs Entlassung aus der Utrechter Schule zu bekommen, fehlschlagen müssen. Solche Versuche sind vor allem deshalb schwierig, weil die Utrechter Technische Schule schon im Jahre 1866, also nach einem Bestehen von nur 16 Jahren, geschlossen wurde, nachdem eine höhere Bürgerschule in der Konigstraat eröffnet worden war.

Abb. 21. RÖNTGEN als Schüler. (Über die Insignien auf der Mütze konnte keine Auskunft erhalten werden, doch waren sie an den Schulen, die RÖNTGEN in Holland besuchte, wie auch am Polytechnikum in Zürich unbekannt)

Über die Einzelheiten des Zwischenfalls erzählte RÖNTGEN, daß einer seiner Freunde vor Beginn der Klassenstunde eine Karikatur des Lehrers mit Kreide auf den Ofenschirm zeichnete. Durch vorzeitiges Eintreten entdeckte der Lehrer das Bildnis und geriet in große Wut. Er forderte RÖNTGEN, der sich das Kunstwerk ansah, auf, den Namen des Missetäters anzugeben; dieser weigerte sich. Der Lehrer drohte RÖNTGEN mit Entlassung und setzte diese auch durch, nachdem er den Schüler nicht bewegen konnte, sein Schweigen zu brechen. Schweren Herzens verließ RÖNTGEN die Schule. Ein großer Trost in seinem Schmerz war das volle Verständnis, das ihm seine geliebte Mutter entgegenbrachte. Trotzdem empfand er es schwer, daß der an und für sich harmlose Zwischenfall folgenschwer genug war, ihm die Aussichten auf den Besuch einer Hochschule zu verschließen. Doch ließ er den Kopf nicht hängen und bereitete sich im Jahre 1863/64 außerhalb der Schule weiter für die Zukunft vor. Es ist interessant zu beobachten, daß RÖNTGEN in diese Privatstudien auch die alten Sprachen, Griechisch und Lateinisch, einschloß, was darauf deuten läßt, daß er doch hoffte, ein Reifezeugnis zu erwerben, das ihm Zugang zu einer Universität eröffnete; damit gingen seine Pläne über die Erwerbung eines Abschlußzeugnisses, wie er es an der Technischen

Schule nach normalem Studienverlauf bekommen hätte, weit hinaus. Ein Bekannter seines Vaters teilte diesem mit, daß die Behörden seinen Sohn ausnahmsweise zu einem Privatabsolutorium zulassen wollten, dessen erfolgreiche Ablegung ihm das Reifezeugnis garantiere. Mit doppeltem Eifer widmete sich RÖNTGEN seinen Studien, doch wollte es wieder das Mißgeschick, daß am Tage vor der Prüfung der ihm günstig gesonnene Leiter derselben erkrankte; der in Eile angestellte Ersatzvorstand war einer der Lehrer, die RÖNTGEN zuvor an der Technischen Schule gehabt hatte, der also den ganzen Ausweisungsvorgang miterlebt hatte und der ihm daher mit einem Vorurteil gegenüberstand. Er ließ ihn durchs Examen fallen. Nun schien RÖNTGEN der Weg zur Hochschule für immer versperrt.

Ob diese mehrfach verwehrte Teilnahme an dem streng vorgeschriebenen Lehrgang einer Mittelschule wirklich ein Nachteil für RÖNTGEN war, muß dahingestellt bleiben. Es ist durchaus möglich, daß die wiederholte Freiheit von bedrückendem Schulzwang seine Fähigkeiten sich in einer Richtung entwickeln ließen, in der sie sich später am besten auswirken konnten.

Obwohl RÖNTGEN keine Matrikel hatte, die ihm gestattet hätten, als vollberechtigter Student eine Universität zu beziehen, verzeichnet das Utrechter „Album Studiosorum Rheno-Traiectina" am 18. Januar 1865 seinen Namen als Student der Philosophie an der Universität zu Utrecht, allerdings mit der Bemerkung „Er hat eine Privatschule besucht". Das Schicksal fügte es wieder so, daß RÖNTGEN auch an dieser Quelle des Lernens nur zwei Semester verbrachte. Während dieser Zeit hörte er folgende Hauptfächer: Analyse, Prof. Dr. BUYS BALLOT; Physik, Prof. Dr. VAN REES; Chemie, Prof. Dr. MULDER; Zoologie, Prof. Dr. HARDING; Botanik, Prof. D. MIQUEL. Auch wurde er Mitglied des berühmten Studentenvereins „Natura Dux Nobis et Auspex", dem er vom 9. Mai bis zum 31. Oktober 1865 angehörte.

Den immerhin ungewissen Zukunftsmöglichkeiten, die RÖNTGEN als „Hörer" an der Universität vor sich hatte, machte ein glücklicher Umstand ein Ende. Ein junger Schweizer, namens THORMANN, der in Utrecht wohnte, teilte RÖNTGEN mit, daß das Eidgenössische Polytechnikum in Zürich Studenten auch ohne Reifezeugnis annehme, allerdings nur nach Bestehen einer ziemlich strengen Aufnahmeprüfung. RÖNTGEN meldete sich sofort im Herbst 1865 an zum Eintritt als Student in das Zürcher Polytechnikum.

Entgegen den spärlichen Berichten über RÖNTGENs holländische Schuljahre, sind seine Züricher Studentenjahre voll dokumentiert, vor allem dank der ausgezeichneten Nachforschungen des berühmten Züricher Radiologen HANS R. SCHINZ (a-64). Ein großer Teil der folgenden Ausführungen sind seiner Veröffentlichung „Röntgen und Zürich" wörtlich entnommen.

Den Grund für RÖNTGENs Übersiedlung von Utrecht nach Zürich berichtet er in dem zuvor erwähnten Curriculum Vitae, den er dem Polytechnikum bei seiner Anmeldung einreichte. Nach der kurzen Beschreibung seiner Ausbildung in Apeldoorn, an der Technischen Schule in Utrecht, seiner Privatstudien und schließlich an der Universität zu Utrecht, fährt RÖNTGEN fort: „Nicht zufrieden jedoch mit dem Gang der Studien an genannter Universität wurde er durch den Ruf, den die Zürcher Schule hat, bestimmt, dahin zu ziehen und sich speziell der angewandten Mathematik zu widmen." RÖNTGEN traf einige Tage nach

Beginn des Wintersemesters in Zürich ein. SCHINZ berichtet darüber folgendes: „Es liegt ein Schreiben von RÖNTGEN vom 16. November 1865 vor, worin er sich wegen des verspäteten Eintreffens entschuldigt und ein ärztliches Zeugnis beilegt. Dasselbe ging mit einem Schreiben des Professors für Maschinenkunde am Eidg. Polytechnikum, M. SCHRÖTER, an den Direktor der Anstalt. In diesem Schreiben heißt es: ‚Herr RÖNTGEN, WILHELM, von Apeldoorn in Holland wünscht als Schüler des 1. Kurses der mechanisch-technischen Abteilung aufgenommen zu werden; laut beigelegtem ärztlichen Zeugnis ist er durch ein Augenübel[1] verhindert gewesen, früher zu kommen. Sein reiferes Alter von 20 Jahren, seine vortrefflichen Zeugnisse, namentlich in den mathematischen Fächern der technischen Schule in Utrecht und sein einjähriger Besuch der Universität daselbst rechtfertigen wohl vollkommen meinen Vorschlag, denselben als Schüler aufzunehmen und von der Prüfung zu dispensieren‘."

„So trat WILHELM CONRAD RÖNTGEN von Apeldoorn, Holland, mit 20 Jahren im Schuljahr 1865/66 in den I. Jahreskurs der mechanisch-technischen Abteilung der Eidg. polytechnischen Schule in Zürich ein.

Diese Eidg. polytechnische Schule war nach langen politischen Eifersüchteleien und mühsamen parlamentarischen Kämpfen am 15. Oktober 1855 in Zürich eröffnet worden. Sie versprach die Ausbildung zum Architekten, zum Zivilingenieur, zum Maschineningenieur, zum Ingenieur, Chemiker und Pharmazeuten und zum Forstwirt in 5 getrennten Abteilungen in zwei- bzw. dreijährigem Ausbildungskurse und war bereit, nach Ablegung einer Schlussprüfung ein Diplom auszustellen. Sie ermöglichte auch in den rein wissenschaftlichen Disziplinen eine Weiterbildung der Schüler durch die VI. oder Freifächerabteilung. Hier sollten die Naturwissenschaften und die mathematischen Disziplinen einerseits, die literarisch-staatswissenschaftlichen Fächer andererseits, in ihrem ganzen Umfange und auf höchster Höhe vorgetragen werden, denn die hohe eidg. Lehranstalt müsse auch eine Stätte der reinen Wissenschaft sein.‘ So verlangt es das Reglement. Diese Schule nahm eine glänzende Entwicklung, vor allem unter dem genialen KARL KAPPELER als Schulratspräsidenten. Sie bezog 1864 gemeinsam mit der Zürcher Universität den schönen Bau SEMPERs. Als RÖNTGEN nach Zürich kam, stand dieser immer noch an der Spitze der Bauschule. Die Seele der mechanisch-technischen Abteilung, in die ja RÖNTGEN eintrat, war GUSTAV ZEUNER aus Chemnitz, der wegen seiner liberalen Gesinnung, die er im Jahre 1848 geäußert hatte, in Deutschland nicht recht hochkommen sollte. Er versuchte mit Erfolg, der aufkommenden Maschinenindustrie ein theoretisches und wissenschaftliches Gepräge zu geben. Das Haupt der Ingenieurschule war immer noch KARL CULMANN, der geniale Begründer der graphischen Statik, und neben ihm wirkte an der chemisch-technischen Abteilung in diesen Jahren POMPEJUS ALEXANDER BOLLEY, ebenfalls ein deutscher Flüchtling, der 1834 ‚wegen Teilnahme an einer verbotenen Studentenverbindung unter erschwerenden Umständen‘ zu 6 monatiger Haft verurteilt worden war. Der Professor für mathematische und technische Physik war RUDOLF IMANUEL CLAUSIUS, der als Begründer der mechanischen Wärmetheorie, der Thermodynamik, seinen Namen mit unvergänglichen Zügen in die Geschichte der Physik eingegraben hat. Er

[1] Nach WÖLFFLIN (a-82) handelte es sich um eine Keratitis phlygtaenularis.

ging im Herbst 1867 nach Würzburg, und sein Nachfolger wurde August Kundt, der später Nachfolger von Helmholtz werden sollte. Die allerbesten der deutschen Mathematiker haben längere oder kürzere Zeit einmal am Zürcher Polytechnikum gewirkt. Zur Zeit Röntgens war dies Elwin Bruno Christoffel aus Rheinpreussen, ein unvergleichlicher Lehrer und Gründer der mathematischen Fachschule des Polytechnikums, dessen Arbeiten sich u. a. auf die Geometrie der Mannigfaltigkeiten beziehen. Sein engerer Fachkollege war Friedrich Erwin Prym, auch kein schlechter Name."

Abb. 22. Röntgen, ganz rechts, im Kreise seiner Kommilitonen in Zürich. (Mit Genehmigung des Physikalischen Institutes der Universität Würzburg)

„An der Freifächerabteilung dozierte der berühmte Ästhetiker Friedrich Theodor Vischer, auch er mit den Verhältnissen in Deutschland unzufrieden, denn er versicherte die Feinde der freien Wissenschaft seines ‚offenen und herzlichen Hasses'. Neben ihm wirkte seit Frühjahr 1860 Johannes Scherr aus Württemberg, der jüngere Bruder des Pädagogen Thomas Scherr. Auch er war in der schwäbischen Heimat wegen Teilnahme an der 48er Bewegung zu 15 Jahren Zuchthaus verurteilt worden und lebte als Flüchtling in der Schweiz. Er war einer der originellsten und wirksamsten Lehrer des Polytechnikums. ‚Weniger ein streng wissenschaftlicher Forscher, als ein ungemein belesener Polyhistor und ein geistvoller, körniger, mitunter grobkörniger Schriftsteller, packte er die Jugend durch die gleichen Vorzüge, die seinen Büchern die Leserwelt eroberten, durch eine an verblüffenden Wortbildungen und beissenden Sarkasmen reiche Sprache, ungewöhnliche Plastik der Darstellung und eigenartige räsonnierende Geschichtsauffassung'. Gern gehört wurde auch bei Gottfried Kinkel, dem Begründer der Kupferstichsammlung am Polytechnikum in Zürich, ‚der seine Berühmtheit vor allem seinem ergreifenden Schicksal in der 48er Revolutionsperiode, seinen Dichtungen und seiner glänzenden Rednergabe verdankte.' Das waren die grossen Namen, die in den drei Jahren in Zürich dozierten, während denen WILHELM CONRAD RÖNTGEN die mechanisch-technische oder III. Abteilung der Eidg. polytechnischen Schule absolvierte. Wir besitzen die Matrikel aus dieser Zeit, denn ähnlich wie in den Mittelschulen wurde auch an der schulmässig aufgezogenen eidg. polytechnischen Schule am Schlusse eines jeden Quartales eine Qualifizierung des Schülers in jedem einzelnen Fache hinsichtlich seines Fleisses und seiner Leistung vorgenommen. Am Schlusse eines Jahreskurses wurde der Durchschnitt der Zeugnisnoten berechnet, und dann erfolgte jeweils die Promotion in den nächst höheren Jahreskurs."

„Am Schlusse des I. Jahreskurses hatte RÖNTGEN folgende Vorlesungen mit folgenden Durchschnittsnoten absolviert:

I. Jahrescurs 1865—1866

(1 ist die geringste, 6 die beste Note)

		Fleiss	Leistung
Mathematik	CHRISTOFFEL	$4^1/_6$	$5^1/_6$
Darstellende Geometrie	DESCHWANDEN	4	5
Maschinenzeichnen	FRITZ	$5^3/_4$	$3^1/_2$
Analyt. Geometrie	PRYM	$4^1/_4$	$4^1/_3$
Mechanische Technologie	KRONAUER	3	4
Steinschnitte	REYE	$3^3/_4$	5
Metallurgie	BOLLEY	5	5
Technische Mechanik	ZEUNER	$4^3/_4$	5
Zivilbau und Zeichnen	LASIUS	2	3

Am Ende des Jahreskurses wurde WILHELM CONRAD RÖNTGEN promoviert mit einer Mahnung durch den Direktor. Im zweiten Semester hatte er an der Freifächerabteilung Goethes Faust von Vischer gehört.

II. Jahrescurs 1866—1867

		Fleiss	Leistung
Differential- und Integralrechnung	CHRISTOFFEL	$5^1/_6$	5
Technische Physik	CLAUSIUS	$4^2/_3$	$4^2/_3$
Technische Mechanik	ZEUNER	$4^1/_2$	$4^1/_2$
Maschinenbaukunde I. Teil	LUDEWIG	$4^3/_4$	$4^3/_4$
Maschinenkonstruieren	SCHRÖTER	$3^3/_4$	$4^1/_2$
Mechanische Technologie	KRONAUER	$4^1/_2$	$4^1/_2$
Theoretische Maschinenlehre	ZEUNER	$5^1/_2$	$5^3/_4$
Praktische Hydraulik	ZEUNER	$5^1/_2$	$5^3/_4$

„Im Laufe des II. Jahreskurses erfolgte wiederum eine Ermahnung durch den Direktor, am Schlusse die Promotion. Von den nicht obligatorischen Fächern erwähnte ich eine Vorlesung von SCHERR über LESSING, GOETHE und SCHILLER, eine solche von KINKEL über alte Kunstgeschichte und mehrere Spezialvorlesungen von CLAUSIUS und von PRYM.

III. Jahrescurs 1867—1868

		Fleiss	Leistung
Mechanische Wärmetheorie u. Dampfmaschinen	ZEUNER	6	6
Turbinen und Ventilatoren	ZEUNER	6	6
Maschinenbaukunde	LUDEWIG	$4^1/_2$	$5^1/_2$
Maschinenkonstruieren	LUDEWIG	5	4

Von freien Vorlesungen belegte er eine über eiserne Brücken und Eisenbahnbau von CULMANN, dann die Geschichte des Zeitalters FRIEDRICHs DES GROSSEN von SCHERR und die Geschichte des Jahres 1866, ebenfalls von SCHERR."

„Im Februar 1868 hatte der Schüler RÖNTGEN entsprechend den Reglementen eine Übergangsdiplomprüfung abzulegen als Vorbedingung zur Schlussprüfung. Das Ergebnis derselben lautete folgendermassen:

Analytische Geometrie der Ebene	6
Analytische Geometrie des Raumes	6
Differentialrechnung	6
Integralrechnung	6
Geostatik und Hydrostatik	6
Geodynamik und Hydrodynamik	6
Allgem. Physik und Wärmelehre	6
Elektrizität und Optik	6
Darstellende Geometrie	$4^1/_2$
Chemische Technologie der Baumaterialien, Metallurgie	$5^3/_4$
Civilbau	$5^1/_2$

Diese Prüfung wurde glänzend bestanden. Dann folgte die Schlussdiplomprüfung. Laut Beschluss des Schweizerischen Schulrates vom 6. August 1868 erhielt WILHELM CONRAD RÖNTGEN das *Diplom* als *Maschineningenieur der Eidg. polytechnischen Schule.* In der mündlichen Schlussprüfung erhielt er in der theoretischen Maschinenlehre eine 6, in der Maschinenbaukunde ein $5^1/_2$ und in der mechanischen Technologie eine 6. Die schriftliche Diplomarbeit bestand in der Bearbeitung eines grösseren Projektes einer Maschinenanlage. Diese Arbeit wurde damals hinsichtlich der Darstellung und des theoretischen Teiles beurteilt und hinsichtlich des konstruktiven Teiles. Er erhielt hierfür die Noten $5^3/_4$ und $4^1/_2$."

„Aus diesen Akten und Zeugnissen ergibt sich, daß der Schüler WILHELM CONRAD RÖNTGEN ein hervorragendes Interesse für theoretische Disziplinen gezeigt hatte, dass er dagegen Konstruktionsfragen weniger Interesse entgegenbrachte. Er scheint ein freiheitsliebendes und etwas unruhiges Element der Schule gewesen zu sein, andererseits hatte er seine Interessen weit ausgedehnt über das eigene Fach hinaus und Sinn gezeigt für Kunst und Literatur und Geschichte. In seinem Zürcher Curriculum vitae schreibt er über die drei Jahre Folgendes:

'Zu dem Zwecke (nämlich sich speziell der angewandten Mathematik zu widmen), trat er an der mechanisch-technischen Abteilung des Eidg. Polytechnikums ein, besuchte während des vorgeschriebenen regelmässigen Kurses ausser den obligatorischen Vorlesungen hauptsächlich noch folgende: Cinematik, P. D. HAUFFE; *mechanische Wärmetheorie,* Prof. Dr. CLAUSIUS; *Elastizität und elastische Schwingungen, derselbe; Riemannsche Funktionentheorie,* Prof. Dr. PRYM; *bestimmte Integrale, derselbe; analytische Mechanik,* Prof. Dr. REYE. *Am Ende des Kurses legte er in folgenden, zur Bewerbung des Diploms benötigten Fächern das Examen ab: Analytische Geometrie der Ebene, Differential- und Integralrechnung, Methode der kleinsten Quadrate, analytische Geometrie des Raumes, darstellende Geometrie, Geostatik, Hydrostatik, Geodynamik, Hydrodynamik, allgemeine Physik, Wärmelehre, Elektrizität, Optik, theoretische Maschinenlehre, Maschinenbaukunde, mechanische Technologie, chemische Technologie der Baumaterialien, Metallurgie und Civilbau. Im August 1868 erhielt er das Diplom als Maschineningenieur'."*

„RÖNTGEN fehlte jetzt nur noch der Doktorhut. Die damalige eidg. polytechnische Schule konnte ihn nicht verleihen. Erst später hat sie sich in die heutige Eidgenössische Technische Hochschule umgetauft und ist nunmehr berechtigt, auch diesen nach aussen sichtbaren Ausdruck eines abgeschlossenen Studiums zu geben. Das war wie gesagt damals noch unmöglich. Hingegen war ja im gleichen Hause die Zürcher Universität untergebracht. Die Promotionsordnung jeder der beiden Sektionen der philosophischen Fakultät bestimmte, dass ‚dieser die Befugnis zusteht, auf Grund einer Druckschrift über einen in ihre Wissenschaften einschlagenden Gegenstand dem Verfasser derselben die Würde eines Doktors der Philosophie zu erteilen, wenn die eingereichte Schrift genügende Beweise von gediegenen Kenntnissen und selbständiger Forschungsgabe enthält.‘ RÖNTGEN hatte also genügend Gründe, um noch in Zürich zu bleiben. Er blieb für ein weiteres Jahr als Zuhörer von einigen mathematischen Vorlesungen am Eidg. Polytechnikum eingeschrieben, besuchte noch einmal die Vorlesung von SCHERR über die Geschichte des Jahres 1866, hörte bei KUNDT über die Theorie des Lichtes und bei ZEUNER über die Theorie der Lebensversicherungen. In der freien Zeit arbeitete er eine theoretische Abhandlung aus, Studien über Gase, die er 1869 der hohen philosophischen Fakultät der Universität Zürich einreichte (Abb. 23). Er widmet die Arbeit dankbar seinen Eltern und leitet die Schrift mit folgenden Worten ein: ‚Es ist mir eine angenehme Pflicht, in den ersten Zeilen dieser Schrift das Gefühl der aufrichtigen Dankbarkeit auszusprechen, welches ich für meinen hochverehrten Lehrer, Herrn Prof. Dr. ZEUNER, hege, nicht nur für die Freundlichkeit, womit er mir bei der Abfassung dieser Schrift an die Hand ging, sondern namentlich auch für die mir während der ganzen Zeit, welche ich hauptsächlich unter seiner Leitung am Eidg. Polytechnikum studierte, in vollem Masse bewiesene Bereitwilligkeit, meine Kenntnisse zu fördern, meine Ansichten zu läutern‘.“

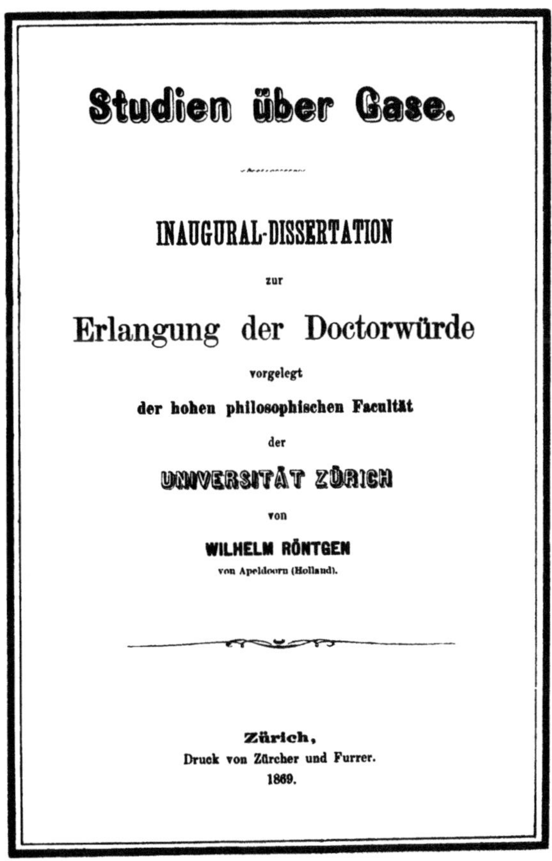
Studien über Gase.

INAUGURAL-DISSERTATION
zur
Erlangung der Doctorwürde
vorgelegt
der hohen philosophischen Facultät
der
UNIVERSITÄT ZÜRICH
von
WILHELM RÖNTGEN
von Apeldoorn (Holland).

Zürich,
Druck von Zürcher und Furrer.
1869.

Abb. 23. Titelblatt von RÖNTGENs Dissertation

„Diese erste wissenschaftliche Abhandlung von RÖNTGEN, die 1869 in Zürich gedruckt worden ist, wurde dem Physiker an der Universität, MOUSSON, zur Begutachtung vorgelegt. MOUSSON selber ist Experimentalphysiker gewesen, hat gleichzeitig auch am Polytechnikum gelesen, ist aber eigentlich viel bekannter geworden durch seine Untersuchungen über die Schnecken. Der begutachtende Antrag vom 12. Juni 1869 lautet folgendermaßen:

„Vom Präsidium der philosophischen Falkutät, 2. Sektion, aufgefordert, einen begutachtenden Antrag über die von Herrn W. RÖNTGEN eingereichte Dissertation, betitelt ‚*Studien über die Gase*' abzugeben, kann ich folgendes mitteilen."

„Die Schrift bewegt sich ausschliesslich auf dem theoretischen Gebiete der mechanischen Wärmetheorie, ein Gebiet, welches in neuerer Zeit von Gelehrten ersten Ranges bearbeitet und bereits nach den verschiedensten Seiten hin ausgebeutet worden ist. Der erste Teil des Schriftchens bis pg. 13 enthält auch lediglich einen Auszug aus der IX. Abhandlung von CLAUSIUS. Es werden nämlich die beiden Grundsätze der Äquivalenz von Wärme und Arbeit und der Äquivalenz der Verwandlungen richtig auseinandergesetzt, in voller Allgemeinheit weiter entwickelt, endlich auf verschiedene Weise, unter Annahme umkehrbarer Veränderungen in Beziehung gesetzt, — alles das genau auf dem von Clausius angegebenen Wege."

„Von pg. 13 an macht sich der Verfasser von seinem Führer mehr unabhängig und verfolgt die Konsequenzen, die aus den allgemeinen Formeln hervorgehen, wenn man ein *ideelles* Gas annimmt, in welchem nach der Vorstellung von Clausius alle innere Arbeit, d. h. jeder Einfluss der Cohäsionskräfte wegfällt. Die Ausdrücke führen dann auf streng logische Weise und ohne sonstige Hypothese auf einige Sätze, die schon anderwärts theoretisch und von RÉGNAULT angenähert experimentell erwiesen wurden, z. B. auf die Unabhängigkeit der beiden Spec. Wärmen ohne und mit Ausdehnung von Druck und Volumen."

„Die wichtigste Folgerung indes besteht in einer Modifikation des Mariotte-Gay Lussac'schen Gesetzes, wodurch gewisse Schwierigkeiten der gewöhnlichen Auffassung beseitigt werden. Statt wie es bisher geschah, den Quotienten aus dem Produkte von Druck und Volumen dividiert durch die absolute Temperatur einer Konstanten gleichzusetzen, folgert Herr RÖNTGEN, es müsse das Volumen um eine mit der Natur des Gases verschiedene, seiner Menge proportionale, kleine Grösse vermindert, in Rechnung gebracht werden. Durch diese Modifikation des Gesetzes wird die Schwierigkeit gehoben, dass für den absoluten Nullpunkt (273° unter dem Eispunkt), mit andern Worten bei absoluter Ruhe der Teilchen, das Gasvolumen gleichfalls zu 0 wird, was gegen unsere Vorstellungen über die Raumerfüllung durch die Materie verstösst. Jene abzuziehende kleine Konstante ist nämlich nichts anderes als die letzte Volumgrenze, welche das Gas einnimmt, wenn entweder die Temperatur auf den absoluten Nullpunkt erniedrigt oder der Druck ins Unendliche erhöht wird. Die Grösse hat daher eine bestimmte konkrete Bedeutung entsprechend der Größe, welche HIRN ‚volume atomique' genannt hat."

„Zweitens wird durch die neue Fassung des M.-G.-Gesetzes der Widerspruch gehoben, der nach RÉGNAUTs Versuchen zwischen dem Verhalten des Wasserstoffes und der übrigen Gase besteht, dass nämlich bei jenem Gase der Koeffizient der Druckänderung durch Erwärmung grösser erscheint als der der Volumänderung, während bei den übrigen Gasen das Umgekehrte geschieht. Alle Gase weichen nunmehr in ihrem Verhalten von dem ideellen Gase nach der *gleichen* Seite ab, nur dass die Abweichungen in Folge einer auch da noch bemerkbaren schwachen Wirkung der Kohäsionskräfte grössere oder kleinere sind. Wie längst aus mancherlei Gründen, besonders wegen der geringen Veränderlichkeit des Ausdehnungskoeffizienten, angenommen wird, steht von allen Gasen der Wasserstoff jenem Grenzzustand eines ideellen Gases am nächsten."

„Herr Röntgen vergleicht nach diesen Auseinandersetzungen das Verhalten des Wasserstoffs, wie es Régnault ermittelt hat, mit demjenigen eines ideellen Gases und findet eine ganz befriedigende Übereinstimmung. Er schliesst endlich mit einer Vergleichung und einer Differenzierung seiner Ausdrücke mit anscheinend verwandten Formeln, auf welche Reye und Hirn auf anderem Wege gekommen waren und befürwortet diesen gegenüber die seinigen."

„Nach dieser Darlegung des Inhaltes des Schriftchens kann dasselbe als eine grossenteils selbständige, wissenschaftlich durchgeführte und mit theoretisch interessanten Resultaten abschliessende Arbeit bezeichnet werden, wenn auch der Hauptpunkt, die neue Formulierung des Mariotte-Gay Lussac'schen Gesetzes noch nicht als hinlänglich erwiesen betrachtet werden kann. Jedenfalls enthält die eingereichte Schrift mehr als genügende Beweise *von gediegenen Kenntnissen und selbständiger Forschungsgabe* auf dem Gebiete der mathematischen Physik."

„Mein Antrag geht daher dahin, dass die Arbeit des Hrn. W. Röntgen als eine vollkommen genügende Grundlage zur Promotion anerkannt werde.

Zürich, 12. Juni 1869. Alb. Mousson, Prof."

„Der Korreferent war der erste Astronom Zürichs Rudolf Wolf, der reinste Polyhistor in seiner Mischung antiquarischer und naturhistorischer Interessen, berühmt durch seine Erforschung der Periodizität der Sonnenflecken. Er schreibt lakonisch: ‚Soweit ich im Falle bin, mir über eine Arbeit auf einem mir ziemlich fern liegenden Gebiete ein Urteil zu erlauben, stimme ich mit Gutachten und Antrag des Herrn Prof. Mousson vollständig überein.' In der Fakultätssitzung vom 22. Juni 1869 wurde Herr Wilhelm Röntgen von Apeldoorn in Holland auf Grund seiner Druckschrift, betitelt ‚Studien über Gase', nachdem ein empfehlendes Gutachten der Herren Mousson und Wolf den Herren Fakultätsmitgliedern durch Zirkular bekannt worden war und die beiden Herren Experten sich mündlich noch in gleicher Richtung aussprachen, einstimmig zum Doctor philos. ernannt." Protokollführer war der berühmte Stereochemiker Johannes Wislicenus. Dekan war damals Oswald Heer, als Insektenforscher ebenso weltberühmt wie als Kenner der fossilen Flora. Anwesend waren ausserdem die Herren Professoren Escher von der Linth, der Begründer der Schweizer Geologie, der Mineraloge Kenngott, der Chemiker Städeler und die beiden genannten Experten Mousson und Wolf" [Schinz (a-64)].

Röntgen oblag seinen Studien mit stetig wachsendem Ernst, ohne jedoch die Freude an der Schönheit der Natur zu vergessen, die oft auf ihr Recht pochte. Er wurde ein gewandter Bergsteiger und begeisterter Hochtourist. Wie wunderbar kamen die Schweizer Berge mit ihrer gewaltigen Macht und Schönheit der Lebenslust der jungen Studenten entgegen und wie viele schöne Stunden im treuen Freundeskreis verlebte Röntgen im freien Schweizerland. Bis in sein hohes

Alter dachte er an seine Züricher Studentenzeit zurück, und noch kurz vor seinem Tode schrieb er darüber seinem alten Studienkameraden E. L. ALBERT: „... Die Erinnerung an die schöne Jugendzeit, die Du in Deinem Briefe wieder erwecktest, findet frohen Anklang in dem alten Herzen. Vor einiger Zeit besuchte mich zu meiner großen Freude BESSER, und wir lebten auf in der Erinnerung an die Jahre unseres Zusammenseins in Zürich. Du, er und ich können mit dem, was wir im Leben erreichten, zufrieden sein, namentlich wenn ich bedenke, daß wenigstens für mich die Zukunft sehr problematisch war. Erinnerst Du Dich noch, daß ich durch Dich die Bekanntschaft mit KUNDT machte, der mich in die Physik einführte und mich über die Unsicherheit über meine Zukunft herausriß?"

Abb. 24. AUGUST KUNDT

So verband der alte RÖNTGEN mit seiner frohen Erinnerung an die schönen Züricher Jahre seine dankbarsten Gefühle für seinen damaligen Lehrer und Förderer AUGUST KUNDT (Abb. 24).

KUNDT war erst 29 Jahre alt, als er im Jahre 1868 als Nachfolger von R. CLAUSIUS auf den Lehrstuhl der Physik an das Züricher Polytechnikum berufen wurde. BESSER, den RÖNTGEN in seinem Brief an ALBERT erwähnte, war mit KUNDT schon von Jugend auf bekannt; beide stammten aus Schwerin in Mecklenburg. KUNDT hatte gleich nach der Übernahme des physikalischen Lehrstuhles in Zürich seinen Vorlesungen mannigfache Experimente zugrunde gelegt und richtete auch seine „Physikalische Übungen" ein, die allerdings zu jener Zeit in sehr beengtem Raume im dunklen Erdgeschoß und mit recht kärglichem Material durchgeführt wurden. Hier jedoch fühlte sich der junge RÖNTGEN zu Hause und arbeitete da als KUNDTs Assistent nach seiner Promotion. Zwei vorgeschrittene junge Studierende halfen bei seinen Experimenten, der spätere Professor der Physik in Wien FRANZ EXNER und der Schweizer, HEINRICH SCHNEEBELI, der nachher Physiker am Polytechnikum in Zürich wurde.

Seinen Studienfreunden war RÖNTGEN immer ein zuverlässiger und treuer Kamerad; er war trotz seiner großen Kenntnisse stets bescheiden und hat niemals mit seinem Wissen geglänzt.

Bei seinen Kommilitonen trug er den Studentennamen „Apeldoorn", der auf seine Schulzeit zurückgeht. Oft hörte er diesen Namen, wenn er mit seinen Freunden und einigen unverheirateten Universitätsprofessoren in dem Restaurant „Zunft zur Waag" in Zürich beim Mittagstisch zusammentraf. In diesem Freundeskreise, wo bei aller Gemütlichkeit viel über Berufsfragen und Facharbeiten gesprochen wurde, war es RÖNTGEN wohler als in großen Gesellschaften. Er war kein Freund von Tanz und liebte nicht viel laute und glänzende Geselligkeit.

Während seinen Studienjahren wohnte RÖNTGEN in einem Hause am Seilergraben Nr. 7, nicht weit entfernt vom Polytechnikum. Ein anderes Züricher Haus hat entscheidend in das Leben RÖNTGENs eingegriffen. Es war dies das Café-Restaurant „Zum Grünen Glas", das auch in der Nähe des Polytechnikums an der unteren Zäune 15 gelegen, oft der Sammelpunkt der Professoren und Studenten war, die sich nach des Tages strenger Arbeit bei einem kühlen Trunke gütlich taten. Der Wirt, JOHANN GOTTFRIED LUDWIG, war ein geistig über dem Durchschnitt seiner Berufsgenossen stehender Mann. Er war während der 1830er Revolution als Jenaer Student in die freie Schweiz geflohen und gab dort Privat-

Abb. 25

Abb. 26

Abb. 25. Seilergraben 7. Im Jahre 1922 ließ die Schweizer Röntgengesellschaft die auf dem Bild erkennbare Gedenktafel anbringen mit folgender Inschrift:

Wilhelm Conrad Röntgen
DER ENTDECKER DER NACH IHM BENANNTEN STRAHLEN
DOKTOR DER UNIVERSITÄT ZÜRICH
WOHNTE HIER 1866—1869 ALS STUDIERENDER AN DER
EIDGENÖSSISCHEN TECHNISCHEN HOCHSCHULE

Abb. 26. Wirtschaft „Zum grünen Glas", Zürich

unterricht in den klassischen Sprachen und im Fechten. Vielen Studenten übersetzte er deren Dissertationen ins Lateinische, der damals noch erforderlichen Dissertationssprache. Er war verheiratet mit ELISABETH GSCHWEND von Rickenbach. Die mittelste seiner drei Töchter, ANNA BERTA (geb. am 22. April 1839 in Zürich) hatte es dem jungen RÖNTGEN mit ihrer freundlichen Aufmerksamkeit und ihrer schönen Gestalt angetan und wurde im Herbst 1869 seine Braut. Allerdings konnte das junge Paar noch nicht ans Heiraten denken, da RÖNTGENs Einkommen als Assistent KUNDTs am Polytechnikum sehr bescheiden war.

Jedoch wurde KUNDT im Jahre 1870 auf den Lehrstuhl der Physik an der Universität Würzburg berufen und RÖNTGEN folgte seinem verehrten Lehrer als Assistent an das damals noch recht dürftige physikalische Kabinett der Universität.

Die Würzburger Jahre sollten RÖNTGEN große Freude, aber auch großes Leid bringen. Am 19. Januar 1872 vermählte er sich in Apeldoorn mir BERTHA LUDWIG, mit der er 50 Jahre in glücklichster Ehe zusammen leben sollte. Die Heiratsurkunde lautete:

Huwelijks-Acte

van

Wilhelm Conrad Röntgen en Anna Bertha Ludwig.

Op heden den negentienden Januari des jaars achtien honderd twee-en-zeventig, compareerden voor Ons Meester **Pieter Marius Tutein Nolthenius,** Burgemeester, Ambtenaar van den Burgerlijken Stand der Gemeente **Apeldoorn,** Provincie Gelderland,

.... **Wilhelm Conrad Röntgen,** jongman, ... oud zes en twintig jaren, van beroep assistent aan het physicalisch laboratorium geboren te **Lennep** en wonende te **Würzburg,** meerderjarige Zoon van de echtelieden **Friedrich Conrad Röntgen** oud een en zeventig jaren, zonder beroep, en **Charlotte Constance Frowein,** oud vijf en zestig jaren, zonder beroep, beide te **Apeldoorn** wonende, alhier tegenwoordig en in dit huwelijk toestemmende, ... En .... **Anna Bertha Ludwig,** jonge dochter, ... oud twee en dertig jaren, zonder beroep, geboren te **Zürich,** en wonende thans te **Apeldoorn,** vroeger te **Schwamendingen,** meerderjarige dochter van de echtelieden **Johan Gottfried Ludwig,** overleden, en **Elisabeth Gschwend,** zonder beroep, te **Zürich** wonende welke Comparanten Ons, in tegenwoordigheid van de vier hierna genoemde getuigen hebben verzocht, om over te gaan tot de voltrekking van het door hen voorgenomen Huwelijk.

En hebben wij, voornoemde Ambtenaar, aan dit verzoek voldoende:

Gezien de nagemelde aan Ons overgelegde stukken.

10. Extract uit de geboorte-acte van den bruidegom;
20. Bewijs van voldoening aan de Nationale Militie[1];
30. Extract uit de geboorte-act der bruid;
40. Twee bewijzen van te **Würzburg** en te **Schwamendingen** ergane huwelijks-afkondigingen.

Gelet, dat de Acte der Huwelijks-afkondigingen gedaan zijn te **Apeldoorn** op de Zondagen van den zevenden en van den veertienden Januari dezes jaars en te **Würzburg** en te **Schwamendingen** op den zevenden Januari dezes jaars. In aanmerking nemende dat geene stuiting van dit Huwelijk ter Onzer kennisse gekomen is:

---

[1] Es ist interessant zu sehen, daß hier die Rede ist von dem Nachweis der Erfüllung von RÖNTGENS Verpflichtungen in der holländischen Miliz. Der holländische Radiologe W. A. H. VAN WYLICK aus Hilversum, der großes Interesse an dem holländischen Anteil an RÖNTGENS Leben hat, bemerkt dazu, daß er „nirgends eine Erwähnung oder Bestätigung gefunden habe, daß RÖNTGEN etwa hier Soldat gewesen sein sollte. Nach den gesetzlichen Bestimmungen waren damals die einzigen Söhne der Familien vom Militärdienst befreit“.

Gehoord de verklaring der partijen, dat zij elkander tot echtgenooten aannemen, en dat zij getrouwelijk, al de pligten zullen vervullen, welke door de wet aan den Huwelijken Staat verbonden zijn:

Verklaard in naam der wet dat **Wilhelm Conrad Röntgen,** en **Anna Bertha Ludwig,**

door het Huwelijk zijn verbonden.

Waarvan wij deze Acte hebben opgemaakt in tegenwoordigheid von **Richard Röntgen,** oud zestig jaren, zonder beroep, wonende te Velp, oom van den bruidegom, **Jacob Boddens,** oud drie en dertig jaren, zonder beroep, wonende te Apeldoorn, **Wilhelm Walter,** oud zes en dertig jaren, van beroep notaris, wonende te Apeldoorn en **Carl Ludwig Wilhelm Thormann,** zonder beroep, oud zes en twintig jaren, wonende te **Jjsselstein,** de beide laatsten aan partijen in bloed- of aanverwantschap, niet bestaande, uitdrukkelijk verzochte getuigen, welke, na vorlezing, met ons den bruidgom, de bruid en de ouders van den bruidegom hebben geteekend.

(get.) **Tutein Nolthenius**

(get.) Dr. W. C. Röntgen

A. B. Ludwig

Fr. Conr. Röntgen

C. C. Röntgen-Frowein

Richard Röntgen

J. Boddens

W. Walter

C. L. W. Thormann

Die Ehe blieb kinderlos; doch nahmen Röntgen und seine Frau 15 Jahre später, im Jahre 1887, die sechsjährige Tochter des einzigen Bruders der Frau Röntgen, Josephina Bertha (geb. 21. Dezember 1881 in Zürich), in ihr Haus auf, hielten diese wie ihr eigenes Kind und adoptierten sie in ihrem 21. Lebensjahre. Soweit es Röntgens berufliche Pflichten erlaubten, beteiligte er sich in väterlicher Liebe an der Erziehung seiner kleinen Pflegetochter, spielte mit ihr und nahm an ihren kindlichen Freuden und Leiden regen Anteil. Die kleine Bertha durfte auch in den Ferien mit in die schöne Pontresinaer Gebirgswelt, wo sie mit den kleinen Enkeln des Ehepaares Enderlin, Anna und Leo Trippi, spielte und herumtollte. Vor allem war Röntgen den Kindern dadurch besonders interessant, daß er oft mit einem großen Kasten und schwarzen Tuch herumging und photographierte. Trippi erzählte, daß einmal die ganze Familie Enderlin mit Röntgen auf den Punt Ota gehen mußte und dort malerisch auf große Moränesteine aufgestellt wurden (Abb. 52). Alle fühlten sich außerordentlich wichtig, als Röntgen sie photographierte, ohne damals ein Ahnung zu haben, ,,was der Herr Professor aus seinen großen Kasten später noch herauszaubern würde''.

Das Leid in Würzburg kam für Röntgen in seinem Berufe. Sei es, daß die Folgen des schon längst vergessenen Schülerstreiches in Utrecht wieder auftauchten, die ihn verhinderten, das Reifezeugnis einer Mittelschule zu erwerben; oder sei es, daß seine nicht lateinische Vorbildung eine Rolle spielte, auf jeden Fall verwehrten die strikten Überlieferungen der alten deutschen Universität dem jungen Assistenten trotz der Einsprache KUNDTs die Habilitation[1]. Jedoch bald schien das Glück RÖNTGEN wieder zu leuchten, denn KUNDT wurde 1872 an die neugegründete Reichsuniversität in Straßburg berufen und nahm seinen geschätzten Assistenten wiederum mit. Die neue Straßburger Universität war frei vom Hemmschuh allzu strenger Tradition, und RÖNTGEN konnte sich daher dort nach zweijähriger erfolgreicher Arbeit am 13. März 1874 an dem schönen, neuerrichteten Physikalischen Institut als Privatdozent niederlassen. Damit waren die Schwierigkeiten, die sich seiner Laufbahn noch einmal in den Weg stellen wollten, überwunden, und er konnte ungehindert auf dem Wege weiterschreiten, der ihn zu den Höhen wissenschaftlicher Befriedigung und großer Erfolge führen sollte.

Während seiner Straßburger Jahre wanderte RÖNTGENs Onkel FERDINAND und seine Base LOUISE nach Amerika aus, ein Ereignis, das auf den jungen RÖNTGEN nicht ohne tiefe Wirkung blieb, wie aus folgendem Abschiedsbrief hervorgeht:

„Lieber Onkel und Louise! Wie wenig vermuthete ich vor einigen Monaten, als wir so froh und munter zu meinem Hochzeitsfeste zusammen waren, daß es das letzte Mal sein würde, daß wir uns vor einer unbestimmt langen Trennung sahen. Es ist gut, daß uns die Zukunft nicht offen liegt, denn hätte ich damals dieses Ereignis geahnt, so wäre meine Freude und mein Jubel an dem Tage gewiß nicht ungetrübt geblieben. Diese wenigen Zeilen sollen Euch, lieber Onkel und LOUISE, sagen wie wir die letzten Tage in Eurer Nähe in Gedanken zubrachten und wie sehr wir den schmerzlichen und aufregenden Abschied von Onkel RICHARD und meinem Vater mitfühlten; sie sollen Euch aber auch ein aufrichtiges ‚Gut Heil‘ und ‚Behüte Euch Gott‘ auf Eurer weiten Reise zurufen; unsere besten Wünsche begleiten Euch; wir hoffen, und glauben es auch, daß Euere Erwartungen und Aussichten, die Euch zu dem schweren Entschluß bestimmten, in Erfüllung gehen mögen. Deutsche Liebe und deutscher Fleiß, deutsche Treue und deutsche Sitte mögen auch im fernen Westen ihren gesegneten Einfluß auf Euch und Eure Umgebung ausüben, dann werdet Ihr uns bald die beruhigende und freudige Nachricht geben können, daß es Euch in Eurem neuen Arbeitskreis wohl ergeht.

Denket manchmal an denen, die Euch ungerne von sich gehen lassen und behaltet uns in gutem Angedenken. Also gute Reise und Glück auf in der neuen Heimath. Euer Euch herzlich liebender WILHELM.

Straßburg, 20. Mai 1872.“

Mit LOUISE, die später einen Pastor GRAUEL in Indianapolis heiratete, blieb RÖNTGEN bis zu seinem Ende in brieflicher Verbindung (Abb. 42a).

Am 3. Oktober 1873 verzogen RÖNTGENs Eltern ebenfalls nach Straßburg, um näher bei ihren Kindern zu wohnen.

Ein Jahr nachdem RÖNTGEN sich habilitiert hatte, am 1. April 1875, wurde der erst 30jährige Wissenschaftler als Nachfolger und auf Empfehlung H. F. WEBERs, der nach Zürich ging, als Professor der Physik und Mathematik an die

[1] ZEHNDER sagt in seinem Buch [a—85]: „In ganz Bayern soll damals die erste Habilitation ohne Gymnasial-Maturität ganz ausgeschlossen gewesen sein. Ein bereits habilitierter Dozent von auswärts konnte dagegen in Bayern übernommen werden.“

Landwirtschaftliche Akademie zu Hohenheim in Württemberg berufen. Jedoch fühlte er sich in Hohenheim nicht wohl. Der Grund schien darin zu liegen, daß die Mittel seines dortigen Institutes zu beschränkt waren, und daß seine am Straßburger Institut schon auf eine gewisse Breite eingestellte Forschertätigkeit darunter litt. Mit Freude kehrte er daher im folgenden Jahre, am 1. Oktober 1876, auf Wunsch KUNDTs als zweiter Physiker, der, wie damals üblich, das Fach der theoretischen Physik vertrat, nach Straßburg zurück. Zusammen mit KUNDT und allein veröffentlichte er in den nächsten Jahren eine Reihe wissenschaftlicher Arbeiten, auf Grund derer ihm im Jahre 1879, also in seinem 34. Lebensjahre, das Ordinariat der Physik an der Universität Gießen, als Nachfolger des am 24. Dezember 1878 verstorbenen Physikers HEINRICH BUFF, angeboten wurde. BUFF, der 40 Jahre lang den Lehrstuhl der Physik an der hessischen Universität innehatte, hatte besonders die technologische Seite der Physik betont, und aus dem Grunde wohl stand der Dresdener Physiker A. TOEPLER als erster auf der Vorschlagsliste seiner Nachfolger, wenn auch von den bekanntesten deutschen Physikern jener Zeit, v. HELMHOLTZ, KIRCHHOFF, KUNDT, MEYER u. a. der junge RÖNTGEN als erster Kandidat genannt worden war. RÖNTGEN erhielt jedoch am 1. April 1879 den Ruf und nahm ihn auch an. Allerdings war er zunächst enttäuscht über die Gießener Arbeitsmöglichkeiten; der Hörsaal und das physikalische Laboratorium BUFFs in seinem Privathaus in der Frankfurter Straße, das er bezog, standen weit hinter seinen Räumlichkeiten am Straßburger Institut zurück. Durch Abänderungen und Anbauten des im Bau befindlichen Kollegiengebäudes wurden aber bald physikalische Laboratorien und ein neuer Hörsaal geschaffen, und zum Wintersemester 1880—1881 konnte RÖNTGEN schon sein neues Institut beziehen, in dem er in den nächsten 8 Jahren eine Reihe wichtiger Experimentalarbeiten teils allein, teils mit seinen Schülern und Assistenten SCHNEIDER und ZEHNDER durchführte. Trotz aller Arbeit scheint er aber auch in Gießen seinen Frohsinn so gepflegt zu haben, daß er oft später die Arbeits- und Mußestunden seiner Gießener Universitätszeit neben den Würzburger Jahren als die schönsten seines Lebens bezeichnete. In Gießen fand RÖNTGEN einige seiner treuesten Freunde, zu denen vor allem der Chirurg KRÖNLEIN und der Ophthalmologe v. HIPPEL gehörten. Gerne zog er mit seinen Freunden hinaus in die schöne Umgebung Gießens, und später schwärmte er noch oft von seinen Pfingstfahrten an den deutschen Rhein.

Seine ausgezeichneten wissenschaftlichen Arbeiten waren die direkte Ursache der Bemühungen zweier Universitäten, ihn für sich zu gewinnen. 1886 erhielt er einen Ruf nach Jena und 1888 einen an die Universität Utrecht, als Nachfolger von BUYS BALLOT. RÖNTGEN wurde in einer Sitzung der Fakultät für Mathematik und Naturkunde vom 24. Februar 1888 als einziger Name auf der Liste vorgeschlagen wegen seiner Veröffentlichungen, welche von einer „außergewöhnlichen Begabung und gründliche Kenntnisse bezeugten, an die sich Originalität der Gedanken knüpften“. Außerdem wurde er ein hervorragender Lehrer mit großen experimentellen Fähigkeiten genannt. RÖNTGEN lehnte beide Rufe ab, muß es aber als eine Art ausgleichender Gerechtigkeit empfunden haben, daß die Universität der Stadt, die ihm die ersten Schwierigkeiten in seine Laufbahn legte, sich nun um seine Dienste bemühte. Er schrieb in seiner Absage: „Dieser Beschluß hat mir längere Erwägung gekostet, auch wegen der Erinnerung an Utrecht aus meiner Jugend. Der Grund der Ablehnung ist dann auch keineswegs ein persönlicher pecunärer Vorteil, den ich mir errungen hätte (die hessische Regierung hat mir kein höheres Gehalt geboten) sondern die Befürchtung, daß das Hineinleben in die neuen Verhältnisse meine Zeit, die ich gerne wissenschaftlichen Arbeiten widmen möchte, zu sehr in Anspruch nehmen würde" [EVERS (a-13)].

Während seiner Gießener Jahre starben RÖNTGENs beide Eltern; sein Vater am 12. Juni 1884 in Gießen und seine Mutter am 8. August 1888 in Bad Nauheim.

Am 1. Oktober 1888 aber erhielt RÖNTGEN ein Angebot, das er kaum ablehnen konnte. Der bekannte Experimentalphysiker der Würzburger Universität,

Abb. 27. Aufnahme von RÖNTGEN und seiner Frau aus der Gießener Zeit. Phot. E. Hanfstaengl, Frankfurt a. M

FRIEDRICH KOHLRAUSCH, folgte einem Ruf nach Straßburg; RÖNTGENs wissenschaftliche Leistungen waren so weit gestiegen, daß man ihm den Lehrstuhl der Physik an der Universität Würzburg und die Leitung des Physikalischen Institutes als Nachfolger KOHLRAUSCHs anbot. Seine exakte experimentelle Arbeitsweise machte ihn schlechthin zum idealen Nachfolger des Meisters der physikalischen Meßtechnik. Es ist bezeichnend für die große Wertschätzung, die sich RÖNTGEN errungen hatte, daß man ihn als Ordinarius der Physik an die Universität berief, an der man einige Jahre zuvor nicht gewillt war, ihn die erste Stufe der akademischen Laufbahn erklimmen zu lassen.

Schnell und gerne lebte sich der Gelehrte wieder in die ihm schon bekannte Umgebung ein. Die Würzburger Jahre wurden seine glücklichsten. Nach einigen wichtigen Arbeiten aus verschiedenen Gebieten der Physik folgte er dem Beispiel vieler seiner Kollegen und begann mit Untersuchungen der durch HERTZ' und LENARDs Arbeiten in den Vordergrund des Interesses gerückten Kathodenstrahlen und deren Wirkungen. Bei dieser Arbeit entdeckte er am 8. November 1895 die Strahlen, die er zuerst und persönlich auch bis an sein Lebensende als „X-Strahlen" bezeichnete. Über die Entdeckung selbst wurde schon zuvor gesprochen;

jetzt soll auch die Rückwirkung der außerordentlichen Folgen dieser Entdeckung auf das Leben RÖNTGENs weiter verfolgt werden. Zuvor scheint es aber angebracht, den Wissenschaftler W. C. RÖNTGEN näher kennen und verstehen zu lernen. Vielfach wurden nach der Entdeckung unberechtigte, zum Teil neidische Stimmen laut, die die große Tat als einen Fund bezeichneten, der RÖNTGEN durch einen Zufall geglückt sei. Es war diesen Neidern kaum bekannt, zum Teil ist es auch heute noch nicht allgemein verbreitet, daß RÖNTGEN einer der bedeutendsten Physiker des 19. Jahrhunderts gewesen wäre, auch wenn er die Röntgenstrahlen nicht entdeckt hätte [GLASSER (a-29)]. RÖNTGEN hatte bewußt die Arbeiten mit den Kathodenstrahlen aufgenommen, weil er das Gefühl hatte, daß trotz der Fülle der von vielen Forschern schon beobachteten Erscheinungen doch noch vieles im Dunkel des Unerforschten ruhte. Er war also, wie jeder forschende Wissenschaftler, auf der Suche nach neuen Wegen, als er das Erbe seiner illustren Vorgänger von GUERICKE bis LENARD antrat und eine ,,neue Art von Strahlen" entdeckte. War die Entdeckung selbst der folgerichtige und auch vielleicht notwendige Abschluß einer langen Reihe von Arbeiten, so war der Blick auf den leuchtenden Kristallschirm, der anstatt am 8. November 1895 auch am 10. oder 15. November hätte erfolgen können, das einzige Moment des Zufalls. Hatten nicht andere Arbeiter mit Kathodenstrahlen zufällig ähnliche Beobachtungen gemacht? In einem späteren Kapitel wird auf einige solcher Beobachtungen zurückzukommen sein. Es gab deren viele und mannigfache, aber ihre Bedeutung stand eben nur einem RÖNTGEN so voll und ganz vor Augen. Ohne RÖNTGENs Genie hätten die X-Strahlen vielleicht noch lange im Dunkel des Unerforschten geruht. Der Philosoph MUENSTERBERG (625) von der Harvard-Universität sagte sehr treffend in seinem ersten Bericht über RÖNTGENs Entdeckung, den er von Freiburg i. Br. am 15. Januar 1896 an die amerikanische Zeitschrift ,,Science" sandte:

,,Nehmen wir an, daß der Zufall wirklich eine Rolle spielte. — Es gab viele galvanische Wirkungen in der Welt, ehe GALVANI zufällig die Zuckungen des Froschschenkels an dem eisernen Gitter sah. Die Welt ist immer voll solcher ,Zufälle', aber es gibt nur wenige GALVANIs und RÖNTGENs."

Auch einer der frühen Vorgänger RÖNTGENs auf dem Lehrstuhl der Philosophie (von der damals die Physik einen Teil bildete) an der Universität Würzburg, P. A. KIRCHER (geb. 1602), brachte solche Gedanken schon sehr früh treffend zum Ausdruck: ,,Die Natur läßt oft staunenswerte Wunder selbst an den gewöhnlichsten Dingen hervorbringen, welche jedoch nur von Leuten erkannt werden, die mit Scharfsinn und zum Forschen geschaffenen Sinn bei der Erfahrung, der Lehrmeisterin aller Dinge, sich Rats erholen." RÖNTGEN zitierte diese Worte selbst in seiner Rektoratsrede an der Würzburger Universität im Jahre 1894, also ein Jahr vor seiner großen Entdeckung.

Nur der erfahrene Forscher mit der großen Schärfe seiner Beobachtung und der unerbittlichen Gründlichkeit seiner Kritik, verbunden mit dem glänzenden experimentellen Geschick und der großen Erfahrung, konnte aus der ,,zufälligen" Beobachtung einer Fluoreszenzerscheinung jene wichtige Naturerscheinung mit fast allen ihren Eigenschaften so hervorragend herausarbeiten und so knapp und doch erschöpfend aufgezeichnet der Mit- und Nachwelt überliefern, wie RÖNTGEN es tat. Dieses unsterbliche Verdienst RÖNTGENs richtig zu verstehen, muß man mit dem Wissenschaftler RÖNTGEN besser bekannt sein, als das gewöhnlich der Fall ist. Rückblickend auf die Zeit der Entdeckung ist es bemerkenswert, welch gewaltigen Eindruck dieselbe auf die großen Physiker jener Zeit machte, eine Tatsache, an der spätere Abschwächungsversuche kleinerer Geister nichts ändern können.

Nach OSTWALD kann man RÖNTGEN als einen typischen Klassiker unter den Gelehrten bezeichnen. In seinem geistvollen Buche über „Große Männer" schreibt OSTWALD u. a.: „Der Romantiker produziert schnell und viel und bedarf daher einer Umgebung, welche die von ihm ausgehenden Anregungen aufnimmt. Der Klassiker läßt im allgemeinen eben so ausgeprägt eine Abneigung, zunächst gegen den Stegreifunterricht, dann aber auch gegen den Unterricht im allgemeinen, erkennen. Während des Romantikers erste Sorge ist, das gegenwärtige Problem zu erledigen, um für das nächste Raum zu bekommen, ist die erste Sorge des Klassikers, das gegenwärtige Problem so erschöpfend zu verarbeiten, daß weder er selbst noch womöglich irgendein Zeitgenosse imstande ist, das Ergebnis zu verbessern. Die Werke der Klassiker gewinnen eine weit größere Lebensdauer, indem sie als Quelle für das fragliche Problem noch lange ihren Wert behalten, während die durch die Romantiker bewirkten Fortschritte längst ihre persönliche Beschaffenheit verloren haben und in den namenlos gewordenen Bestand des allgemeinen Wissens übergegangen sind."

RÖNTGEN muß als der gegebene Vertreter der klassischen Richtung angesehen werden. Sein hervorstechender Zug in seinen Arbeiten war die rücksichtslose und unbestechliche Kritik an der Zuverlässigkeit seiner Beobachtungen und Messungen. Mit großer Schärfe der Beobachtung und unerbittlicher Gründlichkeit ging er an die Lösungen physikalischer Probleme heran. Mit größtem Scharfsinn ersann er immer wieder neue Kontrollversuche, um sich von der Richtigkeit der erzielten Meßergebnisse zu überzeugen, und mit großem Skeptizismus warnte er vor Hypothesen, die sich nicht auf strenge experimentelle Unterlagen stützten. Die in seinen zahlreichen Arbeiten niedergelegten Resultate zeichnen sich daher durch eine selten erreichte Gründlichkeit und Zuverlässigkeit aus, verbunden mit einer geradezu klassischen Kürze und Einfachheit der Darstellung.

RÖNTGEN war Experimentalphysiker im wahrsten Sinne des Wortes. Über den Wert des Experimentes äußerte er sich ein Jahr vor seiner großen Entdeckung in seiner Würzburger Rektoratsrede folgendermaßen: „Erst allmählich drang die Überzeugung durch, daß das Experiment der mächtigste und zuverlässigste Hebel ist, durch den wir der Natur ihre Geheimnisse ablauschen können, und daß dasselbe die höchste Instanz bilden muß für die Entscheidung der Frage, ob eine Hypothese beizubehalten oder zu verwerfen sei. Die fast immer vorhandene Möglichkeit, die Resultate der Gedankenarbeit mit der Wirklichkeit vergleichen zu können, gibt dem experimentierenden Naturforscher die erforderliche Sicherheit. Stimmt das Resultat nicht mit der Wirklichkeit, so ist dasselbe notwendig falsch, und wenn die Spekulationen, die zu demselben führten, auch noch so geistreich waren. Man wird in dieser Notwendigkeit vielleicht eine gewisse Härte erblicken, wenn man erwägt, mit wieviel Aufwand an geistiger Arbeit und Zeit mitunter das Resultat erhalten und wieviel heiße Hoffnungen mit ihm vernichtet wurden. Indessen schätzt sich der Forscher auf dem Gebiete der Naturwissenschaften doch glücklich, einen solchen Prüfstein zu besitzen, wenn ihm derselbe auch manchmal große Enttäuschungen bereitet."

Während aber viele Vertreter der experimentellen Richtung in der Physik sich fast einseitig mit ein und demselben Problem beschäftigen und durch Verbesserungen der Technik aus diesem die höchste Genauigkeit zu erschließen wissen, führten RÖNTGENs Untersuchungen ihn auf die mannigfachsten Gebiete physikalischer Erscheinungen. Durch klar ausgedachtes experimentelles Vorgehen suchte er der Lösung seiner Probleme näherzukommen. Dabei war er sich über die Schwierigkeit, der Natur ihre Geheimnisse abzulauschen, durchaus klar. ,,Der physikalische Forscher, der sich hauptsächlich der Aufgabe widmet, exakte Messungen auszuführen und die dazu nötigen Methoden und Apparate zu ersinnen, muß sich von vornherein eine gewisse Resignation auferlegen'', sagte er in seiner Gedächtsnisrede auf den großen Experimentalphysiker F. KOHLRAUSCH [54], ,,er muß mit der Möglichkeit, ja fast immer mit der Gewißheit rechnen, daß seine Arbeit in verhältnismäßig kurzer Zeit von anderen überholt wird; die von ihm erdachten Methoden werden verbessert, und die neu gewonnenen Resultate sind genauer. Damit verschwindet allmählich die Erinnerung an seine Person und an seine Tätigkeit.''

Es ist weiter von Interesse, zu sehen, daß RÖNTGEN in einem seiner Vorträge, den er vor seiner Entdeckung hielt, auch auf die erhebenden Freuden des Wissenschaftlers Bezug nahm und aus den Lebenserinnerungen des großen Technikers WERNER VON SIEMENS die folgende Stelle zitierte: ,,Das Gedankenleben bereitet uns mitunter vielleicht die reinsten und erhebendsten Freuden, deren der Mensch fähig ist. Wenn ein dem Geiste bisher nur dunkel vorschwebendes Naturgesetz plötzlich klar aus dem es verhüllenden Nebel hervortritt, wenn der Schlüssel zu einer lange gesuchten mechanischen Kombination gefunden ist, wenn das fehlende Glied einer Gedankenkette sich glücklich einfügt, so gewährt dies dem Erfinder das erhebende Gefühl eines errungenen geistigen Sieges, welches ihn allein schon für alle Mühen des Kampfes reichlich entschädigt und ihn für den Augenblick auf eine höhere Stufe des Daseins erhebt.''

Trotz seiner vorwiegend experimentellen Einstellung war RÖNTGEN doch immer davon überzeugt, daß gute experimentelle Resultate sich auf einwandfreie theoretische Überlegungen aufbauen müssen Bediente er sich auch selbst in seinen Arbeiten kaum höherer mathematischer. Berechnungen so sind doch viele seiner Untersuchungen auf durchaus theoretischer Grundlage und theoretischem Gedankengang aufgebaut. Die Art und Weise, wie er beim Herangehen an ein neues Problem den Grundgedanken begrifflich klar herauskristallisierte, um ihn dem Experiment zugänglich zu machen, verrät immer den theoretischen Denker. Wenn er sich selbst auch der mathematischen Hilfsmittel kaum bediente, so unterschätzte er dieselben doch keineswegs. Er pflegte oft zu sagen: ,,Der Physiker braucht drei Dinge als Vorbereitung zu seiner Arbeit, Mathematik, Mathematik und nochmals Mathematik.'' Auch machte er einmal ernstlich dem bekannten amerikanischen Physiker R. W. WOOD über diesen Punkt Vorstellungen, da er glaubte, daß WOOD als Experimentalphysiker der Mathematik nicht genügend Bedeutung beimaß. WOOD erzählte, daß RÖNTGEN ihm einmal bei einem Besuche sagte, daß er Schwierigkeiten hätte, seine Schüler zu veranlassen, sich intensiver mit Mathematik zu beschäftigen, weil sie immer sagten: ,,Der WOOD kommt auch ohne Mathematik aus.''

RÖNTGEN bemühte sich in seiner Würzburger Zeit, an der dortigen Universität die Professur für theoretische Physik wieder zu besetzen. Diese Professur war schon im Jahre 1773 vom Fürstbischof v. SEINSHEIM gegründet worden, ging aber nach kurzer Zeit, um 1800 herum, wohl infolge der ungünstigen Zeitverhältnisse, wieder ein und war nicht wieder errichtet worden. In der schon mehrfach erwähnten Rektoratsrede wies RÖNTGEN 1894 auf diesen Umstand besonders hin und sagte: „Würzburg, das fast allen anderen deutschen Universitäten in der Pflege der Physik vorangegangen war, ist im Augenblick fast die einzige Universität, an welcher nur eine Professur für Physik besteht. Indessen hegen wir die begründete Hoffnung, daß dieser Ausnahmestellung Würzburgs demnächst ein Ende gemacht wird." Auch später, im Jahre 1904, als es ihm gelingen wollte, nach Ablehnung des Wunsches der preußischen Regierung das Präsidium der Reichsanstalt in Berlin zu übernehmen, die alte, durch den Weggang BOLTZMANNs verwaiste Professur für theoretische Physik an der Münchener Universität wieder zu beleben, bezeugte er für die Wiederbesetzung dieses Lehrstuhles das größte Interesse. Ja, er ging sogar selbst nach Leyden, um den Holländer H. A. LORENTZ für diesen Lehrstuhl zu gewinnen, und die Art, wie der große Gelehrte seine holländischen Sprachkenntnisse aus seiner Kinder- und Schulzeit erfolgreich benutzte, um H. A. LORENTZ mit einer holländischen Ansprache zu überraschen, ist von rührendem Interesse. Es gelang allerdings nicht, LORENTZ nach München zu ziehen. An seiner Stelle übernahm der bekannte Theoretiker A. SOMMERFELD im Jahre 1906 den Lehrstuhl für theoretische Physik. Aus der idealen Zusammenarbeit zwischen dem Röntgenschen und Sommerfeldschen Institut gingen wichtige Untersuchungen hervor, die eine große Rolle in der weiteren Entwicklung der Kenntnis der Natur der Röntgenstrahlen spielten. SOMMERFELD war am besten in der Lage, die theoretische Gedankenrichtung in vielen Arbeiten RÖNTGENs voll und ganz zu erfassen. Er sagte darüber z. B. an RÖNTGENs 70. Geburtstag unter anderem: „1907 habe ich in einer öffentlichen Akademierede von RÖNTGEN Bemerkungen über die Einsteinsche Relativitätsarbeit gehört, die zeigten, daß er sich mit dieser intensiv beschäftigt hatte. Kein Wunder; hat er doch schon 1888 einen Kondensatorversuch zum Nachweis einer etwaigen magnetischen Wirkung des infolge der Erdbewegung durch den Kondensator hindurchstreichenden Ätherwindes (zusammen mit dem Nachweis des Röntgenstromes) angestellt und damit als erster die Frage nach dem Einfluß der Erdbewegung aus der Optik in die Elektrodynamik übertragen."

Aber im Grunde war RÖNTGEN der Meister des Experimentes. Viele seiner Apparate baute er sich selbst mit einfachen Mitteln auf, eine Fähigkeit, die er sich schon in der Jugend beim Basteln und dann in den Tagen des alten „Würzburger physikalischen Kabinetts", da es noch keinen Institutsmechaniker gab, angeeignet hatte. Welch' erstaunlich zuverlässigen Resultate RÖNTGEN mit solchen selbstgebauten Meßapparaten erzielte, ist bekannt. Es sei hier nur an seine mit einfachsten Mitteln ausgeführten Bestimmungen des Verhältnisses der spezifischen Wärme der Gase nach der Methode von CLEMENT und DÉSORMES erinnert, die er nach Beseitigung eines störenden, von F. KOHLRAUSCH übersehenen Fehlers zu einer sicheren Meßbestimmung machte. Vielleicht stammt auch aus jenen Tagen, da er meist gezwungen war, allein mit seinen Experimenten fertig zu werden, seine spätere Scheu, bei seiner persönlichen Arbeit einen Assistenten oder Laboranten hinzuzuziehen. Er steht in dieser Hinsicht nicht allein, denn mancher Wissenschaftler zieht bei wichtigen Forschungsarbeiten die ungestörte Atmosphäre des Nichtgebundenseins in Tun und Denken selbst loser Verpflichtung bei der Anwesenheit einer oder mehrerer Hilfskräfte vor.

Röntgen bedurfte selten der Hilfe eines Assistenten bei seinen wissenschaftlichen Untersuchungen. Dies war höchstens der Fall, wenn ein komplizierter Apparateaufbau die gleichzeitige Anwesenheit zweier Beobachter notwendig machte, oder wenn die beobachtete Wirkung einer Kraft auf ein Meßinstrument so minimal war, daß er dieselbe von einem unbefangenen Beobachter kontrollieren ließ, um seiner Sache sicher zu sein. Allerdings war das nicht immer einfach für den hinzugezogenen zweiten Beobachter, da Röntgens Sehvermögen außerordentlich gut war.

Viele seiner Beobachtungen mußte Röntgen mit einem Auge machen, da die Sehkraft des anderen seit einer Jugenderkrankung geschwächt war. Allerdings scheint sich in späteren Jahren das Auge wieder gebessert zu haben, denn sein Freund Wölfflin (a-81,82) untersuchte Röntgens Sehkraft in dessen 75. Lebensjahr und berichtet darüber: „Seine äußerst feine Handschrift, über die er bis ins hohe Alter verfügte, ist erstaunlich. Ich habe mir oft darüber Gedanken gemacht. Dieses minutiöse Schriftbild veranlaßte mich eines Tages, Röntgens Augen zu prüfen, weil ich bei ihm einen übernormal hohen Visus vermutete. Tatsächlich ergab sich auf beiden Augen ein solcher von fast 3.0 — d. h. das Dreifache des normalen Sehvermögens. Man kann deshalb auch den Stoßseufzer eines seiner Laboranten verstehen: ‚Der Chef verlangt so genaue Ablesungen, wie ich sie mit meinen Augen nicht fertigbringe.'

Diesem überdurchschnittlichen Visus stand allerdings eine gewisse Farbenschwäche zur Seite, an der Röntgen von Jugend auf litt und wegen der er nie Experimente veröffentlichte, die mit Farbenerkennung verbunden waren. Auf meinen Rat hin — ich hatte die entsprechenden Apparaturen nicht bei mir — ließ sich Röntgen bei Köllner in Würzburg genau untersuchen. Es ergab sich eine ausgesprochene Deuteranomalie (Grünschwäche)."

Die Angewohnheit Röntgens, die meisten seiner Arbeiten alleine durchzuführen, unterstützt die zuvor erwähnten Aussagen seiner Adoptivtochter sowie seiner Freunde, daß er an jenem denkwürdigen Freitagabend allein war, als er das merkwürdige Aufleuchten der Bariumplatinzyanürkristalle beobachtete, und daß kein Zweiter vorhanden war, der ihn erst auf das Leuchten aufmerksam machte. Dennoch erscheinen Berichte dieser Legende immer wieder. Schon in seinem ersten, kurz nach der Entdeckung an Zehnder (a-85) geschriebenen Brief sagte Röntgen: „... ich lasse die Neidhämmel ruhig schwätzen; das ist mir ganz gleichgültig." Zeitweilig verstummten diese Gerüchte, tauchten dann aber immer wieder auf. In einem melodramatischen Radio-Hörspiel der Norddeutschen Sendergruppe in Hamburg wurde im Frühjahr 1930 die Dienerlegende wieder aufgewärmt und dem Röntgen assistierenden Diener der Name „Keunecke" gegeben. Bis auf den heutigen Tag erscheinen ähnliche Berichte über den Vorgang bei der Entdekkung, meistens in populären Zeitschriften. In München wurde vielfach der Präparator Weber zum Helden der Entdeckung gemacht, trotzdem Weber erstmals 5 Jahre nach der Entdeckung der Strahlen mit Röntgen zusammenkam. In Würzburg selbst wurde dem alten Vorlesungsdiener Marstaller die Entdeckung in die Schuhe geschoben, der aber nach übereinstimmenden Aussagen der Assistenten des Institutes, die ihn kannten, nicht „das Zeug hatte", irgendwelche Beobachtungen zu machen, ganz abgesehen davon, daß er nie von RÖNTGEN zu wissenschaftlicher Mithilfe herangezogen wurde. ZEHNDER (a-85) hat die mannigfachen Quellen der Gerüchte über MARSTALLERs Tätigkeit eingehend untersucht und in seinem Buch beschrieben. Einige dieser Ergebnisse von ZEHNDERs Studien wurden schon im ersten Kapitel beschrieben.

Wie sehr diese Gerüchte in seinen späteren Lebensjahren bedrückend auf RÖNTGEN einwirkten, geht aus Bemerkungen hervor, die er 1921 in Briefen an seine Freunde, Frau BOVERI und an ZEHNDER, machte. Er schrieb an Frau BOVERI: „... Was sagen Sie dazu, daß auch ZEHNDER die Mär vernommen hat, ich hätte die Wahrnehmung der X-Strahlen nicht selbst gemacht, sondern ein Assistent oder Diener habe sie gefunden! Welcher miserable Neidhammel mag sie in die Welt gesetzt haben?" Und an ZEHNDER: „... Das infame Gerücht, ich hätte die X-Strahlen nicht selbst gefunden, hat seine Quelle nach meiner Vermutung in Heidelberg bei QUINCKE, dem ich ein paarmal auf den Fuß getreten bin. Es wurde wohl durch LENARD gepflegt." RÖNTGENs Vermutung mag richtig gewesen sein, obwohl das merkwürdige Verhalten LENARDs gegenüber der Entdeckung der Röntgenstrahlen erst lange nach RÖNTGENs Tod aufgeklärt werden konnte.

L. ETTER (a-12), ein bekannter Radiologe der Universität Pittsburgh, Pennsylvania, hat als Major der amerikanischen Besatzungstruppen in Deutschland nach dem zweiten Weltkriege sich in verdienstvoller Weise um die Aufklärung einer Reihe von bis dahin unbekannten Beziehungen zwischen LENARD und RÖNTGEN bemüht. Er erreichte dies durch Studien der im Würzburger Institut noch erfaßbaren Dokumente, wie auch durch zwei direkte Interviews mit LENARD. Nur einige seiner aufklärenden Ermittelungen können hier im Zusammenhang erwähnt werden. Nach dem freundlichen, im 1. Kapitel erwähnten Briefwechsel zwischen den beiden Forschern im Mai 1894, zitiert ETTER den folgenden Brief RÖNTGENs an LENARD vom 24. April 1897, also über ein Jahr nach der Entdekkung geschrieben: „Würzburg, 24. April 1897, Verehrter Herr College (LENARD). Gestern kam ich v. d. Reise zurück und fand Ihre Karte vor; ich möchte nicht lange warten, um Ihnen zu sagen, daß es mir ungemein leid thut, daß ich nicht in W. war, als Sie die freundliche Absicht hatten mich zu besuchen. Ich hätte so gerne Ihre persönliche Bekanntschaft gemacht und verschiedenes Gemeinsame in unseren Arbeiten mit Ihnen besprochen. Hoffentlich bietet sich doch bald eine andere Gelegenheit. Zu gegenseitiger Gratulation zu empfangenen Preisen und Medaillen hatten wir schon ein paarmal Veranlassung und auch jetzt wieder zu der — künstlerisch nicht sehr hübschen — Matteneimedaille. Seien Sie überzeugt, daß ich mich herzlich darüber freue, daß auch Ihre, von mir hochgeschätzte Arbeiten eine so baldige Anerkennung gefunden haben. An dem sehr unpassenden Zehnderschen Zeitungsartikel bin ich so unschuldig wie ein neugeborenes Kind und war nicht wenig empört darüber. Mit besten Grüßen und der Versicherung meiner besonderen Hochachtung, verbleibe ich Ihr erg. W C R."

LENARDs Antwort lautete: „Heidelberg d. 21. Mai 97. Hochgeehrter Herr Professor! Für Ihr freundliches Schreiben, das mich hocherfreut hat, Ihnen vielmals zu danken möchte ich nun nicht länger säumen. Ich hätte es am liebsten persönlich gethan, da nun aber bisher die Gelegenheit dazu fehlte, thue ich es schriftlich. Ich freue mich ganz außerordentlich, nun sicher zu wissen, was ich selber freilich nie Grund fand zu bezweifeln, daß Sie mir freundlich gesinnt sind. Gefürchtet hatte ich öfter es könnte anders kommen und es hätte mir das sehr leid gethan. Aber auch ich bin völlig unschuldig an den Äußerungen, welche Solches hätten bewirken können; ich habe an keinerlei Polemik auch nur im mindesten mitgewirkt. Daß Ihre große Entdeckung so rasch die Aufmerksamkeit der weitesten Kreise auch auf meine bescheidene Arbeiten gelenkt hat, war ein besonderes Glück für mich und ich kann mich durch Ihre freundliche Antheilnahme daran jetzt doppelt darüber freuen. Nochmals herzlichen Dank dafür, daß Sie mir schrieben. Einliegend wollte ich mir erlauben einen Abdruck eines Vortrages auf der Frankfurter Versammlung zu senden — englisch in Ermanglung deutscher Abdrücke. Ich darf wohl noch besonders bemerken, daß der Gegenstand des Vortrages als nichts weiter wie eine bloße Hypothese auch von mir aufgefaßt ist. Die Hypothese durch neue Thatsachen zu stützen, habe ich mir seither viel Mühe gegeben, bisher ohne noch Erfolg gehabt zu haben. Meine Arbeiten sind in den letzten Jahren sehr oft durch Umzüge gestört worden. Vor einiger Zeit habe ich meine früheren Versuche mit den Kathodenstrahlen in der freien Luft wiederholt um zu sehen, ob ich in jenen früheren Versuchen etwa durch das Vorhandensein der von Ihnen entdeckten Strahlenart gestört worden war, doch habe ich zu meiner Befriedigung gefunden, daß dies nicht der Fall war, daß aber die von mir den Kathodenstrahlen zugeschriebenen Eigenschaften alle wirklich dieser stark ablenkbaren Strahlenart zukommen. Vielleicht ist es mir bald möglich, Ihnen Gedrucktes hierüber zu überreichen. Mit wiederholtem Danke und in größter Hochschätzung verbleibe ich Ihr ganz ergebener P. LENARD.“

Dieser durchaus freundliche Briefwechsel bestätigt wieder, daß LENARDs wissenschaftliche Arbeiten über die Eigenschaften der Kathodenstrahlen der unmittelbare Vorgänger der Röntgenschen Versuche waren und einer der Hauptgründe, warum sich RÖNTGENs Interesse gerade diesem Wissenszweig zuwandte. Allerdings ruhen LENARDs wie auch RÖNTGENs Arbeiten auf den Entdeckungen vieler wissenschaftlicher Vorgänger, besonders auf den experimentellen Arbeiten von HERTZ, dem Lehrer LENARDs und den theoretischen Arbeiten von HELMHOLTZ. RÖNTGEN anerkannte LENARDs Verdienste in dieser Beziehung, wie schon mehrfach erwähnt, wenn er in seiner ersten Mitteilung über die neuen Strahlen von LENARDs „schönem Versuche“ spricht und auch die Lenardsche Kathodenstrahlenröhre erwähnt, die er neben den Hittorfschen und Crookesschen Röhren bei seinen Versuchen verwendete.

Leider änderte sich das freundliche Verhältnis zwischen den beiden großen Physikern in den folgenden Jahren mehr und mehr und wurde schließlich sehr bitter. Die Änderung scheint nach RÖNTGENs Empfang des ersten Nobelpreises in Physik im Jahre 1901 begonnen zu haben und verschärfte sich, nachdem LENARD denselben Preis vier Jahre später erhielt. In der zweiten, im Jahre 1920 veröffentlichten Auflage seines Nobelvortrages (a-50) erklärte LENARD in bezug auf die Möglichkeit, daß er es bei seinen Kathodenstrahlenexperimenten auch mit Röntgenstrahlen (oder mit „Hochfrequenzstrahlen“, wie er die neuen Strahlen nach der Entdeckung ihrer Wellennatur im Jahre 1912 stets nannte) zu tun hatte, folgendes: „... Ich habe Wert darauf gelegt, nachträglich in der Literatur auftauchende Zweifel an der Reinheit meiner Kathodenstrahlenbeobachtungen zu beseitigen, die nahelegen wollten, daß die Kathodenstrahlen der Fensterröhre mit wesentlichen Anteilen von Hochfrequenzstrahlen vermischt gewesen sein mochten. Die Zweifler hätten sich allerdings ohne weiteres sagen können, daß mir dann die Entdeckung der Hochfrequenzstrahlen auch nicht hätte entgehen können. In Wirklichkeit besaß ich wohl Anzeichen unverständlicher Nebenerscheinungen, die ich als Ausgangspunkte weiterer Unternehmungen — die mir freilich dann rechtzeitig nicht beschieden waren — sorgfältig hütete und die in der Tat Wirkungen spurenweis im Beobachtungsraum vorhandener Wellenstrahlung waren.“ Jedoch erschien nichts von solchen Beobachtungen in LENARDs Veröffentlichungen vor der Entdeckung der Röntgenstrahlen und entbehren daher alle spätere Versuche, LENARD einen großen Anteil des Verdienstes an der Entdeckung dieser Strahlen zuzuschreiben, einer historischen Begründung.

Auf GLASSERs Einladung, persönliche Erinnerungen, die mit der Entdeckung der Röntgenstrahlen zu tun hatten, beizutragen (siehe Kapitel 21), antwortete LENARD in freundlichster Weise: „z. Zt. Adelboden 8. Aug. 1929. Hochgeehrter Herr! Ihre Anfrage hätte ich gerne früher beantwortet; jedoch viel Arbeit vor Antritt einer nötigen Erholungspause hat mich daran verhindert, was ich zu entschuldigen bitte. Ich nahm das Nötige mit auf die Reise, um nun von hier aus zu schreiben.

Erschwerend für die Absicht, die Geschichte und das Zustandekommen der Entdeckung von RÖNTGEN zu behandeln, ist jedenfalls die zweifellose und ganz auffallende große Zurückhaltung, die RÖNTGEN selbst hierüber bewahrte. Ich habe mich dieses Umstandes wiederholt versichern müssen. Er hat auch keinen Nobel-Vortrag gehalten, was anderen Preisträgern immer die Gelegenheit war, über das Zustandekommen ihrer Leistungen und über deren Vorgeschichte sich zu äußern und somit einen einsichtigen Beitrag zur Geschichte der Wissenschaft zu liefern. Unzweifelhaft ist es nach allem, daß der Weg zur Entdeckung über meine Arbeiten ging. Ich war damals durch äußere Umstände verhindert, die große Fülle der neuen Erscheinungen, welche bei meinen Studien über Kathodenstrahlen sich bot, in jeder Richtung zu meiner Befriedigung zu verfolgen. Hierüber eingehender mich zu äußern, als es in meinem Nobel-Vortrag geschah, ist nach meinem Empfinden jetzt immer noch nicht an der Zeit; es wäre das auch rein biographisch, und dem Einsichtigen muß das Gesagte genügen. Deshalb übersende ich anliegend den Vortrag, mit besonderer Bezeichnung der Stellen (S. 7 usf & S. 26 usf), welche für Ihr Vorhaben am meisten von Belang wären. Auch habe ich einen Abdruck über eine neuere Äußerung beigelegt, die in gröblich gedachter Weise herausgefordert war. Hiermit glaube ich alles getan zu haben, was die Geschichte der Wissenschaft an diesem Punkte von mir zurzeit fordern kann, und ich zweifele nicht, daß auch Ihre Absichten nur zugunsten einer wirklichkeitsgemäßen Wissenschafts-Geschichte gehen, so daß ich hoffe, Sie nicht allzusehr unbefriedigt gelassen zu haben. Gelingt es Ihnen, etwa noch Äußerungen von RÖNTGEN aus der Entdeckungszeit beizubringen, so würde das selbstverständlich auch mir von besonderem Interesse sein, und ich wäre für Mitteilung dankbar. Meine Nachforschungen haben nur ergeben, daß Zeitungs-Berichterstatter, die ihn damals viel aufsuchten, in mehreren Tages-Zeitungen über Unterredungen mit ihm berichteten. Soweit mir diese Berichte bekannt wurden, stimmten sie mit meiner eigenen Kenntnis (und somit auch mit meinem Vortrag) überein. In ausgezeichneter Hochschätzung, Ihr ergebener P. LENARD." Und in einem späteren Brief aus Heidelberg vom 23. Dezember 1929 fährt LENARD fort: „... Ich habe zur Zeit der Entdeckung sehr viele Anfragen gehabt und habe sie alle ganz unbeantwortet gelassen. Allerdings dachte ich damals, Herr RÖNTGEN würde sich etwas mehr äußern, da er doch so viel älter war als ich; dies ist freilich nicht erfolgt. — Schaffen Sie ein historisch treffendes Werk trotz noch vorhandener Fragen, so wird auch später nichts hinzukommen können, das ihm geltend widerspräche. Behalten Sie in freundlicher Erinnerung Ihren ergebenen P. LENARD."

Daß die erste Auflage des vorliegenden Buches über RÖNTGEN, die LENARD im September 1931 gesandt wurde, nicht seine Forderung nach einem „historisch treffenden Werk" erfüllte, geht aus einer auf seiner Visitenkarte festgelegten Empfangsnotiz hervor, derzufolge er „wünscht, mit dem Verfasser so oberflächlich und roh geschriebener ‚Geschichte' nichts mehr zu tun zu haben". Trotzdem wurde der letzte Wunsch in LENARDs Brief „behalten sie in freundlicher Erinnerung" stets erfüllt, wenn auch die Entwicklung weiterer Studien der Geschichte der Entdeckung der Röntgenstrahlen LENARDs Ansicht von „oberflächlich und roh geschriebener Geschichte" kaum unterstützte.

Einige Jahre später wurde von verschiedenen Seiten aus ein Feldzug unternommen, einmal um zu beweisen, daß RÖNTGEN seine Strahlen mit einer Lenardröhre entdeckte oder um rücksichtslos zu behaupten, daß LENARD und nicht RÖNTGEN die Strahlen entdeckte. Die Arbeiten über die Entdeckung der Strahlen mit der Lenardröhre erschienen in wissenschaftlichen Zeitschriften und kamen aus LENARDs Institut an der Universität Heidelberg [SCHMIDT (a-65)], aus der Physikalisch-Technischen Reichsanstalt in Berlin-Charlottenburg [STARK (a-69)] und aus anderen Instituten [FREUND (a-16)]. Berichte über die Entdeckung der Strahlen durch LENARD erschienen in der Tagespresse und populären Wochenzeitschriften.

Sie waren vielleicht ein Widerhall der Veröffentlichung der obigen Artikel. Einer der verzerrtesten und unwahrsten Artikel dieser Art erschien am 1. März 1935 in der „Zürcher Illustrirten" (XI. Jahrgang, Nr. 9, p. 244) unter dem Titel „Die Ersten und — Vergessenen. Der Erste, der durch Mauern sah", und war geschrieben von einem ERHARD GRIEDER. Obwohl dieser Artikel in keiner Weise anerkannt werden kann, so mögen hier aus historischem Interesse einige Stellen aus ihm zitiert werden, um die vergiftete Atmosphäre der Angriffe jener Tage um das Verdienst des 12 Jahre zuvor verstorbenen Entdeckers der Röntgenstrahlen zu illustrieren. Nachdem der Verfasser falscherweise LENARD zum Assistenten RÖNTGENs in Würzburg macht, fährt er fort: „... Der alternde RÖNTGEN hatte Angst vor ihm (LENARD), Angst, Respekt und irgendeinen unbestimmten Widerwillen, dessen er sich nur instinktiv bewußt war. LENARD hielt nicht viel von seinem Chef. So sehr er den soliden und genialen Arbeiter, den Ausrechner und zuverlässigen Helfer schätzte, so wenig konnte er in ihm den Lehrer und einen überragenden Geist sehen. ... Eines Tages im Jahre 1895, als der Professor gerade das Laboratorium verlassen wollte, um zu einer medizinischen Tagung zu gehen, zu der man ihn, den Physiker, aus Höflichkeit eingeladen hatte, traf er zufällig auf LENARD, der mitteilsamer als sonst war. LENARD fragte, ob der Professor eilig sei; und als RÖNTGEN dies bejahte, teilte er ihm mit unterdrückter Erregung mit, er habe eine neue Strahlenart gefunden, deren Wellenlänge nur etwa ein Tausendstel des sichtbaren Lichtes betrage, er nenne diese Strahlen vorläufig X-Strahlen. RÖNTGEN bedauerte es sehr und war insgeheim froh, schnell von dem ihm unheimlichen Assistenten loszukommen. Aber diesesmal, dieses eine verderbliche Mal in seinem Leben, mußte PHILIPP LENARD sich mitteilen. Dieses eine Mal war er nicht imstande, seine Ruhe zu bewahren und zu schweigen; denn nun erst enthüllte er das Wesentliche der Entdeckung. Die X-Strahlen waren vollkommen verschieden vom Licht, imstande, feste Gegenstände zu durchdringen. Und da sie von der photographischen Platte ebenso wie das sichtbare Licht registriert wurden, konnte man mit ihnen durch Holz, Metall, Knochen oder Stein hindurchsehen und die Struktur der Materie erkennen. RÖNTGEN nickte zu alledem, fand die Entdeckung äußerst interessant und schüttelte dem um siebzehn Jahre jüngeren Kollegen die Hand, ohne sich vorerst viel dabei zu denken. Aber später, nach dem offiziellen Teil der Ärztetagung, bei dem gemütlichen Zusammensein, fiel ihm plötzlich wieder ein, was LENARD ihm erzählt hatte. Die Unterhaltung der Anwesenden gab einen herrlichen Anlaß mitzureden. Und so erzählte er, daß er soeben in seinem Laboratorium ein physikalisches Wunder entdeckt habe, Strahlen, mit denen man Gewebe durchleuchten, das Knochengerüst und das ganze Innere eines lebenden Menschen sichtbar machen und so den Kollegen von der Medizin bei der Diagnostik außerordentlich helfen könne. Er war selber erstaunt über die Stille nach seinen Worten, über den aufbrausenden Beifall, und wurde sich erst Minuten später darüber klar, was LENARDs Entdeckung, die er in diesem Augenblick für die seine ausgegeben hatte, für die Medizin bedeutete. ...“. Man kann sich kaum eine jämmerlichere und verlogenere Verdrehung der Ereignisse um die Entdeckung der Röntgenstrahlen vorstellen als diese Griedersche Fabel und man muß sich natürlich fragen, welche Kräfte und Auskunftgeber hinter der Griederschen und anderen Darstellungen ähnlicher Art, 40 Jahre nach der großen Entdeckung, gestanden haben und was ihre Motive waren. ETTER (a-12) geht auf weitere Einzelheiten dieser unerfreulichen Entwicklungen ein, und hier seien aus seinen Ausführungen nur einige wenige Punkte wiederholt, die gestatten, gewisse Schlüsse zu ziehen.

LENARDs begeisterter Nationalsozialismus sicherte ihm eine höchst angesehene Stellung in Hitlers Regierung zu und auf seine wissenschaftlichen Ansichten wurde großes Gewicht gelegt. Es ist wohl damit zu erklären, daß auf seine Äußerungen über die Entdeckung der „Hochfrequenzstrahlen“ gerade zu jener Zeit, also so lange nach der Entdeckung derselben, großes Gewicht gelegt wurde.

Im Jahre 1944 stellte z. B. die Würzburger Physikalisch-Medizinische Gesellschaft an das Reichspostministerium den Antrag, aus Anlaß des fünfzigsten Gedenktages der Entdeckung der Röntgenstrahlen durch Herausgabe einer Gedächtnisbriefmarke RÖNTGENs, den Entdecker zu ehren, so wie ROBERT KOCH, PETER ROSEGGER und andere zuvor geehrt worden waren. Der Antrag wurde abgelehnt, mit dem Bemerken, daß eine solche Ehrung nur berühmten Männern vorbehalten sei.

Ein möglicher Zusammenhang besteht zwischen dieser Ablehnung und einer Bemerkung, die LENARD in seinem letzten Buch „Wissenschaftliche Abhandlungen, Band 3. Kathodenstrahlen, Elektronen, Wirkungen Ultravioletten Lichtes“ (S. Hirzel, Leipzig: 1944) macht. In einer Fußnote auf Seite XI sagte er: „Es sei nun allen Helfern hier wärmster Dank gesagt. Besonders gilt dies nach Zustandekommen der Herausgabe auch für Herrn Reichspostminister Dr.-Ing. OHNESORGE. Er hat, schon früher her mit mir wissenschaftlich verbunden, sein weitgehendes Interesse an der Naturforschung durch besondere Hilfe zu möglichster Verbreitung der Herausgabe in weitere Kreise bekundet." In demselben Buche macht LENARD weiterhin einige bittere Randbemerkungen über den Zusammenhang zwischen seinen und RÖNGENs Arbeiten und gibt abschließend auf Seite 177 zu dem Kapitel über die Entdeckung der Röntgenstrahlen gleichsam seine testamentarische Erklärung: „ ... Dem Unkundigen kann am besten ein Gleichnis die Rolle RÖNTGENs bei der Entdeckung klarmachen. Ich gebe das treffende Gleichnis hier an, weil es gegen jetzt noch immer viel verbreitete historische Unklarheit und Unwahrheit wirken kann: RÖNTGEN war die Hebamme bei der Geburt der Entdeckung. Diese Helferin hat den Vorzug, das Kind zuerst vorzeigen zu können. Mit der Mutter kann sie aber nur von Unwissenden verwechselt werden, die vom Entdeckungsvorgang und vom Vorausgegangenen nicht mehr wissen als Kinder vom Storch." Mit welcher verschrobenen Verbitterung muß der über 80 Jahre alte LENARD diese Worte niedergeschrieben haben und welch tragischer Abschluß bildet dieses Gleichnis zu einem verhängnisvollen Mißverstehen zwischen zwei großen Wissenschaftlern.

Die wissenschaftlichen Arbeiten RÖNTGENs vor seiner großen Entdeckung der Strahlen im Jahre 1895 lassen sich in drei Gruppen zusammenfassen. Die erste Reihe von Veröffentlichungen, 15 an der Zahl, schrieb er im Alter von 25 bis 34 Jahren, d. h. zumeist in seiner Straßburger Zeit. Schon beim Lesen dieser ersten Arbeiten erkennt man mit Erstaunen, auf wie vielen verschiedenen Gebieten der Physik sich RÖNTGEN erfolgreich beschäftigte. Dies war nur möglich durch seine ungeheuer reiche Literaturkenntnis. Er hielt sich dauernd auf dem laufenden und las bis spät abends und später vor allem auch auf seinen samstäglichen Ausreisen nach seinem Landhaus in Weilheim. Dieses hatte im Gegensatz zu seiner sonst so einfachen Einrichtung eine reichhaltige Bibliothek. RÖNTGEN informierte sich lieber durch Lesen der Literatur über die Fortschritte in seiner Wissenschaft als auf die bequemere Weise des Kolloquiums (welches er 1892 selbst ins Leben gerufen hatte), dem er aber nach und nach ganz fernblieb, sehr zum Bedauern seiner vielen jüngeren Kollegen.

Die 15 Arbeiten der ersten — Straßburger — Gruppe von RÖNTGENs Veröffentlichungen sind die folgenden:

[1] Über die Bestimmung des Verhältnisses der spezifischen Wärmen der Luft. Ann. Physik u. Chem. **141**, 552 (1870).
[2] Bestimmung des Verhältnisses der spezifischen Wärmen bei konstantem Druck zu derjenigen bei konstantem Volumen für einige Gase. Ann.Physik u. Chem. **148**, 580 (1873).
[3] Über das Löten von platinierten Gläsern. Ann. Physik u. Chem. **150**, 331 (1873).
[4] Über fortführende Entladungen der Elektrizität. Ann. Physik u. Chem. **151**, 226 (1874).
[5] Über eine Variation der Sénarmontschen Methode zur Bestimmung der isothermen Flächen in Kristallen. Ann. Physik u. Chem. **151**, 603 (1874).
[6] Über eine Anwendung des Eiskalorimeters zur Bestimmung der Intensität der Sonnenstrahlung. Mit EXNER. Wien. Ber. (2) **69**, 228 (1874).
[7] Über das Verhältnis der Querkontraktion zur Längsdilatation bei Kautschuk. Ann. Physik u. Chem. **159**, 601 (1876).
[8] A telephonic alarm. Nature (Lond.) **17**, 164 (1877).

[1] Diese Nummern in eckigen Klammern bezeichnen RÖNTGENs eigene Arbeiten auf dieser wie auf den nächsten Seiten.

[9] Mitteilung einiger Versuche aus dem Gebiet der Kapillarität. Ann. Physik u. Chem., N. F. **3**, 321 (1878).
[10] Über ein Aneroidbarometer mit Spiegelablesung. Ann. Physik u. Chem., N. F. **4**, 305 (1878). — Auch in CARL, Repertorium **15**, **44** (1879).
[11] Über eine Methode zur Erzeugung von Isothermen auf Kristallen. Z. Kryst. **3**, 17 (1878).
[12] Über Entladungen der Elektrizität in Isolatoren. Göttinger Nachr. **1878**, **390**.
[13] Nachweis der elektromagnetischen Drehung der Polarisationsebene des Lichtes im Schwefelkohlenstoffdampf. Mit KUNDT. Münch. Ber. 8, 546 (1878) — auch in Ann. Physik u. Chem., N. F. **6**, 332 (1879).
[14] Nachtrag zur Abhandlung über Drehung der Polarisationsebene im Schwefelkohlenstoffdampf. Mit KUNDT. Münch. Ber. **9**, 30 (1879).
[15] Über die elektromagnetische Drehung der Polarisationsebene des Lichtes in den Gasen. Mit KUNDT. Ann. Physik u. Chem., N. F. 8, 278 (1879) — auch in Münch. Ber. 8, 148 (1879).

Diese Gruppe von Arbeiten enthält nicht die schon früher erwähnte Doktorarbeit RÖNTGENs „Studien über Gase" (1869), noch ein Repetitorium der Chemie, das RÖNTGEN in Würzburg herausgab, über das aber keine genauen Daten mehr gefunden werden konnten.

Die obigen Arbeiten umfassen die schon erwähnten Versuche über die Bestimmung des Verhältnisses der spezifischen Wärmen der Gase [1, 2], in denen RÖNTGEN schon seine oben geschilderten Eigenschaften des klassischen Experimentalphysikers zeigt: klar durchdachter Grundgedanke des Problems, geschickte experimentelle Durchführung, scharfe Kritik und Prüfung der Resultate, knappe, aber präzise Darstellung des Ergebnisses!

Seine technische Experimentierkunst zeigte sich in einigen kleineren, aber nicht weniger wichtigen Arbeiten, wie z. B. in „Über das Löten von platinierten Gläsern" [3], oder „Über die Konstruktion einer Spiegelablesung für ein Aneroidbarometer" [10], oder „Über einen Telephonalarm" [8]. Ein Schüler RÖNTGENs, der Hamburger Physiker P. P. KOCH, schreibt in seiner Biographie RÖNTGENs, mit welchem Vergnügen er sich noch des schönen Röntgenschen Vorlesungsversuches der Spiegelablesung des Aneroidbarometers erinnerte, „bei dem an einem leicht böigen Tag das Instrument Ausschläge des Lichtzeigers ergab, die über die ganze Wand des Würzburger Hörsaales weggingen". RÖNTGEN, der sich eine große Reihe technischer Fertigkeiten erworben hatte, hielt auch seine Schüler an, sich selbst durch schwierigere Experimente durchzubringen, und betonte, daß sie bei Arbeiten mit selbstgebauter Apparatur leichter in der Lage wären, auftretende Fehler zu erkennen und zu beseitigen. Viele der Röntgenschen technischen und experimentellen Konstruktionen und Rezepte haben sich bis auf den heutigen Tag erhalten.

Es folgten dann die Arbeiten über Elektrizitätsentladungen unter verschiedenen Bedingungen [4, 12] und die der Wärmeleitung in Kristallen [5, 11]. In dieser letzteren Arbeit zeigte RÖNTGEN früh sein großes Interesse für die Kristalle und ihre physikalischen Eigenschaften; für ihn waren die Kristalle die verkörperte Gesetzmäßigkeit der Natur. Er suchte mit all seiner Experimentierkunst der Natur die auf dieser Gesetzmäßigkeit sich aufbauenden physikalischen Erscheinungen abzuringen. In der ersten Arbeit studierte er die Wärmeleitung in den Kristallen. Im nächsten Jahre setzte er die Untersuchungen fort und beschäftigte sich vor allem mit den optischen Eigenschaften wie auch mit den aktino- und piezo-elektrischen Erscheinungen. Bei den Versuchen, die Natur seiner neuentdeckten X-Strahlen aufzudecken, bediente er sich zur Reflexion derselben ebenfalls verschiedener Kristalle, allerdings ohne zu brauchbaren Resultaten zu kommen. Auf jeden Fall war er dabei auf dem rechten Wege, denn er sagte selbst in seiner ersten Mitteilung: „Nach Interferenzerscheinungen der X-Strahlen habe ich viel gesucht, aber leider, vielleicht nur infolge der geringen Intensität derselben, ohne Erfolg.“ Und seine dritte Mitteilung „Weitere Beobachtungen über die Eigenschaften der X-Strahlen“ endete er mit folgender Feststellung: „Seit dem Beginn meiner Arbeit über X-Strahlen habe ich mich wiederholt bemüht, Beugungserscheinungen dieser Strahlen zu erhalten; ich erhielt auch verschiedene Male mit engen Spalten usw. Erscheinungen, deren Aussehen wohl an Beugungsbilder erinnerte, aber wenn durch Veränderung der Versuchsbedingungen die Probe auf die Richtigkeit der Erklärung dieser Bilder durch Beugung gemacht wurde, so versagte sie jedesmal, und ich konnte häufig direkt nachweisen, daß die Erscheinungen in ganz anderer Weise als durch Beugung zustande gekommen waren. Ich habe keinen Versuch zu verzeichnen, aus dem ich mit einer mir genügenden Sicherheit die Überzeugung von der Existenz einer Beugung der X-Strahlen gewinnen könnte.“

Abb. 28a. RÖNTGEN als Rektor der Universität Würzburg, 1894

Nach seiner Entdeckung der Röntgenstrahlen widmete er sich wieder dem Studium weiterer Eigenschaften der Kristalle, vor allem ihrer elektrischen Leitfähigkeit wie auch ihrer Wärmeausdehnung. Bis an sein Lebensende blieb er dieser Liebe für Kristalle treu, und es scheint ein tiefer Zusammenhang zu bestehen zwischen dieser Liebe RÖNTGENs und dem wertvollen Aufschluß, den die Kristalle dann im Jahre 1912 über die wahre Natur der Röntgenstrahlen geben sollten. Wie erregt muß der 67 Jahre alte Wissenschaftler gewesen sein, als sein Kollege VON LAUE ihn bat, in das Sommerfeldsche Institut an der Münchner Universität herüber zu kommen, um einige X-Strahlenbilder anzusehen, die seine Assistenten FRIEDRICH und KNIPPING auf seinen Vorschlag hin gemacht hatten und die sie für Beugungsbilder hielten. RÖNTGEN eilte sofort nach dem Institut für theoretische Physik, hörte sich FRIEDRICHs eingehende Beschreibung der benutzten Apparatur an, prüfte die Aufnahmen kritisch und eingehend und erklärte endlich, daß er keinen Versuchsfehler finden könne. Er zögerte jedoch, die Aufnahmen als endgültigen Beweis der Wellennatur der Strahlen anzunehmen.

Er gratulierte Friedrich und Knipping zu ihrem feinen Experiment und sagte: „Aber Interferenzerscheinungen sind das nicht. Die sehen anders aus.“ Jedoch wurde er bald davon überzeugt, daß diese Laue-Bilder doch das Resultat der Beugung seiner Strahlen an dem Kristallgitter darstellten [Glasser (a-28)]. Die Frage ist oft aufgeworfen worden, warum von Laue Erfolg beschieden war, in der Lösung eines Problems, an dem Röntgen selbst und viele seiner Kollegen über 15 Jahre lang intensiv aber erfolglos gearbeitet hatten. Max von Laue studierte Physik an den Universitäten Straßburg, Göttingen und München unter den berühmten Lehrern Voigt, Planck und Lummer und widmete sein besonderes Interesse optischen Fragen und der Wellentheorie des Lichtes zu. Im Jahre 1909 kam er an die Münchner Universität. Hier war Röntgen der Professor für Experimentalphysik, und viele seiner Assistenten und Studenten arbeiteten mit Röntgenstrahlen. Dann war dort Arnold Sommerfeld, der Professor für Theoretische Physik, der wertvolle theoretische Arbeiten über Röntgenstrahlen veröffentlicht hatte, vor allem über die Impulstheorie, welche die Bremswirkung der Kathodenelektronen mit dem Planckschen Wirkungsquantum in Beziehung brachte. Das Gebiet der Kristallographie in München war durch den berühmten P. van Groth vertreten, dessen Arbeiten zusammen mit Röntgens Interesse an Kristallen einen fruchtbaren Boden für Studien mit Kristallen boten. In diese außergewöhnliche Kombination von Interessen kam von Laue. Es war fast unausbleiblich in dieser Atmosphäre, daß einige Jahre später, im Jahre 1912, als P. P. Ewald, ein Assistent Sommerfelds, von Laue eines Abends um Rat frug über den Abstand der Atomebenen in Kristallen, von Laue plötzlich neben der Antwort die Gegenfrage stellte: „Könnten diese Minimalabstände zwischen den Atomebenen in Kristallen für Röntgenstrahlen nicht das gleiche tun, wie die gewöhnlichen Gitter es für Licht tun, vorausgesetzt, daß die vermutliche Wellenlänge der X-Strahlen dieselbe ist wie der Gitterabstand der Kristallebenen?“ von Laues „optischer sechster Sinn“ sagte ihm, daß auf diese Weise Beugungserscheinungen mit Röntgenstrahlen zu erzielen seien, trotzdem seine älteren Kollegen dieser Voraussage skeptisch gegenüberstanden. Friedrich, Sommerfelds Assistent, ging mit jugendlicher Energie zusammen mit Knipping, einem Studenten, der gerade seine Doktorarbeit beendet hatte, an den Aufbau der einfachen und nunmehr klassischen Apparatur, und sie erzeugten die erste Beugungsaufnahme mit einem Kupfersulfatkristall. Friedrich hatte Erfahrung in der Messung von sekundären Röntgenstrahlen und schlug vor, daß ausnehmend lange Expositionszeiten erforderlich seien, wenn man die Wirkung der gebeugten Strahlen, falls sie überhaupt existierten, auf der photographischen Platte festhalten könne.

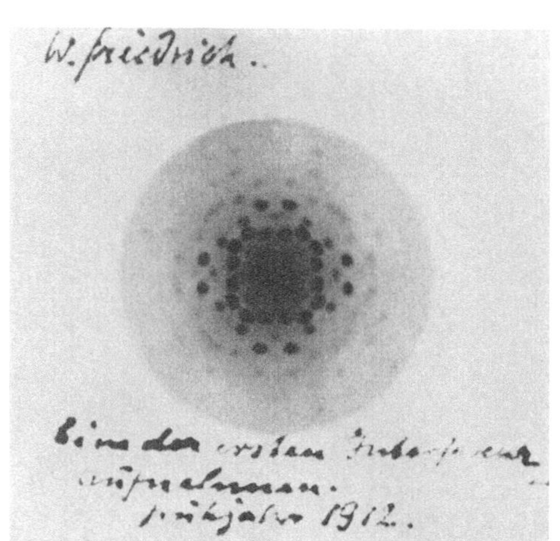

Abb. 28b. W. Friedrich. Eine der ersten Interferenzaufnahmen. Frühjahr 1912

Es war diese vorgeschlagene lange Expositionszeit, welche zum unmittelbaren Erfolg führte.

Zu RÖNTGENs Straßburger wissenschaftlichen Arbeiten zurückkommend, findet man, daß seine Gedanken über den Zusammenhang zwischen Pyro- und Piezo-Elektrizität wichtig sind, die zu einer lebhaften Diskussion mit seinem Lehrer KUNDT führten. Außerdem gehören zu den 15 ersten Straßburger Arbeiten RÖNTGENs die „Untersuchungen über die Intensität der Sonnenstrahlung vermittels des Eiskalorimeters", die er zusammen mit dem späteren Wiener Universitätsprofessor EXNER ausführte. Es folgten Untersuchungen aus der Elastizitätslehre [7] und über Kapillarität [9]. Endlich gehören in diese Gruppe die vier wichtigen, nach seiner Rückkehr von Hohenheim gemeinsam mit seinem Lehrer KUNDT durchgeführten Arbeiten über den Nachweis der elektromagnetischen Drehung der Polarisationsebene des Lichtes in Gasen [13, 14, 15, 17]. Bei letzteren war es sicherlich nur der exakten und sorgfältigen Arbeitsweise dieser beiden Forscher, des glänzenden Experimentators KUNDT und seines fähigen Schülers RÖNTGEN zu verdanken, daß diese Drehung der Polarisationsebene, nach der schon FARADAY und andere gesucht hatten, nicht nur nachgewiesen, sondern auch messend verfolgt werden konnte.

Mit der Berufung RÖNTGENs auf den Lehrstuhl der Physik der Universität Gießen 1879 beginnt die zweite Gruppe seiner Veröffentlichungen, 18 an der Zahl, die er im Alter von 34—43 Jahren verfaßte. Es sind dieses die folgenden:

[16] Über die von Herrn KERR gefundene neue Beziehung zwischen Licht und Elektrizität. Ann. Physik u. Chem., N. F. **10**, 77 (1880); auch in Ber. d.Oberhess. Ges. f. Nat. u. Heilk. **19**.

[17] Über die elektromagnetische Drehung der Polarisationsebene des Lichtes in den Gasen. 2. Abhandlung. Mit KUNDT. Ann. Physik u. Chem., N. F. **10**, 257 (1880).

[18] Über die durch Elektrizität bewirkten Form- und Volumänderungen von dielektrischen Körpern. Ann. Physik u. Chem., N. F. **11**, 771 (1880).

[19] Über Töne, welche durch intermittierende Bestrahlung eines Gases entstehen. Ann. Physik u. Chem., N.F. **12**, 155 (1881); auch in Ber. d. Oberhess. Ges. f. Nat. u. Heilk. **20**.

[20] Versuche über die Absorption von Strahlen durch Gase, nach einer neuen Methode ausgeführt. Ber. d. Oberhess. Ges. f. Nat. u. Heilk. **20**, 52 (1881).

[21] Über die durch elektrische Kräfte erzeugte Änderung der Doppelbrechung des Quarzes. Ann. Physik u. Chem., N. F. **18**, 213, 534 (1883); auch in Ber. d. Oberhess. Ges. f. Nat. u. Heilk. **22**, 49.

[22] Bemerkung zu der Abhandlung des Herrn A. KUNDT: Über das optische Verhalten des Quarzes im elektrischen Feld. Ann. Physik u. Chem., N. F. **19**, 319 (1883).

[23] Über die thermo-, aktino- und piezo-elektrischen Eigenschaften des Quarzes. Ann. Physik u. Chem., N. F. **19**, 513 (1883); auch in Ber. d. Oberhess. Ges. f. Nat. u. Heilk. **22**.

[24] Über einen Vorlesungsapparat zur Demonstration des Poiseuilleschen Gesetzes. Ann. Physik u. Chem., N. F. **20**, 268 (1883).

[25] Über den Einfluß des Druckes auf die Viskosität der Flüssigkeiten, speziell des Wassers. Ann. Physik u. Chem., N. F. **22**, 510 (1884).

[26] Neue Versuche über die Absorption von Wärme durch Wasserdampf. Ann. Physik u. Chem., N. F. **23**, 1, 259 (1884); auch in Ber. d. Oberhess. Ges. f. Nat. u. Heilk. **23**.

[27] Versuche über die elektromagnetische Wirkung der dielektrischen Polarisation. Math. u. Naturw. Mitt. a. d. Sitzgsber. preuß. Akad. Wiss., Physik.-math. Kl. **1885**, 89.

[28] Über Kompressibilität und Oberflächenspannung von Flüssigkeiten. Mit SCHNEIDER. Ann. Physik u. Chem., N. F. **29**, 165 (1886).

[29] Über die Kompressibilität von verdünnten Salzlösungen und die des festen Chlornatriums. Mit SCHNEIDER. Ann. Physik u. Chem., N. F. **31**, 1000 (1887).

[30] Über die durch Bewegung eines im homogen elektrischen Felde befindlichen Dielektrikums hervorgerufene elektrodynamische Kraft. Math. u. Naturw. Mitt. a. d. Sitzgsber. preuß. Akad. Wiss., Physik.-math. Kl. **1888**, 7.

[31] Über die Kompressibilität des Wassers. Mit SCHNEIDER. Ann. Physik u. Chem., N. F. **33**, 644 (1888).

[32] Über die Kompressibilität des Sylvins, des Steinsalzes und der wäßrigen Chlorkaliumlösungen. Mit SCHNEIDER. Ann. Physik u. Chem., N. F. **34**, 531 (1888).

[33] Über den Einfluß des Druckes auf die Brechungsexponenten von Schwefelkohlenstoff und Wasser. Mit ZEHNDER. Ber. d. Oberhess. Ges. f. Nat. u. Heilk. **28**, 58 (1888).

Mit den in der ersten Gießener Arbeit beschriebenen Untersuchungen über den Kerreffekt [16] hatte RÖNTGEN sich schon in Straßburg vor der Entdeckung des Effektes befaßt. Es gelang ihm aber erst in Gießen, sie zu befriedigendem Abschluß zu bringen. Anschließend kamen die wichtigen schon erwähnten Kristalluntersuchungen [18, 21, 22, 23], die sich vor allem dem Studium der pyro- und piezo-elektrischen Erscheinungen widmeten. Dann begann RÖNTGEN mit einer Reihe von Untersuchungen über die Absorption der Wärme im Wasserdampf, einem alten Problem, das schon zu lebhaften Diskussionen zwischen TYNDALL und MAGNUS geführt hatte. Mittels eines einfachen selbstgebauten, aber sehr empfindlichen Luftthermometers konnte der Gelehrte zeigen, daß sich feuchte Luft bei Bestrahlung mit einer Bunsenflamme stärker erwärmte als trockene, daß Wasserdampf also tatsächlich Wärmestrahlen absorbierte.

In vielen dieser Arbeiten aus der Gießener Zeit beschrieb RÖNTGEN auch wieder selbstgebaute Apparate, wie z. B. den Vorlesungsapparat zur Demonstration des Poiseuilleschen Gesetzes [24].

Weitere Untersuchungen beschäftigten sich mit dem Einfluß des Druckes auf verschiedene physikalische Eigenschaften der Körper, wie z. B. auf die Viskosität verschiedener Flüssigkeiten [25], auf die Kompressibilität von Flüssigkeiten und festen Körpern [28, 29] auf den Brechungsexponenten von Wasser- und Schwefelkohlenstoff. RÖNTGENs experimentelle Geschicklichkeit überwand die Schwierigkeiten, die zu messenden außerordentlich geringen Effekte zu erfassen, und viele der von ihm damals bestimmten Resultate haben bis heute unverändert ihre Gültigkeit behalten.

Insbesondere fällt in jene Zeit (1888) seine berühmte Arbeit über den Nachweis, daß in einem zwischen elektrisch geladenen Kondensatorplatten bewegten Dielektrikum, z. B. einer Glasplatte, eine magnetische Wirkung hervorgerufen wird [30]. Diese Arbeit RÖNTGENs ist eine seiner wichtigsten auf theoretischer Grundlage, der Faraday-Maxwellschen elektromagnetischen Theorie, basierenden Untersuchungen und zeigt in ihren Resultaten die ideale Verbindung von theoretischem Denker und experimentellem Genie. Auf Grund der Wichtigkeit dieser Verbindung von theoretischer Fragestellung und experimenteller Beweisführung stellte RÖNTGEN, wie der Münchener Physiker SOMMERFELD in seiner Festveröffentlichung zu RÖNTGENs 70. Geburtstag erzählte, den „Röntgenstrom" (wie die Erscheinung von H. POINCARÉ genannt wurde) in seinem Werte auf die gleiche Stufe mit der Entdeckung der Röntgenstrahlen selbst. SOMMERFELD sagt: „Der Röntgenstrom bildet zusammen mit dem Rowlandeffekt ein unentbehrliches Fundament für die Auffassung, daß die dielektrischen Eigenschaften der Körper auf der Einlagerung von Ladungen (Elektronen) beruhen, und entscheidet geradezu in der späteren quantitativen Vervollkommnung der Messungen gegen die ursprüngliche Maxwell-Hertzsche Theorie."

Diese fundamentelle wichtige Arbeit RÖNTGENs wurde im Jahre 1888 durch v. HELMHOLTZ der Kgl. Preuß. Akademie der Wissenschaften in Berlin vorgelegt. Sie hat in ihrer weiteren Auswirkung indirekt zu der Lorentzschen und zu der Relativitätstheorie geführt, und ihre Ergebnisse bilden den Grundstein der modernen Elektrizitätslehre. RÖNTGEN schloß damit seine Gießener Universitätszeit als ein weit bekannter Gelehrter, und mit großen Erwartungen sah die wissenschaftliche Welt ihn die Nachfolgeschaft F. KOHLRAUSCHs an der Universität Würzburg antreten.

An dieser Stätte, an der er schon zuvor als KUNDTs Assistent gewirkt hatte, nahm RÖNTGEN mit einer Reihe von Schülern zunächst seine Arbeiten über den Einfluß des Druckes auf verschiedene physikalische Eigenschaften der Körper und Flüssigkeiten wieder auf. Er studierte die Kompressibilität von Schwefelkohlenstoff, Benzol, Äthyläther und einiger Alkohole [38, 42]; dann setzte er die Untersuchungen über den Einfluß des Druckes auf die Dielektrizitätskonstante des Wassers und Äthylalkohols [48] fort. Er untersuchte auch den Brechungsexponenten dieser Flüssigkeiten und arbeitete über das Leitvermögen verschiedener Elektrolyten. Daneben wandte er sich neuen Problemen zu und verfolgte messend die Dicke kohärenter Ölschichten auf Wasser, um aus diesen auf den „Radius der Wirkungssphären" des Moleküls und damit auf die Größenordnung des Moleküldurchmessers selbst zu schließen. Er faßte dann die Resultate seiner Untersuchungen über die Kompressibilität des Wassers mit denen anderer Forscher zusammen und schloß aus dem anormalen Verhalten des Wassers im Vergleich zu anderen Flüssigkeiten — Abnahme der Kompressibilität mit steigender Temperatur, Verminderung der inneren Reibung durch Druck bzw. Zunahme des thermischen Ausdehnungskoeffizienten mit dem Druck —, daß das Wasser aus zwei Molekülarten besteht, den Eismolekülen, die ein größeres Volumen bedingen, und einer zweiten Art von Molekülen, die sich bei Temperaturerhöhung bilden und die ein kleineres Volumen geben.

In der Würzburger Gruppe von Arbeiten vor seiner Entdeckung der X-Strahlen, 17 an der Zahl, geschrieben in den Jahren 1889—1895, zeigte sich RÖNTGEN wieder als der große Experimentator, und einzelne seiner Arbeiten, wie z. B. die „Über einige Vorlesungsversuche" [36], „Verfahren zur Herstellung reiner Wasser- und Quecksilberoberflächen" [43]; „Messungen von Druckdifferenzen mittels Spiegelablesung", zeigen seine besondere Vorliebe für experimentelle Präzisionsarbeit und für Apparate im allgemeinen. Die Titel der 17 Würzburger Arbeiten sind die folgenden:

[34] Elektrische Eigenschaften des Quarzes. Ann. Physik u. Chem., N. F. **39**, 16 (1889).

[35] Beschreibung des Apparates, mit welchem die Versuche über die elektro-dynamische Wirkung bewegter Dielektrika ausgeführt wurden. Ann. Physik u. Chem., N. F. **40**, 93 (1890).

[36] Einige Vorlesungsversuche. Ann. Physik u. Chem., N. F. **40**, 109 (1890).

[37] Über die Dicke von kohärenten Ölschichten auf der Oberfläche des Wassers. Ann. Physik u. Chem., N. F. **41**, 321 (1890).

[38] Über die Kompressibilität von Schwefelkohlenstoff, Benzol, Äthyläther und einigen Alkoholen. Ann. Physik u. Chem., N. F. **44**, 1 (1891).

[39] Über den Einfluß des Druckes auf die Brechungsexponenten von Wasser, Schwefelkohlenstoff, Benzol, Äthyläther und einigen Alkoholen. Mit ZEHNDER. Ann. Physik u. Chem., N. F. **44**, 24 (1891).

[40] Über die Konstitution des flüssigen Wassers. Ann. Physik u. Chem., N. F. **45**, 91 (1892).

[41] Kurze Mitteilungen von Versuchen über den Einfluß des Druckes auf einige physikalische Erscheinungen. Ann. Physik u. Chem., N. F. **45**, 98 (1892).
[42] Über den Einfluß der Kompressionswärme auf die Bestimmungen der Kompressibilität von Flüssigkeiten. Ann. Physik u. Chem., N. F. **45**, 560 (1892).
[43] Verfahren zur Herstellung reiner Wasser- und Quecksilberoberflächen. Ann. Physik u. Chem., N. F. **46**, 152 (1892).
[44] Über den Einfluß des Druckes auf das galvanische Leitungsvermögen von Elektrolyten. Nachr. Ges. Wiss. Göttingen, Math.-physik. Kl. **1893**, 505.
[45] Zur Geschichte der Physik an der Universität Würzburg, Würzburg 1894, 23 S.
[46] Notiz über die Methode zur Messung von Druckdifferenzen mittels Spiegelablesung. Ann. Physik u. Chem., N. F. **51**, 414 (1894).
[47] Mitteilung einiger Versuche mit einem rechtwinkeligen Glasprisma. Ann. Physik u. Chem., N. F. **52**, 589 (1894).
[48] Über den Einfluß des Druckes auf die Dielektrizitätskonstante des Wassers und des Äthylalkohols. Ann. Physik u. Chem., N. F. **52**, 593 (1894).
[49] Über eine neue Art von Strahlen. Sitzgsber. physik.-med. Ges. Würzburg **1895**, **137**; auch in Ann. Physik u. Chem., N. F. **64**, 1 (1898).
[50] Eine neue Art von Strahlen. 2. Mitteilung. Sitzgsber. physik.-med. Ges. Würzburg **1896**, 11, 17; auch in Ann. Physik u. Chem., N. F. **64**, 12 (1898).

Diesen wertvollen Arbeiten aus den verschiedensten Gebieten der Physik folgten dann gegen das Ende des Jahres 1895 nach seiner großen Entdeckung die „Vorläufige Mitteilung" über „Eine neue Art von Strahlen", die Röntgen am 28. Dezember 1895 der Physikalisch-Medizinischen Gesellschaft an der Universität Würzburg einhändigte. Wenige Monate später, am 9. März 1896, folgte die „Zweite Mitteilung" über „Eine neue Art von Strahlen".

Am besten kommt die Wertschätzung der verschiedenen physikalischen Arbeiten Röntgens in ihrem Verhältnis zu der Entdeckung der Röntgenstrahlen zum Ausdruck in der „Adresse der Preußischen Akademie der Wissenschaften an Herrn W. C. Röntgen" anläßlich seines 50jährigen Doktorjubiläums am 22. Juni 1919:

„Hochgeehrter Herr Kollege!

Die fünfzigste Wiederkehr des glücklichen Tages, an welchem Sie Ihre Gelehrtenlaufbahn begonnen haben, ist auch für unsere Akademie ein Tag festlichen Gedenkens. Wir können ihn nicht vorübergehen lassen, ohne der stolzen Freude darüber Ausdruck zu geben, daß wir Sie, dessen glanzvoller Name von der gesamten Menschheit dankbar gepriesen wird, zu den Unsrigen zählen dürfen.

Ein gütiges Geschick führte Sie in jungen Jahren in das Kundtsche Laboratorium und gestattete Ihnen, unter den Augen dieses Meisters der Experimentierkunst Ihre Ausbildung zu vollenden.

Schon Ihre erste größere Arbeit über das Verhältnis der spezifischen Wärmen einiger Gase ist ein Muster scharfsinniger und kritischer Präzisionsarbeit. Standen Sie hier noch unter dem Einfluß Ihres Lehrers, so betraten Sie bald neue Bahnen, welche die Eigenart Ihrer wissenschaftlichen Persönlichkeit deutlich hervortreten ließen. So zeigte sich Ihre hohe Begabung für die Auffindung neuer Methoden bereits in dem einfachen und geistvollen Verfahren, die Wärmeleitung der Kristalle durch Festlegung einer Hauchfigur zu messen.

Ihr staunenswertes Konstruktionstalent offenbarte sich in vollem Umfang in der gemeinschaftlich mit August Kundt unternommenen Untersuchung über die elektromagnetische Drehung der Polarisationsebene in Gasen. In dieser klassischen Arbeit gelang es Ihnen, den von FARADAY vergeblich gesuchten Effekt zu beobachten und für eine Reihe von Gasen quantitativ zu messen.

Dieselbe Gewandtheit in der Überwindung experimenteller Schwierigkeiten bewährten Sie in den zahlreichen Untersuchungen, die Sie mit Ihren Schülern über den Einfluß des Druckes auf die Kompressibilität, Kapillarität, Viskosität und Lichtbrechung verschiedener Körper unternommen haben. Als ein Ergebnis dieser wertvollen Arbeiten ist auch Ihre Theorie der Konstitution des flüssigen Wassers zu betrachten, welche sich als ungemein fruchtbar erwiesen hat.

Durch Anwendung einer eigenartigen neuen Methode haben Sie die alte Streitfrage zwischen JOHN TYNDALL und GUSTAV MAGNUS über das Absorptionsvermögen des Wasserdampfes für Wärmestrahlen zur endgültigen Entscheidung gebracht.

Eine Frage von fundamentaler Bedeutung behandelten Sie in Ihrer Arbeit über die elektrodynamische Wirkung eines im homogenen elektrischen Felde bewegten Dielektrikums. Daß es Ihnen gelang, den durch die Maxwellsche Theorie vorausgesagten äußerst geringen Effekt mit Sicherheit zu beobachten, ist wiederum ein Zeichen Ihrer aufs höchste entwickelten Experimentierkunst.

Alle diese Arbeiten, unter denen auch Ihre umfassenden, von einheitlichen Gesichtspunkten geleiteten Untersuchungen über die Pyro- und Piezo-Elektrizität der Kristalle nicht unerwähnt bleiben dürfen, sind geeignet, Ihnen unter den führenden Physikern Deutschlands einen ehrenvollen Platz zu sichern. Aber diese hervorragenden wissenschaftlichen Leistungen verblassen gegenüber Ihrer großen Entdeckung des Jahres 1895 wie die Sterne vor der Sonne. Wohl niemals hat eine neue Wahrheit aus dem stillen Laboratorium des Gelehrten ihren Siegeslauf so schnell über den ganzen Erdball vollzogen als Ihre bahnbrechende Entdeckung der wunderbaren Strahlen. Ungeheuer waren von Anfang an die Erwartungen, die sich an die theoretische und praktische Auswertung der neuen Entdeckung knüpften, aber weit sind sie durch die Wirklichkeit noch überboten worden.

Die Geschichte der Wissenschaft lehrt, daß bei jeder Entdeckung Verdienst und Glück sich in eigenartiger Weise verketten, und mancher weniger Sachverständige wird vielleicht geneigt sein, in diesem Falle dem Glück einen überwiegenden Anteil zuzuschreiben. Wer sich aber in die Eigenart Ihrer wissenschaftlichen Persönlichkeit vertieft hat, der begreift, daß gerade Ihnen, dem von allen Vorurteilen freien Forscher, welcher die vollendete Experimentierkunst mit der höchsten Gewissenhaftigkeit und Sorgfalt verbindet, diese große Entdeckung gelingen mußte.

Die drei Abhandlungen, in welchen Sie die wunderbaren Eigenschaften der neuen Strahlen schildern, gehören auch äußerlich in ihrer schlichten Form, ihrer sachlichen Kürze und meisterhaften Darstellung zu den klassischen Werken der physikalischen Wissenschaft. Der in Ihrer Entdeckung enthaltene Erkenntniswert hat eine neue Epoche unserer Wissenschaft eingeleitet, welche zu immer schöneren Resultaten gelangt und sich zu immer höheren Zielen erhebt.

Die eminente praktische Bedeutung der neuen Strahlen, welche von Ihnen sofort erkannt wurde, deren Ausnutzung Sie aber in edler Selbstlosigkeit der Allgemeinheit überließen, hat sich im ungeheuersten Maßstabe im Weltkrieg offenbart. Man darf mit Fug behaupten, daß Hunderttausenden von armen

Verwundeten, Freund und Feind, durch die Früchte Ihrer Forschertätigkeit das Leben oder der Gebrauch ihrer Glieder erhalten geblieben ist. So verehrt Sie nicht nur die physikalische Wissenschaft als unsterblichen Meister, sondern die ganze Welt als ihren Wohltäter.

Möge Ihnen an Ihrem heutigen Ehrentage das beseligende Gefühl, so Großes zur Förderung unserer Erkenntnis und zum Segen der leidenden Menschheit beigetragen zu haben, über den Schmerz hinweghelfen, den Sie wie wir alle über den Zusammenbruch unseres geliebten Vaterlandes empfinden. Möge es Ihnen vergönnt sein, die Morgenröte einer besseren Zeit noch zu schauen. Dies ist unser inniger Wunsch. Die Preußische Akademie der Wissenschaften[1]."

Mit einem Schlage, innerhalb weniger Tage nach der Entdeckung seiner Strahlen, wurde RÖNTGENs Name bekannt bis zu den fernsten Vorposten menschlicher Kultur. Der bescheidene Gelehrte in seinem einfachen Würzburger Institut konnte aber nicht begreifen, daß er plötzlich in einen Ruhmesglanz getaucht war, wie er zuvor kaum je einen Mann der Wissenschaft mit solcher Schnelligkeit umgab. Glückwünsche von überall trafen ein. Ruhig und unberührt von dem Aufheben, das die ganze Welt um ihn machte, ging er aber weiter seinen Arbeiten nach. In den 2 Monaten bis zum Erscheinen seiner zweiten Mitteilung, am 9. März 1896, muß er äußerst angestrengt gearbeitet haben, um die mannigfachen, in dieser Schrift niedergelegten Resultate zu erzielen.

In einem Briefe, den Frau RÖNTGEN am 4. März 1896 an ihre Base LOUISE GRAUEL in Indianapolis schrieb, wird in wertvoller Weise die Arbeitskraft und die Reaktion des großen Gelehrten auf seine Entdeckung hin beschrieben (Abb. 29): „WILLY weiß vor Arbeit nicht, wo er bleiben soll. Ja, liebe LOUISE, es ist keine Kleinigkeit, ein berühmter Mann zu werden, und die wenigsten haben einen Begriff, welche Arbeit und Unruhe so etwas mit sich führt. — Als WILLY mir im November erzählte, daß er eine schöne Arbeit habe, hatten wir noch keinen Begriff, wie die Sache aufgenommen werde. Doch kaum hatte er die Arbeit publiziert, so war unsere häusliche Ruhe dahin.

Jeden Tag muß ich staunen über die enorme Arbeitsfähigkeit meines Mannes, daß er neben den tausend Kleinigkeiten, die ihm zugemutet werden, noch die vollen Gedanken bei seiner Arbeit behält. Jetzt aber wird es Zeit, daß er Ruhe bekommt, und ich rüste alles zur Abreise, wir wollen für einige Wochen nach dem Süden, damit WILLY recht viel im Freien sein kann. Ich danke ja jeden Tag unserem lieben Gott, daß er ihn so gesund und kräftig ausgerüstet; nichtsdestoweniger mache ich mir oft Sorgen, ob es nicht doch einmal zuviel werden könnte.

Doch ich rede ja fast nur von dem weniger schönen Teil unserer Erlebnisse und habe noch kein Wort über die große Freude des Erfolges seiner Arbeit gesprochen. Und doch sind wir von Herzen voller Dankbarkeit, daß es uns vorbehalten war, eine solche schöne Zeit zu erleben. Wieviel Anerkennung hat mein lieber Schatz für sein unermüdliches Forschen, es könnte einem oft fast schwindlig werden von allem Lob und Ehrenbezeugungen. Es müßte beängstigend sein, wenn der Mann, dem solches beschieden, ein Eitler wäre. Doch Du kennst meinen braven, bescheidenen Mann wie kein anderer und wirst begreifen, daß die höchste

[1] Berl. Sitzgsber. **1919**, 522.

Freude ihm dadurch wurde, daß es ihm vorbehalten war, im Dienste der reinen Wissenschaft etwas Tüchtiges geleistet zu haben.“

Kaiser Wilhelm II., der stets großes Interesse für die Fortschritte der Wissenschaft und Technik bekundete, lud Röntgen zu einer persönlichen Demonstration

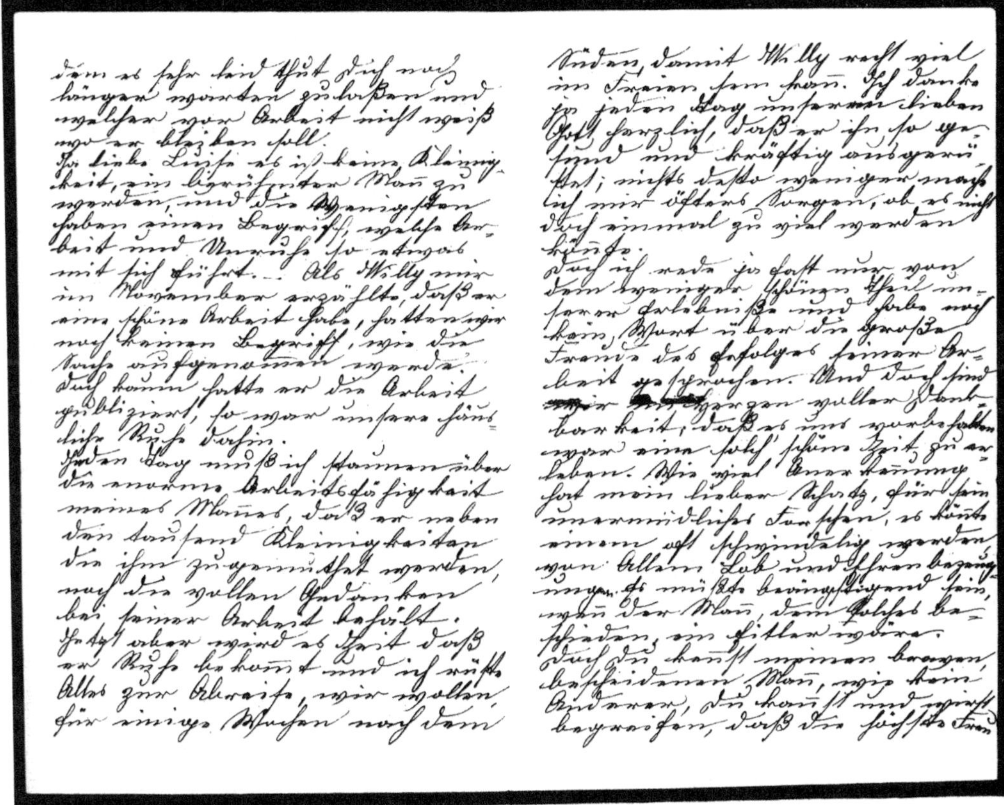

Abb. 29. Frau Röntgens Brief an Louise Röntgen-Grauel in Indianapolis, Indiana. Geschrieben am 4. März 1896

seiner Entdeckung am 13. Januar nach Berlin ein. Die „Kieler Neuesten Nachrichten“ (General-Anzeiger für Schleswig-Holstein) vom 4. Februar 1896 berichteten folgendes über diesen Vortrag:

Professor Röntgen beim Kaiser

„Ueber den neulichen Vortrag des Professors Röntgen im königlichen Schlosse entnehmen wir einem der „Köln. Ztg.“ zur Verfügung gestellten Privatbriefe folgendes: Der Kaiser war durch eine Zeitungsnotiz auf die Entdeckung der X-Strahlen durch den Professor Röntgen in Würzburg aufmerksam geworden. Das lebhafte Interesse, das er allen wichtigeren Erscheinungen des öffentlichen Lebens, sei es auf sozialem, sei es auf wissenschaftlichem Gebiet entgegenbringt, wandte sich sofort diesem neuen bedeutsamen Gegenstande zu. Da die Zeitungsnotiz in ihrer Kürze der Aufklärung bedürftig und die Meldung außerdem mit den bisher bekannten physikalischen Gesetzen im Widerspruch zu stehen schien, wurde zunächst bei dem Professor Röntgen telegraphisch angefragt, ob die von ihm gemachte Entdeckung den Zeitungsnachrichten entspreche, und, nachdem der Gelehrte dies bestätigt, ließ der Kaiser ihn noch am selben Tage ersuchen, nach Berlin zu kommen, um durch persönlichen Vortrag die Majestäten über die von ihm gefundene neue Erscheinung zu orientiren. Schon am nächsten Tage traf Professor Röntgen in Berlin ein und in den Nachmittagsstunden stand er in dem rasch zum provisorischen Laboratorium umgewandelten Sternensaal des königlichen Schlosses, um einem kleinen, aber erlesenen Auditorium die Auffindung der X-Strahlen zu erläutern. Außer dem Kaiser und der Kaiserin wohnte die Kaiserin Friedrich dem Vortrage bei. Seine Majestät hatte es der Wichtigkeit der neuen Entdeckung angemessen erachtet, den Kultusminister zu dem Vortrag befehlen zu lassen, zu dem noch ferner der Chef des Geheimen Civil-Cabinets, der Generalarzt Professor Dr. Leuthold, sowie das Berliner Hauptquartier Sr. Majestät und das Gefolge der Kaiserin geladen war. Professor Röntgen wird auch auf seiner Universität keine aufmerksamern Zuhörer gehabt haben. Mit größter Spannung folgten die Anwesenden, allen voran der Kaiser, dem klaren und lichtvollen Vortrag, der sich stellenweise fast dramatisch belebte. Der Professor erklärte zuerst das Wesen der Geißlerschen Röhren, besprach sodann die Hittorfschen Versuche, ging zur Erläuterung der Kathodenstrahlen über und kam endlich zu den Crookesschen Röhren. Er unterstützte seinen Vortrag durch praktische Vorführungen, indem er die Erscheinungen zeigte, welche der elektrische Strom in den vorbenannten Apparaten hervorruft. Nun kam der Professor auf seine eigentliche Entdeckung zu sprechen. Er führte die hochgeehrten Zuhörer im Geist in sein Arbeitszimmer, er erzählte, wie er die in den Strom eingeschaltete Crookessche Röhre umhüllt habe, um dem Wesen der Kathodenstrahlen nachzuforschen, und wie dann seine Augen von dem Fluoresziren einiger zufällig auf dem Tisch verstreuten Körnchen eines chemischen Salzes angezogen worden seien. Wie er sofort aufmerksam geworden, sich gefragt habe, was ist das? — woher kommt das? — wie er unablässig die ihm durch den Zufall gewiesene Spur verfolgt habe, wie er, um die Quelle der unsichtbaren Kraft zu finden, erst ein Kartenblatt, dann ein Buch, schließlich eine Aluminiumplatte zwischen die Röhre und die fluoreszirende Masse gehalten habe, wie alle diese Körper die

Abb. 30. Röntgen auf dem Weg zu einem Vortrag

ausströmende Kraft nicht geschwächt hätten, und wie er sich schließlich habe sagen müssen, hier findet die Aeußerung einer Kraft statt, die alle diese Körper durchdringen muß. Er ließ seine Zuhörer nun alle Zweifel des Forschers an dieser dem Physiker gänzlich unbekannten Erscheinung nacherleben, er erzählte, wie er mißtrauisch geworden sei gegen sein eigenes Wahrnehmungsvermögen, gegen seine eigenen Sinne, und wie er sich schließlich gesagt habe: das menschliche Auge kann sich täuschen, die photographische Platte aber täuscht sich nicht. Und nun folgte die Darstellung der ersten Versuche mit dem photographischen Apparat, die Entwicklung der ersten Bilder, die, von unsichtbaren Lichtstrahlen hervorgerufen, den Beweis erbrachten, daß hier eine Kraft vorliege, die Holz und andere leichte Stoffe durchdringt und der nur schwere Körper einen Widerstand bieten. Nun drängten sich die Versuche, bis schließlich das allgemeine Gesetz gefunden wird, daß die Durchdringungskraft der X-Strahlen abhängig ist von der Schwere der Körper. Zahlreiche Photographieen, von dem durch einen Holzkasten hindurch photographirten Gewichtssatze und dem klaren Bilde der in einen Holzblock eingeschlossenen Metallspirale bis zu dem durch die Weichtheile hindurch photographirten Knochengerüst der menschlichen Hand unterstützten den Vortrag und gingen während desselben von Hand zu Hand. Zuletzt führte der Professor noch eine Crookessche Röhre vor, die letzte, die ihm noch geblieben und die er mitgebracht hatte. Die Kürze der Zeit hatte es ihm nicht erlaubt, sich neue Röhren zu verschaffen, und bekanntlich nimmt die Evacuirung einer solchen Röhre, die nur mit der Quecksilber-Luftpumpe gemacht werden kann, vier Tage in Anspruch. Die in eine Pappumhüllung eingeschlossene Röhre wurde in den Strom eingeschaltet. „Man muß auf Kaiserglück bei dem Versuch rechnen", hatte der Professor vorher gesagt, „denn die Röhren sind sehr empfindlich und werden oft schon bei dem ersten Versuch zerstört" — und er hatte Kaiserglück, denn in dem verdunkelten Raum zeigte sich deutlich das Fluoresciren der mit Salzlösung getränkten Platte, die in die Nähe der Röhre gebracht wurde. — Hiermit war der Vortrag beendet, an den sich eine lebhafte Diskussion schloß. Der Kaiser zeigte sich aufs eingehendste vertraut mit allen bisher bekannten elektrophysikalischen Erscheinungen und wußte in seiner lebhaften Weise der Sache immer neue Gesichtspunkte abzugewinnen. Das Wesen der X-Strahlen wurde eingehend erörtert, die verschiedenen Hypothesen über ihre Schwingungen besprochen, ja sogar die interessante Frage gestreift, ob hier ein Fingerzeig gegeben sei, dem Geheimnis der Gravitation näher zu kommen. Ebenso wurde die eventuelle praktische Nutzbarmachung der neuen Kraft besprochen. Wurde der Professor Röntgen schon durch das verständnißvolle Interesse seines erlauchten Zuhörers reich belohnt, so wurde ihm auch eine äußere Anerkennung dadurch zu Theil, daß Se. Majestät ihm selbst den Kronen-Orden 2. Klasse überreichte. — Nach der Abendtafel, zu der die oben genannten Herren mit Einladungen beehrt waren, knüpfte sich die wissenschaftliche Unterhaltung wieder an. Der Kaiser behielt bis nach Mitternacht seine Gäste um sich versammelt. Er theilte aus dem reichen Schatze seines Wissens, unterstützt von seinem untrüglichen Gedächtniß, viele seiner selbst gesammelten Erfahrungen mit, erzählte von seiner Schulzeit und bewies abermals, daß er auch auf diesem rein wissenschaftlichen Gebiet sich eine überraschende Kenntniß zu erwerben und fortzubilden gewußt hat. Der Kaiser liebt es überhaupt, sich durch direkten

Verkehr mit Männern der Wissenschaft zu belehren. Sein lebhafter, schnell auffassender Geist schöpft am liebsten aus der Quelle selbst."

Dr. Hanauer, einer der Studenten Röntgens in Würzburg zu dieser Zeit, erzählte folgendes: „Röntgen verspätete sich, als er zur Abendtafel ins Schloß kam, und entschuldigte sich deswegen mit den Worten: ‚Entschuldigen Majestät, aber ich bin die großen Entfernungen nicht gewöhnt.' Als er nach Würzburg zurückgekehrt im nächsten Kolleg von den Zuhörern besonders stark durch das übliche Trampeln begrüßt wurde, brachte er ein ‚Hoch' auf den Kaiser aus — sicher ein seltenes Vorkommnis in einer Vorlesung."

Die Studenten der Universität ehrten Röntgen durch einen Fackelzug. Röntgen dankte ihnen mit folgender Ansprache:

Kommilitonen!

In meiner Jugend habe ich manchen hochfliegenden und ehrgeizigen Gedanken gehabt; doch so hoch sind meine Träume nie gestiegen, daß ich mir vorstellte, es würden mir einmal Studierende einer großen deutschen Universität einen Fackelzug bringen, um mir damit ihre Anerkennung für eine rein wissenschaftliche Leistung zu bezeugen.

Für diese seltene Auszeichnung und die große Ehre, die ich zu den allerhöchsten mir zuteil gewordenen rechne, sage ich Ihnen aus tiefbewegtem Herzen meinen wärmsten Dank.

Meinem Dank möchte ich noch einen Wunsch hinzufügen.

Als Studierende an der Universität sind Sie besonders dazu berufen, dermaleinst mitzuwirken an der großen Geistesarbeit, die die Menschheit unablässig betreibt. Zu wünschen, daß einem jeden von Ihnen auch einmal im Leben für seinen Anteil an dieser Arbeit ein Fackelzug gebracht werde, würde wohl der Stimmung entsprechen, in der ich mich an diesem Ehrentage befinde; doch würde dieser Wunsch über das Mögliche hinausreichen. Sollte es dem einen oder anderen von Ihnen geschehen, was mich herzlich freuen würde, so bitte ich den Betreffenden, sich daran zu erinnern, daß ich der erste war, der ihm dazu gratulierte.

Statt des zu weitgehenden Wunsches möchte ich Ihnen einen anderen bringen, dessen Güte ich selbst erprobt habe.

Während von allen Seiten fast sinnverwirrend Glückwünsche und Ehrenbezeugungen auf mich niederprasselten und unwillkürlich der neue Eindruck zum Teil den alten verwischte, ist mir immer eine Erinnerung lebendig und frisch geblieben, die Erinnerung an die Freude, welche ich empfand, als meine Arbeit sich entwickelte und ihre Vollendung erreicht hatte. Es ist die Freude über das Gelingen einer Arbeit und über den gemachten Fortschritt. Diese Freude können Sie alle im Leben genießen, dieses Ziel können und müssen Sie alle erreichen. Das hängt hauptsächlich von Ihnen ab. Möge diese Freude, diese innere Befriedigung Ihnen allen mehrmals zuteil werden und mögen die äußeren Umstände sich so gestalten, daß Sie dieses Ziel auf nicht allzu schwierigem Wege erreichen.

Das ist der Wunsch, den ich Ihnen heute mitgeben möchte.

Und nun lassen Sie mich schließen, indem ich Sie auffordere, unsere allverehrte Alma mater, die Universität Würzburg, hochleben zu lassen.

Einige Tage nachdem Röntgen seinen Vortrag im Berliner Schloß gehalten hatte, erhielt er eine Einladung vom Reichstagspräsidenten von Buol-Berenberg, seine Versuche auch dem deutschen Reichstag und dem Bundesrat in Berlin vorzuführen. Röntgen lehnte aber diese Einladung ab. Professor Spies aus Berlin hielt dann den Vortrag mit großem Erfolge im gefüllten Sitzungssaale des Reichstages am Donnerstag, den 30. Januar 1896.

Röntgens große Zurückhaltung ließ ihn viele andere Einladungen, vor wissenschaftlichen Gesellschaften über seine Entdeckung zu sprechen, ablehnen, so z. B. die der Stuttgarter Tagung der Bunsengesellschaft 1896, bei der dann der Frankfurter Physiker W. König den Vortrag über die Röntgenstrahlen halten mußte. Auch der Ehrenvorsitz der großen Versammlung Deutscher Naturforscher und Ärzte, die vom 21. bis 26. September 1896 in Frankfurt a. M. stattfand, wurde Röntgen vergebens angetragen. Die vielen Ehrungen, die in den nächsten Monaten folgten, waren dem zurückhaltenden Forscher mehr eine Last denn eine Freude. Mitte März 1896 rettete er sich vor der Überfülle von Besuchern und Abhaltungen durch eine Reise nach Italien.

Kurz vor dieser Ferienreise schrieb er einen Brief an seinen Freund Zehnder (a-85), der wegen seines Inhaltes und seiner Seltenheit von größtem Interesse ist: „Physikalisches Institut d. Univers. Würzburg. Samstag Abend. Lieber Zehnder! Die guten Freunde kommen zuletzt, es geht nicht anders. Sie sind aber der erste der Antwort erhält. Haben Sie vielen Dank für Alles was Sie mir schicken; von Ihren Speculationen über die Natur der X-Strahlen kann ich noch nichts gebrauchen, da es mir nicht zulässig oder günstig erscheint eine der Natur nach unbekannte Erscheinung durch eine mir nicht völlig einwandfreie Hypothese erklären zu wollen. Welcher Natur die Strahlen sind, ist mir ganz unklar; und ob es wirklich longitudinale Lichtstrahlen sind, kommt für mich erst in zweiter Linie in Betracht. Die Tatsachen sind die Hauptsache. In dieser Beziehung hat auch meine Arbeit von vielen Seiten Anerkennung gefunden. Boltzmann, Warburg, Kohlrausch (und nicht am wenigsten) Lord Kelvin, Stokes, Poincaré u. A. haben mir ihre Freude über den Fund und ihre Anerkennung ausgesprochen. Das ist mir viel werth und ich lasse die Neidhämmel ruhig schwätzen; das ist mir ganz gleichgültig. Ich hatte von meiner Arbeit Niemanden etwas gesagt; meiner Frau theilte ich mit, das ich Etwas mache, von dem die Leute, wenn sie es erfahren, sagen würden ‚der Röntgen ist wohl verrückt geworden‘. Am ersten Januar verschickte ich die Separatabzüge und nun ging der Teufel los! Die Wiener Presse blies zuerst die Reclametrompete und die anderen folgten. Mir war nach einigen Tagen die Sache verekelt; ich kannte aus den Berichten meine eigene Arbeit nicht wieder. Das Photographieren war mir Mittel zum Zweck und nun wurde daraus die Hauptsache gemacht. Allmählich habe ich mich an den Rummel gewöhnt, aber Zeit hat der Sturm gekostet, gerade 4 volle Wochen bin ich nicht zu einem Versuch gekommen. Andere Leute konnten arbeiten, nur ich nicht. — Sie haben keinen Begriff davon, wie es hergegangen ist. Beiliegend schicke ich Ihnen die versprochenen Photographien; wenn Sie sie im Vortrag zeigen wollen, so ist es mir recht; doch empfehle ich Ihnen sie unter Glas und Rahmen zu bringen, sonst werden sie gestohlen!! Ich denke Sie finden sich mit Hilfe der Bemerkungen wohl zurecht, sonst schreiben Sie. Ich gebrauche einen großen Ruhmkorf 50/20 cm. mit Deprezunterbrecher, und ca 20 Amp. Primärstrom. Mein Apparat der an der Raps'schen Pumpe sitzen bleibt, braucht einige Tage zum Auspumpen; beste Wirkung, wenn die Funkenstrecke eines parallel geschalteten Entladers ca 3 cm beträgt. Mit der Zeit werden alle Apparate (mit Ausnahme von einem) durchschlagen. Jede Art Kathodenstrahlen zu erzeugen führt zum Ziel; also auch mit Glühlampen nach Tesla und mit elektrodenlosen Röhren. Zum Photographieren brauche ich je nachdem 3 bis 10 Minuten. Zu Ihrem Vortrag schicke ich Ihnen die Magnetdose, die Holzrolle, den Gewichtsatz und das Zinkblech, sowie eine sehr schöne aus Zürich von Pernet erhaltene Photographie einer Hand. Bitte aber diese Sachen baldmöglichst versichert zurückzuschicken. Haben Sie einen größeren Schirm mit Platinbaryumcyanür? Mit bestem Gruß von Haus zu Haus Ihr Röntgen.“

Die medizinische Fakultät der Universität Würzburg erkannte früh die große Bedeutung der neuentdeckten Strahlen für die medizinische Wissenschaft und ehrte am 3. März 1896 den Entdecker durch die Verleihung des Titels Dr. med. h. c. Etwas später, am 16. April 1896, verlieh das Stadtverordnetenkollegium der stolzen Geburtsstadt RÖNTGENs, Lennep, deren berühmtem Sohne das Ehrenbürgerrecht (Abb. 31).

In Anerkennung der hohen Verdienste um die Förderung der Naturwissenschaft, in gerechter Würdigung des unübersehbaren Fortschrittes, welcher der Wissenschaft durch die Entdeckung der Röntgen Strahlen geworden ist, haben Bürgermeister, Beigeordnete und Stadtverordnete der Stadt Lennep in ihrer Sitzung vom 16. April 1896 beschlossen, dem genialen Forscher, dem unermüdlichen Lehrer und Pfadfinder, dem Manne der Wissenschaft, dem treuen Sohne unserer Heimath

Herrn Professor Dr. Wilhelm Conrad von Röntgen
zu Würzburg

das Ehrenbürgerrecht der Stadt Lennep zu verleihen.

Auf Grund dieses Beschlusses ernennen wir Sie, hochverehrter Herr Professor, zum Ehrenmitgliede unserer Stadt und beurkunden dieses durch unser Siegel und unsere Unterschrift.

Lennep, den 15 Juni 1896.

Bürgermeister, Beigeordnete und Stadtverordnete.

1896

Abb. 31. Ehrenbürgerurkunde der Stadt Lennep

RÖNTGEN war sehr erfreut über diese Ehrung, die ihm seine Heimatstadt gewährte, und sprach in einem Briefe aus Baden-Baden vom 20. April 1896 seinen herzlichsten Dank dafür aus.

Zu derselben Zeit verlieh der Prinzregent von Bayern, Prinz LUITPOLD, RÖNTGEN den Kgl. bayr. Kronenorden, mit dem der persönliche Adel verbunden war. RÖNTGEN lehnte den Adel ab. Am 13. Juni 1896 schrieb er einer Lenneper Behörde, die an ihn ein Schreiben mit der Adresse Herrn Prof. Dr. VON RÖNTGEN gerichtet hatte, u. a. folgendes:

„Bezüglich des von Euer Hochwohlgeboren in Ihrem Schreiben vom 4. Juni meinem Namen beigefügte Prädikates ‚von' erlaube ich mir folgendes zu erwähnen.

Der betreffende Paragraph der Satzungen des Kgl. bayr. Kronenordens lautet: Die Erteilung des Verdienstordens der bayrischen Krone an Inländer schließt die Verleihung des persönlichen Adels in sich. Die Rechte des Adels, worunter insbesondere die Führung eines adeligen Prädikates, können indessen erst nach erlangter Immatrikulation ausgeübt werden. Die Unterlassung eines Immatrikulationsgesuches schließt einen Verzicht auf die Ausübung der Adelsrechte in sich.

Da ich bis jetzt kein bezügliches Gesuch eingereicht habe und auch nicht gesonnen bin, ein solches einzureichen, kommt mir die Führung des Prädikates ‚von' nicht zu. Genehmigen Euer Hochwohlgeboren den Ausdruck meiner

vorzüglichen Hochachtung ganz ergebenst

Dr. W. C. RÖNTGEN."

Im Mai wurde der Entdecker von der Berliner Akademie der Wissenschaften und im November von der Münchner Akademie zum korrespondierenden Mitglied ernannt. Zur gleichen Zeit modellierte der Berliner Bildhauer R. FELDERHOFF als erster RÖNTGENs Kopf. Diese Büste war die Vorarbeit für das bekannte Röntgen-Denkmal auf der Potsdamer Brücke in Berlin, das 1898 aufgestellt wurde. Es war RÖNTGEN recht unangenehm, dem Künstler für dieses Denkmal zu sitzen. Schließlich ließ er sich aber dazu bestimmen, nachdem man ihm

Abb. 32. Röntgenbüste des russischen Bildhauers SINOISKY im Garten des Staatsinstituts für Röntgenologie in Leningrad. (Mit Genehmigung des Deutschen Röntgen-Museums in Lennep)

Abb. 33. Röntgenbüste des Bildhauers KUNST im Deutschen Röntgen-Museum in Lennep. (Mit Genehmigung des Deutschen Röntgen-Museums in Lennep)

sagte, daß das Denkmal doch auf die Brücke käme und ohne Sitzung sicher schlecht würde. ERNST STRELLER, der Leiter des Deutschen Röntgenmuseums in Lennep (a-71), hat nach eingehenden Studien die Geschichte dieser beiden Röntgendenkmäler, sowie auch später geschaffener Büsten von HILDEBRAND (1915), GEORGII (1928), HAHN (1935), KUNST (1932), SINOISKY (1920) und KIESGEN (1939) beschrieben. STRELLERS interessantem Artikel sind die Bilder der Sinoisky- und der Kunst-Büste entnommen (Abb. 32 und 33).

Das Ausland stand der Heimat nicht nach in Ehrungen für RÖNTGEN. Eine Reihe von Einladungen wissenschaftlicher Gesellschaften, so z. B. von der British Association for the Advancement of Science, ergingen an RÖNTGEN. Am 30. November 1896 verlieh ihm die Royal Society, London, anläßlich ihrer Jahresversammlung die Goldene Rumfordmedaille. Die italienische Regierung ernannte ihn zum Komtur der italienischen Krone[1].

[1] Eine Zusammenstellung aller RÖNTGEN verliehenen Ehrungen befindet sich am Ende dieses Kapitels (S. 112).

Der geehrte Gelehrte blieb trotz aller Ehrungen unverändert bescheiden und zurückhaltend. Das ist der einstimmige Eindruck, den all die vielen Wissenschaftler und Laien, die ihn nach der Entdeckung besuchten, von dem großen Manne mitnahmen. So ist dieses Bild des Gelehrten der Menschheit bekannt geblieben. Seine hohe Erscheinung, seine edle Stirn- und Gesichtsbildung machten

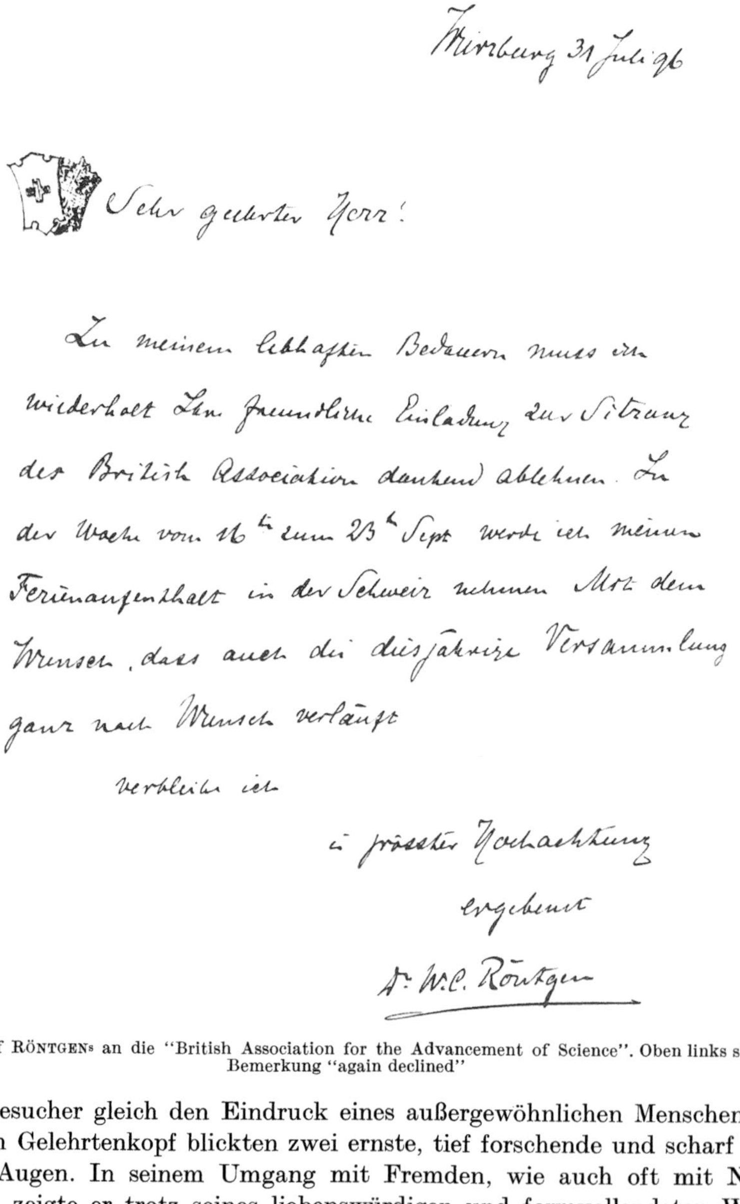

Würzburg 31 Juli 96

Sehr geehrter Herr!

Zu meinem lebhaften Bedauern muss ich wiederholt Ihre freundliche Einladung zur Sitzung der British Association dankend ablehnen. In der Woche vom 16ten zum 23ten Sept werde ich meinen Ferienaufenthalt in der Schweiz nehmen. Mit dem Wunsch, dass auch die diesjährige Versammlung ganz nach Wunsch verläuft

verbleibe ich

in grösster Hochachtung

ergebenst

Dr. W.C. Röntgen

Abb. 34. Brief RÖNTGENs an die "British Association for the Advancement of Science". Oben links stand die Bemerkung "again declined"

auf den Besucher gleich den Eindruck eines außergewöhnlichen Menschen. Aus dem feinen Gelehrtenkopf blickten zwei ernste, tief forschende und scharf beobachtende Augen. In seinem Umgang mit Fremden, wie auch oft mit Näherstehenden, zeigte er trotz seines liebenswürdigen und formvollendeten Wesens doch immer eine gewisse Zurückhaltung oder eine Art Scheu und Unnahbarkeit, ja oft fast ein Mißtrauen, hinter dem sich aber ein tiefes Mitempfinden und

Gefühlsleben verbarg. War RÖNTGEN von der Aufrichtigkeit des Menschen, mit dem er zusammenkam, überzeugt, dann wich die Scheu oder das Mißtrauen einer tiefen Freundlichkeit. Diejenigen, die mit ihm in ein persönliches Verhältnis treten durften, und es waren derer nur wenige, empfanden dies wie ein Geschenk und hielten ihm die Treue bis an sein Lebensende.

Daß er auch mit seinen Untergebenen in engem persönlichen Verhältnis stand, geht aus einem Briefe hervor, den er an die Frau seines ehemaligen Dieners WEISS im Gießener Physikalischen Institut nach dem Tode ihres Mannes schrieb:

„Würzburg, den 14. Januar 1892.

Verehrte Frau WEISS!

Heute bekam ich durch Herrn Doktor BALZER die traurige Nachricht von dem Tode Ihres Mannes. Wir, meine Frau und ich, sind ganz bestürzt darüber, denn wir haben von der Krankheit nichts gewußt und dachten uns Ihren Mann noch so gesund und kräftig, wie wir ihn früher kannten. Wie schwer Sie diesen Schlag und diesen Verlust empfinden, können wir uns denken, und ich schreibe Ihnen diese Zeilen, um Ihnen zu sagen, daß wir an Ihrem Leid innigen Anteil nehmen.

Oft habe ich hier in Würzburg an Ihren Mann zurückgedacht; durch seine Pflichttreue und stete Bereitschaft hat er mir im Institut große Dienste geleistet, und persönlich habe ich ihn gern gewonnen. Seien Sie überzeugt, daß ich ihm stets ein ehrendes Andenken bewahren werde."

Im März 1897 veröffentlichte RÖNTGEN seine dritte Mitteilung über „Weitere Beobachtungen über die Eigenschaften der X-Strahlen" [51] und schwieg dann für viele Jahre, ohne sein Interesse an der Natur und den Anwendungsmöglichkeiten der Strahlen zu verlieren. Allerdings lagen seiner sorgfältigen Forschernatur die physikalischen Studien über das Wesen der Strahlen mehr als deren praktischen Anwendungen oder als die technischen Verbesserungen ihrer Erzeugungsmöglichkeit. Alle Untersuchungen über Charakter und Wesen der Strahlen verfolgte er mit großem Interesse, und mancher berühmte Röntgenstrahlenforscher ist aus seinem Laboratorium hervorgegangen. Einer dieser Schüler, der schon früher erwähnte W. FRIEDRICH, sagte einmal: „Freilich erfüllte ihn die immer wachsende Bedeutung seiner Entdeckung mit gewissem Stolz, und man konnte in seinen Augen zuweilen einen stillen Glücksschein beobachten, der Menschheit so Großes gegeben zu haben, wenn man, die Scheu vor dem großen Manne überwindend, von neuen Erfolgen seiner Strahlen, besonders auf ihm etwas ferner liegenden Gebieten, berichtete."

Unter den Ehrungen, die ihm zuteil wurden, fielen die Bemühungen anderer Hochschulen, ihn für sich zu gewinnen. 1899 lehnte er eine Berufung nach Leipzig als Nachfolger GUST. WIEDEMANNs ab und wurde dafür mit der Verleihung des Titels eines Kgl. Geheimen Rates ausgezeichnet. Aber ein Jahr später, am 1. April 1900, leistete er, wenn auch nicht ganz ohne Bedenken, da er das Wirken und Leben in Würzburg sehr schätzte, dem Rufe der Münchner Philosophischen Fakultät und dem besonderen Wunsche des bayerischen Ministeriums Folge und siedelte als Nachfolger E. LOMMELs in die bayerische Hauptstadt über. Hier übernahm er die Direktion des physikalischen Institutes und baute sich dieses mit gewohnter Gründlichkeit aus. Durch diese mehr administrative Arbeit wie auch durch die Übersiedlung selbst verursacht, trat eine längere Pause in den Veröffentlichungen seiner Arbeitsresultate ein.

Röntgen faßte seine Anstellung als Leiter eines großen Institutes mit tiefem Ernst auf. Er war der Meinung, daß, wenn der Staat dem Institutsleiter die Mittel für Einrichtung und Ausstattung seines Institutes zur Verfügung stellte, dieser auch verpflichtet sei, das anvertraute Gut gewissenhaft zu wahren und zu verwalten. Dabei waren die Mittel, die einem Universitätsinstitut zu jener Zeit zur Verfügung standen, nicht allzu groß. Dies geht z. B. aus einem Brief hervor, den Röntgen am 27. November 1896 an den Ingenieur Rosenthal von der Reiniger-Gebbert und Schall A.-G. schickte, nachdem ihm dieser zwei seiner verbesserten Röntgenröhren gesandt hatte:

,,Würzburg, 27. November 1896.

Ihre Röhren sind in der Tat sehr gut, aber für meine Verhältnisse zu teuer; ich brauche doch die Röhren nicht bloß zu den bekannten Versuchen, sondern, wie wohl einleuchtend sein dürfte, zu vielen anderen Experimenten, bei welchen die Röhren ganz anders als in der normalen Weise beansprucht werden; die Folge ist, daß sie eher zugrunde gehen. Ich möchte mir deshalb die Frage erlauben, ob Sie mir die Röhren nicht zu M. 20.—, statt zu M. 30.— liefern könnten; nach meinen anderweitigen Erfahrungen dürfte dieser Vorschlag wohl akzeptabel sein, da es sich doch um einen Ausnahmefall handelt und Ihnen vielleicht weitere Bestellungen von meiner Seite angenehm sein könnten. Falls Sie auf meinen Vorschlag eingehen, bitte ich Sie, mir für die zwei bereits verbrauchten Röhren vier andere *gleicher Qualität*, und zwar zwei kleinere und zwei größere, zu schicken.''

Von seinen Unterstellten verlangte Röntgen dieselbe ernste Verpflichtung gegenüber dem Institut und insbesondere gegenüber der wertvollen Sammlung desselben. Besonders hatten es ihm die Apparate in der Sammlung angetan, für die er zeitlebens eine tiefe Bewunderung hegte und die er immer in gutem Zustand erhalten haben wollte. Nur wer die sorgfältige Art Röntgens, zu experimentieren, kennt, der weiß, welch tiefe Geheimnisse er der Natur mit seinen selbstgebauten Apparaten ablauschte, und kann diese Einstellung des großen Gelehrten, der zu seinen Apparaten in engerem Verhältnis stand als zu vielen seiner Kollegen, ganz verstehen. Ein für diese Einstellung charakteristisches Erlebnis Röntgens, das auf ihn einen nachhaltigen Eindruck machte, erzählt Prof. Zehnder. Röntgen besichtigte in der Physikalisch-Technischen Reichsanstalt eine Batterie von Normalelementen, die für Eichungszwecke aufgestellt war. Nach Art anderer elektrischer Batterien konnte man sie mittels Stöpseln hintereinander oder parallel schalten. Bei der Erläuterung dieser Schaltungen kam der erklärende Beamte mit einem Metallgegenstand den Polklemmen dieser Batterie zu nahe und berührte dieselben. Die Batterie entlud sich in einem Funken. Das griff Röntgen ans Herz; denn die ganze teure Batterie war dadurch für Präzisionsmessungen nicht mehr einwandfrei.

Seine verantwortungsvolle Einstellung zu seinem Berufe charakterisierte Röntgen schon in seiner Würzburger Rektoratsrede im Jahre 1894, wo er u. a. sagte: ,,Denn die Universität ist eine Pflanzschule wissenschaftlicher Forschung und geistiger Bildung, eine Pflegestelle idealer Bestrebungen für die Studierenden sowohl als für die Lehrer. Ihre Bedeutung als solche steht weit höher als ihr praktischer Nutzen, und aus diesem Grunde möge auch darauf gesehen werden, daß bei Neubesetzung vakanter Stellen Männer gewählt werden, die namentlich als Forscher und Förderer ihrer Wissenschaft und nicht nur als Lehrer sich bewährt haben, indem jeder echte Forscher, auf welchem Gebiete es auch sei, der es nur ernst nimmt mit seiner Aufgabe, im Grunde genommen rein ideale Ziele verfolgt und ein Idealist ist im guten Sinne des Wortes." Und weiter: „Lehrer und Studierende der Hochschule sollten es sich zu einer Ehre anrechnen, Angehörige dieser Korporation zu sein. Es wird Standesgefühl gefordert, nicht professoraler Dünkel oder Exklusivität oder studentische Anmaßung, die alle aus Selbstüberschätzung erwachsen sind, sondern das lebhafte Bewußtsein, einem bevorzugten Stande anzugehören, der manche Rechte gibt, aber namentlich auch

Abb. 35. Röntgengedenkbriefmarke der Deutschen Bundesrepublik, 1951

Abb. 36. Röntgengedenkbriefmarke der Stadt Danzig, 1939

viele Pflichten auferlegt. Unser aller Ehrgeiz soll auf treue Pflichterfüllung anderen und uns selbst gegenüber gerichtet sein, dann wird unsere Universität geachtet werden, dann zeigen wir uns des Besitzes der akademischen Freiheit würdig, dann wird uns dieses kostbare, unentbehrliche Geschenk erhalten bleiben." Wie wahr hat Röntgen diese vor seiner großen Entdeckung gesprochenen Worte gemacht, als er durch dieselbe in die Reihe der berühmtesten Universitätsprofessoren gehoben wurde!

Im Jahre 1900 gab die New Yorker Columbia-Universität, auf Vorschlag der Akademie der Wissenschaften, Röntgen die alle 5 Jahre verliehene Barnardmedaille, und als im Jahre 1901 zum ersten Male die Nobelpreise zur Verteilung kamen, wurde ihm als erstem der Preis für Physik zuerteilt. Zum 50jährigen Jahrestage der Verleihung des Nobelpreises an Röntgen gab die deutsche Bundesregierung eine Röntgengedenkbriefmarke heraus (Abb. 35) und gab damit dem Entdecker die Ehrung, die ihm eine nationalsozialistische Regierung 6 Jahre zuvor verweigert hatte. Schon vor dem zweiten Weltkrieg ehrte die Freie Stadt Danzig Röntgen, zusammen mit anderen Wissenschaftlern, durch eine Briefmarke (Abb. 36). Röntgen reiste gegen seine sonstige Gewohnheit nach Stockholm, um den Preis am 10. Dezember 1901 aus den Händen des

Kronprinzen persönlich in Empfang zu nehmen, hielt aber keinen Nobelvortrag, wie es die anderen beiden in Stockholm anwesenden Preisträger, Prof. BEHRING aus Halle und Prof. VAN'T HOFF aus Berlin, und später alle anderen Preisträger, taten. Nur auf dem feierlichen Akt in der Musikakademie folgenden Bankett dankte RÖNTGEN mit kurzen Worten für die ihm erwiesene Ehrung und versicherte, daß ihm dieselbe als Ansporn dienen würde, selbstlos in seiner Wissenschaft weiterzuarbeiten und sich zu bestreben, die Menschheit Nutzen daraus ziehen zu lassen. Diese Gedanken führte er in seinem engsten Kollegenkreise im

KONGLIGA SVENSKA
VETENSKAPS-AKADEMIEN

har vid sitt sammanträde den 12 Nov. 1901 i enlighet med föreskrifterna i det af

ALFRED NOBEL

den 27 November 1895 upprättade testamente beslutat att tilldela det pris som detta år bortgifves åt den som inom fysikens område har gjort den viktigaste upptäckt eller uppfinning till

WILHELM CONRAD
RÖNTGEN

såsom ett erkännande af den utomordentliga förtjenst han inlagt genom upptäckten

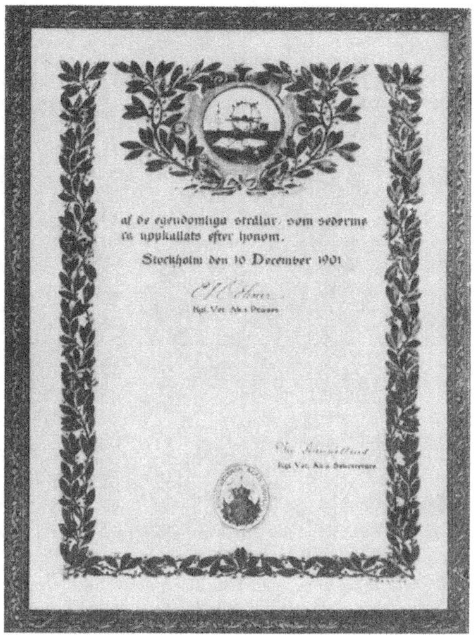

af de egendomliga strålar som sedermera uppkallats efter honom.

Stockholm den 10 December 1901

Kgl. Vet. Ak:s Præses

Kgl. Vet. Ak:s Sekreterare

Abb. 37. RÖNTGENs Nobelpreis-Urkunde

Münchner Institut, der ihn nach seiner Rückkehr an seinem blumengeschmückten Schreibtisch erwartete, noch weiter aus. Einer seiner Kollegen, Prof. P. P. KOCH, berichtet, daß RÖNTGEN sagte, daß es keinen Sinn haben würde, wenn er den anwesenden Physikern dasselbe wünschen möchte, was ihm widerfahren sei, denn es sei gleichbedeutend damit, daß er ihnen sämtlich das große Los wünsche. Aber das sei auch gar nicht wichtig. Denn die schönste und höchste Freude, deren jeder teilhaftig werden könne, an welchen Problemen er auch immer sich versuche, sei die unvoreingenommene Forschung. Und gegenüber der inneren Genugtuung über ein erfolgreich gelöstes Problem sei jede äußere Anerkennung bedeutungslos. — Welch wunderbares Selbstbekenntnis des großen Forschers! Den Geldbetrag des Preises selbst, 50000 Kronen, vermachte RÖNTGEN testamentarisch der Universität Würzburg „zur freien Verwendung der jährlich anfallenden Zinsen zu wissenschaftlichen Zwecken, vorbehaltlich hierüber von mir noch näher zu treffenden Bestimmungen, insbesondere bezüglich des Verwendungszweckes". Diese Bestimmungen sind nie erfolgt, und das Vermächtnis teilte mit dem persönlichen Vermögen RÖNTGENs nach dem Kriege das traurige Geschick der Inflation und wurde wertlos.

War auch Röntgen in die erste Reihe berühmter Männer eingerückt, so änderte sich seine zurückhaltende Bescheidenheit in keiner Weise. Jahr für Jahr hielt er seine Vorlesungen über Experimentalphysik, und Tausende von Physikern und Medizinern sind durch den berühmten Mann in die ersten Geheimnisse der Naturwissenschaft eingeführt worden. Röntgens Vorträge und seine schönen Vorlesungsexperimente waren von der gleichen Gründlichkeit wie seine Forschungsarbeiten. Die Experimente waren tief durchdacht, logisch aufgebaut und wurden stets mit sicherem Erfolg durchgeführt. Der Vortrag war ebenfalls rück-

Abb. 38. Röntgens Nobelpreis-Medaille

sichtslos gründlich und begrifflich klar. Mancher seiner Schüler, insbesondere viele der medizinischen Hörer, die dem Lehrer in seiner begrifflichen klaren Entwicklung nicht folgen konnten oder wollten, erschien der Vortrag trocken und wenig begeisternd, und mancher junge Student blieb enttäuscht den Vorlesungen des großen Entdeckers fern. Es kam dazu, daß Röntgens tiefe und weiche Stimme nicht weit trug und — wie P. P. Koch einmal berichtete — von den hinteren Bänken des großen Münchner Hörsaales kaum noch zu hören war. Denjenigen aber, die folgen wollten, und denen, die schon mit einer gewissen Vorbildung kamen, bot Röntgens Vortrag außerordentlich viel. Röntgen selbst widmete der Ausgestaltung der Vorlesungen viel Mühe und Zeit und fügte bei neuen Entwicklungen oder neuen Ergebnissen stets die entsprechenden Versuche zu seinen Vorlesungsexperimenten hinzu. In gleich gründlicher Art hatte er seine Praktika organisiert. Er verlangte von seinen Praktikanten selbst bei den einfachsten Experimenten scharfe Beobachtung und genaues Messen und überzeugte sich durch Fragen und Beobachten, ob seine Schüler seinen Wünschen nachkamen. Die Themen für Doktorarbeiten waren unter ähnlichen Gesichtspunkten aufgestellt. „Päppeln Sie niemanden hoch, es hat keinen Zweck!“ sagte er einmal einem seiner Assistenten und ließ den Doktoranden mit sich selbst fertig werden, wahrscheinlich eingedenk seiner eigenen ersten selbständigen Experimentalarbeiten, als er ohne Mechaniker oder sonstige Hilfe seine wichtigen Ergebnisse mit selbstgebauten Apparaten erzielte. Kam aber der Doktorand ratfragend zu ihm — und viele suchten verlangend den wertvollen Rat Röntgens auf —, dann stand er immer zur Verfügung und half ihm in freundlichster Weise momentane Schwierigkeiten zu überwinden. Auch war er der Ansicht, daß man kein Beobachtungsresultat willkürlich, also ohne triftigen angebbaren Grund, von der Diskussion ausschließen dürfe, wie es leider nur zu oft geschehe. Seine eigenen großen experimentellen Erfahrungen befähigten ihn, sozusagen mit „Röntgenaugen" durch einen noch so komplizierten experimentellen Aufbau schnell hindurchzusehen und etwaige Fehler zu entdecken. Genau so schnell fand er

Abb. 39. Münchner Physikalisches Institut. RÖNTGENs Laboratorien lagen im mittleren Stockwerk

seinen Weg durch die vorgetragenen Darlegungen hindurch und erkannte den wahren Kern der Sache, und er zögerte dann nicht, seine Ansicht klar darzulegen. Er war ein strenger Examinator. Vorgänge, die nicht den geregelten Gang in seinem Institut gingen, vor allem Kundgebungen von Ergebnissen, die nicht absolut feststanden, waren ihm nicht angenehm, und er zögerte nicht, dies klar zum Ausdruck zu bringen. „Diese Mitteilung lag mir vor ihrer Veröffentlichung nicht vor, und zu der erwähnten Unterschrift habe ich meine Zustimmung nicht gegeben", schrieb er einmal in der „Phys. Zeitschrift" [52] nach Veröffentlichung einer von ihm nicht durchgesehenen Arbeit aus seinem Institut. Mit allen Veröffentlichungen war RÖNTGEN außerordentlich zurückhaltend, und es ist sehr wahrscheinlich, daß er viele wichtige experimentelle Ergebnisse hatte, sich aber nicht entschließen konnte, dieselben der Öffentlichkeit zu übergeben, fürchtend, daß sich vielleicht doch noch ein Irrtum darin befinden könnte.

RÖNTGEN war kein glänzender Rhetoriker, auch hielt er nicht viel von populären Vorträgen über seine Wissenschaft. „Die Physik ist ein Gebiet, um das mit ehrlicher Mühe geworben werden muß. Man kann allenfalls so vortragen, daß ein Laienkreis in die irrtümliche Ansicht versetzt wird, er habe das Vorgetragene verstanden. Das bedeutet aber die Begünstigung der Halbbildung, und die ist schlimmer und gefährlicher als Unbildung", sagte er einmal. Damit zeigte er wieder seine durchaus klassische Denkungsrichtung, die ganz mit der seines großen Kollegen GAUSS übereinstimmt.

Es ist der Scheu RÖNTGENs vor dem Zwange, „nicht wohlausgefeilte Worte" aussprechen zu müssen, zuzuschreiben, daß er sich sehr selten in wissenschaftliche Diskussionen einließ. Diese Scheu und seine bescheidene Zurückhaltung vor den sich immer mehr anhäufenden Ehrungen ließen ihn leider den jungen Fachgenossen mehr und mehr unbekannt werden, sehr zum Nachteil der letzteren.

In den Münchner Jahren nahm RÖNTGEN wieder seine Forschungen über die physikalischen Eigenschaften der Kristalle auf, untersuchte die Elektrizitätsleitung in Kristallen und den Einfluß der Bestrahlung darauf; er veröffentlichte, zum Teil mit seinem Schüler JOFFÉ, die folgenden Arbeiten:

[51] Weitere Beobachtungen über die Eigenschaften der X-Strahlen. Math. u. naturw. Mitt. a. d. Sitzgsber. preuß. Akad. Wiss., Physik.-math. Kl. **1897**, 392; auch in Ann. Physik u. Chem., N. F. **64**, 18 (1898).
[52] Erklärung. Physik. Z. **5**, 168 (1904).
[53] Über die Leitung der Elektrizität im Kalkspat und über den Einfluß der X-Strahlen darauf. Sitzgsber. bayer. Akad. Wiss., Math.-physik. Kl. **37**, 113 (1907).
[54] FRIEDRICH KOHLRAUSCH. Sitzgsber. bayer. Akad. Wiss., Math.-physik. Kl. **40**, Schluß-H., 26 (1910).
[55] Bestimmungen des thermischen linearen Ausdehnungskoeffizienten von Cuprit und Diamant. Sitzgsber. bayer. Akad. Wiss., Math.-physik. Kl. **1912**, 381.
[56] Über die Elektrizitätsleitung in einigen Kristallen und über den Einfluß der Bestrahlung darauf. Zum Teil in Gemeinschaft mit A. JOFFÉ. Ann. Physik, IV. F. **41**, 449 (1913).
[57] Pyro- und piezo-elektrische Untersuchungen. Ann. Physik, IV. F. **45**, 737 (1914).
[58] Über die Elektrizitätsleitung in einigen Kristallen und über den Einfluß einer Bestrahlung darauf. Zum Teil in Gemeinschaft mit A. JOFFÉ. Ann. Physik, IV. F. **64**, 1 (1921).

Die 1914 veröffentlichte Arbeit berichtete über RÖNTGENs pyro- und piezoelektrische Untersuchungen und war wichtig als grundlegende Klärung der wichtigen Fragen nach der eigentlichen Natur dieser Erscheinungen.

Daneben zeigte er weiter großes Interesse an Arbeiten über Röntgenstrahlen, die allenthalben und zum Teil auch in seinem eigenen Institut durchgeführt wurden. Es seien hier nur die Untersuchungen von ANGERER, „Über die Wärmewirkung bei der Absorption der Röntgenstrahlen", von BASSLER, „Über die Polarisation der Röntgenstrahlen", und von FRIEDRICH, „Über die Intensität und Härteverteilung der Röntgenstrahlen um die Antikathode", erwähnt.

Trotz mehrfacher verlockender Angebote konnte sich RÖNTGEN nicht entschließen, die schöne Isarstadt zu verlassen. Im Jahre 1904 wurde ihm das Präsidium der Physikalisch-Technischen Reichsanstalt in Berlin angeboten und kurz darauf auch die Berliner Akademieprofessur VAN 'T HOFFs. Er lehnte beide ab.

Am 27. März 1905 richteten die Physiker L. BOLTZMANN, F. BRAUN, P. DRUDE, H. EBERT, L. GRAETZ, F. KOHLRAUSCH, H. A. LORENTZ (als Vertreter der nichtdeutschen Physiker), M. PLANCK, E. RIECKE, E. WARBURG, W. WIEN, O. WIENER und L. ZEHNDER folgendes Schreiben an RÖNTGEN: Sehr verehrter Herr Kollege! In diesem Jahr läuft ein Dezennium ab, seitdem Sie der Menschheit die große Entdeckung Ihrer Strahlen geschenkt haben. Unserer Wissenschaft haben Sie damit eine neue Bahn gebrochen, auf der sie in kurzer Zeit zu großen Erfolgen vorgedrungen ist. Fast jedes Jahr hat durch die Verfolgung Ihrer Entdeckung dem Lichte wissenschaftlicher Erkenntnis neue und fundamentale Vorgänge zugeführt. Dem Gefühle des Dankes möchten wir, im Namen und Auftrag der Deutschen Physiker, dadurch Ausdruck geben, daß wir an dem physikalischen Institut der Universität Würzburg, der Stelle Ihrer großen Entdeckung, eine Tafel mit der Aufschrift anbringen lassen:

IN DIESEM HAUSE ENTDECKTE
W. C. RÖNTGEN IM JAHRE 1895
DIE NACH IHM BENANNTEN STRAHLEN

Diese Marmortafel wurde 1937 abgenommen, da bauliche Veränderungen an jenem Teil des Würzburger Institutes vorgenommen wurden. Dieselbe Inschrift wurde dann ohne Tafel direkt an der Außenwand angebracht, in stark vergrößerter Form.

Gegen Ende April 1905 versammelten sich die Röntgenologen H. ALBERS-SCHÖNBERG, W. COWL, R. EBERLEIN, H. GOCHT, R. GRASHEY, M. IMMELMANN, A. KÖHLER, H. RIEDER, B. WALTER in Berlin und gründeten die Deutsche Röntgengesellschaft. Die Röntgen-Vereinigung zu Berlin hatte aus diesem Anlaß einen viertägigen Kongreß in den Räumen der „Ressource“ in der Oranienburger Straße mit zahlreichen wissenschaftlichen Vorträgen und ausgedehnten Ausstellungen von wissenschaftlichen Apparaten veranstaltet. RÖNTGEN, der als Ehrengast eingeladen war, aber der Gründungsversammlung fernblieb, wurde auf dem Kongreß zum Ehrenmitglied der Gesellschaft ernannt.

Zu Weihnachten 1908 verlieh der Prinzregent von Bayern RÖNTGEN das Prädikat „Exzellenz“. Aus diesem Anlaß ernannten ihn die Kollegien seines geliebten Städtchens Weilheim im Januar 1909 zum Ehrenbürger der Stadt.

Im Jahre 1912 hatte RÖNTGEN eine Reise nach Amerika vor, wie er seinen amerikanischen Verwandten berichtete, gab aber den Plan wieder auf. Dann brach der erste Weltkrieg aus. RÖNTGEN, der alle Zeit ein guter Deutscher war, sah schon bei Kriegsbeginn mit erstaunlicher Schärfe manches Bittere voraus, das dann später wirklich eintrat. Vielleicht ließen ihn seine vielen Beziehungen zum neutralen Ausland oft die wahre Lage der Dinge klarer sehen. Er war einer der ersten, der sein Gold, darunter die Rumford-Medaille der Royal Society, dem Vaterland zum Opfer brachte. Und er war auch einer der vielen, die später in strenger Pflichterfüllung nur das Wenige zum Lebensunterhalt verwendeten, was das streng rationierte Kartensystem des ausgehungerten Vaterlandes zu erwerben gestattete. Das einzige, was er nicht einschränkte, war das Rauchen; den starken holländischen Tabak, den ihm seine Freunde sandten, liebte er sehr. Er war ein leidenschaftlicher Raucher. Gewöhnlich wechselte er am Tage viermal seine Pfeifen. Er bediente sich einer langen Studentenpfeife, eines sogenannten Stoßkopfes, einer kurzen Shagpfeife, und mit besonderer Vorliebe benutzte er die ganz billigen Tonpfeifen, die er nach Gebrauch ins Feuer warf, ausglühte und wieder benutzte. „Diese Tonpfeifen“, sagte er oft, „schmecken eigentlich am besten. Man sieht, es muß nicht alles teuer sein, um auch gut zu sein.“

Der einzige Lichtstrahl in dem großen schweren Völkerringen war für ihn der Gedanke, daß seine Entdeckung so unendlich viel zur Linderung der Schmerzen

Verwundeter beitrug und manches Leben rettete. Daß auch während der Zeit des Hassens dieses große Verdienst RÖNTGENs auf der Feindseite anerkannt wurde, unterliegt keinem Zweifel. Hatte man auch in der ersten Verblendung seinen Namen von der Liste der Akademiemitglieder gestrichen, so mußte man doch allgemein den großen Segen der von ihm entdeckten Strahlen anerkennen, und manch schöne Episode erzählt von dieser Anerkennung. Ein amerikanischer Arzt, Dr. R. C. BEELER, berichtete z. B. folgendes[1]: „Wir lagen in den Gräben hinter Toul, als wir hörten, daß die Röntgenologen in den deutschen Hospitälern Prof. RÖNTGENs Geburtstag feierten. Die amerikanischen Radiologen zollen der Entdeckung des Professors ebensoviel Anerkennung wie die deutschen, und so beschlossen wir an jenem Abend eine kleine Feier zu veranstalten. Jawohl, wir tranken mit französischem Kognak auf die Gesundheit des alten deutschen Professors. Sie sollen nicht behaupten, daß wir engherzig seien oder voller Vorurteile wären; wir erkennen die Berühmtheit dieses Mannes an. Wir verlebten einen schönen Abend und wünschten nur, der alte Prof. RÖNTGEN hätte uns hören können."

Seinen 70. Geburtstag verlebte der Gelehrte still mit seinem kranken Freunde BOVERI im engen Familienkreise in Oberstdorf im Allgäu. Trotzdem seine Gattin recht krank war, ließ er sich nicht davon abhalten, die in jenen Kriegstagen beschwerliche Reise anzutreten, um in Erinnerung an frühere glücklichere Geburtstagsfeiern im sonnigen Süden mit seinen Freunden zusammen zu sein. Glückwünsche trafen wieder ein von weit und breit. Sehr glücklich war RÖNTGEN über ein Schreiben General VON HINDENBURGs, des Führers der deutschen Heeresmacht, das voll Anerkennung war für den großen Wert der Röntgenstrahlen bei der Wiederherstellung der verwundeten Krieger. In der Verleihung des Eisernen Kreuzes fand diese Anerkennung einen äußerlichen Ausdruck.

Wenige Monate später verlor RÖNTGEN einen seiner besten Freunde, Prof. BOVERI. Dieser Verlust erschütterte ihn sehr. Seine wundervollen Worte bei der Einäscherung kennzeichnen am besten das große Freundschaftsverhältnis dieser bedeutenden Männer, das nun durch den Tod jäh unterbrochen wurde.

Der unglückliche Krieg nahm seinen Fortgang, und das Bitterste sollte RÖNTGEN nicht erspart bleiben: die Ausrufung der Räterepublik in München und die Besetzung seines engeren Heimatlandes, der deutschen Rheinlande, durch die feindliche Heeresmacht. Er litt schwer unter dem Zusammenbruch des Vaterlandes, und aus dem schon obenerwähnten, wenige Monate vor seinem Tode an seinen Freund ALBERT geschriebenen Briefe geht dieser Kummer hervor: „... Dazu kommen die niederdrückenden Verhältnisse, unter denen wir Deutsche ungerechterweise zu leiden haben. Nicht nur, daß wir arm geworden sind, das ließe sich noch eher ertragen, aber schwere Sorgen machen die Fragen nach dem, wie es nun mit uns werden wird und wie das so tief gesunkene Volk sich wieder erheben wird. Es gehört viel Mut und Vertrauen dazu, um aufrecht zu bleiben." Zu etwa derselben Zeit schrieb er seiner Base LOUISE GRAUEL in Indianapolis: „Kaum erträglich ist die Mißhandlung und Verkennung, die unserem Vaterland von seiten seiner rache- und beutelustigen Feinde, namentlich von Frankreich und England, unausgesetzt zuteil werden und die uns dicht an den Abgrund,

[1] Indianapolis News **19** (17. Febr. 1923).

wenn nicht schon hineingeführt haben. Die Zukunft ist sehr dunkel und die Gegenwart trostlos und gefährlich. — Hoffentlich dringt auch in Amerika so allmählich der Geist der Vernunft und der Wahrheit, die dort durch englische

Abb. 40. Nach dem ersten Weltkrieg im Jahre 1921 in Lennep verausgabtes Notgeld (75 Pf.)

und französische Lügenberichte in weitesten Kreisen vertrieben worden ist, wieder ein, wenn es für uns noch nicht zu spät ist."

Es war für Röntgen, der den glanzvollen Aufstieg seines Vaterlandes so voll und ganz miterlebt hatte, besonders schwer, den Zusammenbruch zu sehen. Die finanziellen Sorgen drückten ihn nicht so sehr, wenn er sich auch äußerst einschränken mußte. „Dadurch, daß ich als Beamter ein Ruhegehalt beziehe, der mit der Teuerung etwas steigt, bin ich, wenn ich einfach lebe, ziemlich gesichert; aber einschränken muß ich mich immer mehr. Denke Dir, ein Pfund Brot kostet 67 Mark, ein Pfund Fleisch 3—400 Mark, ein Pfund Butter ca. 1400 Mark! Ein Anzug (einfach) ca. 150—200000 Mark usw. Für einen Dollar werden über 8000 Mark bezahlt.“ (Röntgen an Louise Grauel, 6. Dezember 1922.)

Trotz dieser Sorgen um das tägliche Brot drückten die Zweifel, ob die gebrochene Moral des Volkes sich wieder werde erheben können, den Gelehrten weit mehr. Es ist tragisch, daß der große Mann abgerufen wurde, ehe sich diese Wendung anbahnte.

Abb. 41. Im Jahre 1923 in Weilheim verausgabtes Notgeld (100000000000 Mark)

Am 31. Oktober 1919 starb Röntgens zärtlich geliebte Gattin im 81. Lebensjahre nach einem jahrelangen Leiden, während dessen er sie in aufopferndster Weise gepflegt hatte. Es wurde nunmehr sehr einsam um Röntgen. Der Tod hatte schmerzliche Lücken in die Reihen seiner Freunde gerissen. Mit der Frau seines besten Freundes, Prof. Boveri, und deren Tochter blieb er bis zu seinem Tode in herzlicher Freundschaft verbunden, und mit die schönsten Weihnachtsfeste verlebte der große Gelehrte im stillen Kreise dieser kleinen Familie in Würzburg. Es war für ihn die einzige Stelle, wo er auf mitfühlendes Verständnis rechnen konnte, wenn er von den Jugendjahren in Würzburg und in der Schweiz und in Italien sprach und Erinnerungen an jene schönen Tage auffrischte. Andere gute Freunde wie Wölfflin, Zehnder lebten im Auslande und es war zu jener Zeit schwer, sie zu erreichen.

Im Frühjahr 1920 zog Röntgen sich vom Lehramt zurück, behielt sich jedoch im Physikalischen Institut das Benutzungsrecht zweier Zimmer vor, wie auch sein Amt als Konservator des der Akademie der Wissenschaften gehörenden „Physikalisch-Metronomischen Institutes“. Hier arbeitete er noch bis wenige Tage vor seinem Tode.

In seinen letzten Jahren lebte er fast ausschließlich in seinem Landhaus in Weilheim; bei der einsetzenden Wohnungsnot hatte er große Schwierigkeiten, seine Münchner Wohnung in der Maria-Theresia-Straße 11 (Abb. 42b) und sein Haus in Weilheim vor der Beschlagnahme durch die Wohnungskommission zu retten.

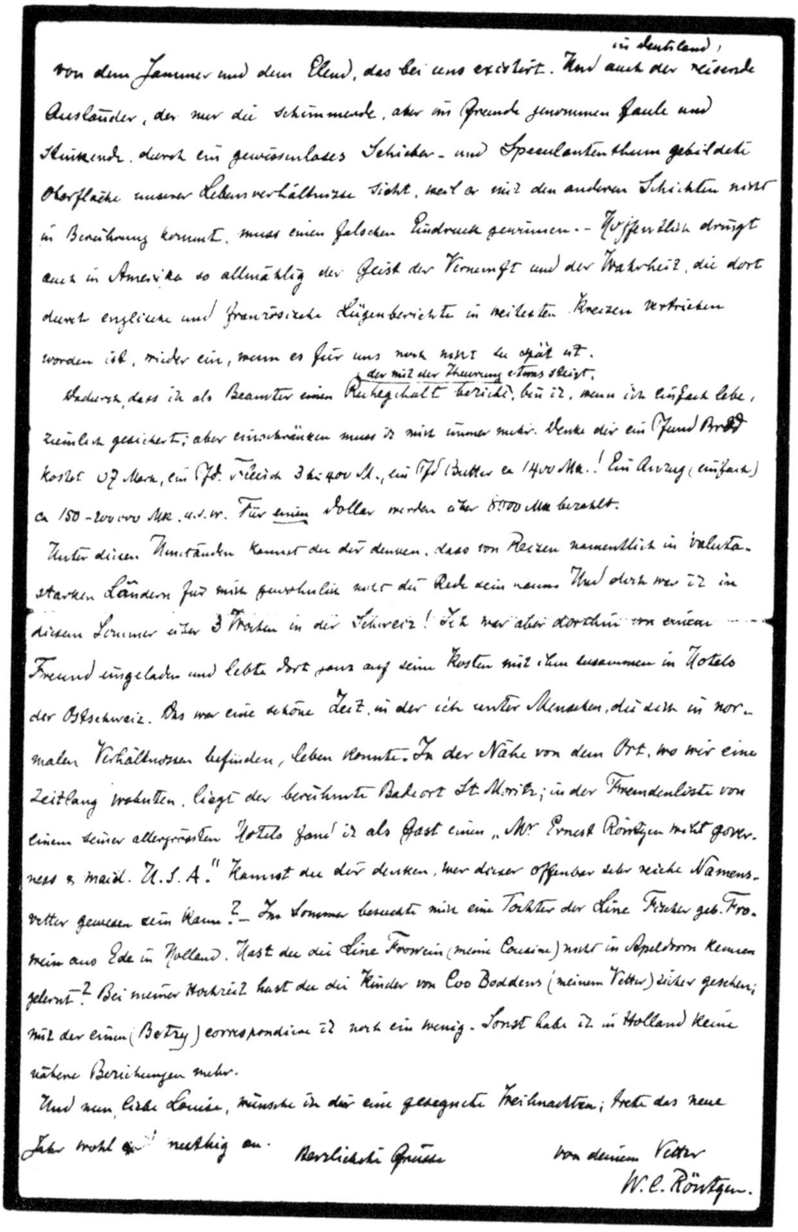

von dem Jammer und dem Elend, das bei uns in Deutschland existiert. Und auch der reisende Ausländer, der nur die schimmernde, aber im Grunde genommen faule und stinkende, durch ein gewissenloses Schieber- und Speculantenthum gebildete Oberfläche unserer Lebensverhältnisse sieht, weil er mit den anderen Schichten nicht in Berührung kommt, muss einen falschen Eindruck gewinnen. – Hoffentlich dringt auch in Amerika so allmählig der Geist der Vernunft und der Wahrheit, die dort durch englische und französische Lügenberichte in weitesten Kreisen vertrieben worden ist, wieder ein, wenn es für uns noch nicht zu spät ist.

Dadurch, dass ich als Beamter ein Ruhegehalt, der mit der Theuerung etwas steigt, beziehe, bin ich, wenn ich einfach lebe, ziemlich gesichert; aber einschränken muss ich mich immer mehr. Denke dir ein Pfund Brod kostet 07 Mark, ein Pfd. Fleisch 3 bis 400 M., ein Pfd Butter ca 1400 Mk.! Ein Anzug (einfach) ca 150–200 000 Mk. u.s.w. Für einen Dollar werden ca 8000 Mk bezahlt.

Unter diesen Umständen kannst du dir denken, dass von Reisen namentlich in Valuta-starken Ländern für mich gewöhnlich nicht die Rede sein kann. Und doch war ich in diesem Sommer über 3 Wochen in der Schweiz! Ich war aber dorthin von einem Freund eingeladen und lebte dort ganz auf seine Kosten mit ihm zusammen in Hotels der Ostschweiz. Das war eine schöne Zeit, in der ich unter Menschen, die sich in normalen Verhältnissen befinden, leben konnte. In der Nähe von dem Ort, wo wir eine Zeitlang wohnten, liegt der berühmte Badeort St. Moritz; in der Fremdenliste von einem seiner allergrößten Hotels fand ich als Gast einen „Mr Ernest Röntgen mit governess & maid. U.S.A." Kannst du dir denken, wer dieser offenbar sehr reiche Namensvetter gewesen sein kann? – Im Sommer besuchte mich eine Tochter der Line Fischer geb. Frowein aus Ede in Holland. Hast du die Line Frowein (meine Cousine) nicht in Apeldoorn kennen gelernt? Bei meiner Hochzeit hast du die Kinder von Coo Boddens (meinem Vetter) sicher gesehen; mit der einen (Betsy) correspondiere ich noch ein wenig. Sonst habe ich in Holland keine nähere Beziehungen mehr.

Und nun, liebe Louise, wünsche ich dir eine gesegnete Weihnachten; trete das neue Jahr wohl und rüstig an. Herzlichste Grüsse von deinem Vetter

W. C. Röntgen.

Abb. 42a. Brief Röntgens an Louise Grauel, 6. Dezember 1922

Nochmals erreichten ihn herzliche Glückwünsche aus aller Welt zu seinem 75jährigen Geburtstag und zu dem im gleichen Jahre stattfindenden 25jährigen Jubiläum der Entdeckung der Röntgenstrahlen. Die Stadtverordneten von Lennep beschlossen aus diesem Anlaß an RÖNTGENs Geburtshaus am Gänsemarkt 1 eine Gedenktafel anbringen zu lassen, um der Nachwelt zu zeigen, wo ihr größter Sohn das Licht der Welt erblickte. Die Inschrift der Gedenktafel lautete:

IN DIESEM HAUSE WURDE AM
27. MÄRZ 1845 DER ENTDECKER
DER RÖNTGENSTRAHLEN
CONRAD RÖNTGEN
GEBOREN. DIE VATERSTADT ER-
NANNTE IHN 1896 ZUM EHREN-
BÜRGER UND WIDMETE IHM ZUM
75. GEBURTSTAGE DIESE TAFEL
LENNEP DEN 27. MÄRZ 1920

RÖNTGEN war über diese Ehrung sehr erfreut, wie aus seinem Schreiben vom 9. Mai 1920 an den Bürgermeister von Lennep hervorgeht: „Die Stadtgemeinde meiner Vaterstadt läßt keine Gelegenheit vorüber gehen, wo sie mir eine rechte Freude machen kann; und so durfte ich auch zu meinem 75. Geburtstage von ihr

Abb. 42b. Haus Maria-Theresia-Straße 11, München, in dessen unterem Stock RÖNTGEN vom Jahre 1919 bis zu seinem Tod in 1923 lebte. (Mit Genehmigung des Deutschen Museums in München)

herzlich gemeinte Wünsche und außerdem noch die Nachricht erhalten, daß sie beabsichtigt, an meinem Geburtshause eine Inschrifttafel anbringen zu lassen. Für diese wiederholten Beweise freundlichster Theilnahm und höchster Ehrerweisung, die mich ganz besonders erfreut und berührt haben, bitte ich den Ausdruck meines innigsten Dankes entgegen nehmen zu wollen. ...

Gestatten Sie mir, hochverehrter Herr Bürgermeister noch folgende Bemerkungen: ich vermuthe, daß Ihnen nicht bekannt ist, daß mein Rufname ‚Wilhelm‘

lautet, und glaube deshalb das mitteilen zu dürfen. Vielleicht würde es sich empfehlen, wenn die Verhältnisse es überhaupt gestatten, daß eine Tafel gemacht wird, statt den Namen ‚Röntgen' zu wiederholen, zu schreiben: ‚der nach ihm benannten Strahlen'."

Im Jahre 1952[1] wurde die alte Tafel durch eine neue ersetzt, die dem von Röntgen 32 Jahre zuvor ausgesprochenen Wunsche nachkommt. Ihre Inschrift lautet:

IN DIESEM HAUSE IST
WILHELM
CONRAD RÖNTGEN
DER ENTDECKER DER NACH
IHM BENANNTEN STRAHLEN
AM 27. MÄRZ 1845 GEBOREN
SEINE VATERSTADT HAT IHN
IM JAHRE 1896
ZUM EHRENBÜRGER ERNANNT

Im Jahre 1921 und 1922 folgte Röntgen nach langer Kriegs- und Nachkriegszeit einer Einladung seines Baseler Freundes E. Wölfflin (a-80, 81) und reiste mit diesem durch seine geliebte Schweiz. Trotz seines hohen Alters unternahm er große Fußtouren selbst bei beträchtlicher Steigung, und mit welch großer Andacht er die Schönheiten des Landes genoß, geht aus einer Bemerkung hervor, die er machte, als er in einem Gebirgstal einen aus dem Felsen hervorströmenden Gebirgsbach sah: „Das war es, was ich noch einmal im Leben zu sehen wünschte. Dieser tosende Felsenbach ist für mich das Symbol der geschmeidigen Kraft."

Röntgens verehrter Gastwirt und Freund in Pontresina, Leo Trippi, erzählt von diesem Besuche, daß der immer noch rüstige und imponierende Röntgen wie früher seine Fußtouren unternahm, wenn er auch gealtert und sein langer Bart gebleicht war. Trippi sprach oft mit Röntgen über seinen Winteraufenthaltsort Girgenti und freute sich, als Röntgen ihm versprach, ihn zusammen mit Prof. Wölfflin dort im April 1923 zu besuchen. Die letzte Bergwanderung unternahm Röntgen am 9. August 1922. Er ging vom Fexthal auf die Marmorei, setzte sich dort auf einen Felsblock und verzehrte seinen Imbiß.

Neugestärkt ging Röntgen nach dieser Reise wieder an die Arbeit und veröffentlichte in demselben Jahre seine Untersuchungen über den Einfluß der Bestrahlung auf die Elektrizitätsleitung in einigen Kristallen. Er arbeitete frisch, wenn auch mehr und mehr mit körperlichen Beschwerden, bis kurz vor seinem Tode. „Mir geht es körperlich soweit ganz ordentlich; Gehör und Sehschärfe haben wohl ziemlich abgenommen, und auch andere Alterserscheinungen haben sich eingestellt, aber ich bin noch ziemlich mobil und habe guten Appetit. Das Gedächtnis und die Arbeitsfähigkeit sind stark vermindert, die Vereinsamung drückt mich schwer", schrieb er im Dezember, 2 Monate vor seinem Tode. Auch seinem Freunde Wölfflin klagte er über diese Beschwerden, sagte aber: „Ich

[1] Allerdings müssen die Lenneper Behörden schon sehr viel früher Röntgens Vorschlag teilweise befolgt haben, denn auf dem Lenneper Notgeldschein vom Jahre 1921 (Abb. 40b) steht „Wilhelm Konrad Röntgen", auf der abgebildeten Tafel aber noch nicht „der nach ihm benannten Strahlen".

will noch einmal einen Anlauf nehmen." Seine letzten Briefe sind noch in der charakteristischen kleinen Schrift geschrieben, die seine Briefe immer auszeichneten.

Im November 1922 reiste Röntgen noch einmal nach Gießen, wo seine Eltern begraben lagen, um mit der städtischen Behörde daselbst ein Abkommen zu treffen, wonach die Stadt nach Bezahlen einer bestimmten Summe sich dauernd des Familiengrabes annehmen sollte. Die Stadt konnte wegen der Entwertung der Mark auf ein solches Abkommen (das allerdings später doch ermöglicht wurde) nicht eingehen und Röntgen kehrte bitteren Herzens wieder nach München zurück.

Von Anfang 1923 an war es ihm nicht mehr möglich, nach seinem Sommerhaus in Weilheim zu fahren. Mitte Januar nahm er allerdings noch an Fakultätsbesprechungen lebhaften Anteil, auch arbeitete er noch in seinem Laboratorium.

Vor seiner geplanten Reise nach dem sonnigen Sizilien wurde er aber am 10. Februar 1923 durch den Tod abberufen. Er starb in seiner Münchner Wohnung, Maria-Theresia-Straße 11; seine treue Haushälterin Kätchen Fuchs, die 25 Jahre im Dienste der Familie stand, pflegte ihn mit rührender Besorgnis bis zu seinem Ende.

Röntgen starb an einem Darmkarzinom, dessen Symptome ihn trotz seines relativen Wohlbefindens doch schon frühzeitig auf den Ernst der Erkrankung hinwiesen. Schon auf seiner Schweizerreise im Jahre 1922 hatte er Darmbeschwerden, die jedoch wieder nachließen. Nur 6 Tage vor seinem Tode wurden die Beschwerden so ernst, daß er ans Bett gefesselt wurde. Am letzten Tage traten Anzeichen eines Darmverschlusses auf und ehe der herbeigerufene Chirurg Sauerbruch erscheinen konnte, war Röntgen verschieden.

Die in den Münchener Blättern erschienene Todesanzeige des großen Gelehrten lautete:

Heute früh halb 9 Uhr verschied nach kurzer Krankheit im 78. Lebensjahr Se. Exzellenz Geheimrat Professor

Dr. Wilhelm Conrad Röntgen.

München, den 10. Februar 1923.

In tiefster Trauer
die Verwandten und Freunde.

Die Einäscherung findet am Dienstag, den 13. Februar 1923 vormittags 10 Uhr im östlichen Friedhofe statt.

Das Lenneper Kreisblatt brachte folgenden Nachruf:

Am 10. Februar verschied nach kurzer Krankheit im Alter von 78 Jahren der Ehrenbürger der Stadt Lennep

Sr. Exzellenz Geheimrat Professor
Dr. Wilhelm Conrad Röntgen

in München.

Die Stadt Lennep wird den großen Forscher und stets hilfsbereiten Bürger nicht vergessen. Gleich groß als Gelehrter wie als Mensch steht er als leuchtendes Vorbild vor uns. Nohl, Bürgermeister

„Das ganze deutsche Volk steht trauernd an der Bahre seines großen Sohnes“, schrieb der Reichsminister des Innern an die Familie RÖNTGENS[1]. Der Pflegetochter RÖNTGENS drückte der bayrische Ministerpräsident Dr. VON KNILLING das tiefe Mitempfinden der bayrischen Regierung aus.

Am 13. Februar erwies auf dem östlichen Friedhofe in München eine kleine Schar dem großen Gelehrten und Wohltäter der Menschheit die letzte Ehre. Eine Pracht von Kränzen umreihte in der Aussegnungshalle jene Stelle, an der der Sarg stand. An der Bahre sprach Kirchenrat Dr. GLUNGLER, der die Aussegnung vornahm. Er hob hervor, daß RÖNTGEN in Holland erzogen war, aber daß er, trotzdem er im Ausland aufgewachsen war, in seinem Inneren ein standhafter Deutscher blieb, dem der Zusammenbruch des Vaterlandes sehr nahegegangen sei. Geheimrat Dr. FRIEDR. VON MÜLLER, Direktor der II. Medizinischen Klinik, würdigte die hohen Verdienste des Verstorbenen um die leidende Menschheit; sein Name werde unsterblich bleiben. Geheimrat Dr. K. E. VON GÖBEL, der namens der Akademien der Wissenschaften sprach, knüpfte an einen griechischen Vers an, der den Vollendeten nicht beklagt, sondern glücklich preist. Namens des Rektors und akademischen Senates der Münchner Universität widmete Geheimrat VON DRYGALSKI dem Meister des Experimentes, der die größten Anforderungen an sich und seine Schüler stellte und dessen Wort im Rat der Universität immer hoch geschätzt war, ergreifende Worte. Die wissenschaftliche Bedeutung RÖNTGENS wurde von seinem Nachfolger auf dem Lehrstuhl der Physik in München, Prof. Dr. W. WIEN, hervorgehoben, der darauf hinwies, daß RÖNTGEN seine Entdeckung so weit ausgebaut habe, daß sie auf Jahre hinaus gewirkt habe, und daß sie der wertvolle Schlüssel zu neuen Wegen wurde. RÖNTGEN sei ein Klassiker unter den Wissenschaftlern gewesen, und doch sei seine Entdeckung nicht als selbständige Arbeit in das Leben hinausgetreten, sondern werde immer mit seinem Namen verbunden bleiben. Der Redner legte Kranzspenden nieder im Namen der II. Sektion der Philosophischen Fakultät der Universität München, der Universität Gießen, der Deutschen Physikalischen Gesellschaft und des Physikalischen Institutes München. Im Auftrage der Würzburger Universität widmete deren Rektor, Prof. Dr. RULAND, der mit dem Mathematiker Prof. Dr. ROST die Universität vertrat, dem Entschlafenen einen warmherzigen Nachruf, dabei betonend, daß gerade RÖNTGENS Lehrtätigkeit in Würzburg die fruchtbarste war. Für das Deutsche Museum, das die kostbare Sammlung Röntgenscher Originalapparate birgt und bei dessen Grundsteinlegung RÖNTGEN seinerzeit die Festrede gehalten hatte, brachte Geheimrat VON MILLER einen Nachruf. Nach ihm sprach Geheimrat BORST für den Ärztlichen Verein München, Prof. RIEDER für die Deutsche Röntgengesellschaft, Prof. GRASHEY für die Münchner Röntgen-Vereinigung, Oberbürgermeister Dr. LÖFFLER von Würzburg und Bürgermeister WEBER von Weilheim und schließlich ein Studierender der Mathematik und Physik. Der Trauerakt war umrahmt von musikalischen Darbietungen eines Streichquartetts des Nationaltheaters. Unter den ernsten Klängen der Litanei von SCHUBERT und HAYDNS Largo wurden die sterblichen Reste des großen Gelehrten den Flammen übergeben. Die eindrucksvolle Feier wird den wenigen Teilnehmern in unvergeßlich ergreifender Erinnerung bleiben.

[1] Bayer. Staatszeitung und Bayer. Staatsanzeiger, München, Nr. 37 (14. Febr. 1923).

Röntgens wissenschaftlicher und zum großen Teil auch persönlicher schriftlicher Nachlaß wurde seinem letzten Willen gemäß bis auf ganz wenige Ausnahmen verbrannt. Was von seinem Privatbesitz nach der Inflation übrigblieb, wurde zumeist für wohltätige Zwecke verwendet. Für die Armenpflege der Stadt Weilheim bestimmte er 339 Billionen 927 Milliarden Mark, und der Heimatstadt Lennep vermachte er Wertpapiere im Betrage von 3654,10 Goldmark, die sich heute noch dort als „Prof. Dr. Röntgen-Stiftung" befinden und von deren Zinserträgnis Erziehungsbeihilfen an würdige Schüler bewilligt werden. Auch der Gemeinde Pontresina vermachte er einen kleinen Betrag. Über alle Wertsachen und persönlichen Andenken des Nachlasses wurde vor allem durch die Bemühungen der Frau Prof. Boveri mit rührender Sorgfalt und Umsicht zugunsten einer großen Zahl von Freunden und Nahestehenden verfügt.

Gegen Ende des Jahres, am 10. November 1923, wurde Röntgens Asche, gemäß dem letzten Wunsche des großen Gelehrten, auf dem Alten Friedhof in Gießen neben seinen Eltern und seiner Gemahlin beigesetzt.

Die Beteiligung an der Gedenkfeier in der Kapelle in Gießen war größer als die bei der Kremation in München. Der Rektor der Universität, Prof. Dr. Laqueur, und Vertreter der Stadt und der Studentenschaft sprachen am Grabe einige Worte, und der Nachfolger Röntgens auf dem Lehrstuhl der Physik an der Gießener Universität, Geheimrat Prof. W. König, hielt eine tiefempfundene Ansprache, in der er vor allem der Zeit gedachte, die Röntgen als Ordinarius für Physik an der Gießener Hochschule zugebracht hatte.

Die sterblichen Reste des großen Forschers ruhen unter dem schlichten Grabstein auf dem Friedhof in Gießen; sein Name und sein Ruhm werden für alle Zeiten unsterblich bleiben!

Am 9. Dezember desselben Jahres wurde im Anschluß an eine Gedächtnisfeier für Röntgen an der Universität Würzburg ein Röntgengedächtniszimmer (Abb. 43) im Physikalischen Institut eröffnet. Der Leiter dieses Institutes E. Wagner (a-76) schreibt darüber:

Verehrer und Freunde Röntgens, insbesondere Frau Boveri, die Urheberin des Gedankens, haben in pietätvoller Weise aus dem Nachlaß das Studierzimmer Röntgens erworben, um am Ort der Entdeckung eine dauernde Stätte der Erinnerung an die große Tat und an den großen Forscher zu schaffen.

Durch eine Sammlung in der Deutschen Röntgen-Gesellschaft und Röntgen-Industrie, April 1923, sowie durch ausländische, namentlich japanische Stiftungen war es ferner möglich, einen größeren Teil der Bibliothek Röntgens sowie dessen reiche Separatensammlung zurückzukaufen. Es besteht die Aussicht, auch noch den Rest der Bibliothek zu beschaffen.

Einen besonderen Schmuck des Zimmers bildet der Ehrenschrein. Er enthält einen großen Teil der oft künstlerisch hervorragend ausgeführten wissenschaftlichen Ehrenpreise aus aller Welt (Nobelpreis usw.), ferner die Ehrenmedaillen, z. B. die Helmholtzmedaille, endlich auch einige der hohen Staatsauszeichnungen, wie den Orden Pour le mérite u. a., die die Regierungen bereitwillig überlassen haben. Röntgen selbst hat durch testamentarische Bestimmungen die Ehrenpreise der Universität Würzburg zur Aufbewahrung anvertraut. Inmitten des Ehrenschreins erhielt den Ehrenplatz die Originalhandschrift der Entdeckungsarbeit: „Über eine neue Art von Strahlen" vom Dezember 1895. Sie ist die einzige wissenschaftliche Handschrift, die nach RÖNTGENs letztem Willen von der Vernichtung durch Feuer verschont blieb.

Das Gedächtniszimmer enthält eine Fülle persönlicher Andenken: Bilder des Geburtshauses in Lennep, der Familie, der verschiedenen Stätten von RÖNTGENs Tätigkeit in Zürich, Straßburg, Gießen, Erinnerungen an seine Reisen und seine Jagd, an sein Sommerhaus in Weilheim.

Abb. 43. Röntgengedächtniszimmer im Physikalischen Institut der Universität Würzburg. Aufnahme von Dr. L. ETTER aus dem Jahre 1945. Im Hintergrund die Hildebrandsche Röntgenbüste. Vorn rechts der in Abb. 5 gezeigte Ehrenschrein. (Mit Genehmigung Dr. L. ETTER, Warrendale, Pennsylvania)

Eine besondere Zierde bildet die Hildebrandsche Büste in Gipsabguß; in ihrer sprechenden Ähnlichkeit überraschenderweise wesentlich die Originalbronze übertreffend.

Aus dem Nachlaß besitzen wir zahlreiche historisch interessante briefliche und öffentliche Äußerungen aus der Entdeckungszeit, unter anderen ein besonders anerkennend gehaltenes Schreiben LENARDs, des Forschers, der der Entdeckung wohl am nächsten gekommen war.

Als wertvollsten Besitz verwahren wir die Originalapparate und Photographien, die sich auf die Entdeckung unmittelbar beziehen. Wir hatten das Glück, diese im Arbeitszimmer RÖNTGENs im Münchner Physikalischen Institut von ihm aufbewahrten Apparate unter wertlosen Gerätschaften aufzufinden, so wie sie RÖNTGEN vor Jahren einmal dem Schreiber dieser Zeilen persönlich als solche gezeigt hat.

Es sind dies mehrere Vakuumröhren (nach HITTORF und CROOKES), mit denen die Röntgenstrahlen entdeckt wurden, zwei eigenhändig gefertigte Härtemesser; der Magnet zum Ablenken der Strahlen; die Prismen und Linsen aus Aluminium und Hartgummi zur Brechung der Strahlen; die kleinen, selbst hergestellten Leuchtschirme u. a. Auf den Originalplatten sehen wir das eigenhändig eingegrabene Datum und können damit manchen Einblick in den Werdegang der Entdeckung gewinnen[1].

Dr. L. ETTER (a-11) besuchte diese wertvolle Sammlung im September 1945, nach dem Ende des zweiten Weltkrieges und berichtete, daß trotz größter Zerstörungen im Würzburger Institutsviertel das Physikalische Institut verhältnismäßig wenig beschädigt war, und daß die Röntgensammlung völlig erhalten geblieben war (Abb. 5).

Abb. 44. Röntgendenkmal in Lennep

In vielen Plätzen über die ganze Welt wird das Gedächtnis RÖNTGENs durch Denkmäler, Museen, Bibliotheken geehrt, am tiefsten aber wohl in seiner Vaterstadt Lennep, in der ihm 1930 ein Denkmal (Abb. 44) gesetzt wurde und wo kurze Zeit danach ein herrliches und einzigartiges Deutsches Röntgen-Museum eröffnet wurde. In einer der Broschüren des Museums werden Denkmal und Museum wie folgt beschrieben:

Im Herzen des Bergischen Landes, etwa $^3/_4$ Fahrtstunden von Köln und Düsseldorf, liegt mit dem Idyll ihrer winkligen Gassen und dem Kranz ihrer blühenden Gärten die Geburtsstadt WILHELM CONRAD RÖNTGENs, Lennep.

Abb. 45. Deutsches Röntgen-Museum in Lennep

Noch steht, mit einer Tafel des Gedenkens geschmückt, in einem abseitigen Winkel das bescheidene Schieferhaus, in dem der große Entdecker am 27. März 1845 als Sohn des Kaufmanns FRIEDRICH CONRAD RÖNTGEN und seiner Ehefrau CHARLOTTE CONSTANZE, geb. FROWEIN, das Licht der Welt erblickte.

Die Stadt Lennep ist sich der Verpflichtung, die ihr als der Geburtsstadt RÖNTGENs ihrem großen Sohne gegenüber erwuchs, stets bewußt gewesen.

[1] Leider wird aus Würzburg berichtet, daß das Röntgen-Gedächtniszimmer in der oben beschriebenen Form nicht mehr existiert.

Sie nennt sich mit Stolz nach ihrem Ehrenbürger die Röntgenstadt. Bereits im November des Jahres 1930 wurde hier dem genialen Entdecker der X-Strahlen auf Anregung von Geheimrat KRAUSE, dem damaligen Vorsitzenden der Rheinisch-Westfälischen Röntgengesellschaft, ein Denkmal gesetzt, der „Genius des Lichts" von ARNO BREKER. Und 2 Jahre später konnte unmittelbar zur Seite des idyllischen Denkmalplatzes im Blickfeld einer prächtigen Allee das erste Röntgenmuseum eröffnet werden, das nicht nur RÖNTGENS Leben und Werk, sondern auch den beispiellosen Siegeszug der nach ihm benannten Strahlen und ihre Auswirkung auf die verschiedensten Zweige einer spezialisierten Wissenschaft zur Darstellung bringen will.

Das Museum wurde in einem der schönsten Patrizierhäuser Lenneps aus der Übergangszeit vom Louis-XVI.- zum Empirestil untergebracht und hat neuerdings einen Erweiterungsbau erhalten, der die Entwicklung der Röntgentechnik in übersichtlicher Folge zur Anschauung bringt. Das Museum enthält im Erdgeschoß 4 Räume, einen Ehrenraum für berühmte bergische Ärzte und Naturforscher, das Röntgengedächtniszimmer, eine Röntgenbücherei und ein Sitzungszimmer, das mit den Bildnissen der Vorsitzenden der Deutschen Röntgengesellschaft geschmückt ist.

Der Ehrenraum für berühmte bergische Ärzte und Naturforscher ist den geistigen Ahnherren WILHELM CONRAD RÖNTGENS im Bergischen Lande gewidmet. Anfangend mit JOHANNES WEYER, der als erster seinen Weckruf wider Aberglaube und Hexenwahn in eine törichte Menschheit schleuderte, führt er über WILHELM FABRICUS, den großen Chirurgen, über JUNG-STILLING, den Freund GOETHES, und MAX JACOBI, den Begründer der ersten rheinischen Irrenanstalt, um nur wenige zu nennen, bis hin zu ALOYS POLLENDER, dem Entdecker des Milzbrandbazillus.

Im Mittelpunkt des Hauses steht selbstverständlich die Ehrung für WILHELM CONRAD RÖNTGEN. Das Gedächtniszimmer weist als Prunkstück eine von dem Bildhauer ERNST KUNST, Berlin, geschaffene Röntgenbüste auf. Schaukästen bergen zahlreiche seltene Bilder und Dokumente zu seinem Leben und Schaffen, Porträts, Briefe und Schriften, Darstellungen seiner Wirkungsstätten, Apparaturen, Witzblattkarikaturen und frühe Röntgenaufnahmen des Jahres 1896. RÖNTGENS Ahnentafel und Familiengeschichte, der Ehrenbürgerbrief seiner Vaterstadt, Lichtbilder seiner Beisetzung und seiner Grabstätte runden das Bild seines Lebens.

Vom Altbau gelangt der Besucher durch einen hübschen, mit Wandbrunnen geschmückten bergischen Hof in den Neubau, der als große Ausstellungshalle durchgebildet ist. An zahlreichen Beispielen, angefangen mit jener primitiven Apparatur, die WILHELM CONRAD RÖNTGEN zum Lichtbringer werden ließ, wird hier die Fortentwicklung des Apparatebaues dargestellt und gleichzeitig an etwa 40 Röhren die Entwicklungsgeschichte dieses wesentlichen Bestandteils eines Röntgenapparates aufgezeigt. Um die Gefährlichkeit der Strahlen zu erläutern, ist eine besondere Abteilung dem Strahlenschutz gewidmet. Auch dem wichtigen Gebiete der Strahlenmessung wurde gebührende Aufmerksamkeit geschenkt.

Die Räume im Obergeschoß des Altbaues führen in das weite Feld der Wirkungsweisen der Strahlen auf den verschiedensten Gebieten ihrer Anwendung und zeigen, wie eine epochemachende Entdeckung in tausend Verästelungen hineingreift in die mannigfachsten Zweige der Wissenschaft und sie weitgehend befruchtet. Den breitesten Raum nimmt natürlich die medizinische Wissenschaft ein, die an Platten und Filmen demonstriert, wie die geheimnisvollen Strahlen der Feststellung einer Krankheit, aber auch der Heilung gewisser Leiden dienen. Auserlesene Filme führen u. a. Kriegsverletzungen, Knochenbrüche, Krankheiten der Niere, des Magens, der Lunge, das Ganzbild des Menschen und in Vergleichsbildern die Krebsbehandlung vor Augen. Filme zur Vererbungs- und Rassenfrage runden das Bild. Auch die neueste Errungenschaft, die Röntgenkinematographie, ist zur Darstellung gebracht, und ein Projektionsapparat ermöglicht die Vorführung eines röntgenkinematographischen Films von Professor Janker.

Abb. 46. Röntgenplakette, gewidmet von seiner Vaterstadt

Von besonderem Interesse für die Eisen und Stahl verarbeitende Industrie ist die Abteilung Materialprüfung durch Röntgenstrahlen, die eine Feststellung bestimmter Materialeigenschaften und die Untersuchung von Werkstoffen auf Fehlstellen, Brüche, Spannungsrisse und Einschlüsse möglich macht.

Die Feinstrukturforschung gibt dem Physiker, Mineralogen und Chemiker ebenso bedeutsame Aufschlüsse über den Aufbau der Körper, wie sie dem Techniker zur Erkenntnis der Eigenschaften eines Werkstoffes dient; und die Röntgen-Spektralanalyse ermöglicht die Untersuchung der chemischen Natur der Körper und den Nachweis der chemischen Zusammensetzung von Stoffen.

Dem Kunstbeflissenen zeigt das Röntgenmuseum, wie die epochemachenden Strahlen ihm Helfer sein können bei der Feststellung von Übermalungen und Fälschungen, wie sie Aufschluß geben über Maltechnik und Pinselführung der Meister. Dem Geologen ermöglichen sie, Fossilien einwandfrei zu bestimmen, und den Biologen lehren sie, wie die Pflanze auf die Einwirkung durch Röntgenstrahlen reagiert. Ja, sie vermehren auch seine Kenntnis vom Wesen der Erbmasse und geben ihm wertvolle Hinweise für die Pflanzenzüchtung. Mit dieser Vielseitigkeit seines Anschauungsmaterials gewinnt das Röntgenmuseum eine überlokale allgemeine Bedeutung. So ist es nicht zu verwundern, daß nicht nur Deutsche aus allen Gauen des Vaterlandes den Weg zu Röntgens Gedächtnisstätte finden, sondern auch zahlreiche Röntgenfreunde aus aller Welt.

Wie groß das allgemeine Interesse an den Sammlungen und Tätigkeiten dieser dem Gedenken RÖNTGENs geweihten Stätte ist, geht daraus hervor, daß seit 1957 Bauarbeiten im Gang sind, die in zwei Jahren Frist eine gewaltige Erweiterung des Museums möglich machen werden. R. SEIFERT erklärt die Aufgaben des Museums wie folgt: ,,Das Deutsche Röntgen-Museum wird nicht nur die Entwicklung der Apparate und Geräte und die Geschichte der Röntgenologie aufzeigen. Es wird eine Kultur- und Forschungsstätte werden, in der im weitesten Umfange neben der Demonstration der in der Vergangenheit geleisteten Arbeit auch die Möglichkeit gegeben ist, dem Nachwuchs auf allen Anwendungsgebieten der Röntgenstrahlen und anderer ionisierender Strahlen eine Lehr- und Ausbildungsstätte zu sein."

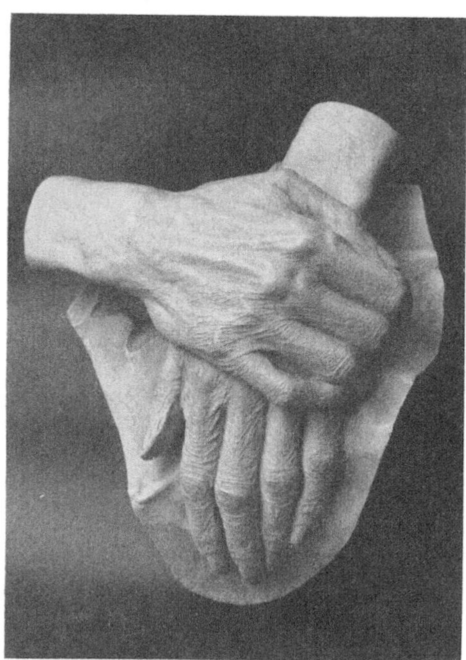

Abb. 47. RÖNTGENs Hände

Zur Unterstützung des Museumsleiters und der Lenneper Behörden wurde im Jahre 1937 ein Kuratorium gebildet, in das maßgebliche Forscher und Wissenschaftler berufen wurden. Aus Anlaß der 50jährigen Wiederkehr der Verleihung des ersten Nobelpreises in Physik an RÖNTGEN stiftete die Stadt Remscheid eine Röntgenplakette (Abb. 46), die an Persönlichkeiten des In- und Auslandes verliehen wird, die sich um den Fortschritt und die Verbreitung der Röntgenschen Entdeckung in Wissenschaft und Praxis hervorragend verdient gemacht oder die RÖNTGENs Werk in sonstiger Weise, insbesondere durch Förderung des Röntgenmuseums, geehrt haben. Zu gleicher Zeit wurde die ,,Gesellschaft der Freunde und Förderer des Deutschen Röntgenmuseums in Remscheid-Lennep gegründet. In dieser großzügigen Weise ist die Geburtsstadt RÖNTGENs zur ersten Pflegestätte seines ehrenvollen Gedenkens geworden [GLASSER (a-31)].

Personalien und Ehrungen WILHELM CONRAD RÖNTGENs[1]

Exzellenz, Geheimer Rat, Professor Dr. WILHELM CONRAD RÖNTGEN; geboren: 27. März 1845 zu Lennep, gestorben: 10. Februar 1923 zu München.
Diplom als Maschinenbauingenieur, Zürich 1868.
Dr. phil.: Zürich, 22. Juni 1869.
Privatdozent an der Universität Straßburg: 13. März 1874.
Professor an der Landwirtschaftl. Hochschule Hohenheim: 1. April 1875.

[1] Die in der nachfolgenden Zusammenstellung veröffentlichten Daten sind dem Physikalischen Institut der Universität Würzburg und dem Universitätssekretariat der Universität München zu verdanken.

a. o. Professor an der Universität Straßburg: 1. Oktober 1876.
o. Professor an der Universität Gießen: 1. April 1879.
o. Professor an der Universität Würzburg: 1. Oktober 1888.
o. Professor für Physik an der Universität München: 1. April 1900. Vorstand des Physikalischen Institutes der Universität München, Konservator des Physikalisch-Metronomischen Institutes des Staates, Mitglied des Kuratoriums der Physikalisch-Technischen Reichsanstalt.
Ritter des Verdienst-Ordens der bayrischen Krone, des Großkomturkreuzes des Verdienst-Ordens, des Verdienst-Ordens vom heiligen Michael I. Kl., der Prinz-Regent-Luitpold-Medaille in Silber, des Ordens Pour le mérite für Wissenschaft und Kunst, des Preußischen Kronenordens II. Kl., Komtur des Ordens der italienischen Krone und Mitglied des Maximilian-Ordens für Wissenschaft mit Dekoration.

Inhaber der folgenden Ehrungen:

1896. Rumford-Medaille der Royal Society in London.
Baumgärtner-Preis der Wiener Akademie.
Ehrendoktor der Med. Fakultät der Universität Würzburg.
Korrespondierendes Mitglied der Berliner Akademie der Wissenschaften.
Korrespondierendes Mitglied der Münchner Akademie der Wissenschaften.
Korrespondierendes Mitglied der Société Nationale des Sciences Naturelles et Mathématiques de Cherbourg.
Ehrenmitglied der Naturforscher-Gesellschaft, Freiburg i. Br.
Ehrenbürger der Stadt Lennep.
Ehrenmitglied der Société Scientifique Antonio Alz. Mexico.
Korrespondierendes Mitglied der Academy of Natural Science, Philadelphia.
Korrespondierendes Mitglied der Wissenschaftlichen Gesellschaft, Göttingen.
Ehrenmitglied des Physikalischen Vereins, Frankfurt a. Main.
Ehrenmitglied der Chester Society of Natural Science.
1897. Elliot-Cresson-Medaille des Franklin-Institutes, Philadelphia.
Preis Lacaze derAcademie des Sciences, Paris.
Mattencei-Medaille, Rom.
Mitglied der American Philosophical Society, Philadelphia.
Korrespondierendes Mitglied der Reale Accademia di Geographici, Florenz.
Ehrenmitglied der Schweizerischen Naturforscher-Gesellschaft.
Ehrenmitglied der Physikalisch-Medizinischen Gesellschaft, Erlangen.
Ehrenmitglied der Roentgen Society, London.
Ehrenmitglied der Société Impériale de Médecine, Constantinople.
Ehrenmitglied der Société des Médecines Russes, Petersburg.
Ehrenmitglied der Gesellschaft ehemaliger Studierender des Eidgenössischen Polytechnikums in Zürich.
1898. Preis der Otto-Wahlbruch-Stiftung, Hamburg.
Ehrenmitglied der New York Medical Society.
Auswärtiges Mitglied der Société Hollandaise des Sciences, Harlem.
Korrespondierendes Mitglied der Reale Accademia dei Lincei, Rom.
Bronzeplakat der Accademia dei Lincei, Rom.
Korrespondierendes Mitglied des Reale Instituto Veneto di Scienze.
1899. Auswärtiges Mitglied der Kgl. Akademie der Wissenschaften, Stockholm.
Korrespondierendes Mitglied der Cataafsch Genootschap, Rotterdam.
Diplom der Universität Zürich.
1900. Barnard-Medaille der Columbia-Universität, New York.
Auswärtiges Mitglied der Académie de Médecine, Paris.
Ordentliches Mitglied der Münchner Akademie.
Ehrenmitglied der 1. Deutschen Akademie für Phys.-Diät. Therapie, Hamburg.
Ehrenmitglied des Ärztlichen Vereins, München.
1901. Nobelpreis, Stockholm.
Ehrenmitglied der Physikalischen Gesellschaft, Stockholm.
1902. Ehrenmitglied des Instituto de Coimbra.

Ahnentafel des Universitätsprofessors, kgl. Geh. Rat, Exzellenz Dr. WILHELM CONRAD RÖNTGEN,
Zusammengestellt von Kapitän a. D. PAUL WINDGASSEN,

Generation								
VI.	32. RÖNCHEN, ENGELBERTEN * 7. 2. 1672 Roelscheit † 33. FUHRMANN, JUDITH * † ∞	34. MOLL, MELCHIOR * † vor 1721 Bürger in Lennep 35. WEWER, ADOLPHINA ELISAB. * 19. 2. 1669 † ∞	36. SCHMIDTS, JOHANN * im Januar 1644 Lennep † 28. 11. 1729 Lennep Chirurg in Lennep 37. SCHMABES, SUSANNE * † ∞ 6. 5. 1676 Lennep	38. BENDER, JOHANNES * † Solingen 39. * † ∞	40. FROWEIN, ENGELBERT * 1653 Lennep † 20. 9. 1729 Lennep 41. STROHN, CHRISTINA * † ∞	42. STROHN, HENRICI * † Lennep 43. * † ∞	44. * † 45. * † ∞	46. MINTERT, HERMANN * † vor 1751 ref. Prediger Siegen u. Schwerte 47. VON KIRCHHOFEN, THERESIA * aus Oudenarde † vor 1751 ∞ ....
V.	16. RÖNTGEN, MATHIAS * Anfang Juli 1697 Dobringhausen † im August 1763 Lennep □ 17. 8. 1763 Lennep Tuchmacher in Lennep am Cölnertor Nr. 124	17. MOLL, ANNA JOSINA * im Juli 1697 Lennep † 22. 7. 1763 Lennep □ 25. 7. 1763 Lennep	18. SCHMIDTS, JOHANN WILHELM * um 1687 Lennep † im Dezember 1754 Lennep □ 10. 12. 1754 Lennep Gemeindevorsteher u. Junggesellenleutnant in Lennep	19. BENDER, ELISABETH verwitwete HOPPE aus Solingen * †	20. FROWEIN, MELCHIOR * 29. 7. 1702 Lennep † 22. 5. 1776 Lennep □ 24. 5. 1776 Lennep Bürger, Kauf- und Handelsherr in Lennep	21. STROHN, CATHARINA * 1. 12. 1711 Lennep ∿ 2. 12. 1711 Lennep † im August 1778 Lennep □ 21. 8. 1778 Lennep	22. MOLL, JOHANN HEINRICH * ∿ † Oktober 1752 □ 5. 10. 1752 Schwerte Advocati ordinarii und Bürgermeister in Schwerte	23. MINTERT, LOUISA SYBILLA * um 1703 † 23. 2. 1783 Schwerte
	∞ 20. 2. 1721 Lennep		dim. ∞ 10. 5. 1719 Solingen		∞ 22. 1. 1732 Lennep		dim. ∞ 21. 3. 1734 Schwerte	
IV.	8. RÖNTGEN, JOHANN HEINRICH * 1. 5. 1719 Lennep ∿ 27. 7. 1732 Lennep † 7. 5. 1816 Lennep Gemeindevorsteher, Tuchmacher, Kupferschläger		9. SCHMITZ, ANNA CATHARINA * 1. 5. 1719 Lennep † 16. 5. 1796 Lennep □ 19. 5. 1796 Lennep		10. FROWEIN, ENGELBERT * im Oktober 1738 Lennep ∿ 11. 10. 1738 Lennep † 12. 9. 1808 Memel Kaufmann		11. MOLL, ANNA HENRIETTE WILH. * im Sept. 1736 Schwerte ∿ 7. 9. 1736 Schwerte † 5. 3. 1795 Lennep □ 11. 3. 1795 Lennep	
	∞ 28. 7. 1758 Lennep				∞ 13. 6. 1764 Lennep			
III.	4. RÖNTGEN, JOHANN HEINRICH Tuchmacher, Kupferschläger, Presbyter der evgl. Gemeinde * 7. 3. 1759 Lennep ∿ 11. 3. 1759 Lennep † 3. 7. 1842 Lennep □ 6. 7. 1842 Lennep				5. FROWEIN, ANNA LOUISE * 17. 3. 1737 Lennep ∿ 20. 3. 1773 Lennep † 15. 12. 1844 Lennep □ 20. 12. 1844 Lennep			
	∞ 9. 1. 1795 Lennep							
II.	2. RÖNTGEN, FRIEDRICH CONRAD Kaufmann * 11. 1. 1801 Lennep ∿ 16. 1. 1801 Lennep † 12. 6. 1884 Gießen □ 6. 1884 Gießen ∞ 1. 5. 1842							
I.	1. Universitätsprofessor Dr. WILHELM CONRAD RÖNTGEN, Geh. Rat,							

Zeichenerklärung:

* = geboren † = gestorben
∿ = getauft □ = begraben
∞ = verheiratet

Anmerkung zu 1. ∞ 19. 1. 1872 Apeldoorn, Holland, mit BERTHA LUDWIG, * 22. 4. 1839 Zürich, Generalarzt Dr. med. DONGES, * 9. 1. 1880 Gießen. Zwei Kinder.
32. Vater ist MARTIN RÖNTGEN zu Roelscheit bei Dabringhausen.
36. Vater ist JÜRGEN SCHMID, Wunddoktor zur Beyenburg.
37. Vater ist HANS PETER SCHMABES, Wunddoktor in Lennep.

1903. Ehrenmitglied der Philosophical Society, Cambridge.
Ehrenmitglied der Röntgen-Vereinigung, Berlin.
Korrespondierendes Mitglied der Reale Accademia delle Scienze, Turin.

1904. Straßenbenennung, Köln.
Ehrenmitglied der Gesellschaft der Ärzte in Wien.

1905. Ehrenmitglied der Society for the Encouragement of Arts etc., London.
Gedenktafel am Physikalischen Institut, Würzburg.
Ehrenmitglied der Medico-Chirurgical Society, Edinburg.

renbürger der Städte Lennep und Würzburg. * 27. März 1845, Lennep (Rheinland).
dtarchiv Remscheid-Lennep.

* 1683 Lennep † 20. 9. 1729 Lennep	49. STROHN, CHRISTINA * †	50. STROHN, HENRICI * †	51. * †	52. * †	53. * †	54. MINTERT, HERMANN * † vor 1751 ref. Prediger Siegen und Schwerte	55. VON KIRCHHOFEN, THERESIA * aus Oudenarde † vor 1751
∞		∞		∞		∞	
* 23. 7. 1702 Lennep † 22. 5. 1776 Lennep □ 24. 5. 1776 Lennep Bürger, Kauf- und Handelsherr in Lennep		25. STROHN, CATHARINA * 1. 12. 1711 Lennep ~ 2. 12. 1711 Lennep † im August 1778 Lennep □ 21. 8. 1778 Lennep		26. MOLL, JOHANN HEINRICH * † Oktober 1752 □ 5. 10. 1752 Schwerte Advocati ordinarii und Bürgermeister in Schwerte		27. MINTERT, LOUISE SYBILLA * um 1703 † 23. 2. 1783 Schwerte	
∞ 22. 1. 1732 Lennep				dim. ∞ 21. 3. 1734 Schwerte			

56. MOYET, JACOB * † um 1736	57. * †	58. CHEMINON, LAURENS * †	59. BOUGUERET, MICHÉE * †	60. VINCENT, FRANÇAIS * †	61. * †	62. CURIA, BERNARD * †	63. DU QUENOY, ANNA MARIA * †
∞		∞		∞		∞	
28. MOYET, ALEXANDRE * um 1710 † vor 1763 aus Turin, Italien		29. CHEMINON, MICHÉE * 29. 3. 1707 † vor 1763 aus Genf		30. VINCENT, JEAN * um 1714 † vor 1763 aus London		31. CURIA, ANNE MARIE * 17. 7. 1712 Amsterdam ~ 24. 7. 1712 Amsterdam † vor 1763	
aufgeb. ∞ 20. 1. 1736				∞ 19. 10. 1736 Amsterdam			

FROWEIN, ENGELBERT * im Okt. 1738 Lennep ~ 11. 10. 1738 Lennep † 12. 9. 1808 Memel Kaufmann	13. MOLL, ANNA HENRIETTE WILHELMINA * im Sept. 1736 Schwerte ~ 7. 9. 1736 Schwerte † 5. 3. 1795 Lennep □ 11. 3. 1795 Lennep	14. MOYET, JACQUES * 21. 12. 1740 Amsterdam ~ 29. 12. 1740 Amsterdam	15. VINCENT, MARIANNE SUSANNE * 2. 1. 1741 Amsterdam ~ 12. 1. 1741 Amsterdam † nach 1800
∞ 13. 6. 1764 Lennep		∞ 6. 5. 1763 Amsterdam	
FROWEIN, JOHANN WILHELM Kaufmann in Amsterdam	* 19. 8. 1775 Lennep ~ 25. 8. 1775 Lennep † 24. 1. 1860 Apeldoorn	7. MOYET, SUSANNE MARIA	* 1. 3. 1774 Amsterdam ~ 3. 3. 1774 Amsterdam † 9. 11. 1819 Amsterdam
∞ 24. 3. 1800 Amsterdam			

3. FROWEIN, CHARLOTTE CONSTANZE * 28. 2. 1806 Amsterdam
~ 23. 3. 1806 Amsterdam
† 8. 8. 1888 Nauheim
□ 8. 1888 Gießen

peldoorn

xzellenz, * 27. 3. 1845 Lennep (Rheinland), † 10. 2. 1923 München

10. 1919 München. Ehe kinderlos. Eine Adoptivtochter JOSEPHINA BERTHA RÖNTGEN, * 21. 12. 1881 Zürich; ∞ 6. 3. 1909 hen.

1906. Mappe zum Scheiden aus dem Vorstandsrat des Deutschen Museums, München.
Ehrenmitglied des Royal Institution of Great Britain, London.
Ehrenmitglied der Deutschen Röntgengesellschaft.

1907. Auswärtiges Mitglied der Società Italiana delle Scienze, Rom.
Mitglied der Kgl. Akademie der Wissenschaften, Amsterdam.

1908. Ehrenmitglied der Gesellschaft der Ärzte, Stockholm.
Ehrenmitglied der Deutschen Medizinischen Gesellschaft, New York.

1909. Straßenbenennung, Würzburg.
Ehrenbürger, Weilheim.

1910. Ehrenmitglied der Deutschen Nervenärzte.
Ehrenmitglied der Berliner Medizinischen Gesellschaft.
1911. Straßenbenennung, Halle.
Ehrenmitglied des Ärzte-Vereins, Smolensk.
1912. Russisches Diplom, Odessa.
Adresse zur Wahl als lebenslängliches Mitglied des Ausschusses des Deutschen Museums, München.
1913. Ehrenmitglied der Deutschen Gesellschaft für Chirurgie.
Ehrenmitglied der Schweizer Röntgen-Gesellschaft.
1914. Ehrenmitglied der New York Roentgen Society.
1915. Adresse der Würzburger Medizinischen Fakultät zum 70. Geburtstage.
Adresse der Röntgen-Stiftung.
Adresse der Universität Gießen.
Straßenbenennung, München.
Verleihung des Eisernen Kreuzes.
Adresse der Philosophischen Fakultät der Universität Würzburg.
Adresse der Reichsanstalt.
Adresse der Universität Straßburg.
Ehrung der Annalen der Physik.
1918. Ehrendoktor der Technischen Hochschule, München.
1919. Ehrenmitglied der Deutschen Physikalischen Gesellschaft.
Helmholtz-Medaille in Bronze.
Helmholtz-Medaille in Gold.
Adresse der Preußischen Akademie der Wissenschaften zum 50jährigen Doktorjubiläum.
50jähriges Doktorjubiläum, Universität Zürich.
1920. Auswärtiges Mitglied der Berliner Akademie der Wissenschaften.
Ordentliches Mitglied der Straßburger Wissenschaftlichen Gesellschaft, Heidelberg.
Ehrenmitglied der Gesellschaft für Natur und Heilkunde, Dresden.
Ehrendoktor der Naturwissenschaften der Universität Frankfurt a. Main.
Auswärtiges Ehrenmitglied der Wiener Akademie der Wissenschaften.
Ehrenmitglied der Frankfurter Röntgengesellschaft.
Ehrenmitgliedadresse zum 75. Geburtstage von der Bonner Röntgen-Gesellschaft.
Ehrentafel am Geburtshaus und Straßenbenennung, Lennep.
Adresse zur Tafel am Geburtshaus in Lennep.
1921. Ehrenmitglied der Gesellschaft von Freunden und Förderern der Friedrich-Wilhelm-Universität zu Bonn.
Akademisches Ehrenbürgerrecht der Universität Bonn.
Ehrenmitglied der Nordisk Foerening f. med. Radiologi.
Ehrenbürger der Stadt Würzburg.
Straßenbenennung, Weilheim.
Korrespondierendes Mitglied der Phys.-Ökonom. Gesellschaft.
1922. Ehrentafel am Haus Seilergraben 7, Zürich, in dem RÖNTGEN während seiner Studienzeit wohnte.
1930. Röntgendenkmal in Lennep.
1932. Röntgen-Museum in Lennep.
1934. Gedenktafel am Röntgenweg in Pontresina.
1955. Gedenktafel am Landhaus RÖNTGENs in Weilheim.

Persönliches über W. C. Röntgen

Von Margret Boveri, Berlin[1])

Mit 12 Abbildungen

1. Jugendzeit und Universitätsleben

Es ist merkwürdig, daß eine weitverbreitete Sentimentalität des Publikums das Bedürfnis hat, die Lebensgeschichte großer Männer sozusagen aus dem Nichts, d.h. aus Armut, Not und Bedrückung hervorwachsen zu sehen. Auch W. C. Röntgen wurde in einer der mannigfachen über ihn verbreiteten Legenden mit der üblichen armseligen Jugend ausgestattet, obwohl sich gerade in seinem Fall eine derartige Sage besonders weit von der Wahrheit entfernt.

Die ererbten Möbel, Bilder, Kunst- und Wertgegenstände, die nach Röntgens Tod gemäß testamentarischer Bestimmung zum größten Teil bei Helbing in

Abb. 48. Die Familie Röntgen (Vater und Mutter sitzend, der Sohn stehend)

München zur Versteigerung kamen, zeugen dafür, daß er aus einer ebenso wohlhabenden wie kunstsinnigen Familie alter Tradition stammte. Da gab es einige alte holländische Bilder, darunter eine heilige Familie von hohem Wert; wunderhübsches altes Silbergeschirr; ein Wedgewood- und ein Meißner Service; eine Sammlung alter chinesischer Bilder, die der Vorfahre Moyet von einer Orientreise mitgebracht hatte; altchinesisches Porzellan; ein Zimmer voll von Mahagoni-Empiremöbeln und einige Stühle aus dem 18. Jahrhundert.

[1]) Geschrieben im Jahr 1930

Diese Sachen stammten von der mütterlichen, holländischen Seite her, und auch Röntgens Jugenderinnerungen schienen hauptsächlich auf die Mutter und auf Holland zurückzugehen.

Von seinem Schulaufenthalt in Utrecht erzählte Röntgen mit Vergnügen. Er wohnte im Haus von Freunden, und es war da eine ältere Tochter, die er mit einer gewissen scheuen Verehrung betrachtete, obwohl er es andererseits nicht unterlassen konnte, ihr manchen Streich zu spielen, die Schuhe vor ihrer Zimmertür wegzuholen und zu verstecken und sich mit einem Freund zum Schrecken des jungen Mädchens verkleidet vor ihrem Zimmer herumzutreiben usw. Ein gutes Bild von dieser Jugendzeit geben seine eigenen Worte:

„... Die Schilderung von Deiner Tätigkeit, die zwischen Arbeit und anregenden Vergnügungen wechselt, hat mich lebhaft an meine eigene Jugend erinnert, und zwar an die Zeit, die ich nicht im Haus meiner Eltern, die in einem ländlichen Ort wohnten, sondern im Kreise einer befreundeten Familie in der holländischen Stadt Utrecht zubrachte. Der Vater dieser Familie war ein tüchtiger Gelehrter, ein fester Charakter und überhaupt ein prächtiger Mensch, der es vorzüglich verstand, auch jungen Leuten den richtigen Weg auf verschiedenen Gebieten des Lebens zu zeigen. Die Mutter war eine feingebildete liebevolle Frau, die ausgezeichnet dafür sorgte, daß die Atmosphäre, in der wir lebten, sich heiter und gleichzeitig anregend gestaltete. Zur dummen einfältigen Tändelei war keine Zeit übrig, aber auch keine Stimmung vorhanden. Selbstverfertigte Stückchen wurden aufgeführt, bei Festlichkeiten fanden Darstellungen von fröhlichem Ulk statt; sonst aber wurde auch wieder fest und mit Liebe gearbeitet und gelernt. Das war eine glückliche und gleichzeitig fördernde Zeit! ... Wenn ich noch einmal auf die besagten Jugendjahre zurückkommen darf, so muß ich noch schreiben, daß ich damals auch viel geritten bin, Schlittschuh gelaufen habe, kurz meinen Körper auch gut geübt habe. Mens sana in corpore sano, heißt es ja wohl, wenn meine Lateinkenntnisse noch gereicht haben ...“ (Röntgen an Margret Boveri, Weilheim, 3. I. 1918.)

Diese harmlos-vergnügte Zeit wurde bekanntlich durch die Ausweisung des jungen Wilhelm aus der Technischen Schule unterbrochen. Er selbst erzählte den Vorfall von der Karikatur des Klassenlehrers, die sein Freund auf den Ofenschirm gezeichnet hatte und die ihn — den schlechten Zeichner — besonders gefreut hatte. Auch in späteren Jahren empfand er die Ungerechtigkeit noch stark, die ihm aus der Weigerung, den Schuldigen zu nennen, erwachsen war.

Noch mehr ärgerte er sich aber darüber, daß er trotz sorgfältiger privater Vorbereitung und großem Fleiß im Privatabsolutorium durchfiel. Dies mag wohl auch der Grund gewesen sein, warum er sich zeitlebens über Examina mit Geringschätzung oder mit leisem Spott äußerte. So schrieb er:

„Schülerexamen geben meistens keinen Anhaltspunkt für die Beurteilung der Befähigung für ein spezielles Fach; sie sind überhaupt ein — leider — notwendiges Übel. Überhaupt Examina! Sie sind nötig, um manchen von einem Lebensberuf abzuhalten, für den er zu faul oder sonst ungeschickt wäre, und auch das noch nicht einmal immer. Im übrigen sind sie eine Qual für beide Teile, die sehr häufig später böse Träume verursacht! Die wirkliche Probe auf Befähigung zu einem Beruf bringt erst das spätere Leben ...“ (Röntgen an Frau Boveri, Weilheim, 21. VI. 1920.)

Den Ärger über den Examensmißerfolg vergaß Röntgen erst in Zürich, wo seine ganze kraftvolle und übermütige Lebenslust wieder hervorbrach. Er war dort in der ersten Zeit fast unzertrennlich zusammen mit einem holländischen Freund; und die beiden müssen viele tolle Sachen vollführt haben.

Bei tiefem Neuschnee machten sie Bergtouren, Röntgen immer voran und den Weg bahnend, und der Freund stöhnend hinterher, geärgert über die großen Schritte, die sein langbeiniger Kamerad machte und denen er mit Mühe folgte, da er es anderseits doch nicht riskieren wollte, durch selbständige Fußstapfen zu tief in den Schnee einzusinken.

Im Sommer ließen sich die beiden zwei blendendweiße Anzüge und Hüte verfertigen — eine damals unerhörte Sache —, und stolzierten damit am Sonntag herum, hochbefriedigt darüber, das Aufsehen der biederen Züricher Bürger erweckt zu haben.

Ein anderes Mal verliebten sie sich gemeinsam in eine Schauspielerin und kauften einen riesigen Strauß Rosen, den sie der Dame in die Wohnung brachten. Als ihnen aber die Schöne die Türe öffnete, standen sie verlegen und wortlos da, wußten nichts anderes zu tun, als ihr das Riesenbukett in die Arme zu drücken und stumm wieder die Treppe hinunterzustolpern. Der Freund, der scheinbar der redegewandtere war, verstand es aber doch, der Schauspielerin näherzukommen und war somit der Sieger in der kleinen Rivalität, die sich entsponnen hatte.

Abb. 49. Röntgen als Schüler in Holland

Schon immer waren Pferde Röntgens besondere Freude gewesen, und in Zürich verschaffte er sich einen Vierspänner, mit dem er gar prächtig durch die Straßen kutschierte. Seine Eltern, insbesondere der Vater, waren allerdings bei ihrem Besuch in Zürich erstaunt und wenig erbaut über diese luxuriöse Anwendung ihres guten Kaufmannsgeldes. Der Besuch der Eltern hatte jedoch andererseits eine von Röntgen sehnlichst erwünschte Folge, die aus einem Brief des Vaters an seinen Freund Buscher in Lennep zu ersehen ist:

„. . . Nach unserem Scheiden von Lennep haben wir unsere Reise verfolgt, so daß wir nach drei kurzen Tagreisen per Eisenbahn in Zürich ankamen, wurden daselbst von unserem Sohn begrüßt und genossen das glückliche Zusammensein in vollem Maße, dabei machten wir die Bekanntschaft mit einem Züricher Mädchen, worüber uns Wilhelm früher wohl erzählt und geschrieben, doch welches wir stets abweichend beantworteten, allein da derselbe noch anhaltend unsere Meinung darüber wünschte, so rechneten wir es als elterliche Pflicht, uns damit zu bemühen, und hierdurch wurden wir durch persönliche Bekanntschaft nicht ungünstig gestimmt, und so waren wir 14 Tage in Zürich, beschlossen dann, um das Mädchen mehr kennenzulernen, mit ihr und Wilhelm einige Tage in Baden-Baden und von da 14 Tage in Wildbad zu verweilen mit dem befriedigenden Erfolge, als wir unsere Route von Wildbad nach hier nehmen wollten und zugleich die jungen Leute ihre Rückkehr nach Zürich beabsichtigten, daß wir bei der Scheidung in Karlsruhe unsere Zustimmung zu einer Verlobung gern gaben, denn das Mädchen (Bertha Ludwig) ist gut erzogen, von guter Familie, gesunden Verstand, festen Charakter und ist angenehm im Umgange . . .“ (Fr. Conr. Röntgen an Herrn Buscher in Lennep-Apeldorn, 3. X. 1869.)

Diese Verlobung, der Röntgens Eltern im Herbst 1869 zustimmten, war der äußerliche Abschluß einer Liebeszeit, die schon im Jahr 1866 begonnen hatte. — Bertha Ludwig, die 6 Jahre ältere Braut, muß ein Mädchen von ungewöhnlichem

Charme gewesen sein, groß und schlank, mit viel Humor in den Augen und um den Mund. Sie war als kleines Mädchen manchmal auf das Büro des Stadtschreibers GOTTFRIED KELLER zum Steuerzahlen geschickt worden und hatte sogar von dem am Morgen meist mißgestimmten Dichter ein Lächeln zu erringen vermocht. In der Gastwirtschaft ihres Vaters hatte sie allerhand Menschen kennengelernt und sich eine gesunde und gütige Lebensweisheit angeeignet. Auch für ihre Schulbildung war durch einen Aufenthalt in einem Pensionat in Neuchâtel gesorgt worden. Der folgende Brief ihres Vaters gibt ein gutes Bild von ihrer Ausbildung und vom Geist ihres Elternhauses:

Abb. 50. BERTHA LUDWIG in ihren Mädchenjahren

„Liebe BERTHA! Die Feder, die ich eben zu einem Brief an Deine verehrte Lehrerin gebraucht habe, lege ich natürlicherweise nicht ab, ohne auch an Dich ein paar Worte zu richten. Es freut mich vor allem von Fräulein GROSSMANN zu vernehmen, daß sie in jeder Beziehung mit Dir zufrieden ist; denn ich ersehe daraus, daß Du in Anerkennung des großen Opfers, was Deine Eltern so gern für Deine Bildung bringen, den festen Willen hast, auch Deinerseits alles zu tun, um das zu werden, wozu wir Dich machen wollen, eine aufrichtige, ordnungsliebende, sittlich und wissenschaftlich wohlgebildete Tochter. Dies allein sind die Schätze, die Du mit unserer und Deiner braven Lehrerin Bemühung Dir erwerben kannst; andere können wir Dir nicht geben, und könnten wir es auch, wahrhaftig sie würden Dir weniger frommen als jene. —

Erfreulich war es auch für mich zu hören, daß Du Dich einer beständigen Gesundheit erfreust; Luft und Lebensart scheinen Dir zuzusagen und die Sehnsucht nach dem elterlichen Haus weniger empfindlich zu machen. Den Genuß der Freuden, die Du einst mit uns teiltest, kannst Du gern verschmerzen; denn das Wetter ist anhaltend schlecht und beraubt uns alles Sommervergnügens; es wird in Neuenberg wohl nicht viel anders sein. Nun wohlan, liebes Kind, so fahre fort, wie Du begonnen, fleißig und brav zu sein und stets mit guten Nachrichten von Dir zu erfreuen. Empfange von uns allen ein herzliches Lebewohl, Dein Dich herzlich liebender Vater.“ (G. LUDWIG an seine Tochter, Anfang der 50er Jahre.)

Schon während jener Verlobungszeit war BERTHA LUDWIG viel kränklich. Sie wohnte lange Zeit zur Kur auf dem Ütliberg, wo sie ihrer außergewöhnlichen Liebe für alle Blumen und Pflanzen nachgehen konnte, indem sie dem ihr befreundeten Direktor VÖGELI Pflanzen sammelte, die er „an den schönen und trüben Vormittagen in einem Buch von Fließpapier sorgfältig trocknen würde, um dann bei Gelegenheit auf Velinpapier schöne Blumenbuketts hinzuzaubern ... Es liegt mir hauptsächlich an feinen Pflanzen, die sich trocknen lassen, und wenn Sie auf dem Uto auch keine Myrten finden, so darf doch das Gaißen- und Ankenblümli auch nicht vergessen werden ...“ (Brief von Dir. R. VÖGELI-WISER an B. LUDWIG, 6. VIII. 1868.)

Während BERTHA LUDWIG mit diesem Blumensammeln auf dem Ütliberg manchen Franken verdiente, studierte der junge Diplomingenieur und Bräutigam mit Eifer auf sein Doktorexamen, das er am 22. Juni 1869 glücklich bestand. Er schreibt darüber:

„. . . Als ich vor 50 Jahren mein Doktordiplom eingehändigt bekommen hatte, rannte ich damit auf den Uetliberg — bei Zürich — hinauf, wo damals mein Schatz zur Kur verweilte, und wir waren dann recht stolz und fröhlich, trotzdem die Geschichte eigentlich nicht viel bedeutete, und ich allen Grund hatte, wegen meiner ganz ungesicherten Zukunft recht besorgt sein zu müssen. Ich hatte zwar zwei Diplome — eines als Ingenieur und das zweite als Dr. phil. — in Händen, konnte mich aber gar nicht entschließen, in die Technik zu gehen, was der ursprünglich beabsichtigte Plan war. In dieser kritischen Zeit lernte ich einen jungen Professor der Physik — KUNDT — kennen, der mich eines Tags fragte: ‚Was wollen Sie eigentlich in Ihrem Leben?' Auf meine Antwort, daß ich das nicht wüßte, sagte er, ich solle es doch einmal mit der Physik versuchen, und als ich ihm bekennen mußte, daß ich mich damit so gut wie gar nicht beschäftigt hätte, meinte er, das ließe sich wohl noch nachholen. Kurz und gut, mit 24 Jahren und so halb und halb schon verlobt, fing ich dann an, Physik zu studieren und zu treiben. Ihr blieb ich treu; wer, und am allerwenigstens ich, hätte im entferntesten ahnen können, daß mir nach 50 Jahren ein solches Attest, wie das jetzt von der Berliner Akademie empfangene, ausgestellt würde? . . ." (RÖNTGEN an MARGRET BOVERI, München, 12. VII. 1919.)

Abb. 51. Die Braut, BERTHA LUDWIG. Phot. J. Ganz, Zürich

Einige Zeit nach dem glücklichen Ereignis des bestandenen Doktorexamens erfolgte die Trennung; RÖNTGEN zog als Assistent von KUNDT nach Würzburg, während die Braut teils in Zürich weilte, teils bei den Eltern RÖNTGENs zu Besuch war, um dort die genaue und hohe Haushaltungs- und Kochkunst der Schwiegermutter zu erlernen.

In Würzburg lebte RÖNTGEN sehr glücklich bei Frau TROLL, Wirtin im Eckartsgarten in der Veitshöchheimerstraße, während das physikalische Institut damals noch in der alten Universität untergebracht war. Dort gingen die Fenster der Arbeitsräume auf die Neubaustraße, und der Herr Professor sowie sein Assistent erfreuten sich gemeinsam an den vielen Nähmädchen in einer gegenüberliegenden Schneiderwerkstatt, die mit den Herren Physikern gerne kokettierten, was RÖNTGEN mir auf einem Gang durch die Neubaustraße einmal schmunzelnd erzählte.

Mit KUNDT stand RÖNTGEN sehr gut, nachdem die beiden einmal in Zürich einen großen Krach gehabt hatten. KUNDT hatte dort einen Raum mit besonders feinen Instrumenten und Glaswaren, dessen Betreten den übrigen Mitgliedern des Instituts verboten war. Eines Sonntagnachmittags erwischte er den jungen RÖNTGEN in diesem Zimmer und machte ihm natürlich sofort heftige Vorwürfe. RÖNTGEN, der ein schnell aufbrausendes Temperament und einen großen Stolz hatte, konnte sich — wie er fand — die Worte seines Lehrers nicht gefallen lassen und antwortete kräftig zurück. Allmählich überzeugte sich aber KUNDT von der Ehrlichkeit von RÖNTGENs Absichten sowie von seinem großen wissenschaftlichen Interesse, er wußte auch, wie peinlich sorgfältig RÖNTGEN mit allen Apparaten umging, und so söhnten sich die beiden Männer aus und waren von da an gute Freunde.

Im Januar 1872 erfolgte die Hochzeit mit BERTHA LUDWIG. Da sich jedoch der Vater RÖNTGEN, trotz seiner Einwilligung in diese Verbindung, in seinen hochfliegenden Plänen für den einzigen Sohn, dem er ein höherstehendes Mädchen aus reicher Familie gewünscht hatte, getäuscht sah, gewährte er dem jungen Paar keine oder doch nur eine ganz minimale finanzielle Unterstützung, und die beiden mußten sehen, wie sie mit ihrem geringen Geld auskamen. Sie zogen in ein sehr bescheidenes kleines Häuschen in der Heidingsfelder Straße, das bis zur Zerstörung Würzburgs im März 1945 noch stand. Die junge Frau mußte alles selbst besorgen: Kochen, Waschen, Nähen und Stopfen. Sie war eine ausgezeichnete Hausfrau, aber trotzdem war das Leben nicht so ganz einfach, besonders da RÖNTGEN, sowohl von zu Haus wie von seiner Studienzeit her, recht verwöhnt war. Frau RÖNTGEN erzählte manchmal in ihrer humorvollen Art von einem Spaziergang, den die beiden auf die Frankenwarte machten, wobei sie in einen heftigen Streit gerieten. RÖNTGEN rief in seinem Ärger einen vorbeifahrenden Kutscher an, setzte seine Frau in den Wagen, gab dem Kutscher Adresse und Geld für die Heimfahrt und setzte allein den Spaziergang fort. Solche Vorfälle gehörten jedoch zu den Ausnahmen, bedingt durch die leicht auffahrende Art des jungen Ehemannes, an die sich seine Frau erst gewöhnen mußte.

Auf die kurze Zeit in Würzburg folgten 1 Jahr in Straßburg, $1^1/_2$ Jahre in Hohenheim und nochmals 3 Jahre in Straßburg. Die Zeit in Hohenheim war beiden RÖNTGENs immer in schechtester Erinnerung, und sie sprachen nicht gern davon. Sie vermißten dort die anregende Gesellschaft junger Freunde, die an der neugegründeten Straßburger Universität in großer Zahl vorhanden waren und zu vergnügten Ausflügen und Zusammenkünften Anlaß gaben. Ein Erlebnis war aber den beiden Orten gemeinsam, nämlich der Kampf mit den ungeladenen Haustieren. RÖNTGEN schreibt darüber:

„... Wir hatten in Hohenheim Ratten und waren schon auf einen verhältnismäßig freundschaftlichen Fuß mit ihnen gekommen: sie bekamen ihr tägliches Futter in dem Rinnsteinablauf von den Küchenabfällen und ließen uns dafür im übrigen in Ruhe! Wanzen und Schaben hatten wir in Straßburg in unserer Wohnung, aber meine Frau wurde ihrer bald Herr. Wir waren jung und konnten deshalb manchen Mißstand mit einigem Humor überwinden.“ (RÖNTGEN an Frau BOVERI, Weilheim, 14. VII. 1922.)

1879 bekam RÖNTGEN den Ruf als Ordinarius nach Gießen, wo er 9 arbeits- und lebensfrohe Jahre zubrachte. In der kleinen Universitätsstadt bildete sich schnell ein Kreis von Freunden, zu denen HIPPELs, KRÖNLEIN, GAFFKY, HOFMEIERs, GAREIs usw. gehörten. Zum erstenmal konnte RÖNTGEN es sich leisten, eine eigene Jagd zu pachten und dem von ihm so geliebten Weidwerk nachzugehen. Auch hatte das junge Ehepaar die Freude, die Eltern RÖNTGEN in ihren letzten Lebensjahren öfters zu sehen und bis zu ihrem Tode pflegen zu können, da diese eine Wohnung in Gießen genommen hatten. Nur eine Tatsache warf einen Schatten über ihr Glück: ihre Kinderlosigkeit. Besonders dem mütterlichen Herzen von

Frau RÖNTGEN mußte das Fehlen von Kindern sehr nahegehen, und so entschlossen sich die beiden, Frau RÖNTGENs Nichte, BERTHA LUDWIG, im Jahre 1887 bei sich aufzunehmen. Das Kind war ebenso wie die Tante viel kränklich, litt an Rückenschmerzen und Kopfweh und konnte nicht den regelmäßigen Schulunterricht besuchen. RÖNTGEN, der der Krankheit seiner Frau soviel Sorgfalt, Liebe und Zärtlichkeit entgegenbrachte, war in bezug auf die Kränklichkeit der Nichte etwas ungeduldig und war der Meinung, daß der Gesundheitszustand des heranwachsenden Mädchens durch Verzärtelung — wie er es nannte — nur noch verschlimmert werde. Auch hatte er wenig Verständnis für die damaligen Vergnügungen junger Mädchen: Paradegehen, Schaufensterpromenaden, Korpsstudentenbälle usw. Er war ziemlich streng, verlangte, daß BERTHA früh aufstehe und ihr Zimmer selber mache und daß sie irgendeine Sache — sei es Sprachen oder Musik — gründlich erlerne, während seine Frau das, was sie für übermäßige Strenge hielt, durch um so größere Nachgiebigkeit wieder aufzuheben suchte. So waren diese Erziehungsfragen vielleicht der einzige Punkt, über den sich die beiden Ehegatten niemals recht einigen konnten. Trotzdem hatte BERTHA eine glückliche Kinder- und Jugendzeit, durfte die RÖNTGENs auf ihren vielen Reisen in die Schweiz und nach Italien begleiten und nahm an der reichen und anregenden Geselligkeit, die in den Gießener und Würzburger Jahren im Hause RÖNTGEN herrschte, teil. Mit 21 Jahren wurde sie von RÖNTGEN adoptiert, und im Jahre 1909 heiratete sie den Stabsarzt Dr. DONGES, immer von der zärtlichen Liebe ihres „Mutterle" begleitet.

Im Jahre 1888 nahm RÖNTGEN eine Berufung nach Würzburg an, und hier verlebten beide — wie er und seine Frau immer wieder sagten — ihre glücklichsten Jahre. Er stand auf der Höhe des Lebens, war noch nicht durch die Begleiterscheinungen der Berühmtheit menschenscheu geworden und hatte eine Frau, deren Gesundheit es damals noch erlaubte, alle fröhlichen Unternehmungen mitzumachen. Ebenso wie in Gießen fand sich im Lauf der Jahre in Würzburg ein großer Bekanntenkreis zusammen: SCHÖNBORNs, FICKs, LEUBEs, KUNKELs, HOFMEIERs, STÖHR, KÖLLIKERs, ZEHNDERs, BOVERIs, HANTZSCH, SACHS, PRYM TAFEL und manche andere. Damals wohnte noch die ganze Professorenschaft, mit Ausnahme der etwas verachteten Historiker und Sprachwissenschaftler, im Pleicherviertel, und man konnte nicht in den dortigen Teil des Glacis gehen, ohne jemand aus der Kollegenschaft zu treffen. Daß es dabei auch allerhand Klatsch und Feindschaften gab, ist selbstverständlich, und RÖNTGENs waren nicht ungeneigt, hie und da einige Bosheiten über die lieben Nachbarn zu hören.

An Geselligkeit gab es neben den ungeheuerlich prachtvollen und gängereichen Mediziner- und Geheimratsdiners noch den „Club der Jungen", der Aufführungen, im Veitshöchheimer Freilichttheater mit nachfolgender Lampionprozession, Kostümbälle usw. inszenierte und sich in seinen gereimten Jahresberichten über alle Mitglieder und Nichtmitglieder und ihre Eigenheiten lustig machte. Bei allen gesellschaftlichen Unternehmungen machte RÖNTGEN gerne mit, bewahrte sich aber auch hier seine Selbständigkeit, wie die folgende Episode beweist: Es gehörte in jenen Jahren zur Freude und zum Ehrgeiz eines Teils der Professorenschaft, mit dem fränkischen Adel und den höheren Offizierskreisen Würzburgs zu verkehren. Bei einer solchen Einladung in einem bekannten freiherrlichen Hause hatten alle Professoren ihre Partnerinnen zugewiesen bekommen, die unberühmten Professorengattinnen dagegen mußten sehen, wie sie schlecht und recht unterkamen. Als RÖNTGEN diese Sachlage erkannt hatte, ließ er die ihm angewiesene Gräfin stehen und holte seine eigene Frau zum Essen.

Den Angelegenheiten der Universität diente RÖNTGEN in strenger Sachlichkeit und gehörte dabei zu den weitschauenden Leuten, die nicht vorübergehender Vorteile willen die Zukunft der Universität belasten wollen. So handelte es sich einmal darum, den Botanischen Garten gegen den Plan einer Bebauung zu verteidigen. Über die Defensivaktion von RÖNTGEN, PRYM und BOVERI berichtet der letztere:

„Unterdessen hat die Angelegenheit des Botanischen Gartens den Senat beschäftigt. Am Mittwoch war die Sitzung, in der mit allen gegen eine Stimme (MEURER) die Bebauung des Botanischen Gartens befürwortet wurde. Der Senat war vom Ministerium aufgefordert worden, sich auf Grund unseres Schriftstückes zu äußern; die Aufforderung war, soviel ich höre, mit einem kleinen Rüffel für die Philosophische Fakultät verbunden, der, wie mir scheint, von hier aus veranlaßt gewesen sein muß; denn es soll ungefähr geheißen haben, daß die Fakultät durch die Einhaltung des ordnungsmäßigen Weges Verstimmungen, die so entstanden seien, vermieden hätte ...

Daß wir uns (als Fakultät) nochmals in der Angelegenheit rühren müssen, scheint mir zweifellos; wann und wie dies geschehen soll, weiß ich nicht, um so weniger, als in Ihrer Abwesenheit niemand da ist, der der Sache ein wirkliches Interesse entgegenbringt ... Daß Ihre Postulate so wenig Aussichten auf Bewilligung haben, werden Sie schon wissen, und damit schließe ich diese unerfreuliche Epistel ...“ (TH. BOVERI an RÖNTGEN, Würzburg, 18. III. 1895.)

Im nächsten Brief handelt es sich um die Umgestaltung des Verwaltungsausschusses, und es heißt u. a.:

„Nun könnte man ja sagen, daß man einen andern als VOSS wählen könnte, aber ich glaube, daß weder PRYM noch Sie selbst — gerade nach unserer Gartengeschichte — momentan die nötige Unterstützung finden würden. (So äußerte sich z. B. SCHÖNBORN neulich mir gegenüber höchst aufgebracht und förmlich persönlich beleidigt über unser Vorgehen.) ... In der Angelegenheit des Bot. Gartens haben wir ein paar unerwartete Bundesgenossen gefunden: KUNKEL, LEHMANN und RIEGER, der demnächst Ordinarius wird ...

In diesen wichtigen Angelegenheiten werden Sie sehr vermißt; ich habe gestern mit SACHS noch einmal darüber gesprochen. Er meint, wie ich auch, daß es nicht viel Zweck hätte, wenn Sie Ihre Ferien für ein paar Tage unterbrechen würden. Dagegen möchten wir Sie *aufs dringendste* bitten, wenn möglich, spätestens etwa am 19. April zurück zu sein. Ihr Einfluß gerade als Prorektor, die Ansetzung der Wahlen, die von Ihnen auszugehen hat, wobei doch noch einige Vorbesprechungen höchst erwünscht wären, machen, wie wir glauben, Ihre Anwesenheit unumgänglich nötig ...“ (TH. BOVERI an RÖNTGEN, Würzburg, 30. III. 1895.)

Diese Briefauszüge scheinen mir deswegen besonders interessant zu sein, da sie zeigen, wie RÖNTGENs Stellung in der Universität und Fakultät war, bevor sie durch die im Herbst folgende Entdeckung der Röntgenstrahlen beeinflußt werden konnte.

Über die näheren Umstände bei der Entdeckung erzählte Frau RÖNTGEN, daß sie damals einige Wochen lang eine schreckliche Zeit durchlebt habe. Ihr Mann kam zu spät und schlecht gelaunt zu Tisch, aß wenig, sprach nichts und rannte sofort nach dem Essen wieder ins Institut. Auf Fragen, was denn los sei, gab er keine Antwort. RÖNTGEN selbst bemerkte zu dieser Erzählung seiner Frau, daß er die Entdeckung der durchleuchtenden Strahlen zuerst so erstaunlich fand, daß er immer von neuem die Überzeugung, sich in seinen Beobachtungen nicht zu täuschen, befestigen mußte, bevor er die Sache als richtig hinnehmen konnte. An dieser Stelle mögen die wenigen Stellen aus seinen Briefen folgen, die sich auf die Strahlen und auf die Verleihung des Nobelpreises beziehen. Aus Stockholm schrieb er an seine Frau:

„Deine Depesche habe ich soeben erhalten, und ich freue mich über den Inhalt. Der Brief kam mit demselben Zug an, mit dem auch ich eintraf, aber ich denke, er wird wohl nicht so seekrank gewesen sein wie ich! Das war ein schlechter Tag gestern. Von Berlin an immer und immer Regen mit starkem Südwind. Das Schiff in Saßnitz ist zwar gut, aber nicht besonders groß, so daß es förmlich wie eine Nußschale hin und her geschleudert wurde. Fortwährend schlugen die Wellen über das Schiff, so daß von einem Aufenthalt im Freien keine Rede sein konnte. Beinahe zwei Stunden hielt ich es aus, dann aber mußte ich nachgeben und brachte in der bekannten Weise die zwei übrigen Stunden zu. Erst wollte ich in Malmö bleiben, doch entschloß ich mich, doch noch durchzufahren nach Stockholm. Die Eisenbahnfahrt ist mir soweit gut bekommen, doch freute ich mich, nach einem kleinen Frühstück ins Bett gehen zu können und eine gute Stunde zu schlafen. Am Bahnhof hatte mich Prof. Arrhenius gesucht, aber nicht gefunden; dafür traf ich ihn im Gasthof. Morgen abend 7 Uhr ist die Feier, nachher Souper und an den folgenden Tagen viele Einladungen zu Professoren. Ich werde wohl ablehnen und bald zurückfahren. Außer mir sind van't Hoff in Berlin und Behring in Marburg (Diphtherieserumerfinder) Preisgekrönte ...

Schweden liegt ganz im Schnee, und wenn auch keine Sonne scheint, so regnet oder schneit es doch nicht. Es muß im Sommer schön sein. Stockholm ist ganz eigenartig.

Nun, ein anderes Mal mehr! Viele Briefe schreibe ich wohl nicht mehr und kehre bald zurück." (Röntgen an Frau Röntgen, 9. XII. 1901.)

Seinem Freunde Boveri berichtete er nach seiner Rückkehr nach München:

„Herzlichen Dank für die freundlichen Glückwünsche, die ich heute erhielt. Der Nobelpreis hat mich sehr gefreut, und ich bin dann auch gleich gegen meine sonstige Gewohnheit hingereist, um ihn an Ort und Stelle in Empfang zu nehmen. Da die Feier sich auf drei oder eigentlich vier Leute verteilte und ich nur $1^1/_2$ Tage mitmachte, ließ sich das Gefeiertwerden noch aushalten. Und ich muß sagen, die Schweden verstehen es, in *einfacher* und deshalb würdiger Weise solche Aufgaben zu erledigen." (Röntgen an Th. Boveri, 18. XII. 1901.)

„Ich glaube gar nicht notiert zu haben, wann ich die X-Strahlen zum erstenmal beobachtete; in München muß die erste Photographie einer Hand — der von Bertha — liegen; vielleicht darf ich Ihnen einmal einen Abzug schicken ..." (Röntgen an Frau Boveri, Weilheim, 11. XI. 1920.)

„Abends scheide ich aus den noch vorhandenen Briefen (viele hundert) aus der ersten Zeit nach meiner Entdeckung vom Jahr 1895 einige interessantere zur Aufbewahrung aus; die anderen werden zur Heizung meines Zimmers dienen, wozu das eingetretene Winterwetter eine gute Gelegenheit bietet. Von den vielen Anfragen, die ich von Patienten erhielt, will ich Ihnen eine zur Belustigung erzählen (sie wird mit den andern verbrannt). Ein Schlossermeister aus ... teilt mir mit, daß sein Söhnchen vor längerer Zeit sein Bein gebrochen habe, das zwar geheilt sei, aber gegen das andere Bein immer kürzer werde. Der Arzt habe ihm gesagt, da könne nur ein nochmaliges Zerbrechen der Knochen und ein besseres Aneinanderpassen der Bruchenden helfen. Der Vater bittet nun um meinen Rat und fragt, ob es nicht vielleicht ratsamer sei, da doch ein Bein gebrochen werden müsse, die Knochen des unverletzten Beines zu brechen und dadurch eine Verkürzung dieses Beines auf die Länge des anderen zu erreichen! Von dem Schlossermeister ist das nun gar nicht so dumm gedacht, sondern recht handwerksmäßig; ein Arzt wäre wohl kaum auf diesen Gedanken gekommen. — Noch eine Geschichte aus jener ersten Zeit: In Wien war ein öffentlicher Vortrag über X-Strahlen beabsichtigt und die Polizei um ihre Genehmigung dazu ersucht; sie beschied: ‚*Das Experiment mit den Röntgenstrahlen hat, nachdem über dasselbe keine Details hieramts bekannt geworden sind, bis auf weiteres zu entfallen.*' So geschehen am 26. III. 1896! ..." (Röntgen an Frau Boveri, München, 16. IV. 1921.)

„Was sagen Sie dazu, daß auch Zehnder die Mähr vernommen hat, ich hätte die Wahrnehmung der X-Strahlen nicht selbst gemacht, sondern ein Assistent oder ein Diener habe sie gefunden! Welcher miserable Neidhammel mag sie in die Welt gesetzt haben? Es traf sich auch, daß ich vor kurzem erfuhr, daß man sage, ich hätte an der medizinischen Anwendung eigentlich gar keinen Anteil, denn die erste Handphotographie sei von Schönborn veranlaßt worden! Nun muß man wissen, daß gerade Schönborn sich der Entdeckung gegenüber sehr ablehnend, sogar unfreundlich verhielt. Ich muß gestehen, daß mir all diese Lügen doch recht nahegehen, näher, als sie es wohl verdienten. — Aber ich soll an den Satz denken, wo viel Licht ist, ist auch viel Schatten.“ (Röntgen an Frau Boveri, München, 28. IV. 1921.)

„Vor einigen Tagen kam ich mit Wien zusammen und erwähnte die Ihnen bekannte Klatscherei über meine Entdeckung; dabei kam ich auf die Rede von Lenard, und ich konnte mich nicht enthalten, Wien zu sagen, daß sein Aufsatz in den ‚Naturwissenschaften‘ mir nicht gefallen hätte, weil er die Verhältnisse nicht richtig wiedergegeben hätte. Wir sprachen nur eine kurze Weile darüber, es war Essenszeit, aber ich habe den Eindruck, daß Wien mir meine Offenheit nicht übelgenommen hat.“ (Röntgen an Frau Boveri, Weilheim, 12. V. 1921.)

In Weilheim hatte Röntgen einen Zauberkasten, in dem sich u. a. eine Sache befand, die er die vereinfachten X-Strahlen nannte und mit Behagen vorführte. Es war ein kleines, hübsch gearbeitetes, längliches Holzkästchen, in dem vier Klötze mit den Zahlen 1—4 nebeneinanderlagen. Ich durfte die Klötzchen in eine beliebige Reihenfolge legen, während Röntgen zum Beweis, daß er davon nichts sehen könne, im nächsten Zimmer verschwand. Dann kam er zurück und hielt eine leere Patronenhülse über das verschlossene Kästchen, schaute in die Patronenhülse und gab jedesmal die richtige Reihenfolge der Zahlen auf den Klötzchen an. Wenn ich dann in die Patronenhülse schaute, sah ich nichts. Die Auflösung des Rätsels war folgendermaßen: In den Klötzchen waren an den verschiedenen Seiten kleine Magneten angebracht (bei 1 oben, bei 2 unten, bei 3 links, bei 4 rechts). Nun hatte Röntgen 2 Patronenhülsen, eine für den Beschauer, in der nichts zu sehen war, eine andere für sich selbst, in der unten ein kleiner Kompaß war; dieser zeigte natürlich über Klötzchen 1 auf Nord, über Klötzchen 2 auf Süd usw., und so war die Reihenfolge der Zahlen, auch bei geschlossenem Deckel, leicht abzulesen. Ob Röntgen auch diese vereinfachten Strahlen selbst erfunden hat oder das Geheimnis von jemand anderem erhielt, weiß ich nicht.

In Würzburg hatte die Entdeckung der Strahlen bei allem Aufsehen, die sie natürlich erregte, doch nicht eine Änderung der persönlichen Beziehungen zur Folge. Der Freund Röntgen war eben doch immer noch der alte wohlbekannte Freund, derselbe wie immer, mit dem man auf die Jagd ging und Ausflüge machte, den man necken konnte und der in tausend Situationen seine Bereitschaft zu gemeinsamem Frohsinn bewiesen hatte. Das änderte sich im Jahre 1900 mit der Übersiedlung nach München, wo die Berühmtheit, verbunden mit einer Röntgen angeborenen Schüchternheit, eine Mauer aufrichtete, in die zwar einzelne wenige Breschen geschlagen wurden, die aber im ganzen bis an sein Lebensende intakt blieb. Dazu kam noch, daß mit dem immer zunehmenden Leiden von Frau Röntgen eine Geselligkeit in größerem Stil nicht mehr möglich war; man konnte nur Freunde um sich haben, die bereit waren, auf den Gesundheitszustand von Frau Röntgen Rücksicht zu nehmen und beim Auftreten ihrer Schmerzensanfälle fortgeschickt zu werden, ohne beleidigt zu sein. So haben denn beide Röntgens immer und immer wieder bedauert, in München nicht einen Freundeskreis gefunden zu haben wie in Würzburg und Gießen, und die Briefe von Frau Röntgen, die der Würzburger Zeiten gedenken, haben etwas Rührendes an sich.

Sie schreibt z. B.:

„Wir haben nun doch noch unser Vorhaben ausgeführt und sind auf 4 Tage nach Würzburg. Es war ja viel zu kurz; aber es war doch besser, als die Reise nochmals zu verschieben. Am Institutsgarten waren wir auch und freuten uns, wie schön er instand gehalten; wie so ganz anders als unser alter lieber Garten, welchen ich so sehr vermisse. Abgesehen, daß nun im Institut gebaut wird und es herbstelt, könnte es doch besser aussehen. Eine große Menge Rosen sind erfroren und nicht wieder ersetzt ... Eigentlich geht es mich ja gar nichts an; aber der Garten war so viele Jahre mein lieber Pflegling, daß ich ganz böse war. Doch genug hierüber, ich muß Ihnen ja noch anderes erzählen. Es war uns wirklich herzerwärmend, wie freundlich wir in Würzburg von jedermann begrüßt wurden, wir fühlten uns so zu Hause, als ob wir noch gar nicht fortgegangen. Leider ließ das Wetter die 3 ersten Tage etwas zu wünschen übrig, es waren graue Herbsttage und sah der Rimparerwald nicht so schön aus, wie es oft im Herbst war. Trotzdem freuten wir uns wie die Kinder, wieder am Waldhäuschen zu sein und auszuruhen. Am letzten Tag war es dann zur Belohnung unsrer Ausdauer ein herrlicher Tag, und wir nahmen die schöne Erinnerung mit hierher ..." (Frau RÖNTGEN an Frau BOVERI, München, 2. XI. 1901.)

Und am 27. Dezember 1902 aus München:

„Ach, wenn doch mein inniger Wunsch in Erfüllung ginge und wir wieder an ein und demselben Ort wohnen könnten. Es waren doch schöne Zeiten mit den lieben Freunden in Würzburg, wo man sich doch zueinander hingezogen fühlte und sich gegenseitig aussprechen konnte. Hier läßt mich noch so ziemlich alles kalt; ich beklage mich nicht, denn so lange man nicht überzeugt ist, daß man sich versteht, hat man auch nichts verloren ..." (Frau RÖNTGEN an Frau BOVERI.)

Auch RÖNTGEN dachte immer wieder mit Sehnsucht nach Würzburg und die guten Zeiten dort zurück. Er vermißte in München vor allem die geistige Anregung, die ihm im Umgang mit seinen Freunden in Würzburg zuteil geworden war, und schrieb darüber:

„... *Wie* sehr ich mich darauf gefreut hatte, gerade mit Ihnen wieder einmal zusammen zu sein, brauche ich wohl kaum zu sagen. Von allem anderen abgesehen, können Sie schon daraus ermessen, wie leid es mir tut, wenn Sie bedenken, wie abgeschlossen ich in München lebe, und wie es mir dort an einer geistigen Anregung, wie ich Sie von Ihnen manchmal erhielt, fehlt." (RÖNTGEN an TH. BOVERI, Rigi, 14. VIII. 1907.)

„... KRÖNLEIN und andere Freunde und Bekannte verschaffen uns hier den in München doch wohl etwas entbehrten freundschaftlichen persönlichen Umgang mit Menschen." (RÖNTGEN an TH. BOVERI, Pontresina, 29. VIII. 1908.)

Sehr aufmerksam verfolgte RÖNTGEN die weiteren Geschicke nicht nur der Freunde, sondern auch der Universität Würzburg, wie aus folgenden Briefstellen zu ersehen ist:

„Mit VAN'T HOFF sprach ich von Ihnen, Ihr Vortrag in Hamburg hatte ihm gefallen, und er erzählte mir, wie er Ihnen eine Erklärung mitgeteilt habe, für die Tatsache, daß die Eizelle sich gegen das herannahende Spermatozoon ausbauche, um sich nach Aufnahme des letzteren wieder zusammenzuziehen. Mit seiner Erklärung der Ausbauchung durch den veränderten osmotischen Druck konnte ich mich nicht einverstanden erklären, und ich setzte ihm meine Bedenken auseinander. Um zu einer Einigung unserer Ansichten zu kommen, hatten wir keine Zeit; doch glaube ich, daß er nicht mehr so sicher von seiner Ansicht überzeugt ist als früher. Sollte Sie die Sache interessieren, so könnten wir uns einmal länger darüber unterhalten.

Es freut uns beide ganz ungemein, daß Sie alle sich so zufrieden und befriedigt fühlen, und daß Ihnen das Klima so gut bekommt. So eine Zeit der ruhigen, ungestörten Arbeit, keine Vorlesung und keine Praktikanten und kein Institut mit all den vielen kleinen, aber zeitraubenden Kleinigkeiten muß in der Tat wunderschön sein. Sie wird mir aber wohl niemals blühen ..." (RÖNTGEN an TH. BOVERI, 18. XII. 1901.)

„Das vergangene Semester hat Ihnen neben der gewohnten Arbeit wohl manche aufregende Stunde und zeitraubende Nebenarbeit gebracht. Sie können sich wohl denken, wie sehr ich mich über die von Ihrem Senat beschlossenen Schritte gefreut habe, namentlich nachdem die Zeitungsberichte B.-C., F. keineswegs dazu angetan waren, besondere Sympathien für einen dieser Herren — namentlich für die beiden ersten — zu erwecken. Über den frischen Luftzug, der von Würzburg aus wehte, hat sich wohl alle Welt gefreut mit Ausnahme der Dunkelmänner und ängstlichen Bürokraten vom Schlage B.'s etc., für die *jede* Ruhestörung ein Greuel ist. Alle deutschen Universitäten können sich bei Würzburg bedanken für die Wahrung ihres Ansehens. Wir wollen hoffen, daß die Angelegenheit ganz zu Ende ist, ohne daß eine Dummheit passiert! — Die Münchner Luft ist so stagnant: Sie haben keine Vorstellung davon! . . . (Röntgen an Th. Boveri, Flims, 11. VIII. 1902.)

In München war Röntgens Stellung wohl auch dadurch erschwert, daß ihm schon vor seiner Übersiedlung der Ruf voranging, es sei sehr schwer mit ihm auszukommen. In der Tat konnte er, wenn ihm etwas nicht paßte, schroff und sogar grob werden. Seine Ablehnung des Adels hatte in den Münchner Hofkreisen natürlich äußerst verstimmend gewirkt, und auch manche derjenigen Geheimräte, die diese Ehrung angenommen hatten, fühlten durch Röntgens Ablehnung den Wert derselben herabgesetzt.

Ein Bild dieser Situation gibt ein Bericht, den Th. Boveri anläßlich einer Berufung Röntgens nach Leipzig über Verhandlungen am bayrischen Ministerium geschrieben hat:

„Ich ging um $^1/_2$ 5 zu Bumm, dem ich unsern Fakultätsbericht vorlas, um im Anschluß daran auszuführen, was nach meiner Ansicht zu tun sei. Er stimmte allem zu und sagte, daß das Ministerium den größten Wert auf Ihr Bleiben lege. Als ich sagte, daß das Ministerium leider gar nichts tue, um Ihnen das auch zu zeigen, war er etwas in Verlegenheit. Er sagte, es sei ein Schreiben dieses Inhalts an den Senat ergangen, das Ihnen wohl müsse mitgeteilt worden sein. Es ergab sich aber dann, daß dieses Schreiben erst am Freitag Vormittag in die Hände des Rektors gelangt sein kann. Eine persönliche Verhandlung führe der Minister in solchen Angelegenheiten höchst ungern und habe es nie getan; als ich ihm aber sagte, daß gerade dies einer der wichtigsten Punkte sei, und daß ich dies beim Minister speziell anregen wolle, versprach er im gleichen Sinne auf ihn einzuwirken. Dies tat er auch sofort, indem er nämlich, ehe ich empfangen wurde, mindestens $^1/_4$ Stunde mit Landmann konferierte. Ich habe daraus und auch aus dem Benehmen des Ministers mir gegenüber den Eindruck gewonnen, daß sich dieser nicht sehr sicher fühlt, und daß er sich ungern auf eine Besprechung einläßt, ohne vorher genau zu wissen, was dieselbe bringen kann. Er sagte mir direkt, es sei ihm nicht angenehm, ohne Mittelsperson zu verhandeln, man käme leicht in Verlegenheit. Er würde es offenbar vorziehen, daß Sie erst Bumm genau über Ihre Wünsche instruieren und dieser darüber Vortrag hält, ehe Sie selber empfangen werden. Ich denke wohl, daß Sie jedenfalls zuerst zu Bumm gehen. — Offenbar hat der Minister etwas Angst vor Ihnen; er sagte: ‚Es soll schwer mit Röntgen zu verhandeln sein.‘ Ich beruhigte ihn darüber. Als ich ihm sagte, Sie hätten das Gefühl, man lege in Bayern keinen Wert auf Sie, und daß ich nach der ganzen Art, wie das Ministerium sich verhalten hätte, diese Stimmung Ihrerseits sehr wohl begreife, brachte er die Geschichte mit dem ‚von‘ vor; dies habe ihn geärgert; andere, wie Burckhardt, hätten mit höchstem Vergnügen dieses Wörtchen ihrem Namen hinzugefügt. Bei diesem Gespräch war es mir etwas schwül, da L. ja selbst den gleichen ephemeren Adel führt; ich sagte deshalb nur, ich könne keinen Grund finden, warum man diese Ablehnung übelnehmen könne; es gäbe eben Leute, die darin eine Veränderung ihres Namens sähen, die ihnen unsympathisch sei, und daß man doch auch über den Wert des Adels nicht mehr so denke wie zu der Zeit, als der Orden eingeführt wurde. Letzteres bestritt er lebhaft; man lege jetzt doch wieder viel größeren Wert auf den Adel als z. B. im Jahr 48 . . .“ (Th. Boveri an Röntgen, Würzburg, 28. XI. 1898.)

Besonders in den ersten Münchner Jahren war Röntgen sehr unzufrieden mit den Verhältnissen an der Universität und mit dem Verhalten des Ministeriums. Trotzdem setzte er immer wieder seine ganze Schwerkraft dafür ein, Forderungen durchzudrücken, die er für die Wissenschaft als notwendig erachtete. Über seine Stellung in und zu der Universität mögen folgende Auszüge von Briefen Aufschluß geben:

„Daß Kupfer ohne Nachfolger blieb, weil kein Geld da ist, und daß wir aus demselben Grund noch immer auf Voss als Nachfolger von Bauer warten müssen, daß auch wohl kaum daran zu denken ist, daß die mir halb und halb versprochene Professur für theoretische Physik geschaffen und besetzt wird, ist Ihnen vielleicht bekannt. In letzterer Beziehung habe ich, wie ich glaube, alles, was möglich ist, versucht; aber ich fürchte umsonst. Es schmerzt mich das; denn ich weiß nicht, warum nicht in München das erreicht werden könnte, was man in Leipzig, in Berlin, in Göttingen usw. längst hat. In Göttingen speziell scheinen in mancher Beziehung wirklich fast ideale Zustände bezüglich Bereitwilligkeit und Interesse von seiten der Regierung zu bestehen. Ich wollte speziell LORENTZ aus Leiden hierher haben und kann nicht verstehen, weshalb in Bayern nicht zur Akquisition eines solchen Mannes eine jährliche Summe von ca. M. 12000 zu haben sein sollte. — Hier in München ist kein Zug drin! Quieta non movere ist der Gedanke, der alles beherrscht ...

... Die Mommsen-Affäre wird etwas langweilig, und ich muß ehrlich gestehen, daß mir der Wunsch nach einem katholischen Professor für Geschichte — weniger für Philosophie — von seiten gläubiger Katholiken und vielleicht auch anderer Leute doch nicht so gar ungereimt vorkommt. Ich mag mich da vielleicht täuschen, aber ich meine, weil es keine — oder nur wenige — ideale Menschen gibt, die ganz frei von Einseitigkeit sind, so ist es manchmal von Interesse, namentlich geschichtliche Daten von zwei verschiedenen Seiten dargestellt zu bekommen ..." (RÖNTGEN an TH. BOVERI, München, 18./21. XII. 1905.)

„... In München könnte so vieles so schön und gut sein, wenn nur nicht so manche Leute da wären, die hauptsächlich von ihrer eigenen Bedeutung so sehr überzeugt sind, ohne daß sie dazu einen genügenden Grund haben. Dazu ein Kultusminister, der vor allen Dingen Bürokrat ist und außerdem, wohl infolge von Unkenntnis, wie sein Referent, kein wirkliches Interesse für die Entwicklung und das Gedeihen der Universität hat. Es ist wirklich ein Wunder und ein Zeichen großer innerer Lebenskraft, daß die Wissenschaft trotz Minister und anderer Hemmnisse in Deutschland noch solche Fortschritte macht. — Daß ich es hauptsächlich der direkten Initiative des von mir hochverehrten Prinzregenten zu danken hatte, daß mit einem Male eine beträchtliche Summe bereit war als Gehalt für den zu berufenden Prof. LORENTZ in Leiden, wissen Sie wohl; vielleicht aber nicht, daß ich im Auftrag des Ministeriums in Leiden war, und daß LORENTZ nach langer Überlegung schließlich abgelehnt hat, weil man ihm in Holland all seine Forderungen bewilligt hat. Das ist nun sehr schade, denn ich glaube, daß wir beide in München der Physik eine gute Pflegestätte hätten bereiten können ..." (RÖNTGEN an TH. BOVERI, S. Margherita, 31. III. 1905.)

Eine Anfrage von Berlin, ob RÖNTGEN einen Ruf an die Berliner Akademie annehmen würde, zeitigte im Jahre 1912 neue Verhandlungen RÖNTGENs mit dem bayrischen Ministerium, deren Verlauf in folgendem Briefwechsel dargestellt ist und zeigt, wie stark RÖNTGEN unter möglichster Ausschaltung persönlicher Motive darauf bedacht war, das Wohl seiner Wissenschaft und der Universität zu fördern, wie schroff und unnachgiebig er aber andererseits auch sein konnte:

„... Daß ich solange nicht schrieb, kommt daher, daß ich Ihnen gern etwas Bestimmtes über den Verlauf der Verhandlungen mit dem bayrischen Ministerium über die Berliner Anfrage mitteilen wollte. Die Sache ist aber immer noch nicht zu Ende und wird auch wohl nicht zu dem von mir gewünschten Ende führen. Nachdem Sie fortgereist waren, also ca. 3 Wochen nach meiner ersten Mitteilung an KNILLING, war überhaupt noch nichts in der Angelegenheit geschehen. Dann folgte nach etwa 14 Tagen eine Audienz beim Minister (WEHNER), worin er mir erklärte, daß von der Schaffung einer Stelle für wissenschaftliche Arbeit in Bayern keine Rede sein könne, daß er aber eine Gehaltserhöhung ins Auge gefaßt und schon deswegen mit dem Universitätsrektor gesprochen habe, und daß auch Aussicht bestünde auf eine frühere Emeritierung als mit dem 70. Lebensjahr; ich solle zunächst mit KNILLING weiter verhandeln ... Ich ging dann nochmals zu ihm, ließ durchblicken, daß ich auf eine Vermehrung meines Gehaltes verzichten würde, und erhielt die Aufforderung, mich schriftlich an ihn zu wenden wegen Bewilligung einer verfrühten Emeritierung; er würde das Gesuch beim Finanzminister freundlichst unterstützen. Das tat ich auch, aber an demselben Tag erhielt ich vom Minister noch einen Brief, worin er mir mitteilte, daß eine vertrauliche Anfrage beim preußischen Kultusministerium ergeben habe, daß die an mich gerichtete Anfrage durchaus unverbindlich sei. — NB. ich hatte KNILLING WARBURGs Brief vorgelegt und vorgelesen und ihm die Statuten der Berliner Akademie mitgebracht, aus denen wir, d. h. KNILLING, ich und auch später der Minister, die Überzeugung gewannen, daß eine von mir nach Berlin gerichtete Bejahung der Anfrage eine Berufung unzweifelhaft zur Folge haben würde.

Ich wartete dann noch, ob auf meine schriftliche Bitte an den Minister eine Antwort käme, und als das nicht der Fall war, versuchte ich nochmals den Minister zu sprechen. Er ließ mir sagen, daß er mich wohl empfangen würde, daß er aber sehr überlastet sei, und ob ich nicht vorher mit KNILLING sprechen wollte. Das habe ich heute getan. Ich erfuhr, daß der Minister wohl nicht mit seinem Kollegen von der Finanz sprechen würde, und zwar infolge der aus Berlin erhaltenen Aufschlüsse. — Berlin hatte, selbstverständlich, geschrieben, daß sie noch nichts von der Sache wüßten, und daß noch kein Antrag der *Gesamt*akademie vorläge. — Ich bat K., dann dem Minister zu berichten, was ich ihm direkt hätte sagen wollen, nämlich: ich könne nicht verlangen, daß der Herr Minister mir eine Vordatierung der Emeritierung aus persönlichem Interesse oder aus Interesse an meiner Wissenschaft — die dadurch etwas gewinnen könnte, daß ich zum Arbeiten die nötige Zeit bekäme — bewillige; das sei wohl eine zu große Zumutung: ich hielte es aber für meine Pflicht, darauf hinzuweisen, daß der Unterricht in Physik an der Universität erheblich leiden würde, wenn ich gezwungen sein würde, noch so viele Jahre, als zur Erreichung der Emeritierungsgrenze nötig sind, als Professor tätig zu bleiben. Ich *müßte* mir Zeit zum Arbeiten nehmen, und das könnte nur auf Kosten des Unterrichts geschehen. Durch Pensionierung mich von der Last des Unterrichts zu befreien, wie es bei einem Juristen oder Mathematiker möglich wäre, ginge nicht an, weil ich dadurch jede Verbindung mit der Universität und dem Institut verlieren würde ...

Sie können sich denken, daß ich am liebsten den Berlinern zusagen würde. Aber das darf ich nicht tun! Dazu bin ich nicht mehr leistungsfähig genug. Selbstverständlich hat auch München ein Recht darauf, einen leistungsfähigen Physiker zu haben, und ich glaube dem Minister die Hand geboten zu haben, um sich binnen kurzem einen solchen zu verschaffen, indem ich, auf Gehaltserhöhung verzichtend, eine frühere Emeritierung beantragte. Zur Pensionierung kann ich mich im Augenblick nicht entschließen aus den angegebenen Gründen, aber auch weil ich im Ministerium gar kein Entgegenkommen gefunden habe.

Seien Sie nun nicht darüber ungehalten, daß ich so lang und breit über eine unerfreuliche, nicht abzuändernde Angelegenheit geschrieben habe. Da Sie aber den Anfang miterlebt haben und sogar zu meinen Gunsten freundlich tätig waren, glaubte ich auch die Fortsetzung mitteilen zu dürfen. Außerdem liegt mir etwas daran, daß doch irgend jemand meiner Freunde weiß, wie die Sache gegangen ist ...“ (RÖNTGEN an TH. BOVERI, Weilheim, 3. II. 1912.)

Darauf antwortete mein Vater, der mit Fieber zu Bett lag:

„Deshalb möchte ich nur in Eile folgendes sagen. Ihre tiefe Verstimmung über diese Art der Behandlung begreife ich natürlich vollkommen. Ich glaube aber wirklich, daß der Minister in der gegenwärtigen Krisis, ohne zu wissen, wer Finanzminister wird, ja ob er selbst Minister bleibt, nicht als völlig zurechnungsfähig zu betrachten ist.

Ich bin der festesten Überzeugung, daß sich Ihre Angelegenheit zu Ihrer vollsten Zufriedenheit wird regeln lassen, wenn es sich auch vielleicht um einige Monate länger hinauszieht. Also bitte ich Sie dringend, sich noch einige Zeit in Ihrer Geduld nicht wankend machen zu lassen ...“ (TH. BOVERI an RÖNTGEN, Neapel, 11. II. 1912.)

RÖNTGEN schrieb dann wieder:

„Heute vor einer Woche schrieb ich an Sie, ließ aber den Brief bis Montag liegen, in der Hoffnung, in München einen Bericht vom Ministerium vorzufinden. Als das nicht der Fall war, schickte ich den Brief ab. Am Dienstag telephonierte mir KNILLING, der Minister habe sich nun doch entschlossen, die Angelegenheit dem Finanzminister vorzulegen. Als ich dann gestern noch nichts Schriftliches erhalten hatte, ging ich zu KNILLING und erfuhr, daß ich demnächst ein Schreiben erhalten würde, demnach es mir durch Allerhöchste Bewilligung gestattet sein soll, vorzeitig emeritiert zu werden. Also ist doch etwas erreicht, und zwar die Erfüllung des Hauptwunsches ...

KNILLING sagt mir, er habe einen Brief von Ihnen, in dem Sie nach dem Stand meiner Angelegenheit fragten. Ich denke mir nun, daß Sie sich wieder einmal meiner freundschaftlich angenommen haben, und danke Ihnen herzlich dafür! Vergelt's Gott, ...“ (RÖNTGEN an TH. BOVERI, Weilheim, 10. II. 1912.)

Mit der Zeit hat RÖNTGEN sich aber doch in München heimisch gefühlt. Der folgende Brief, den er nach der Beisetzung des Zoologen AUGUST PAULY schrieb, zeigt, daß er sich schließlich sogar dazu verstand, den Kultusminister und dessen Ministerium zu verteidigen:

Gestern habe ich Ihrem Freund PAULY das letzte Geleit gegeben; zum erstenmal vernahm ich bei einer Münchner Bestattung etwas wärmere Töne, die Schriftsteller WEIGAND seinem heimgegangenen Freund widmete. Ich denke mir, daß der Tod PAULYs Sie tief betrübt hat. Erst vorgestern abend erhielt ich durch die Universität die Nachricht, und die Witwe sagte mir gestern, daß ein Schlaganfall ihn vor ca. 3 Wochen unheilbar getroffen habe.

Aus Ihrem Brief vom 2. d. M. vernahm ich zu meiner Freude, daß es Ihnen gut geht. Die Erfrischung in Capri hat wohl allen gut getan, und MARGRETs Husten ist verschwunden. Das ist doch eine herrliche Kombination: intensive Arbeit und dabei die Gelegenheit, sozusagen vor der Türe sich genießend erfrischen zu können! Sie müssen solange davon Gebrauch machen, wie es nur irgendwie geht. Vor Ende April sollten Sie nicht Schluß machen.

Von GOEBEL vernahm ich, daß Ihr neuer Botaniker ein sehr angenehmer Kollege sei, der auch viel musikalisches Verständnis habe. Seine Berufung ist allem Anschein nach für Würzburg in mancher Beziehung ein Gewinn. BECKENKAMP wird wohl über die neuesten Ergebnisse der Untersuchungen von BRAGG und Sohn über die Konstitution der Kristalle mit Hilfe von X-Strahlen weniger erfreut sein als die anderen. Es ist doch so gut wie sicher, daß die Bausteine der Kristalle *Atome* sind, nicht *Moleküle*, denen BECKENKAMP gewisse Eigenschaften wenigstens noch beilegen *konnte*, um seine Ansichten zu stützen. Die Braggschen Versuche und Resultate sind wunderschön; es war auch eine glückliche Kombination, der Vater B. ist Physiker, der Sohn Kristallograph. Es dürften diese Versuche vielleicht auf die Ursachen der chemischen Valenzen führen. Eine wichtige Entdeckung hat J. STARK gemacht über den Einfluß von elektrischen Feldern auf die Spektrallinien; ein ganz neuer, bis jetzt noch nicht erklärter Einfluß. Die Versuche wurden mit Kanalstrahlen gemacht, an denen STARK früher schon die schöne Beobachtung der Dopplerschen Effekte gemacht hatte. WIEN, dessen Arbeitsgebiet ja, wie Sie wissen, die Kanalstrahlen sind, hat nun zu dem, was STARK fand, den von der Maxwellschen Theorie geforderten magnetischen Bruder — um so zu sagen — nachgewiesen; was sehr hübsch ist.

Wenn ich doch soviel von Biologie verstünde, wie Sie von Physik, dann hätte ich Ihr „gedrucktes Lebenszeichen" mit mehr Nutzen lesen können, als es jetzt geschehen ist; so ist mir sicher recht viel Bedeutsames unbemerkt geblieben. —

KNILLINGs Auftreten hat auch mir sehr gut gefallen; hoffen wir, daß er noch lang am Platz bleibt. Neulich habe ich in der Fakultät gegen das Mode gewordene Schimpfen auf das Ministerium remonstriert. Wir haben hier eine Anzahl rede- und federgewandte Leute, die alles besser machen könnten, nach ihrer Meinung! . . .

Unser Mignon macht uns rechte Freude; vor 14 Tagen war ein Monteur aus Freiburg da, und ich kann wohl sagen, daß wir erst jetzt das Spiel recht genießen. Es kommt sehr auf die Mechanik an. (RÖNTGEN an TH. BOVERI, München, 13. Februar 1914.)

Daß RÖNTGEN seine Absicht, sich frühzeitig emeritieren zu lassen, nicht ausführte, hängt nicht nur davon ab, daß seine Gesundheit sich seit dem Jahre 1913 wieder wesentlich gekräftigt hatte, sondern wurde vor allem durch den Ausbruch des Krieges bedingt. Er wollte in dieser schweren Zeit wenigstens durch die Weiterführung des Universitätsunterrichts seinen Mann stellen.

So konnte er noch lange Jahre hindurch für die Universität wirken und übte z. B. seinen Einfluß entscheidend aus, als es sich um die Besetzung der Chemieprofessur für München handelte. Die Selbständigkeit seiner Stellungnahme in dieser Angelegenheit geht aus folgenden Briefstellen hervor:

„Vielen Dank für Ihren langen freundlichen Brief von gestern, den ich sofort erwidere, weil ich gern etwas wissen möchte. Wir haben mit den Beratungen über BAEYERs Nachfolgerschaft den Anfang gemacht und beinahe auch, was die Kommission betrifft, schon den Schluß gemacht. BAEYER hatte wieder einmal nur *einen* vorgeschlagen und wäre damit wohl auch durchgedrungen, wenn ich nicht lebhaft protestiert hätte . . ." (RÖNTGEN an TH. BOVERI, München, 18. I. 1915.)

„Von hier ist wenig zu melden; heute feierten wir HINDENBURGs neuen Sieg. Drei Anträge, die ich in der Kommission zur Besetzung der hiesigen Chemieprofessur stellte, fielen glänzend durch. Ich erlebte aber die Genugtuung, daß mein erster Antrag auf Verschiebung der Angelegenheit in der Fakultät mit großer Majorität angenommen wurde. Der zweite auf Teilung

9*

der Professur in zwei (resp. drei) kam deshalb nicht zur Beratung in der Fakultät. Ich glaube aber, daß später Stimmen dafür zu gewinnen sein werden. Dann und wann kommt mir der Gedanke: Warum legst du alter Esel dich noch immer für solche Sachen so sehr ins Zeug und bereitest Dir manchen Ärger und schlaflose Nächte. Aber deshalb lasse ich doch nicht davon ab, das Interesse für Universitätsangelegenheiten und namentlich für mir nahestehende Fächer ist doch noch zu lebhaft." (RÖNTGEN an TH. BOVERI, München, 17. II. 1915.)

2. RÖNTGEN im Kreise seiner Freunde

Sah man die große athletische Gestalt RÖNTGENs auf den Bergtouren immer weit voraus die steilsten Hänge erklimmen, so wäre man nie auf den Gedanken gekommen, hier nicht einen kerngesunden Mann vor sich zu haben. Und doch machte seine Gesundheit jahrelang seiner Gattin und den Freunden schwere Sorgen. Besonders in den Jahren 1909—1913 fühlte er sich immer wieder unwohl. Zwei Lungenblutungen und häufige Schwindelanfälle nach größeren Anstrengungen (Fakultätssitzungen usw.) erschreckten ihn und seine Freunde. Er schrieb darüber:

„Herzlichen Dank für Ihren Brief mit der freundschaftlichen Teilnahme. Ich will wohl bekennen, daß ich in den ersten Tagen meiner Krankheit von recht trüben Gedanken gequält wurde. Glücklicherweise waren sie übertrieben schwer, und blieb es bei einer vielleicht recht nützlichen Mahnung an die Tatsache, daß ich alt geworden bin. — Ich lese seit gestern wieder und freue mich aufrichtig darüber, daß ich wieder arbeiten kann und daß ich mich frisch fühle." (RÖNTGEN an TH. BOVERI, München, 7. VI. 1910.)

Im Frühjahr 1913 trat bei ihm eine Ohrenentzündung auf, über die er folgendes berichtet:

„Seit etwa 3—4 Wochen habe ich hinter dem linken — taub gewordenen — Ohr eine ziemlich derbe, wenn auch nicht sehr große Anschwellung, die mir zuerst gar keine Beschwerden machte; die aber doch den Ohrenarzt veranlaßte, mich etwas länger vor der Abreise zurück zu behalten, um mich beobachten zu können. Ich wurde entlassen, als so gut wie gar keine Schmerzen eintraten, aber mit der Weisung versehen, zurückzukehren, wenn heftige Schmerzen und Fieber eintreten würden. Fieber ist nun keins vorhanden, wohl aber können mich hie und da heftige Stiche schmerzen. Ich will nun abwarten, wie sich die Sache in den nächsten Tagen anläßt und dann vielleicht KOCHER in Bern konsultieren." (RÖNTGEN an TH. BOVERI, Vitznau, 24. III. 1913.)

Im April jenes Jahres waren RÖNTGENs mit uns zusammen in Badenweiler, und dem gemeinsamen Zureden von Frau RÖNTGEN und meinen Eltern gelang es, RÖNTGEN zu bewegen, das längere Zeit vernachlässigte Ohr Prof. KREHL in Heidelberg vorzuführen. KREHL riet zu einer sofortigen Operation, wenn es nicht zu spät sein solle. RÖNTGEN und meine Eltern waren über den Ausgang der Operation recht besorgt, und RÖNTGEN erzählte immer wieder von dem Abschied, den er, das Schlimmste befürchtend, von meinem Vater nahm, und wie tief und wohltuend er in diesem Augenblick die Freundschaft, die zwischen den beiden herrschte, und die sich in einem warmen Blick äußerte, empfand.

Die Operation verlief jedoch sehr günstig, das Ohr heilte gut, und RÖNTGEN konnte mit demselben wieder etwas hören. Doch war die Stimmung nach der Operation noch lange Zeit recht gedrückt, was Frau RÖNTGEN wie folgt mitteilte:

„. . . Möge er (TH. BOVERI) doch bald gesund sein und uns ein wenig von seinem guten Humor mitbringen, wir haben es noch sehr nötig. Mein armer Mann ist noch sehr nervös. Alles erregt ihn schrecklich, ich hoffe, daß er hier neue Kräfte holt und bald zu seiner Arbeit zurückkehren kann, dann vergißt er sich mehr. Er muß jetzt zum Verbinden in der Woche zwei- bis dreimal nach München zu einem Professor HEIM; die Wunde heilt gut und macht ihm keine Schmerzen . . ." (Frau RÖNTGEN an Frau BOVERI, Weilheim, 4. V. 1913.)

Etwas später schrieb sie:

„. . . Die 3 Wochen, welche mein Mann ruhig in Weilheim verlebt hat, sind ihm außerordentlich gut bekommen, so daß er Donnerstag und Freitag lesen konnte. Allerdings den ersten Tag nicht ohne Aufregung, den zweiten Tag aber schon frei und mit Zuversicht . . .“ (Frau Röntgen an Frau Boveri, München, 1. VI. 1913.)

Während Röntgens Gesundheitszustand seit dem Sommer 1913 wieder eine Stabilität erlangt hatte, die ihn bis an sein Lebensende erstaunlich rüstig und widerstandsfähig erhielt, nahm das Leiden seiner Frau im Laufe der Jahre immer mehr zu. Von den zahllosen Krankenberichten in Röntgens Briefen mögen nur einige wenige ein Bild nicht nur von dem Krankheitszustand geben, sondern auch von der aufopfernden Pflege und Sorgfalt, die Röntgen seiner Frau angedeihen ließ.

„. . . Zu diesem Übelstand kommt aber noch die Überzeugung, daß wir beide infolge des schweren Leidens meiner Frau immer enger aufeinander angewiesen sind und eine besondere Berücksichtigung in mancher Beziehung brauchen, die wir nicht von dem Hotelier, dem wir persönlich unbekannt sind, und auch von unseren Mitbewohnern erwarten dürfen. Ich habe natürlich das Bedürfnis, meiner armen Frau in ihren schweren Stunden beizustehen und ihr nach Kräften ein wenig Trost zu spenden; bin also für andre ein schlechter Kamerad geworden. Ich brauche wohl kaum zu sagen, daß wir nur schwer verzichtet haben; nun aber sind wir mit unserem Entschluß zufrieden.“ (Röntgen an Th. Boveri, Weilheim, 29. VI. 1913.)

„. . . Mit meiner armen Frau geht es doch immer schlechter: das ist der Eindruck, den ich gewinne, wenn es auch hie und da, aber immer seltener, Lichtblicke gibt. Narkotika müssen nun fast täglich angewendet werden. Sie hält sich aber immer tapfer, mit sehr seltenen Ausnahmen; und ich — nun der Mensch gewöhnt sich sowohl an gute wie auch an trübe Verhältnisse, was einesteils gut ist. Aber hie und da beschleicht mich doch die Sorge, daß ich vielleicht gleichgültiger geworden wäre und deshalb zuwenig Rücksicht auf meine Frau nehme. Das regelmäßige Vorlesunghalten ist jetzt eine Wohltat, und ich habe auch das Bedürfnis, ein weniges zu arbeiten. Meine Frau freut sich darüber. Nach Weilheim kamen wir trotz des schönen Wetters wenig in der letzten Woche. Häufig waren die Schmerzen daran schuld, aber auch die Tatsache, daß es nichts zu jagen gab. Was wir im Frühjahr machen, ist noch ganz unbestimmt; ich will mir nichts mehr als einen Aufenthalt in Weilheim vornehmen.“ (Röntgen an Th. Boveri, München, 13. II. 1914.)

Die Schmerzensanfälle, von denen hier die Rede ist, beruhten auf Nierensteinkoliken, die im Laufe der Jahre immer häufiger wurden. Eine Operation wurde manchmal erwogen, jedoch von den maßgebenden Chirurgen abgelehnt, sowohl wegen des schwachen Herzens und der kranken Lunge von Frau Röntgen als auch wegen ihres vorgeschrittenen Alters. So mußte den Schmerzen immer mehr mit Betäubungsmitteln gesteuert werden, und über die Gedanken, die sich Röntgen in dieser Sache machte, geben folgende Zeilen Aufschluß:

„. . . Was die Morphiumspritze . . . (folgt ein unleserliches Wort) anbetrifft, so haben Sie ganz recht, daß man darüber am besten nach eigenem Ermessen handelt; haben wir es doch selbst ohne Arzt herausgebracht, daß andere Mittel: Alkohol, Baldrian, heiße Umschläge, lindernd wirken können. Eine Patientin wie meine Frau ist für manche Ärzte eine zu undankbare Aufgabe, weil sie überzeugt sind, nicht helfen zu können. Auch kommen sie wohl kaum in die Gelegenheit, die Morphiumspritze in solchen Fällen selbst auszuführen. So kommt es, daß der Hausarzt das eine Mal sagte: ‚Sparen Sie kein Morphium‘, und das andere Mal, nachdem er mit Müller gesprochen hatte: ‚Steigern Sie doch nur äußerst langsam‘. Keiner konnte mir sagen, zu welchen Tageszeiten die Injektionen gemacht werden sollen und wie die Dosen zu verteilen sind. Das haben wir selbst herausprobiert. Die Schwierigkeit der Sache liegt bei der Häufigkeit der Schmerzanfälle im Tage darin, daß man nie weiß, wird der angefangene Anfall heftig oder nicht, und man deshalb mit der Bestimmung der Dosis im Dunkeln herumtappt. Glücklicherweise kann man bei schweren Anfällen mit etwas Alkohol noch nachhelfen. Nochmals eine kleine Dosis zu geben, nützt bekanntermaßen nicht. — Ich weiß nun allmählich, daß ich die Verantwortung für die Behandlung zum größten Teil selbst übernehmen muß, es stärkt einen aber doch, wenn man von vernünftiger Seite einen guten Rat erhält, wie Sie es freundschaftlicherweise getan haben.“ (RÖNTGEN an TH. BOVERI, München, 27. XII. 1914.)

In den letzten Jahren bekam Frau RÖNTGEN täglich 5 Einspritzungen, und da ihr Mann sie alle mit der größten Sorgfalt selbst machte, war er in seiner Zeit ungeheuer angebunden und konnte nie mehr als einige Stunden auf einmal von zu Hause fort sein. Die Behandlung, die Verantwortung und das tiefe Mitgefühl mit dem Leiden seiner Frau belasteten seine Stimmung manchmal stark, und es war dann schwer, ihn zu erheitern. Frau RÖNTGEN trug jedoch hierzu selbst ihr möglichstes bei; sobald die Schmerzen vorüber waren, war sie wieder heiter, machte kleine Scherze, ging in den Garten und freute sich an ihren Blumen.

Ihr Gesundheitszustand war natürlich auch von Einfluß auf die Wahl der Ferienaufenthalte. In den früheren Zeiten hatten RÖNTGENs manche weitere Reise nach Süditalien, Korfu usw. gemacht, seit dem Ende des 19. Jahrhunderts wurde aber der Kreis der Möglichkeiten immer enger gezogen. Im Frühjahr waren sie meist in Oberitalien, ein paarmal an der Riviera in Santa Margherita und sehr oft in Cadenabbia am Comersee. Im Frühjahr 1902 fuhren sie noch einmal bis Florenz, wo sie mit der Malerin Fräulein SACHS, der Tochter des ehemaligen Botanikers in Würzburg, zusammentrafen, und im Frühling 1912 kamen sie sogar bis nach Rom, mit der Absicht, die Ferien zusammen mit uns in Sorrent zu verbringen. Eine Darmstörung von Frau RÖNTGEN zwang sie jedoch zur Umkehr. Öfters — besonders in früheren Jahren — weilten sie zur Nachkur in Baden Baden, das sie sehr liebten und wo auch bei schlechtestem Wetter eine ausgelassene Fröhlichkeit geherrscht haben muß. Andere Male waren sie am Genfer See, in Vitznau und in Badenweiler.

Der Lieblingsaufenthalt im Frühling, der allmählich eine traditionsgemäße Berühmtheit erwarb, war aber doch Cadenabbia, wo RÖNTGENs im Hotel Bellevue immer dieselben Zimmer hatten und wo sie durch die Freundlichkeit des Fürsten von Meiningen einen eigenen Schlüssel zu der gepflegten „Villa Carlotta“ bekamen, so daß Frau RÖNTGEN sich auch außerhalb der Besuchsstunden an den wundervollen Pflanzen und Blüten dieses Gartens erfreuen konnte.

Der übrige Teil des Freundeskreises wohnte in dem weniger teuren Hotel Britannia. Es waren da meistens der Chirurg KRÖNLEIN aus Zürich, der Anatom PHILIPP STÖHR aus Würzburg; die Familie HOFMEIER aus Würzburg, der Altphilolog HITZIG aus Zürich sowie meine Eltern und ich.

Am 27. März wurde jeweils RÖNTGENs Geburtstag gefeiert, und das Ehepaar, das sehr an dieser Feier hing, legte großen Wert darauf, daß alle Freunde zu dem Tag versammelt waren. An einem solchen Geburtstag trat ich mit 6 Jahren zum erstenmal im Hotel Bellevue bei RÖNTGENs auf und bekam sofort ein großes Stück Croquant — eine der beliebtesten Geburtstagssüßigkeiten von RÖNTGEN, die an dem Tag nie fehlen durfte — in die Hand gedrückt. Das klebrige Zeug schmeckte mir jedoch nicht, und so saß ich gelangweilt auf einem Stuhl, während die Erwachsenen in großer Fröhlichkeit mir unverständliche Witze machten. Ich bedeckte allmählich mein Äußeres mit dem unverspeisten Croquantstück und wurde der Jungfer KÄTCHEN, die immer für Frau RÖNTGEN mitreiste, zum Waschen übergeben. Ich freundete mich gleich mit ihr an und sagte ihr, wenn Frau RÖNTGEN gestorben sei, müsse sie zu mir kommen. Diesen Ausspruch teilte KÄTCHEN sofort den RÖNTGENs mit; da diese aber damals beide unter den Sorgen um Frau Röntgens Gesundheitszustand litten, wurde er von ihnen nicht als komisch aufgefaßt, sondern sehr übelgenommen und längere Zeit nicht vergessen. In den ersten Tagen meines Aufenthaltes in Cadenabbia dachte ich mir daher, daß ich mich wohl mit den Röntgens nicht so schnell befreunden würde wie mit den andern „Onkels", die ich schnell in mein Herz geschlossen hatte. Mit Onkel Krönlein ging ich jeden Morgen zum Orangeneinkaufen, und wir verbrachten viele Zeit in den ernsthaften Erwägungen, welches wohl wirklich Blutorangen seien. Onkel Stöhr war fast noch lustiger; denn in seiner Nähe gab es stets auf die überraschendste Weise Schokolädchen. Plötzlich schüttelte er etwa auf einem Spaziergang an einem dürren Baum, und es fielen zu meinem immer neuem Erstaunen rot und blau und golden eingewickelte Süßigkeiten herunter.

Für solche Freundschaft schien mir Röntgen, der mit Kindern nicht viel anzufangen wußte und wohl auch hier mit seiner Schüchternheit zu kämpfen hatte, nicht in Betracht zu kommen. Darin täuschte ich mich jedoch und konnte bald meine Meinung ändern; denn es zeigte sich, daß Röntgen und ich eine gemeinsame Vorliebe hatten, die von den anderen Freunden nicht geteilt wurde: nämlich das Klettern. Röntgen liebte es, unter Ausschaltung der vorhandenen Wege und Pfade, steil in die Höhe zu steigen, fand aber hierin bei seinen Freunden weder Beifall noch Unterstützung. Krönlein war von Asthma geplagt, Stöhr hatte Gicht und jammerte immer ein wenig über seine große Zehe und sein Knie, und auch mein Vater zog den bequemen Weg der steilen Anstrengung vor. So ergab es sich bald, daß Röntgen und ich den Auf- und Abstieg gemeinsam machten, indem wir die Serpentinen der anderen schnitten. Wir kamen dann natürlich auch immer als erste oben an, setzten uns zusammen hin und verzehrten heimlich Brot und Käse, bevor der gemeinsame Imbiß mit den übrigen stattfand.

Nur einmal kamen wir bei einem Abstieg später als die anderen herunter; wir hatten uns irgendwie verirrt, kamen an eine ziemlich hohe Mauer, von der wir uns herunterlassen mußten, und — wie es geschah, erfaßte ich nicht — aber jedenfalls: Röntgen fiel hin und stieß mit seinem Kopf ziemlich stark an einen Felsen. Ich war sehr erschrocken und rutschte hinterdrein, wobei mein Lodenmantel unterwegs hängenblieb; Röntgen erholte sich aber nach ein paar Minuten, und wir erreichten die wartende Gesellschaft noch gerade rechtzeitig, um den Dampfer nach Hause zu nehmen. In stillem Einvernehmen erzählten weder Röntgen seiner Frau, noch ich meinen Eltern etwas von dem Vorfall — wir hatten wohl beide Angst vor der Aufregung, die verursacht würde, und ich ließ schweigend das Schimpfen über den verlorenen Lodenmantel über mich ergehen, wofür ich mich in meiner Kinderfreundschaft dem Onkel Röntgen noch stärker verbunden fühlte.

Röntgen war immer derjenige, der die zu machenden Touren ausdachte und — wenn es eine Tagestour war — vorbereitete. Es klappte immer alles herrlich: Dampferfahrten, Wagenfahrten, Spaziergänge und der Genuß der von ihm besonders geliebten Kirschtörtchen in Bellaggio. Die Lieblingsausflüge waren San Martino, das damals noch nicht durch einen bequemen Fußweg dem breiteren Publikum zugänglich war; dann die Villa Arconati bei Lenno, von deren alter Terrasse man einen wundervollen Blick über den See hatte. Bei Tagesausflügen richtete Röntgen es so ein, daß seine Frau per Wagen an das Ziel unserer Wanderung gelangte und auf diese Weise an allem teilnehmen konnte.

Nur einmal verlief eine der Expeditionen gänzlich unprogrammäßig. Röntgen war voller Begeisterung gekommen und sagte, er habe ein neues Ausflugsziel entdeckt, eine Villa auf der Halbinsel von Bellaggio mit Kaffeehausbetrieb; es gebe einen schönen, bequemen Weg dahin, das sei so recht etwas für einen leichteren Nachmittagsspaziergang. Die Villa konnte man sogar von Cadenabbia aus als weißen Punkt am gegenüberliegenden Ufer liegen sehen. So fuhr denn am nächsten Tag die ganze Gesellschaft nach Bellaggio hinüber, um zum Tee zu der neuen Villa zu gehen. Der Weg war anfangs auch recht schön, wurde aber immer schmaler und war zum Schluß nichts mehr als ein schmaler, nicht ganz ungefährlicher Geißenpfad, von dem die Felsen rechts steil in den See abfielen, während links die Felswand ebenso steil und unbesteigbar in die Höhe ging. Die verschiedenen Herren fingen schon an zu schimpfen; Stöhr sagte, nichts könne ihn dazu bewegen, diesen Weg noch einmal zurückzumachen, und Krönlein und mein Vater machten manche bissige Bemerkung über den angekündigten „ebenen" Weg und die besonderen Fähigkeiten des „Cicerone" Röntgen. Die Laune blieb jedoch — obwohl der Weg sich immer mehr in die Länge zog — noch einigermaßen gut, da man hin und wieder das blendende Weiß der Villa aufleuchten sah und am Ziel erlabende Genüsse erwartete. Ungeheuer war aber die Enttäuschung und Wut, als wir spät und müde das Haus erreichten und eine unbewohnte, gänzlich verschlossene Privatvilla fanden. Weder Mensch noch Tee noch etwas Eßbares weit und breit. Zuerst versuchte man natürlich einzubrechen, aber es ließ sich nichts Eßbares finden. Röntgen, der die Verantwortung für dieses verunglückte Unternehmen auf sich fühlte, war verzweifelt, um so mehr, als es schon so spät war, daß weder Cadenabbia noch Bellaggio vor dem Abendessen zu erreichen waren. Stöhr und Krönlein sagten in allem Ernst, sie würden nicht den gefährlichen Weg bei einbrechender Dunkelheit zu Fuß zurückmachen. Sie würden sitzenbleiben und warten, bis man ihnen von Bellaggio aus ein Ruderboot schicke. Die Idee des Ruderbootes war gut, und so starrte plötzlich alles voller Hoffnung auf den immer dunkler werdenden See hinaus, und schließlich gelang es auch, durch viel Geschrei einen Fischer mit einem recht großen Ruderboot zum Herankommen zu bewegen. Das Boot wäre groß genug gewesen, um uns alle aufzunehmen; es hatte aber ein Leck, und so wurden die sogenannten schwächsten Mitglieder der Gesellschaft, die Damen und Herr Stöhr, zuerst nach Hause gefahren, während Röntgen und die übrigen Herren zurückblieben. Unterwegs gelang es uns, einen anderen Fischer zu finden und an die einsame Stelle zurückzuschicken, so daß alle mit einiger Verspätung wohlbehalten zurückkamen.

Eines Abends geschah es, daß Röntgen, der sehr viel Wert auf seine tadellose Erscheinung im Smoking legte, mit einem Lackschuh und einem genagelten Bergschuh zu dem noblen Diner im Bellevue erschien, welche Kunde sich sofort mit großem Hallo in Cadenabbia verbreitete und lange Zeit Anlaß zu Witzeleien gab.

Zu dem darauffolgenden Geburtstag bekam er deshalb ein wundervolles Zwetschgenmännchen im Smoking, mit einem Lack- und einem Bergschuh an den Füßen. Dazu gab es folgendes Begleitschreiben: „The British Colony of Cadenabbia very much flattered to see that you have adopted their national evening dress has decided to have your statue sculptured by the celebrated sculptor Professor M. Klinger in Leipzig in order to perpetrate the memory of *Your First Appearance in this Dress.* We have the pleasure of sending you a reduced model of the statue in honour of the sixty-second anniversary of your birthday, wishing you many happy returns of the day. Yours very respectfully The very Reverend of Sheapshead." Das Männchen wurde von RÖNTGEN mit Sorgfalt bis zu seinem Umzug im Jahr 1919 aufgehoben.

Ähnliche Scherze waren an der Tagesordnung. In einem anderen Jahr erhielt RÖNTGEN eine kunstvoll ausgefertigte ehrende Urkunde von seiten des italienischen Königs wegen der Verdienste, die er erworben habe, „daß Ihr durch Eure daselbstige Gründung einer deutsch-schweizerischen Kolonie Euch in höchst erfolgreicher Weise an der Vertilgung alt gewordenen Specks sowie auch ranziger Salami beteiliget und dadurch zum Gedeihen unserer dortigen handeltreibenden Untertanen, wie besonders auch zur Hebung der Gesundheitsverhältnisse unserer sonstigen dort einheimischen Bevölkerung in sehr rühmlicher Weise beitraget ..."

Die durch das Wohnen in zwei Hotels bedingte Spaltung der Gesellschaft in die „Bellevue-" und die „Britanniapartei", die sich halb scherzhaft, halb ernsthaft rivalisierend entgegenstanden, wurde oft als unangenehm empfunden, und so suchte die Britanniapartei einmal mit Überzeugungskraft die Trennung der Hotels zu überbrücken und die RÖNTGENs zum Britannia zu bekehren. Zu diesem Zweck wurde ein großes Festessen mit besonders ausgewähltem Menü und Weinen gegeben, bei dem die RÖNTGENs zu erscheinen hatten. Bei Beginn der Mahlzeit las STÖHR folgendes Gedicht vor:

Februar zu Ende geht,
Bald kommt man in Schwulität:
Alles, was man weiß zu sagen,
Hat man ja schon vorgetragen.
Schließen ist das Beste!

Kalt ist es bei uns im Märzen;
Wärmen wir doch unsre Herzen
Und den Buckel in Italien,
Wo wir waren manches Malien
An dem See von Como.

In Menaggio ists nicht ohne,
KRÖNLEIN kauft da Panettone,
Käse RÖNTGEN akquiriert
Und verteilt ihn ungeniert
Mitten auf der Straßen.

Speck gibts, die Conditorei
Findest Du gleich nebenbei —
Aber sonst ists nicht gemütlich
Gehn wir lieber etwas südlich,
So — nach Cadenabbia.

Nur nicht nunter nach Tremezzo
Dahin geh um keinen Prezzo,
Denn dort kommst du ins Gedräng;
Der Kollegen schwere Meng
Wimmelt auf der Gassen.

Bei Bazzoni auf der Lauer
Sitzt Herr Brown meist an der Mauer,
Hat er einmal dich erwischt,
Sagst du wenig oder nischt,
Denn er spricht alleine.

Und mit Gott ergebnen Mienen
Hörst du, wie er von Turbinen
Schwatzt, es summt dir Kopf und Ohr;
Ich glaub wirklich, ein Motor
Treibt ihm seine Zunge.

Tückisch schleicht das Publikum
Mit dem Kodak da herum,
Ehe du dich hast versehen,
Ist es schon um dich geschehen,
Und du bist geknipset.

Aber auch in Cadenabbien
Muß man einige Vorsicht habien;
Was du hattest von Moneten,
Schleunig gehen sie dir flöten,
Wohnst du im Bellevue.

Ins Britannia folg ich williger,
Denn das Leben ist dort billiger.
Menschen gibts dort riesig nett;
Wer da ist, das sag i net,
Weil ich zu bescheiden.

Heute sitzt an *einem* Tisch
Ein vorzügliches Gemisch!
Daß die ganze frohe Schar
Hier sich treff im nächsten Jahr,
Darauf sei getrunken.

Später hielt KRÖNLEIN eine Rede auf Frau RÖNTGEN, und zum Schluß kam folgendes Gedicht meines Vaters:

Wirt, heut gib dir extra Müh!
Denn es kommen vom Bellevue
Hohe und geehrte Gäste,
Die gewohnt sind nur ans Beste.
Und es soll sich heut erweisen,
Ob auch bei zivilern Preisen
Sichs in diesem Räubernest
Noch behaglich leben läßt.
Und Frau RÖNTGEN blicket stumm
Auf dem ganzen Tisch herum,
Ob der PHILIPP an der Spitze
Macht noch immer faule Witze.
Denn sie denkt sich sehr mit Recht,
Ein Hotel ist wohl nicht schlecht,
Wo man noch nach 14 Tagen
Alle Gäste bringt zum Lachen. —

Und es denkt Herr RÖNTEGEN:
Ja, die Sache könnte gehn;
Denn eher kriecht durchs Nadelöhr
Ein Kamel, als daß Herr STÖHR
Sich in ein Hotel begibt,
Wo's nichts Guts zu trinken gibt.
Und wenn auch der Herr KRÖNLEIN
Nicht viel hält auf äußern Schein,
Muß Verpflegung doch und Bett
Sein von erster Qualität.

Ob sich nun mit guter Speise
Auch verbinden mäßge Preise,
Dies erkennt die kluge Frau,
Wenn sie sich besieht genau
Nun die andern forestieri.
Erstens sind da die Boveri
Philosophischer Fakultät,
Wo man magern Weizen mäht;
Andrerseits reist Herr Hofmeier
Zwar mit Gattin meistens teuer;
Doch seiner Töchter Lieblichkeit
Genießt er gern in Billigkeit. —

Solches denken Frau und Mann,
Blicken sich bedeutsam an,
Rufen dann ganz unverhohlen:
Das Bellevue werd uns gestohlen!
Denn, zum Kuckuck auch, man kann ja
Herrlich leben im Britannia!

Und drum wollen wir Insassen
Jetzt die vollen Gläser fassen:
Mög sich sammeln nächstes Jahr
Diesen Orts die ganze Schar,
Daß das wahre Pensionat
Werde richtig erst zur Tat!
Drauf laßt uns die Gläser heben:
Unsre Röntgens sollen leben
Hoch, hoch, hoch.

Röntgen nahm diese scherzhaften Aufforderungen recht ernst und schrieb im folgenden Jahr an meinen Vater:

„. . . Ich habe aber wieder im Bellevue bestellt. Das bitte ich richtig aufzufassen. Keine Freude an Luxus oder an geputzten Menschen, sondern die Überlegung, daß das Hotel speziell meiner Frau viel mehr bietet als Britannia, liegt dem Entschluß zugrunde. Sie kann ebener Erde aus dem Zimmer in den Garten gelangen, der große Balkon gestattet ihr, die viel zu Hause bleiben muß, einen geschützten Aufenthalt in staubfreier Luft; das geliebte Tremezzo mit seinem Hintergrund ist soviel näher; die Dampferstation ist vor der Tür; das ihr sehr beschwerliche Treppensteigen kann vermieden werden, weil Lift im Hause ist usw. Ich darf, solange es gestattet ist, diese Bequemlichkeit meiner Frau nicht vorenthalten." (Röntgen an Th. Boveri, Weilheim, 9. III. 1908.)

So blieb es denn bei der Trennung. Aber auch das Bellevue wurde den übrigen Freunden recht behaglich, wenn sie sich an Regentagen in den Klubsesseln niederließen und mit roten Köpfen Jaß spielten. Ich stand dabei meist hinter einem von ihnen und „half ihm gewinnen". Sie reagierten ganz verschieden auf das Spiel: Stöhr und mein Vater schlugen als echte Bayern ihre schlechten Karten mit Wut auf den Tisch; Krönlein bekam beim Verlieren ein ganz melancholisches Gesicht, und in Röntgens Augen kam eine stille Wut. Er konnte sich über schlechtes Spiel seines Partners furchtbar ärgern, und deshalb gab es einige Menschen, darunter meine Mutter, die nicht um die Welt sein Partner beim Jassen sein wollten.

Im Sommer reisten die Röntgens 40 Jahre hintereinander jedes Jahr nach Pontresina. Immer wurde vor Pontresina noch ein etwa zweiwöchiger Aufenthalt an einem etwas niedriger gelegenen Schweizer Ort gewählt. Bevorzugt waren da: Lenzerheide, Flims und Rigi-Scheidegg.

In Pontresina war ein anderer Freundeskreis als in Cadenabbia versammelt: Herr und Frau von Hippel, Herr und Frau Lüders, Herr und Frau Ritzmann, Herr von Gaffky und Krönlein waren die ständig wiederkehrenden Gäste. Meine Eltern und ich waren nur in einem Sommer oben, da der starke Fremdenbetrieb meinen Eltern unsympathisch war. Röntgen war jedoch solchen Anschauungen gegenüber immer bereit, sein geliebtes Pontresina zu verteidigen und die einzigartigen Schönheiten desselben hervorzuheben. Er liebte da besonders einige

Abb. 52. Röntgens Aufnahme, mit Fernauslöser, seines Freundeskreises in Pontresina (Zehnder, a-85). Von links nach rechts: Frau von Hippel, von Hippel, Beer, Frau Zehnder, Frau von Haller, Röntgen, Zehnder, Baron von Haller, Frau Röntgen, Josephina Bertha

Wege, Bergwässer, Felsblöcke und einen riesigen, uralten Nadelbaum, die er alle seit seinem ersten Aufenthalt in Pontresina kannte und jedes Jahr wieder besuchte.

Im Sommer 1911 machte Röntgen mit seiner Frau eine Reise nach Holland, um die Stätten seiner Jugend wiederzusehen. Dabei wurde natürlich auch Lennep besucht, und das Umhergehen in seiner Geburtsstadt war Röntgen eine große Freude.

Öfters ging das Ehepaar im Winter nach Davos. Das Rodeln auf dem vereisten Weg von der Schatzalp herunter machte Röntgen viel Vergnügen; er bremste fast gar nicht, und in seine Augen kam ein übermütiges und unternehmungslustiges Blitzen, das ihm sehr gut stand.

Schon in der Gießener und Würzburger Zeit hatte die Jagd eine wichtige Rolle im Leben von Röntgen gespielt, und ihre Bedeutung im Münchner Leben wurde dadurch noch erhöht, daß das in Weilheim erstandene „Jagdhäusel[1]" ihr

[1] Anläßlich ihres 40jährigen Bestehens hat die Deutsche Röntgengesellschaft im Oktober 1955 an diesem Landhaus die folgende Tafel anbringen lassen: Hier suchte von 1904—1923 Erholung Wilhelm Conrad Röntgen. 1905 Deutsche Röntgengesellschaft 1955.

einen ständigen und auch den Freunden geöffneten wohnlichen Hintergrund gab. Röntgen hatte ein schon vorhandenes Haus gekauft und zu einem gemütlichen Landaufenthalt ausgebaut, der in seiner einfachen, hellen Freundlichkeit in einem gewissen Kontrast stand zu den etwas düster-prunkvollen Gesellschaftsräumen der Münchener Wohnung. Kleine Jagd- und Tierbilder schmückten die Wände und außerdem natürlich auch die verschiedenen Jagdtrophäen: Geweihe und ein ausgestopfter Birkhahn. Mit besonderem Vergnügen zeigte Röntgen

Abb. 53. Rückreise der Röntgens von Pontresina im pferdebespannten Wagen des Fuhrwerkbesitzers Schmidt, eines Bruders des Bischofs von Chur (Glasser, a-24)

ein kleines Bild — einige schnell hingeworfene Aktskizzen — und erzählte, daß er in einer Sitzung hinter dem Bildhauer A. Hildebrandt gesessen sei, der sich offenbar bei den Verhandlungen recht langweilte und sich daher mit Papier und Feder belustigte. Das liegengebliebene Blatt nahm Röntgen — auch eine Art Jagdtrophäe — mit nach Hause und ließ es einrahmen. Eine andere Weilheimer Kuriosität, die ihm große Freude machte, war ein primitives Barometer, das er einmal in einem Nonnenkloster in Oberbayern entdeckt hatte. Er bestand aus einem festen Strick, der an einem kleinen Brett befestigt war. Auf dem Brett war die Erklärung aufgezeichnet: ein feuchter Strick bedeutete schlechtes Wetter; ein trockener, biegsamer: gutes, warmes Wetter; ein trockener, harter: Frost usw. Diese Art von Laienphysik und Wetterkunde erfreute ihn sehr.

Ebensowenig wie im Haus durften im Röntgenschen Garten Spinnen anzutreffen sein; denn das waren die einzigen Tiere, die Röntgen nicht vertragen konnte. Infolgedessen fand ich natürlich ein Vergnügen darin, ihn mit diesen Tieren zu necken, bis er mir eines Tages mit ernstem Gesicht von der ersten Nacht erzählte, die er in Kairo verbracht hatte, in der — wie ihm in der schaudernden

Erinnerung vorkam — Hunderte von riesigen Spinnen und Skorpionen von der Decke, von den Wänden, vom Boden auf ihn zu gekrochen waren.

Die Jagd war RÖNTGEN eine Freude und Erholung. Er fühlte sich wohl in seinem bequemen grüngrauen Jagdanzug mit dem federgeschmückten Hut auf dem Kopf, der immer möglichst alt und schäbig sein mußte, im Gegensatz zu dem riesigen runden Stadthut, den er ebenso sorgfältig vor jedem Regentropfen schützte wie irgendeine elegante Frau ihr neuestes Kleid. Er war ein sehr guter Jäger und Schütze, obwohl seine Farbenblindheit ihm erschwerte, das Rotwild vom grünen Hintergrund weg zu unterscheiden. Trotzdem war er bei den Gängen, die wir zusammen machten, ebensooft wie sein Jäger LENZ oder ich derjenige, der ein Reh zuerst entdeckte. In der Zeit der Birk- und Auerhahnjagd stand er früh um $^1/_2 4$ Uhr auf und ging — manchmal von meiner Mutter begleitet — den weiten Weg durch Nacht und Nebel bis zu den kleinen Birkenzweighütten, um dort die Morgendämmerung und das Balzen der Vögel zu erwarten. Die Freude an der Morgenstimmung und dem Treiben der Vögel hielt ihn manchmal davon ab, einen Schuß zu tun.

Abb. 54. RÖNTGEN erholt sich in Caddenabia einige Wochen nach seiner Entdeckung (März 1896)

Abb. 55. Das Weilheimer Jagdhaus

Hier folgen einige Auszüge aus den vielen „Jagdbriefen", die er an uns geschrieben hat:

„. . . Der brave Sechserbock, den Sie schießen sollen, ist da und hält bis jetzt auch recht gut ein; das Gewehr, mit dem Sie schießen können, ist da; die Jagdkarte, die Ihnen die Erlaubnis zum Schießen gibt, braucht bloß unterzeichnet zu werden; Quartier für Sie ist leidlich da, die freudige Hoffnung, Sie wieder zu sehen, ist da; kurz: alles Nötige und Erfreuliche ist da — und nun ist hoffentlich die vor kurzer Zeit angedeutete Absicht, hierher zu kommen, auch noch da! . . .“ (Röntgen an Th. Boveri, Weilheim, 28. VI. 1911.)

„. . . Also bis jetzt habe ich vier Böcke unter verschiedenen jagdlich interessanten Umständen geschossen; dafür aber auch eine noch größere Anzahl gefehlt. Darunter gehört natürlich auch der, den ich in Ihrer Gegenwart, lieber Freund, anschoß; der später krumm gehend gesehen wurde, auf den dann auch Lenz einen Fehlschuß abgab, der dann aber spurlos für uns verschwand. Solche Erlebnisse bilden die Kehrseite der Jagd mit ihren sonstigen Freuden. Ihre beiden Bekannten aus der Gesellschaft der Geheimräte müssen noch leben, auf den einen bin ich mehrmals gegangen, hatte aber immer kein Glück.“ (Röntgen an Th. Boveri, München, 6. VII. 1914.)

„Ich fand deshalb fast täglich Gelegenheit, um ein paar Stunden in guter Stimmung auf der Jagd zu sein. In ganz besonders schöner Erinnerung ist mir der letzte Sonntagmorgen. Nach einem Regentag schien die Sonne in voller Klarheit; es ging aber ein recht frischer Wind, so daß von einer Augustschwüle nicht die Rede war. Die meiste Zeit brachte ich mit meinem Jäger — in dem sogenannten Feichtl, einem ziemlich großen, mit jungen Föhren dicht bestandenen Walde zu, in dem bereits vor ein paar Jahren schmale, kreuz und quer laufende Durchgänge ausgehauen waren. Die Kronen der Bäume sind licht genug, um hie und da den Sonnenstrahlen den Durchtritt zu gestatten. Am Boden Moos und viele Pilze, von denen wir die eßbaren, hauptsächlich Steinpilze, eifrig sammelten. Kein Laut drang zu uns, und ganz ungestört von den in dieser Jahreszeit so leicht sehr lästigen Bremsen und Schnaken konnten wir unser Frühstück: ein Stück Brot, einen Apfel, eine Zigarette, genießen. Von Schießen war nicht die Rede, und der Krieg war in meinen Gedanken ganz in den Hintergrund getreten.

Es war von meiner Frau doch ein ganz feiner Gedanke, als sie die Schaffung eines eigenen Heims veranlaßte und gerade das Häuschen dazu wählte, das wir jetzt bewohnen; ein Gedanke, dessen Wert wir eigentlich erst jetzt, wo weite Reisen beschwerlich geworden sind, richtig erkennen. Während ich diese Zeilen schreibe, genieße ich die Aussicht in die schöne, von der Abendsonne beschienene Landschaft, zu meinen Fenstern schauen die Blumen des Balkons herein . . .“ (Röntgen an Th. Boveri, Weilheim, 11. VIII. 1915.)

„. . . Ich versprach Dir, von meinen Jagderlebnissen der letzten Tage Nachricht zu geben: das soll denn auch im folgenden geschehen. Letzten Dienstagabend (also einen Tag nach eurer Abreise!) setzte ich mich am Gögerl auf dem großen Schlag gegen $6^1/_2$ Uhr an, und schon eine Viertelstunde später kam auf Schußweite aus dem Gehölz ein guter Bock heraus, den ich mit einem Blattschuß zur Strecke brachte. Es war ein schwacher Sechser, aber gut im Wildpret. Du kannst Dir denken, daß die Freude, auch bei der Tante, nach so manchem Mißerfolg groß war.

Gestern war nun ein ganz besonderer Glückstag. Zur Eröffnung der Hasen- und Fasanenjagd ging ich mit meiner alten geliebten Schrotflinte auf die Felder. Am Morgen brachte ich einen Hasen und zwei Hühner heim, am Mittag einen Fasan und einen Rehbock! Der Bock saß in einem Gestrüpp an der Ammer in der Nähe des Pollinger Bahnhofs und wurde von Lenz herausgetrieben. Lenz behauptet fest, es sei der Bock vom Schafbüchel, auf den Du und ich am Morgen früh gegangen sind und den ich dann einen Tag später fehlte. Du siehst, es geht doch wieder! Wärst Du doch nur dabei gewesen! . . .“ (Röntgen an Margret Boveri, Weilheim, 17. IX. 1916.)

„. . . Daß ich einmal gegen das Jagdgesetz gesündigt habe, kam folgendermaßen vor: Wo der Fußweg von Deutenhausen (auch von Weilheim) nach Etting, der die Jagdgrenze zwischen Hirschbergs und meiner Jagd bildet, in den Wald geht, trat nach Bericht meines Jägers häufig ein auf *meiner* Jagd stehender Bock mit sehr gutem Geweih aus, um auf der dortigen Wiese zu äsen; dabei kam es öfters vor, daß er über die Grenze ging und sich dann in den Aichberg (Hirschberg) zurückzog. Nach den Erfahrungen in den letzten Jahren wäre er sicher *sehr bald* dabei von einem der Hirschbergschen Jäger erschossen worden; so mancher von meinen Böcken ist mir in dieser Weise abhanden gekommen. Mit diesen Erinnerungen saß ich gestern auf meinem kaum 50 Schritte von der Grenze entfernten Hochsitz; als dann der Bock in einer so günstigen Stellung, wie es wohl kaum wieder vorkommen würde, erschien und ich sein schönes Geweih sah, so habe ich mich nicht enthalten können, ihn zu schießen. St. Hubertus soll es mir verzeihen! . . .“ (Röntgen an Frau Boveri, Weilheim, 29. V. 1921.)

Eine der ersten Jagden, die ich in Weilheim mitmachte, war eine wohlvorbereitete Fuchsjagd. Der Fuchsbau lag in einem Heustadel, die Dackel wurden hineingehetzt und kamen mit wütendem Gebell und verbissenen Köpfen wieder heraus; nach einer Weile setzten sich die drei Jäger (Röntgen, mein Vater und Lenz) im näheren Umkreis des Stadels auf die Lauer, während Frau Röntgen, meine Mutter und ich weiter hinten zwischen blühenden Maiglöckchen saßen. Niemand durfte sich rühren, denn der Fuchs sollte glauben, daß die Menschen wieder abgezogen seien. Nach einer langen Zeit des Wartens erschien er auch vorsichtig aus einem seiner Ausgänge, und in die atemlose Stille dieses Augenblicks stieß plötzlich Frau Röntgens erregte Stimme: ,,Willy, Willy, der Fuchs!" Das Tier ließ sich das nicht zweimal sagen und verschwand, ehe die schnell abgefeuerten Schüsse der Männer ihn erreichten konnten.

Solche Jagdmißerfolge konnten Röntgen sehr ärgern und ihn für einen ganzen Tag mißgestimmt und einsilbig machen. Noch viel schlimmer war es zu Pfingsten des Jahres 1913, also kurz nach seiner Ohrenoperation, als er sich in den Kopf gesetzt hatte, daß mein Vater einen besonders schönen Sechserbock schießen müsse. Es gelang aber nicht, denn manchmal erschien der Bock überhaupt nicht, einmal fehlte mein Vater, der — von Röntgens Aufregung angesteckt — einen ,,Datterich" hatte, und zweimal erschien der Bock an der Stelle, wo Röntgen sich aufgestellt hatte, statt an der Stelle, wo er meinen Vater postiert hatte. Das dauerte so 5 Tage lang, und die Stimmung wurde von Tag zu Tag düsterer, und nichts — auch nicht, daß mein Vater sich gar nicht so viel aus dem Schuß machte — konnte Röntgen aufheitern. Beim Abendessen saß er stumm bei Tisch, und die allabendlichen Gespräche und Anweisungen mit dem Jäger, die sonst in einem fröhlichen ,,Lenz" und dem antwortenden ,,Exlenz"-Echo hin und her gingen, waren einsilbig und kurz.

Zwei Jahre nach dem Tod meines Vaters wurde ich — da ich zu Röntgens großer Befriedigung schon alle jagdlichen Fachausdrücke kannte und anwendete — in die Benutzung eines Gewehres eingeführt. Wir gingen in eine einsame Gegend, und ich bekam die Weisung, auf die Tür eines Stalls zu schießen. Da ich als Kind schon oft mit Kindergewehren und an den Würzburger Meßbuden auf Ziele geschossen hatte, fragte ich, genau wohin ich schießen solle. Röntgen lachte und sagte, ich solle froh sein, wenn ich überhaupt die Türe träfe. Ich traf — was für mich selbstverständlich war — ihn aber überraschte beim ersten Schuß die Türe, und so gab er mir denn Astlöcher usw. als genauere Ziele an, die ich meist auch ganz gut traf. Am nächsten Tag wurde der Versuch mit einer Schießscheibe wiederholt, und Röntgen war äußerst befriedigt über meine Zielsicherheit. Um meine Freude und meinen Stolz jedoch etwas zu dämpfen, sagte er beim Nachhausekommen, jeder ordentliche Jäger müsse auch sein eigenes Gewehr putzen, und das sei wohl eine Sache, die mich weniger freuen werde. Ich willigte sofort ein, und wir gingen auf die Suche nach dem Putzmaterial. Es war jedoch kein Werg zu finden, und Röntgen wurde schon etwas ärgerlich über dieses Hindernis, als ich vorschlug, von dem Spinnrad seiner Frau, das doch nie benutzt wurde, ein wenig von dem ungesponnenen Hanf zu nehmen. — Es gab wohl nichts in der Welt, was Röntgen so freute, wie einen Menschen, der sich in einer schwierigen Situation zu helfen wußte und etwas Fehlendes durch etwas anderes Vorhandenes erfolgreich ersetzen konnte. Drum willigte er denn in die Beraubung des Spinnrades ein, obwohl er andererseits sichtlich pädagogische Gewissensbisse hatte, mir einen solchen Mißbrauch wertvollen Materials zu erlauben, und so betonte er ausdrücklich, daß das nur ausnahmsweise gemacht werde, da ich die gute Idee gehabt hätte. Über meine Hilfe beim Gewehrputzen und die Art und Weise, wie ich mich genußvoll dem dabei unvermeidbaren öligen Schmutz hingab, war er hoch befriedigt, da er immer noch Vorstellungen von zimperlichen Frauenzimmern im Kopf hatte und diese ihm ein Greuel waren.

Der längere Aufenthalt in Oberbayern machte Röntgen mit der Zeit mehr und mehr bekannt mit dem bayerischen Dialekt und Humor. Als beste schriftliche Wiedergabe desselben sahen er und mein Vater die Filserbriefe von Ludwig Thoma an, die in ihrer Freundschaft eine große Rolle spielten. Mein Vater bedankte sich mit folgenden Worten für das Geschenk des Büchleins:

„... Haben Sie vielen Dank für die Briefe des k. Bayr. Abgeordneten, die mir großes Vergnügen gemacht haben. Ich hatte zwei oder drei davon im Simplicissimus gelesen, und gerade am Tag, ehe Ihre freundliche Sendung kam, sah ich das Büchlein — allerdings nicht in diesem charakteristischen Gewand — bei meinem Buchhändler, und es juckte mich schon, es zu kaufen. Aber als solider kristgatolischer Ehemann unterdrückte ich diese sündhafte Begierde. Nun da es von *Ihnen* kommt, sieht es meine Frau — wenn auch ganz aus der Ferne — mit mehr Respekt an. Es ist übrigens geschmalzen, Donnerwetter! Das Feinste ist die Affäre Orterer (Th. Boveri an Röntgen, Würzburg, 24. XI. 1908.)

In der Folgezeit kamen zu den Geburtstagen der Röntgens immer wieder von meinem Vater geschriebene Briefe des Abgeordneten Filser, die ungeheure Freude erweckten und von Röntgen mit großem Vergnügen seinen Freunden vorgelesen wurde. Eine Probe möge folgen:

Napoli, 22. Marzo, 1912.

Eier Ekselenz!

Heite schreibe ich inen nicht selbst, indem daß ich zu vüll beschefticht bin, sondern ich diktüre disen Brif an einen Kerl, wo dort bei den Tiater San Carlo sitzen und fir die Leite Brife schreiben, was ser bequem ist.

Gell da schaungs, daß ich da herunten bin. Dös ist aber so ganga. Sie wärn ja wissen, daß mich wider in Landag gewöllt ham. Aber die Geschicht gfreit mi nimmer. Wia die Redutten warn, da ham mir dahoam hocken dirfen bei inserer lüben Famülie und itzt in der Fastenzeit, wo nirgans nix los is, da dirften mir in Minka sizen. Und iberhaupts, wos is da noch fir a Gschpass dabei; wenn koa oanziger Minischter mer da is, wo mir irgern dirfen. Do hab i in die Sizungen allawei einen Morzhusten angfangt, wie wenns mi elend würgn tet und grad wenn der Orterer oder der Lerno gered ham, da hab i so stark ghust, das neamand a Wörtl verstanden hat. Da hat der Orterer zu mir gsagt: Liber Freind, hat er gsagt, sie sind krank, sie missen ein Lufverinderung haben; gehen sie heim zu ihrer lieben Frau; wenn was dran kimmt von Bedeitung, dann schreibe ich ihnen. Die Dietten, hat er gsagt, wern sie trotzdem erhalten. Da hab i gsagt: dank schen, aber vom Hoamgehn hab i nix gsagt; denn die Luft dahoam die bekommt mir a net so recht. Und weil der Son vom Gsottmaier, wissens der wo amal Hausknecht in Cadenabbia gwesen is, mir so vüll von Neapel derzöllt hat, hab i mir denkt, farst amal da nunter.

Am Banhof in Minka is mir der Thoma begegnet, der Lump der lüberalle Freimaurer. Da hot er gsagt: No Filser, hat er gsagt, wo farst dann hin? Und wia i nachha gsagt hab nach Neappel, da hat er gsagt: Da host recht, schau dir Neapel an und stürb! Jatzt bin i schon an die 14 Tag hier und wia i Neappel recht gut angschaut ghabt hab, da denk i mir, jatzt will ich amal Stürb sehn. Da hab i iberall gfragt: Dove Stürb, dös hoasst auf deitsch: Wo ist Stürb. Da ham die Leite damische Gsichter gemacht und haben gsagt: Non so, dös hoasst i woass net, bis i amal beim Pschorrbräu an Landmann troffen und gfragt hab. Der hat sich grad bogn vor Lachn. Was hat er gsagt? Stirb hat er gsagt? Daß du verrecken sollst hat er gmoant. Jatz is mir a Licht aufganga. Ja dös passet dena ölendigen Lumpenhund und lüberalle Sozi, daß mir bidernen Zentrumsleite alle verecken teten, daß nachher sie regirn künnten und den liben Hergott und den Prinsrechenten abschaffen teten.

Disen Brif habe ich ihnen nach Minken senden wölln als Gratulation zu ihnen ihren Geburztag und ihnen alles Gute winschen. Aber da hab i in der Zeitung geläsen, daß sie jatz in Rom sich befünden. Da hab i denkt es war doch vüll schener, wann ich ihnen mindlich meine Glikwinsche aussprechen kennte. Wia wars denn, wanns a bisserl abi rutschn tetten mit Eana Fra Gemallin. Da kinnten mir recht füdell sein mitanand und i kunnt ihnen allerlei zeign in Neappel. I sag ihnen, da gibts Madeln, sakra di san gut gstellt!!!

Aber oans mus i jatzt noch bitten, daß sie meiner Alten nix verraten wo i bin, indem daß diese im Stande wäre, auch diese Reise zu unternehmen. Freili wars schon ser schön, mit dem gelübten Weibe unter die Palmen herumzuwandeln; aber auf der weiten Reise in disem fremden Lande könnte si leicht gestollen werdn. Also hoffe ich auf Widersehn von Ihrem JOSEF FILSER.“

RÖNTGEN antwortete darauf:

„... Wie herzerquickend der mehrmals gelesene Filserbrief ist, können Sie sich leicht vorstellen. Vielen Dank für die große Dosis von herrlichem Humor! Die letzten Thomabriefe lohnten nicht, daß ich sie Ihnen schickte: Sie haben unzweifelhaft das Original übertroffen.“ (RÖNTGEN an TH. BOVERI, Rom, 26. IV. 1912.)

RÖNTGEN selbst erzählte nach dem Abendessen in Weilheim manche saftige Jägergeschichte und freute sich, wenn seine Gäste mit der einen oder anderen aufwarten konnten. Überhaupt war die Abendzeit in Weilheim sehr gemütlich, wenn alle um den runden Tisch unter der großen Hängelampe saßen und RÖNTGEN eine Novelle oder Tiergeschichte vorlas. Mit Begeisterung spielten wir beide Schmaußjaß, welches RÖNTGEN mich gelehrt hatte, und bei dem wir in eine solche Hitze geraten konnten, daß wir einmal einen richtigen Krach hatten und 2 Jahre lang nicht mehr zusammen spielten.

Die Freundschaft, die in sorglosen Jahren geschlossen worden war, bewährte sich auch in ernsten Zeiten, da sie nicht nur auf Ferienvergnügungen und Späßen basierte, sondern auf gegenseitiger Hochschätzung und Zuneigung beruhte. Meinen Vater hatte RÖNTGEN als Kollegen immer näher kennen und schätzen gelernt. Meine Mutter war als erstes studiertes Fräulein und dazu noch als Ausländerin nach Würzburg gekommen und von den verschiedenen Professoren gebührend bestaunt worden. RÖNTGEN hatte sehr viel für eine wissenschaftliche Ausbildung der Frauen übrig, da er das, was er Tändeln nannte und das Zeitvertun mit — wie ihm schien — unnützen Handarbeiten verachtete. (Wobei zu bemerken ist, daß er für die Teppiche und sonstigen „nützlichen“ Handarbeiten, die seine Frau so schön verfertigte, sehr viel Verständnis zeigte.) Auch für die schöngeistigen Frauen, die es schon damals in der Professorengesellschaft in reichem Maß gab, hatte er nichts übrig, wenn er nicht fand, daß der „schöne Geist“ auf solidem Wissen beruhte. Wie er darüber dachte, zeigt folgende Briefstelle:

„... Wir wollen hoffen, daß sie auch in der Beziehung ihrem Vater nachstrebt, daß sie versucht in *einem* wissenschaftlichen Fach — sei es was es wolle — mit Erfolg *forschend* und produktiv tätig zu sein. Daß sie das *kann*, davon bin ich fest überzeugt und auch davon, daß sie das *will*. Es wäre bei ihrer Begabung jammerschade und würde zu keiner rechten Befriedigung für sie führen, wenn sie nur eine geistreiche, gesellschaftlich sehr geschätzte Frau werden würde ...“ (RÖNTGEN an Frau BOVERI, 18. II. 1922.)

So ist es verständlich, daß er sich beim Erscheinen des „zoologischen Miss'le“, wie sie genannt wurde, sofort lebhaft für meine Mutter interessierte; und dieselbe war bei ihrem Studienaufenthalt in Würzburg täglich bei RÖNTGENs zum Kaffee eingeladen. Er freute sich so an dem naturwissenschaftlichen Interesse und an der unbeschwerten Fröhlichkeit der jungen Kollegin, daß sie gleich im ersten Jahr der Bekanntschaft aufgefordert wurde, die RÖNTGENs auf ihrer Ferienreise nach Cadenabbia und Baden-Baden zu begleiten.

Seine treue Freundschaft bewies RÖNTGEN in allen ernsteren Lebenslagen, so z. B., als mein Vater vor der Frage stand, ob er die Leitung eines neu zu errichtenden Kaiser-Wilhelm-Institutes für Biologie in Dahlem übernehmen solle.

Abb. 56. Haus Äußere Prinzregentenstraße 1, München, in dessen oberem Stockwerk RÖNTGEN vom Jahre 1900 bis 1919 wohnte. (Mit Genehmigung des Deutschen Museums in München)

RÖNTGEN verfolgte die Entwicklung dieser Angelegenheit mit intensivem sachlichen und persönlichen Interesse, wie aus folgenden Briefstellen hervorgeht:

„. . . Gestern abend stieg ich endlich von einer 8tägigen Fieberhochtour, die sich beständig zwischen 39,6 und 38,0 bewegte, herunter. Hoffentlich bleibe ich unten. Ich bin aber so elend, daß ich es kaum zum Lesen bringen kann. Sie müssen also mit diesen wenigen Zeilen, die ich auf dem Bettrand sitzend schreibe, vorlieb nehmen. Veranlassung dazu ist die kurze Nachricht, die meine Frau von der Ihrigen erhielt, daß man in Berlin Ihre Forderungen bewilligt habe und Sie nun vor der Entscheidung stünden. Da möchte ich mir denn ein paar Worte erlauben, nicht um Sie für den einen oder anderen Weg zu bestimmen — das kann und darf ich nicht tun —, sondern um Sie zu bitten, insbesondere die Gründe, die *gegen* eine Annahme des Rufes sich ergeben haben, und gemacht wurden, sehr ernsthaft auf ihre Stichhaltigkeit zu prüfen. Ich glaube dies tun zu sollen, weil ich glaube, Ihre Natur ein wenig zu kennen. Das Gute bestehender Verhältnisse anerkennend und genießend, treibt Sie kein Ehrgeiz, neue zu schaffen. Neuen Verhältnissen, namentlich in bis dahin Ihnen fremder Umgebung, bringen Sie vielleicht eher ein gewisses Mißtrauen, eine gewisse Scheu entgegen. Deshalb ist, meine ich, hier einige Vorsicht geboten.

Schließlich muß ich doch noch eines sagen: sollten Sie sich *für* Berlin entschließen und eine neue Einteilung Ihrer wissenschaftlichen Tätigkeit eintreten lassen, so wären Sie dabei mit einer Beraterin und Gehilfin versehen, die Ihnen vieles erleichtern würde; in dieser Beziehung hätten Sie den andern Bewerbern gegenüber einen besonderen Vorzug.

Nun bin ich aber mit meiner Leistungsfähigkeit zu Ende! Was auch kommen mag; es soll Gutes für Sie sein." (RÖNTGEN an TH. BOVERI, München, 27. XI. 1912.)

„Vielen Dank für Ihren Brief vom 1. d. M.! Sie können sich wohl denken, wie häufig sich meine Gedanken mit der Frage beschäftigen, ob Sie die Stelle annehmen oder nicht, und wie sich die Angelegenheit allmählich entwickelt. Ich kann aber nicht im mindesten erwarten, daß Sie, der nun so sehr in Anspruch genommen ist, sich die Zeit nehmen, an mich zu schreiben. Wenn Sie es nun doch getan haben, so gebührt Ihnen dafür mein wärmster Dank.

Ganz besonders habe ich mich darüber gefreut, daß infolge Ihrer Initiative die Verhältnisse sich zu einer Höhe gehoben haben, die voraussehen läßt, daß eine Institution geschaffen wird, die etwas Bedeutendes zu leisten imstande ist, die Sie befriedigen kann, und die der Bedeutung Ihres Faches und Ihrer Persönlichkeit entspricht.

Es entspricht natürlich ganz der augenblicklichen Lage der Angelegenheit, wenn ich aus Ihrem Brief nicht habe entnehmen können, wie die Chancen für eine Annahme oder Ablehnung des Rufes jetzt stehen; doch glaube ich aus Ihrer Mitteilung, daß Sie bereit sind, nach Amerika zu reisen, und daß Ihre persönlichen Verhältnisse nach Wunsch geregelt sind, schließen zu können, daß Sie gern nach Dahlem gingen, wenn Ihre sonstigen Wünsche und Bedingungen erfüllt würden. Ich hoffe sehr, daß das der Fall sein wird und denke, daß die maßgebenden Berliner, die Ihnen doch schon recht weit entgegengekommen sind, hier nicht versagen werden. Ob wohl BRAUS nicht die Gelegenheit benutzt, um sich in Heidelberg nach Wunsch einzurichten? Ist denn sein Mitkommen für Sie eine conditio sine qua non? Doch ich wollte eigentlich gar keine Fragen stellen, denn Sie sollen gar keine Veranlassung finden, an mich zu schreiben, weil Sie anderes zu tun haben.“ (RÖNTGEN an TH. BOVERI, München, 3. II. 1913.)

Im Krieg schlossen sich die beiden Familien noch enger zusammen, wie aus folgenden Zeilen hervorgehen mag:

„Ich fange damit an — wenn auch recht verspätet —, auch Ihnen . . . (unleserlich) unseren Dank zu sagen für den lieben Besuch Ihrer Frau: Sie haben sie recht lange entbehren müssen. Uns war ihre Anwesenheit eine wahre Wohltat; mit ihrem klaren Verstand, ihrem ruhigen Wesen und nicht zuletzt mit ihrem warmen Herzen war sie bei uns, in unseren Verhältnissen so recht willkommen und konnte sie viel Gutes und Liebes uns bieten. Im Alter wird man noch etwas wärmebedürftiger, als man früher schon war.“ (RÖNTGEN an TH. BOVERI, München, 27. XII. 1914.)

Teils um allen offiziellen Ehrungen zu entgehen, teils um mit uns zusammen zu sein, beschloß RÖNTGEN, seinen 70. Geburtstag in Oberstdorf zu verbringen wo mein Vater im Sanatorium lag. Er schrieb:

„Freue mich riesig über günstige Nachrichten von Ihnen! Nun wird, wie es scheint, doch etwas aus meinem Plan, am 27. bei Ihnen zu sein, werden, und deswegen schreibe ich ein paar Zeilen an *Sie*. Ich bitte Sie eindringlich, Ihrer Frau zu sagen, daß sie doch für mich — wie soll ich sagen? — keine Geschichten machen soll. Es sind keine Zeiten dafür, ich bin nicht in der Stimmung dafür und erlebe meine *Hauptfreude* im Zusammensein beider Familien. Tun Sie mir den Gefallen; Sie kennen mich ja und wissen, daß ich meine Bitte ehrlich meine. .“ (RÖNTGEN an TH. BOVERI, München, 20. III. 1915.)

Dieses Zusammensein in Oberstdorf beim 70. Geburtstag RÖNTGENs war trotz den Sorgen des Krieges und einer besonders schmerzensreichen Periode von Frau RÖNTGEN noch sehr gemütlich. Mein Vater befand sich im Sanatorium, während RÖNTGENs und wir im Hubertushaus wohnten. Am Morgen des 27. brauchten wir stundenlang, bis wir alle Ehrenschreiben, Auszeichnungen und Telegramme geöffnet und gelesen hatten. Ich wühlte voller Begeisterung in dieser Fülle; RÖNTGEN machte sich aus den offiziellen Sachen wenig; nur die Verleihung des Eisernen Kreuzes und ein Glückwunschschreiben von HINDENBURG erfreuten ihn, dessen Gedanken damals so stark auf den Verlauf des Krieges konzentriert waren, außerordentlich. Sehr freute er sich über jedes herzliche Wort, das von Freundeshand geschrieben war, und ein Hauptgenuß war wieder ein Filserbrief aus dem Feld, den mein Vater mit großer Anstrengung im Bett geschrieben hatte.

Am 28. war RÖNTGEN zur Audienz beim König befohlen; er mußte seine Uniform mit sämtlichen Orden anziehen, was eine geduldheischende Prozedur war. Über die Fahrt nach München gab es einiges Fluchen, auch befürchtete RÖNTGEN, nun den erblichen Adel zu bekommen, den er nicht ablehnen könne. — Abends kam er aber doch recht befriedigt von dem Ausflug nach Hause, und wir setzten uns an unser Pochspiel, dessen Spielausdrücke Schnipp, Schnapp, Schnur, Schneppepper RÖNTGEN immer von neuem zum Lachen reizten.

Zum 70. Geburtstag RÖNTGENs war auf Betreiben meines Vaters und anderer Freunde eine größere Summe Geld gesammelt worden, die dazu verwendet werden sollte, eine Büste RÖNTGENs von HILDEBRAND anfertigen zu lassen. Mein Vater hatte schon immer gedrängt, daß das Bild RÖNTGENs in anderer Form als nur in der von Photographien der Nachwelt überliefert werde, und er verfolgte von seinem Krankenlager aus mit lebhaftem Interesse die Entstehungsgeschichte der Hildebrandschen Büste. So schrieb er:

„... Ich denke, Sie werden an den Stunden, die Sie mit HILDEBRAND zubringen, Vergnügen finden; es soll sich sehr angenehm mit ihm plaudern lassen. Haben Sie denn Ihre Haare recht schön wachsen lassen? Und auch nicht zu lang? Ich würde in solcher Lage zur ersten Sitzung meinen Haarschneider mitbringen, der auf Anweisung des Bildhauers alles Überflüssige wegzuschneiden hätte ...“ (TH. BOVERI an RÖNTGEN, Oberstdorf, 23. V. 1915.)

RÖNTGEN berichtet über die Sitzungen:

„An 4 Morgen war ich von 9—11 Uhr bei HILDEBRAND, und ich habe keine Ahnung, wie lange die Sache noch dauern wird. Die Stunden vergehen verhältnismäßig rasch, denn H. versteht es vorzüglich, sein Beobachtungsobjekt zu unterhalten, so daß das Gespräch gar nicht ausgeht. Es scheint in dieser Gewohnheit eine Absicht zu stecken, die dem Bild zugute kommen soll. Das letztemal wurde sogar die Frau H. dafür in Anspruch genommen. Die Unterhaltung mit HILDEBRAND ist mir sehr interessant und anregend, und ich bedauere, daß ich erst jetzt, wo ich alt und gedächtnisschwach geworden bin, in etwas nähere Berührung mit einem Künstler vom Schlage H.s gekommen bin. Der Mann steckt voller Probleme, und zwar nicht nur von solchen, die künstlerischer Natur sind, sondern auch von solchen, die auf ganz anderen Gebieten liegen. Leider verstehe ich sie nicht immer, wie mir denn auch erinnerlich ist, daß seine Aufsätze mir manchmal nicht verständlich waren. Dies liegt natürlich zum größten Teil an mir.“ (RÖNTGEN an TH. BOVERI, Weilheim, 4. VII. 1915.)

Später schreibt er:

„... Schade, daß Sie das Werk nicht auch in diesem Anfangsstadium sehen konnten. Mir scheint es recht gut zu sein, und was wohl am meisten für ein Gelingen desselben spricht, ist, daß H. allmählich Freude an der Arbeit bekommen hat ... H. suchte mich im Institut auf, um mit mir einen Platz in der Universität resp. im Institut für die Büste zu suchen; bis jetzt hat sich noch keiner gefunden, der H. passend (in bezug auf Beleuchtung) erschien. Auch ist es fraglich, ob im Augenblick Bronze zu haben ist. — Einen Beigeschmack von Protzigkeit hat die Aufstellung einer Büste an einem öffentlichen Ort doch ...“ (RÖNTGEN an TH. BOVERI, Weilheim, 18. VII. 1915.)

Als mein Vater die Photographie der Büste gesehen hatte, schrieb er:

„... Im ersten Augenblick berührte mich der Kopf etwas fremd durch seine Schmalheit. Dadurch, daß HILDEBRAND das Haar oben noch voller gestaltet hat, als ich es mir gedacht hatte, und daß der Bart an den Seiten so stark reduziert ist, wie ich es kaum je an Ihnen gesehen habe, kommt dieser Eindruck zustande. Jedenfalls liegt darin eine künstlerische Absicht HILDEBRANDs, und ich habe mich auch bereits völlig daran gewöhnt.

Ich finde Ähnlichkeit und Ausdruck wundervoll und meine, daß diese Büste zu H.s allerbesten Porträtwerken gehört. Man sieht ihr förmlich seine Freude an der Arbeit an. Wie herrlich ist z. B. die Stirne modelliert! Auch die Kopfhaltung und den Blick hat er so richtig gefaßt, wie man es nur wünschen kann. Ich bin ganz glücklich, daß diese schwierige

Sache nun endlich doch noch gelungen ist und neben mehr oder weniger unbefriedigenden Photographien ein Bildnis von Ihnen existiert, welches Ihre Züge für alle Folgezeit in klassischer Weise feststellt.

Nun finde ich bereits, daß auch die Münchner Universitätshallen für dieses Kunstwerk nicht gut genug sind. Es sollte einmal in die Glyptothek kommen, wo so viele Tausende sich daran erfreuen könnten ..." (Th. Boveri an Röntgen, Kissingen, 7. VII. 1915.)

Abb. 57. Röntgen mit physikalischem Apparat

Diesen letzten Gedanken griff Röntgen mit Freuden auf:

„Außerdem stand in Ihrem Brief verschiedenes über meine Hildebrand-Büste. Ihr Gedanke, die Büste später in der Glyptothek aufzustellen, wo sie dann als Hildebrandsche Arbeit von vielen geschätzt werden kann, hat mir außerordentlich gut gefallen, und ich bin gleich damit zu H. gegangen. Auch ihm war die Lösung der Frage recht, aber unter der Voraussetzung, daß in der Glyptothek ein passenderer Aufstellungsort gefunden werden könnte als in dem Saal, wo jetzt die moderne Skulptur allzu dicht gedrängt aufgestellt ist ... Mir ist Ihr Vorschlag aus verschiedenen Gründen *äußerst* sympathisch. Weil *Sie* den guten Gedanken gehabt haben, will ich mich nicht darüber ärgern, daß ich nicht selbst darauf gekommen bin." (Röntgen an Th. Boveri, Weilheim, 11. VII. 1915.)

Bei der langen Krankheit meines Vaters stand RÖNTGEN ihm und uns treulichst zur Seite, erkundigte sich immer wieder bei den verschiedenen Ärzten, was am besten zu machen sei; schickte meinem Vater Bücher und Früchte ins Sanatorium und schrieb ihm optimistische Briefe, die ihm wohl nicht immer leicht gefallen sind. Und schließlich brachte er das für ihn wohl größte Opfer, daß er dreimal die Pflege seiner Frau dem Arzt überließ und eintägige Reisen nach Oberstdorf und Würzburg machte, um meinen Vater zu besuchen.

Der letzte Brief, den mein Vater vor seinem Tod von RÖNTGEN erhielt, war folgender:

„Mein lieber Freund! Ich fand in meinem Keller eine Flasche Sherry, von der behauptet wird, der Inhalt sei gerade so alt wie ich. Jedenfalls habe ich die Flasche noch in Würzburg gekauft, und der Wein soll nach der Etikette damals 50 Jahre alt gewesen sein. Diesen Altersgenossen habe ich Ihnen heute zugeschickt: er möge zu Ihrer Stärkung etwas beitragen. Sollte er das tun, dann hat der alte Einsiedler doch noch etwas Nützliches leisten können ..."
(RÖNTGEN an TH. BOVERI, München, 9. X. 1915.)

Bei der Einäscherung meines Vaters am 19. Oktober 1915 hielt RÖNTGEN, der alles Reden haßte, eine kurze Ansprache:

Ein Großer im Reiche des Geistes ist heimgegangen! Doch geziemt es mir nicht, die hohe Bedeutung des Gelehrten und Forschers zu schildern: dem Menschen, dem Freund BOVERI möchte ich einige Worte widmen.

BOVERI war ein wahrhaft vornehmer, edler Mann, von unerschöpflicher Herzensgüte. Zart und stark zugleich. Als Freund treu wie Gold, als Berater zuverlässig, die Verhältnisse klar durchschauend und objektiv beurteilend. In Freud und Leid ein warm teilnehmender, zu helfender Tat stets bereiter Gefährte.

Er war ein selten vielseitig, reich begabter Mann und teilte von diesem seinem Reichtum verschwenderisch aus. Dabei immer bescheiden, frei von Eitelkeit und Dünkel, empfänglich und anerkennend, auch wenn ihm nur Geringes wieder geboten werden konnte. Mit ihm zusammen zu leben war ein Genuß und ein hoher Gewinn.

Nun ist er von uns geschieden: tief erschüttert stehen wir an seiner Bahre. Vielen wird es schwer werden, ohne ihn auszukommen. Wir wollen aber dankbar sein, daß wir ihn gehabt haben, und sein Einfluß auf uns war groß genug, um nicht mit seinem Tode aufzuhören; wir werden auf unserem Lebensweg noch manchmal seiner gedenken und ihn in Gedanken befragen: Wie würdest du jetzt handeln, wie würdest du urteilen?

Wir danken dir, du treuer Mann, für das, was du uns gegeben hast. Auf der Höhe deines Schaffens bist du dahingegangen, nur in der allerletzten Zeit warst du müde geworden. Ruhe nun in Frieden!

Nach dem Tod meines Vaters setzte er es, trotz den großen Schwierigkeiten, die dem Plan durch die Arbeits- und Materialnot des Krieges entgegenstanden, durch, daß HILDEBRAND eine Büste von meinem Vater machte und daß ein kleines Pro-memoria-Bändchen mit Beiträgen von verschiedenen Freunden über meinen Vater gedruckt wurde. Er selbst — der immer seine Ausdrucksfähigkeit im Reden und Schreiben sehr gering einschätzte — beklagte sich in jener Zeit oft, daß es ihm nicht vergönnt sei, selbst mit einem größeren Aufsatz zu dem Buch beitragen zu können.

Es ist hier als Beispiel für die treue Freundschaft RÖNTGENs nur seine Freundschaft zu unserer Familie beschrieben worden. Dabei ist selbstverständlich, daß sie sich anderen gegenüber ähnlich auswirkte, worüber aber nur die Betreffenden selbst erzählen könnten. — Ich erinnere mich noch gut an die Sorgfalt, mit der er sich KRÖNLEINs in dessen letzter schweren Krankheit annahm, und der Sorgen, die er sich um HITZIGs Augenleiden machte. Auch die Frauen und Kinder seiner verstorbenen Freunde und Kollegen bekamen die Wärme seiner anhänglichen Freundschaft in einer steten Hilfsbereitschaft zu spüren.

Fast erstaunlich war es, zu sehen, wie stark dieser kräftige, wagelustige und wohltrainierte Mann auf das Leiden anderer reagierte, wie er gerade in Zeiten von Schwierigkeiten, von Krankheit und Tod aus seiner Zurückhaltung heraustrat und in liebender Fürsorge erkennen ließ, wie intensiv sich seine Gedanken mit dem Leben seiner Freunde beschäftigte.

Abb. 58. Röntgen mit Gebirgsblume

So hatte seine Freundschaft ein doppeltes Gesicht: auf der einen Seite die übermütige, zu Späßen geneigte Fröhlichkeit, und daneben ein tiefer Ernst allen schweren Dingen des Lebens gegenüber.

3. Krieg und Politik. Wissenschaft und Kunst. Die letzten Lebensjahre

Der Krieg brachte einen scharfen Einschnitt in das ruhig dahinfließende Leben. Röntgen wurde in seinem ganzen Wesen von der großen und aufregenden Zeit erfaßt und tat alles, was der im Lande Verbleibende tun konnte, um in dieser schweren Zeit zu einem Erfolg der deutschen Sache beizutragen. Doch ließ er sich in Anbetracht der damaligen allgemein verbreiteten Haßpsychose verhältnismäßig sehr wenig zu jener unsachlichen Gehässigkeit hinreißen, die leider nicht nur unter den ausländischen Professoren eine unnötige Vergiftung der vom Kriege nicht berührten Lebensgebiete bewirkte. Daß er das Gold der ihm verliehenen englischen Rumfordmedaille einschmelzen ließ, hat er in späteren, ruhigeren Jahren bedauert, und wie er zur Unterzeichnung des Aufrufes der deutschen „Intellektuellen“ kam, zeigt nachfolgender Satz:

„Neulich bekam ich aus Brüssel einen Aufsatz von einem belgischen Gelehrten, der mir recht peinlich war; namentlich weil auch darin wieder der bekannte Aufruf der ‚93 Intellektuellen' besprochen ist, den ich, wie mancher der Unterzeichner, auf Anraten und scharfes Drängen der Berliner dummerweise unterschrieben habe, ohne ihn vorher gelesen zu haben. Auch daran ist wesentlich H. schuld ..." (RÖNTGEN an Frau BOVERI, Weilheim, 8. XII. 1920.)

Obwohl RÖNTGEN sich nicht durch Kenntnis der wahren wirtschaftlichen und militärischen Lage Deutschlands ein genaues Bild von unseren Verhältnissen und Zukunftsmöglichkeiten schaffen konnte, vermochte er es doch durch genaue Lektüre der Zeitungen und Beobachtung gelegentlicher Äußerungen von maßgebender Stelle, sich ein verhältnismäßig gutes Bild von unserer Lage zu machen. Darüber geben seine fortlaufenden brieflichen Äußerungen über die militärische und politische Lage die beste Auskunft. Sie mögen daher zum Teil hier folgen:

„Wirklich begründete Ursache zu einer pessimistischen Anschauung über den Ausgang des Krieges ist im Augenblick nicht vorhanden. Die Verluste, die unsere Feinde erleiden, sind im Vergleich zu den unsrigen so schwer, daß wir doch entschieden im Vorteil sind, und wir haben keinen Grund für die Annahme, daß wir weniger lang und gut aushalten können wie unsere Feinde. Gewiß erleben wir auch Enttäuschungen, wie z. B. bei Gelegenheit der letzten Operation in Polen, wo wir doch nach HINDENBURGS Bericht über ,Entscheidung' mehr Erfolg erwartet hatten, ... aber die feste Überzeugung, daß es im Osten zunächst langsam vorwärts geht, habe ich doch. Gegen England soll es — wie man hört, anfangs des nächsten Jahres besonders scharf vorgehen: Bomben mit 800 kg (!) Sprengstoff sollen für Zeppeline usw. bereitliegen, und wenn dann noch etwas aus den Tirpitzschen Plänen wird, dann könnte England doch mürbe werden.

Über die Auslandsberichte sollten wir uns nicht mehr so ärgern; seit Monaten wissen wir, daß im Ausland wenig Verständnis für deutsches Wesen und für unsere Bestrebungen besteht; mit dieser Tatsache müssen wir uns nun abfinden. Besser werden die Verhältnisse erst, nachdem wir einen für uns günstigen, aber auch einen vernünftigen Frieden — nicht nach alldeutscher Manier und im Ostwaldschen Sinne — geschlossen haben werden ...

Beiliegender Artikel von Professor SLOAN, der im vorigen Winter hier Vorlesungen hielt, wird von Ihnen und wohl auch von Ihrer Frau angenehm empfunden werden. Gelegentliche Rückgabe erbeten.

Den Aufruf von WAGNER, SCHMOLLER usw., den Sie erwähnen, habe ich nirgendwo gefunden. Mäßigung wäre freilich sehr am Platz, namentlich hier in München. Hoffentlich kommt bald strengere Ausführung der Vorschriften." (RÖNTGEN an TH. BOVERI, München, 27. XII. 1914.)

Die Antwort lautete:

„... Für Ihre eingehende Beurteilung der Kriegslage war ich Ihnen aufrichtig dankbar; es hat mir das wirklich sehr gut getan, wenn ich auch sagen darf, daß Sie mich wahrscheinlich auf Grund der Äußerung meiner Frau, die sogar meine Erkrankung als eine Wirkung des Krieges hinstellt — für einen viel schlimmeren Pessimisten zu halten scheinen, als ich wirklich bin. Als damals die Türken loslegten und es schon hieß, sie hätten den Suezkanal in Händen, oder als mit jenem Zurückschlagen der russischen Offensive nebst dreitägiger Beflaggung viele Enthusiasten nun schon die ganze russische Armee vernichtet glaubten, bei solchen Gelegenheiten habe ich allerdings mit meiner abweichenden Meinung nicht zurückgehalten und damit, wie es scheint, einige Würzburger Hurra-Patrioten verletzt." (TH. BOVERI an RÖNTGEN, Würzburg, 17. I. 1915.)

Es folgt ein Brief von RÖNTGEN:

„Ob wir nicht nach England kommen können und werden, scheint doch in maßgebenden Kreisen noch fraglich zu sein: bei dem Besuch des Deutschen Museums in Essen wurden 21 m (!) lange Kanonen gezeigt, die den Zweck haben sollen, an der französischen Küste aufgestellt eine Seeschlacht zu unseren Gunsten zu beeinflussen, und es wurde von kompetenter Seite die Meinung geäußert, daß es sehr wohl möglich sei, daß eine solche Schlacht unter diesen Umständen zu unseren Gunsten ausfiele. Spereamo!

Vorläufig müssen wir uns damit begnügen, daß das russische Heer durch allerlei Ursachen so dezimiert ist, daß aus der anfänglich 4—5 fachen Übermacht eine 2 fache geworden ist, und daß die Artillerie ganz ungenügend geworden ist. In den Konzentrationslagern sollen die Russen wie die Fliegen an Flecktyphus sterben: scheußlich! DIEUDONNÉ von hier war besonders deswegen dort.

Wir finden das Brot hier ganz gut genießbar. Das K-Brot ist sogar sehr gut . . .“ (RÖNTGEN an TH. BOVERI, München, 18. I. 1915.)

In der Erwiderung auf den letzten Satz schrieb TH. BOVERI:

„Wir bekommen statt Brot wahre Steine, die einem im Magen liegen bleiben. Jedenfalls verstehen die Bäcker nicht, die Kartoffeln richtig zu verwenden. Daß man aus *zwei* guten Dingen, wie es bis vor kurzem einerseits das Brot, andererseits die Kartoffeln waren, *ein* schlechtes macht, scheint mir nicht sehr zweckmäßig zu sein, wenn nicht der Zweck der sein soll, daß man sich das Essen ganz abgewöhnt. Entschuldigen Sie das Geschimpf; aber es erleichtert mich.“ (TH. BOVERI an RÖNTGEN, Würzburg, 20. I. 1915.)

Dann berichtet wieder RÖNTGEN:

„In Frankreich ist von unseren Leuten so viel Getreide angebaut, daß eine normale Ernte ausreichen wird, um unsere 70 Mill. Deutsche auf 40 Tage zu ernähren! Aber welche Arbeit wird es später den Franzosen kosten, um ihre Grundstücke, die jetzt ohne weiteres zu großen Feldern vereinigt sind, wieder an den richtigen Besitzer zu bringen. Mit unserem Verhalten im Westen und unseren Erfolgen im Osten können wir also zufrieden sein.“ (RÖNTGEN an TH. BOVERI, Weilheim, 25. V. 1915.)

„. . . Was die Gedanken eines jeden rechten Deutschen in diesen Tagen am meisten beschäftigt und sein Gemüt am stärksten bewegt, ist natürlich der Krieg und die Frage von Deutschlands Zukunft. Ich bemühe mich, meistens mit Erfolg, der Obersten Heeresleitung und unseren Soldaten das Vertrauen entgegenzubringen, daß sie das Zustandekommen eines günstigen Friedens, der uns auf lange Zeit Ruhe sichert, ermöglichen. Erfüllt sich diese Hoffnung, so werde ich den Krieg als ein heilsames Mittel betrachten, das uns sehr notwendig war, um uns von der schiefen Ebene, die unverkennbar abwärts führte, abzubringen, als ein Mittel, das den maßgeblichen Kreisen das Vorhandensein von manchen Schäden und Mängeln, die sich bei uns — in der Gesellschaft, in der Politik, in der Diplomatie, im Militär — eingenistet und . . . (unleserlich) hatten, zum Bewußtsein gebracht hat. Daß uns eine schwere Zeit nötig war, um uns von diesen Dingen zu befreien, das habe ich mehrmals schon *vor* dem Krieg gedacht und gesagt. Hoffentlich werden wir uns von den Schlacken, die die Feuerprobe gebracht hat, befreien können und die Reinigung zu Ende führen.“ (RÖNTGEN an Frau BOVERI, München, 27. IV. 1918.)

Der plötzliche Zusammenbruch unseres Militärs kam RÖNTGEN durchaus überraschend. In einem langen Brief an meine Mutter setzte er sich mit der neugeschaffenen Lage auseinander, und es mag wohl wenige Leute seines Alters und seines Standes gegeben haben, die so vorurteilslos die revolutionären Umwälzungen zu betrachten vermochten und bei aller tiefen Traurigkeit doch die guten Seiten des Neuen und Unbekannten herauszufinden suchten, wie er. Erschütternd ist die Stelle, wo er von seiner Liebe zu dem alten Straßburg spricht.

„. . . Ich habe schon mehrmals vorgehabt, an Sie zu schreiben, kam aber immer nicht dazu; ich wollte Ihnen gerne erzählen, wie ich über dies und jenes, das in der letzten Zeit geschehen ist, denke, aber die Ereignisse trafen meist zu überraschend ein, und der eine Tag brachte entweder eine Bestätigung oder eine Nichtbestätigung von dem, was man sich wohl vorgestellt hatte, daß ich befürchten mußte, daß meine Ansichten längst von den Tatsachen, die allgemein bekannt wurden, überholt sein würden, wenn Sie meinen Brief erhielten. Und doch empfinde ich es gewissermaßen als ein Unrecht, daß ich nicht schrieb.

Über die hiesigen Verhältnisse kann ich Ihnen doch etwas Beruhigendes schreiben. Es sind die Eindrücke, die ich in Gesprächen mit Leuten, die aus eigener Erfahrung referierten, erhalten habe. Die jetzige Regierung und nicht am wenigsten der Präsident SEGITZ gibt sich alle erdenkliche Mühe, die Umwandlung so zu führen, daß dabei vor allen Dingen Ruhe und Ordnung erhalten bleibt. Sie hält sich fern von den Bestrebungen der extremen linken Partei, zeigt dies u. a. durch die Wahl von Leuten in die Regierung, die nicht zur Sozialdemokratie gehören, wie v. FRAUNDORFER, QUIDDE etc., und dokumentiert damit ihre Absicht, eine republikanische Regierungsform zu gründen, in der *alle* Parteien vertreten sein werden. Sie zeigt berechtigten Wünschen gegenüber ein großes Entgegenkommen und wählt dabei einfache und höfliche Formen, so daß z. B. unser Freund Dr. COHEN, der auf dem Kriegs- und einem anderen Ministerium zu tun hatte in Angelegenheiten des Roten Kreuzes, geradezu angenehm überrascht war von seinen Erlebnissen im Gegensatz zu denen, die er früher an gleichen Stellen unter dem alten Regime gehabt hatte. — Auch muß man m. E. sagen, daß alle Veröffentlichungen und Proklamationen der neuen Regierung recht verständig sind. Mit der Anordnung von Veränderungen in Kleinigkeiten befaßt sie sich nicht. Mit kurzen Worten: von *dieser* Regierung ist m. E. das Beste, was erhofft werden kann, wohl zu erwarten. Die Frage bleibt natürlich bestehen, ob sie sich in Zukunft halten kann, wenigstens für die schwerste Übergangszeit, und ob nicht ultraradikale Strömungen bolschewistischer Art die Oberhand gewinnen können. Ich glaube nun mit anderen, daß eine solche Gefahr wenigstens in Bayern nicht wahrscheinlich ist; indessen wird das Ein- oder Nichteintreffen einer solchen wesentlich davon abhängig sein, ob wir imstande sind, unsere heimkehrenden Soldaten ausreichend zu verpflegen oder nicht. Auf eine Hilfe vom Ausland — wenn sie überhaupt gewährt wird! — können wir hier in München nicht rechnen; eine solche würde wohl sicher unterwegs aufgebraucht werden. Im übrigen glaube ich, daß mit jedem Tag, wo die jetzige Regierung am Ruder bleibt und sich in der Hauptsache bewährt und die meisten zufriedenstellt, die Wahrscheinlichkeit zunimmt, daß sie sich halten kann. Sie braucht, wie eine neue Maschine, Zeit zum Einlaufen und funktioniert dann weiter gut und sicher. Einen besonders guten Eindruck hat in weiten Kreisen, eben auch in Arbeiter- und Soldatenkreisen, die Feier im Nationaltheater am vorigen Sonntagabend gemacht: sie soll sehr eindrucksvoll würdig, geradezu stimmungsvoll verlaufen sein, wie ich von verschiedener Seite hörte.

Die ersten Tage der Revolution waren natürlich aufregend. An jenem Donnerstagabend kam ich gerade auf dem Wege von der Universität in den Demonstrationszug, der vor der Schackgalerie (der preußischen Gesandtschaft) hielt, hinein. Ich hielt ihn noch für ziemlich harmlos; als aber in der folgenden Nacht die Schießerei in der Stadt losging, merkte ich, daß Ernsthaftes im Gange war. (NB. Meine Frau hat die ganze Nacht so gut geschlafen, daß sie nur zwei Schüsse hörte und darauf gleich wieder einschlief.) Zum großen Teil war es Unfug, der von jungen Burschen und aufgeregten Menschen verübt wurde. (Von einer Demolierung des Hotels z. bayr. Hof, von dem Sie gehört haben, ist nicht die Rede.) Am Freitag sind auf der Straße in der Nähe des Bahnhofs unwürdige Behandlungen von Offizieren vorgekommen, und am Samstagabend, als die falsche Nachricht eintraf, daß Kronprinz Ruprecht mit Militär sich München nähere, war große Aufregung und in der Ludwigstraße unnütze Schießerei. Ich glaube, daß, wenn der Kronprinz wirklich mit treu gebliebenen Soldaten gekommen wäre, der größte Teil der aufrührerischen Soldaten zu ihm übergegangen wäre. Glücklicherweise ist das aber nicht geschehen und so ein Bürgerkrieg vermieden worden. Bis jetzt bietet München so das Bild der Ruhe, daß ich z. B. bis jetzt gar keine Veranlassung fand, meine täglichen Gänge auf die Universität zu unterlassen. Jedenfalls würde hier wohl fast jedermann die von Ihnen gemeldete Besorgnis des Freiherrn VON HUTTEN für sehr übertrieben halten. Wenn ich ganz ehrlich sein soll, so muß ich bekennen, daß ich mit der Möglichkeit, wenn auch keineswegs mit der Wahrscheinlichkeit, rechne, daß in unserem Hause, das so sehr exponiert liegt und vielen Leuten in die Augen fällt, eingebrochen werden könnte. In einem solchen Fall steht zu hoffen, daß der eingerichtete Sicherheitsdienst seine Aufgabe erfüllen würde.

Wenn Sie noch Zeit und Lust haben, über einige meiner Eindrücke etwas zu erfahren, die die letzten großen Ereignisse in mir hervorgebracht haben, so lesen Sie noch das Folgende. Als die unerwarteten Nachrichten eintrafen, daß unsere letzte und auch die bescheidenste Hoffnung auf das Standhalten unserer Front im Westen aufgegeben sei, war ich in doppelter Beziehung äußerst niedergeschlagen: einmal durch die Tatsache selbst und zweitens dadurch, daß mein bisheriges Vertrauen zu der obersten Heeresleitung plötzlich vernichtet wurde. Wir sind, was ich nie geglaubt haben würde, daß es geschehen könnte, von dieser Leitung usw. arg hinter das Licht geführt worden. Ob mit oder ohne Wissen, will ich günstigstenfalls unbestimmt lassen. Aber wenn auch die vorherigen Berichte in gutem Glauben abgefaßt worden wären, so wäre das Nichtkennen der wirklichen Verhältnisse an jener Stelle doch ein gewaltiger Fehler, den ich ihr früher nicht zugetraut haben würde.

Daß wir in Deutschland im sozialen Leben von dem richtigen Weg abgekommen waren, daß statt einer wahren Heimatliebe vielfach Großmannssucht getreten war, daß wir zu materialistisch geworden waren, darüber habe ich mich auch Ihnen gegenüber schon lange vor dem Krieg geäußert und auf das, wie mir schien, einzige Heilmittel hingewiesen. Daß wir aber unseren Fehler *so* schwer büßen müßten, daß das Heilmittel ein so furchtbares sein müßte, das habe ich nicht gedacht und noch weniger gehofft. Die Waffenstillstandsbedingungen und die vermutlich uns zu stellenden Friedensbedingungen sind so niederdrückend, daß es schwer wird, wenigstens noch den Mut zu behalten, der uns bleiben sollte, um uns unter neuen Verhältnissen eine gedeihliche Existenz zu schaffen. Vielleicht sieht das Alter zu schwarz, und hoffentlich hat die Jugend in dieser Beziehung andere Ansichten. — Ob eine solche Existenz besser bei einer republikanischen Verfassung zu erreichen und zu führen sein wird als unter einer monarchisch-parlamentarischen Regierung, das ist eine Frage, die ich nicht beantworten kann. Ich habe wohl in der Schweiz erfahren, daß eine Republik ihre guten Seiten haben kann, bin aber unsicher darüber, ob das politisch wenig ausgebildete deutsche Volk mit einer solchen ebensogut auskommen kann als die Schweizer. Auch haben wir in Amerika ein Beispiel, das uns nicht gerade zu der Ansicht ermutigt, daß eine Republik die beste Staatsform sei. Mit meinen so wenig ausgebildeten politischen Kenntnissen und Erfahrungen muß ich meine Ansicht, daß eine monarchisch-parlamentarische Regierung, wie ich sie in Holland erlebte und wie sie in England besteht, die wünschenswerteste ist, nicht für maßgebend halten. — Armes, armes Deutschland, was wird aus dir werden?! —

Gegen diese Hauptsorge treten alle anderen zurück, sollen es wenigstens tun. Der Verlust von Elsaß, speziell von Straßburg, geht mir, der ja dort die Gründung der Universität unter so ungemein großer Begeisterung miterlebte und dort eine der schönsten, arbeitsreichsten Perioden seines Lebens zugebracht hat, ganz besonders nah. Manchmal betrachte ich das Bild von Straßburg, das in meinem Zimmer hängt, und summe das alte Lied ‚O Straßburg, o Straßburg, du wunderschöne Stadt' usw. vor mir her. Und so gibt es noch manches, was überwunden werden muß. Glücklicherweise hält sich meine Frau sehr gut; sie hat wenig Schmerzen, ist für ihr Alter und für alles, was die durchgemacht hat, doch noch recht leistungsfähig, körperlich wie geistig, und ist auch fast immer in verhältnismäßig guter Stimmung. Wir überlegen uns jetzt immer, was wir von unserer großen Wohnung der Stadt anbieten können, wie wir es einrichten sollen, Mitbewohner unterzubringen, kommen aber zu keinem rechten Ergebnis und vermissen einen guten Rat.

22. XI. 1918.

Mein Geschreibsel blieb unfertig liegen. Inzwischen telephonierte ich an Sie und erhielt Ihren Brief. Es freut uns, daß Sie die Übersiedlungsfrage noch im Auge behalten wollen, und hoffen nur, daß Sie und Margret sich nicht zuviel aufbürden müssen. Wenn sehr viel Leute, ich will gar nicht einmal sagen alle Leute, in Deutschland so opferwillig wären wie Sie beide, dann stünde es um uns sehr viel besser. Wir wollen Ihre Hilfe hoch anerkennen und dafür dankbar sein.

Nun aber endlich zum Schluß; ich würde sonst noch lang kein Ende finden. Manchmal ist es mir wie ein böser Traum, den ich träume, und oft erschrecke ich darüber, daß ich Wirkliches erlebe! ..." (Röntgen an Frau u. Margret Boveri, München, 19. XI. 1918.)

Immer weiter verfolgte Röntgen die Zeitereignisse mit regem Interesse, und mit der zunehmenden Trostlosigkeit der Inflationszeit sanken seine Stimmung und seine Hoffnungen mehr und mehr. Er schrieb u. a.:

„So erzählte z. B. Cohen, der in den letzten Tagen ausschließlich mit der Wackergesellschaft zu tun hatte und dort verschiedene Herren der Industrie aus Berlin und Wien traf, daß man in diesen Kreisen annimmt, daß die Preise von *allen* Sachen noch etwa auf das 8fache steigen werden. Die Kohlennot würde im nächsten Winter noch viel größer sein als jetzt. Österreich mache in einigen Monaten Bankerott, Deutschland etwas später und dann folge bald Frankreich, wo die Zustände ähnlich liegen sollen wie bei uns. Eine trostlose Zeit! Ich habe heute mit meinen Mädchen ernsthaft darüber gesprochen." (Röntgen an Frau Boveri, München, 3. XII. 1919.)

„Mir scheint, daß der Herr Kapp nicht der richtige Mann ist, um etwas dauernd Gutes zustande zu bringen. Er gehört zu der altdeutschen Partei, und es wäre wohl besser gewesen, die bevorstehenden Wahlen, die sicher einen großen Teil der Regierungsmenschen weggefegt hätte, abzuwarten. Die Bahnverbindung — für Personen — mit München hat vorläufig aufgehört; es fahren nur Züge, die Briefe und Lebensmittel transportieren. Schauderhafte Zeit! Auf das Militär, das doch hauptsächlich aus Prätorianern besteht, ist kein Verlaß . . .“ (RÖNTGEN an Frau BOVERI, Weilheim, 16. III. 1920.)

„. . . Denken Sie, BRENTANO rechnet damit, daß infolge von Stillstand der Geschäfte gegen Ende des Jahres etwa 15 Millionen Leute in Deutschland ohne Verdienst sein werden! Hoffentlich sorgt man dafür, daß diese Leute nicht die Macht in die Hände bekommen . . .“ (RÖNTGEN an Frau BOVERI, Weilheim, 31. V. 1920.)

Da in der deutschen Nachkriegszeit auch der Antisemitismus zur Politik gehörte, so mag an dieser Stelle eine Äußerung RÖNTGENs über diesen Punkt folgen:

„. . . Wenn W. H. antisemitisch gesinnt ist, so stört das *mich* gar nicht: ich bringe ihn nur mit anständigen Leuten zusammen. Ich war in letzter Zeit viel mit COHEN zusammen; er war sehr herzlich und gab mir Briefe seiner Mutter zum Lesen und außerdem Tagebuchblätter seines Vaters über dessen intimen Verkehr mit BISMARCK, dessen Arzt er war, die höchst interessant sind und zum Teil in historischen Aufsätzen verwendet werden sollen . . . Was Sie von antisemitischen Vorfällen in Würzburg schreiben, ist recht betrübend; hier ist es nicht besser; so ist z. B. kaum eine Wohnungsanzeige für Studenten in der Universität zu lesen, auf der nicht bemerkt steht: ‚Jude ausgeschlossen‘, und mir ist ein Fall bekannt, wo eine Dame zu einem Studenten, der ein Zimmer bei ihr ansah und seinen jüdisch klingenden Namen nannte, sagte: ‚Israeliten nehme ich nicht auf‘. Daß anständige Menschen von minderwertigen Personen so offen schwer gekränkt werden können, ist ein trauriges Zeichen der Zeit.“ (RÖNTGEN an Frau BOVERI, Weilheim, 12. V. 1921.)

Empört und verständnislos stand RÖNTGEN der als Nachkriegsreaktion wild ausbrechenden Vergnügungssucht in Deutschland gegenüber. Er schreibt:

„Von dem verschwenderischen, durch Aufputz und Benehmen ekelhaften Faschingsleben hier können Sie sich keinen Begriff machen: im Jahr 1921 wurden in Deutschland 4 Millionen Flaschen Sekt *mehr* getrunken als im Jahr 1914, also täglich 10000 Fl. mehr! Und dabei leiden so viel, viel Menschen not. Es ist furchtbar traurig . . .“ (RÖNTGEN an Frau BOVERI, München, 25. III. 1922.)

Es ist klar, daß RÖNTGEN mit äußerster Strenge gegen sich und seinen Haushalt verlangte, daß die Kriegsgesetzgebung in bezug auf Nahrungsmittelverbrauch eingehalten werde. Als er merkte, daß Frau RÖNTGEN in ihrer berechtigten Sorge um seine Gesundheit mit Hilfe der findigen KÄTCHEN diese Strenge zu umgehen suchte, um ein etwas reichhaltigeres Essen aufzutischen, griff er selbst in den Gang der Haushaltung ein, kontrollierte mit wissenschaftlicher Genauigkeit und täglicher Benutzung der Waage den Verbrauch an Fett, Fleisch, Mehl, Zucker usw., verlangte das Einwecken und Aufbewahren der Gemüse, Fleischstücke, Pilze und sonstigen Vorräte, die man erhalten hatte, und kümmerte sich täglich von neuem um alle Haushaltungsangelegenheiten, zum nicht geringen Ärger von Frau RÖNTGEN, KÄTCHEN und der Köchin. Bei Tisch suchte Frau RÖNTGEN ihrem Mann die besten Stücke zuzuschieben, er legte sie auf ihren Teller zurück, und so kam es oft aus lauter Liebe und Opferbereitschaft zu Verstimmungen.

Als wir einmal in Weilheim vor einem mageren Essen saßen, während ich als fleißige Küchengängerin wußte, daß die Mädchen in der Küche „nur Rohrnudeln“ hatten, konnte ich mich nicht mehr beherrschen und meldete, daß ich auch gern etwas von den Rohrnudeln der Küche hätte. RÖNTGEN befahl erstaunt, aber nachsichtig, eine Probe dieses Dienstbotenessens zu bringen, und fühlte sich gleich von dem knusprigen bayrischen Gericht so angezogen, daß er selbst 4 Stück verzehrte. Fortan waren Rohrnudeln eine der beliebtesten Speisen im Haus.

Ich erinnere mich auch noch, daß wir — meine Mutter, Röntgen und ich — eines Nachmittags auszogen, um Brennesseln zu sammeln, die als Spinat gekocht werden sollten. Handschuhe waren damals schon Luxusgegenstände, und so pflückten wir mit bloßen Händen 2 Rucksäcke voll Nesseln und liefen noch tagelang mit entzündeten und geschwollenen Händen herum, was sich durchaus nicht gelohnt hatte; denn die alten, zähen, im Hochsommer gepflückten Brennesseln waren fast uneßbar.

In das erste Nachkriegsjahr fällt die letzte Krankheit und der Tod von Frau Röntgen. Ihr Mann berichtete darüber fortlaufend an meine Mutter; eine Probe aus der Krankengeschichte sei hervorgehoben:

„Von meiner lieben Patientin will ich Ihnen offen das schreiben, was mir nach den Unterredungen mit Dr. Quenstedt und nach meinen Beobachtungen deutlich geworden ist. Zur Sicherheit will ich meine Ansicht heute abend auch Müller vorlegen und Ihnen morgen früh seine Antwort mitteilen ... Die Krankheit, Nieren- und Herzinsuffizienz, ist nicht heilbar und nimmt von Tag zu Tag zu; damit auch die Schwäche des Körpers und des Geistes. Die angewendeten Mittel können Bertha nur das Leben erleichtern, die sehr stark gewordene Anschwellung von Beinen und Unterleib geht nie mehr zurück; es ist ausgesprochene Wassersucht vorhanden. Wie lange Bertha noch leben wird, ist nicht festzustellen; das kann wenige Tage, aber auch noch mehrere Wochen dauern.

Das Sprechen fällt ihr schwer und ebenso das Denken; wir sind schon zufrieden, wenn sie fast den ganzen Tag und die Nacht — im Bett — schläft, und wenn ich dann für kurze Zeit mit ihr zwischendurch etwas sprechen kann. Wir sprechen häufiger vom Sterben, was uns beiden nicht sehr schwer wird. Dabei vermeide ich natürlich, ihr meine oben ausgedrückte Ansicht genau mitzuteilen, und suche ihr Mut und Vertrauen einzuflößen. Ihre eigene Ansicht über baldiges Sterben wechselt, sie ist ein Vorbild von Geduld und immer voller Dankbarkeit für das, was man an ihr tut ...

Nun habe ich Ihnen noch zu berichten, daß ich unter dem 18. d. M. an das Kultusministerium das Gesuch gerichtet habe, mich zu Ende dieses Semesters von der Verpflichtung, zu lesen und das Laboratorium zu leiten, zu entbinden und zu gestatten, daß Prof. Wagner mich im Verhinderungsfall in diesem Semester vertritt. Ich beabsichtige, sehr viel verhindert zu sein.

Ihr lieben Leute, mein Brief ist ein blasses Referat über das Wichtigste, was in den letzten Tagen geschah. Ich will absichtlich keine Stimmungsbilder hinzufügen: da könnte ich noch lange schreiben; ich erzähle Ihnen lieber später einmal darüber. Glücklicherweise fühle ich mich vollständig kräftig genug, um meine Aufgabe wenigstens soweit zu erledigen, daß doch das Nötigste nicht vernachlässigt wird. Kätchen ist eine ausgezeichnete Stütze.

24. Oktober. Eine ausführliche Besprechung mit den Ärzten ergab gestern abend, daß ich doch etwas zu schwarz geschildert habe. In Wirklichkeit genügen die Körperkräfte und die Herztätigkeit durchaus, um mit Grund hoffen zu dürfen, daß meine Frau wieder soweit in die Höhe kommt, um täglich vor- und nachmittags mehrere Stunden außer dem Bett ohne besondere Beschwerden zuzubringen und ihr Leben bis zu einem gewissen Grad genießen zu können. Die in Anbetracht des Alters wohl nicht ganz zu behebende Wassersucht braucht dann keine wesentliche Störung zu bewirken. Diese, wie mir ausdrücklich versichert wurde, nicht beschönigende Mitteilung, zusammen mit einem längeren Gespräch über wissenschaftliche Fragen, haben mich gestern abend so aus meiner trüben Stimmung herausreißen können, daß ich sogar auf kurze Zeit alles Schwere vergessen konnte." (Röntgen an Frau Boveri, 23./24. X. 1919.)

Daß Röntgen und nicht die Ärzte in ihrer aufmunternden Prognose recht hatten, beweist der am 31. Oktober erfolgte Tod der 80jährigen. Die traurige Zeit wurde für Röntgen noch dadurch erschwert, daß infolge der Revolution sein Hausherr in der Äußeren Prinzregentenstraße (Abb. 56), Prinz Alfons, selbst gezwungen war, das Haus zu beziehen, und daß Röntgen wenige Tage vor dem Tode seiner Frau den Umzug in die Maria-Theresia-Straße 11 machen mußte.

Daß nach einer 47jährigen innigen Lebensgemeinschaft dieser Tod eine schwere Lücke reißen mußte, braucht nicht betont zu werden. RÖNTGEN versuchte auch in den darauffolgenden Jahren in anhänglichster Treue die Gemeinschaft weiterzuführen. Einige Briefe mögen über seine Treue Aufschluß geben:

„Von den Briefen, die ich in letzter Zeit bekam, möchte ich Ihnen einen zum Lesen geben und lege ihn deshalb bei. Er ist von einem Grafen MOLTKE, der seinerzeit, als ich im Berliner Schloß einen Vortrag gehalten hatte, nach der Tafel bei Zigarren und Bier mein linker Tischnachbar war; rechts saß der Kaiser. Der Brief hat mich durch seinen Inhalt und in Erinnerung an frühere Zeiten recht gerührt; ich las ihn auch meiner Frau, d. h. der auf meinem Schreibtisch stehenden Photographie, vor, und ich war gewiß, daß er auf meine Frau bei Lebzeiten einen erfreuenden Eindruck gemacht hätte. Wie war sie so stolz auf mich, und doch hat sie sich nicht verleiten lassen, den Ruhm ihres Mannes für sich zu mißbrauchen, wie es manche Frauen tun.“ (RÖNTGEN an Frau BOVERI, München, 13. I. 1920.)

Auch der Geburtstag von Frau RÖNTGEN am 22. April wurde alljährlich weitergefeiert; RÖNTGEN schreibt darüber an meine Mutter:

„Mit einem Herzen voll des Dankes und in der wohl wehmütigen, aber doch gefaßten, und sogar auf kurze Zeit glücklichen Stimmung, in der ich den gestrigen Tag verbringen durfte, habe ich das Bedürfnis, Ihnen Bericht zu geben. Mein Dank richtet sich zunächst gegen Sie, liebe Freundin und liebe MARGRET, die mit soviel Güte, Zartgefühl und Rücksicht mir helfen zu leben und mich mit dem Unabänderlichen abzufinden; die dafür sorgen, daß meine letzten Lebenstage nicht freudlos und in dem schmerzlichen Gefühl der gänzlichen Vereinsamung vergehen. ‚Gott schütze dich‘, waren häufig die Worte, die meine Frau in ihrer letzten Zeit an mich richtete: Sie sind das Werkzeug in Seiner Hand, um dieses Gebet ihr zu erfüllen, und Er hat das beste gewählt, was Er nur geben konnte. Ich fühle mich bei Ihnen so gut aufgehoben; frage mich aber manchmal, womit ich dieses Glück wohl verdient haben könnte. Es ist mir dann ein lieber Gedanke, es sei die Fürsorge der Verstorbenen, die mich und Sie lieb gehabt haben, und so breitet sich der Kreis, dem ich Dank schulde, noch weiter aus. —

Lassen Sie mich erzählen, wie der gestrige Tag in der Hauptsache verlief, bevor ich auf Ihre beiden Briefe, die zu beantworten sind, eingehe. Ich hatte KÄTCHEN beauftragt, am Dienstag nach München zu fahren, um dort einige Blumen einzukaufen; das hatte sie recht gut besorgt, und so konnten wir am Geburtstagsmorgen die in dem Ausbau des Wohnzimmers gelegene Ecke, wo meine Frau gern in ihrem Korbsessel saß, mit blühenden Pflanzen schmükken: Rosen, Goldlack, Levkojen, Zinerarien, Primeln und — was ich nicht hätte zuletzt erwähnen sollen — Ihre Maiglöckchen umringten die Photographie, die auf dem Sessel stand und erfüllten bald das Zimmer mit herrlichem Duft. Auch das Bild über der Chaiselongue war mit Blümchen geschmückt. Ich konnte mir denken, daß meine Frau zufrieden gewesen wäre, wenn sie alles gesehen hätte. Gleich nach dem Frühstück fing ich an, die Briefe durchzusehen und einige davon zu lesen, die meine Frau vor einem Jahr erhielt, und konnte ich mich an der vielen Liebe und Verehrung, die meiner Frau in ihrem Leben entgegengebracht wurden, erwärmen. Als ich mit Lesen noch nicht fertig war, kam Ihr Brief und Ihr Paketchen, so gerade im richtigen Augenblicke, um meine Stimmung noch mehr heben zu können. Es ist wunderbar, wieviel Sie in Ihrem Gedächtnis haben aufnehmen können — und — wollen! —, um damit bei geeigneter Gelegenheit Ihren Mitmenschen und besonders mir eine Freude zu machen oder ihnen zu helfen. Es war in der Tat eine alte Gewohnheit, am Geburtstag meiner Frau die ersten Spargeln, wenn möglich, zu essen, und an alten Gewohnheiten hänge ich sehr, hätte es mir aber wegen der schlechten Zeiten diesmal versagt, diese Gewohnheit beizubehalten. Daß Sie daran gedacht und mir den Wunsch erfüllt haben, ist *sehr* lieb von Ihnen! . . . Auf die vermeldete Lektüre befragte ich das Tagebuch meiner Frau nach den Ereignissen am 22. April der letzten Jahre, fand aber darin über den 80. Geburtstag merkwürdigerweise nichts bemerkt. Daß wir an jenem Tag im Garten die *letzten* Veilchen pflückten, hatte ich in meiner Krankengeschichte notiert, und ich konnte zufällig auch diesmal die letzten pflücken und meiner Frau hinstellen. — Den Nachmittag verbrachte ich mit Ordnen der Briefe von 1919 bis jetzt. Von Ihnen ein dickes Paket voller Liebe und Freundschaft! Gearbeitet wurde auf meinen Wunsch von allen im Hause nicht. — Zum Abendessen genoß ich einen Teil der ganz vorzüglichen, kostbaren Spargeln, und nachher nahm ich die Briefe usw. vor, die ich als Beileidsschreiben nach dem Tode meiner Frau erhielt. Das war nun wieder eine wehmütige, aber doch auch sehr beglückende Beschäftigung: erfuhr ich doch wiederholt, wie richtig meine Frau von verschiedenen im Leben verschieden gestellten Menschen beurteilt wurde und wieviel Güte und Liebe sie geerntet hat. — In Frieden konnte ich deshalb den Tag beschließen . . .“ (RÖNTGEN an Frau BOVERI, Weilheim, 23. IV. 1920.)

Die RÖNTGENs vergaßen selten einen Geburtstag oder andere Festtage ihrer Freunde. Zu meinem vierzehnten Geburtstag in den ersten Tagen des ersten Weltkrieges erhielt ich folgende Zeilen:

„Gestern abend sahen meine Frau und ich in unserem Notizbüchlein nach, welche Geburtstage von lieben Freunden in dieser Zeit stattfinden, und da fanden wir, daß Du den Deinigen schon am 14. hast! Es tut uns recht leid, daß wir nun mit unseren Glückwünschen zu spät kommen müssen. Indessen *zu* spät kommen herzlich gemeinte Wünsche doch wohl niemals, und so hoffen wir denn, daß das angetretene Jahr für Dich ein glückliches sein mag, das Dir manche Freude und manchen Fortschritt bringt. Du hast das große Glück, Eltern zu besitzen, die Dich so recht innig liebhaben, die Dir so gern und so gut den Weg zeigen können, auf dem Du mit Deinen schönen Gaben und Deiner guten Anlage vorwärtskommen kannst. Mögen sie Dir und Du ihnen noch lang erhalten bleiben.

Wie hast Du Deinen Geburtstag gefeiert? Das mußt Du mir einmal schreiben, wenn Du Zeit hast. Von Deinem Papa erfuhr ich, daß Du jetzt viel zu tun hast und daß Du Dich sehr nützlich machst. Diese Arbeit geht natürlich vor, und ich will gern warten, bis einmal ruhigere Zeiten gekommen sind. Jetzt müssen alt und jung für unser Vaterland tun, was sie können, das ist nicht mehr als recht und schafft uns selbst die höchste Befriedigung; so dürfen wir auch hoffen, daß der Krieg für Deutschland ein gutes Ende nimmt, trotz aller Übermacht und Niedertracht unserer Feinde. Hier ist ein jeder, den ich spreche, voller Zuversicht.

Und so wollen wir dann hoffen, daß wir uns einmal gesund und munter wiedersehen.

Grüße Deine lieben Eltern vielmal von der Tante und von mir, und behalte etwas lieb.“ (RÖNTGEN an MARGRET BOVERI, 17. VIII. 1914.)

Als ich mich in den Jahren 1917—1920 auf das Abitur vorbereitete, nahm RÖNTGEN den lebhaftesten Anteil an meinen Schulsorgen, und wir hatten in jener Zeit sehr oft Gespräche über wissenschaftliche Gebiete. Wie sehr er immer auf Selbständigkeit drang, möge ein kleines Beispiel zeigen.

Am 22. Dezember 1917 schrieb ich in einem meiner Briefe:

„Außerdem haben wir noch auf heute einen garstigen Aufsatz aufgehabt: Mit welchem Recht hat KARL, der Sohn PIPPINS, den Beinamen DER GROSSE bekommen? Meiner ist elf Seiten lang geworden.“

Daraufhin schrieb RÖNTGEN:

„Dann würde es mich doch mächtig interessieren, einmal zu erfahren, was Du in Deinem 11 Seiten (!) großen Aufsatz über KARL DEN GROSSEN geschrieben hast. Könntest Du mir das unverfälschte Opus nicht einmal schicken? Ich sichere Dir alle Diskretion und Wahrung aller Autorrechte zu!“ (RÖNTGEN an MARGRET BOVERI, Weilheim, 3. I. 1918.)

Ich schickte also die erste Niederschrift dieses Aufsatzes und bekam daraufhin folgende Anfrage:

„. . . Hauptzweck dieser Zeilen ist, Dich zu fragen, unter welchen Umständen Du den mir geschickten Aufsatz geschrieben hast. Das möchte und muß ich wissen, wenn ich Deine Leistung bei dieser Arbeit beurteilen soll, was ich doch auf keinen Fall unterlassen möchte, weil mich die Sache recht interessiert. Ich bitte also mir folgende Fragen zu beantworten. Deine Kenntnisse über Kaiser KARLs Eigenschaften hast Du natürlich aus Vorträgen und wohl auch aus einem Buch erworben. Welches Buch ist das? Hast Du den Aufsatz *zu Hause* und mit Benutzung dieses Buches oder von in der Schule nachgeschriebenen Vorträgen geschrieben? Ich denke, Du verstehst mich recht: ich suche zu erfahren, wieviel Selbständiges von Dir bei der Darstellung geleistet wurde. Natürlich bei der *Darstellung*, das *Geschichtliche* tritt selbstverständlich ganz in den Hintergrund. Ist Dir z. B. der Gedanke, zunächst die Bedeutung des Beinamens ‚Der Große‘ angeben zu müssen, von selbst gekommen? . . .“ (RÖNTGEN an MARGRET BOVERI, München, 13. I. 1918.)

Worauf ich am 23. Januar folgendes antwortete:

„Also den Aufsatz haben wir über Haus aufgehabt und eine Woche Zeit dafür gehabt. Es wurde uns noch gesagt, daß wir in der Einleitung etwas über Beinamen sagen sollten und in der Durchführung zuerst KARL als Feldherrn, dann als Staatsmann, dann als Mensch behandeln sollten und am Schluß die Wirkung seiner Regierung auf spätere Zeiten andeuten sollten. Wir haben ein Geschichtsbuch von STICH-DOEBERL, aber die ganze Geschichte von der ersten Wanderung der Deutschen bis 1500 ist in 200 Seiten geschrieben, also kannst Du Dir denken, wieviel von KARL dem Großen drinsteht. In den Geschichtsstunden erklärt der Prof. das, was im Buch steht, etwas genauer, aber Vorträge, wo wir mitschreiben, hält er uns nicht. Ich habe zu Hause über die menschliche Seite KARLS des Großen in der Weltgeschichte von WEBER noch etwas nachgelesen und außerdem habe ich mich noch an manche Dinge erinnert, die ich früher schon gelernt habe . . ."

Daraufhin ging RÖNTGEN in die Staatsbibliothek und ließ sich das Lehrbuch von STICH und die Weltgeschichte von WEBER geben, um die darin enthaltenen Details über KARL DEN GROSSEN nachzulesen. Und alles dies, um feststellen zu können, daß sich ein Schulkind in seiner Ausdrucks- und Darstellungsweise nicht an die Vorlagen angelehnt hatte, sondern selbständig vorgegangen war.

Weit angelegentlicher kümmerte er sich natürlich um meine Physikstunden. Wir hatten 1 Jahr lang eine ausgezeichnete Physiklehrerin, und auf meinen ersten Bericht über die Stunden hin antwortete er folgendes:

„Wie ein altes Kriegspferd, das die Trompete blasen hört, lebhaft wird, so stutzte ich auch, als ich in Deinem Brief die Worte: Erg, Joule etc. las. Das Wort ‚Metersekundenkilogramm', das Dich gereizt hat, ist in der Tat ein Monstrum; das aber auch, soviel ich weiß, kaum gebräuchlich ist. Man begnügt sich meistens auf diesem Gebiet mit den Einheiten: ‚Watt' und ‚Wattstunde', und sagt lieber, wenn es nötig ist: Meterkilogramm in der Stunde. So viel Zeit resp. Raum nimmt man sich noch. Übrigens würde es mich sehr interessieren zu erfahren, wie Euch auf diesem Gebiet der Unterricht erteilt wird: ist Euch z. B. der Unterschied zwischen Kraft und Arbeit auseinandergesetzt und klargeworden? Das halte ich für wesentlich wichtiger als der Gedächtniskram über Einheiten, deren Kenntnis natürlich auch nicht, namentlich später, unterbleiben darf . . ." (RÖNTGEN an MARGRET BOVERI, Weilheim, 3. I. 1918.)

Ich beschrieb ihm die Experimente, die wir in der Schule machten, und die Apparate, die ich zum Vergnügen mit einem Freund baute, und RÖNTGEN nahm mich, wenn ich in München war, in sein Institut und ins Deutsche Museum mit, wo wir viele Stunden zusammen zubrachten. Einmal prüfte er mich etwa 1 Stunde lang über physikalische Fragen, und sagte am Schluß mit einem Seufzer: „Wenn die Physikumskandidaten so viel Physik könnten wie Du, könnte ich lauter 2er geben, statt so viele durchfallen lassen zu müssen." Er war im Examen sehr gefürchtet, da es bei ihm nicht Examensfragen gab, die man einfach einpauken konnte, sondern weil er immer versuchte festzustellen, ob die Studenten den Stoff mit Verständnis und Intelligenz sich zu eigen gemacht hatten.

Noch während ich in der Schule war, richtete er es so ein, daß ich in meinen Ferien in den Münchener Zwischensemestern für die Kriegsteilnehmer einige Vorlesungen bei ihm und WILLSTÄTTER hören konnte. Was er über den erzieherischen Wert des Physikstudiums und die Art seiner Gestaltung dachte, geht aus dem folgenden Brief hervor:

„Dein lieber Brief vom 22. Juni blieb wieder länger liegen, als ich anfänglich dachte; er kam nämlich ziemlich gleichzeitig mit einigen brieflichen und telegraphischen Glückwünschen usw. zu meinem 50jährigen Doktorjubiläum (auch am 22. Juni!), die eine baldige Erwiderung verlangten, und wenn mir das Schreiben schon überhaupt immer nicht so recht geläufig ist, so machen mir derartige Dankschreiben ganz besonders viel zu schaffen. Bevor ich eine solche Epistel, die ein anderer im Handumdrehen verfaßt, fertiggemacht habe, braucht es viel Zeit und Kopfzerbrechen — und schließlich kommt noch nicht einmal etwas Vernünftiges dabei heraus.

Weil ich nun mein Jubiläum einmal erwähnt habe, erzähle ich Dir etwas mehr über die Angelegenheit. Beiliegend findest Du ein Separatexemplar der Adresse, die mir die Berliner Akademie geschickt hat; sie ist nämlich nach meinem Empfinden so formvollendet schön, daß Du vielleicht daran ein wenig Freude haben kannst. Außerdem bringe ich sie Dir zur Kenntnis, weil Du zu den mir allernächst stehenden Menschen gehörst, mit denen ich gern Freud und Leid teilen möchte, und zwar beiderseitiges. Ich habe auch eine Abschrift von meiner nach langer Brutzeit ausgeschlüpften Antwort beigelegt zur Bestätigung des oben Gesagten; es ist wiederum kein Edelfalke geworden, sondern ein flügellahmer Allerweltsvogel . . .“ (Es folgt die Erzählung über die Aushändigung des Doktordiploms, die schon im Kap. Jugendzeit und Universitätsleben abgedruckt wurde.)

„Daß Du Dich für Physik noch immer so interessierst, freut mich natürlich sehr; einmal weil ich sie auch so sehr schätze und liebe, aber dann auch Deinetwegen: die Geistestätigkeit auf dem Gebiet der experimentierenden Wissenschaften, insbesondere der Physik, mit ihren nicht komplizierten Fragestellungen, der meistens vorhandenen Möglichkeit, eindeutige Antworten zu bekommen und der dabei befolgten Forschungsmethode — das ‚Experiment‘ — ist so sehr verschieden von derjenigen, die nötig ist, um z. B. Sprachwissenschaft oder Kunst zu treiben, daß es für die Ausbildung von einer Persönlichkeit von Deiner Begabung sehr nützlich ist, mit beiden Arten bekannt und vertraut zu werden. Aber auch noch in anderer Beziehung leistet die Physik Dir einen wichtigen Dienst: allen lebenden Wesen, also auch den Menschen, und bei diesen insbesondere im frühesten Lebensalter, ist die Fähigkeit gegeben, ‚Beobachtungen‘ machen zu können und *daraus die richtigen Folgerungen zu ziehen*. Diese Gabe verkümmert sehr häufig in der Jugend infolge intensiver Beschäftigung mit Unterrichtsgegenständen usw., und das ist sehr schade, weil sie sehr nützlich ist und hohe Befriedigung bringen kann. Alle Naturwissenschaften, mit Ausnahme der bloß oder vorwiegend registrierenden, sind geeignet, diese Gabe zu pflegen; welche am besten dazu geeignet ist, kann ich nicht mit Sicherheit sagen, jedenfalls steht aber die Experimentalphysik nicht in letzter Linie. — Du hast es gewiß schon selbst erfahren, daß zwar ein vieles *Wissen* sehr angenehm ist und auch manchmal nützlich sein kann, daß aber erst eine *Tätigkeit* wahre Befriedigung bringen kann. —

Du erwähnst in Deinem Brief ein Bild von BOTTICELLI, Dantes Gang in der Unterwelt betreffend; dabei fiel mir ein, daß ich seinerzeit in Würzburg ein paar Photographien machte nach einigen der in Berlin vorhandenen Silberstiftillustrationen von BOTTICELLI zu Dantes Commedia; ich suchte sie dann, um sie Dir zu schicken, fand sie aber nicht. Sollte ich sie Dir schon geschenkt haben? Es sind besonders liebliche Darstellungen.

Wenn Du jetzt nach Höfen kommst und hoffentlich für eine Zeitlang alle Schulbücher in eine hinterste Ecke verbannt haben wirst, um Dich einmal gründlich zu erholen und dazu wie das liebe Jungvieh in der Weide im Freien herumläufst, und Dir dabei die Lust ankommt, den großen Schweizer JEREMIAS GOTTHELF (Pfarrer BITZIUS) kennenzulernen, der das wohl verdient, so verschaffe Dir einmal von ihm eine Erzählung, wie ‚Elsie, die seltsame Magd‘ oder ‚Wie Joggeli eine Frau findet‘. Ich habe sie leider nicht, und es ist schon lange Zeit her, daß ich sie in Händen hatte. Ich komme darauf, weil ich gerade jetzt abends meiner Frau den ‚Uli‘ vorlese. Zu diesen (Uli) beiden Bänden gehört ziemlich viel Geduld. Manches sagt einem auch nicht zu, aber es ist doch auch viel Schönes drin. An Deiner Stelle würde ich mit den anderen obenerwähnten Erzählungen jedenfalls anfangen.

Bei dieser Erwähnung fällt mir ein Ausspruch von F. T. VISCHER, meinem verehrten Lehrer in Zürich, ein, den ich in der Zeitung wiederfand und Dir einliegend schicke (bitte um gelegentliche Rücksendung). Er entspricht so ganz dem, was ich seit vielen Jahren empfand und auch jetzt noch empfinde; auch das, was am Schluß gesagt ist. Damit wären wir nun auf das Gebiet der Politik gelangt; ich beabsichtige aber gar nicht darauf zu verweilen; nur sei noch kurz folgendes hinzugefügt. Man könnte glauben, daß ich auf Grund solcher Ansichten zu dem Ergebnis kommen müßte, wir sollten eigentlich unseren Feinden dafür dankbar sein, daß sie uns aus dem Sumpf herausgeholt hätten. Eine solche Schlußfolgerung wäre nur dann richtig, wenn die Feinde *diese* Absicht gehabt hätten und nicht den Wunsch, uns die wertvollen Sachen, die wir bei uns hatten und die uns gehörten, abzunehmen . . .

Was uns anbetrifft, so liegen die Verhältnisse folgendermaßen: Ich hoffe, in der letzten Hälfte von August nach Weilheim kommen zu können, wenn ich aber gegen Ende Juli und Anfang August die tägliche Behandlung meiner Frau übergeben kann, so würde ich gern ein paarmal die freien Tage von Donnerstagmittag bis Sonntagmittag für die Blattzeit in Weilheim benützen. Nun suchen wir fleißig nach einer kleineren Wohnung; gelingt es, eine auf den 1. Oktober zu bekommen, so ziehen wir dann um. Gelingt das nicht, so tragen wir uns mit dem Plan, überhaupt nach Weilheim zu übersiedeln und dort etwas anbauen zu lassen. Ob das möglich ist, werde ich wohl bald von meinem Architekten erfahren ...

Für Höfen wünsche ich besseres Wetter; auch die Landwirtschaft braucht es notwendig. Hoffentlich kräftigt sich die Mama wieder bis zu ihrer früheren Höhe; sie braucht es m. E. sehr notwendig, wenn wir diese seltene und liebe Frau noch lange behalten wollen. Ich gehe sicher nicht falsch, wenn ich meine, daß sie sich für andere Leute zu weitgehend opfert." (RÖNTGEN an MARGRET BOVERI, 12. VII. 1919.)

An dieser Stelle mögen noch einige weitere Äußerungen RÖNTGENs über die Physik und ihr Studium folgen.

„Mit WIENs Rektoratsrede bin ich in manchen Punkten gar nicht einverstanden. So z. B. mit *seiner* Unterscheidung von Experimental- und theoretischen Fächern. Nach meiner Ansicht gibt es für die Forschung zwei Arten von Handwerkszeug: der Apparat und die Rechnung. Handhabt der eine das erste vorzugsweise, so ist er Experimentator, im andern Fall ist er mathematischer Physiker. Theoretisieren und Hypothesen aufstellen tun sie beide. Aus diesem Grund möchte ich die freilich gebräuchlichere Bezeichnung ‚theoretische' schon lange durch ‚mathem. Physiker' ersetzt haben. Fragen Sie vielleicht WIEN, in welche Klasse nach seiner Ansicht FARADAY rangiert; ich glaube mit der Antwort kommt er in Widersprüche." (RÖNTGEN an TH. BOVERI, München, 6. VII. 1914.)

„Über WIENs Vorlesung hörte ich, daß er sie *ganz* elementar halten will, und den Studenten schon in der ersten Vorlesung versprochen hat, *gar* keine Mathematik gebrauchen zu wollen, sondern ihnen große Experimente zu machen. Er rechnet dabei auf den bekannten unglaublichen Tiefstand der mathematischen Kenntnisse der Medizinstudierenden. Ich kann nicht anders als in diesem Vorgehen ein Herunterdrücken des Niveaus der physikalischen Vorlesungen zu erblicken zum Schaden der Studierenden und der Wissenschaft. Was sollen dann die Lehramtskandidaten, die später mit einfachen Mitteln vortragen müssen, mit diesen im größten Stil ausgeführten Versuchen anfangen? ..." (RÖNTGEN an Frau BOVERI, Weilheim, 8. XII. 1920.)

„... Der eingeschlossene Brief von Miß CARTER (Anmerkung: Professor der Physik in Vassar College) hat mich sehr interessiert; welch gewaltige Mittel stehen in Amerika der physikalischen Arbeit zur Verfügung! Wenn man denkt, daß MILLIKAN $ 100000 *jährlich* für *Untersuchungen* haben soll! Soll das der dauernde Jahresetat sein oder ist diese Summe für *ein* Jahr bewilligt? Freilich brauchen die Beobachtungen und Versuche in dem Gebiet der Optik, das z. Z. in Amerika gepflegt wird, sehr viel Geld. Etwas Ähnliches haben wir in Deutschland im Augenblick nur in Berlin, in dessen Nähe EINSTEIN einen Millionen-(Mark)Bau errichtet hat zunächst nur zur Beantwortung der Frage, ob die Linien im Sonnenspektrum gegen die von irdischen Lichtquellen gegen Rot verschoben sind; eine Frage, deren Beantwortung wohl entscheidend sein wird für die Annahme oder Verwerfung der allgemeinen Relativitätstheorie. Oder sagen wir besser, von der man eine solche Entscheidung erhofft, denn es muß auch im Fall der Bejahung die Frage noch immer offen bleiben, ob dieses Resultat nicht einfacher erklärt werden könnte. Die beiden anderen ‚Experimenta crucis', die Perithelverschiebung der Merkurbewegung und die Ablenkung eines Sternlichtstrahls von seinem geraden Weg, wenn er an der Sonne vorbeigeht, lassen noch Zweifel übrig, ob sie nicht ohne Relat.-Th. erklärt werden können. — Mir will es noch nicht in den Kopf hinein, daß man so ganz abstrakte Betrachtungen und Begriffe brauchen muß, um Naturerscheinungen zu erklären; die Jugend denkt aber manchmal anders darüber, und es ist nur zu hoffen, daß sie sich nicht ganz in höchsten Sphären verliert, denn es gibt sicher noch unendlich vieles, das nur mit einfacheren Mitteln entdeckt werden kann und entdeckt werden muß, um in der Erkenntnis der Natur weiterzukommen. Soviel ich weiß, sind die meisten amerikanischen Physiker noch auf diesem letztgenannten Wege. Verschiedene jüngere Amerikaner bearbeiten ein Thema, das die grundlegenden Arbeiten von Prof. L. FRANK in Göttingen über die Lichtanregung durch Elektronenstoß geschaffen haben ..." (RÖNTGEN an Frau BOVERI, München, 13. XI. 1921.)

Aus all dem Gesagten und Zitierten geht hervor, daß RÖNTGEN Selbständigkeit und Produktivität über alles liebte und die Menschen besonders hoch schätzte, die es verstanden, sich mit geringen Mitteln zu behelfen. Das war auch der Grund, warum er soviel Freude an dem Wesen von KÄTCHEN FUCHS (erst Jungfer und Zimmermädchen bei RÖNTGENs, später Haushälterin) hatte, die in schwierigen Situationen immer mit guten Einfällen diente und auf Reisen, bei Reparaturen usw. praktisch eingriff. RÖNTGEN sagte einmal, der Mensch müßte eigentlich fähig sein, mit seinem Taschenmesser alles zu machen, was er brauche, und auch der Physiker müsse mit der Hilfe seines Taschenmessers schon sehr weit kommen. Sein Messer hatte denn auch viele außergewöhnliche Möglichkeiten, von einer kleinen Feile, bis hinauf zu einer kleinen Säge.

Als RÖNTGENs im März/April 1915 einige Wochen mit uns zusammen waren, verfertigte ich für unsere Abendstunden ein Pochspiel und ein Glocke- und Hammerspiel. Das Pochbrett hielt ich für eine große Leistung, da mir das Malen der Figuren einige Schwierigkeiten gemacht hatte, aber RÖNTGEN legte darauf viel weniger Wert als auf die 8 Würfel, die ich für Glocke und Hammer zusammengeschnitzt und gefeilt und mit eingebrannten Zahlen und Zeichen versehen hatte. Er ließ sich genau beschreiben, wie ich das gemacht hätte (natürlich auch mit einem Messer), ging selbst auf die Schreinerwerkstatt, um die Holzabfälle zu besehen, die ich als Material gebraucht hatte, und fand auch hier das Herausbringen der Würfelform viel beachtenswerter als das Einbrennen der Zahlen mit einer glühenden Stricknadel, auf die ich eher stolz war. Dann behauptete er, er hätte die Würfel nicht so gut zustande gebracht, was ich ihm natürlich nicht glaubte.

In dem Zauberkasten in Weilheim hatte er unter anderem ein winziges Metallfläschchen mit weitem Bauch und schmalem Hals, das infolge seines Schwergewichtes nur aufrecht stehen und nicht liegen konnte. Die Aufgabe war, das Fläschchen hinzulegen, ohne daß es sich aufrichtete, was RÖNTGENs schöne langen Finger mit eleganter Leichtigkeit ausführten. Nachdem ich mich einige Minuten umsonst bemüht hatte, stand ich auf, um in mein Zimmer zu gehen. RÖNTGEN fragte, was ich wolle, und ich sagte, ich wolle eine Nadel holen und als Beschwerung in den Hals der Flasche stecken, um so das gewünschte Gleichgewicht herzustellen. Über diese Lösung war er sehr begeistert — sie war der richtigen Lösung, bei der ein Stück Draht unbemerkt in den Hals des Fläschchens gesteckt wurde, sehr ähnlich; und er fand, hier erweise sich eben die Fähigkeit, zu beobachten und Folgerungen zu ziehen.

Obwohl meine Fähigkeit, praktische Dinge herzustellen, immer die gleiche blieb, erlahmte doch mit der Zeit mein Interesse an der Physik und wandte sich Geschichte, Philosophie und derlei Dingen zu. RÖNTGEN, der als echter Naturwissenschaftler diese Gebiete als meist unproduktiv betrachtete, bedauerte diese Wendung sehr, besonders da er bei meiner Liebhaberei für die verschiedensten Dinge die Gefahr der Zersplitterung fürchtete. Ich erinnere mich noch gut, wie wir von einem Besuch bei seinem Freund Dr. COHEN nach Hause kamen: COHEN war Physiker und einmal RÖNTGENs Assistent gewesen, war dann in die Industrie gegangen, spielte ausgezeichnet Klavier, besuchte Galerien mit einem kleinen Zeichenblock in der Hand, studierte nebenbei mit seinem Sohn Medizin und hatte u. a. einen ganzen Schrank voll Daten über alle Personen, die in GOETHEs Leben eine Rolle gespielt hatten oder auch nur von ihm erwähnt werden, gesammelt. Ich war ganz entzückt von solcher Vielseitigkeit, aber RÖNTGEN betonte fast schroff, daß bei alledem doch nichts herauskäme und daß solche Vielseitigkeit ein ganz unproduktives Leben ergebe, welches keine wirkliche Befriedigung gewähren könne.

Als RÖNTGEN in unserem Landhaus in Höfen einmal den „Geist der Gotik" von SCHEFFLER liegen sah, durchblätterte er das Buch und war ganz betrübt darüber, daß ich so etwas „zum Vergnügen" lesen könne. Es freute ihn auch sehr, wenn die Kunsthistoriker einmal einen Mißerfolg hatten, und man fühlt direkt, mit welchem Vergnügen er die folgenden Zeilen geschrieben hat:

„Als COHEN vorigen Sonntag bei mir war, erzählte er mir, daß er mit dem ihm befreundeten sehr tüchtigen Kunsthistoriker der Berliner Universität GOLDSCHMID in der Pinakothek war, um ein dort für kurze Zeit ausgestelltes Gemälde zu betrachten, das von W. BODE (Berlin) und HOFSTEDE DE GROOT (Holland), beide erste Rembrandtkenner, für einen echten Rembrandt gehalten wird, das nun nach Holland, und zwar nach dem Haag in das Mauritshuis kommen sollte. Der dortige Direktor BREDIUS, dem die meisten echten der Sammlung *persönlich* gehören, habe erklärt, daß er seine Gemälde alle zurückziehen würde, wenn man das Bild als einen Rembrandt aufnehmen sollte. Die Kunstgelehrten machen zwar große Sprüche über die Eigenarten usw. der großen Künstler, aber ihre Werke von denen geringerer Maler mit Sicherheit zu unterscheiden, verstehen sie doch nicht." (RÖNTGEN an Frau BOVERI Weilheim, 22. IV. 1922.)

Ein anderes Mal, nach vorangegangener Kritik an einem bekannten Kunsthistoriker:

„Es sind die JAKOB BURKHARD sehr selten, und da die meisten Kunstgelehrten keine J. B. sind, so ist ihr Horizont doch wohl sehr begrenzt. Wie weit ist das Gebiet der Kunst im Vergleich zu dem der Kunstwissenschaft." (RÖNTGEN an Frau BOVERI, Weilheim, 24. V. 1920.)

Aus Vorliegendem möchte man vielleicht schließen, daß RÖNTGEN bei aller Aufgeschlossenheit für naturwissenschaftliche und politische Fragen doch alle Beziehungen zu den „Geisteswissenschaften" und zu schöngeistigen Dingen ablehnte. Das war aber durchaus nicht der Fall: er las im Gegenteil sehr viel; allerdings beschränkte sich seine Auswahl auf bestimmte Gebiete, wie das ja bei den meisten gebildeten Naturwissenschaftlern der Fall ist. Vor allem interessierten ihn Reisebeschreibungen, Biographien und Briefwechsel, etwa BUNSENs Leben; WERNER SIEMENS' Lebenserinnerungen; HANSLICK, Aus meinem Leben; CLARA SCHUMANN, Leben und Briefe; Das Leben von JANE ADDAMS (Hull House); Die Briefe von GOTTFRIED KELLER; Die Erinnerungen eines alten Mannes von KÜGELGEN; Bismarckbiographien und Briefe usw. Im Jahr 1922 las er „die Autobiographien von THOMAS PLATTER, die seines Sohnes FELIX PLATTER und die von AGRIPPA D'AUBIGNE", alle drei höchst interessante Persönlichkeiten, prächtige Charaktere, deren Beschreibung der damaligen Zeitverhältnisse sehr lesenswert sind". (RÖNTGEN an Frau BOVERI, München, 10. XI. 1922.) Eines seiner Lieblingsbücher waren die populären Vorträge von HELMHOLTZ, von denen er uns manchmal einen vorlas. Sonst wählte er zum Vorlesen an den Abenden in Weilheim und München eher Novellen; sehr beliebt waren bei ihm und seiner Frau die Novellen von JEREMIAS GOTTHELF (Elsie die Magd; Wie

Jokkeli ein Frau fand usw.), die ihn beim Vorlesen bisweilen bis zu Tränen rührten. Auch TH. STORM und GOTTFRIED KELLER gehörten zu den gern vorgelesenen Autoren. Von den modernen deutschen Schriftstellern kannte er verhälnismäßig wenig und lehnte sie im großen und ganzen ab. Hier ist ein Bericht über seine Lektüre:

„Sie fragen, was ich lese? Allerhand. Von COHEN lieh ich mir: STENDAL, La Chartreuse de Parme; von dem berühmten Autor mit das beste Buch, für mich eine Mischung von Beschreibungen in der Art von Indianergeschichten und von unmoralischem zynischen Hofklatsch ohne Interesse. Weiter: KIELLANDS ‚Gift', für mich exekrabel; dann ‚Veränderte Zeiten von v. WARTENSLEBEN, ein gut geschriebenes interessantes Buch, des viel, besonders in Japan und China herumgereisten Autors. Und jetzt habe ich ‚Shakespeares Leben und Wirken' von WOLF, das ich durchblättere, ohne viel Wissenswertes zu finden. Es ist eben so ein Produkt, wie es die Literarhistoriker schreiben: schwulstig und voller Hypothesen und Behauptungen. Am meisten erfreut mich das Wiederlesen von Don Quichote, von dem ich eine sehr gute Ausgabe habe. Ich habe die beiden Leute, den Don und den Sancho, wieder einmal sehr liebgewonnen und mich über ihre Klugheit und ihre Charaktereigenschaften sehr gefreut. Das sind doch andere Bücher als die anderen genannten. Über SPITTELERS ‚Olympischen Frühling', den mir MARGRET lieh und den ich ablehnte, las ich in dem neuesten Nobelheft ein Urteil (S. bekam den Literaturpreis), das auch M. interessieren würde ..." (RÖNTGEN an Frau BOVERI, Weilheim, 14. VII. 1922.)

Zur Musik hatte RÖNTGEN ein zwar passives, aber doch sehr inniges Verhältnis. Auch hier kam es ihm bei der Beurteilung meines jugendlichen Spieles vor allem auf die Selbständigkeit an, und ich weiß noch genau, wie ich ihm mit 14 Jahren die „Pathétique" vorspielte und er mich nachher ausfragte, ob die Auffassung und der Ausdruck in meinem Spiel von mir oder von meinem Lehrer stammten. Ich war damals noch jung genug, um zu glauben, daß mein Ausdruck mein eigenes, tief innerliches Gewächs sei, und erst allmählich lernte ich, daß die Ausdrucksfähigkeit des Spieles in hohem Grade von der Technik und von der Befolgung gewisser musikalischer Regeln beeinflußt wird. So stimmten wir später nicht mehr so ganz überein, wie aus folgendem Briefausschnitt RÖNTGENS hervorgeht:

„... Es tut mir immer noch leid, daß ich beim letzten Zusammensein mit MARGRET die Gelegenheit verpaßte, Musik zu hören, manchmal habe ich doch sehr ein Bedürfnis danach, und Konzerte würden mir eine Privataufführung nicht ersetzen können. Die Beethovensonate 110 ist mir noch in schönster Erinnerung. Sie schrieben, daß M. sie jetzt zum Vorspielen bei ZILCHER besonders geübt habe. Ich will gern glauben, daß die Technik des Spiels dabei vielleicht gewonnen hat: meine musikalische Bildung reicht nicht aus, um darüber ein Urteil zu haben, sie läßt mich aber auch eine höchste Vollendung nicht vermissen, so daß ich den Inhalt des Stückes und dessen persönliche Auffassung von seiten des Spielers ungestörter empfinden kann. — Beim musikalischen Unterricht eines begabten Schülers dürfte nach meiner bescheidenen Meinung das Hauptgewicht auf das Beibringen der Technik zu legen sein und weniger das Verpflanzen der Auffassung des Lehrers; es mag gewiß von Interesse sein, verschiedene Auffassungen kennenzulernen, aber die Auffassung und ihre Wiedergabe, die einer Ausbildung gewiß fähig sind, soll eine *individuelle* Sache des Schülers sein und beibehalten werden. Bei ganz selbständigen Naturen wird das ohne weiteres der Fall sein. Für die Malerei gilt natürlich dasselbe, und da kommt es so selbstverständlich vor, daß ich meine Bemerkungen eigentlich hätte sparen können." (RÖNTGEN an Frau BOVERI, Weilheim, 21. X. 1921.)

Die Aufnahmefähigkeit für Musik war bei RÖNTGEN sehr verschieden; er konnte von ein und demselben Musikstück das eine Mal tief berührt sein und das andere Mal ganz kalt bleiben und es nicht einmal wiedererkennen. Er selbst schreibt darüber:

„Wie habe ich mich diesmal an den SCHWIND-, SPITZWEG-, SCHLEICH- usw. Bildern besonders gefreut, und die Mozartsche Musik genossen. Es kommt bei mir so sehr auf die Stimmung an, in der ich mich augenblicklich befinde, um genußfähig zu sein oder nicht. Erzwingen läßt sich diese Stimmung nicht, und ihr Vorhandensein ist häufig ganz unabhängig davon, ob ich fröhlich bin oder nicht: nur darf ich nicht müde sein, was freilich verhältnismäßig bald eintritt, wenn ich eine Zeitlang Verschiedenes gesehen oder gehört habe.“ (RÖNTGEN an TH. BOVERI, Weilheim, 14. V. 1915.)

Da Frau RÖNTGEN in den letzten Jahren nicht mehr in Konzerte gehen konnte, kauften RÖNTGENs sich ein Welte-Mignon, an dem sie viel Genuß hatten. Er schrieb darüber etwa:

„Ein paar Blumen hatte ich meiner Frau geschenkt und sonst für uns beide BRAHMS' Variationen und Beethoven op. 109 auf den Tisch gelegt. Beide Musikstücke wurden dann dem Mignon übergeben, und begierig lauschten wir seinen Tönen. Mit dem ersten sind wir, trotzdem wir es jetzt dreimal gehört haben, noch nicht im klaren: das wird bei so wenig musikalisch geschulten Leuten wie wir wohl noch etwas mehr Zeit brauchen. Viel eher konnten wir uns in BEETHOVEN hineinleben und die Musik genießen, wenn auch noch manches darin unverstanden oder, besser gesagt, wenig empfunden blieb. Wir haben aber große Freude daran, daß es so geht, daß es uns noch etwas Mühe kostet, zum Verständnis zu gelangen.“ (RÖNTGEN an TH. BOVERI, 27. XII. 1914.)

Viel größere Freude machte es dem Ehepaar, wenn ein lebender Mensch ihnen vorspielte, wie aus folgendem Bericht hervorgeht:

„... Heute ist Sonntag, da kommt am Nachmittag Dr. COHEN regelmäßig und spielt uns eine Stunde lang Klavier. Das ist ein großer Genuß für uns; er spielt nach unserem Empfinden sehr schön, insbesondere was Auffassung anbetrifft. Bach und Mozart namentlich, doch kommen auch BEETHOVEN, BRAHMS und SCHUMANN an die Reihe. Sein verehrtester Musiker ist MOZART, und ich muß zugeben, daß ich diesen aus Unkenntnis bisher wohl etwas unterschätzt habe. So hat mir z. B. die Sonate Nr. 2 neulich großen Eindruck gemacht, namentlich das Adagio. BACHs Violinkonzerte sind doch manchmal über alle Maßen schön, und ich kann nur sehr bedauern, alle diese Herrlichkeiten früher nicht oder nur wenig kennengelernt zu haben ...“ (RÖNTGEN an MARGRET BOVERI, München, 12. VII. 1919.)

Nach dem Tod seiner Frau und mit der daraus folgenden größeren Ungebundenheit unternahm RÖNTGEN es sogar wieder, manchmal in Konzerte oder Opern zu gehen. Darüber schreibt er:

„... Wie habe ich die Fidelio-Aufführung genossen! *Beide Ouvertüren* wurden gespielt, und die MORENA hat herrlich gesungen. Ich war ganz begeistert und von der Musik hingerissen. Es ist doch wunderbar, wie wohltuend und erfrischend die Musik auf einen Menschen wirken kann.“ (RÖNTGEN an Frau BOVERI, München, 18. II. 1920.)

Aus alledem ersieht man, daß das Leben RÖNTGENs auch in seinen letzten Jahren mit Anregung mannigfacher Art ausgefüllt war. Einem Versprechen an seine Frau gemäß redigierte er im Jahre 1920 seine letzte wissenschaftliche Arbeit. Das Schreiben und Redigieren derselben war ihm eine große Last, und oft stöhnte er darüber nach einem am Schreibtisch versessenen Tag. Er schrieb u. a.:

„Die erwähnte Photographie (seiner Frau) hilft mir zur Zeit, wo ich mit manchmal großem Widerstreben die so langweilige Arbeit des Redigierens meines Manuskriptes erledigen muß, sehr; sie erinnert mich an meine Pflicht, an mein Versprechen und muntert mich auf, meine Trägheit zu überwinden.“ (RÖNTGEN an Frau BOVERI, München, 13. I. 1920.)

„Es tut mir leid, daß der Abschluß meiner publizistischen Tätigkeit nicht besser und interessanter ausgefallen ist. Ich habe mich von meiner alten Angewöhnung, eine angefangene Sache hartnäckig zu verfolgen, in der Hoffnung, Klarheit zu gewinnen, zuviel verführen lassen und bin doch nicht zu einer Klärung gekommen. Dazu kamen äußere, zum Arbeiten nicht günstige Umstände. Wenn ich dazu noch imstande wäre, so würde ich die Arbeit nochmals und kürzer schreiben; aber das geht nicht mehr, und ich bringe es auch nicht übers Herz, die ganze Sache für mich zu behalten. Freude habe ich nur, solange ich es mit dem Experimentieren zu tun habe: zum Schreiben habe ich mich von jeher immer, auch bei den besseren Arbeiten, zwingen müssen ..." (RÖNTGEN an Frau BOVERI, Weilheim, 9. VI. 1920.)

Abgesehen von dieser Arbeit, die ihm so „öde und geisttötend" vorkam, führte RÖNTGEN ein verhältnismäßig recht befriedigendes Leben, das nur durch die politischen Verhältnisse und durch das Fehlen seiner Frau getrübt war.

Er schreibt über seinen Tageslauf in der Stadt und in Weilheim wie folgt:

„... Zuvörderst muß ich erwähnen, daß es mir leid tut, wenn Ihnen WIEN erwähnt hat, daß er mich leidend gefunden hätte, und daß ich zuviel grüble. Das ist nämlich gar nicht der Fall, und um Ihnen zu beweisen, daß ich zu solchen Dingen nicht einmal die nötige Zeit hätte, will ich Ihnen erzählen, wie ich den heutigen Tag zugebracht habe, und hinzufügen, daß alle anderen Tage ähnlich verlaufen. Um 8 Uhr frühstückte ich, las dann Ihren Brief und einige andere und ging darauf auf die Bayr. Hyp.- und Wechselbank, um mich auch dort — am Montag war ich in gleicher Angelegenheit auf der Deutschen Bank — nach der Sparanleihe zu erkundigen ... Von der Bank ging ich ins Institut und experimentierte dort ca. $2^1/_2$ Stunden lang, so daß ich zu einiger Unzufriedenheit der Köchin etwas zu spät zum Essen kam. Übrigens hat mir die Experimentierarbeit wieder recht gut behagt. Nach Tisch legte ich mich ein wenig aufs Sofa und las in ‚Zwischen Himmel und Erde' von LUDWIG, das mich als psychologische Studie recht interessiert. Dann gab's (Malz-)Kaffee mit einem Stück von einem mir von BERTHA geschickten Kuchen, und nachher schrieb ich die Resultate der Morgenarbeit in das Manuskript. Gegen $^1/_2$ 5 ging ich in die Universität zu SOMMERFELD, der zu mir kommen wollte. Erst gegen 7 kam ich nach Hause, las ein paar angekommene Briefe, aß zu Abend und fing dann diesen Brief an. Zuletzt wird es heute wohl noch etwas Lektüre geben ..." (RÖNTGEN an Frau BOVERI, München, 8. I. 1920.)

Und aus Weilheim:

„Das warme sonnige Wetter hat hier plötzlich umgeschlagen; die ganze Landschaft ist dick mit Schnee bedeckt, dann und wann etwas Sonne, aber meistens Schneegestöber; trotzdem gehe ich täglich ein wenig auf das Gögerl. Die übrige Zeit verwende ich, um die Maschinenabschrift meiner Arbeit zu revidieren und zu vervollständigen. Zwischendurch lese ich etwas, entweder in Tristam Shandy oder in dem Briefwechsel zwischen GOETHE und ZELTER; beide Bücher interessieren mich sehr. Diese Beschäftigungen helfen mir das sonst drückende Gefühl der Stille und Vereinsamung zu überwinden. Wenn ich das Weilheimer ‚Hüsli' mit all seinen Erinnerungen nicht so gern hätte, würde ich nicht lang hier bleiben. Die Münchner Wohnung kommt mir noch immer so fremd vor, dagegen bringt mir das Leben in der Stadt doch leicht etwas geistige Anregung, auf die ich nicht verzichten möchte ..." (RÖNTGEN an Frau BOVERI, Weilheim, 11. III. 1920.)

Und aus München:

„Vor einer Stunde traf endlich der mit einiger Ungeduld erwartete Brief aus Würzburg, und zwar via Weilheim, bei mir ein, den ich nun gleich beantworten möchte. Zunächst möchte ich Ihnen erzählen, wie es gekommen ist, daß ich in München bin. Anfangs dieser Woche sprach ich mit meinem Advokaten über Geld- und Geschäftsangelegenheiten, bei welcher Gelegenheit er mir den Rat gab, meine Papiere in ein offenes Depot bei der Bayr. Hypotheken- und Wechselbank zu hinterlegen, damit ich von den lästigen Formalitäten bei der Einlösung von Coupons befreit sei. In Befolgung dieses Rats holte ich meine Couponblätter von beiden Banken und brachte sie am nächsten Tag auf die H.- u. W.-Bank. Dort erfuhr ich zu meiner sehr unangenehmen Überraschung, daß ich die meisten meiner amerikanischen und meine italienischen Papiere dem Reich abliefern *müsse*, und zwar sei der letzte noch mögliche Termin der 15. d. M. Im andern Fall könnte ich schwer bestraft werden, und jedenfalls würden bei meinem Ableben höchst unerquickliche und kostspielige Folgen entstehen, wenn diese Papiere von dem Nachlaßgericht gefunden würden. Ich gab dann in meiner Aufregung die Papiere zur Ablieferung ab und hatte einige Mühe, den betreffenden Beamten zu überzeugen, daß ich nicht im mindesten beabsichtigt hatte, zu defraudieren, d. h. den Besitz dieses Geldes zu verheimlichen. Da mir der Abschied von diesen alten Papieren schwer geworden war, und ich mich doch nicht auf die Aussage des Beamten allein verlassen wollte, ging ich am nächsten Tag wieder zu meinem Rechtsanwalt und legte ihm die Angelegenheit vor ... Ich bekomme nun einen Haufen deutsches Papiergeld und weiß vorläufig nicht, was ich damit anfangen soll. Hätte ich vor ein paar Monaten gewußt, daß die Sachen so liegen, so hätte ich die Papiere schon damals abgegeben und bei der damaligen hohen Valuta vielleicht an die 2 Millionen Mark erhalten können (ohne Erfindung, liebe MARGRET!); jetzt werden es natürlich viel weniger sein ... Sei dem aber wie es wolle, jedenfalls kann ich mich freuen, als ganz ehrlicher Mann gehandelt zu haben, und zweitens darüber, daß der Markkurs in letzter Zeit ordentlich gestiegen ist, was selbstverständlich unserem Vaterland zugute kommt. Betrüblich aber ist es, wenn man von verschiedenen Seiten vernehmen muß, daß das Reich seine Haupteinnahmen von den ehrlichen Leuten mit mittlerem Vermögen erhalten wird, weil viele der Besitzer von großen Vermögen es verstanden haben sollen, ihren Besitz in sicherer Weise zu verheimlichen.

Das war nun ein langes Geschreibe über geschäftliche Angelegenheiten; da sie und namentlich die beschriebenen Erfahrungen auf der Bank mich etwas aufgeregt haben und da Sie wissen wollen, was mich bewegt, so konnte ich doch nicht darüber schweigen ...

11. April. MARGRETs langer Brief mit seinen immer humorvollen und doch vernünftigen Beschreibungen ihrer täglichen Erfahrungen hat mir viel Freude gemacht ... Daß Du wieder etwas mehr Freude an der Mathematik bekommen hast, habe ich sehr gern vernommen; denn die Beschäftigung mit ihr ist nicht nur nützlich, sondern kann auch sehr anregend und geistbildend sein; einerlei, ob man später etwa Philosophie oder Naturwissenschaft betreibt ...

Wie schön ist der Frühling! Wenn meine Frau das gesehen hätte, so hätte sie vielleicht leise ein altes Lieblingslied von ihr, ‚mein Herz mach dich auf, daß die Sonne drein scheint', angestimmt! ..." (RÖNTGEN an Frau BOVERI, München, 10. IV. 1920.)

Das Experimentieren machte RÖNTGEN bis zuletzt große Freude und ebenso der Verkehr mit den Münchner Physikern SOMMERFELD und WIEN. Am häufigsten sah er Dr. COHEN, der ihm immer wieder etwas Neues, Interessantes zu erzählen wußte und der ihn auch über die wirtschaftliche Lage Deutschlands gut informieren konnte, so daß sich RÖNTGEN wie wohl wenige Universitätsprofessoren den neuen Verhältnissen anpaßte und sogar noch mit dem Ankauf von Aktien begann, wobei er sich über sich selber lustig machte, daß er in seinen alten Jahren noch mit Börsengeschäften beginne. Er war in seinen letzten Lebensjahren außerordentlich sparsam, um nicht sein Kapital angreifen zu müssen, und wäre tief unglücklich gewesen, hätte er erfahren, daß die große Erbschaft, die er der Würzburger Universität hinterließ, durch die Inflation fast zunichte wurde.

Nachdem er schon im Krieg angefangen hatte, in Weilheim möglichst viel Gemüse anzupflanzen, ging er allmählich auch zum Anbau von Kartoffeln und Getreide über, und schließlich wurde sogar die Aufzucht eines Schweines erwogen. Er schreibt darüber:

„Nun werde ich namentlich von KÄTCHEN und MARIE noch bestürmt, ich solle mich entschließen, ein Schwein zu füttern, und die Vorteile dieser Sache werden mir in den lebhaftesten, manchmal mir etwas zu kräftigen Farben ausgemalt. Ich habe mich aber noch nicht entschlossen; mein Haupteinwand besteht darin, daß mir die Sache als unnötiger Luxus vorkommt. Gewiß kann und wird auch wohl das Schweinefleisch usw. billiger zu stehen kommen, wenn ich es selbst züchte, als wenn ich es kaufe; aber wir sind mit gutem Erfolg fast strenge Vegetarier geworden (in den letzten 5 Wochen kam kein Fleisch auf unseren Tisch), haben also kein wirkliches Bedürfnis nach Fleischkost, und es würde nach dem Schlachten mit einemmal Fleisch in solcher Fülle vorhanden sein, daß von einem sparsamen Gebrauch davon nicht die Rede sein könnte, und so würde dann die Sache doch wieder recht kostspielig — und wenig genußreich — werden. Sollte ich, um gute Stimmung zu erhalten, dem Drängeln nachgeben, so würde ich mir vornehmen, das gemästete Borstentier zu verkaufen, und den Gewinn benutzen, um von Zeit zu Zeit etwas frisches Fleisch zu kaufen. Werde dann auch noch Viehhändler in meinen alten Tagen!" (RÖNTGEN an Frau BOVERI, Weilheim, 13. III 1922).

Das Schwein wurde aber wirklich angeschafft und war dann gegen Weihnachten schlachtbereit. Da gab es wieder ernste Erwägungen:

„. . . Unser Schwein gedeiht gut, und es wird die Frage sehr erwogen, was damit geschehen soll. Zu bedenken ist dabei, daß ich mindestens 80000 Mk. dafür lösen könnte, die Unkosten betragen ca. 10000 Mk. Ich versammelte meine 3 Dienstboten zu einem ‚Palaver' und teilte ihnen mit, daß ich nur dann mit einem Selbstschlachten einverstanden wäre, wenn ich Sicherheit bekäme, daß der Vorrat an Fleisch usw. viele Monate herhalte. Ich schlug ihnen aber noch folgendes vor: Wir verkaufen das Tier, ich behalte den Betrag der Unkosten, kaufe ca. 15 Pfund Fett, und der Rest wird unter uns verteilt: dann bekäme jeder ca. 10—12000 Mk. Kätchen, die natürlich das große Wort führen zu müssen glaubte, wies diesen Vorschlag mit *großer* Entrüstung zurück. Ich sagte darauf, wir brauchten uns jetzt noch nicht zu entscheiden, und vielleicht kämen die beiden anderen Fräuleins zu einem anderen Resultat . . ." (Röntgen an Frau Boveri, Weilheim, 27. XI. 1922.)

Eine herrliche Geschichte von Geistesgegenwart und promptem Handeln ist das Manöver, durch welches Röntgen der Beschlagnahme seiner Wohnung in Weilheim entging. Er schrieb:

„Ich sitze an dem Ihnen bekannten runden Tisch im Wohnzimmer von Weilheim, und das ist folgendermaßen gekommen. Vorigen Freitag telephonierte der Weilheimer Bürgermeister und berichtete, es sei große Gefahr vorhanden, daß mein Häusl mit Zwangsmietern belegt werde, und ich solle sobald wie möglich selbst kommen, um selbst den Versuch zu machen, diese Gefahr abzuwenden. Daraufhin gab ich den Mädchen die Parole: morgen in der Früh geht's nach Weilheim; ich ging dann zum Notar, um das so ziemlich fertiggestellte Testament zu hinterlegen, und darauf in das Institut, wo ich 3 Kisten mit Apparaten füllte, die als Expreßgut nach Weilheim geschickt werden sollten. Samstag früh Fahrt nach W. — schauderhaft —, Besuch beim Bürgermeister und Besprechung mit dem Stadtbaumeister, der Mitglied der Wohnungskommission ist. Ich vernahm dabei, daß in der Wohnungskommission hauptsächlich der dirigierende Arzt (!) im Spital die treibende Kraft sei, die mir Mitbewohner aufzwingen wollte. Ich lud die gesamte Kommission auf heute nachmittag 3 Uhr zur Besichtigung meines Häusls ein. Dann ging es zu Hause an ein Aus- und Einräumen, hauptsächlich von meinem Studierzimmer und von dem danebenliegenden Fremdenzimmer, so daß beide Räume schon am Abend wie kleine physikalische Laboratorien aussahen. — Soeben war nun die Kommission da; ich habe sie zuerst in die unteren Räume, die ich durch Weglassen der Zwischentüre in *einen* Raum verwandelt hatte, geführt, dann in mein Schlafzimmer und sagte, jetzt hätten sie alle Räume gesehen, die ich für meine täglichen Bedürfnisse gebrauchte. Dann zeigte ich ihnen die beiden ‚Laboratorien' und demonstrierte ihnen ein paar Sachen vor. Die beiden Mädchenzimmer wurden in Augenschein genommen und auch Margrets Zimmerle, das so vollgepfropft mit Sachen war, daß ich dasselbe mit Recht als Rumpel- und Vorratskammer bezeichnen konnte. Am Schluß des Besuchs erklärte mir der erwähnte Arzt: er habe das Häusl doch geräumiger gedacht; es mache von außen einen größeren Eindruck, und er finde meine Ansprüche nicht übertrieben. — Nun wollen wir abwarten, was die Herren beschließen; die beiden Bürgermeister, der Stadtrat und die meisten Mitglieder der Kommission sollen, wie ich höre, schon vorher mir günstig gestimmt gewesen sein. — Auf alle Fälle werde ich mehr in W. verweilen müssen; denn einen Ersatzmann habe ich nicht. Selbstverständlich finden Sie, wenn Sie kommen, die früheren Räume zu Ihrer Verfügung und in Ordnung. — Die Sache brachte natürlich etwas Aufregung . . ." (Röntgen an Frau Boveri, Weilheim, 26. I. 1920.)

An Weihnachten kam Röntgen seit dem Tod seiner Frau immer zu uns nach Würzburg. Auch hier ereignete sich eine lustige Geschichte. Röntgen und ich gingen an einem nebligen Tag zum Tannenwedelstehlen (für das Weihnachtszimmer) auf den Steinberg. Wir trennten uns für kurze Zeit der besseren Ausbeute halber, und kurz bevor unsere Wege wieder zusammentrafen, sah ich im Nebel einen Feldhüter auftauchen. Da ich bei solchen Unternehmungen schon eine gewisse Gewandtheit hatte, ließ ich meine Wedel unbemerkt unter meinem Lodenmantel heraus hinter einen Busch fallen und öffnete dem mißtrauischen Beamten mit Vergnügen meinen Mantel, um ihm meine leeren Hände zu zeigen. Leider hatte ich keine Gelegenheit, Röntgen zu warnen, und so kam dieser mit einem riesigen Föhrenzweig, den er mit Mühe ergattert hatte, als willkommene Beute des Feldhüters auf uns zu. Es folgte die Prozedur des Aufschreibens. „Name." — „RÖNTGEN." — Der Feldhüter schaute einen Moment lang erstaunt, beruhigte sich aber beim Anblick des verschossenen Jägerhutes mit dem verschlissenen Band. „Beruf." — „Universitätsprofessor." — „Wohnort." — „München." — „Straße." — RÖNTGEN begann mit „Äußere Prinzregentenstraße", verbesserte sich aber zu „Maria-Theresia-Straße", welche doppelte Aussage wieder Mißtrauen erregte, nachdem der harmlose Professorenberuf zuvor beruhigend gewirkt hatte. „Name und Beruf des Vaters." — „FRIEDRICH CONRAD RÖNTGEN, Kaufmann." — „Name der Mutter." — Hier gab es eine längere Pause, denn RÖNTGEN konnte sich nicht um die Welt an den Vornamen seiner Mutter erinnern. So schrieb denn der Beamte: „Mutter unbekannt." — Abends erzählte RÖNTGEN die Geschichte dem Ehepaar HOFMEIER, und er wurde natürlich mit Hallo zu der Ausnahmestellung beglückwünscht, daß bei ihm nicht etwa der Vater — wie das so vorkomme —, sondern die Mutter „unbekannt" sei.

Auch für die Bekanntschaft neuer Menschen war RÖNTGEN bis zu seinem Ende empfänglich. Merkwürdigerweise freundete er sich besonders in seinen Bahnfahrten zwischen München und Würzburg öfters mit seinen Reisebegleitern an. Einmal kam er ganz begeistert von einer Fahrt mit OSKAR VON MILLER zu uns und erzählte in den nächsten Tagen immer wieder von dem, was VON MILLER ihm aus seinem Leben mitgeteilt hatte. Ein anderes Mal freute er sich über ein altes mitreisendes Weiblein wie folgt:

„Das alte Fraule, dessen sich MARGRET wohl erinnern wird, hat mich sehr interessiert und mir die Reise sehr verkürzt ... Das Gespräch kam bald auf religiöses Gebiet, was ich an und für sich gar nicht liebe, was mich aber in diesem Fall besonders fesselte, weil die Frau, mit dem größten Geschick, mit wohltuender Wärme und von der festesten Überzeugung geleitet, ihren streng gläubigen Standpunkt gegen die Zweifel und Angriffe ihrer Gegner, die häufig wenig rücksichtsvoll waren, behauptete. Immer lebhaft, nie langweilig oder verletzend, in richtig gewählten Ausdrücken und von einem lebhaften Gebärdenspiel begleitet, äußerte sie ihre Ansichten und verteidigte sich; keine Antwort blieb sie schuldig. Wenn ich ihr auch nicht immer beipflichten konnte, so gewann ich doch große Achtung vor ihr und mußte sie häufig beneiden. Es interessierte mich zu erfahren, wo und wie sie sich ausgebildet hatte, und ich fragte deshalb nach ihren Verhältnissen. Sie teilte mir darauf mit, daß sie (nunmehr 72 Jahre alt) mit einem Schreiner, der bei HOCH in Würzburg viele Jahre in Arbeit stand, verheiratet war und nun bei ihrem Sohn, der bei dem Bayernwerk angestellt ist, in der Nähe von München wohne. Sie sei ursprünglich katholisch gewesen und habe sich später den Adventisten angeschlossen. Sie lese viel, spreche viel mit ihren Angehörigen über religiöse, politische und wirtschaftliche Verhältnisse und denke über vieles nach. Ich war erstaunt, bei einer so einfachen Frau aus Arbeiterkreisen soviel Begabung und Anlage und Güte zu finden, und schied herzlich von ihr. — Aus den Gesprächen der erwähnten jungen Männer, die auch zu den sogenannten kleinen Leuten gehörten, mußte ich entnehmen, daß das Interesse für und das Nachdenken über sittliche und religiöse Probleme in den letzten Jahren vielfach zugenommen hat; ich glaube kaum, daß ich vor dem Krieg unter sonst gleichen Verhältnissen soviel vorgefunden hätte ..." (RÖNTGEN an Frau BOVERI, München, 30. XII. 1921.)

Nach einer anderen Fahrt schrieb er am 23. Oktober 1920 (München):

„Meine Mitreisenden waren in der Hauptsache wohl Kaufleute, die sich fortwährend lebhaft über politische und wirtschaftliche Fragen unterhielten. Ich konnte mich wegen meiner Schwerhörigkeit nicht an ihrem Gespräch beteiligen, hörte aber doch manch vernünftiges Wort. Insbesondere gefiel mir das Verhalten eines jungen Mannes, den Sie so freundlich waren zu bitten, meinen Platz zu hüten. Ich schätzte ihn für einen nach München fahrenden Studenten der Nationalökonomie, dessen Heimat nicht weit von der meinigen liegen mußte;

meine Vermutung bestätigte sich, als ich Gelegenheit fand, mit ihm eine Zeitlang allein auf dem Korridor zu sprechen. Seine ruhige Art, seine hoffnungsvollen und von Vaterlandsliebe getragenen Ansichten zu äußern und zum Teil auch zu verteidigen, gefiel mir ganz besonders, und ich konnte ihm das auch sagen.“

Ähnlich erging es ihm mit einem anderen Studenten, dem Enkel seines verstorbenen Freundes von Hippel, von dem er schreibt:

„Mein neuer junger Freund — v. Hippel — gefällt mir sehr gut; er ist ein lieber zutraulicher frischer Kamerad. Ich suchte ihn vor Pfingsten auf und verplauderte auf seiner Stube ein recht angenehmes Stündchen; natürlich bringt die Erinnerung an seine Großeltern, unsere unvergeßlichen treuen Freunde, uns rascher näher, als es sonst der Fall gewesen wäre. Beiliegend schicke ich Ihnen sein Briefchen, das er mir nach dem Sonntag, wo ich ihn einladen wollte, schrieb. Der junge Mensch ging als Gymnasiast voller Begeisterung gleich anfangs in den Krieg und hat diesen bis zum Schluß als Soldat mitgemacht und dabei viel Schweres erfahren; trotzdem hat er, wie aus seinen Zeilen hervorgeht, den frischen Mut nicht verloren oder ihn wenigstens wiedergewonnen. Der Verkehr mit solchen Leuten hat besonders in dieser so freudlosen Zeit etwas sehr Wohltuendes . . .“ (Röntgen an Frau Boveri, Weilheim, 8. V. 1921.)

Als wir einmal, an der Isar entlang gehend, an den Wasserfall des Wehres kamen, blieb Röntgen stehen und sagte, er komme jetzt manchmal hierher und schließe die Augen, dann sei ihm beim Rauschen des Wassers, als sei er wieder in seinen geliebten Schweizer Bergen und höre das Tosen eines Gebirgsfalles. Oft mag er wohl in heimlicher Sehnsucht an die fröhlichen Vorkriegssommer im Engadin zurückgedacht haben, und es ist ein Verdienst seines immer wieder in ihn dringenden Freundes Professor E. Wölfflin aus Basel, daß er noch zweimal — im Sommer 1921 und 1922 — die Freude erleben konnte, seine geliebten Berge wieder zu sehen und zu besteigen. Die Freude war wohl eine wehmütige, von vielen Erinnerungen durchsetzte, aber die Zeit in dem politisch unbeschwerten Lande, unter den Graubündnern, die er so schätzte, war ihm doch eine große Erholung und Freude. Daß er bis zum Schluß seine Lust am Klettern beibehielt, zeigt dieser Brief:

„. . . Heute morgen gingen wir ein gut Stück weit in das wirklich schöne Roseggtal durch Wald am Rand des rauschenden Gletscherwassers. Von Zeit zu Zeit wundervolle Ausblicke auf die weit im Hintergrund liegende Gletscherwelt; wir setzten uns auf manche Bank, die so manchen Freund und meine liebe Bertha getragen hat. Es ist mir häufig, als träumte ich einen glücklichen Traum. Am liebsten ist es mir noch immer, von den begangenen Wegen abzugehen und über Stock und Stein zu wandern. Ich sagte schon Ritzmann, wenn ich einmal vermißt werden sollte, so sucht mich nicht auf der Landstraße . . .“ (Röntgen an Frau Boveri, Pontresina, 2. VIII. 1921.)

Einer der letzten Briefe Röntgens aus Weilheim kam Ende Januar 1923:

„Da sitze ich nun seit Freitag vor acht Tagen hier und sehne mich täglich nach München zurück. In dieser bewegten, sorgenvollen Zeit hier in dieser Abgeschlossenheit von der Welt zu sitzen, ist eine wahre Pönitenz; ich konnte es aber nicht vermeiden, denn meine Anwesenheit war hier aus verschiedenen Gründen nötig. Regelung von Jagdverhältnissen, Anordnungen und Vorbereitungen für den Anbau des Gartens, Einkäufe von größeren Vorräten (Mehl, Dünger usw.), Räuchern und Behandeln meines Schweinefleisches usw. Alles Sachen, deren Erledigung unverhältnismäßig viele Zeit beanspruchte. Ich war und bin recht deprimiert und wiederholte bei mir häufig den Spruch: ‚Ein unnützes Leben ist ein früher Tod‘. Gewiß, in München kann ich ja auch kaum mehr etwas Nützliches leisten, aber ich könnte dort doch wenigstens von Zeit zu Zeit hören, was vernünftige Leute in diesen qualvollen Tagen meinen und sagen, und mich etwas aufrichten an diesem oder jenem Beispiel von kernhaftem oder begeistertem Verhalten . . . Übermorgen fahren wir nach München. Was werde ich dort antreffen? Was wird in diesen beiden Tagen geschehen? Krieg mit Frankreich, Revolution in München? Die allergrößte Sorge macht aber die Frage, ob Deutschland solange aushalten kann, bis der Feind von der Nutzlosigkeit seines Unternehmens überzeugt ist. Ist die moralische Kraft dazu bei denen, die *handeln* — und nicht bloß *reden* — müssen, vorhanden, und wird ihre Anzahl und ihr Einfluß genügen, um das Ziel zu erreichen? Herzerhebend war bis jetzt das Verhalten der von den Franzosen drangsalierten Männer am Rhein und in der Pfalz; das war ein guter Anfang.

Ein nicht geringer Vorzug ist es, daß mein Dienstpersonal in so guter Stimmung ist. Meine MARIE lerne ich immer mehr schätzen: eine Person von in jeder Beziehung nobler Gesinnung, grundehrlich, von großer Güte, wahrhaftig und arbeitslustig. Dabei nicht ohne Temperament. Ich könnte mit ihr *keine* meiner Münchner Bekannten gleichstellen. Die muß, wenn sie mir treu bleibt, nach meinem Tode besser bedacht werden, als ich bis jetzt bestimmt habe . . .

Ich muß Ihnen noch von einer Persönlichkeit erzählen, die ich in der letzten Zeit besser kennengelernt habe, von meinem Patenkind WALTER HOFMEIER. Bisher war er mir infolge seiner Zurückhaltung, die mir als Scheu vorkam, und seiner einsilbigen Unterhaltung nicht nähergekommen. Als ich bei Frau HOFMEIER Tee trank, erzählte sie von den Erlebnissen WALTERs und seiner beiden Freunde auf ihrer Schweizer Reise. Die gefielen mir schon sehr gut, und namentlich, nachdem ich den kurzen anspruchslosen Bericht von W. in einer Alpenzeitung über ihre erstaunlichen Leistungen gelesen hatte. Frau H. war damals gerade in großen Sorgen wegen W., weil er nicht davon abzuhalten gewesen war, um trotz des schlechtesten gefahrdrohenden Wetters seine seit über einer Woche im Hochgebirge verschollenen Freunde zu suchen und ihnen eventuell Hilfe zu bringen. Er hat die Genugtuung gehabt. seinen Zweck erreichen zu können, und das ohne Aufsehen zu machen, ohne Führer usw. Das war eine Tat, die zeigt, daß der junge Mensch das Herz auf dem rechten Fleck hat und daß er großen Mut besitzt. Kurz darauf las ich hier in der Zeitung, daß ein cand. phys. W. HOFMEIER einer der *allerersten* war, der dem Aufruf zu einem Beitrag an die vaterländische Notkasse gefolgt war durch die Überweisung von 50000 Mk. — Auch das zeigt, daß es ihm ein Bedürfnis ist, tatkräftig Hilfe zu leisten, wo es not tut. Ein stiller Mensch mit großzügigem Charakter, wie wir sie jetzt so gut brauchen können. Sie sehen, liebe Freundin, es gibt doch auch dann und wann Menschen und Begebenheiten, über die man sich freuen kann . . .“

Über den Plan, im Frühjahr wieder nach Italien zu fahren, schreibt RÖNTGEN in diesem Brief:

„Wie sich in der nächsten Zeit bei uns die Verhältnisse gestalten werden, kann man nicht wissen; daß sie sich aber in den folgenden Monaten wesentlich bessern sollten, ist mir höchst unwahrscheinlich. Unter diesem Druck, während Tausende meiner Landsleute schwere Not leiden, im Ausland ein üppiges Leben zu führen, wäre mir nicht möglich, und ich würde auf alle Fälle ein ganz ungenießbarer Gesellschafter sein. Ich kann zwar in der Heimat keine tatkräftige Hilfe mehr leisten, aber trotzdem habe ich das Bedürfnis, bei allem, was vorgeht, dabei zu sein . . .“ (RÖNTGEN an Frau BOVERI, Weilheim, 25. I. 1923.)

Von seiner Krankheit sagte RÖNTGEN wenig, und man merkte so gut wie nichts davon. Es ist aber doch bezeichnend für seine Art, daß er bis Ende Januar 1923 über die verschiedenen Störungserscheinungen in seinem Organismus genaue Aufzeichnungen machte und sich seine eigenen Diagnosen stellte. Seit dem Tod seiner Frau beschäftigte er sich bei aller noch vorhandenen Lebenslust öfters mit dem Gedanken an den Tod und las wohl auch manchmal in der Bibel. So hatte er sich auf seine eigene Art gerüstet für das Scheiden, dem er getrost entgegensah.

Zum Schluß einige zusammenfassende Worte über RÖNTGENs Persönlichkeit zu sagen, ist zugleich schwer und leicht. Schwer deshalb, weil gerade die Worte, die für seine Charakterisierung am treffendsten sind, durch übermäßige und oft unangebrachte Anwendung in der Vorkriegs- und Kriegszeit abgenutzt worden sind und die Stärke und Frische ihrer Ausdruckskraft verloren haben. Leicht aber insofern, als es kein kompliziertes Bild zu entwerfen gibt, keinen Zwiespalt der Motive und Anlagen, kein Auseinanderfallen der verschiedenen Charaktereigenschaften. Denn bei aller Reichhaltigkeit in den Einzelheiten ist es eine gerade und einheitliche Menschenstruktur, die vor uns steht, in der die Schattenseiten den starken Lichtern entsprechen und sich nicht wirr durchkreuzen, ein der Natur stark verbundenes Wesen, naturgemäß in der Entwicklung und ohne irgendwelche psychologischen Verzerrungen.

Der äußere Lebenslauf ist, dieser Natur entsprechend, einfach und frei von schwierigen Komplikationen. RÖNTGEN schrieb einmal:

„Es ist mir immer ein befriedigendes Gefühl, zu wissen, daß sowohl die Eltern meiner Frau als auch die meinigen, denen ich gewiß viel zu verdanken habe, doch keine Gelegenheit gehabt haben, uns beiden durch ‚Protektionen' im Leben weiterzuhelfen." (RÖNTGEN an Frau BOVERI, Weilheim, 21. X. 1921.)

Ohne besondere Protektion, aber auch ohne nennenswerte äußere Schwierigkeiten führte ihn das Leben zu hohem Ruhm. Doch auch ohne den besonderen Glanz, den die Entdeckung der Röntgenstrahlen seinem Leben verlieh, wäre es wohl nicht viel anders verlaufen. Wohl ist ein weiter Weg zwischen dem übermütigen Jüngling, der in Zürich seinen Vierspänner kutschierte, und dem alten Mann, der in der 3. Klasse fährt und die Aufzucht eines Schweines für übertriebenen Luxus hält. Wohl folgt auf die verhältnismäßig sorgenfreie Zeit der Mannesjahre die traurige Zeit des Krieges, des Verlustes der Gattin und mancher lieben Freunde, der Entbehrungen und der zehrenden Sorge um Deutschlands Zukunft. Aber es bleibt doch immer eine gerade Linie ohne Bruch, die den Mann durch reiche äußere Erlebnisse zu immer stärkerer seelischer Vertiefung führte.

RÖNTGENs ausgeprägteste Eigenschaft war vielleicht seine absolute Unbestechlichkeit. Unbestechlichkeit in der Wissenschaft, Unbestechlichkeit im Urteil über Menschen, auch wenn der Schein trügen mochte, und Unbestechlichkeit im treuen Festhalten an seinen Freunden, auch wenn die Meinungen nicht immer übereinstimmten. Es gab da wohl manche Härten und Schroffheiten gegenüber Fernerstehenden und zuweilen aufbrausenden Zorn gegenüber den Nahestehenden, aber weit überwogen wurden diese Momente durch die ständige Wärme seiner Güte und Hilfsbereitschaft, die immer wieder durch die Schale der Schüchternheit durchbrach und ein ganz seltenes Gefühl von Sicherheit und Vertrauen erzeugte.

Man kann vielleicht sagen, daß RÖNTGEN im allerbesten Sinne eine Verkörperung des Ideals des 19. Jahrhunderts war. Stark, aufrecht und kraftvoll, hingegeben an seine Wissenschaft, über deren Wert es für ihn keinen Zweifel gab; bei aller Selbstkritik und allem Humor vielleicht mit einem leisen, völlig unbewußten Zug von Pathos; von einer wahrhaft seltenen Treue und Aufopferungsfähigkeit für Menschen, Erinnerungen und Ideen. Und mit all diesen Eigenschaften nicht einseitig, überheblich und altmodisch, sondern aufgeschlossen für alles Neue, sofern es ihm nicht überspannte und unnütze Geistreichelei und Oberflächlichkeit zu sein schien.

In seiner Zeit und in seiner Sprache wäre RÖNTGEN ein Vorbild für die Jugend genannt worden. Solche Worte machen heute keinen Eindruck mehr. Aber auch in der Zeit der „neuen Sachlichkeit" muß es wirksam sein, zu erkennen, daß in der Periode, die heute als positivistisch, äußerlich und hohl-pathetisch verurteilt wird, Männer wie Röntgen gelebt haben, die erfüllt waren von einer strengen, kritischen Sachlichkeit in der Lebens- und Geisteshaltung.

Röntgen schrieb einmal über eine Rede, die mein Vater auf Anton Dohrn gehalten hatte: „Ich könnte fast den Mann beneiden, dem ein solcher Nachruf gewidmet wird ...“ Und man kann nicht umhin, festzustellen, daß in der tiefen Wandlung der Zeiten, die sich in den letzten Jahrzehnten vollzogen hat, sein Bild

Abb. 59. Das Grab in Gießen

für die breitere Öffentlichkeit verlorengegangen ist. So ist es denn traurig, daß keiner der Freunde und Genossen mehr lebt, um die ganze Frische von Röntgens Jugend- und Mannespersönlichkeit darzustellen, und daß wir Nachkommen nur einzelne — vielleicht nicht einmal mehr ganz verstandene — Bruchstücke haben, um uns seine Persönlichkeit vor Augen stellen zu können.

6. Röntgens Entdeckung in der Tagespresse und in populären Zeitschriften. Röntgenstrahlen und Stein der Weisen, Vivisektion, Temperenzbewegung, Spiritismus, Seelenphotographie, Wahrsagerei und Telepathie

Es ist charakteristisch für die öffentliche Bekanntmachung vieler wichtiger Neuigkeiten, daß die erste Veröffentlichung über die Entdeckung der X-Strahlen in der Tagespresse durch eine Indiskretion erfolgte.

In der Presse der Stadt, in welcher die Röntgenstrahlen entdeckt wurden, im „Würzburger Generalanzeiger“ nämlich, erschien der erste Bericht über die große Entdeckung erst in der Ausgabe Nr. 6 vom 9. Januar 1896, also 12 Tage nachdem RÖNTGEN seine erste Mitteilung dem Sekretär der „Physikalisch-Medizinischen Gesellschaft“ eingehändigt hatte. Auch diese Notiz enthielt eine Reihe von Ungenauigkeiten, die dafür zeugen, daß sie in keiner Weise mit der Zustimmung RÖNTGENs erschien.

So begann der Artikel folgendermaßen: „In der Würzburger physikalisch-medizinischen Gesellschaft hat im vergangenen Monat der Universitätsprofessor Dr. W. C. RÖNTGEN, Vorstand des physikalischen Instituts, einen interessanten Vortrag über eine von ihm gemachte Entdeckung gehalten, die von Fachblättern als geradezu epochemachend und sensationell bezeichnet und in langen Artikeln gefeiert wird.“

Wie schon früher berichtet, hielt RÖNTGEN seinen berühmten Vortrag über seine Strahlen erst am 23. Januar 1896. Der irrtümliche Bericht des „Würzburger Generalanzeigers“ über den „Vortrag RÖNTGENs in den Weihnachtsferien“ wurde aber jahrzehntelang in anderen Veröffentlichungen kopiert.

Einige Tage, ehe der Zeitungsbericht in RÖNTGENs Heimatstadt erschien, war schon von London aus am Abend des 6. Januar 1896 die Nachricht durch folgendes Kabel in alle Welt hinausgetragen worden:

„Der Lärm des Kriegsalarmes sollte die Aufmerksamkeit nicht ablenken von einem wunderbaren Triumphe der Wissenschaft, der eben aus Wien mitgeteilt wird. Es wird berichtet, daß Prof. ROUTGEN von der Universität Würzburg ein Licht entdeckt hat, das beim Photographieren Holz, Fleisch und die meisten anderen organischen Substanzen durchdringt. Es ist dem Professor gelungen, Metallgewichte in einer geschlossenen Holzschachtel sowie eine menschliche Hand zu photographieren, wobei sich nur die Knochen zeigen, während das Fleisch unsichtbar ist.“ Diese Kabelnachricht wurde in amerikanischen Zeitschriften schon am 8. Januar 1896 veröffentlicht. In der Kabelnachricht wurde der Name RÖNTGEN verstümmelt als ROUTGEN übermittelt, und die Bemerkung, daß die Nachricht aus Wien kommt, deutete darauf hin, daß dieser Umweg der schon erwähnten Reporterindiskretion zuzuschreiben ist. Der wahre Sachverhalt dieser Episode ist folgender.

RÖNTGEN hatte am 1. Januar 1896 einige Kopien seiner ersten X-Strahlen-Aufnahmen an den Wiener Universitätsprofessor FRANZ EXNER gesandt, der in den 70er Jahren mit ihm Student und Assistent bei KUNDT in Zürich und Straßburg gewesen war. Prof. EXNER kam von Zeit zu Zeit mit seinen Kollegen zu Diskussionsabenden zusammen. Zu einem dieser Abende brachte er die ihm von RÖNTGEN übersandten Bilder mit, welche bei den anwesenden Herren größtes Aufsehen erregten. Die Fachgenossen EXNERs interessierten sich gleich sehr für die neuen Strahlen und ergingen sich in gewagten Hypothesen über den Grundcharakter dieser Strahlen wie auch über die Zukunftsmöglichkeiten ihrer Anwendung. Einer der Teilnehmer, Prof. ERNST LECHER aus Prag, bat sich beim Aufbruch die Aufnahmen von EXNER für kurze Zeit aus. Noch gegen Mitternacht suchte er mit denselben seinen Vater, Z. K. LECHER, auf, der damals Redakteur der alten „Presse“ war. Der alte LECHER witterte in dem kurzen Bericht über die neue Entdeckung eine sensationelle Neuigkeit für sein Blatt und erbat sich von seinem Sohn eine kurze, sachliche Zusammenfassung für die nächste Morgenausgabe. Unter der Überschrift „Eine sensationelle Entdeckung" erschien ein ausführlicher Artikel über die Strahlen auf der ersten Seite des Sonntagsblattes der „Presse" vom 5. Januar 1896. Ein Mitarbeiter der wenig gelesenen „Presse" machte den Wiener Vertreter des „Daily Chronicle" auf den Artikel aufmerksam, der ihn dann sofort nach London telegraphierte. Daher kam es, daß der Ort der Entdeckung in vielen Berichten Wien zugeschrieben wurde. Die ersten Zeitungsberichte sind alle mehr oder minder gleich und decken sich mit dem am 9. Januar 1896 im „Würzburger Generalanzeiger" veröffentlichten Artikel. Es mag noch erwähnt werden, daß Professor LECHER höchst erstaunt war, als er den kleinen Bericht, den er seinem Vater über die Strahlen gab, in dessen Sonntagszeitung vom 5. Januar 1896, stark angewachsen wiederfand, „wobei sein Vater die medizinischen Entwicklungsmöglichkeiten der neuen Entdeckung in richtig voraussehender Weise schilderte".

Alle ausführlicheren Berichte über die Entdeckung stützten sich auf die Berichte in der „Frankfurter Zeitung" vom Dienstag, den 7., und Mittwoch, den 8. Januar 1896, die deshalb hier wörtlich wiedergegeben sind.

„Eine sensationelle Entdeckung. In den gelehrten Fachkreisen Wiens macht gegenwärtig die Mitteilung von einer Entdeckung, welche der Professor der Physik WILHELM CONRAD RÖNTGEN in Würzburg gemacht haben soll, große Sensation. Wenn sich dieselbe bewährt, so hat man es mit einem in seiner Art epochemachenden Ergebnisse der exakten Forschung zu tun, das sowohl auf physikalischem wie auf medizinischem Gebiete ganz merkwürdige Konsequenzen bringen dürfte. Die ‚Wiener Presse' erfährt darüber:

Professor RÖNTGEN nimmt eine Crookessche Röhre — eine sehr stark ausgepumpte Glasröhre, durch die ein Induktionsstrom geht — und photographiert mit Hilfe der Strahlen, welche diese Röhre nach außen hin aussendet, auf gewöhnlichen photographischen Platten. Diese Strahlen nun, von deren Existenz man bisher keine Ahnung hatte, sind für das Auge vollständig unsichtbar; sie *durchdringen*, im Gegensatz zu gewöhnlichen Lichtstrahlen, Holzstoffe, organische Stoffe und dergleichen *undurchsichtige* Körper. Metalle und Knochen hingegen halten die Strahlen auf. Man kann bei hellem Tageslicht mit ‚geschlossener Cassette' photographieren. Das heißt, die Lichtstrahlen gehen den gewöhnlichen Weg und *durchdringen* auch den Holzdeckel, der vor die lichtempfindlichen Platten geschoben ist und sonst vor dem Photographieren entfernt werden muß. Sie durchdringen auch eine Holzhülle vor dem zu photographierenden Objekt. Professor RÖNTGEN photographiert z. B. die Gewichtsstücke eines Gewichtssatzes, ohne das Holzetui zu öffnen, in welchem die Gewichte aufbewahrt sind.

Auf der gewonnenen Photographie sieht man nur die Metallgewichte, nicht die Cassette. Eben so kann man Metallgegenstände, die in einem Holzkasten aufbewahrt sind, photographieren, *ohne den Kasten zu öffnen*. Wie die gewöhnlichen Lichtstrahlen durch Glas gehen, so gehen diese neuentdeckten von Crookesschen Röhren ausströmenden Strahlen durch Holz und auch durch — Weichteile des menschlichen Körpers. Am überraschendsten ist nämlich die durch den erwähnten photographischen gewonnene Abbildung von einer menschlichen *Hand*, um deren Finger die Ringe frei zu schweben scheinen. Die Weichteile der Hand sind *nicht sichtbar*.

Einige Proben dieser sensationellen Entdeckung circulieren in Wiener Gelehrtenkreisen und erregen in denselben berechtigtes Staunen. Es wird wohl in allernächster Zeit bereits in den Laboratorien die Sache sehr eingehend geprüft und zu einer weiteren Entwicklung gebracht werden. Die *Physiker* werden ihre Studien über die bisher unbekannte Lichtleitung machen, welche Gegenstände durchdringt, die als undurchdringlich für das Licht gegolten haben und den Lichtstrahlen aus der Crookesschen Röhre den Durchgang ebenso gestattet wie eine Glasscheibe dem Sonnenlichte. Die Pfadfinder auf dem speziellen Gebiete der *Photographie* werden binnen kurzem der Entdeckung von allen Seiten auf den Leib rücken und Versuche anstellen, wie dieselbe vervollkommt, wie sie praktisch verwertet werden könne. Für diese praktische Verwertung wieder werden sich die *Biologen* und *Ärzte*, insbesondere zunächst die Chirurgen, lebhaft interessieren, weil sich hier ihnen eine Perspektive auf einen neuen, sehr wertvollen *diagnostischen Behelf* zu öffnen scheint.

Es ist angesichts einer so sensationellen Entdeckung schwer, phantastische Zukunftsspekulationen im Stile eines JULES VERNE von sich abzuweisen. So lebhaft dringen sie auf denjenigen ein, der hier die bestimmte Versicherung hört, es sei ein *neuer Lichtträger* gefunden, welcher die Beleuchtung hellen Sonnenscheins durch Bretterwände und die Weichteile eines tierischen Körpers trägt, als ob dieselben von kristallhellem Spiegelglase wären. Die Zweifel müssen sich bescheiden, wenn man vernimmt, daß das photographische Beweismaterial für diese Entdeckung vor den Augen ernster Kritiker bisher Stand zu halten scheint. Vorläufig sei nur darauf hingewiesen, welche Wichtigkeit für die Diagnose von *Knochenverletzungen und Knochenkrankheiten* es haben würde, wenn es bei einer weiteren, nur rein technischen Entwicklung dieses neuen photographischen Verfahrens gelingt, nicht nur eine menschliche Hand in der Weise zu photographieren, daß auf einem Bilde die Weichteile nicht erscheinen, wohl aber eine genaue Zeichnung der Knochen. Der Arzt könnte dann zum Beispiel die Eigenart eines komplizierten Knochenbruches ganz genau kennen lernen ohne die für den Patienten schmerzliche manuelle Untersuchung; der Wundarzt könnte sich über die Lage eines Fremdkörpers im menschlichen Leibe, einer Kugel, eines Granatensplitters, viel leichter als bisher und ohne die oft so qualvollen Untersuchungen mit der Sonde unterrichten. Für Knochenkrankheiten, die auf keine traumatische Ursache zurück zu führen sind, wären solche Photographien, vorausgesetzt, daß die Verfertigung derselben gelingen sollte, ebenso ein wertvoller Behelf für die Diagnose wie bei dem einzuschlagenden Heilverfahren.

Und läßt man der Phantasie weiter die Zügel schießen, stellt man sich vor, daß es gelingen würde die neue Methode des photographischen Prozesses mit Hilfe der Strahlen aus den Crookesschen Röhren so zu vervollkommnen, daß nur eine Partie der Weichteile des menschlichen Körpers durchsichtig bleibt, eine tiefer liegende Schichte aber auf der Platte fixiert werden kann, so wäre ein unschätzbarer Behelf für die Diagnose zahlloser *anderer Krankheitsgruppen* als die der Knochen gewonnen. Eine solche Errungenschaft, ein solcher Fortschritt auf der einmal eröffneten Bahn will ja, die Richtigkeit der ersten Prämisse vorausgesetzt, nicht außer dem Bereiche aller Möglichkeit erscheinen. Wir gestehen, daß dies alles überkühne Zukunftsphantasien sind. Aber — wer im Anfange dieses Jahrhunderts gesagt hätte, das Enkelgeschlecht werde von der Kugel im Fluge getreue Bilder anfertigen und mit Hilfe eines elektrischen Apparates Zwiegespräche über den großen Ozean hin und wieder führen können, hätte sich auch dem Verdachte ausgesetzt, dem Irrenhause entgegenzureifen."[1]

„Frankfurt a/M., den 7. Januar.

Eine sensationelle Entdeckung. In den Mitteilungen über die Aufsehen erregende Entdeckung des Professors der Physik Röntgen in Würzburg trägt die „Presse" vor allem die Tatsache nach, daß Röntgen seine Photographie *ohne* einen photographischen Apparat herstellt. Der Belichtungsstrom, welcher aus den Crookes'schen Röhren hervorgeht, passiert beim Photographieren *keine* Linse. Er fällt auf den zu photographierenden Gegenstand und unmittelbar hinter demselben befindet sich die „Cassette" mit dem zu einer gewöhnlichen photographischen Aufnahme präparierten Papier. Damit dieses Papier nicht vom Tageslicht berührt werde, ist es in der „Cassette" wie gewöhnlich mit einem Holzdeckel geschützt. Dieser Holzdeckel, der sonst beim Photographieren bekanntlich entfernt werden muß, bleibt bei dem Röntgen'schen Verfahren eingeschoben. Ein eigentlicher photographischer Apparat könnte nicht angewendet werden, da die von den Crookes-Röhren ausgehenden Strahlen in der Linse nicht gebrochen werden. Die Strahlen sind, obwohl sie als Lichtträger durch Holz u.s.w. durchdringen, für das menschliche Auge nicht sichtbar, sie entwickeln keine Wärme, sie üben keinen Einfluß auf die allerempfindlichsten magnetischen Instrumente aus. Diese eigentümlichen Strahlen pflanzen sich nicht in wellenförmigen, sondern in *geraden* Linien fort. Bekanntlich ist alle sogenannte „Aetherbewegung", durch welche die Lichtstrahlen, der Schall, die gewöhnliche Elektrizität sich fortpflanzen, eine wellenförmige. Hier hat man zum ersten Male eine geradlinige Fortpflanzung, etwas, was als Hypothese von den Physikern aufgenommen, aber bisher niemals nachgewiesen werden konnte. Das Bedeutungsvolle an der Röntgen'schen Entdeckung für die Wissenschaft beruht hierin. Die wundersamen, unglaublichen Dinge, welche Röntgen gleich bei Beginn der Untersuchung über seine Entdeckung gefunden hat, die verblüffende Herstellung seiner Photographie, ist eigentlich rein nebensächlich im Vergleiche zu der eben erwähnten Konstatierung einer gradlinigen Fortbewegung gewisser Lichtstrahlen. In *Wien* befinden sich neun Photographien, welche Professor Röntgen an einen Fachgenossen eingesendet hat. Dieselben lassen bei der allereingehendsten Untersuchung durchaus keinen Zweifel über die vollständige Richtigkeit von Röntgens Angaben aufkommen. Je genauer, je strenger man sie untersucht, um so überzeugender wirken diese eigenartigen Lichtbilder. Professor Röntgen stellt dieselben her, indem er unter oder hinter dem zu photographierenden Gegenstand einer Cassette mit präpariertem Papier anbringt und die Strahlen aus den Crookes'schen Röhren durch den zu photographierenden Gegenstand und den Holzdeckel der Cassette durchdringen läßt. Er legt zum Beispiel die Hand auf die photographische Cassette und ließ auf die Hand die Strahlen aus den Crookesschen Röhren auffallen. So wurde jenes photographische Bild erzeugt, welches die Knochen der Hand mit den frei schwebenden Ringen darstellt, von dem wir in unserem ersten Artikel gesprochen haben. Der Würzburger Gelehrte kam, wie dies so häufig bei so sensationellen Entdeckungen geschieht, durch *Zufall* auf seinen großen Fund.

[1] Frankfurter Z. **40**, Nr. 7, Zweites Morgenblatt, Feuilleton (Dienstag, 7. Jan. 1896).

Er hatte eine Crookes'sche Röhre, mit Stoff umwickelt, auf seinem Laboratoriumstische und ließ zu irgend einem Zwecke einen sehr starken elektrischen Strom durch dieselbe gehen. Nach einiger Zeit bemerkte er, daß in einiger Entfernung ein präpariertes Papier *Linien* zeigte, die bisher bei Einwirkung von Elektrizität nicht beobachtet wurden. Der scharfsinnige Gelehrte verfolgte diese Beobachtung weiter und das vorläufige Ergebnis seiner Studien ist das soeben Mitgeteilte. In Gelehrtenkreisen macht begreiflicherweise die Würzburger Mitteilung außerordentliche Sensation. Es werden Versuche gemacht, das Röntgen'sche Verfahren experimentell genauer zu studieren. Bisher scheint die Herstellung Röntgen'scher Photographien nicht geglückt zu sein, weil die zu Gebote stehenden Apparate nicht stark genug sind."[1]

Die Frankfurter Zeitung, wie alle anderen Tageszeitungen, bot ihren Lesern in fast fieberhafter Weise weitere Neuigkeiten über die große Entdeckung. Einige der Schlagzeilen sind von Interesse. „RÖNTGEN in Berlin" (13. und 14. Januar 1896); „WILHELM CONRAD RÖNTGEN" (16. Januar 1896); „RÖNTGEN und REICHENBACH" (17. Januar 1896); „Versuche mit dem Verfahren RÖNTGENs" (17. Januar 1896); „Zur Vorgeschichte der Röntgen'schen Entdeckung" (18. Januar 1896); „Die Röntgen'schen Strahlen in der Chirurgie" (23. Januar 1896); „Von den Röntgenstrahlen. (Wirkung in Paris)" (30. Januar 1896); „Die Röntgenstrahlen in Zürich" (4. Februar 1896); „Centralstelle zur Förderung der Röntgenschen Entdeckung in Frankfurt am Main" (6. Februar 1896). Der Londoner „Standard" druckte am 7. Januar den Bericht seines Wiener Korrespondenten über „Eine photographische Entdeckung" ab und schloß mit der Bemerkung: Die Presse versichert ihren Lesern, daß es sich „bei der Entdeckung weder um einen Witz noch einen Humbug handelt, sondern um die ernsthafte Entdeckung eines ernsthaften deutschen Professors".

Die Presse der ganzen Welt druckte innerhalb weniger Tage diese Veröffentlichungen über die große Entdeckung ab und begann, sich gleich in gewagten Spekulationen über die Zukunftsmöglichkeiten derselben zu ergehen. Der Pariser „Le Matin" veröffentlichte die Wiener Nachricht am 13. Januar 1896 und die New Yorker „Times" am 16. Januar 1896.

Die populären Zeitschriften folgten schnell. Mit eine der ersten war die englische „The Saturday Review", London[2], die sich schon am 11. Januar 1896 ausführlich über die neue photographische Entdeckung ausließ. Die französische Familienzeitschrift „L'Illustration" fügte am 25. Januar 1896[3] einer ausführlichen Beschreibung über „Die Entdeckung eines neuen Lichtes" die zuvor erwähnte Röntgenaufnahme der Hand aus dem Hamburger Staatsinstitut bei. Auch der amerikanische „Literary Digest" vom 25. Januar[4] enthielt einen Bericht über die „Photographie undurchsichtiger Körper".

Die Mehrzahl der Artikel war von großem Optimismus über die Zukunftsmöglichkeiten der „alles durchdringenden Strahlen" durchzogen. Viele Leser hofften denn auch naturgemäß, den Nutzen aus dieser so angepriesenen Entdeckung zu ziehen. Einer z. B. sandte an den bekannten amerikanischen Erfinder

---

[1] Frankfurter Z. **40**, Nr. 8, Abendblatt, Kleines Feuilleton (Mittwoch, 8. Jan. 1896).
[2] Saturday Rev. (Lond.) **81**, 35.
[3] L'Illustration **107**, 72.
[4] Literary Digest **12**, 375.

Edison das Gestell eines Opernglases mit der Bitte, dasselbe mit X-Strahlen auszustatten und zurückzusenden[1]. Edisons Laboratorium in Orange, N. J., in dem Anfang 1896 eifrigst mit den Röntgenstrahlen gearbeitet wurde, war überhaupt der beliebte Sammelplatz einer Schar von Zeitungsreportern. Im Februar 1896 schrieb der Berichterstatter der „Electrical World“[2] darüber: „Edison selbst hat einen schweren Anfall von Röntgenitis. Die Zeitungen haben ihre Berichterstatter an Ort und Stelle und leiden daher keinen Mangel an Material, wie die ellenlangen Artikel aus dieser Quelle beweisen. Wir hören, daß Edison und seine Assistenten letzte Woche 70 Stunden ununterbrochen arbeiteten. Während der letzten Stunden wurde eine Drehorgel gespielt, um die Arbeitenden wachzuhalten“ (Abb. 60).

Abb. 60. Edison (rechts) mit seinem Assistenten T. Commerford Martin benutzt ein "Sciascope". Sprengel-Vakuumpumpe links

Oft wurden den Lesern die gewagtesten Mitteilungen unterbreitet; kurz nach der Entdeckung schrieb eine New Yorker Zeitung durchaus ernsthaft, „daß im College of Physicians and Surgeons, New York, die Röntgenstrahlen benutzt werden, um anatomische Zeichnungen direkt in das Gehirn der Studenten zu projizieren. Auf diese Weise wird ein weit nachhaltigerer Eindruck hervorgerufen als bei den gewöhnlichen Lehrmethoden anatomischer Einzelheiten“[3].

Mit vielen mysteriösen Lehren und Hoffnungen, die die menschliche Phantasie durch Jahrhunderte bewegt hatten und heute noch bewegen, mit der Entdeckung des Steins der Weisen, mit der Berechtigung oder Nichtberechtigung der Vivisektion, mit Temperenz- und Prohibitionsbewegung, mit Spiritismus, Seelenphotographie, Wahrsagerei, Telepathie usw., wurden die neuentdeckten Röntgenschen Strahlen sofort in engsten Zusammenhang gebracht.

Ein Glücklicher, der den Stein der Weisen entdeckt haben wollte, war z. B. ein junger Student der Columbia-Universität in New York, der einem Zeitungsbericht aus Cedar Rapids Iowa, vom 20. April 1896 zufolge, beim Experimentieren mit den X-Strahlen „eine Entdeckung gemacht hat, die die Welt in Staunen versetzen wird. Vermittels der X-Strahlen ist es ihm möglich, innerhalb 3 Stunden ein Stück Metall im Werte von nur 13 Cents in Gold vom Werte von 153 $

[1] Literary Digest **13**, 305 (4. Juli 1896).
[2] Electr. World **27**, 170.
[3] Science **3**, 436 (3. März 1896).

umzuwandeln. Das so verwandelte Metall wurde untersucht und als reines Gold befunden"[1].

Besonderen Anklang fanden die Vorschläge in der Presse, das Problem der Vivisektion, über welches gegen Ende des letzten Jahrhunderts vor allem in Amerika hitzige Debatten geführt wurden, vermittels der neuentdeckten Röntgenstrahlen zu lösen. Schon am 27. Februar 1896, wenige Wochen nach der Entdeckung, stellte der Redakteur der amerikanischen Zeitschrift „Life"[2] folgende Betrachtung über dieses heikle Thema an: „Sollten sich die Erwartungen, die an die Röntgensche Entdeckung geknüpft werden, tatsächlich in dem Maße erfüllen, wie ihre Freunde das hoffen, so können wir erwarten, daß sie fast sicher der Vivisektion ein Ende bereitet. Es ist nicht mehr nötig, mit dem Messer an einem lebenden Tiere herumzuschneiden, wenn ein Strahl dessen ganze innere Vorgänge sichtbar macht." In ähnlicher Weise ließ sich der Feuilletonschreiber der bekannten New Yorker Zeitung „New York Tribune" aus[3]. In England allerdings war man zur selben Zeit einem Bericht E. Bellgarths, Hendon, N. W., über „Die neue Photographie und die Vivisektion" zufolge, der am 29. Februar 1896 in der Londoner „Saturday Review" erschien, skeptischer über die Möglichkeit, die Vivisektion durch Röntgenstrahlen zu ersetzen[4].

Die Möglichkeit, in Amerika die neuentdeckten X-Strahlen zur Förderung der Temperenzbewegungen zu verwerten, wurde von der bekannten Vorkämpferin dieser Bewegungen, Francis Willard, erkannt[5]. „Ich glaube", sagte Miss Willard, „daß die X-Strahlen für die Sache der Temperenz sehr wichtig werden. Man kann mit ihnen Trinkern und Zigarettenrauchern die fortschreitende Zerstörung in ihrem System zeigen, die eine Folge dieser Laster ist, und Sehen ist Glauben[6]."

Den Spiritisten boten die mysteriösen Fluoreszenzerscheinungen einer Reihe von Stoffen unter dem Einfluß der Röntgenstrahlen eine willkommene Gelegenheit, der Phantasie bei ihren mehr oder minder aufrichtigen Séancen freien Lauf zu lassen. Im Juli 1896 stellte der „Literary Digest"[7] einige Bemerkungen über „Die Röntgenstrahlen und den spiritistischen Körper" zusammen; aus einem Artikel der Zeitung „The Herald and Presbyter" wurde in diesem Zusammenhange die folgende Notiz über die Röntgensche Entdeckung entnommen: „Sie bestätigt, soweit es das materielle Experiment überhaupt kann, die Paulsche Lehre des spiritistischen Körpers, wie er im Menschen existiert. Sie beweist, daß ein wahrer Körper, für den der leibliche Körper eigentlich nur das Gewand darstellt, möglicherweise in uns wohnt und auf den Augenblick wartet, entkleidet zu werden; ihn frei zu machen, nennen wir dann Tod."

Allerdings wurden derartige phantastische Anschauungen nur von wenigen Anhängern geteilt, und die Redaktion von Appletons „Popular Science Monthly" gab der Meinung der Skeptiker diesen neuen Gedankenrichtungen gegenüber

[1] Electr. Eng. (N. Y.) **21**, 472 (6. Mai 1896).
[2] Life **27**, 152.
[3] Publ. Opinion **20**, 273 (27. Febr. 1896).
[4] Siehe auch Literary Digest **12**, 554 (7. März 1896).
[5] Electr. Rev. **38**, 737 (5. Juni 1896).
[6] Siehe auch Brit. J. Photogr. **43**, 396 (19. Juni 1896).
[7] Literary Digest **13**, 303 (4. Juli 1896).

Raum und sagte: ,,RÖNTGENs Entdeckung besteht darin, daß Gegenstände, durch welche gewöhnliches Licht nicht durchdringt, von anderen Strahlen durchsetzt werden können, die durch elektrische Entladungen in sehr verdünnten, gasförmigen Medien erzeugt werden. Wie man aus der Wirkung dieser Strahlen auf irgendeine Existenz eines spiritistischen Körpers schließen kann, ist *schwer zu beantworten*. Wir erheben keinerlei Widerspruch gegen die Theorie eines spiritistischen Körpers, sei es die von PAUL oder HOMER oder PLATO, aber wir glauben, daß, nachdem ein tüchtiger Experimentator wie RÖNTGEN eine neue Eigenschaft der strahlenden Energie gefunden hat und als konservativer Wissenschaftler nur das behauptet, was er experimentell zeigen konnte, kein Grund gegeben ist für andere, nun herbeizueilen und darauf zu bestehen, daß er, ohne es zu wissen, irgendeine ihrer Lehren unterstützt, für welche auch kein Jota von Beweis vorliegt.''[1] In demselben Sinne äußerte sich ein anderer Wissenschaftler, SCHUYLER S. WHEELER, der sich in einem Brief an den ,,New York Herald'' scharf gegen den Sensationalismus in der täglichen Presse wandte[2].

Ein anderes Beispiel einer merkwürdigen Anwendung der Röntgenstrahlen wurde in einer Zeitung aus San Francisco besprochen, in welcher Prof. D. S. JORDAN, San Francisco, sich in etwas sarkastischer Weise über die Physiker der impressionistischen Schule äußerte[3]: ,,Herr INGLES ROGERS und andere Physiker der impressionistischen Schule nehmen zur Zeit einen wichtigen Platz in Zeitungsberichten ein, da man vermutet, daß deren Resultate zusammenhängen mit der Entdeckung des Herrn Prof. RÖNTGEN. RÖNTGEN und viele andere nach ihm haben vermittels unsichtbarer Lichtschwingungen, die mit den sogenannten Kathodenstrahlen verwandt sind, Schattenbilder erzeugt. Die Lichtstrahlen gingen durch Gegenstände hindurch, die nahezu undurchdringlich sind für gewöhnliche Schwingungen. Herr ROGERS hat andererseits lediglich dadurch eine Einwirkung auf die photographische Platte erzielt, daß er im Dunkeln auf dieselbe scharf hinblickte; andere glauben nun durch Blicken mit ihrem geistigen Auge dasselbe erzielen zu können, wobei sie ein photographisches Bild des Gegenstandes ihrer Gedanken erzielten. Auf diese Art und Weise erzeugen sie eine bestimmte chemische Wirkung selbst da, wo keinerlei materielle Unterlage für eine solche Wirkung besteht[4].

Allerdings fanden sich aber doch auch Ärzte, wie z. B. ein Dr. OTTOLENGHI in Neapel, die glaubten, daß die Retina der Somnambulisten, die behaupteten, durch undurchsichtige Körper sehen zu können, für Röntgenstrahlen empfindlich sei, wodurch sich die aufgestellten Behauptungen erklären würden.

Ein anderer Zusammenhang der Röntgenstrahlen mit einer merkwürdigen Lehre, die um die Mitte des 19. Jahrhunderts in Deutschland eine große Rolle spielte, wurde nach RÖNTGENs Entdeckung aufgefunden. Es handelt sich um die Reichenbachsche ,,Od''-Lehre, die durch den Freiherrn VON REICHENBACH (einst Wiener Schloßherr vom Kobenzl), Stuttgart, im Jahre 1846 besprochen und später ausführlich in seinen ,,Odisch-Magnetischen Briefen'' 1852 behandelt wurde. REICHENBACH glaubte, eine Naturkraft, das ,,Od'', ein Mittel zwischen

[1] Literary Digest **13**, 303 (4. Juli 1896).
[2] Electr. Eng. (N. Y.) **21**, 191 (19. Febr. 1896).
[3] Brit. J. Photogr. **43**, 117, 159 (21. Febr. und 6. März 1896).
[4] Electrician **36**, 811 (17. April 1896).

Elektrizität, Magnetismus und Wärme, gefunden zu haben, welche alles durchdringend war. In dem „Dublin Journal of medical Science“ erschien ein kurzer Bericht über die Reichenbachsche Lehre, worin behauptet wurde, daß er „einige sorgfältige Experimente mit einer Daguerreotype machte, und fand, daß eine jodisierte Platte beeinflußt wurde, wenn sie zwischen den Polen eines Magneten aufgestellt war. Er war auch in der Lage, die Strahlen mit einer Linse zu konzentrieren, und fand, daß die Brennweite 54 Zoll betrug, während sie für eine Kerze nur 12 Zoll war. Er konnte keine Wärmewirkung mit dem empfindlichsten Thermoskop finden. Wurde die Hand vor die Magnetpole gelegt, dann strömte das Licht durch die Finger.“

Trotzdem diese Lehre schon vor RÖNTGENs Entdeckung als Produkt einer spekulativen Theorie der Phantasie ihrer Anhänger allein überlassen war, wurde sie doch nach RÖNTGENs Entdeckung wieder ausgegraben (z. B. durch Prof. BÜCHNER in einem Artikel über die Röntgenstrahlen und die Reichenbachsche „Od“-Lehre[1] oder auch ausführlicher in der kleinen Schrift von L. TORMIN, „Magische Strahlen. Die Gewinnung photographischer Lichtbilder lediglich durch odisch-magnetische Ausstrahlungen des menschlichen Körpers“[2]). Die Anhänger dieser Lehre behaupteten, daß man alles, was man mit Röntgenstrahlen zu tun in der Lage sei, schon 50 Jahre vorher mit dem geheimnisvollen Reichenbachschen „Od“ machen konnte[3] (656).

Endlich sei noch auf das große Aufsehen aufmerksam gemacht, welches Mitte des Jahres 1896 durch die sogenannte „Seelenphotographie“ des Franzosen Dr. BARADUC nach dessen Vorträgen vor der Pariser Medizinischen Gesellschaft erregt wurde. Einige französische Zeitungen berichteten[4] über diese Untersuchungen, und ein Dr. ALBERT BATTANIER ließ sich ausführlich über die Möglichkeiten dieser Seelenphotographie aus.

Dr. BARADUC hatte solche Entladungen der menschlichen Seele, wie er glaubte, auf lichtempfindliche Platten aufgenommen und im Jahre 1896 über 400 solcher Aufnahmen in München ausgestellt. BARADUC behauptete auch, photographische Aufnahmen durch Gedankenübertragung mit seinem Freunde, Dr. ISTRATE, über eine Entfernung von 300 km gemacht zu haben. Diese Behauptungen fanden aber wenig Glauben, und der Pariser Korrespondent des „Daily Telegraph“ bezeichnete „die Bilder BARADUCs als ebenso unsicher wie seine Theorien“.

Zum Glück wurde den meisten phantastischen Auslassungen bald durch nüchterne und sachliche Berichte über zuverlässige Versuche mit den neuentdeckten Strahlen in den wissenschaftlichen Zeitschriften einigermaßen gesteuert, wenn auch natürlich nicht zu vermeiden war, daß von Zeit zu Zeit die Berichterstatterphantasie neue Blüten trieb.

Es ist interessant und auch zugleich charakteristisch für die Mitteilung neuer Entdeckungen in der Tagespresse, daß eine Anzahl von Beobachtungen mit Röntgenstrahlen, die schon im Jahre 1896 meist kurz nach der Entdeckung der Strahlen gemacht wurden, von Zeit zu Zeit immer wieder in sensationeller Aufmachung erscheinen. Es sei in dieser Beziehung auf die Möglichkeit der

[1] Gartenlaube **9**, 141 (1896).
[2] Düsseldorf: Schmitz & Albertz 1896.
[3] Electr. Eng. (N. Y.) **22**, 37 (8. Juli 1896).
[4] Zum Beispiel Cosmos (Paris) **1896** — Brit. J. Photogr. **43**, 396 (19. Juni 1896).

Untersuchungen gewisser Krankheiten in jahrtausendalten Mumien mit Röntgenstrahlen und ähnliches aufmerksam gemacht.

Im großen ganzen kann man sagen, daß wohl wenige wissenschaftliche Entdeckungen je in so reichem Maße von den Tageszeitungen ausgeschlachtet wurden wie die der Röntgenschen Strahlen. Die Ursache lag eben, wie der bekannte englische Physiker Sir J. J. THOMSON in seiner Rede Lecture am 10. Juli 1896 (943) sagte, darin, daß die Röntgensche Entdeckung ,,an die stärkste aller menschlichen Eigenschaften, die Neugierde" appelliert, weshalb sie die außerordentlich große Aufmerksamkeit des Publikums auf sich zog; ohne Frage ist auch auf dem Röntgengebiet vielfach die Berichterstattung in der täglichen Presse auf diese Neugierde des lesenden Publikums zugeschnitten gewesen.

7. RÖNTGENs Entdeckung und die wissenschaftlichen Zeitschriften. Die erste Röntgen-Fachzeitschrift

Mit großer Schnelligkeit wurde die erste Nachricht von der Entdeckung der Röntgenstrahlen auch in die wissenschaftliche Fachpresse aufgenommen.

,,The Electrical Engineer, New York" besprach die neue Entdeckung unter dem Titel ,,Elektrische Photographie durch feste Körper" am 8. Januar 1896[1]. Die ,,Elektrotechnische Zeitschrift, Berlin" veröffentlichte ihren ersten Artikel, ,,Die Röntgenschen Strahlen" am 23. Januar 1896[2], während ,,The Electrician, London" schon am 10. Januar 1896[3] einen Artikel über eine ,,Sensational worded story" brachte.

Die französische Zeitschrift ,,L'Eclairage Eléctrique, Paris" berichtete erst am 8. Februar 1896 ,,Über eine neue Art von Strahlen", während die italienische ,,Il Nuovo Cimento[4]" schon in ihrer Januar-Nummer einen ausführlichen Artikel über die Röntgenstrahlen aus der Feder der beiden Physiker A. BATTELLI und A. GARBASSO brachte.

Fast zur gleichen Zeit konnte man die Nachricht von der Entdeckung in den medizinischen und allgemein-wissenschaftlichen Zeitschriften lesen. Die ,,Münchner Medizinische Wochenschrift" berichtete am 14. Januar 1896 über die Sitzung der Berliner Gesellschaft für Innere Medizin vom 6. Januar 1896, in welcher der Neurologe Dr. M. JASTROWITZ über die Röntgensche Entdeckung sprach. Am 11. Januar erschien im New York Medical Record eine Notiz über ,,Illuminiertes Gewebe" und am 15. Februar 1896 in der amerikanischen Zeitschrift ,,Journal of the American Medical Association"[5] ein begeisterter Leitartikel über die neue Entdeckung. In der ,,Wiener Klinischen Wochenschrift" hatte der Physiologe SIEGMUND EXNER am 16. Januar 1896[6] über die Röntgensche Entdeckung berichtet. Der englische ,,Lancet" schrieb am 11. Januar 1896[7] über ,,Der Scheinwerfer der Photographie"; in dem ,,British Medical Journal" erschien am 11. Januar 1896[8] ein Originalartikel des Manchester Physikers SCHUSTER über die Röntgen-

[1] Electr. Eng. (N. Y.) **21**, 51 (1896).
[2] Elektrotechn. Z. **17**, 54 (1896).
[3] Electrician **36**, 334 (1896).
[4] L'Eclair. Eléc. (Paris) **6**, 241 (1896).
[5] J. Amer. med. Assoc. **26**, 336 (1896).
[6] Wien. klin. Wschr. **9**, 48 (1896).
[7] Lancet **74**, 112 (1896).
[8] Brit. med. J. **1896**, 172.

strahlen; die italienische ,,La Settimana Medica, Florenz''[1] schrieb unterm 25. Januar 1896 über ,,Erfahrungen mit dem Röntgenlicht'', und die französischen ,,Comptes Rendus'' vom 20. Januar enthielten schon einen Bericht über erfolgreiche Diagnosen mit Hilfe der Röntgenstrahlen. In die Sitzungsberichte der Wiener Akademie der Wissenschaften wurde am 23. Januar 1896 die Arbeit von L. PFAUNDLER ,,Beitrag zur Kenntnis und Anwendung der Röntgenschen Strahlen'' aufgenommen[2].

Die allgemein-wissenschaftlichen Journale waren ebenfalls schnell mit Berichten über die neue Entdeckung zur Hand. Die englische Wochenschrift ,,Nature'' veröffentlichte am 16. Januar[3] und ,,Science, New York'' am 24. Januar 1896[4] die folgende Ankündigung: ,,Die ,Wiener Presse', der ,Lond. Standard' und andere Tageszeitungen bringen Berichte über eine außerordentlich wichtige Entdeckung durch Prof. RÖNTGEN. Es wird behauptet, daß er ultraviolette Strahlen in einer Crookesschen Vakuumröhre hergestellt hat, welche Holz und andere organische Substanzen durchdringen, wogegen Metalle, Knochen usw. undurchdringlich sind.''

Auch die photographischen Zeitschriften veröffentlichten schnell Berichte über die ,,Moderne Photographie''. ,,The British Journal of Photography''[5] brachte am 10. Januar 1896 eine nähere Beschreibung der Röntgenschen Entdeckung und sprach von der ,,Wunderkamera des Würzburger Professors''. Im Februar veröffentlichte die in London erscheinende Zeitschrift ,,Photogram'' eine Sondernummer unter dem Titel ,,Das neue Licht'', die in kurzer Zeit 5 Auflagen erlebte. Die ,,Photographic Review'' war in der März-Nummer angefüllt mit Röntgenbildern, die von Dr. J. HALL-EDWARDS hergestellt waren. In Berlin bildete sich im Januar 1896 eine neue Gesellschaft für wissenschaftliche Photographie, der namhafte Wissenschaftler angehörten und die sich vor allem mit der Röntgenschen Photographie beschäftigte.[6]

Schnell wurden die ersten kurzen Notizen über die Röntgensche Entdeckung durch ausführlichere Berichte abgelöst, wobei man feststellen muß, daß das Ausland in dieser Beziehung Deutschland voranmaschierte. In der oben erwähnten amerikanischen Zeitschrift ,,Science'' besprach der Professor der Philosophie, HUGO MUENSTERBERG (625), Harvard University, der sich zu jener Zeit in Freiburg, Baden, aufhielt, am 31. Januar 1896 ausführlich die Röntgensche Entdeckung. Anfang März 1896 waren vor der Pariser Akademie der Wissenschaften schon über 20 Vorträge über Röntgenstrahlen gehalten worden[7].

Wenn auch naturgemäß die Anzahl der Beiträge gegen Ende des Jahres wieder etwas abflaute, so ist doch, wie gesagt, die Zahl der wissenschaftlichen Veröffentlichungen über Probleme, die mit den Röntgenstrahlen zusammenhingen, für das Jahr 1896 außerordentlich groß. Eine Zusammenstellung der wissenschaftlichen Literatur ist im letzten Kapitel dieses Buches gegeben. Eine Durchsicht

---

[1] Settimana Medica (Florenz) **50**, 67 (1896).

[2] Sitzgsber. Akad. Wiss. Wien, Math.-naturw. Kl. **105**, 6 (1896).

[3] Nature (Lond.) **53**, 253 (1896).

[4] Science (N. Y.) **3**, 131 (1896).

[5] Brit. J. Photogr. **43**, 26 (1896).

[6] Electrician **36**, 435 (31. Jan. 1896).

[7] Siehe C. R. Acad. Sc. Paris **1896**. — Science **3**, 401 (13. März 1896).

derselben gibt eine gute Übersicht über die wichtige Arbeit, die von den Röntgenpionieren im Jahre 1896 geleistet wurde. Selbst diese große Literaturübersicht gewährt aber keinen genauen Überblick über die wirklich geleistete Arbeit der ersten Monate nach der Entdeckung, da viele Forscher sich nicht entschließen konnten, ihre vorläufigen Experimente zu veröffentlichen. Deutschland stand, wie schon gesagt, in der Anzahl der Veröffentlichungen hinter dem Ausland zurück, was hauptsächlich in der etwas schwerfälligen Art des damaligen Systems der Veröffentlichung neuer Arbeiten in vielen Zeitschriften begründet war.

Der bekannte Münchner Physiker GRAETZ (356) gab in einem Artikel über die Röntgenstrahlen, der in der „Münchner Medizinischen Wochenschrift" erschien, dieser Tatsache Ausdruck, wenn er sagt:

„Seit dem Beginn des Jahres — erst kurz vorher ist die Entdeckung RÖNTGENs überhaupt bekannt geworden — ist wohl in keinem experimentellen Gebiete so viel gearbeitet worden wie in dem durch RÖNTGEN zuerst eröffneten der X-Strahlen. Nicht bloß in den physikalischen und in den medizinischen Instituten der Universitäten und technischen Hochschulen, sondern in allen Kabinetten der höheren Unterrichtsanstalten, in einer großen Reihe von photographischen Anstalten und ferner von einer großen Zahl von Privaten wurden die Versuche RÖNTGENs wiederholt und suchte man die Bedingungen zu erforschen, unter denen sie am besten gelängen, und dieses nicht bloß in Deutschland, sondern mit demselben oder noch größerem Eifer in Frankreich, Österreich, England, Italien, Rußland, Amerika. Infolgedessen ist auch eine überaus große Zahl von Veröffentlichungen — wertvollen und wertlosen — über dieses Thema seit dem Januar 1896 erschienen. In bezug auf diese wissenschaftlichen Publikationen steht nun allerdings Deutschland hinter den anderen Ländern, namentlich hinter Frankreich, weit zurück. Der Grund liegt darin, daß wir in Deutschland kein wissenschaftliches Publikationsorgan haben, welches die Arbeiten unmittelbar nach ihrer Einsendung druckt und herausgibt. Die ‚Comptes Rendus' der französischen Akademie, die alle 8 Tage erscheinen, deren Umfang nicht beschränkt ist, sondern die alles bringen, was der Akademie durch ihre Mitglieder vorgelegt wird, erweisen sich gerade in diesem Falle als eine höchst schätzenswerte Einrichtung. Ähnliche, wenn auch nicht ganz so vollkommene Einrichtungen besitzen die Engländer in ihrer ‚Nature', die Italiener in den Publikationen ihrer massenhaften Akademien. Tatsächlich sind die meisten derjenigen Erscheinungen, die im folgenden besprochen werden — nicht alle —, im Physikalischen Institut der Universität München schon lange beobachtet worden, ehe die fremdländischen Publikationen erschienen, und ebenso wird es auch an einer Reihe von anderen deutschen Instituten gegangen sein."

GRAETZ wies hier schon auf die große Schwierigkeit der Prioritätsfragen in vielen neuen Anwendungen oder Verbesserungen in der Erzeugung der Röntgenstrahlen hin. Auf diese Schwierigkeit, einzelnen Forschern ein bestimmtes Verdienst bei den verschiedenen Neuerungen zuzuschreiben, stößt man dauernd beim Studium der Geschichte der Entdeckung; auch von verschiedenen Seiten in der Literatur des Jahres 1896 wurde schon darauf aufmerksam gemacht. Genau wie GRAETZ für die deutschen Kollegen, sprach der Herausgeber der „L'Eclairage Eléctrique" für die französischen Forscher[1] und der Engländer LEWIS WRIGHT

[1] L'Eclair. Eléc. 6, 290 (15. Febr. 1896).

in seinem Buche[1] „Die Induktionsspule in der Praxis einschließlich der Röntgen-X-Strahlen“ für die englischen Wissenschaftler.

Bei der Fülle des Materials zeigte es sich bald als wünschenswert, eine eigene Zeitschrift für Röntgenologie zu gründen, deren Aufgabe es war, ausschließlich Artikel und Bilder über die neuentdeckten Strahlen zu bringen. Die erste dieser Zeitschriften wurde von SYDNEY ROWLAND im Mai 1896 unter dem Namen

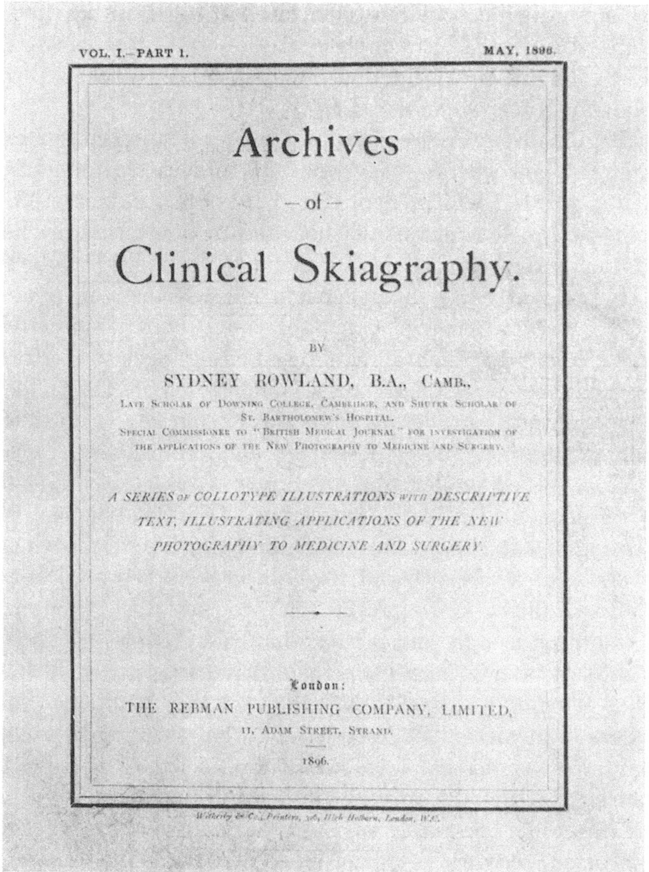

VOL. I.—PART 1. MAY, 1896.

Archives
— of —
Clinical Skiagraphy.

BY

SYDNEY ROWLAND, B.A., CAMB.,

LATE SCHOLAR OF DOWNING COLLEGE, CAMBRIDGE, AND SHUTER SCHOLAR OF ST. BARTHOLOMEW'S HOSPITAL.
SPECIAL COMMISSIONER TO "BRITISH MEDICAL JOURNAL" FOR INVESTIGATION OF THE APPLICATIONS OF THE NEW PHOTOGRAPHY TO MEDICINE AND SURGERY.

A SERIES OF COLLOTYPE ILLUSTRATIONS WITH DESCRIPTIVE TEXT, ILLUSTRATING APPLICATIONS OF THE NEW PHOTOGRAPHY TO MEDICINE AND SURGERY.

London:
THE REBMAN PUBLISHING COMPANY, LIMITED,
11, ADAM STREET, STRAND.
1896.

Abb. 61. Titelblatt der ersten Nummer der ersten röntgenologischen Zeitschrift, den englischen "Archives of Clinical Skiagraphy", die im Mai 1896 von SYDNEY ROWLAND herausgegeben wurde

„Archives of Clinical Skiagraphy“ durch die Rebmann Publishing Company, London, herausgegeben. Die Absicht des Herausgebers ging aus seiner Einleitung zu dem ersten Heft dieser Zeitschrift hervor: „Der Zweck dieser Veröffentlichung ist die Absicht, einige der wichtigsten Anwendungen der ‚neuen Photographie‘ für die Zwecke der Medizin und Chirurgie in bleibender Form zu bewahren. Der Fortschritt in dieser neuen Kunst war, trotzdem Prof. RÖNTGENs Entdeckung erst vor so kurzer Zeit stattfand, derart schnell, daß sie sich schon einen Platz unter den für zuverlässig befundenen Hilfsmitteln der Diagnose gesichert hat.

[1] New York: McMillan & Co. 1897.

Wir sind jetzt in der Lage, ein sichtbares Bild jedes Knochens und Gelenkes im Körper zu erhalten. Der größere Teil der praktischen Verbesserungen, die zu dem jetzigen vervollkommneten Stand der Methode geführt haben, ist in unserem Lande gemacht worden, und ich schätze mich glücklich, daß ich bei manchen dieser Arbeiten teilnehmen konnte. Ich habe in den Aufnahmen in dieser Nummer unserer Veröffentlichung (s. Abb. 75), die, wie ich hoffe, einen dauernden Platz in der medizinischen Literatur einnehmen wird, einige Beispiele der schwierigen und lehrreichen Leistungen der Skiagraphy dargestellt."

Der Erfolg dieser ersten Röntgenzeitschrift war so groß, daß sie in dem nächsten Jahre (1897) erheblich erweitert werden mußte und als „Archives of the Röntgen Ray" unter der Redaktion von W. S. Hedley und S. Rowland erschien. Zur selben Zeit wurden in Deutschland durch Albers-Schönberg die „Fortschritte auf dem Gebiete der Röntgenstrahlen" gegründet und in Amerika durch H. Robarts die Monatsschrift „American X-Ray Journal", die ihrerseits dann zu Vorläufern von Röntgenzeitschriften in der ganzen Welt wurden.

8. Röntgens zweite Mitteilung „Über eine neue Art von Strahlen"

Nach einigen Wochen intensivster Arbeit mit seinen neuentdeckten Strahlen, in denen er zu seinem Leidwesen oft genug von neugierigen Besuchern unterbrochen wurde, reichte Röntgen am 9. März 1896 der Würzburger Physikalisch-Medizinischen Gesellschaft seine zweite Mitteilung (768) über die X-Strahlen ein. Auch diese zweite Mitteilung wurde unverzüglich in die „Sitzungsberichte" der Physikalisch-Medizinischen Gesellschaft aufgenommen. Die Stahelsche Buchhandlung druckte, nach ihren mit der ersten Mitteilung gemachten Erfahrungen, dieses Mal eine solch große Auflage, daß keine weiteren Auflagen mehr nötig waren. Der Titel war derselbe wie der der ersten Mitteilung, gefolgt von „II. Mitteilung". Der auf dem orangefarbenen Umschlag gedruckte Preis war wiederum 60 ₰. Ein Titelblatt (Seite 1) zeigte denselben Text wie der Umschlag, Seite 2 war nicht bedruckt, der wissenschaftliche Text nahm Seiten 3—9 ein und die Seiten 10—12 wiesen Geschäftsanzeigen auf. Seite 2 des Umschlags war ebenfalls unbedruckt, während die anderen beiden Seiten des Umschlags auch Geschäftsanzeigen enthielten.

W. C. Röntgen: Über eine neue Art von Strahlen

(Fortsetzung)

Da meine Arbeit auf mehrere Wochen unterbrochen werden muß, gestatte ich mir im folgenden einige neue Ergebnisse schon jetzt mitzuteilen.

18. Zur Zeit meiner ersten Publikation war mir bekannt, daß die X-Strahlen imstande sind, elektrische Körper zu entladen, und ich vermute, daß es auch die X-Strahlen und nicht die von dem Aluminiumfenster seines Apparates unverändert durchgelassenen Kathodenstrahlen gewesen sind, welche die von Lenard beschriebene Wirkung auf entfernte elektrische Körper ausgeübt haben. Mit der Veröffentlichung meiner Versuche habe ich aber gewartet, bis ich in der Lage war, einwurfsfreie Resultate mitzuteilen.

Solche lassen sich nur wohl dann erhalten, wenn man die Beobachtungen in einem Raum anstellt, der nicht nur vollständig gegen die von der Vakuumröhre, den Zuleitungsdrähten, dem Induktionsapparat usw. ausgehenden elektrostatischen Kräfte geschützt ist, sondern der auch gegen Luft abgeschlossen ist, welche aus der Nähe des Entladungsapparates kommt.

Ich ließ mir zu diesem Zweck aus zusammengelöteten Zinkblechen einen Kasten anfertigen, der groß genug ist, um mich und die nötigen Apparate aufzunehmen, und der bis auf eine durch eine Zinktüre verschließbare Öffnung überall luftdicht verschlossen ist. Die der Türe gegenüberliegende Wand ist zu einem großen Teil mit Blei belegt; an einer dem außerhalb des Kastens aufgestellten Entladungsapparat nahegelegenen Stelle wurde die Zinkwand mit der darübergelegten Bleiplatte in einer Weite von 4 cm ausgeschnitten, und die Öffnung ist mit einem dünnen Aluminiumblech wieder luftdicht verschlossen. Durch dieses Fenster können die X-Strahlen in den Beobachtungskasten eindringen.

EINE NEUE ART
VON
STRAHLEN.
II. Mittheilung
über die
neue Art von Strahlen.
Von Prof. Dr. Röntgen.
WÜRZBURG

Abb. 62. Titelblatt der II. Mittheilung RÖNTGENs über eine neue Art von Strahlen (Fortsetzung), 1896

Ich habe nun folgendes wahrgenommen:

a) In der Luft aufgestellte, positiv oder negativ elektrisch geladene Körper werden, wenn sie mit X-Strahlen bestrahlt werden, entladen, und zwar desto rascher, je intensiver die Strahlen sind. Die Intensität der Strahlen wurde nach ihrer Wirkung auf einen Fluoreszenzschirm oder auf eine photographische Platte beurteilt.

Es ist im allgemeinen gleichgültig, ob die elektrischen Körper Leiter oder Isolatoren sind. Bis jetzt habe ich auch keinen spezifischen Unterschied in dem Verhalten der verschiedenen Körper bezüglich der Geschwindigkeit der Entladung gefunden; ebensowenig in dem Verhalten von positiver und negativer Elektrizität. Doch ist es nicht ausgeschlossen, daß geringe Unterschiede bestehen.

b) Ist ein elektrisierter Leiter nicht von Luft, sondern von einem festen Isolator, z. B. Paraffin, umgeben, so bewirkt die Bestrahlung dasselbe wie das Bestreichen der isolierenden Hülle mit einer zur Erde abgeleiteten Flamme.

c) Ist diese isolierende Hülle von einem eng anliegenden, zur Erde abgeleiteten Leiter umschlossen, welcher wie der Isolator für X-Strahlen durchlässig sein soll, so übt die Bestrahlung auf den inneren, elektrisierten Leiter keine mit meinen Hilfsmitteln nachweisbare Wirkung aus.

d) Die unter a) b) c) mitgeteilten Beobachtungen deuten darauf hin, daß die von den X-Strahlen bestrahlte Luft die Eigenschaft erhalten hat, elektrische Körper, mit denen sie in Berührung kommt, zu entladen.

e) Wenn sich die Sache wirklich so verhält, und wenn außerdem die Luft diese Eigenschaft noch einige Zeit behält, nachdem sie den X-Strahlen ausgesetzt war, so muß es möglich sein, elektrische Körper, welche selbst nicht von den X-Strahlen getroffen werden, dadurch zu entladen, daß man ihnen bestrahlte Luft zuführt.

In verschiedener Weise kann man sich davon überzeugen, daß diese Folgerung in der Tat zutrifft. Eine, wenn auch nicht die einfachste Versuchsanordnung möchte ich mitteilen.

Ich benutzte eine 3 cm weite, 45 cm lange Messingröhre; in einigen Zentimeter Entfernung von dem einen Ende ist ein Teil der Röhrenwand weggeschnitten und durch ein dünnes Aluminiumblech ersetzt; am andere Ende ist unter luftdichtem Abschluß eine an einer Metallstange befestigte Messingkugel isoliert in die Röhre eingeführt. Zwischen der Kugel und dem verschlossenen Ende der Röhre ist ein Seitenröhrchen angelötet, das mit einer Saugvorrichtung in Verbindung gesetzt werden kann; wenn gesaugt wird, so wird die Messingkugel umspült von Luft, die auf ihrem Wege durch die Röhre an dem Aluminiumfenster vorübergegangen ist. Die Entfernung vom Fenster bis zur Kugel beträgt über 20 cm.

Diese Röhre stellte ich im Zinkkasten so auf, daß die X-Strahlen durch das Aluminiumfenster der Röhre, senkrecht zur Achse derselben, eintreten konnten, die isolierte Kugel lag dann außerhalb des Bereiches dieser Strahlen, im Schatten. Die Röhre und der Zinkkasten waren leitend miteinander, die Kugel mit einem Hankelschen Elektroskop verbunden.

Es zeigte sich nun, daß eine der Kugel mitgeteilte Ladung (positive oder negative) von den X-Strahlen nicht beeinflußt wurde, solange die Luft in der Röhre in Ruhe blieb, daß die Ladung aber sofort beträchtlich abnahm, wenn durch kräftiges Saugen bestrahlte Luft der Kugel zugeführt wurde. Erhielt die Kugel durch Verbindung mit Akkumulatoren ein konstantes Potential und wurde fortwährend bestrahlte Luft durch die Röhre gesaugt, so entstand ein elektrischer Strom, wie wenn die Kugel mit der Röhrenwand durch einen schlechten Leiter verbunden gewesen wäre.

f) Es fragt sich, in welcher Weise die Luft die ihr von den X-Strahlen mitgeteilte Eigenschaft wieder verlieren kann. Ob sie sie von selbst, d. h. ohne mit anderen Körpern in Berührung zu kommen, mit der Zeit verliert, ist noch unentschieden. Sicher dagegen ist es, daß eine kurz dauernde Berührung mit einem Körper von großer Oberfläche, der nicht elektrisch zu sein braucht, die Luft unwirksam machen kann. Schiebt man z. B. einen genügend dicken Pfropf aus Watte in die Röhre so weit ein, daß die bestrahlte Luft die Watte durchstreichen muß, bevor sie zu der elektrischen Kugel gelangt, so bleibt die Ladung der Kugel auch beim Saugen unverändert.

Sitzt der Pfropf an einer Stelle, die vor dem Aluminiumfenster liegt, so erhält man dasselbe Resultat wie ohne Watte: ein Beweis, daß nicht etwa Staubteilchen die Ursache der beobachteten Entladung sind.

Drahtgitter wirken ähnlich wie Watte; doch muß das Gitter sehr eng sein, und viele Lagen müssen übereinandergelegt werden, wenn die durchgestrichene, bestrahlte Luft unwirksam sein soll. Sind diese Gitter nicht, wie bisher angenommen, zur Erde abgeleitet, sondern mit einer Elektrizitätsquelle von konstantem Potential verbunden, so habe ich immer das beobachtet, was ich erwartet hatte; doch sind diese Versuche noch nicht abgeschlossen.

g) Befinden sich die elektrischen Körper statt in Luft in trockenem Wasserstoff, so werden sie ebenfalls durch die X-Strahlen entladen. Die Entladung in Wasserstoff schien mir etwas langsamer zu verlaufen, doch ist diese Angabe noch unsicher wegen der Schwierigkeit, bei aufeinanderfolgenden Versuchen gleiche Intensität der X-Strahlen zu erhalten.

Die Art und Weise der Füllung der Apparate mit Wasserstoff dürfte die Möglichkeit ausschließen, daß die anfänglich auf der Oberfläche der Körper vorhandene verdichtete Luftschicht bei der Entladung eine wesentliche Rolle gespielt hätte.

h) In stark evakuierten Räumen findet die Entladung eines direkt von den X-Strahlen getroffenen Körpers viel langsamer — in einem Fall z. B. etwa 70mal langsamer — statt als in denselben Gefäßen, welche mit Luft oder Wasserstoff von Atmosphärendruck gefüllt sind.

i) Versuche über das Verhalten einer Mischung von Chlor und Wasserstoff unter dem Einfluß der X-Strahlen sind in Angriff genommen.

j) Schließlich möchte ich noch erwähnen, daß die Resultate von Untersuchungen über die entladende Wirkung der X-Strahlen, bei welchen der Einfluß des umgebenden Gases unberücksichtigt blieb, vielfach mit Vorsicht aufzunehmen sind.

19. In manchen Fällen ist es vorteilhaft, zwischen den die X-Strahlen liefernden Entladungsapparat und den Ruhmkorff einen Teslaschen Apparat (Kondensator und Transformator) einzuschalten. Diese Anordnung hat folgende Vorzüge: Erstens werden die Entladungsapparate weniger leicht durchschlagen und weniger warm, zweitens hält sich das Vakuum, wenigstens bei meinen selbst angefertigten Apparaten, längere Zeit, und drittens liefern manche Apparate intensivere X-Strahlen. Bei Apparaten, die zu wenig oder zu stark evakuiert waren, um mit dem Ruhmkorff allein gut zu funktionieren, leistete die Anwendung des Teslaschen Transformators gute Dienste.

Es liegt die Frage nahe — und ich gestatte mir deshalb, sie zu erwähnen, ohne zu ihrer Beantwortung vorläufig etwas beitragen zu können —, ob auch durch eine kontinuierliche Entladung mit konstant bleibendem Entladungspotential X-Strahlen erzeugt werden können oder ob nicht vielmehr Schwankungen dieses Potentials zum Entstehen derselben durchaus erforderlich sind.

20. In Paragraph 13 meiner ersten Veröffentlichung ist mitgeteilt, daß die X-Strahlen nicht bloß in Glas, sondern auch in Aluminium entstehen können. Bei der Fortsetzung der Untersuchung nach dieser Richtung hin hat sich kein fester Körper ergeben, welcher nicht imstande wäre, unter dem Einfluß der Kathodenstrahlen X-Strahlen zu erzeugen. Es ist mir auch kein Grund bekanntgeworden, weshalb sich flüssige und gasförmige Körper nicht ebenso verhalten würden.

Quantitative Unterschiede in dem Verhalten der verschiedenen Körper haben sich dagegen ergeben. Läßt man z. B. die Kathodenstrahlen auf eine Platte fallen, deren eine Hälfte aus einem 0,3 mm dicken Platinblech, deren andere Hälfte aus einem 1 mm dicken Aluminiumblech besteht, so beobachtet man an dem mit der Lochkamera aufgenommenen photographischen Bild dieser Doppelplatte, daß das Platinblech auf der von Kathodenstrahlen getroffenen (Vorder-) Seite viel mehr X-Strahlen aussendet als das Aluminiumblech auf der gleichen

Seite. Von der Hinterseite dagegen gehen vom Platin so gut wie gar keine, vom Aluminium aber relativ viel X-Strahlen aus. Letztere Strahlen sind in den vorderen Schichten des Aluminiums erzeugt und durch die Platte hindurchgegangen.

Man kann sich von dieser Beobachtung leicht eine Erklärung verschaffen, doch dürfte es sich empfehlen, vorher noch weitere Eigenschaften der X-Strahlen zu erfahren.

Zu erwähnen ist aber, daß der gefundenen Tatsache auch eine praktische Bedeutung zukommt. Zur Erzeugung von möglichst intensiven X-Strahlen eignet sich nach meinen bisherigen Erfahrungen Platin am besten. Ich gebrauche seit einigen Wochen mit gutem Erfolg einen Entladungsapparat, bei dem ein Hohlspiegel aus Aluminium als Kathode, ein unter 45° gegen die Spiegelachse geneigtes, im Krümmungszentrum aufgestelltes Platinblech als Anode fungiert.

21. Die X-Strahlen gehen bei diesem Apparat von der Anode aus. Wie ich aus Versuchen mit verschieden geformten Apparaten schließen muß, ist es mit Rücksicht auf die Intensität der X-Strahlen gleichgültig, ob die Stelle, wo diese Strahlen erzeugt werden, die Anode ist oder nicht.

Speziell zu den Versuchen mit den Wechselströmen des Teslaschen Transformators wird ein Entladungsapparat angefertigt, bei dem beide Elektroden Aluminiumhohlspiegel sind, deren Achsen miteinander einen rechten Winkel bilden; im gemeinschaftlichen Krümmungszentrum ist eine die Kathodenstrahlen auffangende Platinplatte angebracht. Über die Brauchbarkeit dieses Apparates soll später berichtet werden.

Abgeschlossen: 9. März 1896.

Würzburg, Physikalisches Institut der Universität.

9. Prioritätsansprüche in der Frage der Entdeckung der Röntgenstrahlen

Kaum hatte die Nachricht von der Röntgenschen Entdeckung ihren Siegeszug in alle Welt angetreten, als auch gleich Stimmen laut wurden, die behaupteten, schon vor Röntgen erfolgreiche Versuche mit solchen Strahlen angestellt zu haben. Einige dieser Stimmen erinnerten sich der durch die noch unbekannten Strahlen verursachten unerklärlichen Wirkungen. Die meisten Ansprüche jedoch entbehren jeglicher Grundlage und erklären sich nur dadurch, daß infolge der Unkenntnis des wahren Charakters der neuentdeckten Strahlen alte Beobachtungen mit Hertzschen Strahlen, mit elektrischen Büschelentladungen, mit ultravioletten Strahlen usw. sofort in die Rubrik der mit den X-Strahlen erzeugten Wirkungen eingereiht wurden. Es besteht kein Zweifel darüber, daß schon lange vor Röntgens Zeit X-Strahlen von verschiedenen Forschern, angefangen von Morgan oder vielleicht gar schon von Hauksbee und Nollet bis hin zu Lenard, erzeugt wurden und daß oft unbewußt unerklärliche Wirkungen derselben festgestellt worden waren. Daß keiner der Beobachter aber ein „Röntgen“ wurde, lag meist daran, daß die gelegentlich gemachten Beobachtungen in ihrer Bedeutung nicht erkannt und daher unterschätzt wurden.

Eine solche Beobachtung machte Prof. A. W. Goodspeed (349) von der University of Pennsylvania in Philadelphia. Goodspeed machte im Anfang des Jahres 1890 zusammen mit einem Bekannten, einem Herrn Jennings, die damals so beliebten photographischen Experimente mit Funken- und Büschelentladungen. An einem Abend, es war am 22. Februar 1890, nachdem solche Versuche beendet waren und der Experimentiertisch noch bedeckt war mit Apparaten, Plattenhaltern usw., holte GOODSPEED einige Crookessche Röhren hervor, um sie JENNINGS vorzuführen. Am folgenden Tage schrieb JENNINGS, daß er unter den benutzten photographischen Platten eine merkwürdige Erscheinung gefunden hätte, und zwar auf dem Negativ zwei runde, helle Scheiben (Abb. 63). Niemand konnte die Erscheinung erklären, und die Platten wurden zu anderen „Mißgeburten" gelegt und vergessen. Erst 6 Jahre später, nach der Entdeckung der Röntgenstrahlen, wurden sie aus ihrem Versteck herausgeholt

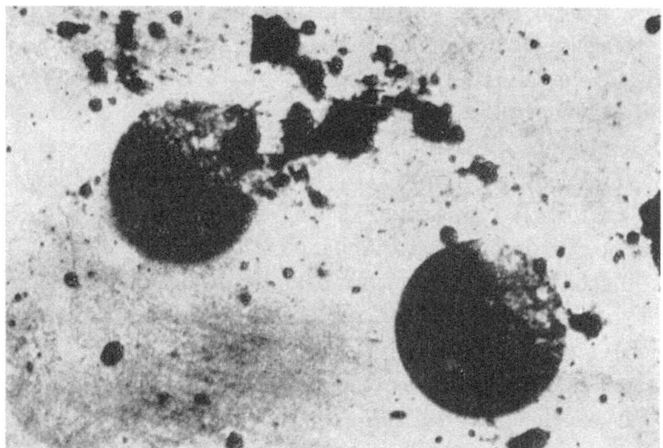

Abb. 63. Das erste „Schattenbild", das GOODSPEED mit den Strahlen einer Crookesschen Röhre durch Zufall am 22. Februar 1890 machte

und von neuem geprüft. Mit der gleichen Apparatur und unter denselben Bedingungen wurde eine andere Platte hergestellt, und das Resultat war genau dasselbe, eine scharfe Grenze an der einen Seite der Scheiben und eine verschwommenere an der anderen, weiter von der Röhre entfernten Seite. Am 22. Februar 1896 schloß GOODSPEED einen Vortrag an der Pennsylvania University, in dem er dieses Erlebnis erzählte, mit den folgenden Worten: „Wir können keine Priorität für diese Entdeckung verlangen, denn wir machten keine Entdeckung. Wir bitten Sie nur, sich zu erinnern, daß heute vor 6 Jahren das erste Kathodenstrahlenbild der Welt im Physikalischen Laboratorium der Universität von Pennsylvania gemacht wurde."

Möglicherweise existieren neben der Goodspeedschen Aufnahme weitere authentische Beschreibungen früher Beobachtungen von X-Strahlen-Wirkungen, doch sind sie in der wissenschaftlichen Literatur des Jahres 1896 oder vorher nicht zu finden. Es ist allerdings bekannt, daß Sir WILLIAM CROOKES, der schon 1879 in seinem berühmten Vortrage eine Kathodenstrahlenröhre mit konkaver Kathode und Platinblechanode, also eine Röhre, die typisch wurde für die Konstruktion der späteren Röntgenröhren, einführte, öfters beobachtete, daß photographische Platten, die in der Nähe seiner Röhren lagen, Schleier aufwiesen und daß er einmal eine Anzahl solcher Platten an deren Hersteller zurücksandte mit einer Beschwerde über deren schlechte Qualität. Wegen dieser und ähnlicher

Beobachtungen schrieb auch ein Engländer namens MILLER dem großen englischen Physiker, der sich zur Zeit der Entdeckung in Afrika aufhielt, das Verdienst an der Entdeckung der X-Strahlen zu. Ein anderer Engländer, H. JACKSON, hatte unerklärliche Fluoreszenzerscheinungen in der Nähe seiner Crookesschen Röhren beobachtet. Viele Forscher, W. HITTORF, E. GOLDSTEIN, P. LENARD u. a., machten ähnliche Beobachtungen. Man darf dabei allerdings nicht vergessen, daß diese Physiker sich meist mit einem bestimmten Problem beschäftigten und versuchten, Nebenerscheinungen, die nicht zu den untersuchten Vorgängen gehörten, möglichst auszuschließen.

Allerdings war es im Anfang nach RÖNTGENs Mitteilung trotz der klaren Versuche des Entdeckers nicht so einfach, die Trennung der neubeschriebenen Strahlen von den Lenardschen Kathodenstrahlen zu demonstrieren, wodurch zunächst eine Verwirrung in den Theorien über den Grundcharakter derselben geschaffen wurde. Auf der Versammlung der Deutschen Naturforscher und Ärzte in Frankfurt im Sommer 1896 und etwas später auf dem Kongreß der English Association for the Advancement of Science in Liverpool stellte LENARD die Theorie auf, daß Röntgenstrahlen Kathodenstrahlen von unendlich großer Geschwindigkeit seien[1]. RÖNTGEN selbst und nach ihm viele andere Forscher (RIGHI u. a.) zeigten aber sehr früh im Jahre 1896, daß die X-Strahlen keine elektrische Ladung mit sich führten, was neben anderen Eigenschaften klar die Wesensverschiedenheit zwischen den beiden Strahlenarten bewies. Weitere Anzeichen für diese Verschiedenheit mehrten sich in den nächsten Jahren; vor allem nachdem J. J. THOMSON den Charakter der Kathodenstrahlen erklärt hatte; die Aufklärung des eigentlichen Wesens der Röntgenstrahlen sollte allerdings erst im Jahre 1912 durch VON LAUEs glänzende Idee und FRIEDRICHs und KNIPPINGs geniale Experimente erfolgen. Andererseits wieder betrachtete LENARD zur Zeit der Entdeckung der Röntgenstrahlen die Kathodenstrahlen — im Gegensatz zur englischen Schule — als elektromagnetische Schwingungen, und es ist nicht ohne Interesse, die dadurch etwas verworrene Entwicklung der Suche nach dem wahren Charakter der beiden Strahlentypen zu verfolgen.

Manche Prioritätsansprüche, die mit gewichtiger Stimme im Jahre 1896 erhoben wurden, sind später durch die fortschreitende Erkenntnis der Wirkungen und der Natur der Röntgenstrahlen allmählich verstummt; andere waren von Anfang an wertlos und phantastisch.

Zunächst wurden vielfach die alten Experimente der Engländer HAUKSBEE und MORGAN wieder ausgegraben und die bekannten, bei manchen der Hauksbeeschen Versuche gemachten Beobachtungen „der Gestalt aller Teile der Hand" als von X-Strahlen herrührend bezeichnet[2,3].

Nach einen anderen Bericht soll im Jahre 1846 ein griechischer Physiologe namens A. M. ESSELTJA der Pariser Kgl. Akademie der Wissenschaften sein Anthroposkop vorgeführt haben, einen Apparat, mit dem er behauptete, in der Lage zu sein, durch den menschlichen Körper hindurchzusehen und auf diese Weise tiefsitzende Krankheiten feststellen zu können[2]. Über die Konstruktion

[1] Siehe die Berichte über diese Versammlungen in Electrician (Lond.) **37**, 685 (25. Sept. 1896). — Rep. Brit. Assoc. Adv. Science, Sitzung vom 18. Sept. 1896, S. 709. — Electr. World **28**, 770 (26. Dez. 1896) u. a.

[2] Science (N. Y.) **3**, 163 (31. Jan. 1896).

[3] Science **3**, 926 (26. Juni 1896).

des Instrumentes und die Art und Weise, wie es benutzt wurde, wurde nichts weiter mitgeteilt.

Im Jahre 1865 sagte der Engländer Sir JAMES SIMPSON in einer Ansprache in Edinburgh die Entdeckung eines Lichtes voraus, „das in der Lage sei, lichtdichte Schichten zu durchdringen, und das in der Magenchirurgie von großer Bedeutung werden wird[1]". Desgleichen soll im Jahre 1874 Dr. A. BLAIR von Dunfermline auch schon von einer Methode, den Menschen durchsichtig zu machen, geträumt haben[2].

Größeres Aufsehen erregten die der französischen Akademie in den 90er Jahren berichteten Versuche des Prager Professors CH. V. ZENGER (1040) über seine in den Jahren 1884 und 1892 von Genf aus gemachten „Nachtphotographien des Montblanc". Mittels sensitisierter Platten erhielt er in dunkelster Nacht bei mehrstündiger Exposition klare Bilder des Gletschermassives. Jedoch erregten seine Berichte über diese Versuche vor der Akademie keinerlei Aufsehen. Erst nach der Entdeckung der Röntgenstrahlen kam ZENGER auf seine Versuche zurück und erklärte, daß die vom Montblanc ausgehenden elektrischen Strahlen in seinen sensitisierten Uraniumsalzen eine Fluoreszenz erzeugt hätten, und daß diese Fluoreszenz — hier zieht er noch die Becquerelsche Strahlung mit in Betracht — auf die photographische Platte wirkte, ganz analog den neuentdeckten X-Strahlenwirkungen[3].

Vielerorts wurden vor 1896 mit Hertzschen Wellen erzeugte Ergebnisse nach der Entdeckung als durch Röntgenstrahlen verursacht bezeichnet. Der Beispiele solcher Ansprüche aus der ersten Röntgenzeit gibt es viele. Der schon erwähnte Amerikaner Prof. A. E. DOLBEAR (250) sagte z. B. in einer Notiz am 8. Februar 1896: „Nichts deutet darauf hin, daß die von RÖNTGEN benutzten Wellen sich von anderen Strahlen unterscheiden. In vielen Beziehungen haben sie die gleichen Eigenschaften. Es ist tatsächlich möglich, eine Photographie in völliger Dunkelheit zu machen mit Hilfe der durch eine elektrische Maschine erzeugten Ätherwellen."

Andere glaubten, die Röntgenstrahlen seien identisch mit den schon vor 1896 bekannten „dunklen Wärmestrahlen" oder auch „Lithonischen Strahlen", ferner mit „Ultravioletten Strahlen", und versuchten die Aufmerksamkeit auf ihre diesbezüglichen Versuche zu lenken. —

In Amerika kündete ein Herr MOORE in sensationeller Weise seine Prioritätsansprüche an, da er schon lange photographische Aufnahmen mit Hilfe von Vakuumröhren gemacht habe. Es handelte sich dabei aber lediglich um Photographien, die beim Lichte von Geisslerschen Röhren hergestellt waren; die wohltönenden Namen für diese Vorgänge „Moore Ätherisches Licht" oder „Phosphotography" usw. sind ebenso geheimnisvoll in ihrer Bedeutung wie in ihrem Zusammenhang mit den Röntgenstrahlen. Andere behaupteten, schon vor RÖNTGEN X-Strahlen-Aufnahmen mit Hilfe eines Magneten gemacht zu haben; so z. B. ein Herr BROOKS in London im Jahre 1877[4].

Auch die Versuche, mit gewöhnlichem Bogenlicht Röntgenbilder zu erzeugen, veranlaßte manchen, der solche Experimente vor RÖNTGENs Entdeckung gemacht

[1] Lancet **74 I**, 389 (8. Febr. 1896).
[2] Lancet **74 I**, 675 (7. März 1896).
[3] Literary Digest **13**, 847 (31. Okt. 1896).
[4] Brit. J. Photogr. **43**, 218 (3. April 1896).

hatte, sich bemerkbar zu machen. In der „Elektrotechnischen Zeitschrift"[1] wird mitgeteilt, daß ein cand. polyt. HANS SCHMIDT in München behauptete, 1895 seine Versuche mit Bogenlicht erfolgreich angestellt zu haben.

Endlich sei noch die auch schon von GOODSPEED benutzte Methode der photographischen Aufnahme von elektrischen Büschelentladungen an verschieden geformten Körpern erwähnt, die vielfach mit den Röntgenstrahlen in Verbindung gebracht wurde. S. ROWLAND (779) veröffentlichte am 15. Februar 1896 eine Reihe solcher „Induktogramme". Die erste Mitteilung über die Röntgenschen Strahlen in der großen New Yorker Zeitung „Daily Tribune"[2] schloß auch mit einem Hinweis darauf, „daß der Würzburger Professor sein Verdienst mit Prof. FERNANDO SANFORD von der Leland Stanford-Universität in Kalifornien teilen muß", der schon einige Zeit vor RÖNTGENs Entdeckung Bilder mit elektrischer Büschelentladung gemacht habe. Vielfach wurde der New Yorker Arzt Dr. DRAPER, der schon 1840 solche Aufnahmen in dem „Philosophical Magazine" veröffentlicht hatte, als der Vorläufer RÖNTGENs bezeichnet[3].

Die Versuche, auf diese Weise das Verdienst des großen Würzburger Gelehrten zu schmälern, lassen sich in der Literatur der ersten Jahre nach der Entdeckung beliebig weiterverfolgen (403, 985).

Aber ein eingehendes Studium der Fachliteratur aus den Jahren vor 1896 wie auch der Tagespresse ergibt, daß vor RÖNTGENs Entdeckung keinerlei bewußte Beobachtungen an von X-Strahlen erzeugten Erscheinungen gemacht wurden, die das große Verdienst des Würzburger Gelehrten in irgendeiner Weise schmälern könnten; von einem Prioritätsstreit in bezug auf die Entdeckung der Röntgenstrahlen kann daher keine Rede sein.

10. X-Strahlen oder Röntgenstrahlen?

RÖNTGEN bezeichnete in seiner ersten Mitteilung die von ihm neuentdeckte Erscheinung mit dem Ausdruck „Strahlen", und zwar wegen ihres ihm unbekannten Charakters und zur Unterscheidung von anderen Strahlen mit dem Namen „X-Strahlen". Nach seinem zuvor schon besprochenen Vortrage am 23. Januar 1896 schlug der Anatom VON KÖLLIKER vor, die neuen Strahlen mit dem Namen „Röntgensche Strahlen" zu bezeichnen. Dieser Vorschlag fand Widerhall in der ganzen Welt. Vier Tage später schon wurde er unter Beifall vor den Mitgliedern der Pariser Akademie der Wissenschaften in der Sitzung vom 27. Januar 1896 wiederholt[4].

In Deutschland verdrängte der Namen Röntgen- oder Röntgensche Strahlen sehr bald die Bezeichnung „X-Strahlen" fast vollständig. Immerhin wehrten sich doch einige Stimmen, zumeist aus rein sprachlichen Gründen, gegen den allgemeinen Gebrauch des Namens „Röntgenstrahlen". So schrieben z. B. BÜTTNER und F. v. MÜLLER in ihrem Buch über „Die Technik und Verwertung der Röntgenschen Strahlen im Dienste der ärztlichen Praxis und Wissenschaft"[5] folgendes: „Der bei den Deutschen so bald populär gewordene Terminus ‚Röntgenstrahlen'

[1] Elektrotechn. Z. **17**, 125 (20. Febr. 1896).
[2] Daily Tribune **55**, 21 (19. Jan. 1896).
[3] Brit. J. Photogr. **43**, 84 (7. Febr. 1896). — Electr. Eng. **21**, 191 (19. Febr. 1896).
[4] Brit. J. Photogr. **43**, 82 (7. Febr. 1896).
[5] Halle a. d. S.: Wilhelm Knapp 1897.

macht ihrer Pietät gegen große Männer mehr Ehre als derjenigen gegen ihre Muttersprache. Nicht Röntgenstrahlen sind es, sondern Kraftstrahlen oder allenfalls Ätherstrahlen, und zwar RÖNTGENs oder Röntgensche Kraftstrahlen."

In Frankreich, Italien, England und Amerika machte der Gebrauch des Namens „Röntgenstrahlen" langsameren Fortschritt als im Lande der Entdeckung der Strahlen, wenn er auch nach dem Vorschlag vor der Pariser Akademie und auch nach der Ansprache des Präsidenten des 66. Kongresses der British Association for the Advancement of Science im September 1896 in Liverpool, Sir JOSEPH LISTER, mehr und mehr gebraucht wurde. LISTER, der mit seiner Ansprache die Tagung eröffnete, sprach von der „Entdeckung der Röntgenstrahlen, so genannt nach dem Manne, der sie zum ersten Male der Welt enthüllte". In Amerika wies gleich zu Anfang nach Bekanntwerden der Entdeckung der bekannte Erfinder M. PUPIN (707) auf das Verdienst RÖNTGENs ganz besonders hin und sagte am 8. Februar 1896: „RÖNTGEN nannte sie die X-Strahlen. Die Strahlen sollen und werden natürlich Röntgenstrahlen genannt werden." Der bekannte Physiker H. A. ROWLAND in Baltimore stimmte mit dieser Ansicht durchaus überein[1], wenn er sagte: „Meiner Meinung nach sollen die Strahlen Röntgenstrahlen und die Photographien Röntgenphotographien genannt werden. Dadurch wird der Name des Entdeckers verdienterweise in der ganzen Welt bekannt sein." Prof. FESSENDEN von der Western-Universität in Pennsylvania gab derselben Meinung in folgenden Worten Ausdruck: „Da diese Entdeckung in so großzügiger Weise der Welt geschenkt wurde, sollte sie unbedingt mit dem Namen des Entdeckers verknüpft werden." Und schließlich möge der Herausgeber der amerikanischen elektrotechnischen Zeitschrift „Electrical World" noch zu Worte kommen[2]: „Da Herr Professor RÖNTGEN in seinem Vortrag seine Entdeckung ‚X-Strahlen' genannt hat, haben viele Forscher den bescheidenen Gelehrten beim Wort genommen und benutzten diesen Ausdruck auch weiter, wenn auch zu Unrecht. Während man dem Entdecker das Vorrecht gewähren soll, diese Bezeichnung zu gebrauchen, zieht die Etikette der Wissenschaft den Namen ‚Röntgenstrahlen' allen anderen Bezeichnungen vor; außerdem sollte dieser Name allgemein gebraucht werden als Zeichen des Dankes für den Entdecker einer der aufsehenerregendsten Naturerscheinungen, die je durch einen Menschen aufgefunden wurden."

Wie aus dem Verzeichnis der im Jahre 1896 veröffentlichten Röntgenliteratur zu ersehen ist, wurde der Name „Röntgenstrahlen" in diesem Jahre weit mehr benutzt als „X-Strahlen". Doch kehrte sich dieses Verhältnis in späteren Jahren in manchen Ländern wieder um, und die kurze Bezeichnung „X-Strahlen" wurde vorgezogen. Dies war weniger böser Absicht zuzuschreiben, wie vielfach angenommen wird, sondern lag mehr an der Bequemlichkeit und Kürze des Ausdruckes. Ein „X-ray" in Englisch sprechenden Ländern wurde dem unbequemeren Ausdruck „roentgen ray photograph" vorgezogen. Daß diese Tatsache eine der Ursachen zur Benutzung des Ausdruckes „X-ray" war, geht daraus hervor, daß man in denselben Ländern von „Roentgen Society", „Journal of Roentgenology" usw. spricht. Allerdings spielte auch die Tatsache eine Rolle, daß der Engländer Schwierigkeiten hat, den Namen RÖNTGEN richtig auszusprechen. Schon im

[1] Electr. World **27**, 370 (4. April 1896).

[2] Electr. World **27**, 218 (29. Febr. 1896).

März 1896 sagte der Herausgeber des „British Medical Journal“[1] zu dem Vorschlag, die neue Methode „Röntography“ zu nennen, folgendes: „Wir möchten gerne den Namen des Entdeckers auf diese Weise durch seines Geistes Kind unsterblich machen; leider aber ist Professor RÖNTGEN nicht in der glücklichen Lage wie GOETHE, dem Lord BYRON gratulierte zu seinem Namen, weil dieser von der Nachwelt so leicht auszusprechen sei!“

Die Namenbezeichnung der Strahlen und mehr noch die Benennung der verschiedenen Methoden, die Strahlen praktisch zu benutzen, hatte demnach gewisse Schwierigkeiten, und einige Monate nach der Entdeckung fand man in der Literatur die mannigfachsten Benennungen für die Röntgenographie. Die „Electrical World“ sandte am 20. März 1896 einen Fragebogen an alle bekannten amerikanischen Wissenschaftler, die sich mit den neuentdeckten Strahlen beschäftigten, mit der Bitte, der Redaktion Namen für den Röntgenprozeß vorzuschlagen. Eine große Anzahl von Antworten ging ein, u. a. von den an anderer Stelle erwähnten Forschern T. A. EDISON, M. I. PUPIN, E. B. FROST, D. W. HERING, H. A. ROWLAND, A. W. GOODSPEED, E. THOMSON, C. P. STEINMETZ.

Andere Zeitschriften (z. B. das „British Medical Journal“ vom 14. und 28. März 1896, S. 678 und 808) sandten ähnliche Rundschreiben aus. Das Resultat war eine Sammlung von Namen, unter denen die folgenden am meisten vertreten waren: Skiagraphie, Skotographie, Skiographie, Schattendruck, Röntographie, Röntgengraph, Röntgenbild, Radiographie, Radiophotographie, Neue Photographie, Elektro-Skiagraphie, Ixographie, Elektrographie, Kathodographie, Fluorographie, Aktinographie, Pyknoscopie, X-Strahlenphotographie, X-Strahlenbild, Dunkles Licht. Angesichts dieser vielen Vorschläge war zu jener Zeit eine Einigung in der Namengebung nicht zu erzielen, wenn sich auch in Deutschland die Bezeichnung Röntgenphotographie und in Englisch sprechenden Ländern Radiography mehr und mehr durchsetzten. Erst viele Jahre später — erstmals auf dem ersten Röntgen-Kongreß in Berlin im Mai 1905 — konnte die Frage der Nomenklatur systematisch aufgenommen werden.

Der geschichtlichen Entwicklung nach liegt keinerlei Grund vor, dem Vorschlag VON KÖLLIKERS, den Namen X-Strahlen durch Röntgenstrahlen zu ersetzen, nicht nachzukommen, insbesondere seit durch die Entdeckung des wahren Charakters der Röntgenstrahlen der von RÖNTGEN selbst gegebene Grund für die Wahl des Wortes „X-Strahlen“ hinfällig geworden ist. RÖNTGENs Verdienst an der Erkennung und Ausarbeitung der neuen wichtigen Naturerscheinung ist so bedeutend und so unbestritten, daß man diese Erscheinung stets und allenthalben mit dem Namen des großen Entdeckers verknüpfen sollte.

11. Fluoroskopie. Öffentliche Demonstration der Wirkung der Röntgenstrahlen. Anfänge der Röntgenkinematographie

Schon früher wurde darauf aufmerksam gemacht, daß bei den mannigfachen Verbesserungen in der Erzeugung und Anwendung der Röntgenstrahlen viele Forscher zu gleicher Zeit auf dieselben Ideen kamen oder an demselben Problem arbeiteten. Eines der besten Beispiele dieses außerordentlichen Wetteifers im Auffinden neuer Verwendungsmöglichkeiten der Röntgenstrahlen ist die Konstruktion des Fluoroskops oder des verbesserten Leuchtschirmes.

[1] Brit. med. J. **1896**, 678 (14. März).

Vom Gesichtspunkt der Demonstration der Wirkungen der Röntgenstrahlen, hauptsächlich für medizinische Zwecke, aus, war neben deren Eigenschaft, die Körper gemäß ihrem Atomgewicht in verschiedener Stärke zu durchsetzen, die Wirkung auf die photographische Platte und die Erregung der Fluoreszenz von gewissen Substanzen von großer Wichtigkeit. Da RÖNTGEN diese Wirkungen schon in seinen ersten Experimenten erkannt und verwandt hatte, kann auch von einem Prioritätsstreit über die erste Konstruktion des Fluoroskops keine Rede sein. Von dem Augenblick an, als er das rätselhafte Aufleuchten der Bariumplatinzyanürkristalle in der Nähe seiner Hittorfschen Röhre sah, und vor allem, seit er etwas später in seiner ersten Mitteilung sagte: ,,Hält man die Hand zwischen den Entladungsapparat und den Schirm, so sieht man die dunklen Zeichnungen der Handknochen in dem nur wenig dunklen Schattenbild der Hand", war das Prinzip der Fluoroskopie gegeben. Trotzdem wurde die Nachricht, daß der italienische Wissenschaftler E. SALVIONI (804) am 5. Februar 1896 vor der Perugia Medizinisch-Chirurgischen Gesellschaft sein ,,Cryptoskop", d. h. einen Apparat, mit welchem man die Röntgenstrahlen ,,direkt mit dem Auge sehen konnte", vorführte, in der italienischen wie auch in der ausländischen Presse fast mit ebensoviel begeisterter Erregung aufgenommen wie die Entdeckung der Röntgenstrahlen selbst[1]. Allerdings wurde die sensationelle Aufmachung der Berichte solcher Verbesserungen in der Anwendung der Röntgenstrahlen von verschiedenen Seiten kritisiert; der Herausgeber des ,,Archives of Clinical Skiagraphy" äußerte sich z. B. in der ersten Nummer dieser ersten röntgenologischen Zeitschrift über diese Frage folgendermaßen[2]: ,,Einige Wochen nach RÖNTGENs Entdeckung verkündete Prof. SALVIONI von Perugia, daß er (anscheinend unabhängig) auch die Fluoreszenzerscheinung des Platinzyanürs unter dem Einfluß der X-Strahlen entdeckt hatte und diese Entdeckung praktisch verwendete in der Konstruktion eines Instrumentes, das er Cryptoskop nannte ... Wie groß auch der Erfolg einzelner Beobachter in anderen Ländern sei, so muß doch gesagt werden, daß das Fluoroskop in seiner einfachen, vervollkommneten Form in England schon durch Herrn H. JACKSON vom Kings College, London, konstruiert wurde; JACKSON verwendete mit gutem Erfolg das Kaliumplatinzyanür als fluoreszierendes Salz." — Auch an anderen Stellen wurde zur Zeit der Salvionischen Veröffentlichungen an der Idee des Fluoroskops gearbeitet (324, 330, 568, 814, 909, 915). Prof. SPIES von der Uraniagesellschaft in Berlin bediente sich schon bei seinen Vorführungen der Röntgenstrahlen in den ersten Wochen des Jahres 1896 eines Fluoroskops. Die Rundschau der ,,Elektrotechnischen Zeitschrift" berichtete am 27. Februar 1896[3] darüber folgendes: ,,Bei seinen Vorführungen in der Universität bediente sich Herr SPIES eines überaus einfachen Apparates, um zu konstatieren, ob Röntgenstrahlen vorhanden seien. Herr SPIES nimmt einen an einem Ende geschlossenen, etwa 15—20 cm langen Kartonkegel, dessen Boden in der inneren Seite mit Bariumplatinzyanür bestrichen ist. Bringt er diesen Kegel vor das Auge, so daß alles Außenlicht von dem letzteren abgehalten wird, und richtete den Kegel gegen die Röhre, so sieht er den Fluoreszenzanstrich des Bodens leuchten, wenn derselbe von den Röntgenstrahlen getroffen wird; sonst

[1] Nature (Lond.) **13**, 399 (27. Febr. 1896).
[2] Arch. clin. Skiagraphy **1**, 7 (Mai 1896).
[3] Elektrotechn. Z. **17**, 129 (27. Febr. 1896).

bleibt er dunkel." Diese kurze Notiz der frühen Anwendung des Fluoroskopprinzipes durch Herrn SPIES wurde in einer der nächsten Nummern der „Elektrotechnischen Zeitschrift"[1] durch einen Greifswalder Studenten, W. LEICK, diskutiert. LEICK wies darauf hin, daß Herr Prof. F. RICHARZ (737, 738) aus Greifswald das Fluoroskop ebenfalls schon angewendet und vor großer Zuhörerschaft praktisch demonstriert habe.

Es scheint sich bei diesen Apparaten oft nur um die Möglichkeit der Demonstration des Vorhandenseins der Röntgenstrahlen überhaupt gehandelt zu haben, doch machten die Untersucher dann ohne weiteres den fast selbstverständlichen Schritt, die Knochen in der Hand usw. auf die Art und Weise sichtbar zu machen.

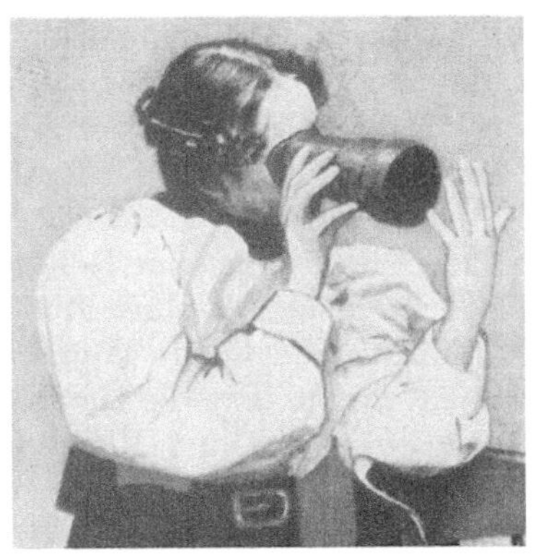

a

b

Abb. 64. Anfangskonstruktionen des Fluoroskopes. *a* nach SPIES, *b* nach EDISON [THOMPSON (36)]

Etwa zur Zeit des Erscheinens der ersten Mitteilungen über das Spiessche Fluoroskop berichtete die englische Zeitschrift „Nature"[2] über einen ähnlichen Apparat, der von dem schon mehrfach genannten englischen Röntgenpionier A. A. C. SWINTON gebaut wurde. In der gleichen Nummer derselben Zeitschrift wurde auch auf das Fluoroskop des Prof. W. F. MAGIE von der Princeton-Universität in Amerika hingewiesen. In Frankreich konstruierte SÉGUY seine „Lorgnette humaine". Ein anderer Amerikaner, der Ingenieur E. P. THOMPSON (36) in New York, der um die Mitte des Jahres 1896 sein Buch über die „X-Strahlen" schrieb, hatte zu jener Zeit ein Fluoroskop gebaut, welches in seiner Konstruktion ganz ähnlich der von Prof. SPIES gebauten Papprröhre ist (s. Abb. 64a).

Trotz der frühen Veröffentlichungen von W. F. MAGIE und E. P. THOMPSON wurde in Amerika allgemein die Entdeckung des Fluoroskops EDISON zugeschrieben. EDISONs Assistent W. H. MEADOWCROFT (22) schrieb z. B. in seinem Buche „Das ABC der X-Strahlen" folgendes: „EDISON muß als der erste angesehen werden, der den praktischen Apparat baute, der unter dem Namen Fluoroskop bekanntgeworden ist. Dieser Apparat kann von den unerfahrensten Personen benutzt werden zur Beobachtung der Wirkung der Röntgenstrahlen."

Die Ursache, warum EDISON in Amerika als der Erfinder des Fluoroskops angesehen wurde, ist wahrscheinlich darin zu suchen, daß er einerseits die gewöhnliche zylinderförmige Konstruktion des Apparates in die praktischere stereoskopartige Form umänderte, und andererseits, daß er dem Publikum Gelegenheit

[1] Elektrotechn. Z. **17**, 226 (2. April 1896).

[2] Nature (Lond.) **53**, 388 (27. Febr. 1896).

gab, öffentlich die Wirkung der Röntgenstrahlen mittels des Fluoreszenzschirmes zu prüfen. Seine Berichte über die Versuche mit dem Fluoroskop erschienen erst im April 1896[1]. In seiner charakteristischen Art und Weise hatte er 8000 Substanzen auf ihre Fluoreszenz hin untersuchen lassen, bis er dem Kalziumwolframat als dem bestgeeigneten Salz den Vorzug gab. Er war über die Verbesserung des Fluoroskops durch den Kalziumwolframatschirm so begeistert, daß er sofort an den englischen Physiker Lord KELVIN folgendes Telegramm sandte: „Fand soeben, daß Kalziumwolframat in geeigneter Kristallform mit Röntgenstrahlen eine hervorragende Fluoreszenz ergibt, weit besser wie Platinzyanür. Macht Photographie unnötig. EDISON, 17. März 1896." Diesem Telegramm nach zu urteilen, glaubte EDISON in seinem Optimismus, daß der Gebrauch des Schirmes in der Röntgenographie den der photographischen Platten vollständig verdrängen würde. In einer ausführlichen Arbeit im „Electrical Engineer" über „Neue Röntgenstrahlenbeobachtungen" gab EDISON (280) eine Liste von 72 chemischen Substanzen, die starkes Fluoreszenzlicht unter der Einwirkung von Röntgenstrahlen zeigten, und die er bei der Untersuchung der 8000 Salze in ihrer Fluoreszenz als besonders geeignet gefunden hatte. Das Edisonsche Fluoroskop ist in Abb. 64b abgebildet zusammen mit der einfacheren Konstruktion, die zur Beobachtung mit nur einem Auge gebaut war. Der Glasgower Arzt JOHN MC INTYRE (537) beschrieb am 16. März 1896 ebenfalls eine stereoskopische Fluoroskopanordnung, das sogenannte „Binocular Cryptoskop".

Im Mai 1896 veranstaltete EDISON bei der großen elektrischen Ausstellung in New York eine Sonderausstellung über die Röntgenstrahlen, die beim Publikum großes Aufsehen erregte. Dieses Aufsehen ist hauptsächlich der Vorführung der Röntgenbilder der Hände der einzelnen Besucher auf einem Fluoreszenzschirm zuzuschreiben. Im „Electrical Engineer"[2] wurde der Eindruck, den diese Ausstellung hervorrief, ausführlich beschrieben. „Eine große Anziehungskraft in der wunderbaren elektrischen Ausstellung war ohne Zweifel der Apparat, der in weitherziger Weise von Herrn EDISON der Leitung der Ausstellung zur Verfügung gestellt war, um dem Publikum zum ersten Male Gelegenheit zu geben, den eigenen Körper mit Hilfe der X-Strahlen zu untersuchen ... Ein großer Edisonscher Fluoreszenzschirm wurde aufgestellt, auf welchem einer der Assistenten dauernd seinen ganzen Arm zeigen konnte. Dies hatte aber seine Schwierigkeiten, da man bald merkte, daß jeder Besucher seine eigenen Knochen sehen wollte und nicht die von jemand anderem.

Der fluoroskopische Ausstellungsraum wurde in das 3. Stockwerk hinter das Laboratorium für praktische Elektrizität verlegt. Dadurch war die Ausstellung so gelegen, daß das Publikum durch die langen Säle hineinkommen konnte und sich nachher sehr zweckmäßig nach dem Restaurant zurückzog, wo es sich niederlassen und seine Meinungen und Erfahrungen austauschen konnte. Das Äußere und Innere des Raumes war dick mit schwarzem Stoff umhängt, sowohl um Licht auszuschließen, als auch um die Augen an die Dunkelheit zu gewöhnen; das ist erforderlich, um die Wirkung der Röntgenstrahlen gut zu sehen. So wurde ein Raum gebildet, der ungefähr 100 Leute zur gleichen Zeit faßte; der Fluoreszenzschirm mit der Crookesschen Röhre und Ruhmkorffschen Induktionsspule

[1] Science 3, 511 (3. April 1896).

[2] Electr. Eng. 21, 600 (3. Juni 1896).

wurde auf eine erhöhte Plattform gestellt. Der Besucher trat auf einem Umweg in die ägyptische Finsternis ein, nachdem er verschiedene mysteriöse Plakate gelesen hatte, die ihn aufforderten, eine Münze oder einen Schlüssel in seinen Handschuh zu stecken. — Nur zwei blutrote Glühlampen erleuchteten den Raum, und die roten Strahlen derselben wurden von dem Fluoroskop durch einen schwarzen Wandschirm abgehalten. Sobald sich die Besucher dem Fluoroskop näherten, wurde ihnen mit leiser Stimme gesagt, die Hand unter den Halter zu stecken und gegen den Schirm zu pressen, die Handfläche gegen die Augen gewendet und die Finger eng zusammenzuhalten. Auf diese Art und Weise kam die Hand zwischen Crookessche Röhre und Leuchtschirm zu liegen, und die ganze Struktur der Hand wurde unmittelbar sichtbar. Viele der Besucher zögerten, als sie vor den Leuchtschirm kamen, und weigerten sich, weder auf ihren eigenen noch auf irgendeines anderen Knochen zu sehen. Einige bekreuzigten sich ehrfürchtig nach einem furchtsamen Blick, aber die große Mehrzahl ging lachend aus dem Zimmer heraus. Eine Komödie könnte keine größere Lustigkeit hervorrufen als dieser düstere Raum, aus dem die Besucher herauskamen und mit gutem Humor den merkwürdigen Bau der Knochen ihrer Freunde besprachen. Die Menge war tatsächlich erfreut, daß die ganze Vorstellung froh und lustig und nicht unangenehm oder schrecklich war. Einige Besucher hatten Verletzungen und Verwachsungen. Diese wurden herausgesondert und wurden von erfahrenen Röntgenologen, wie z. B. Dr. W. J. MORTON, weiter untersucht. Der Apparat zum Betreiben der Röhren und Schirme war in einem benachbarten kleinen Raume neben der Plattform untergebracht; dieses Zimmer war mit einigen Lampen und Ventilatoren usw. ausgerüstet. Hier konnte man Herrn EDISON oft finden, und der kleine grüne Raum, wie er genannt wurde, war der Ort mancher denkwürdigen Versammlung von Berühmtheiten.

Der Stab der Ausstellung bestand aus den Herren F. OTT, C. BROWN und C. DALLY, drei der besten Assistenten EDISONs aus dem Laboratorium.

Eine Crookessche Röhre ist ein widerspenstiges und unsicheres Objekt und entwickelt bei einer kleinen Änderung des Vakuums erstaunlich viel menschliche Schwächen. Es war interessant, zu sehen, wie sorgfältig die alten Röhren dazu gebracht wurden, zu arbeiten, oder wie schnell sie ersetzt wurden, sobald sie unbrauchbar wurden, ohne daß die lange Reihe der Besucher, die gerne ‚X-rayed‘ werden wollten, zurückgehalten wurde. In der (Abb. 65) wiedergegebenen Photographie, die die einzige ist, für die die Erlaubnis der Reproduktion erhalten wurde, ist rechts Herr STIERINGER zu sehen, wie er mit dem Edisonschen Handfluoroskop nach der Röhre schaut. Herr BROWN aus dem Laboratorium steht zu seiner Linken. Außerhalb des eisernen Geländers steht Herr OTT. Ganz rechts im Bilde sitzt Herr DALLY an der Induktionsspule. Es ist interessant und belustigend zugleich, zu beobachten, wie schnell einige der Besucher behaupteten, daß die ganze Sache eine Täuschung sei. Ein Herr weigerte sich eines Abends, hinter das Geländer zu gehen, und sagte, der Schirm sei nur Milchglas mit einem Licht dahinter, eine Anordnung, mit der jedermann einen Schatten erzeugen könnte. Da ja bekannt ist, wieviel die Sehkraft mit der Klarheit, die Röntgenstrahlenwirkungen zu beobachten, zu tun hat, und da das Fluoroskop durch eine Glasscheibe geschützt ist, lag ein Anlaß zu Zweifeln für verdächtige Naturen vor. Herr STIERINGER jedoch nahm sich höflich des Mannes an und bestand darauf, daß er hinter das Geländer komme und seine Hand auf den Schirm und seine Nase gegen das Glas halten solle. Die großen Knochen des Skeptikers erschienen mit erstaunlicher Lebendigkeit, und ihr Inhaber eilte mit dem unwillkürlichen Ausruf ,O Gott' hinweg."

Es ist traurig, daß sich einer der Assistenten EDISONs, nämlich Herr DALLY, bei den Versuchen mit den Röntgenstrahlen schwere Verbrennungen seiner Hand zuzog, die sich so verschlimmerten, daß er den Verletzungen im Jahre 1904 erlag. Dieses war mit ein Hauptgrund für EDISON, seine gesamten Arbeiten über die Röntgenstrahlen und ihre Wirkungen einzustellen.

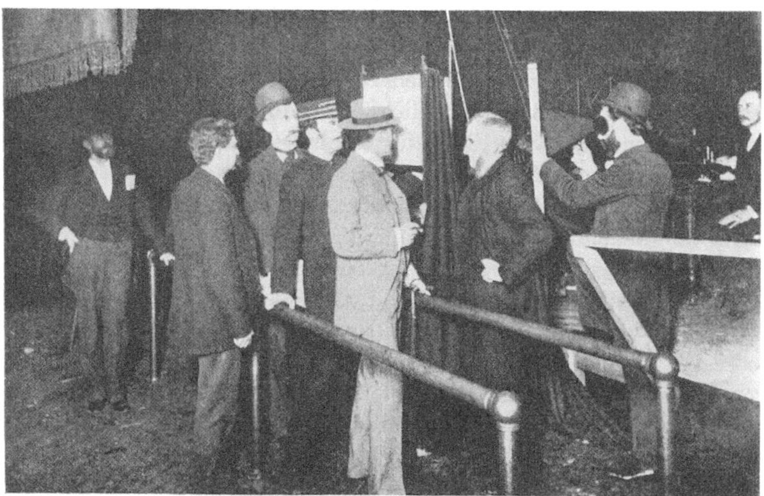

Abb. 65. EDISONs Röntgenausstellung in New York, Mai 1896 [THOMPSON (36)]

An vielen Orten wurden nun derartige Ausstellungen dem Publikum geöffnet, wenn auch meist nicht in dem großzügigen Maße, wie sie von EDISON arrangiert worden war. Bei allen spielte naturgemäß das Fluoroskop ein große Rolle, doch wurde, wie schon zuvor bemerkt, von den Wissenschaftlern, die tatsächlich in der Lage waren, die Entwicklung dieses Instrumentes als unbeteiligte Beobachter zu studieren, darauf aufmerksam gemacht, daß das Verdienst an dessen Konstruktion RÖNTGEN allein zuzuschreiben ist. Der wohlbekannte englische Physiker Sir OLIVER LODGE (507) schrieb z. B. in „Nature" am 5. März 1896: „Es ist betrüblich, daß Prof. RÖNTGENs ursprüngliches Experiment jetzt als Neuigkeit bestätigt wird. Ein geschützter Bariumplatinzyanürschirm ist außerordentlich wertvoll als Prüfer für den Zustand einer evakuierten Röhre, und ich habe dauernd einen solchen benutzt nach Prof. RÖNTGENs Anweisung." In derselben Nummer der englischen Zeitschrift „Nature" äußerte sich ANDREW GRAY (358) in demselben Sinne.

Eine interessante Verwendung des Fluoroskopes wurde wieder zu gleicher Zeit an drei Stellen in Angriff genommen. Sie bestand in der Möglichkeit, das Röntgenbild auf dem Fluoroskop mit einer gewöhnlichen Kamera zu photographieren, so wie es etwa in der Abb. 66 des Bleyerschen Photofluoroskopes dargestellt ist. Außer J. M. BLEYER (137) arbeiteten die Italiener BATTELLI und

GARBASSO (84) zu gleicher Zeit an dieser Konstruktion und veröffentlichten schon in der Januar-Nummer der Zeitschrift „Il Nuovo Cimento" 1896 ihre Resultate. Die anfängliche Schwierigkeit in diesem Verfahren lag darin, daß auf der photographischen Platte nur die Schatten des die Röntgenstrahlen absorbierenden metallischen Halters der photographischen Linse und sonst nichts anderes zu

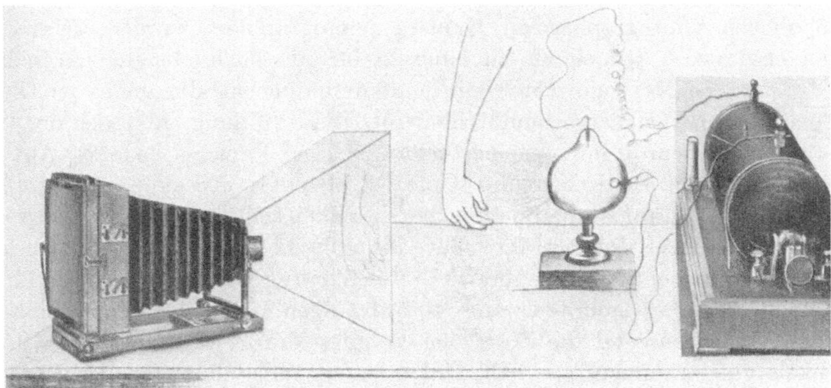

Abb. 66. BLEYERs Photofluoroskop [THOMPSON (36)]

sehen war. Die Röntgenstrahlen waren eben durch den Fluoreszenzschirm und den Lederbalg des photographischen Apparates hindurchgegangen und hatten die Platte geschwärzt, ehe noch der weitere schwache Lichteinfluß eine Wirkung auf dieselbe ausüben konnte. Dem wurde aber bald dadurch abgeholfen, daß der photographische Apparat durch eine dicke Bleiblende geschützt wurde, die an der Stelle der Linse eine Öffnung hatte, groß genug, um alle Lichtstrahlen in den Apparat einzulassen. Dieser Apparat erlaubte „zu gleicher Zeit mit dem Auge das Fluoreszenzbild zu beobachten und mit der photographischen Platte eine Aufnahme desselben vorzunehmen". Es konnte nicht ausbleiben, daß dabei der Gedanke aufkam, eine Reihe von Röntgenbildern des Schirmes nacheinander, also z. B. ein sich bewegendes Objekt, aufzunehmen. Einer der ersten, der auf diesen Gedanken kam, scheint der Schotte Dr. JOHN MCITYRE gewesen zu sein, der Aufnahmen eines sich bewegenden Froschschenkels machte, die er zu einem Kinofilm zusammensetzte und zum ersten Male Ende 1896 vor der Glasgower Philosophischen Gesellschaft vorführte (Abb. 67). In dem ersten

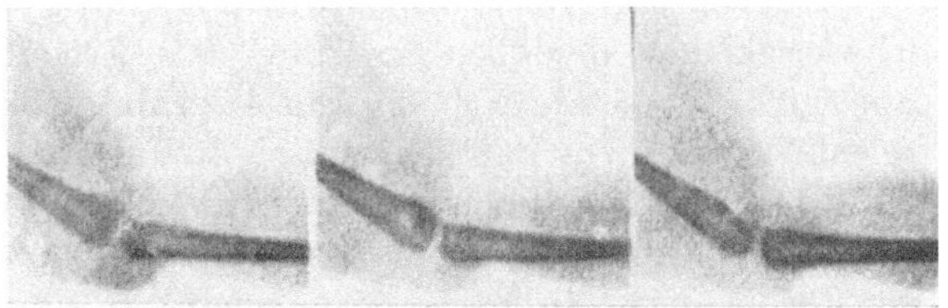

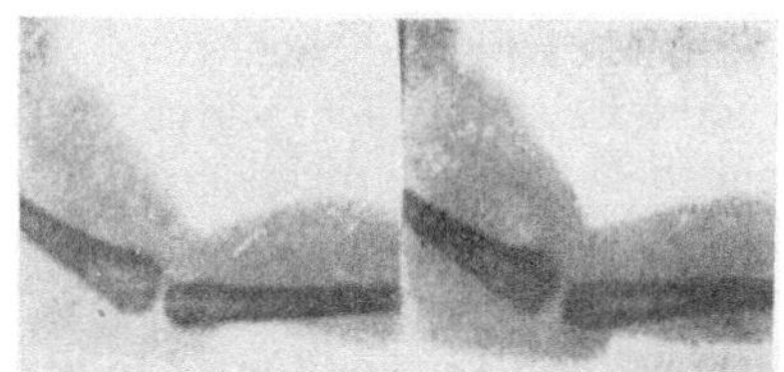

Abb. 67. Erste kinematographische Aufnahme mit Röntgenstrahlen; Froschschenkel. Hergestellt von J. MCINTYRE (546)

Bande der ersten röntgenologischen Zeitschrift „Archives of Skiagraphy“, April 1897, S. 37, ist folgendes über McIntyres Versuche zu lesen: „Seit langer Zeit arbeitet Dr. McIntyre daran, die besten Methoden für Aufnahmen mit schnellen Expositionszeiten zu erzielen, mit der Absicht, die Bewegung der Organe innerhalb des Körpers aufzunehmen. Er benutzte zwei Methoden, eine, bei welcher die Schatten des Gegenstandes auf dem Kaliumplatinzyanürschirm mit Hilfe einer gewöhnlichen photographischen Kamera photographiert wurden. Dieses Verfahren erwies sieh jedoch als zu langsam für die beabsichtigten Aufnahmen. Bei der anderen Methode wurde ein lichtempfindlicher Film unter der Öffnung in einem dicken Bleikasten hindurchbewegt. Diese Öffnung entsprach der Größe des Bildes und wurde mit einem Stück schwarzen Papieres bedeckt. Auf diese Weise konnte der Schenkel eines Tieres, z. B. eines Frosches, photographiert werden. Bis jetzt mußten die Bewegungen desselben sehr langsam sein und wurden daher in Anästhesie durchgeführt. Zur Zeit gibt die erste Methode die besseren Resultate. Bei einem kürzlich veranstalteten Vortrag vor der Glasgower Philosophischen Gesellschaft konnte er einen 40 Fuß langen Film mittels eines Kinematographen vorführen, und die Zuschauer konnten die Bewegungen eines Froschschenkels gut erkennen.“ — Dr. McIntyre gebührt demnach das Verdienst, als erster die Möglichkeiten des Röntgen-Kinematographen nicht nur erfaßt, sondern auch die Anfangsexperimente praktisch durchgeführt zu haben[1]. Einer Notiz im „Electrician“[2] zufolge hatte auch ein Dr. McKay vom Packer-Institut in Brooklyn schon eine ähnliche Methode eines Photofluoroskopes auf die Möglichkeit hin untersucht, auf einem fluoreszierenden Schirm die Schatten sich bewegender Gegenstände zu studieren. In einem „Kinetoskop“ wurde die Bewegung der Finger beobachtet, und die Hoffnung wurde ausgesprochen, daß solche Bewegungen photographierbar sein müßten.

Bezüglich der Konstruktion dieser Apparate ergaben sich wieder Prioritätsschwierigkeiten; der oben erwähnte erste Erbauer des Photofluoroskopes, J. M. Bleyer (137), setzte sich im Juli 1896 dafür ein, daß er am 15. Juli 1896 in einem Vortrage vor der Medizinisch-Juristischen Gesellschaft zum ersten Male das Prinzip des Apparates beschrieb. „Weiter“, sagte er, „beziehe ich mich jetzt auf dieses Datum, um meine Priorität der photographierten Objekte über die von Dr. M. Levy in Berlin und anderen in England zu bewahren.“ Auf diese Experimente und Demonstrationen des Berliner Ingenieurs Levy wird im nächsten Kapitel zurückzukommen sein.

Auf jeden Fall war der weitverbreiteten Verwendung des Leuchtschirmes gleich nach der Entdeckung der Strahlen ein großer Teil des Erfolges in der praktischen Verwertung der neuen Entdeckung zuzuschreiben.

12. Röntgenstrahlen in der Medizin. Die ersten Diagnosen mit Hilfe der Röntgenstrahlen. Röntgenlaboratorien

Die X-Strahlen-Aufnahme von Frau Röntgens Hand hatte sofort die Aufmerksamkeit auf die Verwendbarkeit dieser Strahlen insbesondere für chirurgische Zwecke gelenkt. Der erste Gedanke des praktischen Gebrauches der neuen

[1] Über die ersten McIntyreschen Versuche siehe auch Lancet **74** II, 1303 (7. Nov. 1896).

[2] Electrician **36**, 668 (18. März 1896).

Methode war natürlich der, Frakturen, Luxationen, Knochenauftreibungen usw. dem Auge sichtbar zu machen und Fremdkörper in Hand oder Arm zu lokalisieren. War man anfangs in der Verwendung der Methode nur auf die Durchleuchtung relativ dünner Körperpartien beschränkt, so setzte die allgemeine Begeisterung der Hoffnung, durch baldige Verbesserung der technischen Hilfsmittel den ganzen Körper durchstrahlen zu können, keine Grenzen. Es ist bemerkenswert, daß anfangs zu Demonstrationen fast ausschließlich die Hände durchleuchtet wurden, so daß viele solcher „Hände" berühmt wurden; Aufnahmen des Fußes wurden sehr selten gemacht[1] (Abb. 68).

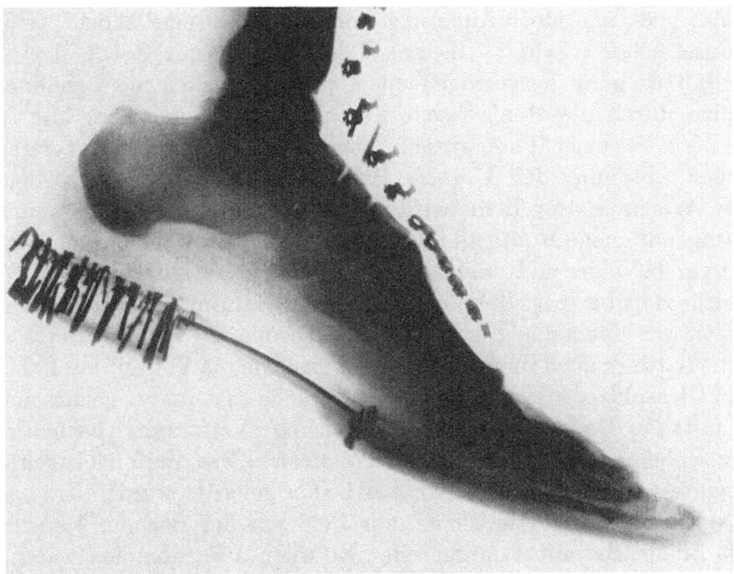

Abb. 68. Fuß mit Schuh. Aufgenommen von F. H. WILLIAMS in Boston im März 1896. Expositionszeit 20 Minuten

Die ersten Zeitungsnachrichten waren voller optimistischer Gedanken über die Zukunftsmöglichkeiten der neuen Strahlen. Bei der Weiterveröffentlichung dieser Mitteilungen wurden, vor allem in Amerika, solche Gedanken oft RÖNTGEN selbst zugeschrieben, obwohl sich der Entdecker gerade über diesen Punkt sehr vorsichtig zu äußern pflegte. (Im Februar schickte RÖNTGEN allerdings dem Herausgeber des „British Medical Journal", 15. Februar 1896, eine Röntgenaufnahme einer Fraktur des Unterarmes.)

Es ist als ein Glück zu bezeichnen, daß die Zeitungsmitteilungen optimistischer Natur waren, denn dadurch stimulierten sie sofort Physiker und Ärzte in der ganzen Welt, sich mit der praktischen Verwendung der neuen Strahlen zu beschäftigen. Die Mitteilungen über erfolgreiche Diagnosen vermittels derX-Strahlen überstürzten sich in der Tages- und Fachpresse der ersten Woche des Jahres 1896. Es ist daher schwer möglich, eine chronologische Zusammenstellung der ersten Arbeiten zu geben.

[1] Einige frühe Fußaufnahmen sind im Brit. med. J. **1896**, 364, 432 (8. Febr.) reproduziert.

In Deutschland wurde frühzeitig auf den Wert der Röntgenstrahlen für die Medizin hingewisen. Auf die von Prof. F. König (459) und von Dr. M. Jastrowitz in der Berliner Medizinischen Gesellschaft und im Verein für Innere Medizin am 5. und 6. Januar 1896 gemachten Bemerkungen über die Röntgenschen Strahlen wurde schon aufmerksam gemacht. Dr. Jastrowitz (432) zeigte „ein ihm von anderer Seite zur Verfügung gestelltes Photogramm, welches die Knochenphalangen einer lebenden Hand deutlich zur Anschauung brachte“[1]. Der Bericht schloß mit den folgenden Worten: „Welche Folgen sich hieraus für die Diagnostik ergeben können, braucht nicht erst angedeutet zu werden[2].“ Daß aber Zweifel an der Möglichkeit, solche Bilder herzustellen, unter den Kollegen von Dr. Jastrowitz bestand, geht aus einer Äußerung hervor, die er eine Woche später vor derselben Gesellschaft machte: „Es hat sich, übrigens mit Recht, das Gerücht verbreitet, daß es ganz hervorragenden Physikern bisher nicht gelungen sei, Photographien durch die Röntgensche Strahlung nachzumachen. Mir ist aber soeben das Negativ einer Photographie zugegangen, welche der Vorstand der Physikalischen Abteilung der ‚Urania‘, Herr Dr. P. Spies, bewerkstelligt hat.“ Wieder eine Woche später demonstrierte derselbe Redner (432) weitere von Dr. Spies aufgenommene Röntgenbilder. Eines derselben war vom medizinischen Standpunkt von besonderem Interesse. In der „Münchener Medizinischen Wochenschrift“[3] wurde darüber berichtet: „Bei einer vor Jahren stattgefundenen Glasgefäßexplosion war einem der Angestellten der ‚Urania‘ die Hand verletzt worden. An der Narbe hatte er noch immer Schmerzen, welche die Vermutung nahelegten, daß noch ein Glassplitter in der Hand zurückgeblieben sei, und es gelang nunmehr, denselben mittels des neuen photographischen Verfahrens nachzuweisen.“ Jastrowitz schloß seinen Vortrag mit den Worten: „Das, muß ich sagen, ist mir das Interessanteste gewesen von allem, was bisher geleistet worden ist.“

Dr. R. Neuhauss zeigte am 15. Januar 1896 vor der Berliner Medizinischen Gesellschaft Bilder, die mit Röntgenschen Strahlen aufgenommen waren. Einer der produktivsten Röntgenpioniere war Prof. W. König, Physiker am Physikalischen Verein zu Frankfurt a. M. Er berichtete (465) folgendes: „... Am 29. Januar wurde die erste Aufnahme eines Patienten ausgeführt; es war ein Knabe aus der Praxis des Herrn Dr. med. von Tischendorf, der sich an der rechten Hand eine Verletzung des zweiten Mittelhandknochens zugezogen hatte. Das Bild wurde bei 24 cm Abstand der Röhrenmitte von der photographischen Platte in 4 Minuten aufgenommen und ließ die Art der Verletzung auf das Deutlichste erkennen. ... Es wurden nun in kurzer Zeit eine große Anzahl von Aufnahmen gemacht, am 1. Februar die erste Aufnahme eines Fremdkörpers in der Hand (Nadel in der Hand eines Mädchens aus der Klinik des Herrn Dr. Harbordt), am 2. Februar die ersten Aufnahmen von Zähnen (‚an mir selbst aufgenommen‘) (Abb. 74), durch Einführung lichtdicht eingewickelter Filmplättchen in den Mund, dazwischen — zum Theil unter Mitwirkung des Herrn Dr. med. von Tischendorf — Aufnahmen von Gegenständen verschiedener Art, von Thieren, Mumientheilen u. a. m., sodaß, als am 5. Februar mit der Vorführung der Ver-

[1] Es handelte sich um die Aufnahme von Frau Röntgens Hand, die Röntgen dem Berliner Physiker Warburg zur Verfügung gestellt hatte.

[2] Münch. med. Wschr. **43**, 38 (14. Jan. 1896).

[3] Münch. med. Wschr. **43**, 86 (28. Jan. 1896).

suche begonnen wurde, den Hörern bereits eine größere Anzahl wohlgelungener Aufnahmen der verschiedensten Art vorgelegt werden konnte. ... Eine Mappe mit 14 Röntgen-Aufnahmen (17) erschien im März im Verlage von J. A. Barth (A. Meiner) in Leipzig." Anfang Februar demonstrierte König (458) auch „Photogramme eines Sarkoms an dem Schienbein gemäß Röntgen"[1]. Die Aufnahme war von dem Assistenten der Berliner Sternwarte, Dr. Goldstein, gemacht worden. Am 28. Januar demonstrierte Dr. Michael (593) vor dem Hamburger Ärzteverein eine Röntgenaufnahme einer schlecht geheilten Vorderarmfraktur[1]. Am 17. Februar zeigte Prof. Huber (409, 410, 412) dem Verein für Innere Medizin einige von Dr. Kurlbaum und Dr. Wien an der Physikalisch-Technischen Reichsanstalt gemachte Röntgenbilder, insbesondere einen Fall von akutem Gelenkrheumatismus und mehrere Fälle chronischer Arthritis mit großen Knoten und hochgradigen Gelenkzerstörungen. Dieselben Untersuchungen wurden einige Monate später von den Franzosen Öttinger und Annois (480, 651) durchgeführt.

Wenige Wochen später, am 26. März 1896, kamen die wichtigen Nachrichten von den Versuchen des Berliner Arztes W. Becher (96), der in den Magen und Darm eines frisch getöteten Meerschweinchens „liquor plumbi sub acetici" einbrachte, um vermittels der größeren Absorption der Strahlen in dieser Substanz diese Organe auf dem Röntgenbild sichtbar zu machen. In derselben Arbeit untersuchte Becher die Durchlässigkeit anderer Salzlösungen und schloß, daß die Aufnahme z. B. eines menschlichen Magens in vivo nach Röntgen zur Voraussetzung habe, daß man eine Lösung herstellen könne, die „zwei Eigenschaften zugleich hat, nämlich, man muß sie, ohne Schaden zu stiften, in den menschlichen Magen einbringen können, zugleich muß sie noch für Röntgensche Strahlen undurchlässig sein". Becher fügte hinzu, daß eine solche Flüssigkei unter Umständen auch bei der Lagebestimmung von Fistelgängen von Nutzen sein könne. In einer späteren Arbeit schlug er dann vor, die vorgenannte Substanz durch Kalkwasser zu ersetzen, glaubte aber dann, den Magen vielleicht noch besser auf dem Röntgenbild durch Füllen mit Luft sichtbar machen zu können. Diese letztere Methode wurde in etwas abgeänderter Form einige Wochen später von dem Berliner Ingenieur M. Levy (18) und von Prof. L. Grunmach erfolgreich verwandt. Diese Versuche erregten überall, auch im Auslande, das größte Aufsehen[2]. Zu etwa der gleichen Zeit, am 10. April 1896, beschrieb Dr. J. C. Hemmeter von Baltimore die „Photographie des menschlichen Magens mittels der Röntgenschen Methode"[3] und veröffentlichte Bilder des menschlichen Magens und Darmes, die er zusammen mit W. C. A. Hammez und H. Adler in der Maryland State Normal School in Baltimore gemacht hatte. Ein Vorschlag, auf diese Art Röntgenbilder des Magens zu erhalten, war schon im Februar 1896 von dem Franzosen C. M. Gariel (324) gemacht worden. Der Wert dieser Methode, insbesondere zu anatomischen Studien, wurde von dem New Yorker Arzt W. J. Morton in seinem Buch über „Die X-Strahlen" (25) besonders hervorgehoben; Morton ging so weit, zu hoffen, daß dadurch die Notwendigkeit der Sektion

[1] Münch. med. Wschr. **43**, 109 (4. Febr. 1896).

[2] Siehe zum Beispiel Electr. Eng. (N. Y.) **22**, 149 (12. Aug. 1896). — W. H. Meadowcrofts Buch „ABC der X-Strahlen", New York 1896, S. 24. — Brit. J. Photogr. **43**, 605 (15. Sept. 1896) usw.

[3] Boston med. J. **134**, 609 (Juni 1896).

einer Leiche behoben würde. Eine andere Methode, die Ausdehnung des Magens zu erforschen, wurde von C. WEGELE (1002) in Bad Königsborn vorgeschlagen; WEGELE dachte, durch die Einführung eines dünnen Metalldrahtes durch eine Magensonde den Magenumriß auf der Röntgenplatte sichtbar zu machen, veröffentlichte aber keine mit dieser Methode gemachte Aufnahme. Dagegen wurden die Untersuchungen der inneren Teile des menschlichen Körpers durch die Experimente des Dr. SEHRWALD (837) in Freiburg i. Br. wieder sehr gefördert. E. SEHRWALD zeigte, daß Chlor, Brom und Jod die Röntgenstrahlen stark absorbierten und daß diese Absorption nicht von der Anordnung der Moleküle abhing, sondern nur den Atomen dieser Elemente zuzuschreiben war. Er folgerte daraus, daß alle chemischen Verbindungen dieser Halogene die Röntgenstrahlen stark absorbieren, und schloß daran die Hoffnung, daß Organe die mit diesen Salzen und Lösungen gefüllt werden, leicht durch die Röntgenstrahlen kenntlich gemacht werden können. Über ähnliche Versuche sprach am 10. Februar 1896 der Franzose M. MESLANS (586) von der Ecole de Pharmacie in Nancy vor der Pariser Akademie der Wissenschaften.

Professor W. B. CANNON von der Harvard-Universität in Boston beobachtete 1896 mit dem Fluoroskop kugelförmige Perlknöpfe, wie sie durch die Speiseröhre eines Hundes gingen. Er gab auch Fröschen Gelatinkapseln, die mit basischem Wismutnitrat gefüllt waren, und beobachtete deren Schatten im Magen des Frosches. Er war mit einer der ersten, der mit der Röntgenmethode Vorgänge im Verdauungskanal sichtbar machte[1].

Berichte wichtiger Diagnosen häuften sich nun von Tag zu Tag. Die Ärzte konsultierten die Physiker, welche die X-Strahlen-Bilder größtenteils aufnahmen, da sie mit der Hochspannungsapparatur und der Handhabung der Hittorf-Crookesschen Röhre besser vertraut waren. Doch arbeitete sich eine große Anzahl von Ärzten mit technischer Veranlagung in kurzer Zeit in das Röntgensche Verfahren ein und machten ausgezeichnete Aufnahmen. W. PETERSEN (681) in Heidelberg schrieb z. B. am 11. Februar 1896: „Es stellte sich bald heraus, daß die Gesichtspunkte des Physikers und des Chirurgen zu verschieden waren, um gleich im Anfang ein ersprießliches Zusammenarbeiten zu gestatten. Ich zog es daher vor, in der hiesigen Chirurgischen Klinik mit eigenen, wenn auch einfachen Apparaten die Frage nach rein chirurgischen Gesichtspunkten allein weiterzuverfolgen.“ Diese Versuche müssen sehr zufriedenstellend ausgefallen sein, denn PETERSEN schloß mit den Worten: „Eine Grenze der Leistungsfähigkeit dieser Methode ist gar nicht abzusehen. Es ist kaum mehr zweifelhaft, daß die Röntgenschen Strahlen für unsere gesamte Diagnostik eine ganz außerordentliche Bedeutung erlangen werden und daß in absehbarer Zeit das Wort des französischen Astronomen auch für die Medizin volle Geltung beanspruchen kann: ‚Die photographische Platte ist die Retina der Wissenschaft.‘ “

Sehr gute Bilder wurden von G. HOPPE-SEYLER (405) zusammen mit Herrn BOAS im Physikalischen Institut der Universität Kiel angefertigt und dem Physiologischen Verein in Kiel am 17. Februar 1896 vorgeführt. Es gelang HOPPE-SEYLER, die stark sklerotischen und verkalkten Arterien eines amputierten Unterschenkels auf der Röntgenplatte zur Darstellung zu bringen. „Die Möglichkeit, auf diese Weise Arteriosklerose in den tiefen Gefäßen, vielleicht an der Aorta

[1] J. Amer. med. Ass. **62**, 1 (3. Jan. 1914).

nachzuweisen, bedeutet eine wichtige Erweiterung der Diagnostik. Auch beim Lebenden ist uns seitdem der Nachweis gelungen", schloß Dr. HOPPE-SEYLER seinen Bericht.

Die von RÖNTGEN an seinen Freund FRANZ EXNER in Wien gesandten ersten X-Strahlen-Bilder wurden bald durch die in dem Physikalischen Kabinett der Wiener Universität von F. EXNER und E. HASCHEK hergestellten Aufnahmen in glücklicher Weise ergänzt und am 15. Januar von dem Physiker L. BOLTZMANN (148) dem Elektrotechnischen Verein in Wien vorgeführt. Dieser berühmte Physiker sah zu jener Zeit schon die erstaunliche Entwicklung der neuen Entdeckung voraus, als er seinen Vortrag mit den folgenden Worten schloß: „Wenn wir uns daran erinnern, zu welchen Entdeckungen uns scheinbar unbedeutende Naturerscheinungen, wie z. B. die Anziehung kleiner Gegenstände durch geriebenen Bernstein, von Eisen durch den Magnetstein, die Zuckungen eines Froschschenkels durch elektrische Entladungen, der Einfluß des elektrischen Stromes auf die Magnetnadel, elektrisch-magnetische Induktion usw., geführt haben, können wir uns vorstellen, zu welch wichtigen Verwendungen ein Agens benutzt werden kann, das schon wenige Wochen nach seiner Entdeckung so erstaunliche Resultate gezeitigt hat."

Eines der ersten in Wien aufgenommenen Röntgenbilder war ein Gewichtssatz und eine Zange in einer geschlossenen Holzschachtel. Ein anderes Bild stellte die Hand eines Toten dar, wobei „die Starre es wohl bedingt, daß nicht bloß die Knochen der Hand und die an einem Finger derselben befindlichen Ringe, sondern auch das Geäder und etwas von der Muskulatur des Organes abgebildet erschienen".

Dieselben Röntgenbilder wurden am 18. Januar von FRANZ EXNER den Mitgliedern der Chemisch-Physikalischen Gesellschaft in Wien vorgeführt und an demselben Abend von dem Physiologen SIEGMUND EXNER, einem Bruder des Physikers, auch der K. K. Gesellschaft der Ärzte in Wien gezeigt. SIEGMUND EXNER (288) veranlaßte, daß E. HASCHEK noch weitere Röntgenbilder für chirurgische Zwecke machte, die im Beisein zahlreicher Mitglieder der Chirurgischen Fakultät durchgeführt wurden. Zwei dieser Aufnahmen wurden wenige Tage später, am 24. Januar, von Prof. A. VON MOSETIG-MOORHOF (619) wiederum der Gesellschaft der Ärzte gezeigt. Die eine Aufnahme zeigte eine Schußverletzung der Hand, wobei die mittels der Röntgenstrahlen angefertigte Photographie den Sitz des Projektils durch eine kleine Erhabenheit des Knochens verriet. Die andere Aufnahme war die einer Deformation — 6 Zehen an einem Fuß —, wobei die Photographie genau zeigte, „welche Zehe nur sehr wenig mit dem Fußknochen artikulierte und daher schadlos entfernt werden konnte[1]."

Eine der wichtigsten Aufnahmen, die HASCHEK (376) zusammen mit O. TH. LINDENTHAL machte, war die einer amputierten Hand, in deren Adern die sog. Teichmannsche Mischung[2], bestehend aus Kreide, Zinnober und Petroleum, von der Arteria brachialis aus injiziert worden war. Die Aufnahme — 57 Minuten Expositionszeit — zeigte das Geäder der Hand und erregte überall großes Aufsehen[3] (Abb. 69). Im „British Medical Journal" vom 22. Februar 1896 waren auf S. 495 die Aufnahmen einiger auf diese Weise präparierter Nieren und Hände

[1] Münch. med. Wschr. **43**, 90 (28. Jan. 1896). — Wien. klin. Wschr. **9**, 83 (30. Jan. 1896).
[2] Wien. klin. Wschr. **9**, 63 (23. Jan. 1896).
[3] Siehe z. B. Sci. Amer. **74**, 155 (7. März 1896).

abgebildet. Im Physikalischen Institut der Universität Rom[1] wie auch in Paris (CH. RÉMY) wurden kurze Zeit später ähnliche Versuche gemacht. Der Italiener DUTTO (268), z. B., füllte Arterien mit Gips und machte dann Röntgenaufnahmen derselben. In Manchester injizierte N. RAW (719) Kalziumsulfat post mortem in die Adern und Venen verschiedener Körperteile und machte dann Röntgenbilder.

Am 27. Januar 1896 demonstrierten G. GAERTNER (325) und A. KREIDL (468) im Physikalischen Institut in Wien dem Direktorienkollegium weitere Röntgenaufnahmen. Unter diesen war die Photographie der Hand eines 8jährigen Kindes

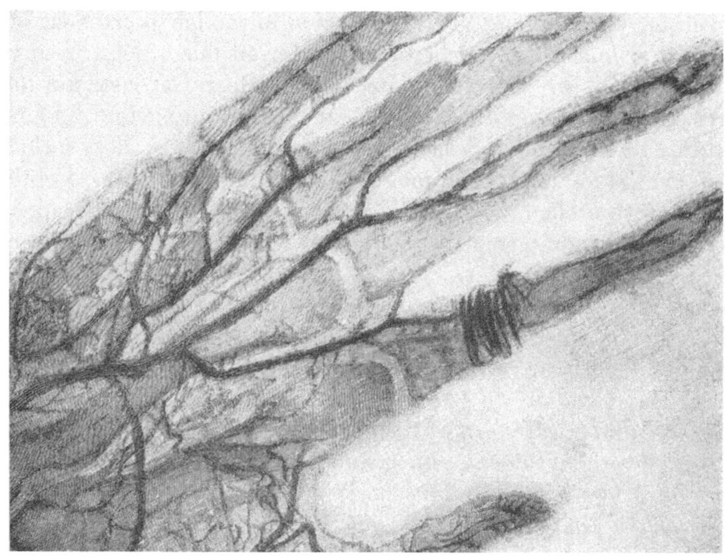

Abb. 69. Röntgenaufnahme einer amputierten Hand, injiziert mit Teichmannscher Mischung. Aufgenommen von E. HASCHEK und O. LINDENTHAL in Wien im Januar 1896

wichtig. „Man sieht in diesem prächtigen Bilde sehr deutlich die Knorpelfugen zwischen Epiphysen und Diaphysen der Mittelhandknochen und der Phalangen. Die abnormale Verknöcherung bei Rachitis dürfte sich, wie GÄRTNER ausführt, mit Hilfe dieses Verfahrens in einer bis jetzt nicht erreichten Weise verfolgen lassen. Auch bei der Gicht, Arthritis, Deformationen usw. wird die Methode voraussichtlich diagnostische Bedeutung gewinnen.“

Zur selben Zeit hatte der Physiker J. PULUJ (105) mit seiner bekannten Pulujröhre in Prag schon die Röntgenaufnahme einer Hand mit tuberkulösen Knochenzerstörungen, die besonders stark am Zeigefinger ausgeprägt waren, gemacht.

Waren auch anfangs die Expositionszeiten für die Aufnahmen reichlich lang und die Durchdringungsfähigkeit der Strahlen, besonders durch dichtere Körperpartien, noch recht mäßig, war auch die Qualität der Bilder, hauptsächlich wegen des großen Fokus auf der Glaswand der Röhre, noch nicht zufriedenstellend, so folgte bald eine technische Verbesserung nach der anderen, und die Bildqualität verbesserte sich von Tag zu Tag. Die von J. M. EDER und E. VALENTA (10) in dem von der K. K. Lehr- und Versuchsanstalt für Photographie und Reproduktions-

[1] Cosmos (Paris) (Juni 1896). — Sci. Amer. **75**, 27 (11. Juli 1896).

verfahren in Wien im Februar 1896 herausgegebenen berühmten Werke reproduzierten Röntgenaufnahmen waren schon von hervorragender Qualität[1] (Abb. 70 bis 73), desgleichen die schon erwähnten Aufnahmen des Frankfurter Physikers W.

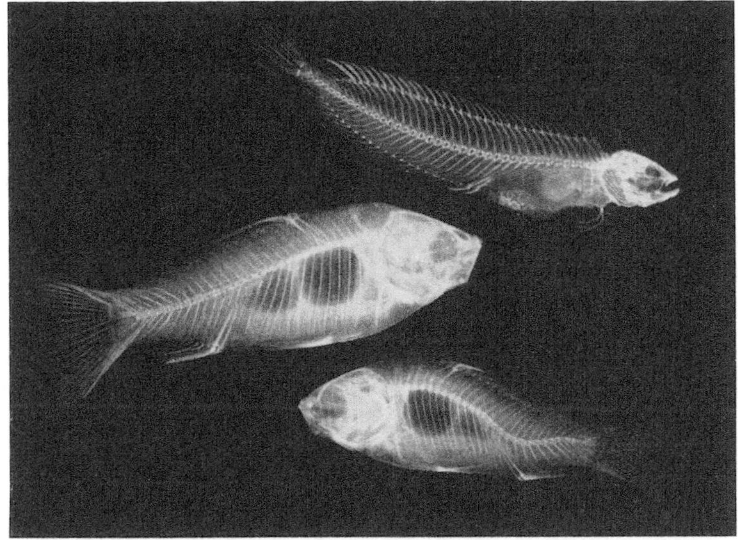

Abb. 70. Zwei Goldfische und ein Seefisch. EDER und VALENTA (10)

KÖNIG (17). Die meisten der Eder-Valentaschen Bilder waren schon am 22. Januar 1896 dem Wiener Verein zur Verbreitung naturwissenschaftlicher Erkenntnisse vorgeführt worden. Viele wertvolle Diagnosen mit Hilfe der Röntgenstrahlen

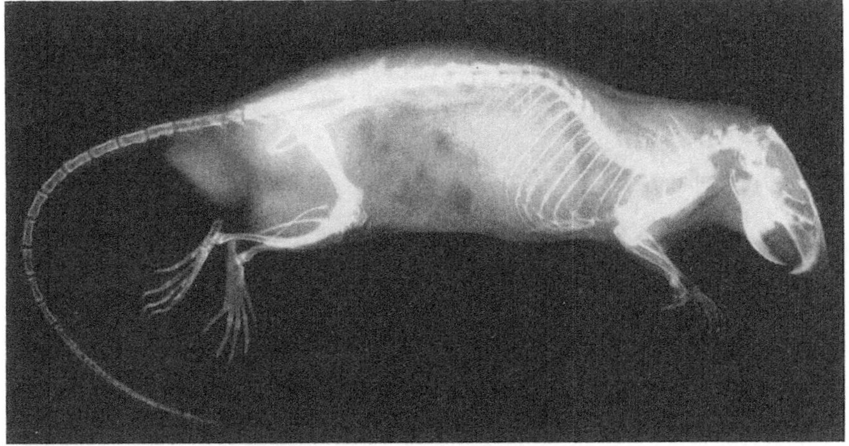

Abb. 71. Ratte. EDER und VALENTA (10)

wurden durch die Aufnahmen dieser österreichischen Forscher ermöglicht. Sie machten zunächst auf die fortschreitende Ossifikation mit zunehmendem Alter

[1] Siehe z. B. den Bericht von S. EXNER in Wien. klin. Wschr. **9**, 352 (30. April 1896).

aufmerksam und illustrierten diese Studien mit ausgezeichneten Handaufnahmen von Menschen in verschiedensten Lebensaltern. Auch photographierten sie eine Reihe von Gallensteinen, die operativ entfernt worden waren, waren aber Ende

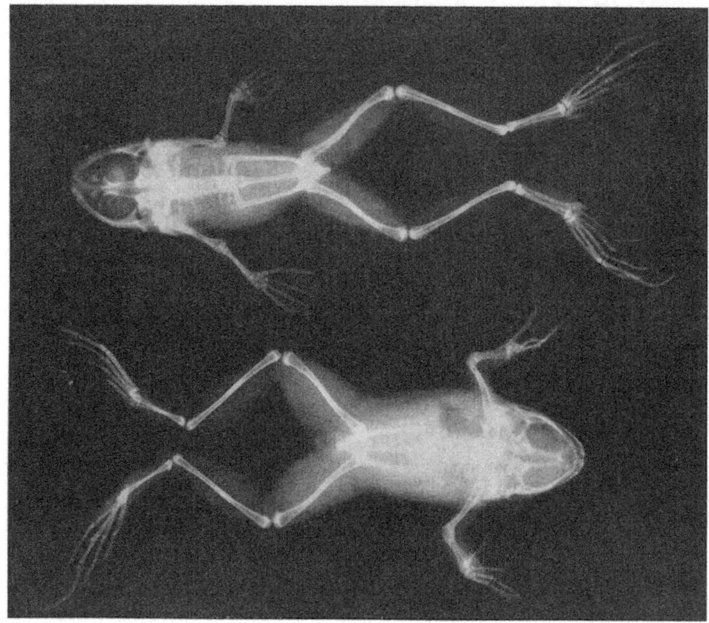

Abb. 72. Frösche in Bauch- und Rückenlage. EDER und VALENTA (10)

Januar 1896 noch nicht in der Lage, „durch den Rumpf Erwachsener hindurch zu photographieren".

Die von Dr. SIEGEL (850) in Wien mit EDER und VALENTA begonnenen Versuche, Gallensteine auf ihre Durchlässigkeit für die Röntgenstrahlen zu untersuchen,

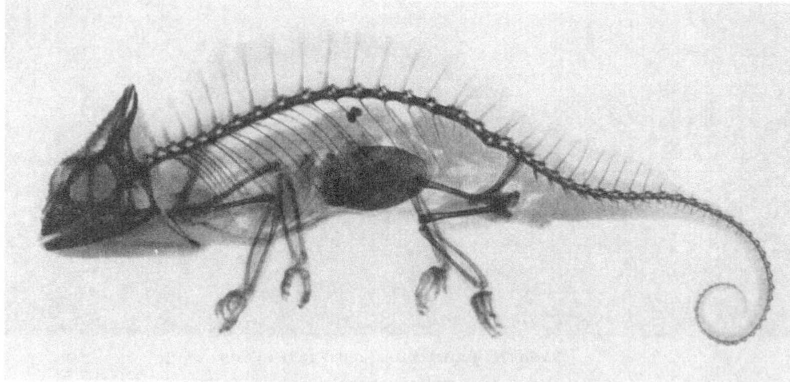

Abb. 73. Chamäleon. EDER und VALENTA (10)

wurden von E. NEUSSER an der Inneren Klinik in Wien auch auf Nieren- und Blasensteine ausgedehnt. Es gelang Prof. NEUSSER Ende Januar zu zeigen, daß

„Nieren- und Blasensteine für die Röntgenstrahlen ebenso undurchgängig sind wie die Knochen, daß auch Gallensteine diese Strahlen schwerer durchlassen als das Lebergewebe, daß das Röntgensche Verfahren mithin für die Erkenntnis dieser Erkrankungsformen herangezogen werden könne". Prof. NEUSSER zeigte auf einem Bilde einen Gallenstein, der durch eine 4 Querfinger dicke Leber hindurch photographiert worden war. Der Wiener Brief vom 1. Februar 1896[1], in dem diese Arbeit mitgeteilt worden war, schloß mit der Bemerkung, daß vorläufig an eine praktische Verwendung dieser Methode an lebenden Menschen nicht zu denken sei, da die Expositionszeiten zu lang werden würden, „vorausgesetzt, daß die Strahlen überhaupt noch durch solche Dicken von Geweben hindurchgehen". Die Franzosen CHAPPUIS und CHAUVEL (966) berichteten am 21. April 1896 vor der Pariser Acaédmie de Médecine über gleichartige Versuche. Einige Wochen später, am 2. Juni 1896, legte Prof. D'ARSONVAL der Akademie ausgezeichnete Röntgenaufnahmen von Nierensteinen vor, die von Dr. LAVAUX in dem Laboratorium der Firma Gaiffe & Co. hergestellt worden waren.

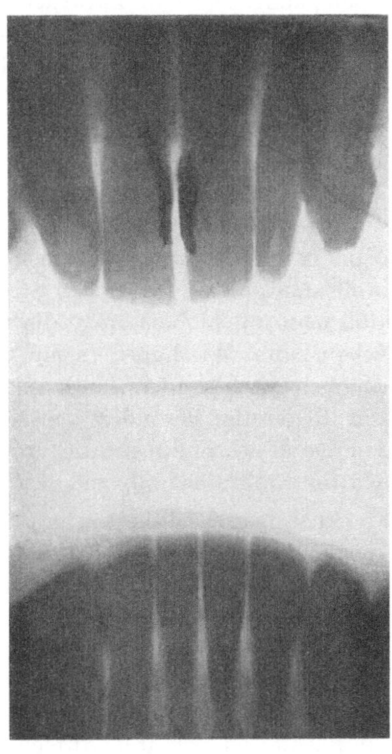

Abb. 74. Zahnaufnahmen. KÖNIG (17)

In England beschäftigten sich mehrere Ärzte mit diesen Untersuchungen. Dr. MAC-INTYRE berichtete am 1. Juli 1896 über einen erfolgreichen Fall der Lokalisation eines Nierensteines durch Röntgenstrahlen in einem Patienten; die Diagnose wurde durch die Operation bestätigt. Dr. MORRIS (607) in London machte Absorptionsmessungen an verschiedenen Steinen und berichtete über seine bemerkenswerten Resultate im „Lancet". Eine Reihe von guten Röntgenaufnahmen von Steinen, die zeigten, daß Gallensteine relativ durchlässig sind, wurden im „British Medical Journal" schon im April veröffentlicht[2]. Im Dezember äußerte sich Dr. J. SWAIN noch einmal zu diesem Thema[3].

Einige der wichtigen Aufnahmen von KÖNIG wurden schon zuvor gezeigt. Großes Aufsehen erregte die erste Röntgenaufnahme seiner eigenen Zähne, die deutlich die Füllungen in einzelnen Zähnen zeigte (Abb. 74). Der New Yorker Arzt W. J. MORTON (25, 615) begann ebenfalls sehr früh solche Zahnaufnahmen zu machen und hielt am 24. April 1896 vor der New Yorker Odontological Society einen Vortrag, in dem er auf die ausgedehnte Verwendungsmöglichkeit der Röntgenstrahlen in der Zahnheilkunde hinwies. Er illustrierte diesen Vortrag mit verschiedenen Röntgenaufnahmen von Zähnen, unter denen eine besonders

[1] Münch. med. Wschr. **43**, 112 (4. Febr. 1896).
[2] Brit. med. J. **1896**, 875 (4. April).
[3] Lancet **74 II**, 1631 (5. Dez. 1896).

hervorragte, die eine im Kiefer eingekapselte Wurzel, die sonst unsichtbar war, zeigte. In England demonstrierten F. J. BENNETT am 12. August und F. HARRISON am 18. August 1896 vor der British Dental Association eine Reihe wohlgelungener Zahnaufnahmen[1].

Nach diesen ersten über Erwarten erfolgreichen Berichten über die praktische Verwertung der Röntgenstrahlen wurde aber oft der Bogen der Begeisterung überspannt, und eine natürliche Folge davon war eine pessimistische Reaktion, die anhielt, bis die Leistungsfähigkeit der Röntgenapparate und Röntgenröhren so weit verbessert war, daß wieder weitere gewaltige Fortschritte in der Technik der Aufnahmen zu verzeichnen waren. Zunächst ließen sich Zeitungsstimmen hören, die nicht restlos begeistert waren von der neuen Wissenschaft und die insbesondere die allgemeine Verwendung des Fluoreszenzschirmes in seiner Wirkung mißverstanden. Im März 1896 schrieb z. B. die englische ,,Pall Mall Gazette" folgendes: ,,Man hört jetzt — wir hoffen zu Unrecht —, daß Herr EDISON eine Substanz entdeckt habe mit dem abstoßenden Namen Kalziumwolframat, die auf die neuen Strahlen anspricht. Die Folge davon scheint zu sein, daß man mit bloßem Auge die Knochen der Leute und sogar durch 8 Zoll Holz sehen kann. Wir haben es nicht nötig, auf die revolutionäre Unmoral in dieser Möglichkeit besonders hinzuweisen. Was wir aber zur Zeit der Aufmerksamkeit der Regierung besonders empfehlen möchten, ist die Tatsache, daß gesetzesmäßige Beschränkungen der strengsten Art getroffen werden müssen, falls das Kalziumwolframat allgemein gebraucht werden sollte."

Auch manche Wissenschaftler äußerten sich pessimistisch über die Zukunftsmöglichkeiten der neuen Entdeckung, da sie nicht glaubten, daß sich das Verfahren weiter ausbauen ließe und daher auch keinen Vorzug gegenüber den alten Methoden der Diagnosestellung habe. Zu diesen Pessimisten gehörte in England der Captain W. DE ABNEY (50), damals Vorsitzender der Physikalischen Gesellschaft, der in der ,,Photographic Review" folgendes zu sagen hatte: ,,Ich gebe zu, daß die Entdeckung ganz interessant ist, aber ich kann zur Zeit nicht einsehen, wie sie zu Resultaten von irgendwelcher Bedeutung führen kann. RÖNTGENs Arbeiten enthalten kein neues Prinzip. Ich will damit sagen, daß es schon längst bekannt ist, daß die Wärmestrahlen sonst undurchdringliche Körper durchsetzen und daß auf diese Weise photographische Bilder erzeugt werden können. RÖNTGEN hat entdeckt, daß dasselbe auch von dem entgegengesetzten Teile des Spektrums gilt. Das ist alles. Betrachtet man die Sache vom praktischen Gesichtspunkt, so muß ich sagen, daß ich nichts dabei finde. Ja, man geht etwas zu weit, wenn man sagt, daß RÖNTGEN diese Entdeckung machte. Man vermutete diese Erscheinung schon seit langer Zeit." — Der Herausgeber der ,,Medical News" vom 23. Februar 1896 sagte: ,,Unseren derzeitigen Erfahrungen nach scheinen sich die Vorteile der neuen Methode für die Medizin auf 3 Gruppen zu beschränken: Frakturen, Verrenkungen und Fremdkörper. Die Vorteile der Strahlendiagnose in diesen 3 Gruppen sind gering, wenn nicht die ganze Methode sehr verbessert werden kann. Es ist fraglich, ob man aus den verzerrten und verschwommenen Schattenbildern, die man jetzt sieht, irgend etwas herauslesen kann." In Deutschland warnte Dr. M. BREITUNG (165) in Hannover unter der Überschrift ,,Quieta

[1] Lancet **74 II**, 551 (22. Aug. 1896).

non movere“ bei Anerkennung der neuen Entdeckung „mit aller Energie vor Verirrungen, welche sich, wie an alle große Entdeckungen, auch an diese anschließen zu wollen scheinen“[1]. Der berühmte Chirurg Prof. VON BERGMANN schloß sich auch dieser Ansicht an[2] und warnte vor übertriebenen Erwartungen, vor allem auch später bei den ersten therapeutischen Anwendungen der neuen Strahlen.

Natürlich taten diese Warnungen der allgemeinen Begeisterung über die neue Methode keinerlei Abbruch und können vielleicht als Gegengewicht zu überenthusiastischen Meldungen gelten, wie z. B. der vom Columbia College in New York, daß, nachdem „der Schatten eines Knochens mit X-Strahlen in das Gehirn eines Hundes projiziert worden war, dieser sofort hungrig wurde[3]“. Ein anderer Bericht, der damals voll Zukunftsmusik schien, wurde durch Dr. ANGERER (57) am 1. April 1896 dem Ärztlichen Verein in München vorgetragen[4]: „Die Röntgensche Photographie der Handwurzel wird uns in den Stand setzen, durch eine neue Methode das Alter eines jugendlichen Individuums annähernd zu bestimmen, und wenn uns z. B. wieder ein Wunderkind à la KOSZALSKY als großer Klaviervirtuose vorgeführt wird und wir an der Richtigkeit der Altersangabe zweifeln, so könnte die Röntgensche Photographie der Handwurzel hier genügend Aufklärung verschaffen.“ Eine andere Wundernachricht kam von einem begeisterten Amerikaner, der den Vorschlag machte, mit Hilfe der Röntgenstrahlen bei einem Verstorbenen festzustellen, ob der Tod wirklich eingetreten ist. „Totes Fleisch bietet den Röntgenstrahlen einen größeren Widerstand als lebendes Fleisch, und es ist daher möglich, durch einen Blick auf die Röntgenaufnahme einer Person festzustellen, ob sie wirklich tot ist[5]“ (608).

In England erregten die Bilder A. A. C. SWINTONS (885), u. a. die schon früher gezeigte Hand, großes Aufsehen[6]. Anfangs Februar machte Dr. J. HALL-EDWARDS (372) in Birmingham eine Röntgenaufnahme der Hand einer Patientin und lokalisierte anhand dieser Aufnahme eine Nadel, die dann in dem Queens Hospital in Birmingham leicht entfernt werden konnte[7]. Dr. J. M. MCKENZIE DAVIDSON (557) von Aberdeen entdeckte auf ähnliche Weise eine Nadel im Fuße eines Patienten[8], die ebenfalls operativ leicht entfernt wurde[9]. Am 8. Februar begann SYDNEY ROWLAND (778) mit einer Artikelserie über die Anwendung der „neuen Photographie“ im „British Medical Journal“, die wöchentlich die neuen Entwicklungen in der Anwendung der Röntgenstrahlen enthielt. Dr. D. TURNER berichtete am 5. Februar 1896 vor der Edinburgher Medizinisch-Chirurgischen Gesellschaft über seine Röntgendiagnosen[10]. Dr. JONES und OLIVER LODGE zeigten am 13. Februar vor der Liverpooler Medizinischen Gesellschaft die Aufnahme des Armes eines 12jährigen Knaben, die die Lage einer Kugel deutlich zeigte[11].

---

[1] Münch. med. Wschr. **43**, 159 (5. März 1896).
[2] Brit. med. J. **1896**, 492, 745 (12. Febr. u. 21. März).
[3] J. Amer. med. Ass. **26**, 402 (29. Febr. 1896).
[4] Münch. med. Wschr. **43**, 689 (21. Juli 1896).
[5] Sci. Amer. **75**, 316 (24. Okt. 1898).
[6] Sie ist schon im Brit. med. J. **1896**, 238 (25. Jan.) abgedruckt.
[7] Lancet **74 I**, 516 (22. Febr. 1896).
[8] Lancet **74 I**, 519 (22. Febr. 1896).
[9] Brit. J. Photogr. **43**, 118 (21. Febr. 1896).
[10] Lancet **74 I**, 425 (15. Febr. 1896).
[11] Lancet **74 I**, 476 (15. Febr. 1896).

In eine neue Beleuchtung wurde die Röntgenstrahlenmethode vom Gesichtspunkt des Patienten aus durch einen Fall gerückt, bei dem die Arbeit eines Chirurgen anhand der Röntgenaufnahme kritisiert wurde. Der Bericht über diesen Fall lautete[1]: „Ein junger Mann hatte das Pech, sich einen komplizierten Armbruch zuzuziehen. Der verletzte Arm wurde durch den Chirurgen wieder richtig eingestellt, und der Unfall wäre bald vergessen worden, hätte der Arm seine normale Stärke und Gestalt wiedergewonnen. Dieses war jedoch nicht der Fall. Vor kurzem ließ der junge Mann den Arm mit Hilfe der Röntgenstrahlen untersuchen, um die Knochen zu sehen und herauszufinden, warum er deformiert war. Die Aufnahme zeigte anschaulich, daß die gebrochenen Knochen nicht richtig zusammengesetzt worden waren. Statt daß die Ulna in engem Verband mit dem danebenstehenden Knochen, dem Radius, stand, war sie aus ihrer normalen Lage gedrückt, und ihr Kopf erschien wie ein Auswuchs des Handgelenkes, anstatt einen Teil desselben zu bilden. ‚Es ist gut, daß der Arzt, der meinen Arm behandelte, tot ist', sagte der Patient, ‚sonst würde ich ihn sicherlich verklagen.' Es ist Chirurgen also anzuraten, vorsichtig zu sein, ehe sie die Aufnahme mit einer Crookesschen Röhre empfehlen."

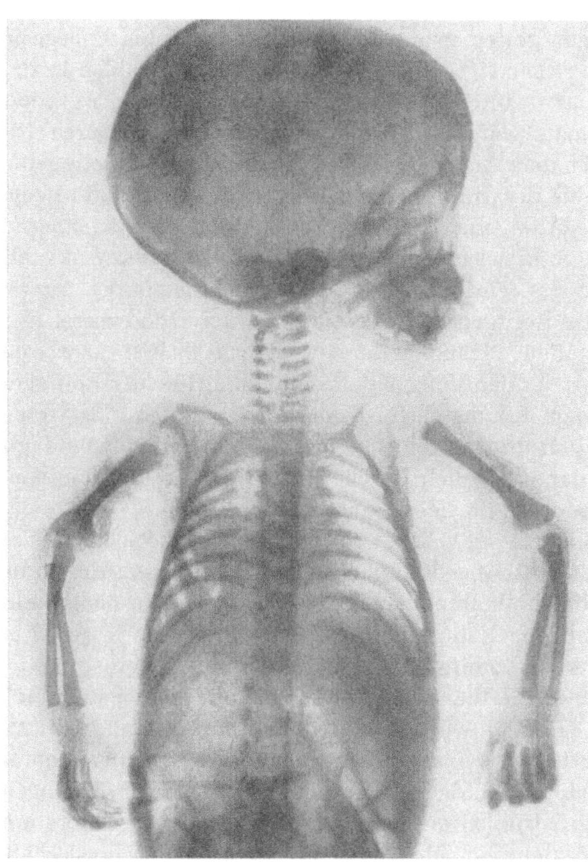

Abb. 75a—e. Röntgenaufnahmen von SYDNEY ROWLAND, London. Veröffentlicht im ersten Heft der "Archives of Skiagraphy", Mai 1896
Abb. 75a. Skiagram eines 3 Monate alten Kindes

In einem Falle aus der Praxis des Dr. J. HALL-EDWARDS (372) in Birmingham war es schon möglich, eine klare Röntgenaufnahme der Wirbelsäule zu erhalten[2]. Auch A. F. STANLEY vom St. Thomas-Hospital in London machte Aufnahmen des Inneren des menschlichen Körpers und berichtete, daß er sogar einzelne innere Organe, wie z. B. die Niere, unterscheiden könnte. „Der von der Niere

[1] Brit. J. Photogr. **43**, 179 (20. März 1896).
[2] Brit. J. Photogr. **43**, 179 (20. März 1896).

eingenommene Raum ist im Negativ etwas heller, was dafür zeugt, daß die Niere etwas dichter ist als das sie umgebende Gewebe".

Unter den frühen englischen Diagnosen mit Röntgenstrahlen sind die im ersten Hefte der ersten Röntgenzeitschrift „Archives of Clinical Skiagraphy" vom Mai 1896 aufgezählten Fälle von Sidney Rowland besonders erwähnenswert[1]. Einige Beispiele derselben seien hier zusammen mit den Originalaufnahmen angeführt. Platte 1 und 2 (Expositionszeit 14 Minuten). Doppelseitige Aufnahme eines Kindes[2] (Abb. 75a). ..„Diese doppelte Platte gibt das Skelett eines Kindes

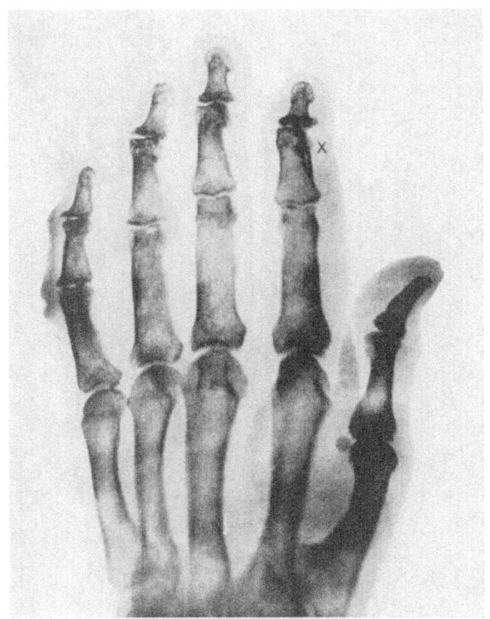

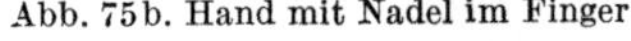

Abb. 75b. Hand mit Nadel im Finger

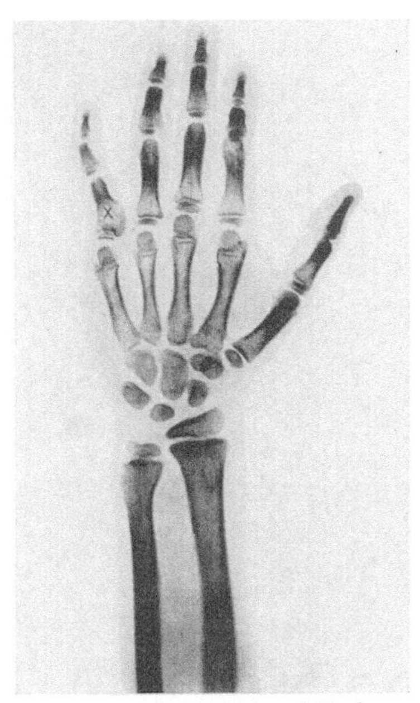

Abb. 75c. Hand, Handgelenk und Vorderarm. Multiple Exostosen

von 3 Monaten gut wieder. Darm, Herz und Leber zeigen Schatten und können leicht erkannt werden." Platte 3 (Expositionszeit 2 Minuten) (Abb. 75b). Lokalisation einer Nadel im Finger. „Diese Platte zeigt die praktische Verwertbarkeit des neuen Prozesses bei der Lokalisation von Fremdkörpern in weichen Gewebsteilen. Es handelt sich um einen von vielen Fällen, die erfolgreich photographiert wurden und von denen nur die folgenden erwähnt seien: Entdeckung eines Halfpenny im Darm eines Kindes. Lokalisation einer Kugel im Schenkel eines Mannes. Lokalisation von Nadeln in verschiedenen Teilen des Körpers in einer Reihe von Fällen. Die Krankengeschichte des oben dargestellten Falles[3] stammt von Dr. W. H. Battle (93) vom Royal Free Hospital." — Platte 4 (Expositionszeit 9 Minuten) und Platte 6 (Expositionszeit 3 Minuten) (Abb. 75c, d) zeigen „einen Fall von multiplen Exostosen[4] eines Patienten des Dr. Davison Williams,

[1] Rowland hatte schon am 24. Februar einige dieser Fälle vor der Londoner Medical Society vorgeführt. Lancet **74 I**, 552 (29. Febr. 1896).

[2] Dieser Fall war auch im Brit. med. J. **1896**, 770, 807 (28. März) veröffentlicht.

[3] Siehe auch Lancet **74 I**, 548 (29. Febr. 1896).

[4] Siehe auch Brit. med. J. **1896**, 1060 (25. April).

East London, Kinderklinik; Shadwell. Der Patient war ein 9 Jahre altes Mädchen. — Platte 5 schließlich (Expositionszeit 6 Minuten) (Abb. 75e) zeigt die Röntgenaufnahme des durch Syphilis zerstörten Gelenkes und Unterarmes eines 15jährigen Knaben, eines Patienten von Dr. PHILLIPS." Viele andere Aufnahmen SYDNEY ROWLANDS (778—791) waren in der schon erwähnten Artikelserie im „British Medical Journal" 1896 reproduziert.

In Kanada hatte Prof. J. COX (227) von der McGill-Universität in Montreal mit einer Pulujröhre (Geißlerscher Katalog Nr. 3080) gleich nach der Veröffentlichung der ersten Kabelnachricht von der Röntgenschen Entdeckung erfolgreiche X-Strahlen-Bilder gemacht und einige Tage darauf eine Aufnahme eines Schenkelbruches und einer Kugel in einem Schenkel gemacht[1].

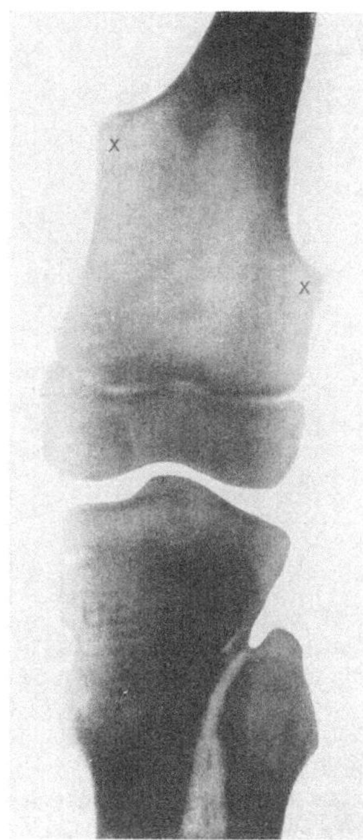

Abb. 75d. Kniegelenk. Multiple Exostosen

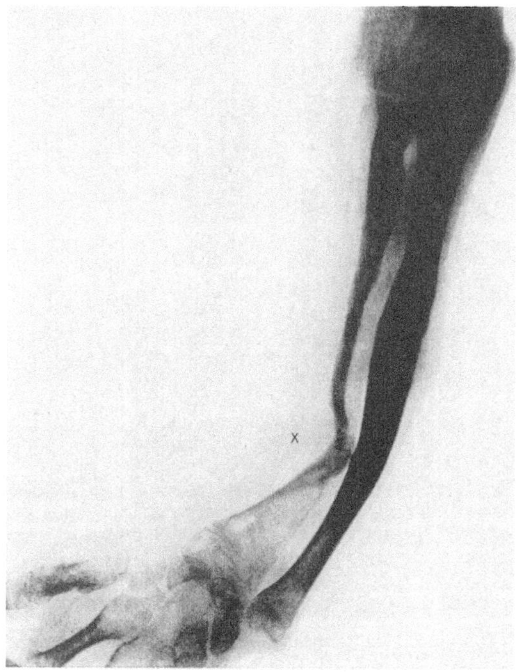

Abb. 75e. Handgelenk und Vorderarm, syphilitischer Radius. x zeigt Lage Gummas

In Frankreich wurden, wie schon erwähnt, die ersten Röntgenaufnahmen von G. SÉGUY in dem Laboratorium von LE ROUX an der Pariser Ecole supérieure de Pharmacie gemacht und durch die Herren OUDIN, BARTHELEMY und LANNELONGUE am 20. Januar 1896 der Pariser Akademie der Wissenschaften vorgeführt. Kurze Zeit darauf, am 27. Januar 1896, stellte Prof. LANNELONGUE (476) vom Hôpital Trousseau anhand von Röntgenaufnahmen vor der Akademie fest, daß bei einem von Osteomyelitis ergriffenen Femur die Zerstörung des Knochens von der Mitte des Knochens und nicht von der Peripherie ausgeht. Ferner zeigte er tuberkulöse Zerstörungen an der Aufnahme einer Kinderhand. Prof. ZENGER (1040) sprach am 10. Februar über eine Reihe von Röntgenaufnahmen von

[1] Nature (Lond.) **53**, 398 (27. Febr. 1896).

Syringomyeliefällen. Die Ärzte LARDY (481) und JOARD vom französischen Krankenhaus in Konstantinopel zeigten an den Röntgenaufnahmen der Hand eines Leprakranken starke Knochenzerstörungen. IMBERT (418) und BERTIN-SANS zeigten der Akademie eine größere Anzahl von Röntgenaufnahmen von Frakturen der Handknochen, unter denen sich besonders die von Dr. H. VAN HEURCK (391), dem Vorstand der Botanischen Gärten in Antwerpen, gemachten Aufnahmen auszeichneten. Am 23. März trugen Dr. GUYON und Dr. P. DELBERT vor der Akademie über zwei weitere mit Hilfe von Röntgenaufnahmen diagnostizierte Fälle vor. Die Aufnahmen (522) waren von dem Photographen A. LONDE von der Salpetriére gemacht worden.

PINARD legte am 29. März 1896 der Académie de Médecine die wohlgelungene Röntgenaufnahme des Gebärmutterinhaltes vor, die von den Professoren VARNIER (966) und CHAPPUIS unter der Assistenz Dr. CHARWELs und FUNCK-BRENTANOs gemacht worden waren. „Es handelte sich um einen 2 Jahre zuvor exstirpierten graviden Uterus, welcher seitdem in Alkohol gelegen hatte. Die doppelte Wand der schwangeren Gebärmutter (die durch den Alkohol gehärtet war) wie auch die Plazenta, das Rectum nebst dem aufliegenden Fett wurden von den X-Strahlen durchsetzt, und man konnte den Fötus, dessen Weichteile nicht durchdrungen worden waren, auf der Photographie weit deutlicher sehen, als es mit bloßem Auge durch die einfachen Eihäute hindurch möglich gewesen wäre.“ Ein anderer Franzose, Dr. BARR (782), machte zu gleicher Zeit ähnliche Aufnahmen. SYDNEY ROWLAND hatte Anfang März bereits eine Röntgenaufnahme einer schwangeren Katze hergestellt.

In Amerika war es den Ärzten Dr. E. P. DAVIS (235) und Dr. W. W. KEEN (443) vom College of Physicians in Philadelphia im Februar 1896 gelungen, die Röntgenaufnahmen einer schwangeren Frau zu machen, wobei der Kopf des Kindes und der Teil des Körpers, der über den Rand des Beckens hinausragte, sichtbar wurde. Für diese Versuche wurden schon besonders empfindliche Platten benutzt, die von J. CARBUTT in Philadelphia unter Mitarbeit von Professor GOODSPEED extra für den Zweck hergestellt wurden.

Dr. LEBEDEF (485) zeigte am 24. März der Petersburger Medizinisch-Chirurgischen Gesellschaft das Röntgenbild eines Falles 4monatiger Uteringravidität, auf dem man deutlich das Skelett des Fötus wie auch das der Mutter erkennen konnte. In einer Notiz über diese Demonstration in der „Münchener Medizinischen Wochenschrift“ wurde darauf aufmerksam gemacht, daß das neue Verfahren für die Fälle zweifelhafter extrauteriner Schwangerschaft von großer Bedeutung werden könne. Einem englischen Arzt, D. J. OLIVER (653), waren hingegen trotz großer Bemühungen solche Aufnahmen im Juli noch nicht geglückt.

In Italien machte die praktische Verwertung der Röntgenschen Entdeckung in der Medizin ebenfalls rasche Fortschritte. Prof. G. VICENTI legte Ende Januar 1896 gute Röntgenaufnahmen vor, die zu diagnostischen Zwecken benutzt wurden[1]. Prof. KOCHER in Bern, Schweiz, lokalisierte schon im Januar 1896 eine Nadel in der Hand einer Patientin mit Hilfe der Röntgenstrahlen[2].

Prof. PUPIN (707) von der Columbia-Universität in New York, der eine Reihe wichtiger Röntgenaufnahmen gemacht hatte, sagte Ende Januar 1896: „Die

[1] Lancet **74 I**, 389 (8. Febr. 1896).

[2] Lancet **74 I**, 331 (1. Febr. 1896).

praktische Verwertbarkeit dieser Art von Photographie für die Chirurgie scheint festzustehen[1].“ Eine der ersten Aufnahmen von PUPIN ist sehr bekannt geworden und hat weite Verbreitung gefunden. Es war dieses die früher gezeigte (Abb. 12e) Aufnahme der Hand eines Herrn BUTLER-HALL, eines bekannten Rechtsanwaltes von New York, der sich durch einen Unglücksfall beim Jagen in England eine Schrotladung in seine Hand gejagt hatte[2].

Dr. FROST und Dr. EMERSON vom Dartmouth College und Prof. MILLER von Cleveland stellten Ende Januar und Anfang Februar 1896 Röntgenaufnahmen eines gebrochenen Armes her[3]. Dr. GOODSPEED von der Universität Pennsylvania und der Physiker WRIGHT und TROWBRIDGE von der Harvard-Universität veröffentlichten zu derselben Zeit die Aufnahmen einiger chirurgischer Fälle einschließlich eines deformierten Fingers, verschiedene Frakturen usw.. Am 6. März sagte Dr. CATTELL (198) von der Universität Pennsylvania in einem Artikel über die Verwendung der Röntgenstrahlen in der Chirurgie folgendes: „Der große Erfolg der Röntgenschen Entdeckung in der Medizin ist so augenscheinlich, daß es jetzt schon fraglich scheint, ob ein Chirurg moralisch berechtigt ist, gewisse Operationen auszuführen, ehe er mit den neuen Strahlen sein Arbeitsfeld untersucht hat[4].“

Der bekannte Bostoner Arzt F. H. WILLIAMS (1017), von dem die schon früher gezeigte Fußaufnahme stammte, veröffentlichte im April 1896 in den „Transactions Association American Physicians“ eine Reihe von mit Röntgenstrahlen diagnostizierten Fällen, besonders einen Fall von Lungentuberkulose, und fügte seinen Beschreibungen vorzügliche Bilder, u. a. eine gute Thoraxaufnahme, bei. Diese Aufnahmen waren mit einer Wimshurstschen elektrostatischen Maschine in Verwendung mit einer Crookesschen Röhre gemacht worden. „Die Lungen waren besonders durchsichtig, und die Rippen konnte man gut sehen. Die Leber war ebenfalls zu sehen; ihr oberer Rand bewegte sich beim Ein- und Ausatmen um 3 Zoll[5].“ Dr. F. H. WILLIAMS arbeitete zusammen mit seinem Bruder, Dr. C. H. WILLIAMS, eine Methode aus, Fremdkörper im Auge mittels der Röntgenstrahlendurchleuchtung zu lokalisieren, und berichtete schon im April 1896 über den ersten Fall einer solchen Diagnose, wonach der Fremdkörper lokalisiert und aus dem Auge entfernt wurde[6]. Der Physiker C. L. NORTON, der zusammen mit Dr. WILLIAMS arbeitete, veröffentlichte eine Reihe von Aufnahmen einzelner Patienten[7]. Auch Dr. CLARK in Columbus benutzte die Röntgenstrahlen zum Auffinden und Lokalisieren von Fremdkörpern im Auge[8]. Eine andere ausgezeichnete Lokalisationsmethode von Fremdkörpern im Auge, die große Anerkennung fand, wurde von Dr. H. LEWKOWITSCH (501) in der englischen Zeitschrift „Lancet“ am 15. August 1896 beschrieben[9]. Gegen Ende des Jahres 1896, am 9. Dezember, entfernten die Franzosen M. RADIGUET und Dr. NÉGUET einen

[1] Science **3**, 235 (14. Febr. 1896).
[2] Sci. Amer. **1**, 184 (21. März 1896).
[3] Science **3**, 236 (14. Febr. 1896).
[4] Science **3**, 344 (6. März 1896).
[5] Boston med. J. **134**, 447 (30. April 1896).
[6] Boston med. J. **134** (13. Aug. 1896).
[7] Science **3**, 730 (15. Mai 1896).
[8] J. Amer. med. Ass. **27**, 961 (31. Okt. 1896).
[9] Siehe auch Lancet **74 II**, 547 (22. Aug. 1896).

Eisensplitter mit Hilfe eines Magneten aus dem Auge eines Patienten unter ständiger Kontrolle desselben mit Röntgenstrahlen und Leuchtschirm.

Die stete Nachfrage nach Röntgenaufnahmen war die Ursache, daß in kurzer Zeit überall Röntgenlaboratorien eingerichtet wurden. Nachdem die elektrischen Fabriken und Glasbläsereien in der Lage waren, Induktionsapparate und Röhren zu liefern, entwickelten sich schnell die Röntgenabteilungen in den Krankenhäusern und selbständige Röntgeninstitute. Letztere wurden anfangs vielfach von Photographen oder von Technikern und Physikern geleitet, die glaubten, daß die neue Wissenschaft sich zu einem Zweige ihrer Tätigkeit auswachsen würde. Die photographischen Zeitschriften, die anfangs begeisterte Artikel über die „neue Photographie" schrieben, wurden mit Anfragen von Photographen überhäuft, ob sich dieser neue Arbeitszweig wohl lohnen würde. Eine Antwort auf solche Anfragen erschien im Juli 1896 im „British Journal of Photography"[1] unter dem Titel „Macht sich die Röntgenarbeit bezahlt?" In diesem Artikel waren eine Reihe von Gesichtspunkten niedergelegt, die für das Studium der Verhältnisse jener Zeit von Interesse sind: „Es ist schon so viel über die neue Wissenschaft geschrieben worden, daß die Photographen beginnen, sich zu fragen: ‚Macht sie sich bezahlt?'; das ist sicherlich ein Zeichen des wachsenden Interesses. Man kann jedoch diese Fragen nicht ohne weiteres mit ‚Ja' oder ‚Nein' beantworten. Alles hängt von den Verhältnissen ab. Zunächst scheint es allerdings fraglich, ob man genügend Leute finden kann, die aus rein persönlichem oder wissenschaftlichem Interesse die Kosten für ein Röntgenbild eines Gliedes oder Teiles ihres Körpers tragen wollen. Man wird nur von denen Bezahlung verlangen können, die eine chirurgische Diagnose einer Verletzung, Mißbildung oder Krankheit der inneren Organe haben wollen. Zur Zeit gibt es aber nur wenige, die eine Aufnahme mit dem ‚neuen Licht' gemacht haben wollen.

Der Photograph muß selbst sehen, ob er bei der Arbeit mit Röntgenstrahlen etwas verdienen kann oder nicht. Zunächst muß er mit kostspieligen Anlagen rechnen, weiter die Kosten für die Abnutzung der Apparatur und die Häufigkeit der Aufnahmen in Betracht ziehen. Die Auslagen für die Apparatur sind bekannt, da sie schon von einem unserer Mitarbeiter besprochen wurden. Die Gesamtausgaben belaufen sich einschließlich einer 3-Zoll-Induktionsspule auf etwa 14 oder 15 Pfund. In diesen Preisen ist der Leuchtschirm nicht mit einbegriffen. Nach neueren Erfahrungen soll der Schirm aus Platinzyanürsalzen hergestellt werden. Diese Substanz ist fast genau so teuer wie Goldchlorid. An manchen Stellen wird Wolframat benutzt, doch vielfach ohne Erfolg. Der viel besprochene Edisonsche Leuchtschirm scheint bis jetzt praktisch noch nicht völlig durchprobiert zu sein.

Als Crookessche Röhre ist im allgemeinen die von Jackson beschriebene Konstruktion zu empfehlen, sowohl was die Schärfe der Bilder als auch die Expositionszeit angeht. Diejenigen, die noch die alten Typen der Crookesschen Röhre benutzen, wenden am besten zur Verbesserung der Definitionsschärfe der Röhre ein Diaphragma an, das man sich leicht selbst herstellen kann, indem man ein Loch in einer Bleischeibe anbringt. Immerhin aber würde das Unternehmen, selbst wenn es anfangs kein Geld einbringt, eine ausgezeichnete Reklame sein und dadurch indirekt auch eine Einnahmequelle."

[1] Brit. J. Photogr. **43**, 434 (10. Juli 1896).

Andererseits wurden aber Klagen laut, daß oft die Vorteile einer Röntgenuntersuchung unbemittelten Patienten versagt würden; ein Fall, bei dem die Unterlassung dieser Untersuchung von folgenschwerer Wirkung war, wurde in derselben Zeitschrift beschrieben. Dieser Bericht lautete: „Herr L. DREW untersuchte letzte Woche in Hammersmith den Körper eines Kindes, das an Magengeschwür und Blutungen gestorben war, nachdem es einen Halfpenny geschluckt hatte. Bei der Zeugenvernehmung stellte es sich heraus, daß das Kind nach einem Krankenhaus gebracht wurde, wo man den Körper photographieren wollte, um zu untersuchen, wo die Münze war. Die Eltern konnten jedoch die Kosten von 5 Schilling für diese Aufnahme nicht aufbringen. Sollte diese Behauptung wahr sein, dann scheint es, daß, wenn auch die Krankenhäuser die neuen X-Strahlen benutzen, sich nur die Patienten photographieren lassen können, die in der Lage sind, zu bezahlen. 5 Schilling ist wenig genug für die Aufnahme eines Kindes, aber es ist doch eine Summe, die viele Patienten, welche das Krankenhaus aufsuchen müssen, nicht aufbringen können. Ist das der Fall und stimmt die obige Behauptung, dann ist RÖNTGENS wertvolle Entdeckung für sie wertlos[1]."

Im allgemeinen führte die große Nachfrage nach Röntgenuntersuchungen schnell zur Gründung von Röntgenlaboratorien, die sich ausschließlich dieser Arbeit widmeten. Eines der ersten war das des Engländers A. A. C. SWINTON, der sein neues Unternehmen durch einen Brief an den Herausgeber des "British Journal of Photography" und auch in anderen Zeitschriften[2] anzeigte[3]. Zu gleicher Zeit kündigte W. E. GRAY, Photograph in Bayswater, an, daß er bereit sei, die Arbeit mit Röntgenstrahlen berufsmäßig auszuführen[4], und im Londoner "Electrician"[5] erschien eine Ankündigung, daß „die Behörden des Faraday-Hauses, Charingcross Rd., London, in einem der Privatzimmer die notwendigen Apparate aufgestellt hätten, um Photographien mittels Röntgenstrahlen aufzunehmen". Im September zeigte die "Photographic Association, London" an, daß sie für eine Vergütung von 2 Guineas pro Patient die Röntgenuntersuchung desselben während eines ganzen Jahres ausführen wollte[6].

In Amerika wurde eine der ersten Röntgenabteilungen in dem New Yorker Post Graduate Hospital eingerichtet. In dem New Yorker "Electrical Engineer"[7] stand darüber zu lesen: „Ärzte sollen Cathodographer werden. Cathodography wird binnen kurzem zu einer Abteilung des Post Graduate Hospital, 20. Street and 2. Ave. werden. Die praktische Verwertbarkeit der X-Strahlen-Aufnahme in der Chirurgie ist schon so oft gezeigt worden, daß die Behörden des Hospitals sich entschlossen haben, einen der kleinen Krankensäle für diesen Zweck zu benutzen. Sie werden ihn mit Ruhmkorffschen Induktionsspulen, Crookesschen Röhren, lichtempfindlichen Platten und all dem anderen Beiwerk der neuen Kunst ausstatten." Zur gleichen Zeit eröffnete das Hahneman Medical College in Philadelphia eine Röntgenabteilung. Eine andere amerikanische Anzeige

[1] Brit. J. Photogr. **43**, 723 (13. Nov. 1896).
[2] Lancet **74 I**, 738 (14. März 1896).
[3] Brit. J. Photogr. **43**, 189 (20. März 1896).
[4] Brit. J. Photogr. **43**, 177 (20. März 1896).
[5] Electrician **36**, 679 (20. März 1896).
[6] Lancet **74 II**, (12. Sept. 1896).
[7] Electr. Eng. **21**, 354 (8. April 1896).

lautete: „Herr M. F. MARTIN hat in No. 110 Ost 26. Straße ein X-Strahlen Laboratorium eröffnet, wo Bilder des Inneren des menschlichen Körpers gemacht werden. Sprechstunde von 1—2 Uhr und von 5—6 Uhr. Weibliche Assistentin[1]." In Boston richtete Dr. F. H. WILLIAMS in den ersten Monaten des Jahres 1896 eine Röntgenabteilung in dem Mass. Technischen Institut ein, die später nach dem Bürgerhospital verlegt wurde. Von Chicago kam die Nachricht, daß die Ärzte O. L. SCHMIDT und F. C. HARNISCH ein Laboratorium eröffnet hätten, in welchem die Röntgensche Entdeckung besonders für chirurgische Zwecke verwendet werden soll[2]. Ein bekannter Chicagoer Photograph, W. C. FUCHS, organisierte ein privates Röntgenlaboratorium, aus dem viele ausgezeichnete Röntgenaufnahmen kamen.

In Belgien wurde Ende Januar 1896 schon vorgeschlagen, Röntgenabteilungen in allen Krankenhäusern einzurichten[3].

In Berlin richtete Prof. BUKA im Charlottenburger Polytechnikum ein „Röntgen-Atelier" zur Untersuchung von Patienten ein. Bei der Ankündigung der Eröffnung dieses Laboratoriums in der „Photographischen Rundschau"[4] wurde die Nachricht hinzugefügt, daß zu wünschen wäre, „daß auch von Staats wegen ein eigenes Röntgenkabinett bei einer klinischen Anstalt geschaffen würde, damit die Verwertung des Röntgenschen Verfahrens nicht unnötigerweise verzögert wird". Der bekannte deutsche Röntgenologe Dr. LEVY-DORN eröffnete im November 1896 in der Kanonierstraße 30 in Berlin „ein Laboratorium für medizinische Untersuchungen mittels Röntgenstrahlen und ist täglich von 9—10 und 4—5 Uhr, für Unbemittelte Donnerstags von 11—12, zu Aufnahmen bereit[5]". Die Herren CLAUSEN und VON BRONK kündigten die Eröffnung eines Laboratoriums für Röntgenphotographie und Durchleuchtung im Norden von Berlin, Chausseestraße 3, an[6] und Dr. HESEKIEL ein solches in der Friedrichstraße 188. Auch die staatlichen und städtischen Verwaltungen begannen allmählich, dem obenerwähnten Wunsche nachzukommen. „Im Dezember genehmigte das Münchner Gemeindekollegium die Anschaffung der Apparate zur Photographie mit Röntgenstrahlen und bewilligte, daß dieselben gegen eine Gebührentrichtung auch von Privatärzten benutzt werden, soweit die Bedürfnisse des Krankenhauses es zulassen[7]." Im Juni war das Röntgenlaboratorium der Glasgow Royal Infirmary schon vollständig ausgebaut worden[8].

Diese Liste der Eröffnung von Röntgenlaboratorien im Jahre 1896 ließe sich weiter vermehren. Es fehlte auch nicht an Stiftungen und anderen Anregungen von seiten der Regierungen und Privatleuten, die den Zweck hatten, entweder die Anschaffung der Apparatur zu ermöglichen oder Forschungsarbeitern die für ihre Arbeit notwendigen Mittel zu geben. Die deutsche und russische Regierung stellten schon sehr bald nach der Entdeckung Mittel zum weiteren Ausbau derselben zur Verfügung. Im Juli 1896 stiftete die Forschungsabteilung des

[1] Science **3**, 434 (26. Juni 1896).
[2] Elektrotechn. Z. **17**, 608 (24. Sept. 1896).
[3] Lancet **74 I**, 310 (1. Febr. 1896).
[4] Photogr. Rdsch. **10**, 278 (Sept. 1896).
[5] Dtsch. med. Wschr. **22**, 734 (5. Nov. 1896).
[6] Dtsch. med. Wschr. **22**, 766 (19. Nov. 1896).
[7] Münch. med. Wschr. **43**, 1312 (29. Dez. 1896).
[8] Brit. med. J. **1896**, 1412 (6. Juli).

„Animal Institutes" in London Goldmedaillen und andere Preise für neue Verbesserungen beim Arbeiten mit Röntgenstrahlen für diagnostische Zwecke[1].

Besonderes Aufsehen erregte immer die Verwendung der neuen Methode bei der Diagnose von Krankheiten hochgestellter Persönlichkeiten. Der im Jahre 1896 die verschiedenen Länder Europas bereisende hervorragende chinesische Staatsmann LI HUNG CHANG, der, nachdem er der Krönung des Zaren von Rußland beigewohnt hatte, den deutschen Kaiser WILHELM II. in Berlin besuchte, ließ auf seiner Heimreise am 26. Juni von Dr. BUKA im Charlottenburger Polytechnikum eine Röntgenaufnahme seines Kopfes machen. „Die Röntgenaufnahme zeigte, daß die Kugel, die bei dem Mordversuch SHIMONOSEKIs auf den chinesischen Staatsmann beim Abschluß des Vertrages zwischen China und Japan gefeuert wurde, sich noch in der linken Wange befindet" und durch die Röntgenaufnahme genau lokalisiert werden konnte[2].

Einem hervorragenden Wissenschaftler, ELIHU THOMSON, der sich viel mit den Röntgenstrahlen beschäftigte, waren diese bei der Diagnose eines Beinbruches von großem Wert. Nach der Röntgenaufnahme konnten die Knochen wieder richtig gesetzt werden[3].

Schon früh im Jahre 1896 war auch der Arm des Deutschen Kaisers WILHELM II. mit Röntgenstrahlen photographiert worden. Der amerikanische „Literary Digest" sagte darüber im April 1896[4] folgendes: „Der Kaiser ist im Gebrauch dieses Armes behindert; die Röntgenaufnahme zeigte die Art der Mißbildung. Hervorragende Chirurgen, die die Aufnahme sahen, glauben, daß durch eine einfache Operation dem Kaiser der teilweise oder vielleicht auch vollkommene Gebrauch der linken Hand und des Armes wiedergegeben werden kann." Die Königin AMELIA von Portugal, die großes Interesse für medizinische Fragen hatte, benutzte die neuentdeckten Röntgenstrahlen zu einem praktischen Zweck. Sie ließ Röntgenbilder von verschiedenen Damen des Hofes machen, um ihnen anhand der Aufnahmen die verderblichen Folgen zu engen Schnürens zu zeigen[5]. Die Bemühungen, die Röntgenstrahlen für diesen Zweck heranzuziehen, standen nicht vereinzelt da. In Frankreich schrieb Dr. RÉMY (729)[6] eine lange Abhandlung über den verderblichen Einfluß des engen Korsettes auf die inneren Organe, und auf Veranlassung der Frau CACHES SARRAUTE nahm sich Dr. LABORDE dieser Frage an und illustrierte einen Vortrag vor der „Académie de Médicine" durch einige ausgezeichnete Röntgenaufnahmen.

Eine praktische Verwendung der Strahlen zur Demonstration der Schädigungen, die zu enges Schuhwerk auf die Knochenbildung des Fußes hat, machte ebenfalls großen Eindruck auf das Publikum. In Frankreich machte G. BRUNEL (4) in dem Radiographischen Institut des Herrn SÉGUY Aufnahmen von durch zu enges Schuhwerk verkrüppelten Füßen. In England ging man gleich einen Schritt weiter und benutzte die Röntgenstrahlen, um an Ort und Stelle diesen Einfluß des Schuhwerkes auf den Fuß zu zeigen. „In dem Schaufenster eines unter-

---

[1] Electr. Eng. **22**, 87 (22. Juli 1896); Lancet **74 II**, 788 (17. Sept. 1896).
[2] Electr. World **28**, 2 (4. Juli 1896).
[3] Literary Digest **13**, 178 (6. Juni 1896).
[4] Literary Digest **12**, 735.
[5] Brit. J. Photogr. **43**, 372 (12. Juni 1896).
[6] Rev. gén. internat. (Dez. 1896).

nehmungslustigen Schuhmachers, nicht weit von Ludgate-Circus, kann man zwei Röntgenbilder sehen. Eines zeigt einen Fuß mit starker Verkrümmung der Knochen, die durch das Tragen eines schlecht passenden Schuhes verursacht wurde; die andere zeigt eine Stiefelsohle mit verbogenen Stiften und Nägeln darinnen. Natürlich war ein Hinweis angebracht, daß die Stiefel nicht von diesem Schuster gemacht worden waren.[1]"

Bei dem außerordentlich schnellen Fortschritt der Entwicklung der Röntgenapparate und Röntgenröhren wie auch der angewandten Technik, vor allem nach der Konstruktion der Fokusröhre und größeren Induktorien, ist es leicht zu verstehen, daß die Qualität der erzielten Röntgenaufnahmen und daher auch die Möglichkeit der Diagnosestellung sich rasch verbesserte. Insbesondere war man durch die größere Durchdringungsfähigkeit der erzeugten Strahlen in den Stand gesetzt, nicht nur die Extremitäten, sondern auch größere Teile des menschlichen Körpers zu durchleuchten. Es folgten in den nächsten Monaten viele Berichte über Aufnahmen des Kopfes, des Halses, Thorax, der Lungen, des Mediastinums, Herzens, Pankreas, der Milz, der Nieren, des Darmes. Besonders viele Veröffentlichungen beschäftigten sich mit Diagnosen am menschlichen Schädel. Unter den Schädelaufnahmen erregten die Bilder BUKAs (176) sowie die EULENBURGSCHEN (286) und SCHEIERSCHEN (815) Aufnahmen einiger Kugel im Gehirn besonderes Aufsehen. In Paris zeigte LONDE der Akademie der Wissenschaften in der Sitzung vom 15. Juni 1896 eine ausgezeichnete Schädelaufnahme[2]. Waren auch diese hervorragenden Bilder einiger Röntgenologen zu jener Zeit noch Ausnahmen, so demonstrierten bald die technischen Firmen, z. B. die Reiniger-Gebbert & Schall (727) A.-G. in Erlangen, daß mit einer ihrer Röntgenröhren und einem ihrer Funkeninduktoren von 15 cm Funkenlänge allgemein ganz ausgezeichnete Röntgenaufnahmen des Kopfes und Oberkörpers gemacht werden konnten. „Die Expositionszeit betrug 11 Minuten. Es ist kein Zweifel, daß bei dem jetzigen Stand der Technik die Röntgenphotographie bereits für ihre schwierigste Aufgabe, die Diagnose von Verletzungen und Krankheiten innerhalb der Schädelknochen, nutzbar gemacht werden kann", sagte die „Münchener Medizinische Wochenschrift"[3]. Die französischen Ärzte PÉAN (667) und MERGIER zeigten am 23. Juni 1896 eine Schädelaufnahme mit tuberkulösen Zerstörungen und Neubildung eines Knochens vor. Dr. MCINTYRE (537) von Glasgow hatte schon Anfang März die Schatten des Schädels mit seinem „binocular kryptoscope" beobachtet. MCKENZIE DAVIDSON (558) machte zu gleicher Zeit Aufnahmen von Kopf und Becken.

Im Zusammenhang mit solchen Aufnahmen wurden auch Vorschläge gemacht, zur Diagnose krankhafter Veränderungen innerhalb des Schädels, z. B. zur Feststellung eines Empyems in der Highmoreshöhle eine kleine Röntgenröhre in den Mund einzuführen und von dort aus die Aufnahmen auf eine außen am Schädel liegende Platte durchzuführen oder umgekehrt, nach einem Vorschlag LEVY-DORNs (500) kleine Leuchtschirme in den Mund einzuführen, um auf diesen die auf sie projizierten Knochen zu studieren.

[1] Brit. J. Photogr. **43**, 579 (11. Sept. 1896).

[2] Münch. med. Wschr. **43**, 645 (7. Juli 1896).

[3] Münch. med. Wschr. **43**, 940 (29. Sept. 1896); Elektrotechn. Z. **43**, 667 (22. Okt. 1896).

Weiter ergaben sich mit der Verwendung der durchdringenderen Strahlen auch andere Möglichkeiten. Ein scheinbar geistesgestörter junger Mann in Hamburg konnte mit Hilfe einer Röntgenaufnahme nachweisen, daß eine organische Ursache für sein Leiden vorläge. „Vor 10 Jahren schoß er sich bei einem Selbstmordversuch eine Kugel in den Kopf und klagte seither dauernd über Schmerzen; mehrmals griff er auch seine Krankenwärter an. Da die Ärzte keinerlei Spur einer Wunde finden konnten, wurde er als gefährlicher Geisteskranker eingesperrt. Nunmehr hat man mit den Strahlen die genaue Lage einer Kugel im Kopf feststellen können[1]."

Schon früh im Jahre 1896 waren Ansprüche erhoben worden, daß es gelungen sei, das menschliche Gehirn zu photographieren. Wie so viele sensationelle Nachrichten über Arbeiten mit Röntgenstrahlen, wurden auch diese dem amerikanischen Erfinder Edison zugeschrieben. Sie erweckten überall wieder lebhafte Diskussionen und auch Widersprüche. Ein anderer Amerikaner, Dr. Carlton Simon in New York, behauptete zwar, schon 3 Jahre zuvor eine Methode erfunden zu haben, die ihm erlaubte, sein eigenes Gehirn zu photographieren[2]. Der mysteriöse Bericht dieses Arztes begegnete aber überall berechtigtem Zweifel[3].

Ähnlich zweifelhafte Resultate wurden von einem Herrn H. L. Falk in New Orleans erzielt, der im März 1896 Aufnahmen des Gehirns und der Weichteile des Halses veröffentlichte, die mit einem kleinen Apparat aufgenommen worden waren (Abb. 76a—c). Der Herausgeber der Zeitschrift „Electrical Engineer", New York, in der diese Aufnahmen erschienen, druckte sie nur unter Vorbehalt ab. Nachdem lebhafte Zweifel an der Echtheit der erzielten Röntgenaufnahmen laut wurden, schickte diese Zeitschrift einen Ingenieur zur Untersuchung in das Falksche Laboratorium. Der Bericht dieses Ingenieurs über seine Untersuchungen gibt ein gutes Bild von der schwindelhaften Art, mit welcher mancher Pseudo-Wissenschaftler mit den Röntgenstrahlen vorging. „Einer von uns, ein bekannter junger Arzt, bat, daß eine Aufnahme seines Gehirnes gemacht werde, und nachdem Falk seine Platte präpariert hatte, sagte ihm der Arzt, daß er sich auf den Rücken legen und so die Aufnahme gemacht haben wollte. Während Falk nun die Röhre über seinem Kopf bewegte, legte der Arzt seine Hand auf seine Stirn und ließ sie da, solange die Belichtung dauerte. Beim Entwickeln (ich ließ die Platte nicht aus den Augen) erschien eine seitliche Aufnahme des Schädels ohne Hand, ganz ähnlich der, die am 29. April im ‚Electrical Engineer' veröffentlicht wurde. Jeder der Anwesenden war davon überzeugt, daß es sich um einen Schwindel handelt[4]." Falk hatte scheinbar seine photographische Platte präpariert und eine bekannte Zeichnung aus einem anatomischen Atlas als Vorbild genommen. Er wurde jedoch auf die Angriffe auf ihn recht erregt und griff seinerzeit den vom „Electrical Engineer" zur Untersuchung gesandten Beamten wieder an[5].

Trotz einiger zweifelhafter Arbeiten mit den neuen Strahlen schritt die Verwertung derselben zu einwandfreien praktischen Zwecken aber doch außerordentlich rasch vorwärts.

---

[1] Sci. Amer. **2**, 346 (7. Nov. 1896).
[2] Brit. J. Photogr. **43**, 119 (21. Febr. 1896).
[3] Siehe z. B. Brit. med. J. **1896**, 492 (22. Febr.).
[4] Electr. Eng. **21**, 496 (13. Mai 1896).
[5] Electr. Eng. **21**, 597 (3. Juni 1896).

Über sehr gute Aufnahmen des Halses und Thorax berichtete am 12. Juni Dr. M. LEVY (18), damals Ingenieur der AEG., vor der Berliner Physiologischen Gesellschaft. Diese Aufnahmen waren mit der an anderer Stelle beschriebenen verbesserten Röhrenkonstruktion der Berliner Firma hergestellt und erlaubten,

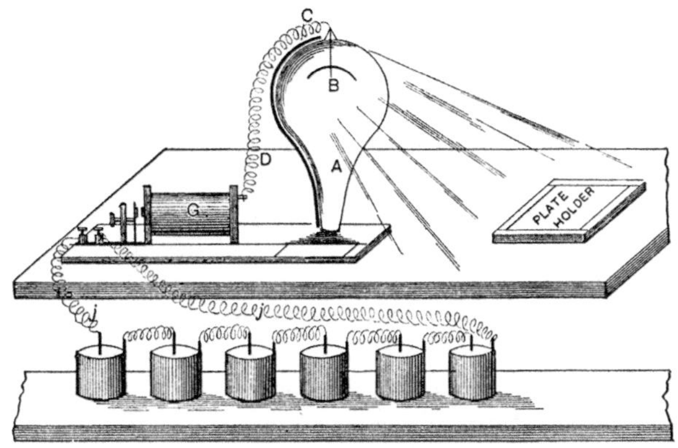

Abb. 76a

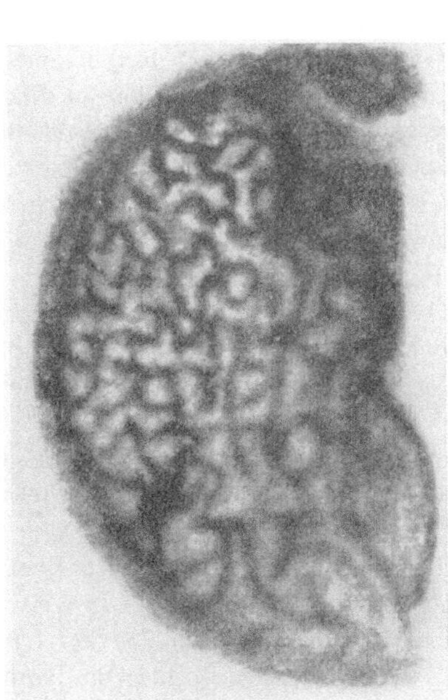

Abb. 76b

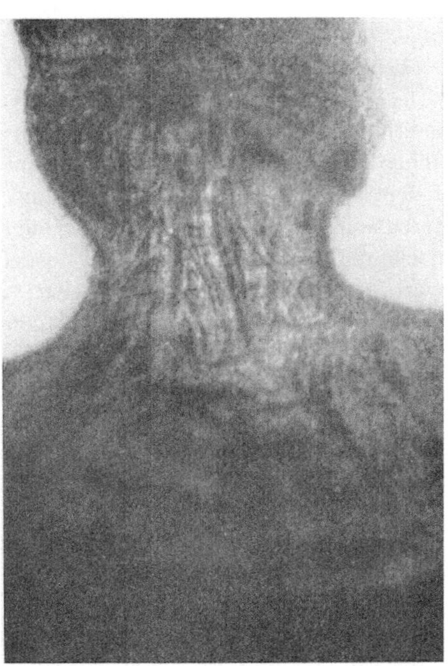

Abb. 76c

Abb. 76a—c. Verdächtige Röntgenaufnahmen des Gehirns und der Weichteile des Halses mit Röntgenapparatur nach L. FALK in New Orleans, La. (291)

ein vollständiges Bild der inneren Organe, insbesondere in bezug auf deren Lage, Größe und mechanische Bewegung zu erhalten. Dr. LEVY berichtete in seinem Vortrag über diese Beobachtungen folgendes: „Zunächst sieht man in der Mitte des Schirmes einen breiten dunklen Streifen, senkrecht von oben nach unten verlaufend; es stellt dieser die Wirbelsäule dar, unten erscheint diese Säule gestützt durch eine nach oben gewölbte Kuppe, deren obere Grenze durch das Zwerchfell gebildet ist. Es dürfte dabei sehr interessieren, daß diese Gestaltung des Zwerchfelles genau derjenigen entspricht, welche auf Grund theoretischer Überlegung schon seit langer Zeit als wahrscheinlich angenommen worden ist. An der rechten Seite des Bildes erscheint vom Zwerchfell bedeckt die obere Leberhälfte in dem größten Teil ihrer Ausdehnung, während links unterhalb des Zwerchfelles, je nach dem Luftfüllungszustande, kleinere oder größere Teile des Magens sichtbar sind. Bei der Atmung bewegen sich Zwerchfell und die mit diesem verbundene Leber senkrecht auf und nieder in einer Ausdehnung, welche bei Tiefatmung und gesunden Menschen 5—7 cm beträgt. Oberhalb des Zwerchfelles erkennt man deutlich ein Schattenbild, welches der bekannten Form des Herzens entspricht und im wesentlichen aus einem dunklen zentralen und einem hellen umgebenden Teil besteht. Man beobachtet auch all die rhythmischen Bewegungen, die man unschwer als Zusammenziehungen und Erweiterungen erkennen kann." In seinen Untersuchungen wurde Dr. LEVY von dem bekannten Physiologen Dr. DU BOIS-REYMOND sowie von Prof. GRUNMACH, Berlin, unterstützt. Es gelang, mit Hilfe der verbesserten Röhren Fälle von Arteriosklerose mit Schatten in der Aorta und in den Koronararterien, verkalkte Stellen in der Lunge, von einem Tumor in der rechten Lunge und von einem malignen Tumor des Magens mit Drüsenmetastasen im Thoraxraum aufzunehmen.

Die Versuche LEVYs, die schnell an vielen Orten wiederholt wurden, bedeuteten eine erhebliche Verbesserung in der Verwendung der Röntgenstrahlen zu diagnostischen Zwecken. Sie erregten auf dem Chirurgenkongreß in Berlin (Juli 1896), auf dem auch KÜMMELL-Hamburg und GEISSLER-Berlin sprachen, wie auf dem Internationalen Physiologischen Kongreß in München (August 1896) großes Aufsehen. In München sahen die Besucher, unter denen sich Prinz LUDWIG von Bayern und andere Persönlichkeiten des Hofes befanden, die Tätigkeit des Zwerchfelles, des Herzens und des Magens am lebenden Menschen[1]. Auf Einladung der englischen medizinischen Zeitschrift „Lancet" wurden diese Demonstrationen auch in London von Dr. OSCAR LEVY (497), dem Bruder des Herstellers der neuen Röhre, vorgeführt[2].

Auf der ungarischen Jahrtausendfeier im Juli 1896 waren eine Reihe ausgezeichneter Röntgenaufnahmen des Körperinneren, die Dr. KISS (596) hergestellt hatte, ausgestellt[3].

Zu derselben Zeit machte Prof. BUKA in Charlottenburg sehr gute Beckenaufnahmen, die er in dem bekannten Wolfschen Artikel (1026) „Zur weiteren Verwertung der Röntgenbilder in der Chirurgie" veröffentlichte. Schon früher hatte BUKA (176) einen 10jährigen Knaben durchleuchtet, wobei die Rippen, die Wirbelsäule, Schulter- und Hüftgelenk und die Konturen des Herzbeutels, der Leber und der Niere ausgezeichnet demonstriert werden konnten.

D. C. MILLER (599) in Cleveland, Ohio und L. ZEHNDER (a-85) in Freiburg i.Br. setzten einzelne Röntgenaufnahmen zu einem vollständigen Skelett zusammen (Abb. 77). Diese Aufnahmen riefen überall wieder das größte Erstaunen hervor.

[1] Electr. World **28**, 247 (29. Aug. 1896).
[2] Lancet **74 II**, 47 (4. Juli 1896).
[3] Lancet **74 II**, 220 (18. Juli 1896).

Der Franzose J. FOURNIER zeigte der Pariser Académie de Médecine am 3. November 1896 seine „un peu floué“-Aufnahmen der inneren Organe eines Erwachsenen, und der Engländer Dr. McINTYRE (552) führte der British Medical Association auf dem Kongreß in Carlisle am 31. Juli 1896 viele wohlgelungene Aufnahmen des Körperinneren vor[1].

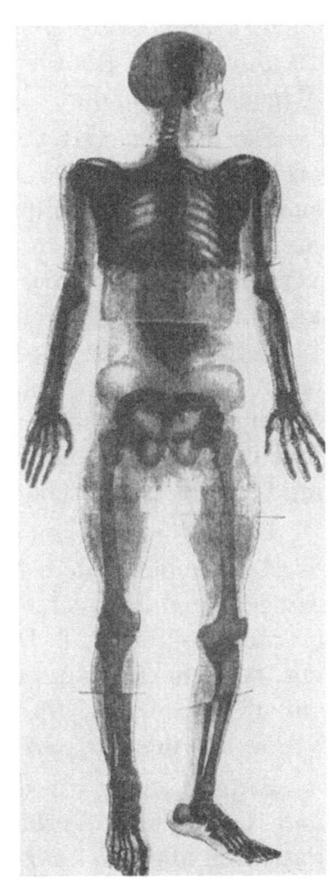

Abb. 77. Skelett eines Mannes. Zusammengestellt von ZEHNDER und KEMPKE (a-85)

Für die Innere Medizin gewannen die Röntgenaufnahmen ebenfalls mehr und mehr Bedeutung. Dr. R. POECH (690) von der Wiener Klinik NEUSSER beschrieb am 30. Oktober vor der K. K. Gesellschaft der Ärzte folgenden Fall[2]: „Ein 10jähr. Knabe nahm einen Tapeziernagel in den Mund und aspirierte denselben. Er litt sofort an Atemnot und hatte große Angst. Man rief einen Arzt, der nacheinander einen Münzenfänger und eine Schlundsonde in den Ösophagus einführte, hierbei auf keinen Widerstand stieß, also annahm, daß der Nagel in den Magen gelangt sei. Der Arzt riet noch die Einnahme von Erdäpfelbrei in größerer Menge an. Einige Tage lang ging es dem Knaben gut. Sodann stellten sich Hustenanfälle ein, die 1—1$^1/_2$ Stunden lang andauerten und auch in der Klinik beobachtet wurden, wohin der Junge inzwischen gebracht worden war. Temperaturerhöhung zeitweilig bis zu 40°. Die Lunge bot bei der Untersuchung nichts Abnormes, bis auf eine Infiltration des linken Oberlappens, jedoch ohne Kavernenbildung, ferner eine adhäsive Pleuritis, zeitweilig Rasselgeräusche oberhalb der 6. bis 7. Rippe zu hören. Das einzige Symptom für die Anwesenheit des Fremdkörpers in der Lunge bildeten somit die besagten Hustenanfälle. Der Kranke wurde nunmehr röntgenisiert. Eine Durchleuchtung des Thorax von vorne nach rückwärts ergab kein Resultat. Man durchleuchtete nun den Thorax von rechts vorn nach links hinten und ein zweites Mal von links vorn nach rechts hinten, und nun sah man, was die demonstrierten Bilder erkennen lassen, daß sich der Fremdkörper im 6. Interkostalraume rechts, in der Nähe der Wirbelsäule befand[3]. Als die Röntgenisierung einmal während eines Hustenanfalles vorgenommen wurde, sah man, daß der Nagel mit der Kuppe abwärts und der Spitze nach aufwärts sitzt, sowie daß er auf- und ab tanzte, wobei die Exkursionen 4—5 cm betrugen. Die Lokalisation des Fremdkörpers war also mit Hilfe der Durchleuchtung gelungen. Man nahm an, daß er dahin nicht aus dem Ösophagus, sondern direkt durch Inspiration gelangt sei. Wo steckte er aber? Im Bronchus, in der Lunge

[1] Lancet **74 II**, 503 (15. Aug. 1896).

[2] Wien. klin. Wschr. **9**, 1065 (12. Okt. 1896); Münch. med. Wschr. **44**, 1093 (3. Nov. 1896).

[3] Man hat hier eine erste Beschreibung des später so wichtig gewordenen „schrägen Durchmessers“.

oder im Mediastinum? Höchstwahrscheinlich noch im Bronchus, weil in der Lunge noch keinerlei Erscheinung von Abszeßbildung vorhanden ist und weil die Stelle selbst dem linken Hauptbronchus entspricht. Jetzt hat der Chirurg das letzte Wort." Zwei gute Aufnahmen begleiteten diese Ausführungen.

In Berlin zeigte Dr. L. STRAUSS (880) der Gesellschaft für Innere Medizin am 29. Juni 1896 Röntgenaufnahmen, die gestatteten, Tumoren, besonders des Magens, aufzufinden.

Der Pariser Arzt C. BOUCHARD (160) gab der Akademie der Wissenschaften am 7. Dezember 1896 einen ausgezeichneten Bericht über seine Röntgenuntersuchungen an Patienten mit Brustfellentzündungen und beschrieb eine Reihe mit dieser Methode zum ersten Male gesehener Symptome. Eine Woche später vervollständigte er diesen Bericht und fügte seine Beobachtungen an Röntgenaufnahmen und fluoroskopischen Untersuchungen von Patienten mit Lungentuberkulose bei. In Bordeaux machte der bekannte Röntgenologe BERGONIÉ (122) einen interessanten Versuch. Er zeichnete mit einem Bleistift auf die Haut die durch physikalische Methoden gefundenen verdächtigen Stellen der Lunge auf und machte dann eine fluoroskopische Untersuchung derselben Stelle, wobei er fand, daß beide Methoden das gleiche Resultat lieferten.

Die Auffindung von Fremdkörpern, insbesondere in der Luft- und Speiseröhre, der Lunge und in dem Magen gewannen erheblich durch die Verwendung durchdringenderer Strahlen. Dr. BEAU und A. RADIGUET vom Hôpital International in Paris stellten am 8. Dezember 1896 der Académie de Médecine einen Patienten vor, bei dem es gelang, eine Münze im Ösophagus vermittels der Röntgenstrahlen aufzufinden. Dr. E. WAGGETT (991) in London sah die in den Larynx eingeführte Sonde auf dem Leuchtschirm[1].

Ferner kam es vor, daß man mit Hilfe der Röntgenstrahlen die normale Lage und das normale Verhalten einzelner Teile des Körpers feststellen konnte bei Patienten, die sich einbildeten, eine Verletzung zu haben. Die Zeitschrift ,,Union Medicale" vom 20. März 1896 berichtete z. B. folgendes[2]: ,,Eine junge Frau klagte über Schmerzen in ihrem Arm und bat, diese durch eine Operation zu beheben, da sie davon überzeugt sei, daß die Knochen ihres Armes nicht in Ordnung seien. Der Chirurg war der Ansicht, daß die Schmerzen von einer leichten Verletzung herrührten und daß die Patientin hochgradig hysterisch war. Eine Röntgenaufnahme des Armes zeigte denn auch, daß er durchaus normal war. Diese Aufnahme überzeugte auch die Patientin, und sie wurde alsbald vollständig geheilt entlassen." Über einen ganz analogen Fall sprach LANNELONGUE vor der Pariser Akademie der Wissenschaften am 23. März 1896[3].

Wie weit ausgedehnt die Verwendungsmöglichkeiten der Röntgenstrahlen zu diagnostischen Zwecken schon um die Mitte des Jahres 1896 waren, ging aus einer Preisliste der ,,American Technical Book do." hervor, die folgende ,,Radiographien, lebensgroß, schön aufgezogen", als Kuriosa und auch zu Instruktionszwecken anbot.

---

[1] Brit. med. J. **1896**, 994, 997 (18. April).

[2] J. Amer. med. Ass. **26**, 843 (25. April 1896).

[3] Wien. klin. Wschr. **9**, 382 (7. Mai 1896).

Kind, 9 Wochen alt, lebensgroß. (Zeigt wunderbar die Einzelheiten der Knochen des Skelettes, Stand der Ossifikation, Lage der Leber, Magen, Herz usw.) $ 2.00
Körper eines Erwachsenen, lebensgroß (von Kinn bis Becken; zeigt die Wirbelsäule, Schultergelenk, Rippen, Knochen des Armes, Ellenbogengelenk, Lunge, Herz usw.) . . . . $ 2.00
Schädel eines Erwachsenen mit Zahnwurzeln . . . . $ 0.60
Knie eines Erwachsenen. Juristischer Fall. Straßenbahnunfall. Zeigt eine nicht vermutete Fraktur und neue Knochenbildung am Kopf der Tibia. Beweist den juristischen Wert der X-Strahlen-Aufnahme durch Vergleich des verletzten und unverletzten Gliedes . . . . $ 0.75
Normale Niere und Niere mit Stein auf derselben Platte; zeigt die Dichtigkeit des Steines . . . . $ 0.50
Nierensteine und Kugeln auf derselben Platte. Steine werfen Schatten von derselben Dichte wie die Kugeln . . . . $ 0.50
Lebende Niere; zum Teil freigelegt bei einer Operation wegen Nierenstein durch Dr. WILLY MEYER und aufgenommen von Dr. MORTON . . . . . . $ 0.50
Menschliche Zähne in situ. Zeigt die Wurzeln und Füllungen. Lage der Erkrankung der Wurzeln und Knochen, Exostosen usw. . . . . $ 0.50

Weitere Ankündigungen vieler solcher Bilder zusammen mit kleinen Reproduktionen derselben sind in dem Anhang des Buches „The X-Ray" von W. J. MORTON (25) in New York gegeben.

Sehr wichtig waren auch die Durchleuchtungen des menschlichen Körpers für das Studium der Herztätigkeit. Dr. BENEDIKT (109) in Wien untersuchte eine Reihe von herzkranken Patienten mittels der Röntgenstrahlen und berichtete seine Ergebnisse vor den Vereinigten Sektionen für Innere Medizin und Physiologie der Naturforscher- und Ärzteversammlung in Frankfurt a. M. am 24. September 1896. Seine Untersuchungen brachten ihn zu folgenden Beobachtungen, die von den alten Anschauungen abwichen: „1. Die Herzspitze nähert sich in der Systole der Herzbasis. Ein Spitzenvorstoß im Sinne SKODAs existiert nicht; höchstens ein systolischer seitlicher Spitzenschlag. 2. Bei jeder Systole wird das Herz nicht in großem Umfange und daher vor allem nicht in ganzem Umfange entleert; es bleibt immer ein starker Blutschatten. Die 4000 Pumpenschläge in der Stunde bei 24stündiger Arbeitszeit genügen also, um die nötige Menge frischen Blutes in den Kreislauf zu bringen. 3. Bei tiefer Inspiration hebt sich das normale Herz vom Zwerchfell ab; es erscheint nämlich ein durchsichtiger Zwischenraum. Die Versuche gelingen am besten bei jugendlichen und mageren Individuen. Schädlich wirkt das Röntgensche Verfahren höchstens bei Mißbrauch von solchen Individuen zu gehäuften Untersuchungen[1]." In Amerika erregten die Herzuntersuchungen mittels der Röntgenstrahlen, die an der Michigan-Universität ausgeführt wurden, großes Interesse[2].

Der unangenehmen Erscheinung, daß die Aufnahme des Herzens auf der Platte, der Bewegung des Herzens wegen, bei längeren Expositionszeiten unscharfe Bilder gaben, suchte Prof. W. KÖNIG in Frankfurt schon frühzeitig dadurch zu begegnen, daß er die Röhre synchron mit einer Phase der Herztätigkeit aufleuchten zu lassen versuchte, ein Verfahren, das aber zunächst der geringen Strahlenintensität und der damit verbundenen langen Expositionszeit halber

[1] Wien. klin. Wschr. **9**, 967 (15. Okt. 1896); ausführlich in Wien. med. Wschr. **46**, 2265 (19. Dez. 1896).
[2] Literary Digest **14**, 78 (2. Nov. 1896).

noch scheiterte. In England schlug Dr. H. THOMSON (937, 938) eine Methode vor, die Umrisse des Herzens im Leuchtbild mittels einer besonderen Feder auf Papier aufzuzeichnen[1].

Weit bekannt wurde die Beobachtung eines asthmatischen Anfalles mit Röntgenstrahlen, über die der Berliner Röntgenologe LEVY-DORN (499) gegen Ende des Jahres 1896 berichtete. Seine Beobachtung widersprach der Theorie eines Diaphragmakrampfes. „Es scheint sich um einen passiven Tiefstand, eine Verdrängung des Zwerchfelles durch Lungenblähung zu handeln.“

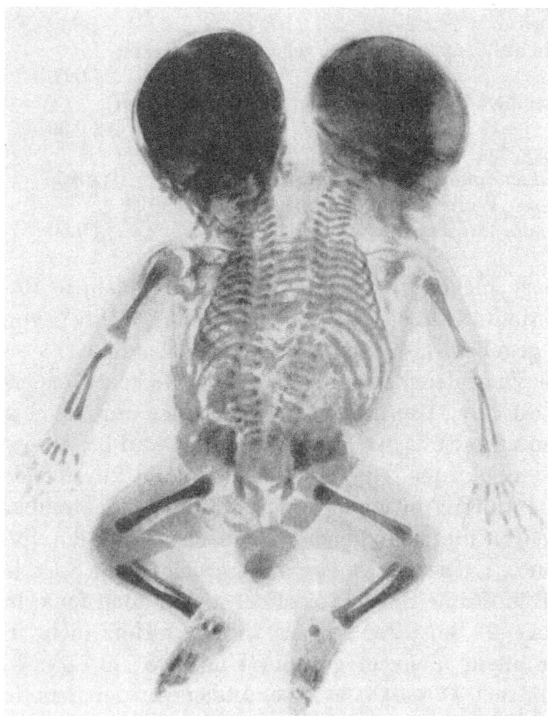

Abb. 78. Röntgenaufnahme einer Mißgeburt von A. HEBERT, Paris

Auch die Veterinärmedizin (383, 400, 490) bediente sich schon 1896 der Hilfe der Röntgenstrahlen.

Auf eine weitere Entwicklungsmöglichkeit der Anwendung der Strahlen, die Herstellung kinematographischer Röntgenbilder, die sich durch die verbesserte Technik der Erzeugung und Anwendung der Strahlen ergab, wurde schon zuvor hingewiesen.

Ein Überblick über die im ersten Jahre nach der Entdeckung der Röntgenstrahlen geleisteten Arbeit in der praktischen Verwendung der Strahlen in der Medizin ergibt bei fortschreitender Entwicklung der technischen Methoden eine erstaunlich reiche Fülle wohlgelungener Aufnahmen und wichtiger damit gemachter Diagnosen. In wenigen Monaten hatten sich die neuen Strahlen einen wichtigen Platz in dem Rüstzeug des Chirurgen und Klinikers erworben.

13. Die Verwendung der Röntgenstrahlen im Kriege. Die juristische Bedeutung der Röntgenstrahlen

Es war unausbleiblich, daß die Möglichkeit, mit Hilfe der neuentdeckten Strahlen Fremdkörper aufzufinden, bald die Aufmerksamkeit auf die Verwendung der Röntgenschen Entdeckung für kriegschirurgische Zwecke lenkte. Das preußische Kriegsministerium interessierte sich gleich zu Anfang sehr für diese Verwendungsmöglichkeit der X-Strahlen. In der „Münchener Medizinischen Wochen-

[1] Lancet **74 II**, 1011, 1676, 1796 (10. Okt., 12. Dez. u. 19. Dez. 1896).

schrift" vom 4. Februar 1896[1] ist darüber folgendes zu lesen: „In Berlin hat das Kriegsministerium, wie der ‚Reichsanzeiger' meldet, Veranlassung genommen, in Verbindung mit der Physikalisch-Technischen Reichsanstalt Versuche darüber anzustellen, ob die Röntgensche Erfindung für kriegschirurgische Zwecke dienstbar zu machen und zum Nutzen kranker und verwundeter Soldaten zu verwerten sein wird. Infolgedessen ist eine Reihe photographischer Aufnahmen von

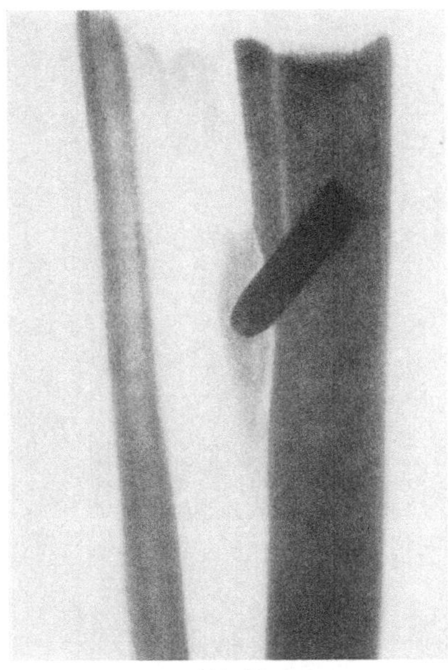

Abb. 79a

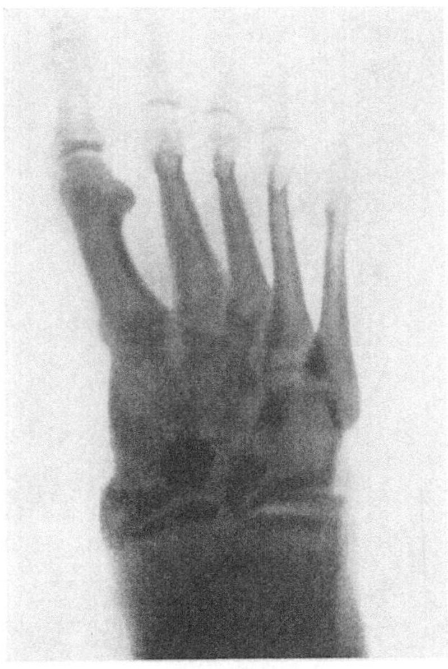

Abb. 79b

Abb. 79. *a* Schattenbild eines rechten Unterschenkels mit Geschoß in der Tibia. *b* Lebender, linker Fuß mit eingeheiltem Geschoß (23)

anatomischen kriegschirurgischen Präparaten gemacht worden, in denen Geschosse und Geschoßteile in den Weichteilen und Knochen steckten. Die Photogramme gaben ein deutliches Bild der vorgekommenen Knochenverletzungen und ließen den Sitz des steckengebliebenen Geschosses mit Sicherheit erkennen. Die Versuche wurden in größerem Maßstabe fortgesetzt."

Diese Experimente waren von gutem Erfolg begleitet, denn schon wenige Monate später erschien als Heft 10 (23) der „Veröffentlichungen aus dem Gebiete des Militärsanitätswesens" ein Bericht über „Versuche zur Feststellung der Verwertbarkeit Röntgenscher Strahlen für medizinisch-chirurgische Zwecke" (817, 818, 819), der eine Reihe ausgezeichneter Bilder von Geschoßteilen in Fuß und Hand neben einer ausführlichen Beschreibung die Technik der Aufnahmen enthielt (Abb. 79a, b).

Das österreichische Kriegsministerium interessierte sich ebenfalls sehr für die Verwendung der neuen Strahlen zu medizinischen Zwecken[2], desgleichen der englische Kriegsminister[3].

[1] Münch. med. Wschr. **43**, 114 (1896).
[2] Electr. World **27**, 261 (7. März 1896).
[3] Brit. med. J. **1896**, 1059 (25. April).

Es sollte auch im Jahre 1896 schon direkt zur Anwendung der Röntgenstrahlen auf dem Kriegsschauplatz kommen. Im Mai 1896 benutzte ein italienischer Arzt, AVARO, die Röntgenstrahlen zur Untersuchung verwundeter Soldaten auf dem afrikanischen Kriegsschauplatz[1].

Abb. 80a

Abb. 80b

Abb. 80. a X-Ray Room am Nil bei Abadier, 8 Meilen nördlich von Berber. b Der englische Major BATTERSBY und sein Assistent machen ein Radiogramm. (Aus den Arch. Roentgenology, 1897)

Bei der Nilexpedition Englands im Jahre 1896 veranlaßte ,,die Medizinische Abteilung des Kriegsministeriums der britischen Regierung, daß zwei Röntgenapparate mit der Expedition gesandt werden sollen, um von den Chirurgen benutzt

[1] Policlinico Suppl. **1896**, 598 (Mai).

zu werden, Kugeln im Körper zu lokalisieren und die Ausdehnung der Knochenbrüche festzustellen"[1]. Im April hatte man schon in England vorgeschlagen, die Strahlen bei der afrikanischen Expedition zu benutzen[2]. Die Grundlage für diese später so wichtig werdende Verwendung der Röntgenstrahlen wurde somit schon in den ersten Monaten nach der Entdeckung RÖNTGENs gelegt.

Weiter ist die Tatsache von besonderem Interesse, daß schon früh im Jahre 1896 Röntgenstrahlenbilder bei Klagen auf Schadenersatz bei Körperverletzungen zur Unterstützung der Zeugenaussagen herangezogen wurden (131, 157, 913). Einer der ersten Prozesse, bei dem die Anwendung der Röntgenstrahlenaufnahmen von Wichtigkeit wurde, fand in Nottingham in England in den ersten Monaten des Jahres 1896 statt. In „The Hospital, London" ist dieser Fall folgendermaßen beschrieben: „Als Miss FFOLLIOTT, eine Schauspielerin, im letzten September in Nottingham auftrat, erlitt sie einen Unfall. Auf dem Wege zu ihrem Ankleidezimmer nach dem ersten Akt fiel sie die Treppe hinunter und verletzte ihren Fuß. Sie mußte fast einen Monat liegen und konnte danach immer noch nicht mit dem Fuß auftreten. Sie wurde kürzlich auf Rat des Herrn Dr. FRANKISH nach dem Universitätshospital gesandt, wo ihre beiden Füße durch Prof. RAMSAY mit X-Strahlen photographiert wurden. Die Negative dieser Aufnahmen wurden vor Gericht gezeigt und demonstrierten dem Richter und den Geschworenen einwandfrei den Unterschied zwischen den beiden Füßen. Das Würfelbein des linken Fußes war verschoben, und man konnte dadurch sowohl die Art als auch die Größe der Verletzung erkennen. Die Geschworenen entschieden zugunsten der Verletzten." Die genannte Zeitschrift fügte diesem Bericht folgende Bemerkungen bei: „Diejenigen Ärzte, die viel mit Schadenersatzansprüchen zu tun haben, werden gleich sehen, von welcher Wichtigkeit die neue Photographie zur Offenbarung der Wahrheit und des Rechtes in schwierigeren und zweifelhaften Fällen sein wird. Sobald das ganze Knochensystem einschließlich des Rückgrates scharf auf dem Negativ dargestellt werden kann, werden viele Meineide einer gewissen Klasse von Patienten und vielleicht auch unnötige Widersprüche unter den Fachleuten vermieden werden[3]." Daß allerdings der Eindruck der Röntgenaufnahmen nicht auf alle Anwesenden gleich groß war, geht aus einigen Bemerkungen hervor, die der Richter und einige der Geschworenen bei dieser Gerichtsverhandlung machten und die im „British Journal of Photography" vom 20. März 1896[4] zusammengestellt sind. Der vorsitzende Richter, ein Herr HAWKINS, sagte u. a., als der Rechtsanwalt der Verteidigung die wissenschaftliche Bedeutung des Wertes der Strahlen in Frage stellte: „Wie Sie wissen, kann man jetzt einen Mann in das Irrenhaus schicken, nachdem eine Aufnahme seines Kopfes gezeigt hat, daß das nötig ist." Eine ausführliche Besprechung der juristischen Bedeutung der Röntgenaufnahmen erschien im Juni 1896 im „British Medical Journal".

Der New Yorker Arzt MORTON (Abb. 81) wies in seinem Mitte 1896 veröffentlichten Buch (25) über die Röntgenstrahlen auch auf die große Wichtigkeit der Röntgenbilder in Gerichtsverhandlungen hin. Er beschrieb die Röntgenaufnahme

---

[1] Electr. World **27**, 631 (30. Mai 1896); Electrican **37**, 235 (19. Juni 1896); Sci. Amer. **75**, 142 (8. Aug. 1896).

[2] Brit. med. J. **1896**, 1059 (25. April).

[3] Literary Digest **12**, 707 (11. April 1896); Electr. Eng. (N. Y.) **21**, 622 (10. Juni 1896).

[4] Brit. J. Photogr. **43**, 179 (1896).

des Knies eines Patienten, der ein Jahr zuvor bei einem Straßenbahnunfall verletzt wurde und seit der Zeit an der Verletzung litt. Eine Röntgenaufnahme der beiden Knie zeigte, daß der obere Teil des Schienbeins der verletzten Seite unterhalb des Knies fast $^{3}/_{4}$ Zoll breiter war als an dem normalen Knie. „Zweifellos war dieses einem Bruch und dem nachfolgenden Wachsen des Knochens zuzuschreiben. Solch ein Bild wirkt überzeugend und würde sicher einen großen Einfluß auf die Geschworenen haben.“

Eine Reihe solcher Fälle wurde in den folgenden Monaten des Jahres 1896 beschrieben (218, 265, 442, 912). In Nancy, Frankreich, wurde ein Chirurg an-

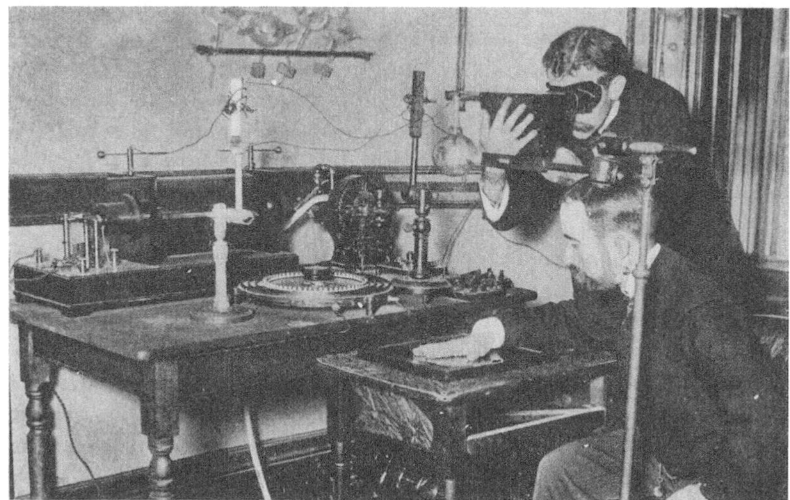

Abb. 81. Dr. W. J. MORTON mit Assistent in seinem New Yorker Röntgenlaboratorium

geklagt, durch Verkennung eines Bruches und Behandlung des Falles als Luxation Schaden gestiftet zu haben. Vor Gericht wurde eine Röntgenphotographie gezeigt, auf der man sehen konnte, daß es sich um einen Bruch handelte, und der Arzt wurde verurteilt[1]. Vor dem Liverpooler Gericht zeigte der Rechtsanwalt des Klägers, eines Hafenarbeiters, 2 Röntgenphotographien eines verletzten Armes vor. Der Rechtsanwalt der Verteidigung wollte diese Aufnahmen nicht vor Gericht zulassen und gab an, daß er Ursache habe, zu glauben, daß Herr Dr. BUCHANAN von der Universität, der die Aufnahmen gemacht habe, nicht fähig sei, zuverlässige Röntgenbilder mit dem neuen Prozeß herzustellen. Der Richter SHAND behauptete, daß nach allem, was er über die neue Methode gelesen habe, er selbst in der Lage wäre, Röntgenaufnahmen zu machen, vorausgesetzt, daß er die notwendige Apparatur dazu habe, und ließ daher die Photographien zu. Die Geschworenen gewährten dem Kläger 60 Pfund Schadenersatz[2]. Ein anderer Fall von juristischer Bedeutung trug sich ebenfalls in England zu. „HENRY GOODWIN wurde letzte Woche wieder vor das Salford-Polizeigefängnis gebracht und des Raubes und Mordversuches an dem Kaufmann ISRAEL ROSENBLUM angeklagt. Der Gefangene

[1] J. Amer. med. Ass. **27**, 168 (18. Juli 1896).
[2] Brit. J. Photogr. **43**, 461 (17. Juli 1896).

wurde in Untersuchungshaft zurückgeschickt, da der Polizeipräsident LYOGUE sagte, daß Herr ROSENBLUM sich wohl binnen kurzem erholen werde, aber nicht vor 2 oder 3 Wochen vor Gericht erscheinen könne. Bei der Besprechung des Falles sagte Dr. WALMSLEY, dessen Patient Herr ROSENBLUM ist, daß er eine Röntgenaufnahme habe machen lassen, die eine Kugel in der Brust des Patienten gezeigt hätte. Ein Versuch, dieselbe operativ zu entfernen, wird in den nächsten Tagen gemacht werden[1]."

Gegen Ende des Jahres fand in Denver eine Gerichtsverhandlung statt, in der auch Röntgenaufnahmen als Unterstützung der Beweisgründe des Klägers vor Gericht zugelassen wurden [s. „The Story of the First Roentgen Evidence" by S. WITHERS: Radiology *17*, 99 (1931)]. Der Richter LE FEVRE begründete diese Zulassung mit den folgenden Worten: „In dem letzten Jahrzehnt hat keine Wissenschaft so große Fortschritte gemacht wie die Chirurgie. Sie macht praktischen Gebrauch von allen Wissenschaften. Die Gerichte sollen allen wohlbegründeten wissenschaftlichen Entdeckungen die Türen öffnen. Die moderne Wissenschaft hat es möglich gemacht, in die Gewebe des menschlichen Körpers hineinzusehen, und hat dadurch der Chirurgie geholfen, verborgene Geheimnisse zu erkennen. Wir halten es daher für unsere Pflicht, in diesem Falle die ersten zu sein, die zur Zeugenaussage eine Methode, die Röntgenbilder, zulassen, die anerkanntermaßen von wissenschaftlicher Bedeutung ist[2]."

Wiederum konnte man auch in diesem Zusammenhange die Beobachtung machen, daß ein findiger Geist versuchte, aus derartigen Verwendungen der neuentdeckten Strahlen praktischen Nutzen zu ziehen. In der Londoner Zeitung „Standard", 8. August 1896, erschien folgende Anzeige: „Die neue Photographie. Nach dem Erfolg, den Herr HENRY SLATER persönlich mit der neuen Photographie erzielt hat, ist er nun bereit, dieselbe bei Scheidungsklagen kostenlos zu verwenden. Büro: Basinghall St., 1, City." Die amerikanische Zeitschrift „Electrical Engineer, N. Y.[3]", bemerkte dazu: „Herr SLATER ist offensichtlich als Detektiv up to date. Wir nehmen an, daß er mit den X-Strahlen das Skelet entdecken will, das sich in jedem Schrank befinden soll. Die Fähigkeit, die Arbeit des Detektives zu tun, ohne durch das Schlüsselloch zu spähen, wird scheinbar als eine der Empfehlungen für die neuen Strahlen betrachtet, die selbst die Dunkelheit dem Licht vorziehen."

14. Erste Beobachtungen über die physiologischen Wirkungen der Röntgenstrahlen, insbesondere auf die Haut. Therapeutische Verwendung der Röntgenstrahlen

Als der Herausgeber der amerikanischen medizinischen Zeitschrift „Journal of the American Medical Association" in seinem ersten Leitartikel über die eben entdeckten X-Strahlen am 15. Februar 1896[4] schon auf die Möglichkeit wichtiger physiologischer Wirkungen dieser Strahlen hinwies, dachte er kaum, daß sich diese Prophezeiung in so überraschend kurzer Zeit erfüllen sollte. Allerdings

[1] Brit. J. Photogr. **43**, 683 (23. Okt. 1896).

[2] Electr. Eng. **22**, 655 (23. Dez. 1896); Electr. World **28**, 759 (19. Dez. 1896).

[3] Electr. Eng. **22**, 253 (9. Sept. 1896).

[4] J. Amer. med. Ass. **26**, 336 (1896).

waren die ersten Beobachtungen physiologischer Effekte der X-Strahlen unerwünscht, und mit ihnen begann das lange und schmerzvolle Leidenskapitel vieler Röntgenpioniere.

Eine physiologische Wirkung der neuen Strahlen war zunächst kaum vorauszusehen, und es lag daher keine Veranlassung vor, sich dagegen zu schützen. Es ist besonders bemerkenswert, daß RÖNTGEN selbst fast von Anfang an sich bei seinen Experimenten in seiner Zinkkiste aufhielt, deren nach der außen aufgestellten Röhre zugekehrte Seite er bald mit Blei verstärkte (s. Paragraph 18 in RÖNTGENs zweiter Mitteilung). Waren diese Maßnahmen zunächst nur als Sicherheitsmaßregeln bei seinen Versuchen, z. B. gegen das Schwärzen seiner photographischen Platten usw., gedacht oder getroffen, um das von der Röhre ausgehende Strahlenbündel nach Wunsch zu begrenzen, so bot ihm doch diese Vorrichtung Schutz gegen die Einwirkung der Strahlen. Einige andere Röntgenpioniere schützten sich von Anfang an gegen die Einwirkung der Strahlen, so z. B. der schon öfters genannte Bostoner Arzt Dr. WILLIAMS.

Leider aber benutzten viele andere Strahlenforscher jener Zeit keinerlei Schutzvorrichtungen gegen die Strahlen. Aus dieser Ursache traten schon sehr früh Strahlenschädigungen auf. Wenige Wochen nach der Entdeckung berichtete EDISON, daß nach mehrstündiger Arbeit mit fluoreszierenden Röhren seine Augen heftig schmerzten; er glaubte aber nicht, daß diese Schmerzen der Einwirkung der X-Strahlen zuzuschreiben seien[1]. Der New Yorker Arzt W. J. MORTON behauptete[1], daß er immer helle Lichtblitze sähe, nachdem er seine Arbeiten mit Röntgenstrahlen beendet habe. Diese Erscheinungen scheinen allerdings nur Nachwirkungen optischer Effekte auf die Netzhaut gewesen zu sein. Die englischen Forscher SWINTON und STANTON konnten die Erfahrungen der amerikanischen Röntgenstrahlenarbeiter nicht bestätigen[1].

Wenige Wochen später kamen aber schon bestimmtere Berichte über unerwünschte Röntgenstrahlenwirkungen. Prof. J. DANIEL von der Vanderbilt-Universität in New York schrieb, daß 21 Tage nach einer einstündigen Schädelaufnahme des Dr. W. L. DUDLEY eine Epilation von einem Durchmesser von 2 Zoll an der Stelle des Kopfes, die unter der Röhre gelegen hatte, auftrat. DANIEL beschrieb seine Aufnahmetechnik folgenderweise. „Ein Plattenhalter mit der Platte wurde an einer Seite des Kopfes befestigt, mit einer Münze zwischen Platte und Kopf. Die Röhre wurde auf der anderen Seite in $^1/_2$ Zoll Abstand vom Haar angebracht[2].“ — In demselben Monat bestätigte der Engländer Dr. L. G. STEVENS[3], daß „diejenigen, die mit X-Strahlen arbeiten, an einer Reihe von Veränderungen der Haut leiden, die ganz ähnlich den Wirkungen des Sonnenbrandes sind“. STEVENS, der zu gleicher Zeit einen Fall schwerer Röntgenverbrennung beschrieb, glaubte aus seinen Beobachtungen umgekehrt schließen zu dürfen, „daß die Röntgenstrahlen auch im Sonnenlicht vorhanden sind“. Schon vor ihm hatte ein anderer englischer Forscher, Dr. R. L. BOWEN, am 12. März vor dem Londoner Camera Club darauf aufmerksam gemacht, daß die X-Strahlen ähnlich den Sonnenstrahlen einen Sonnenbrand verursachen könnten[4].

---

[1] Nature (Lond.) **53**, 421 (5. März 1896).

[2] Science **3**, 566 (10. April 1896).

[3] Science **3**, 701 (8. Mai 1896); Brit. med. J. **1896**, 989 (18. April).

[4] Lancet **74 I**, 655 (12. März 1896); **74 II**, 492 (15. Aug. 1896).

Der bekannte amerikanische Erfinder TESLA behauptete[1], daß die Einwirkung starker Röntgenstrahlen auf den Kopf im allgemeinen eine beruhigende Wirkung hervorrufe, begleitet von einem Gefühl der Erwärmung des Kopfes und einer einschläfernden Wirkung. Weiter sagte er aber, daß sich die Augen oft entzünden und „daß man unvorsichtig ist, wenn man zu nahe an die Röhre herangeht".

Bald erschienen weitere Berichte über die epilierende Wirkung der Röntgenstrahlen in wissenschaftlichen Zeitschriften. Auf dem 25. Kongreß der Deutschen Gesellschaft für Chirurgie, der am 28. Mai 1896 in Berlin stattfand, berichtete Dr. FEILCHENFELD (295), Berlin, „über ein Ekzem, ähnlich dem Eczema solare, das durch $1^1/_2$stündige Exposition mit Röntgenschen Strahlen hervorgerufen wurde."

Eine ausführlichere Beschreibung einer Röntgenverbrennung gab Dr. W. MARCUSE (571) von Berlin in der „Deutschen Medizinischen Wochenschrift". Einige Teile dieser Veröffentlichung seien ihres allgemeinen Interesses halber hier wiedergegeben. „Am 1. Juli dieses Jahres kam ein 17jähriger junger Mann unter meine Beobachtung, welcher die Wirkungen häufig wiederholter Durchleuchtungsexperimente mit Röntgenstrahlen auf das Integument demonstrierte. Er ist im Laufe der letzten 4 Wochen, vom Tage meiner ersten Beobachtung an gerechnet, fast täglich einmal, an manchen Tagen zweimal zu Durchleuchtungsversuchen mit Röntgenstrahlen verwandt worden. Das Aussehen seiner gesamten Körperoberfläche war zu jener Zeit, als er in die Versuche eintrat, ein vollkommen normales. Gewöhnlich dauerte jede einzelne Sitzung 5—10 Minuten, etwas länger manchmal bei der Durchleuchtung der Brust, weil das Interesse der Beobachter an den Phänomenen der Herzpulsation und der Zwerchfellbewegung die Versuchsdauer ausdehnte. Der Abstand, in welchem sich der durchleuchtete Körperteil von der Röhre befand, durfte zur Erzielung deutlicher Bilder nicht zu groß gewählt werden. Niemals ging er über etwa 25 cm hinaus, häufig befand sich der Körperteil nahezu in Berührung mit der Röhre . . . An der der Röhre zugewendeten Gesichtshälfte, die also zuerst von den Strahlen getroffen wurde, sehen wir eine diffuse, die ganze Gesichtshälfte bedeckende Rötung mit einem in das Bräunliche gehenden Farbenton. Am dunkelsten ist die Färbung auf der Höhe der Ohrmuschel. An einzelnen Partien dieser geröteten Fläche sehen wir deutlich Abschuppungen, die ebenfalls wieder in der Gegend des Ohres am stärksten sind. Streicht man unter Fingerdruck über die gerötete Haut, so nimmt die betreffende Stelle zwar einen blassen Ton an, ohne aber die Verfärbung vollkommen zu verlieren. Alle Qualitäten der Empfindung erweisen sich auf der geröteten Fläche als normal. Juckreiz hat nie bestanden. Der junge Mann wurde auf die Veränderungen dieser Gesichtsseite bei einem gelegentlichen Blick in den Spiegel 14 Tage nach Beginn der Experimente aufmerksam. Er versuchte am nächsten Tage, sich mit Essigwaschungen sein normales Aussehen wieder zu geben, erreichte aber keinen anderen Erfolg, als daß ‚die Haut' der gewaschenen Gesichtsfläche, wie er mir mitteilte, ‚in großen Fetzen herunterging'.

Die erste Wahrnehmung der Veränderung des Gesichtes verhinderte nicht die Fortsetzung der Versuche, da die Rötung, die damals noch nicht so erheblich war wie zu der Zeit, in der ich selbst sie beobachtete, als harmlos betrachtet wurde.

[1] Sci. Amer. Suppl. **1067**, 17053 (13. Juni 1896).

Ein weiterer Fortschritt aber, als eine intensivere Rotfärbung und stärkere Schuppung, trat an dieser Gesichtsfläche bis zu dem Zeitpunkt, in welchem der junge Mann in meine Beobachtung trat, unter der Fortdauer der Versuche nicht ein. Wenige Tage nach diesem Zeitpunkte wurden die Versuche mit diesem jungen Mann im Hinblick auf tiefer greifende Schädigungen an anderen Körperpartien abgebrochen, und in den folgenden 5 Tagen, die mir der junge Mann zu seiner Beobachtung ließ, bis er sich derselben aus unbekannten Gründen entzog, habe ich eine nicht unerhebliche Abblassung der geröteten Gesichtsfläche wahrnehmen können."

In der „Münchener Medizinischen Wochenschrift"[1] erschien folgende kurze Zusammenfassung dieses Falles; die wegen ihrer Begründung der Ursache der Hautveränderungen von Interesse ist. „Dermatitis und Alopecie nach Durchleuchtungsversuchen mit Röntgenstrahlen. — Die an einem wiederholt zu Durchleuchtungsversuchen benutzten jungen Mann beobachteten Erscheinungen von Dermatitis, leichter Verbrennung der Haut und Alopecie werden auf die Wirkung der hochgespannten Ströme, die von der Röhre auf den Körper übergehen können, weniger auf direkte Strahlenwirkung zurückgeführt."

Einige Monate später sagte Dr. MARCUSE in der „Münchener Medizinischen Wochenschrift"[2]: „Bei dem in Nr. 30 dieser Wochenschrift beschriebenen Fall von Alopecie konnte nach Ablauf eines Vierteljahres eine fast völlige restitutio ad integrum konstatiert werden."

Diesen Beschreibungen folgten in Deutschland weitere Fälle des Dr. FUCHS (316), Charlottenburg, der ähnliche Symptome zeigte, und des Dr. E. SEHRWALD (838), Freiburg i. Br. Selbstverständlich erregten diese Beobachtungen im In- und Auslande das größte Aufsehen[3]. Bald kamen aus anderen Ländern Berichte ähnlicher Beobachtungen, so z. B. aus den Vereinigten Staaten: „Herr WILHELM LEVY, der kürzlich seinen Kopf mittels Röntgenstrahlen durch Herrn Prof. JONES vom Physikalischen Laboratorium der Minnesota-Staatsuniversität untersuchen ließ, berichtete über folgende Erfahrung. Ein Bild des Schädels wurde von vorn gemacht mit einer Hochspannung von 100000 Volt. Am nächsten Tage begann Herr LEVY eine merkwürdige Wirkung auf seiner Haut festzustellen, besonders da, wo sie am meisten den Strahlen ausgesetzt war. Die Haare auf seiner rechten Kopfseite gingen aus. In wenigen Tagen war die rechte Seite seines Kopfes vollständig kahl, und sein Ohr war stark geschwollen. LEVY hat sich nun von den Wirkungen der Strahlen erholt, jedoch ist die eine Kopfhälfte immer noch kahl[4]."

Wieder gab es nach Bekanntwerden solcher Fälle Optimisten, die praktischen Nutzen auch aus dieser neuen Eigenschaft der X-Strahlen ziehen wollten. Die englische Zeitschrift „Lancet"[5] machte folgende Bemerkung: „Wenn es möglich ist, die Zeit, nach welcher nach einer Röntgenbestrahlung eine vollständige Kahlheit auftritt, zu verkürzen, dann ist die Röntgensche Entdeckung von unvergleichlichem Vorteil für den Mann, der sich rasieren muß. Es wäre dann nur nötig, eine Crookessche Röhre ein paar Minuten über das Kinn zu halten, ehe man zu Bett

---

[1] Münch. med. Wschr. **43**, 706 (28. Juli 1896).

[2] Münch. med. Wschr. **43**, 1021 (20. Okt. 1896).

[3] Siehe z. B. Lancet **74 II**, 416 (8. Aug. 1896); Electr. Eng. **22**, 126 (22. Aug. 1896).

[4] Brit. J. Photogr. **43**, 730 (13. Nov. 1896).

[5] Lancet **74 I**, 1296 (9. Mai 1896).

geht, und am nächsten Morgen würde Waschen mit Wasser und Seife den Bart entfernen[1]."

Ein unternehmungslustiger Franzose namens GAUDOIN in Dijon[2] glaubte, daß die X-Strahlen die Wurzeln der Haare vollständig zerstören und den Patienten für sein ganzes Leben kahl machen können. „Er eilte sofort nach Paris, um sein Vermögen mit dieser Entdeckung zu machen. Er wußte, daß es viele Frauen gibt, die durch einen Schnurrbart verunziert sind, und beschloß daher, die Röntgenstrahlen als ein Enthaarungsmittel zu benutzen, um überflüssige Haare von Lippen und, wenn nötig, vom Kinn zu entfernen. Nachdem er auf diskrete Weise seine Absicht bekanntgemacht hatte, dauerte es nicht lange, bis er eine Reihe schöner Kundinnen hatte. Sie eilten zu seinem Laboratorium, warteten geduldig, bis sie an die Reihe kamen, und zahlten ihm gern das verlangte Honorar für die Bestrahlung mit den unsichtbaren Strahlen. Allerdings zeigten die Haare nach der Behandlung keine Lust, zu verschwinden, und eine junge Dame, die von ihm behandelt worden war, verlangte ihr Geld zurück. Andere folgten. Herr GAUDOIN beschwichtigte seine aufgeregten Kundinnen und zog sich schnell mit dem Geld, was er bis dahin verdient hatte, von dem Geschäft zurück."

Bald kamen weitere Berichte über schwere Schädigungen der Haut, die durch zu lange Expositionszeit mit den Strahlen verursacht worden waren[3]. Der bekannte Glasgower Radiologe J. MCINTYRE (545) beschrieb am 3. Oktober 1896 im „Lancet" einen Sonnenbrand seiner Hand. Ebenfalls eines der frühen Opfer der Strahlen war Dr. H. D. HAWKS (377) von der Columbia-Universität in New York[4]. HAWKS gab einige Wochen lang radiographische Demonstrationen in dem großen Kaufhaus der Gebr. BLOOMINGDALE in New York. Seiner eigenen Beschreibung nach benutzte er eine 8-Zoll-Splitdorfspule mit mechanischem Unterbrecher und eine Greinersche Fokusröhre. Eine Handaufnahme konnte er in 30 Sekunden, eine Rippenaufnahme in 10—15 Minuten machen. Die einzelnen Demonstrationen dauerten 2 oder 3 Stunden lang, währenddessen der Apparat ununterbrochen arbeitete. Die erste Wirkung, die HAWKS sah, war ein zunächst kaum bemerkbares Trockenwerden der Haut. Bald jedoch verstärkte sich diese Erscheinung und glich einer sehr starken Sonnenverbrennung. HAWKS beobachtete außerdem einige andere Symptome, wie z. B. das Aufhören des Wachstums seiner Nägel an den Händen, eine Abschuppung der Haut an den Stellen, die den X-Strahlen ausgesetzt waren. Außerdem verlor er die Haare an den Schläfen; dies kam daher, daß er sich beim Demonstrieren der Strahlen immer nahe an die Röhre gesetzt hatte. Auch die Augen zeigten Strahlenwirkungen, die so stark waren, daß die Sehkraft beeinflußt wurde; auch fielen die Haare der Augenbrauen und Augenwimpern aus. Die Brust zeigte ebenfalls eine sonnenbrandähnliche Strahlenwirkung. HAWKS mußte ärztliche Hilfe aufsuchen, wodurch seine Schmerzen einigermaßen behoben wurden. Er suchte sich möglichst gegen die unangenehme Einwirkung der von den Crookesschen Röhren ausgehenden Strahlen zu schützen, rieb sich die Hände mit Vaselin ein und benutzte beim Arbeiten Handschuhe.

---

[1] Siehe auch Literary Digest **13**, 433 (1. Aug. 1896).

[2] Brit. J. Photogr. **43**, 493 (31. Juli 1896).

[3] Siehe z. B. Lancet **74 II**, 1049 (10. Okt. 1896).

[4] Electr. Rev. (N. Y.) **12**, 8 (1896); Electr. Eng. **22**, 356 (22. Juli 1896); L'Eclair. Electr. (Paris) 8, 477 (5. Sept. 1896).

16*

Trotzdem traten aber bald dieselben Wirkungen wieder auf. — G. A. Frei in Boston besprach einen ähnlichen Fall, und denselben Verlauf nahm auch die Verbrennung der Röntgenassistentin eines italienischen Arztes im Oktober 1896, der diesen Fall unter dem Titel „Traurige Folgen der Bestrahlung mit Röntgenstrahlen" in einer italienischen Zeitschrift veröffentlichte[1].

Einen besonders guten Einblick in den Verlauf einer Strahlenschädigung gab der Selbstversuch des bekannten amerikanischen Erfinders und Röntgenstrahlenforschers Elihu Thomson. Thomson (935) beschrieb die Wirkung der Röntgenstrahlen in folgender Weise: „Ich bemerkte, daß, nachdem ich den kleinen Finger meiner linken Hand $^1/_2$ Stunde lang der Röhre, nur etwa $1^1/_2$ Zoll von der Platinanode entfernt, ausgesetzt hatte, eine Woche lang keinerlei Wirkung auftrat; dann aber rötete sich der Finger und wurde außerordentlich empfindlich, geschwollen, steif und bis zu einem gewissen Grade schmerzhaft. Ein kleiner Stoß oder Druck verursachte scharfe oder brennende Schmerzen. Jetzt, d. h. 17 Tage nach dem Bestrahlen, ist der Finger noch sehr empfindlich, zeigt aber Zeichen der Besserung. $^2/_3$ des exponierten Teiles ist mit einer großen Blase bedeckt, die sich jeden Tag vergrößert. Schmerz und Empfindlichkeit nahmen ab, als sich die Blasen bildeten. Es scheint auf jeden Fall eine Grenze zu geben, über die man beim Bestrahlen nicht hinausgehen darf, wenn man sich vor ernsthaften Folgen schützen will. Möglicherweise haben auch kürzere Expositionen, die über einige Tage verteilt werden, dieselben Wirkungen. Die Veränderung an meinem Finger wurde durch eine einzige Exposition von $^1/_2$ Stunde bei kurzem Abstand hervorgerufen und sollte nach dem quadratischen Gesetz dieselbe sein, wenn bei 6 Zoll Abstand 10 oder 12 Stunden lang bestrahlt wird. Ich glaube nicht, daß die Wirkung elektrostatischer Natur ist, wie von einer Seite angenommen wurde und wie ich zuerst auch dachte. Die merkwürdig lange Inkubationszeit muß noch untersucht werden. Es ist nicht unangebracht, die Experimentatoren zu warnen, nicht mehr als einen Finger den Strahlen auszusetzen. Eine ungefähr 5stündige Expositionszeit bei 6 Zoll Abstand sollte durchaus genügen, und diese Zeit sollte unter keinen Umständen überschritten werden; man wird sonst sein leichtfertiges Vorgehen bedauern, wenn es zu spät ist[2]."

Thomsons warnender Bericht gab anderen Anlaß, auf ihre Erfahrungen über diese Gefahren der Röntgenstrahlen aufmerksam zu machen. „The British Journal of Photography" faßte einige dieser Berichte am 13. November 1896 zusammen (228)[3]. „Herr R. C. Bayley zeigte seine rechte Hand, die er bei einer Demonstration der Röntgenstrahlen gebraucht hatte und die auf diese Art und Weise täglich einer ziemlich starken Bestrahlung, etwa 1 Stunde lang, ausgesetzt wurde. Diese Hand war wesentlich dunkler als die andere. Herr J. Spiller hatte bei Eröffnung der Ausstellung seine Hand in derselben Weise ungefähr $^1/_2$ Stunde lang gebraucht und bemerkte später ein brennendes Gefühl, so, als ob sie verbrüht wäre. Herr W. Noble berichtete über einen Fall von Dermatitis nach einer Bestrahlung von $1^1/_2$ Stunden bei einer Entfernung von 1 Zoll von der Röhre. Herr C. E. Hearson dachte, daß die fraglichen Wirkungen der Zersetzung des

[1] Policlinico Suppl. **3**, 1006 (17. Okt. 1896).

[2] Electr. World **28**, 666 (28. Nov. 1896). Zuvor waren schon kurze Berichte dieses Versuches im Electr. Eng. **22**, 520, 534 (18. u. 25. Nov. 1896) erschienen.

[3] Brit. J. Photogr. **43**, 731.

Wassers in den Geweben des Körpers zuzuschreiben ist, die durch die hohe Spannung der Spulen verursacht wird, wobei Sauerstoff oder Wasserstoff frei gemacht wird." Vielerlei Theorien über die Ätiologie der X-Strahlen-Dermatitis wurden aufgestellt; einige derselben seien hier kurz erwähnt:

1. Folge der Projektion kleinster Platinpartikelchen auf die Haut.
2. Wirkung der ultravioletten Strahlen.
3. Wirkung von Kathodenstrahlen.
4. Wirkung von Röntgenstrahlen.
5. Wirkung elektrischer Induktionen.
6. Erzeugung von Ozon in der Haut.
7. Idiosynkrasie.
8. Falsche Bestrahlungstechnik.

Der bekannte englische Wissenschaftler Sir Joseph Lister wies in der schon angeführten Ansprache des Präsidenten vor der British Association for the Advancement of Science, die im September 1896 in Liverpool stattfand, auch auf die ernsten Folgen der Bestrahlungen mit Röntgenstrahlen hin, und ein Angehöriger des X-Strahlen-Syndikates, S. J. R. (813), der tägliche Demonstrationen mit den Strahlen auf der indischen Ausstellung in Earls Court in London gab, besprach in „Nature" ausführlich die Beobachtungen der Veränderungen an seiner eigenen Hand.

Es ist eine traurige Tatsache, daß diese zahlreichen Beschreibungen der schwerwiegenden Röntgenstrahlenwirkung entweder nicht genügend verbreitet oder von manchem der frühen Forscher mit Röntgenstrahlen übersehen wurden. Viele Fälle schwerer Röntgendermatitis wurden in späteren Jahren verursacht, trotzdem die Anfänge der Leidensgeschichte der den verderblichen Wirkungen der Röntgenstrahlen Ausgesetzten schon in den ersten Monaten nach der Entdeckung der Strahlen lagen.

Die Verwendung der neuentdeckten Strahlen für therapeutische Zwecke lag nach diesen Beobachtungen ihrer unerwünschten und verderblichen Wirkungen auf die menschliche Haut auf der Hand, wenn auch schon gleich nach der Entdeckung die Vermutung ausgesprochen wurde, daß Röntgen möglicherweise ein neues, heilendes Agens gefunden hätte.

Über die ersten Versuche des bekannten Wiener Radiologen Prof. L. Freund, die Röntgenstrahlen therapeutisch zu verwenden, machte der an anderer Stelle erwähnte Prof. Eder folgende interessante Mitteilungen: „Eines Tages, im November 1896, erschien in der Direktionskanzlei der von mir geleiteten staatlichen Versuchsanstalt ein junger Mann, der sich mir als Dr. L. Freund vorstellte. Er hatte ein sonderbares Anliegen. Einer Zeitungsnotiz hatte er entnommen, daß einem amerikanischen Ingenieur, der sich viel mit Röntgenphotographie beschäftigt hatte, dabei die Haare ausgefallen sein sollten. Nun wollte Freund diese Mitteilung experimentell auf ihre Wahrheit prüfen und, im Falle seine Versuche eine biologische Wirksamkeit der Röntgenstrahlen ergeben sollten, letztere zur Behandlung von Krankheiten verwenden. — Ich überließ ihm den Funkeninduktor der Anstalt und eine von mir selbst mit der Quecksilberluftpumpe hergestellte Röntgenröhre, führte ihn in die Physik und Technik der Röntgenstrahlen ein und wies ihm einen Arbeitsraum zu, in welchem Freund alsbald seine Bestrahlungen mit Eifer begann. Als Objekt diente ihm ein kleines

Mädchen, welches durch ein ungeheures, tierfellähnliches, behaartes Muttermal am Halse und Rücken so entstellt war, daß die Eltern die Entfernung dieser Haare dringend erbaten. Durch 10 Tage bestrahlte FREUND seine kleine Patientin täglich 2 Stunden lang. Eines Tages, als ich gerade in meinem Laboratorium arbeitete, wurde die Türe desselben aufgerissen, unangemeldet, mit dem Zeichen höchster Aufregung stürmte, das kleine Mädchen an der Hand hinter sich her ziehend, FREUND herein und schrie schon draußen: ‚Herr Direktor, sie fallen aus!‘ Es war richtig. Am Halse, den FREUND bestrahlt hatte, war an diesem Tage ein kreisrunder, kahler Fleck entstanden. Das war der erste gelungene experimentelle Nachweis einer biologischen Wirkung dieser Strahlung und dabei auch die erste erfolgreiche Anwendung der Röntgenstrahlen zu Heilzwecken[1].“

Viele Versuche beschäftigten sich mit der Einwirkung der X-Strahlen auf Bakterien. Der Amerikaner Dr. W. W. KEEN (443) und unabhängig von ihm der Münchner Arzt Dr. F. MINCK (602) setzten im Februar 1896 Kulturen von Streptokokken, Bacillus Anthracis, Mikrococcus Prodigiosus, Sarcina, Tuberkelbazillen und andere den Strahlen zuerst $1/2$ Stunde lang und dann 2mal 15 Minuten lang aus, konnten aber keinerlei letale oder inhibitorische Wirkung feststellen. Die Versuche bestätigten die schon zuvor von DAVIS mitgeteilten Ergebnisse. Der mehrfach genannte New Yorker Arzt W. J. MORTON (25) hatte ebenfalls schon im Februar Kulturen von Cholerabazillen, Bacillus coli communis, Typhus- und Diphtheriebazillen den Strahlen $1/2$ und 1 Stunde lang ausgesetzt. Ein Vergleich mit Kontrollkulturen zeigte, daß die Strahlen keinerlei Einfluß ausgeübt hatten. Auch S. DELEPINE (239) kam zu denselben negativen Resultaten. Andererseits behauptete Dr. W. SHRADER (849) von der Missouri-Staatsuniversität im August 1896 eine entschiedene Einwirkung der Strahlen auf verschiedene Bakterien, besonders auf Diphtheriebazillen, gefunden zu haben.

In England prallten die Meinungen über das Bestehen einer Wirkung der Röntgenstrahlen auf Bakterien auch sehr aufeinander. Am 31. Juli erschien in dem „British Journal of Photography“[2] ein Brief des Dr. G. LINDSAY JOHNSON mit folgendem Wortlaut: „In bezug auf Ihre Ansicht, daß die X-Strahlen keine Wirkung auf Bakterien haben, bin ich der Meinung, daß dies auf jeden Fall nicht mit meiner Erfahrung übereinstimmt. Ich lege einen Ausschnitt aus dem ‚British Medical Journal‘ von dieser Woche bei, der meine Resultate wiedergibt[2].“

Die Frage der bakteriziden Wirkung der Röntgenstrahlen war in England schon sehr früh, nämlich am 29. Januar 1896, von Dr. T. G. LYON (532) in einem Briefe unter dem Titel „Haben Röntgenstrahlen heilende Eigenschaften für Krankheiten?“ und am 8. und 15. Februar[3] von Dr. W. WADE und W. S. WATSON aufgeworfen worden. Dr. LYON stellte selbst Versuche an verschiedenen Bakterien an, konnte aber keine Wirkung auf dieselben finden[4], desgleichen waren die Versuche des Dr. BLAIKIE in Edinburgh an Tuberkulosebazillen erfolglos[5]. Die Versuche von LORTET und GENOUD (524) andererseits erregten überall großes Aufsehen. LORTET und GENOUD injizierten aseptisch Reinkulturen von Tuberkel-

[1] Neue Freie Presse, Wien, 6. Jan. 1922.
[2] Brit. J. Photogr. **43**, 496.
[3] Brit. med. J. **1896**, 362, 433.
[4] Lancet **74 I**, 513 (22. Febr. 1896).
[5] Lancet **74 I** (25. Juni 1896).

bazillen in die rechte Leistengegend von 8 Kaninchen. Die Injektionsstellen wurden bei 3 Tieren 8 Wochen lang täglich bestrahlt. Die Kontrolltiere erkrankten schwer, und an den Einspritzstellen traten Abszesse auf, während die bestrahlten Tiere wohl blieben und an Körpergewicht zunahmen. Dr. F. BERTON (123) dahingegen behauptete, daß die den X-Strahlen 16, 32 und 64 Stunden lang ausgesetzten Klebs-Löffler-Bazillen in Fleischbrühe in keiner Weise verändert wurden. Auch der Italiener GORMANI (351), der mit 16 verschiedenen Arten von Bakterien experimentierte, konnte keine Einwirkung der Strahlen feststellen.

War auch die bakterizide Wirkung der Röntgenstrahlen, nach diesen Versuchen zu urteilen, wenigstens mit den zu jener Zeit zur Verfügung stehenden Mitteln, eine negative, so gingen doch einige Ärzte direkt an die Bestrahlung verschiedener Krankheiten heran. — In Chicago behandelten 2 bekannte Ärzte, Prof. H. P. PRATT und Prof. H. WIGHTMAN, einen fast aufgegebenen Fall von Schwindsucht durch direkte Bestrahlung mit Röntgenstrahlen durch die Lunge. „Und obgleich sie noch nicht sagen können, daß die Krankheit völlig geheilt wurde, muß doch zugegeben werden, daß der Erfolg wunderbar ist. Einer der Ärzte sagte, daß bis jetzt der Erfolg fabelhaft sei[1].“ In Deutschland erschien einige Monate später schon eine Schrift mit dem hoffnungsvollen Titel „Die Heilung der Tuberkulose durch Röntgenstrahlung“ von Dr. SINAPIUS, Nörenberg[2], in der eine ganze Anzahl von mit Erfolg bestrahlten Fällen angeführt wurde. Es ist allerdings fraglich, ob bei den kleinen, zu jener Zeit zur Verfügung stehenden Intensitäten die beobachteten Veränderungen wirklich den Röntgenstrahlen zugeschrieben werden konnten.

Versuche, auch andere Krankheiten mit Röntgenstrahlen zu beeinflussen, wurden schon in den ersten Monaten des Jahres 1896 gemacht. Der französische Arzt Dr. V. DESPEIGNES (240, 241) von Lyon berichtete über 2 Fälle, ein Kankroid des Mundes und einen Magenkrebs, die beide erfolgreich von den Strahlen beeinflußt wurden. Im ersteren Falle wurde täglich 2mal $^1/_2$—1 Stunde lang bestrahlt, mit dem Erfolg, daß die Schmerzen fast augenblicklich aufhörten. Leider starb der Patient an Lungenentzündung, ehe weitere Einwirkungen der Strahlen beobachtet werden konnten. In dem zweiten Falle fand DESPEIGNES, daß der Tumor in einem Falle von Magenkrebs nach zweimaligen täglichen Behandlungen von je $^1/_2$ Stunde nach einer Woche sich stark verkleinert hatte und daß die Schmerzen sehr nachgelassen hatten. Auch konnte er beobachten, daß die gelbliche Hautfarbe des Patienten fast vollkommen verschwunden war. DESPEIGNES schloß aus der Behandlung dieser beiden Fälle, daß die Strahlen bei der Krebsbehandlung eine auffallende anästhetische Wirkung haben und eine allgemeine Besserung im Befinden des Patienten verursachen, wenn sie auch keinen größeren Einfluß auf den Tumor selbst zu haben schienen.

Ein anderer Fall von Strahlenbehandlung eines Brustcarcinomas wurde von dem schon mehrfach erwähnten amerikanischen Arzt Dr. F. H. WILLIAMS, Boston, zitiert. Es handelte sich um eine 46 Jahre alte Patientin, die schon mehrmals wegen eines Brustcarcinomas operiert worden war. Die Behandlung mit X-Strahlen wurde im November 1896 begonnen. Die Schmerzen ließen schnell nach, kehrten

[1] Electr. Eng. **22**, 87 (22. Juli 1896).

[2] Leipzig: Reichs-Medizinal-Anzeiger 1897.

aber sofort zurück, als der Apparat wegen eines Defektes 12 Tage lang nicht benutzt werden konnte[1].

Ein Fall, der als Vorläufer der später in der Therapie so häufig beobachteten unangenehmen Erscheinung der Röntgenkrankheit oder des Röntgenkaters gelten kann, wurde von dem englischen Arzt H. Drury (244) nach ausgedehnten Röntgenaufnahmen beobachtet. Jm „British Medical Journal" berichtete im November 1896 Drury, daß er behufs Sicherstellung der Diagnose von Nephrolithiasis 6 Tage einen Patienten 1—$1^1/_2$ Stunde täglich bestrahlte und daß danach jedesmal Übelkeit, Schwäche usw. auftrat. Selbstverständlich waren diese ausgedehnten Bestrahlungen von einem Hautausschlag, der sich in ein Ekzem umwandelte, begleitet.

Gegen Ende des Jahres 1896 erschienen überall sensationelle Berichte über den Erfolg der Arbeiten im Edison-Laboratorium, Blinde mit Hilfe der X-Strahlen sehend machen zu können. Naturgemäß erregten solche Nachrichten wiederum großes Interesse und riefen zahlreiche Zweifel an der Echtheit dieser Mitteilungen hervor. Es handelte sich, wie so oft bei diesen ersten Nachrichten, um eine Verzerrung oder Übertreibung der wenigen Versuche, die weniger Edison, als den dauernd um sein Laboratorium lauernden Zeitungsreportern zuzuschreiben war. Um die bald in der ganzen Welt zirkulierenden sensationellen Nachrichten zu berichtigen, ließ sich Edison zu einer einfachen Feststellung herbei. Am 21. November 1896 sagte er in der „Electrical Review"[2]: „Vor einer Woche war ich einige Stunden lang in einem verdunkelten Zimmer und arbeitete mit den X-Strahlen. Meine Augen waren sehr empfindlich, da ich mit einer kräftigen Röhre experimentierte. Ich bemerkte, daß ich meine Hand mit geschlossenen Augen sehen konnte. Ich band eine Binde um meine Augen und konnte immer noch die Bewegungen meiner Hand sehen. Dies ließ natürlich den Gedanken aufkommen, daß es für Blinde, die an einer bestimmten Art von Blindheit, wie z. B. einem Katarakt, leiden, möglich sein könnte, mit Hilfe der Röntgenstrahlen sich bewegende Gegenstände zu erkennen. Als mir am letzten Montag ein Telegramm aus San Francisco gezeigt wurde, welches berichtete, daß ein blinder Negerknabe mit Hilfe der Röntgenstrahlen sehen konnte, machte man den Vorschlag, daß ich an 2 Blinden Versuche anstellen sollte. Wir machten dies am Dienstagabend mit verschiedenen Arten von Röhren und hatten einige ermutigende Erfolge. Alles, was bis jetzt in dieser Hinsicht erreicht worden ist, ist, daß die Männer sagten, daß sie einige kleine Lichtpunkte unterscheiden konnten." Es war unausbleiblich, daß wieder von anderer Seite die Priorität in einer solch wichtigen Entdeckung der Anwendung der Röntgenstrahlen beansprucht wurde. Dr. G. Waverly Clark von San Francisco, der Arzt, auf den Edison in seinem obigen Bericht schon Bezug nahm, erhob einen energischen Anspruch auf die Priorität[3].

---

[1] In Amerika wird der Chicagoer Arzt Emil H. Grubbe zuweilen als „der Vater der Strahlentherapie" bezeichnet, weil dieser seiner eigenen Feststellungen nach (Emil H. Grubbe, X-Ray Treatment, Its Origin, Birth and Early History. Bruce Publishing Company-St. Paul, 1949) schon am 29. Januar 1896 einen Patienten mit einem Brustcarcinom mit Röntgenstrahlen behandelte. Jedoch hat Grubbe in den ersten Jahren nach der Entdeckung der Röntgenstrahlen nichts über seine Strahlenbehandlung veröffentlicht.

[2] Literary Digest **14**, 177 (12. Dez. 1896).

[3] Electr. Eng. **22**, 601 (9. Dez. 1896).

Es ist schwer, sich heute die Wirkungen dieser sensationellen Nachrichten auf das allgemeine Publikum vorzustellen. An vielen Stellen wurden auf Grund der übertriebenen Berichte der Zeitungsreporter Versuche an Blinden mit Röntgenstrahlen angestellt. Ein Berichterstatter gab eine Beschreibung, wie die blinden Patienten in den mit Hilfe der Röntgenstrahlen beschienenen Gärten eines Krankenhauses glücklich sich ergingen. „Ich persönlich ziehe eine Welt im Dunkeln derjenigen vor, die von Schattenskeletten bewohnt ist. Dieses letztere wäre der Fall, wenn Blinde mit Hilfe der Strahlen sehen könnten, selbst wenn es möglich wäre, die mechanischen Schwierigkeiten, die nötigen Apparate zu konstruieren, aus dem Wege zu räumen.“[1]

Ein Fall, der allerdings von größerem Interesse werden sollte und auf den Röntgen in seiner dritten Mitteilung vom 10. März 1897 ausdrücklich hinwies (da er selbst ähnliche Beobachtungen machte), wurde von Dr. Brandes (163) und Dr. Dorn (257) von der Universität Halle berichtet. Dr. Brandes ging von den Versuchen der Franzosen Dariex und A. de Rochas (233) in Rouen aus, die am 24. Februar 1896 vor der Pariser Akademie berichteten, daß die Röntgenstrahlen nicht durch die Linse des Auges hindurchgehen könnten. Am 6. Februar war der Italiener E. Salvioni schon zu den gleichen Resultaten gekommen[2]. Brandes suchte daher nach einem Patienten, bei dem die Linse aus irgendeinem Grunde, z. B. wegen starker Kurzsichtigkeit oder wegen eines Kataraktes, entfernt worden war. Er fand ein Mädchen, bei dem die Linse des linken Auges entfernt war, und bemerkte, daß die Strahlen die Retina des Auges beeinflußten und daß das Mädchen in der Lage war, die Hand, selbst wenn sie verdeckt war, mit geschlossenen Augen zu sehen.

Der österreichische Augenarzt E. Bock (145) von Laibach machte am 19. Dezember 1896 ähnliche Vorschläge, wie sie schon von Dr. Brandes durchgeführt waren. Auf die Unmöglichkeit der erfolgreichen Resultate solcher Experimente wies jedoch eine Woche später Dr. E. Bloch (138) hin [Battelli (90, 92)].

Waren diese Versuche, Blinde mit Hilfe der Röntgenstrahlen sehend zu machen, auch nicht von Erfolg begleitet, so wurden doch die Grundlagen der therapeutischen Verwendung der Röntgenstrahlen schon im Jahre 1896 gelegt.

15. Die Entwicklung der Röntgenröhren und Röntgenapparate im Jahre 1896. Verstärkerschirm, stereoskopische Röntgenaufnahmen

Die Hittorfsche Röhre, mit welcher Röntgen seine Strahlen entdeckte, war von einfacher birnenförmiger Form. Wie schon gesagt, arbeitete Röntgen zur Zeit der Entdeckung mit Hittorf-Crookesschen wie auch mit Lenardschen Röhren verschiedenster Konstruktionen. Röhren dieser Art waren zu jener Zeit in vielen physikalischen Laboratorien in der ganzen Welt zu finden. Viele der Hittorfschen oder Crookesschen Röhren, mit denen Röntgens erste karge Mitteilungen nachgeprüft wurden, waren nicht birnenförmig, sondern zylinder- oder kugelförmig.

Das Streben nach besseren Resultaten der Durchleuchtung des menschlichen Körpers (Schädel, Thorax, Becken) spornte schnell zur Durchbildung besserer Röhrenkonstruktionen an; ja, die Entwicklung des Röhrenbaues war so rapid,

[1] Electrician 38, 291 (25. Dez. 1896).

[2] Proc. Acad. Med. Chir. Perugia 8 (1896).

daß gegen Ende des Jahres 1896 der Typ der von RÖNTGEN bei der Entdeckung benutzten Röhre von dem englischen Physiker SILVANUS P. THOMPSON als schon „vor 8 Monaten veraltet" bezeichnet werden konnte[1].

Es ist aber erstaunlich, welche hervorragenden Resultate mit den ersten Hittorfschen Röhren erzielt wurden. Zuvor wurden schon RÖNTGENs erste Auf-

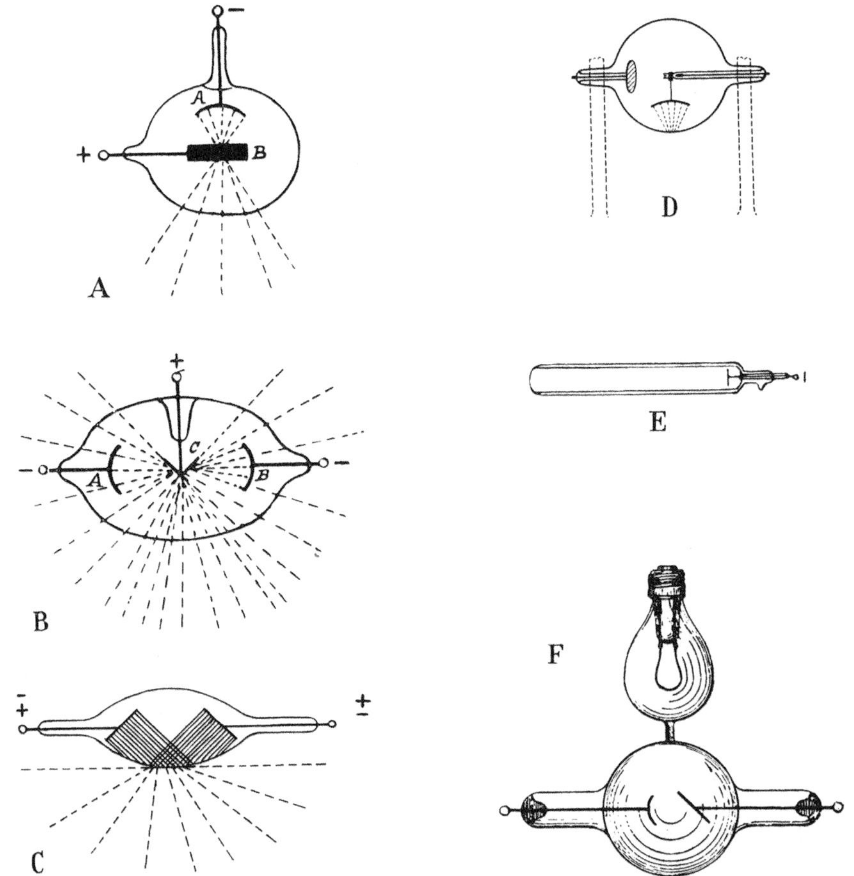

Abb. 82. Verschiedene Röntgenröhren, die im Jahre 1896 konstruiert wurden. *a* MORTONs X- und Kathodenstrahlenröhre, *b* THOMPSONs Doppelkathodenröhre, *c* EDISONs Doppelkathodenröhre, *d* WOODs Röhre mit rotierender Glaskugel, *e* TESLAs Röhre, *f* MORTONs Röntgenröhre mit Kohlenfadenbirne

nahmen gezeigt, zusammen mit den vorzüglichen Aufnahmen von EDER und VALENTA aus Wien, die mit einer verbesserten Hittorfschen Röhrentype gemacht wurden; sie legen ein beredtes Zeugnis für die gute Qualität der ersten X-Strahlen-Bilder ab. Immerhin waren solche ausgezeichneten Resultate Ausnahmen und standen weit über der Durchschnittsqualität.

Mancherlei Mißstände beim Gebrauch der alten Röhrenformen zeigten sich bald. Die Expositionsdauer war gewöhnlich unangenehm lang. Der mißlichen Erscheinung, daß der Brennfleck und damit der Ausgangspunkt der Röntgen-

[1] Electrician **38**, 225 (11. Dez. 1896).

strahlen bei den ersten Röhren sehr groß war, wurde vielerorts durch die Verwendung einer Bleiblende mit kleiner Öffnung abgeholfen. Die praktische Anwendung einer solchen Blende und die dazugehörige Röntgenaufnahme gehen aus der Abb. 83a, b hervor, die von dem damaligen Direktor der General Electric Comp., E. W. RICE JR. (733) gemacht wurde[1]. Ein anderer Nachteil der ersten Röhren, der schwerer zu beseitigen war, lag in der starken Erwärmung der Glasstellen, auf welche die Kathodenstrahlen aufprallten. Dieser Mißstand trat dem Wunsche höherer Belastbarkeit der Röhren zwecks Abkürzung der Expositionszeit entgegen. Eine originelle Idee, diese Erwärmung zu verhindern oder besser gesagt zu verteilen oder abzuleiten, stammt von dem amerikanischen Physiker R. W. WOOD (1027). WOOD hing eine konkave Kathode zwecks Konzentration der Kathodenstrahlen auf einen Punkt, an einer Achse drehbar wie ein Pendel, in die Röhre, die während des Gebrauches um ihre Achse gedreht werden konnte (s. Abb. 82d). Auf diese Weise fiel der Brennpunkt der Kathodenstrahlen nicht dauernd auf ein und dasselbe Glasteil der Röhre, sondern immer auf gekühltes Glas auf. Die Belastbarkeit dieser Röhre übertraf denn auch die der gewöhnlichen Röhre, jedoch fand sie wegen ihrer etwas umständlichen Handhabung kaum Eingang in die Praxis. Immerhin muß diese Woodsche Röhre als Vorläufer der späteren Röntgenröhrenkonstruktion mit drehbarer Anode oder Kathode angesehen werden. In den ersten Monaten wurden vielerlei andere Modifikationen im Bau der Röhren versucht, Stellung und Form, Größe und Gestalt der Elektroden in der Röhre verändert, aber ein eigentlicher Fortschritt im Röhrenbau war erst mit der Einführung der Fokusröhre zu verzeichnen.

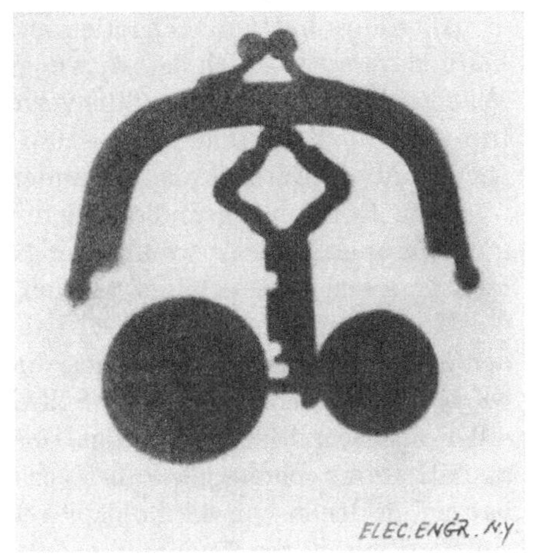

Abb. 83a

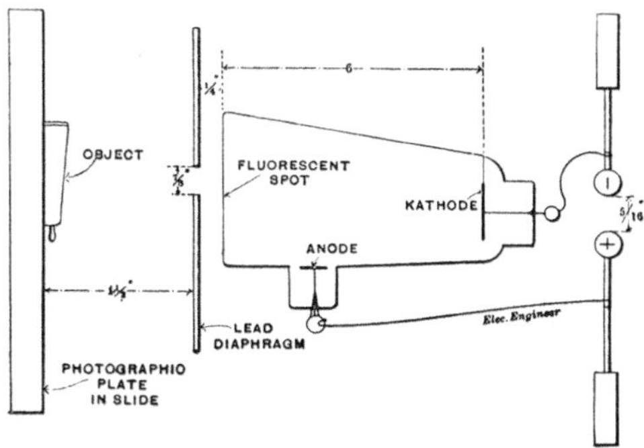

RICE'S EXPERIMENT.
Diagram.

Abb. 83b

Abb. 83a u. b. RICEs Versuche mit einer Bleiblende, April 1896 (733)

Es dauerte geraume Zeit, bis man sich davon überzeugte, daß die Glasfluoreszenz nicht die Grundlage für die Bildung der Röntgenstrahlen war. Viele Untersuchungen beschäftigten sich damit, zu finden, ob die Röntgenstrahlen von der Anode oder Kathode ausgingen, und es herrschte anfangs in dieser Beziehung trotz RÖNTGENs richtigem Hinweis ein großes Durcheinander (328, 329, 339, 368, 378, 421, 447, 483, 674, 701, 794, 834, 861, 862, 924, 927, 928). Bei einem Versuch,

[1] Electr. Eng. **21**, 401 (22. April 1896); Electr. World **27**, 423 (18. April 1896).

den die Russen Prinz Galitzine und de Karnojitzky z. B. beschrieben, fielen die Strahlen einer Hittorfschen Röhre durch eine Blende auf ein mit einer Reihe von parallelstehenden Nägeln gespicktes Brett, unter dem die photographische Platte lag. Aus der Schattenbildung der Nägel erkannte man einwandfrei, daß praktisch alle Strahlen von der Anode ausgingen.

Allerdings hatte die Theorie, daß die Glasfluoreszenz direkt für die Strahlenbildung verantwortlich sei, so wie sie z. B. anfangs 1896 von dem französischen Wissenschaftler Poincaré (691) verfochten wurde, in ihren direkten Folgen fruchtbringend auf Becquerels (99—105) Entdeckung der Uraniumstrahlen und damit weiter auf die Entdeckung der anderen radioaktiven Substanzen gewirkt.

Nach Röntgens grundlegenden Versuchen zeigte es sich bald, daß Röntgenstrahlen auch beim Auftreffen der Kathodenstrahlen auf andere Substanzen, die nicht fluoreszierten, gebildet wurden, und aus vielen Gründen zeigte sich die Wahl der Metalle am vorteilhaftesten. Bei der Suche nach dem ersten Röntgenforscher, der ein Metall als Anode wählte und damit eine Fokusröhre baute, trifft man wieder auf die schon erwähnte Schwierigkeit, das Verdienst einem einzelnen Forscher zuzuschreiben. Allerdings darf man nicht vergessen, daß Crookes und auch Hittorf schon viele Jahre vor der Entdeckung der Röntgenstrahlen Röhren bauten, in denen von der hohlspiegelförmigen Kathode die Kathodenstrahlen auf ein Platinblech, die Anode, konzentriert wurden und dieses nach kurzer Zeit zur Weißglut, ja zum Schmelzen brachten. Die Crookessche Demonstration dieser Röhre in seinem bekannten Vortrag vor der Royal Society in London sollte die Energie der Kathodenstrahlen illustrieren; die Röhre war zu gleicher Zeit, ihren Schöpfern allerdings unbekannt, eine reiche Quelle von Röntgenstrahlen und kann als das eigentliche Modell der späteren Fokus-Röntgenröhre dienen, wie es erst einige Monate nach der Entdeckung der Röntgenstrahlen neu entdeckt wurde.

Die einzige Modifikation, die die Experimentatoren an der alten Crookesschen Röhre anbrachten, war die Drehung des horizontalen Platinbleches oder der Antikathode um 45°, so daß die auf ihr gebildeten Röntgenstrahlen besser nach außen projiziert werden konnten. Wem kommt nun das Verdienst zu, diese alte Crookessche Konstruktion wieder aufgenommen oder sie neu ersonnen zu haben? Nachdem Röntgen in seiner ersten Mitteilung angekündigt hatte, daß die Erzeugung der Röntgenstrahlen nicht nur an Glas, sondern auch „an einem 2 mm starken Aluminiumblech stattfindet“, lag eigentlich bei dem bald auftretenden unerfreulichen Verhalten des Glases unter dem Kathodenstrahlenbombardement dessen Ersatz durch Metall auf der Hand. In seiner zweiten Mitteilung schrieb dann Röntgen auch, wie er durch seine weiteren Versuche dazu geführt wurde, das Aluminium durch Platin zu ersetzen, weil „das letztere viel mehr X-Strahlen aussendet als Aluminium“, und weiter, daß er seit einigen Wochen mit gutem Erfolg einen Entladungsapparat gebrauchte, „bei dem ein Hohlspiegel aus Aluminium als Kathode, ein unter 45° gegen die Spiegelachse geneigtes, im Krümmungszentrum aufgestelltes Platinblech als Anode fungiert“. Diese Idee kam gleichzeitig in vielen Köpfen auf. Zu gleicher Zeit wie Röntgen beschrieb der Amerikaner O. B. Shallenberger von Rochester Experimente, die mit einer ähnlichen „Fokusröhre“ gemacht worden waren[1]. In England wurde

[1] Electr. World **27**, 243, 433 (17. März u. 18. April 1896).

allgemein Sir HERBERT JACKSON vom King's College, London, als Vater der Fokusröhre angesehen. Seine erste Beschreibung dieser Röhre erschien am 13. März 1896[1]. Schon vorher, am 7. März 1896, kündete die englische Zeitschrift „Lancet"[2] Demonstrationen mit der neuen, von Newton & Co. hergestellten Röhre in ihrem Laboratorium an. S. ROWLAND beschrieb dieselbe Röhre in dem „British Medical Journal" am 7. März 1896, S. 620. — Die ausgezeichneten Röntgenphotographien von Prof. Dr. W. KÖNIG (17) vom Physikalischen Verein zu Frankfurt a. M., die im März 1896 erschienen, waren ebenfalls mit einer Fokusröhre vom alten Crookesschen Typus gemacht worden. KÖNIG beschrieb sie als „eine kugelförmige Röhre mit hohlspiegelartiger Kathode und einem Platinblech in der Mitte, wie sie von den Glasbläsern angefertigt werden, um die Wärmewirkung der Kathodenstrahlen zu zeigen". Mancher andere Forscher hat zu jener Zeit am Prinzip der Fokusröhre gearbeitet.

SHALLENBERGER, der zeitlich zusammen mit RÖNTGEN zuerst die Fokusröhre beschrieb, benutzte seine Röhre nicht wie RÖNTGEN mit einer Induktionsspule, sondern unipolar an einer Teslaschen Apparatur für Hochfrequenzstrom; TESLA selbst hatte diese Methode der Unipolarröhren vorgeschlagen. Er hatte eine Röhre gebaut, wie sie in der Abb. 82e illustriert sind, eine lange zylindrische Glasröhre aus dickem Glas, deren unteres, der Elektrode gegenüberliegendes Ende dünn ausgeblasen war. Die Elektrode war eine Aluminiumscheibe und wurde mit einem Pol der Teslaapparatur verbunden. Die andere Elektrode war entweder die Haut, auf welche die Röhre aufgesetzt wurde, oder eine Metallplatte, die von außen der Röhre genähert wurde. Eine besonders interessante Verbesserung an diesen Röhren brachte Prof. TROWBRIDGE (958) von der Harvard-Universität an. Um die lästige Büschelentladung und Funkenentladung bei Benutzung des Hochfrequenzstromes zu vermeiden, tauchte er die ganze Röhre in isolierendes Öl ein (Abb. 84); auch EDISON hatte schon eine solche in Öl eingetauchte Röntgenröhre angegeben, wobei das Öl außerdem zwecks Erhöhung der Strahlenausbeute durch eine Kältemischung auf niederer Temperatur gehalten wurde. Mit diesen ersten Versuchen war das Beispiel für die später viel benutzten und mehrere Male wiedererfundenen Typen der ganz unter Öl getauchten Röntgenröhren gegeben. Eine andere Verbesserung, die TESLA an seinen Röhren anbrachte, war von großer Bedeutung. Um den Zuleitungsdraht in der Röhre wie auch in derselben Höhe um den äußeren Hals wurde eine Zinnfolie gewickelt. Das Glas der Röhre zwischen Innenelektrode und Hals wurde mit Bronzefarbe angestrichen. Von Zeit zu Zeit sprang dann beim Betrieb der Röhre ein Funke durch die Folie zu dem Bronzeanstrich über, wodurch eine ansehnliche Quantität von Gas frei gemacht wurde. TESLA hatte damit eine der ersten Vorrichtungen zur Regulierung des

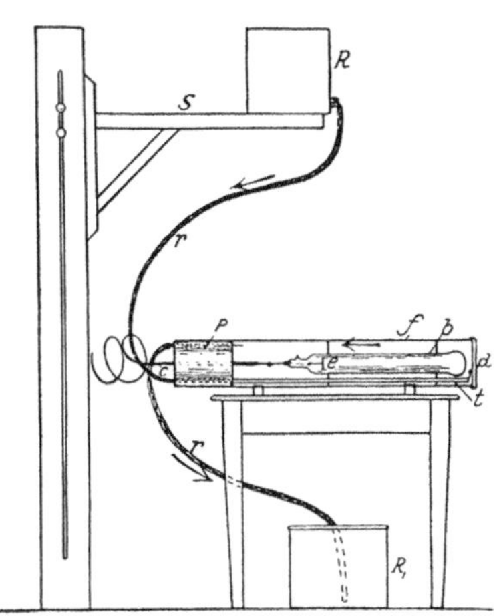

Abb. 84. Tesla-Röhre unter Öl, nach TROWBRIDGE, 1896 (36)

[1] Electr. Rev. (Lond.) **38**, 340.
[2] Lancet **74 I**, 639 (7. März 1896).

Vakuums in der Röhre konstruiert, die das lästige Hartwerden der Röhre bei längerem Betriebe verhinderte. Auch an diesem Problem der Vakuumregulierung wurde schon sehr früh in vielen Laboratorien gearbeitet. EDISON schlug vor, für die in der Medizin gebrauchten Apparate eine einfache Quecksilberpumpe einzuführen und die Röhren nicht abzuschmelzen, sondern dauernd mit der Pumpe zu verbinden, „wodurch das Vakuum jederzeit geregelt werden kann".[1] Eine ähnliche Idee hatte der Physiker R. W. WOOD (1029), der zu diesem Zwecke ein sehr schönes und einfaches Pumpensystem baute. Wie aus der Abb. 85 hervorgeht, mußte das System der zwei Quecksilberpumpen, die in der Mitte an die Röntgenröhre angeschlossen waren, in einem Schaukelapparat auf und ab bewegt werden, so daß das Quecksilber nacheinander die unteren Kugeln füllte und die eingeschlossene Luft nach oben austrieb. Allerdings konnte sich in der Praxis dieser etwas komplizierte Apparat nicht bewähren, und früh schon gewannen daher die in einem kleinen Ansatz an der Röhre eingeschlossenen Chemikalien, die beim Erhitzen Gas abgaben und dadurch das Vakuum herabsetzten, an Wichtigkeit. Auch hier hatte CROOKES schon vor RÖNTGENs Entdeckung (und OLIVER LODGE kurz danach) einen Weg gewiesen, als er „in einem kleinen, an die Röhre angeschmolzenen Behälter etwas Pottasche einschmolz, welche beim Erhitzen Gas abgab und die sich härtende Röhre dadurch weicher machte".[2] In Deutschland beschrieb Prof. E. DORN (253) in Halle am 30. März und am 12. November 1896 „einen schon früher von den Glasbläsern für andere Apparate mit hohem Vakuum benutzten Kunstgriff". „Ich bringe", sagte Prof. DORN, „in einen Ansatz — am einfachsten in einer abwärts gerichteten Biegung des Röhrenstieles — ein Stückchen Ätzkali, das ich beim Beginn des Evakuierens schmelze und im weiteren Verlauf desselben mehrfach etwas erwärme. Ich mache das Vakuum der höchsten beabsichtigten Schlagweite entsprechend oder noch etwas höher und schmelze dann von der Pumpe ab." Durch Erwärmen des Ätzkalis konnte dann das Vakuum nach Belieben erniedrigt werden.

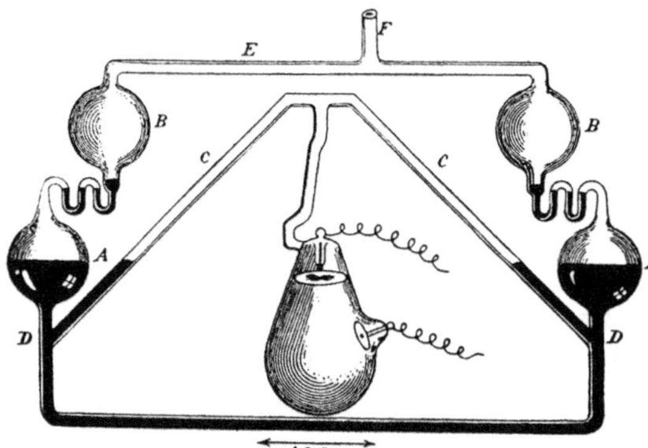

Abb. 85. WOODs (1029) Röntgenröhre mit Pumpensystem, 1896

In Amerika wurde schon Mitte des Jahres 1896 die sog. Doppelfokusröhre (Abb. 82B) von THOMSON (930) kommerziell als die erste Röhre mit Vorrichtung zur Regulierung des Vakuums vertrieben. L. T. SAYEN aus Philadelphia experimentierte mit einer selbstregulierenden Röhre, die bald von Queen & Comp. auf den Markt gebracht wurde. Das Prinzip war dasselbe wie bei der Thomsonschen Röhre, mit dem Unterschied, daß, sobald die Röhre zu hart wurde, Kathodenstrahlen auf ein Platinblech auffielen, das mit einer eingeschmolzenen chemischen Substanz in Verbindung stand. Durch Erwärmen des Platinbleches und damit der chemischen Substanz wurde dann Gas im Röhreninneren frei gemacht. Dieser Vorgang fand

[1] Electr. World **27**, 360 (4. April 1896).

[2] Lancet **74 I**, 477 (22. Febr. 1896).

in einer Seitenröhre statt und wurde durch Funken ausgelöst, die beim Hartwerden der Röhre nach der Seitenröhre übersprangen. Es war dies die erste automatisch selbstregulierende Röhre.

Prof. DORN machte in dem obenerwähnten Bericht schon auf die Regulierung mittels eines eingeschmolzenen Palladiumröhrchens aufmerksam, durch welches beim Erwärmen mit einer Leuchtgasflamme Wasserstoff in das Innere der Röhre hineindiffundierte und damit das Vakuum daselbst erniedrigte. Der Vorschlag, durch Umkehrung der Polarität in der Röhre Gas in derselben frei zu machen, wurde von R. MCNEILL[1] im August 1896 gemacht.

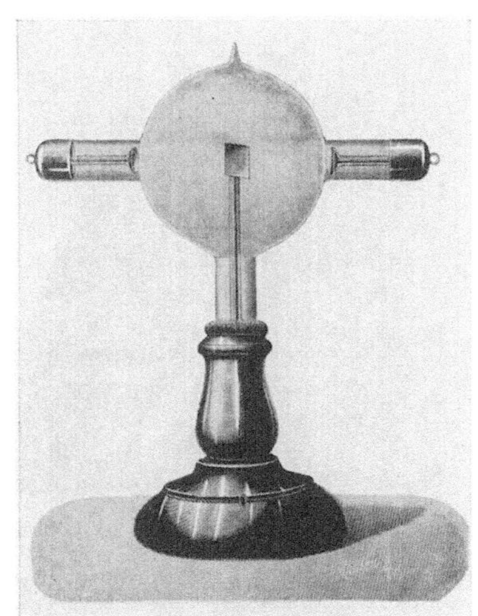
Abb. 86. Bifokale Röntgenröhre der AEG, Berlin, Juni 1896 (55)

Die Thomsonsche Doppelfokusröhre war auch in anderer Beziehung von großem Interesse. RÖNTGEN gab in seiner zweiten Mitteilung ebenfalls eine solche Bi-Kathodenröhre an, welche für den Betrieb mit Wechselstrom gedacht war. Prof. W. KÖNIG (463) beschrieb auch am 11. März 1896 eine derartige Röhre, und bald brachte die Allgemeine Elektrizitätsgesellschaft in Berlin (55) Röhren dieses Typus in den Handel (Abb. 86), die von dem Ingenieur MAX LEVY in Berlin gebaut waren. Die Röhre bedeutete zu ihrer Zeit einen großen Fortschritt in der Röntgentechnik. Die von RÖNTGEN benutzte Doppelfokusröhre ist noch in dem kleinen Schrein im Würzburger Physikalischen Institut zu sehen. Um dieselbe Zeit, am 8. März 1896, berichtete auch der Engländer A. A. C. SWINTON (899) über eine Doppelfokusröhre. Die Thomsonsche Röhre[2] (Abb. 82b) war zylindrisch, etwa 16 cm lang und $4^1/_2$ cm im Durchmesser. Sie hatte zwei konkave Aluminiumelektroden diametral gegenübergelegen und in der Mitte eine keilförmige Platin-Iridium- oder Eisenelektrode. W. H. MEADOWCROFT, ein Assistent EDISONS, berichtete in seinem Buche „Das ABC der X-Strahlen“ (22) folgendes über die Thomsonsche Röhre: „Will man die Thomsonsche Doppelfokusröhre mit einem Ruhmkorffschen Induktor betreiben, dann verbindet man die beiden konkaven Elektroden miteinander und dann mit dem Kathoden- oder negativen Ende der Induktionsspule. Die keilförmige Elektrode wird mit dem positiven Ende oder der Anode verbunden. Bei der Entladung des Stromes der Spule durch die Röhre bombardieren die beiden kathodischen Ströme den Platinkeil; da die beiden Kathodenelektroden becherförmig sind, werden die Kathodenstrahlen auf einen Punkt fokussiert und treffen die Anode auf beiden Seiten. Auf die Art werden die X-Strahlen in großer Menge gebildet und von der Anode in gerader Linie senkrecht zu ihrer Oberfläche ausgesandt. Soll die Doppelfokusröhre mit einer durch Wechselstrom gespeisten Hochfrequenzspule betrieben werden, dann wird eine

[1] Sci. Amer. **75**, 184 (29. Aug. 1896).
[2] Electr. Eng. **21**, 377 (15. April 1896); Elektrotechn. Z. **17**, 302 (14. Mai 1896).

der beiden Becherelektroden mit dem einen Ende der Spule und die andere Elektrode mit dem anderen Ende verbunden; die Polarität der Enden der Spule wechselt mit der gleichen Frequenz wie der primäre Strom. Auf die Art werden die Becherelektroden nacheinander Anode, dann Kathode und so fort, wobei jeder Wechsel nur ein Bruchteil einer Sekunde dauert. Die Wirkung ist ähnlich der mit einer Ruhmkorffschen Spule erzeugten. Beim Gebrauch der Röhre an einem Hochfrequenzapparat kann die Platinelektrode geerdet werden. Notwendig ist diese Erdung nicht, doch wird dadurch die Strahlungsausbeute etwas erhöht.

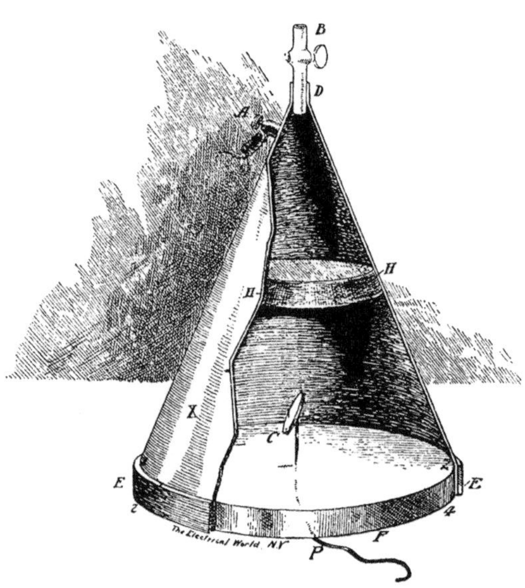

Abb. 87. WOODWARDs Metallröntgenröhre, Februar 1896 (1031)

Um die Doppelfokusröhre mit einer statischen Maschine zu betreiben, verbindet man nur eine der Becherelektroden und die Keilelektrode mit den Elektroden der Maschine. Die Entladungen einer solchen statischen Elektrisiermaschine sind selten von oszillatorischer Natur, sondern gewöhnlich gleichgerichtet; bei Maschinen mit kleiner Ausbeute ist es nicht empfehlenswert, beide Kathoden zu verbinden; wahrscheinlich wäre dies sogar von Nachteil, da die Stärke des Kathodenstromes unterteilt würde, wodurch eine Verringerung der Stärke der X-Strahlen verursacht werden kann. Alles in allem ist die Doppelfokusröhre in Verbindung mit einer elektrostatischen Maschine kleiner Ausbeute vielleicht nicht so ergiebig wie die Einzelfokusröhre.“

Wie schon gesagt, war die Zahl der 1896 in den ersten Monaten nach der Entdeckung konstruierten „Röntgenlampen“ eine sehr große (144, 203, 213, 214, 406, 712, 899, 906, 915, 994).

EDISON allein, in seiner charakteristischen Forscherweise, untersuchte 180 verschiedene Röhrenkonstruktionen, bis er schließlich bei einem Typ, ähnlich der Doppelfokusröhre von THOMSON, als dem bestgeeigneten verblieb.

Schließlich muß noch auf die beiden ersten Metallröntgenröhren aufmerksam gemacht werden. Der amerikanische Professor WOODWARD (1031) von der Harvard-Universität beschrieb am 29. Februar 1896 seine „Strahlenlampe“, die in Abb. 87 abgebildet ist. „Sie besteht aus einem kegelförmigen Mantel aus $^1/_{10}$ mm dickem Aluminiumblech, an dessen unteres Ende eine dicke Glasplatte F angekittet ist. Ein Messingring E preßt das Aluminiumblech fest an die Glasplatte. Die Kegelspitze D endet in einem Glashahn B, der mit der Luftpumpe verbunden ist. Die Kathode C ist mit dem Zuleitungsdraht P verbunden, der durch die Mitte der Glasplatte F geführt ist. Der Aluminiummantel bildet die Anode, wobei die Klemmschraube A mit dem positiven Pol des hochspannungsgebenden Apparates verbunden ist. Die Holzplatte H in der Mitte der Lampe schützt die Röhre vor dem Zusammenpressen nach dem Evakuieren.“ Nach WOODWARDs Angaben sollten bei einem Potential von 25—30 kV intensive Röntgenstrahlen bei X aufgetreten sein, so daß die Aufnahme einer Hand in 5 Sekunden, d. h. in einer für die damalige Zeit sehr kurzen Expositionsdauer erfolgen konnte. Prof. DORN (254) bezweifelte allerdings, daß eine solche Metallröhre Woodwardscher Konstruktion für lange Zeitdauer ohne Pumpe benutzbar sein könnte[1].

Eine zweite, besser durchgearbeitete Metallröhre wurde im Oliver Lodgeschen Laboratorium im März 1896 von B. DAVIES (234) konstruiert und fand auf dem Kongreß der British Association for the Advancement of Science in Liverpool im September 1896 allgemeine Anerkennung[2]. Diese erste Metallröhre ist noch heute in dem Science-Museum, South Kensington, London, zu sehen.

Das erste Modell hatte eine Metallkugel von einem Durchmesser von etwa 5 cm, wurde aber sehr bald verbessert und nahm nach einer Reihe von Änderungen die in Abb. 88a, b, c dargestellte Form an.

Die äußere Halbkugel der Röhre bestand aus dünnem Aluminiumblech, die innere aus Kupferblech. Beide Teile waren zusammengekittet. In der Mitte der Metallkugel befand sich die Anode, ein kleines dickes Stück Platinblech, hinter dem in halbkugelförmiger oder ebener Anordnung eine Aluminiumplatte angebracht war. Diese Elektrode wurde ursprünglich durch Ebonit und später durch Porzellanisolierung in die Röhre eingeführt; die anfänglich benutzte Dichtung durch Gummiring wurde ihrer unsicheren Wirkung wegen später durch Quecksilberdichtung ersetzt.

Von den vielen anderen Röhren des Jahres 1896 seien endlich noch zwei erwähnt. Eine derselben, die von MORTON (25), New York, gebaut wurde, hatte eine interessante Regulierung des Vakuums (Abb. 82f); in einer kleinen, an die Hauptröhre angeschmolzenen Seitenröhre war der Leuchtfaden einer gewöhnlichen Glühbirne angebracht, der vermittels einer besonderen Stromquelle zum Leuchten gebracht werden konnte. Hatte sich das Vakuum in der Röhre durch langen Gebrauch erhöht, dann wurde der Strom durch diesen Leuchtfaden geschickt, und durch die Erwärmung der Luftreste in diesem Raume wurde einige Luft in die Hauptröhre hinübergedrückt und setzte damit das Vakuum etwas herab. Ohne Zweifel werden auch negative Elektronen von diesem Glühdraht ausgegangen sein und die Antikathode erreicht haben.

In England baute ROWLAND eine Röhre, die als Vorläufer der späteren Autoelektronenröhre gelten kann. „ROWLAND erhielt ausgezeichnete Aufnahmen mit einer hochevakuierten Röhre, in welcher die Elektroden nur 1 mm voneinander entfernt waren. Der Ausgangspunkt der Strahlen mißt weniger wie $^1/_{1000}$ Zoll Durchmesser, und er erhielt Bilder von großer Schärfe[3]."

Gegen Ende des Jahres 1896 behaupteten sich mehr und mehr die einfachen Fokusröhren mit Vakuumregulierung, so wie sie von RÖNTGEN, KÖNIG, SHALLENBERGER und JACKSON im März 1896 zuerst vorgeschlagen worden waren. Nach den vielen Versuchen mit den verschiedensten Antikathodenmaterialien war man schließlich bei der Platinanode stehengeblieben. Allerdings hatten diese Versuche schon RÖNTGENs Feststellungen bestätigt, daß mit der Erhöhung des Atomgewichtes der Antikathode auch die Strahlenausbeute wuchs. HERBERT JACKSON

[1] Elektrotechn. Z. **17**, 216 (2. April 1896).
[2] Lancet **74 II**, 902 (26. Sept. 1896).
[3] Brit. J. Photogr. **43**, 356 (5. Juni 1896).

arbeitete mit einer Reihe von Antikathodenmaterialien, und CROOKES experimentierte im Juni 1896 mit Röntgenröhren mit metallischer Uranium-Antikathode; er hatte dabei bemerkt, daß die Strahlenausbeute dieser Röhren höher war als

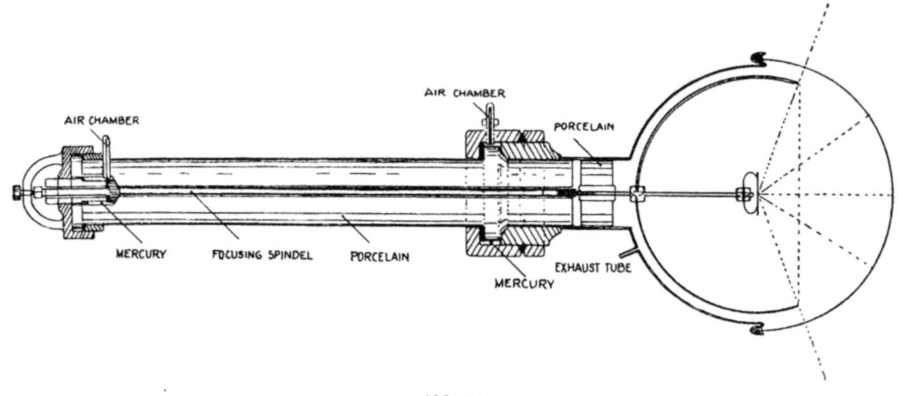

Abb. 88a

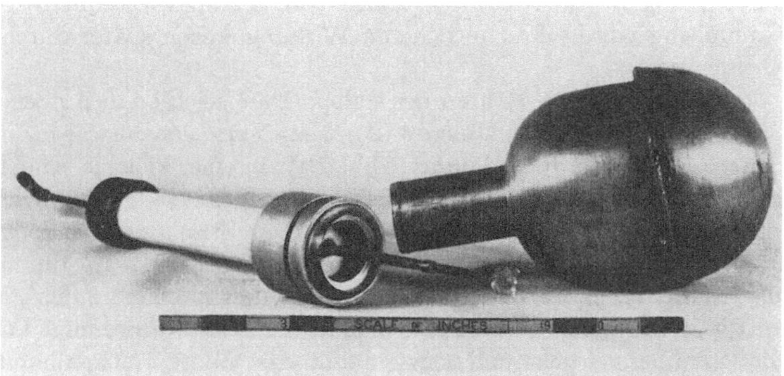

Abb. 88b

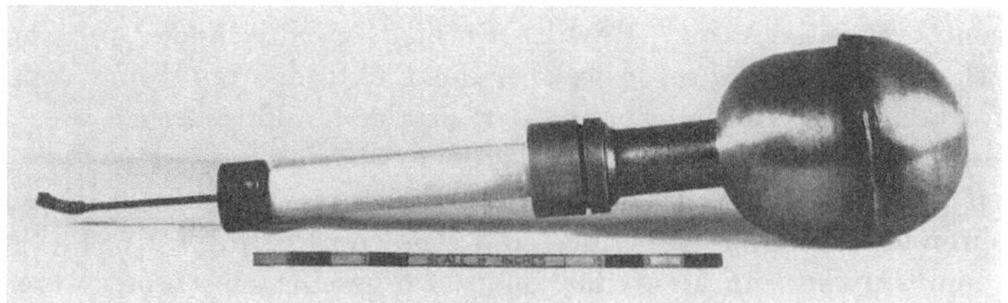

Abb. 88c

Abb. 88a, b, c. Metallröntgenröhre nach DAVIES aus OLIVER LODGEs Laboratorium. März 1896. (Bilder aus dem Science Museum, London, mit Genehmigung des British Institute of Radiology)

die mit Platin-Antikathoden. Allerdings war es schwierig, zu jener Zeit einwandfreies Uranium zu beschaffen, und CROOKES mußte aus diesem Grunde seine Versuche mit Uranium-Antikathoden aufgeben. Neben Uranium hatte er auch

Thorium in seinen Röhren als Anode benutzt[1]. SILVANUS P. THOMPSON machte vor der „British Association for the Advancement of Science" im September 1896 auf diese Versuche von CROOKES aufmerksam.

Gegen Ende des Jahres 1896 machte A. A. C. SWINTON, London, Experimente mit einer schwereren Antikathode, wobei er die gewöhnlich benutzte Platin-Antikathode auf eine Kupfermünze hart auflötete und diese starke Antikathode in seiner Röhre verwendete. Er beobachtete, daß diese Anode widerstandsfähiger gegen Hitze war, wodurch er einen größeren Strom durch die Röhre senden konnte, was seine Expositionszeit erheblich abkürzte.

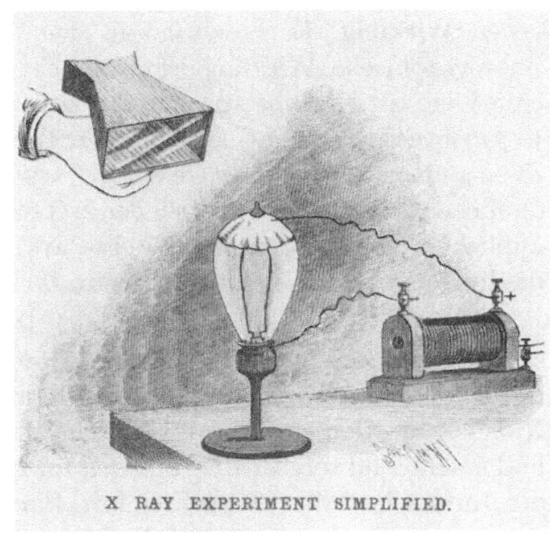

Abb. 89. Glühlampenröntgenröhre nach MCNEILL, Juli 1896

Im Gegensatz zu diesen großen Fortschritten in dem Bau guter Röhren im Jahre 1896 soll nicht unerwähnt bleiben, daß auch sehr primitive Röntgenröhren dadurch gebaut wurden, daß man bei gewöhnlichen Glühlampen den Kohlenfaden der Röhre mit einem Pol einer hochspannungsgebenden Maschine und eine außen am Glase befestigte Stanniolbelegung mit dem anderen Pol verband. Siemens & Halske (851) z. B. veröffentlichten eine diesbezügliche Notiz in der „Elektrotechnischen Zeitschrift" am 13. Februar 1896, während Abb. 89 eine in Amerika von R. MCNEILL zu etwa derselben Zeit gebaute Glühbirnenröhre zeigt[2]. Die Röntgenaufnahmen des Gehirnes und der Weichteile des Halses von FALK in New Orleans waren angeblich mit einer solchen Röhre durchgeführt. An anderer Stelle wurde über diese Versuche bereits berichtet (Abb. 76).

Die lange Expositionszeit der in den ersten Wochen nach der Entdeckung gemachten Röntgenaufnahmen war lästig, und viele Röntgenologen versuchten neben Verbesserungen in der Röhrenkonstruktion durch weitere Verbesserungen der Aufnahmetechnik die Expositionszeit abzukürzen. Man verkürzte möglichst den Abstand von der Röhre, da schon RÖNTGEN selbst und dann unabhängig von ihm andere bald erkannt hatten, daß die Intensität der Röntgenstrahlen mit dem Quadrat der Entfernung von der Röhre abnahm.

Ein genialer Gedanke, der die Verkürzung der Expositionszeit zum Ziele hatte, war die Verwendung eines fluoreszierenden Leuchtschirmes direkt hinter der photographischen Platte. Dieser Gedanke, den RÖNTGEN schon bei der Niederschrift seiner „Ersten Mitteilung" hatte, war der, die direkte photographische Wirkung der Röntgenstrahlen zu erhöhen durch den Lichteindruck der Fluoreszenz des hinter der Platte aufgestellten Leuchtschirmes. Wieder trifft man die Erscheinung, daß an vielen Stellen diese Idee zu gleicher Zeit verwirklicht wurde.

[1] Ansprache des Präsidenten Sir W. CROOKES vor der Brit. Röntgen-Gesellschaft. Arch. Röntgen ray **3**, 49 (Nov. 1897).

[2] Sci. Amer. **75**, 27 (11. Juli 1896); siehe auch Nature (Lond.) **53**, 380 (20. Febr. 1896).

Der Literatur nach scheinen die ersten, die ihre Versuche mit dem Verstärkerschirm veröffentlicht haben, die beiden Italiener BATTELLI und GARBASSO (85) gewesen zu sein, die schon im Januar 1896 die Methode des Verstärkerschirmes beschrieben.

Unabhängig von diesen Wissenschaftlern machte der Franzose M. C. HENRY (385) in den „Comptes Rendus" vom 10. Februar den Vorschlag, zur Verstärkung der photographischen Wirkung von Röntgenstrahlen die Rückseite einer Gelatinebromidplatte ungefähr $^1/_2$—1 mm dick mit phosphoreszierendem Zinksulfid zu bestreichen. HENRY fand dadurch eine Verstärkung der photographischen Wirkung. Er beschrieb in dem gleichen Vortrag, durch die verstärkte photographische Wirkung irre gemacht, auch die merkwürdige Tatsache, daß, eine Lage dieser Substanz auf die Vorderseite einer Münze oder eines ähnlichen Gegenstandes gebracht, „dieselbe für Röntgenstrahlen weit durchlässiger macht". Zwei andere französische Gelehrte, MESLIN (588) und BASILEWSKI (80), machten ähnliche Experimente. Zu gleicher Zeit etwa machte A. A. C. SWINTON (894) einen ähnlichen Vorschlag und versuchte auch die fluoreszierende Substanz direkt in die lichtempfindliche Schicht hineinzubringen.

In Amerika wurde allgemein M. I. PUPIN als der Entdecker des Verstärkerschirmverfahrens betrachtet. Er berichtete am 2. März 1896 über die Experimente, mit denen er schon Anfang Februar begonnen hatte, vor einer Versammlung der New Yorker Akademie der Wissenschaften (Abteilung für Astronomie und Physik) und machte auf sein Prinzip mit den folgenden Worten aufmerksam. „Ich bestrich die Innenseite einer Schachtel mit Bariumplatinzyanür und legte eine photographische Platte gegen diese Schicht und erhielt auf die Art und Weise sehr gute Resultate mit weit kürzerer Expositionszeit als mit der früheren Methode[1]."

Zu gleicher Zeit hatte auch der Engländer STROUD (884) solche Versuche ausgeführt, denn er beschrieb in „Nature" einen Verstärkerschirm, „der aus Bariumplatinzyanür bestand und mit dem die Expositionszeit von 12—15 Minuten auf 2 Minuten reduziert werden konnte". STROUD ging in seinen Vorschlägen auch weiter und hoffte, durch Hinzufügen geeigneter fluoreszierender Substanzen zu der lichtempfindlichen Schicht der photographischen Platte eine praktische Methode der Reduktion der Expositionszeit gefunden zu haben. Ein anderer Engländer berichtete im Mai über seine diesbezüglichen Versuche[2]. Viele weitere Veröffentlichungen, die sich mit Versuchen über Verstärkerschirme beschäftigten, erschienen in den nächsten Monaten. In „Nature"[3] wurde im April die Frage der Priorität bezüglich der Idee des Verstärkerschirmes ausführlich diskutiert (391).

Gegen Ende des Jahres benutzte der Ingenieur M. LEVY von der AEG, Berlin, zwecks Erhöhung der Empfindlichkeit photographische Platten, die auf beiden Seiten mit einer lichtempfindlichen Schicht versehen waren. Diese Platten wurden zwischen 2 Leuchtschirme gebracht, wodurch eine Verstärkung der photographischen Wirkung auf das 12- bis 15fache erzielt wurde.

Eine andere technische Verbesserung aus den ersten Monaten nach der Entdeckung der Röntgenstrahlen war die der stereoskopischen Röntgenaufnahmen.

[1] Science **3**, 455 (20. März 1896).

[2] Lancet **74 I**, 1311 (9. Mai 1896).

[3] Nature (Lond.) **103**, 613 (30. April 1896).

die von dem Deutschen Dr. FOMM in München[1] und von dem Amerikaner ELIHU THOMSON (925) erstmals im März 1896[2] beschrieben wurde. Zu gleicher Zeit arbeitete auch der Österreicher MACH[3] an Versuchen, stereoskopische Röntgenaufnahmen zu machen. Diese Technik gewann in kurzer Zeit viele Anhänger und wurde schon früh zu der Methode ausgebaut, die heute noch im Gebrauch ist.

Über die Entwicklung der Röntgenapparate selbst ist aus dem Jahre 1896 nicht allzuviel zu berichten. Die Konstruktion der Induktionsspule war schon zur Zeit der Röntgenschen Entdeckung auf einer beträchtlichen Höhe, und dieser Hochspannungsapparat setzte sich in seiner praktischen Verwendung auch mehr

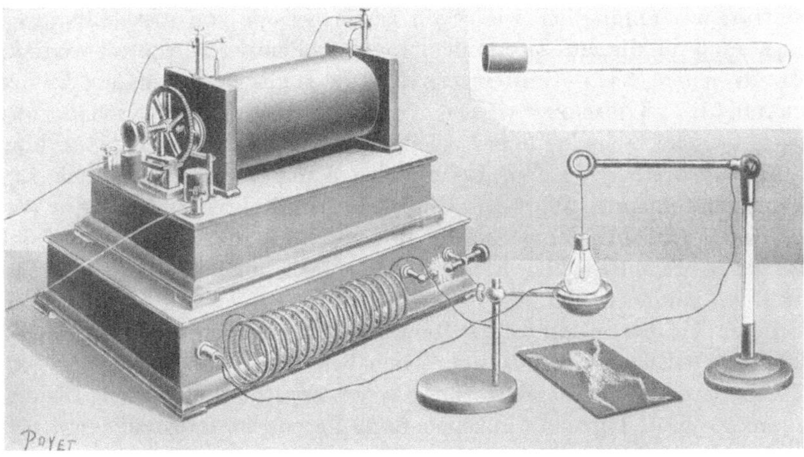

Abb. 90. Röntgenapparatur mit Teslascher Anordnung der Firma Gaiffe in Paris, 1896

und mehr durch, vor allem, nachdem die mechanischen und Quecksilberunterbrecher verbessert wurden. Die von RÖNTGEN und vielen anderen Forschern empfohlene Teslasche Hochfrequenzanordnung (Abb. 90) zur Erzeugung hoher Spannungen wie auch die großen Elektrisiermaschinen wurden wohl einige Zeitlang zur Strahlenerzeugung verwendet, machten aber doch bald ausschließlich den zuverlässigeren Induktionsapparaten Platz.

Mit den Versuchen des Jahres 1896 waren die Grundlagen für eine weitere, äußerst erfolgreiche Verwendung der Röntgenstrahlen zu praktischen Zwecken früh gelegt, und es ist der wertvollen Arbeit der Röntgenforscher der ersten Monate nach der Entdeckung zu verdanken, daß diese praktische Verwendung so rasch und sicher in zuverlässige Bahnen gelenkt werden konnte.

16. Röntgenstrahlen in der Physik. Wesen der Röntgenstrahlen

Eine der wichtigsten Fragen, die RÖNTGEN in seinen ersten beiden Mitteilungen offen gelassen hatte, war die nach dem eigentlichen Wesen der neuen Naturerscheinung. RÖNTGEN nannte das neue Phänomen „der Kürze halber" Strahlen, kam aber durch das negative Ergebnis seiner gut durchdachten und ausgedehnten

[1] Münch. med. Wschr. **43** (Juni 1896).

[2] Electr. World **27**, 280 (14. März 1896).

[3] Monist (April 1896); Science **3**, 602 (17. April 1896).

Versuche, diese Strahlen zu brechen oder zu reflektieren, zu dem Schluß, daß es sich nicht um transversale Schwingungen handeln konnte. Er glaubte es dann mit longitudinalen Schwingungen, ähnlich denen des Schalles, nur von viel größerer Tonhöhe zu haben (s. auch 159, 212, 445, 941). Wenn auch einige wohlbekannte Forscher — J. J. THOMSON (948), OLIVER LODGE (504, 505, 507), JAUMANN (434) — RÖNTGENs Ansicht anfangs in dieser Beziehung teilten, konnte sich die Mehrzahl der Physiker (58, 434, 445) nicht mit der Theorie befreunden.

Eine andere Erklärung der Natur der neuen Strahlen nahm an, daß es sich um Kathodenstrahlen hoher Geschwindigkeit handelte. Dieser Ansicht, der RÖNTGEN in seiner ersten Mitteilung auf Grund seiner experimentellen Unterlagen entgegentrat, war anfänglich, wie schon früher gesagt, vor allem LENARD (492). Allerdings muß in diesem Zusammenhang noch einmal bemerkt werden, daß LENARD zu jener Zeit — im Gegensatz zur englischen Schule (G. STOKES, FITZGERALD, J. J. THOMSON) — der Ansicht zuneigte, daß Kathodenstrahlen elektromagnetische Schwingungen seien. Prof. J. J. THOMSON (948) hingegen schloß seinen Vortrag vor dem Liverpooler Kongreß, auf dem auch LENARD sprach, mit den folgenden Worten: „Obgleich kein direkter Beweis dafür vorliegt, daß die Röntgenstrahlen eine Art Licht sind, muß man doch sagen, daß die Strahlen keine Eigenschaften besitzen, die nicht auch in den verschiedenen Lichtarten vorhanden wären."[1]

Mit dieser Ansicht stimmte die Mehrzahl der Gelehrten überein, die gleich nach der Veröffentlichung der Röntgenschen Versuche glaubten, daß die Strahlen keine Kathodenstrahlen, sondern im Sinne der Helmholtzschen Dispersionstheorie (auf die J. J. THOMSON in seiner Rede Lecture in Cambridge am 10. Juni 1896 wieder ausdrücklich aufmerksam machte) transversale Schwingungen hoher Schwingungszahl seien. Der Physiker A. SCHUSTER (833) in Manchester drückte diese Meinung auch am 23. Januar 1896 in der Zeitschrift „Nature" aus, wo er sagte: „Röntgenstrahlen sind zweifellos keine Kathodenstrahlen, sondern werden da gebildet, wo Kathodenstrahlen auf einen festen Körper auffallen." OLIVER LODGE glaubte ebenfalls bald anhand seiner Versuche dieser Theorie den Vorzug geben zu müssen. Das von RÖNTGEN und nach ihm von vielen anderen beobachtete Fehlen von Interferenz- und Beugungserscheinungen hielt SCHUSTER nicht als unvereinbar mit der Möglichkeit, daß Röntgenstrahlen transversale Wellen sehr kurzer Wellenlänge sein könnten. Die gleiche Ansicht vertrat unter anderen der französische Physiker J. PERRIN (673), als er am 27. Januar vor der Pariser Akademie der Wissenschaften über seine ergebnislosen Versuche berichtete, Röntgenstrahlen durch Stahl- und Glasspiegel zu reflektieren oder durch Paraffinprismen zu brechen. „Sind die Strahlen periodisch, dann liegt die Periode weit unterhalb der des grünen Lichtes." Die Resultate der Experimente einiger anderer Franzosen stützten die wichtigen Versuche PERRINs.[2] Die Hauptschwierigkeit, direkt zu beweisen, daß es sich um transversale Wellen handelte, lag in der Unmöglichkeit, die Strahlen zu reflektieren oder zu brechen oder zu zeigen, daß sie polarisierbar waren. Die Literatur des Jahres 1896 ist angefüllt mit Berichten von Untersuchungen, die die Reflektion, Brechung und Polarisation der Röntgenstrahlen zum Ziel hatten (94, 95, 178, 188, 196, 256, 273, 298, 306, 318, 336, 354,

[1] Sci. Amer. **75**, 328 (31. Okt. 1896).

[2] Siehe z. B. Electrician **37**, 603 (4. Sept. 1896).

355, 413, 437, 496, 541, 564, 580, 581, 582, 583, 626, 712, 731, 794, 769, 770, 771, 996, 997). Es ist bedauerlich, daß, wie schon an anderer Stelle gezeigt, die Versuche RÖNTGENs und anderer Physiker mit Hilfe von Prismen, Kristallen und Kristallpulver die Strahlen zu brechen, hauptsächlich wegen der unzulänglichen Hilfsmittel ohne Erfolg blieben. Allerdings vermutete RÖNTGEN selbst schon, daß die von ihm benutzte Strahlenintensität zu gering sein möge. Dem Deutschen WALTER (996), dem Franzosen GOUY (354) und dem Amerikaner ROWLAND (795), die versuchten, mit Hilfe von Gittern eine Beugung der Röntgenstrahlen zu erzielen, gelang es, zu zeigen, daß der Refraktionsindex n für Glas kleiner als 1,00002 und für Aluminium kleiner als 1,00005 war. Sie schlossen daraus, daß die Wellenlänge der Röntgenstrahlen kleiner als $^1/_{500\,000}$ cm sein müsse. Zu ähnlichen Resultaten kamen L. FOMM (299), RAVEAU (715) und MALTEZOS (566), G. SAGNAC (801) und VAN DER WAALS (989), L. CALMETTE (188) und G. T. LHUILLIER. SAGNAC wandte bei seinen Versuchen ein Drahtbeugungsgitter an und berechnete aus einer vermeintlichen feinen Verbreiterung des Spaltbildes eine obere Grenze von 0,000004 cm als Wellenlänge der X-Strahlen (s. auch 95, 471, 950, 951). Allerdings wurde die Zulässigkeit dieser Schlüsse damals schon angezweifelt, z. B. von OLIVER LODGE[1].

Die Frage nach der eigentlichen Natur der neuentdeckten Strahlen beschäftigte die besten Physiker jener Zeit, und wenn sich auch die Theorie von der transversalen Schwingung mehr und mehr Bahn brach, so dauerte es doch annähernd 17 Jahre, bis durch VON LAUEs glücklichen Gedanken Kristalle als Beugungsgitter und durch FRIEDRICHs praktischen Vorschlag, lange Expositionszeiten zu benutzen, dieses wichtige Problem gelöst wurde. Immerhin ergaben die fieberhaften Versuche im Jahre 1896 in vielen Laboratorien, dem wahren Charakter der Röntgenstrahlen nahezukommen, wichtige Aufklärungen über manche anderen Eigenschaften der Strahlen und resultierten in Theorien, deren Studium auch heute noch eines großen Interesses nicht entbehrt (210, 496, 715, 827, 950, 1006, 1023).

Neben der Theorie der transversalen Wellen und der Möglichkeit, daß es sich bei den Röntgenstrahlen um Kathodenstrahlen großer Geschwindigkeit handle, stellte der amerikanische Physiker MICHELSON (594) seine Vortextheorie auf, nach der die Strahlen als Ätherstrudel, ähnlich einem Rauchring, aufgefaßt wurden; diese Strudel sollten sich von dem Ausgangspunkt der Strahlen aus oder nach demselben hin bewegen. Von größter Wichtigkeit war die sog. Impulstheorie, die von dem deutschen Physiker WIECHERT (1012) und dem Engländer Sir G. STOKES (879) zu gleicher Zeit, unabhängig voneinander, aufgestellt wurde. Dieser Theorie nach sollte sich ein elektromagnetischer Impuls mit Lichtgeschwindigkeit dann in dem Raum verbreiten, wenn ein Elektron plötzlich gebremst wird. Nach einer anderen Ansicht, die hauptsächlich von dem amerikanischen Erfinder TESLA (911) vertreten wurde[2], sollten kleinste Masseteilchen von dem Ausgangspunkt der Röntgenstrahlen ausgeschossen werden.

Es ist schwer, sich viele Jahre nach jener Zeit und nach der großen Entwicklung der Erkenntnis der mit den X-Strahlen verbundenen Erscheinungen in die Schwierigkeiten der Forscher des Jahres 1896 zurückzudenken, die versuchten,

[1] Electrician **38**, 93 (19. Nov. 1896).

[2] Electr. World **28**, 127 (1. Aug. 1896); Sci. Amer. **75**, 185 (29. Aug. 1896).

aus dem Chaos der anfänglich oft unvollständigen und widersprechenden Beobachtungen genügend Daten herauszuschälen, um auf denselben eine allgemeine Theorie aufzubauen. In einer Diskussion über die verschiedenen Möglichkeiten der Erzeugung der Strahlen gegen Ende des Jahres 1896 zitierten die beiden australischen Physiker THRELFALL und POLLOCK[1] die folgenden sechs Theorien als möglicherweise richtig:

1. Die Strahlen bestehen aus einem Schwarm von kleinen Masseteilchen, die durch das Glas der Röhre herausgeschleudert werden. Elektrische Veränderungen, die an der Oberfläche des Glases vor sich gehen, werden zur Erklärung des Unterschiedes zwischen Röntgen- und Kathodenstrahlen herangezogen.

2. Die Strahlen bestehen aus einem „Ätherwind". Der Äther wird durch das Glas nach der Strahlenquelle herangesaugt und dann wieder herausgeblasen. Ob die von RÖNTGEN beobachtete Strahlung der Bewegung des Äthers nach der Strahlenquelle hin oder von der Strahlenquelle hinweg entspricht, bleibt offen.

3. Die Strahlen bestehen aus Ätherstrahlen, die sich nach der Strahlenquelle hin oder von derselben hinweg bewegen.

4. Die Strahlen bestehen aus Ätherwellen, und zwar aus Wellen von regelmäßigen oder unregelmäßigen Ätherbewegungen.

5. Die Strahlen bestehen aus elektromagnetischen Wellen von entweder sehr kurzen Wellenlängen oder mit longitudinalen Komponenten. Wahrscheinlich ist dies ein Spezialfall vom Falle 4.

6. Die Strahlen sind ein vollständig neues Phänomen, das in keiner Weise mit den bis jetzt bekannten Naturerscheinungen zu erklären ist[2].

Eine der wichtigen physikalischen Erscheinungen der neuen Strahlen, über die in vielen Laboratorien im Anfang des Jahres 1896 gearbeitet wurde, war die Eigenschaft der Strahlen, Gase zu ionisieren oder leitfähig zu machen und dadurch elektrisch geladene Körper zu entladen. Schon am 3. Februar 1896 trugen L. BENOIST und D. HURMUZESCU (113—119) der Pariser Akademie der Wissenschaften ihre Beobachtungen über die Entladung eines Goldblattelektroskopes durch Röntgenstrahlen vor (Abb. 91). Die Zwischenschaltung eines geerdeten Aluminiumbleches zwischen Röhre und Elektroskop änderte nichts an dieser Erscheinung. Die beiden Forscher machten zu jener Zeit darauf aufmerksam, daß dadurch eine Methode gegeben sei, die Durchlässigkeit verschiedener Substanzen für Röntgenstrahlen zu untersuchen. Wenige Tage später, am 13. Februar 1896, sprach Prof. J. J. THOMSON (939—948) vor der Royal Society in London über seine Versuche, die in derselben Richtung liefen. Die erste Veröffentlichung der Thomsonschen Beobachtungen geschah durch einen Brief, den der englische Physiker an den Herausgeber des „Electrician" (7. Februar 1896) am 4. Februar

[1] Philosophic. Mag. **42**, 453 (Dez. 1896).

[2] Viele Arbeiten in den ersten Monaten und Jahren beschäftigten sich mit diesen Theorien und dem Für und Wider einer jeden einzelnen. Naturgemäß trugen die mannigfachen Erklärungsversuche der Natur der neuen Strahlen nicht zur Klärung der Frage bei, und es ist charakteristisch, daß der englische Radiologe A. A. C. SWINTON auf eine Anfrage nach seiner Meinung antwortete, daß ihn die Diskussionen über die eigentliche Natur der Röntgenstrahlen an die alte Definition der Metaphysik erinnerten, nach der „jemand, der von einer Sache nichts versteht, darüber mit jemandem spricht, der ihn nicht versteht." [Electr. World **27**, 253 (7. Febr. 1896). Über weitere Besprechungen der verschiedenen Theorien siehe Arch. Roentgen ray **2**, 3 (Juli 1896).]

1896 richtete. THOMSONs Brief hatte folgenden Wortlaut: „Sehr geehrter Herr! Für diejenigen Ihrer Leser, die sich mit Röntgenstrahlenversuche beschäftigen, mag es vielleicht von Interesse sein, von einer Methode, die Strahlen nachzuweisen, zu hören, die empfindlicher und rascher arbeitet, als die photographische Platte. Es handelt sich um eine elektrisch geladene, isoliert aufgestellte Metallplatte. Wird diese den Röntgenstrahlen ausgesetzt, dann verliert sie rasch ihre Ladung; diese Wirkung ist so empfindlich, daß es mir damit möglich war, Strahlen nach dem Durchgang durch eine $^1/_4$ Zoll dicke Zinkplatte nachzuweisen. Die Entladung durch diese Strahlen unterscheidet sich beträchtlich von der durch

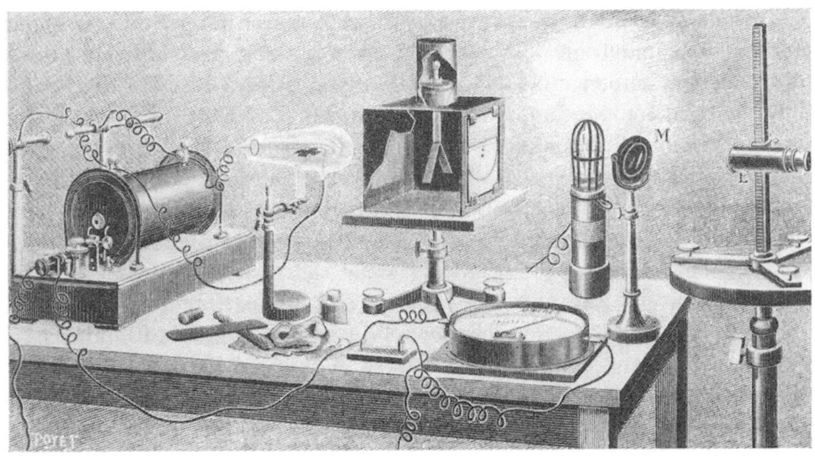

Abb. 91. BENOIST und HURMUZESCUs Anordnung zum „Studium der ionisierenden Wirkung der Röntgenstrahlen" (aus La Nature 5, **24**, 25 April 1896)

ultraviolettes Licht nach ELSTER und GEITEL. Zunächst entladen Röntgenstrahlen positive und negative Elektrizität, und dann geht die Entladung auch vor sich, wenn die elektrische Platte in Paraffin, Ebonit, Glimmer, Schwefel usw. eingebettet wird. Das beweist, daß alle Substanzen, durch welche die Röntgenstrahlen gehen, elektrisch leitend werden. Dieses Resultat scheint mir Licht sowohl auf die Natur der Strahlen wie auch auf ihre Einwirkung auf die Leitungsfähigkeit eines Isolators zu werfen. Mit vorzüglicher Hochachtung Cavendish Laboratory, Cambridge, 4. Febr. 1896, J. J. THOMSON."

Vor der Royal Society sagte THOMSON (939) dann eine Woche später: „Die Entladung der Elektrizität durch Nichtleiter mit Hilfe der Röntgenstrahlen ist, wie ich annehme, einer Art Elektrolyse zuzuschreiben, wobei die Moleküle des Nichtleiters durch die Röntgenstrahlen aufgespalten werden, die ähnlich wirken wie das Metall in gewöhnlichen elektrolytischen Lösungen. Wird die Luft, durch welche die Strahlen gehen, ionisiert, dann wird die Anzahl der Ionen gemäß dem wohlbekannten Dissoziationsgesetz proportional der Quadratwurzel des Druckes sein, vorausgesetzt, daß die Ionisation klein ist. Die Ansicht, daß die Luft durch die Strahlen zu einem Elektrolyten gemacht wird, wird durch einige Versuche unterstützt, die in dem Cavendish-Laboratorium durch ERSKINE MURRAY über den Potentialunterschied zwischen Metallplatten in Luft gemacht wurden. Er findet, daß, wenn die Röntgenstrahlen durch die Luft in der Nähe der Platten hindurchgehen, der Potentialunterschied zwischen den Platten sich verhält, als ob sie durch einen Elektrolyten verbunden wären. Herr C. T. R. Wilson hat im Cavendish-Laboratorium die Wirkung untersucht, die durch Röntgenstrahlen auf die Kondensation von Nebeln ausgeübt wurde, wobei diese Nebel durch die Ausdehnung von Luft erzeugt wurden. Wilson fand, daß, wenn die Strahlen durch das Gefäß, in welchem der Nebel gebildet wird, hindurchgehen, derselbe viel dichter ist, als wenn keine Strahlen vorhanden sind, wodurch gezeigt wird, daß die Strahlen die Anzahl von Kernen vergrößern, die als Zentren der Nebelkondensation dienen. Die Ionen mit ihren elektrischen Ladungen würden als solche Kerne wirken, so daß damit wieder eine Stütze dafür gegeben wird, daß die Luft zu einem Elektrolyten verwandelt wird. Diese Experimente zeigen, daß die Strahlen eine mächtige Wirkung auf die Moleküle der Substanz, durch die sie hindurchgehen, haben, und mögen dadurch einiges Licht auf die Fragen der molekularen Struktur werfen. Durch Messen der Entladungszeit einer Scheibe, die auf ein Potential aufgeladen ist, können wir die Wirkung verschiedener Röntgenröhren oder derselben Röhre unter verschiedenen Bedingungen messen. Einige Messungen der Absorption der Röntgenstrahlen durch Metall verschiedener Dicken haben mir gezeigt, daß die Röntgenstrahlen nicht alle von derselben Art sind. Bei Messungen der Entladung einer elektrisch geladenen Scheibe und Dazwischenstellen von Zinnfolien zeigte sich, daß einige Strahlen rasch absorbiert werden, während andere wieder sehr leicht durch die Zinnfolien hindurchgehen.“ In demselben Vortrag erwähnte Thomson wieder, daß manche Dielektrika, wie z. B. Paraffin, leitend werden, wenn sie von Röntgenstrahlen durchsetzt werden[1]. Thomson besprach in diesem Vortrag die später zu großer Bedeutung kommenden Nebelversuche Wilsons, über die Wilson (1020) selbst dann am 19. März 1896 vor der Royal Society berichtete.

Diese Beobachtungen der Wirkung der Röntgenstrahlen auf elektrisch geladene Körper wurden, wie schon gesagt, gleichzeitig in vielen Laboratorien in der ganzen Welt gemacht. Röntgen selbst beschrieb die Erscheinung im einzelnen in seiner zweiten Mitteilung vom 9. März 1896 und bemerkte dazu, daß sie ihm schon zur Zeit seiner ersten Mitteilung bekannt war, daß er sich aber entschloß, mit der Ankündigung derselben zu warten, bis er „einwurfsfreie Resultate“ veröffentlichen konnte. In Italien arbeitete Prof. Righi (141—154) schon im Februar an ausgedehnten Ionisationsversuchen mit X-Strahlen, in Deutschland der Physiker Richarz (736), in Frankreich Perrin (676) und in Rußland der Physiker Borgmann (158) von der St. Petersburger Universität, der Anfang Februar dem Herausgeber des Londoner „Electrician“[2] das nachstehende Telegramm sandte: „Röntgenstrahlen entladen schnell positive und langsamer negative Elektrizität. Auf kleine Entfernungen elektrisieren sie negativ; sie vergrößern die Funkenstrecke. Ein Aluminiumblatt hat keinen Einfluß auf diese beiden Wirkungen“ (s. auch 103, 252, 256, 264, 472, 473, 531, 600, 755, 971, 973, 974, 977, 978, 981, 984, 1003).

Schon aus diesen ersten Mitteilungen über den ionisierenden Effekt der Röntgenstrahlen war zu ersehen, daß diese Wirkung zur Bestimmung der Strahlenintensität praktisch verwendet wurde; im nächsten Kapitel wird auf diese Ver-

[1] Brit. J. Photogr. **43**, 118 (21. Febr. 1896).

[2] Electrician **36**, 501, 713 (14. Febr. u. 27. März 1896).

wertung kurz zurückzukommen sein. PERRINs Zeichnung seines wohlkonstruierten Luftkondensators zur Messung der durch die Strahlen verursachten Ionisation ist in Abb. 92 abgebildet.

Von den vielen anderen Studien über die Wirkungen der neuentdeckten Strahlen, die im Jahre 1896 angestellt wurden, können hier nur einige der wichtigeren mitgeteilt werden. Eine genaue Beschreibung all der geleisteten Arbeit würde Bände füllen. Die meisten Arbeiten in den ersten Monaten nach der Entdeckung ruhten auf RÖNTGENs grundlegenden Experimenten, eine Tatsache, die auch meist unumwunden anerkannt wurde.

Viele Arbeiten beschäftigten sich mit der Untersuchung der Eigenschaft der Strahlen, in gewissen Substanzen Fluoreszenz zu erzeugen (59, 66, 324, 416, 652, 917) und die photographische Platte zu schwärzen (82, 215, 216, 252, 510, 521, 576, 592, 705, 898). In anderen Kapiteln ist schon von dem Auffinden geeigneter fluoreszierender Substanzen gesprochen worden und in bezug auf die Schwärzung der photographischen Platte mögen vielleicht die Versuche des Pariser Photographen A. LONDE (523) und der Gebrüder A. und L. LUMIÈRE (527) kurz erwähnt werden. Ersterer fand, daß diejenigen photographischen Emulsionen, die für Licht empfindlich, auch empfindlich für die X-Strahlen sind. Die Gebrüder LUMIÈRE sandten u. a. X-Strahlen durch 250 übereinandergeschichtete Lagen von Bromsilberpapier und schlossen aus der Tatsache, daß auch das unterste Papier noch geschwärzt war, daß die Gelatineemulsion kaum mehr Strahlen absorbierte als die Papierbasis. Mancherlei Vorschläge wurden gemacht, die Empfindlichkeit der photographischen Schicht durch Beifügen von fluoreszierenden Salzen zu erhöhen. Bei der Besprechung des Verstärkerschirmes wurde schon auf diese Versuche aufmerksam gemacht, und es mag von Interesse sein, daß HURMUZESCU z. B. riet, Platinsalze als Basis für eine photographische Platte zu benutzen, um die Absorption und damit die Empfindlichkeit zu erhöhen. Die doppelseitig belegte photographische Platte von M. LEVY wurde ebenfalls schon früher erwähnt; RÖNTGEN selbst hatte früh erkannt, daß Filme den photographischen Platten gleichwertig waren in bezug auf X-Strahlen-Aufnahmen.

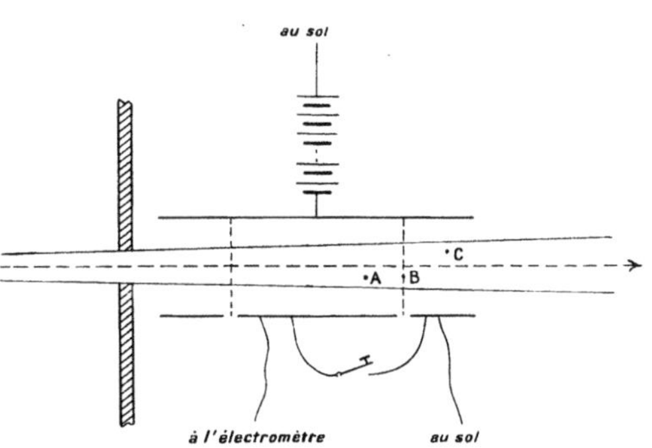

Abb. 92. PERRINs Luftkondensator zur Bestimmung des durch Ionisation verursachten Elektrizitätsverlustes und damit der Intensität der ionisierenden Röntgenstrahlen, November 1896 (679)

Ein anderes Gebiet, auf dem eifrigst gearbeitet wurde, war das Studium der Absorption der Röntgenstrahlen in verschiedenen Substanzen (135, 136, 200, 201, 219, 245, 296, 306, 340, 350, 394, 525, 570, 579, 586, 632, 648, 649, 584, 970). Die meisten der ersten Veröffentlichungen über die X-Strahlen enthielten Tabellen oder photographische Reproduktionen von Absorptionsmessungen in einer Reihe teilweise merkwürdiger Substanzen. In ihren Resultaten gingen viele dieser Untersuchungen nicht über die von RÖNTGEN in seinen ersten Mitteilungen gegebenen Daten hinaus, ja oft ließen sie die klaren Schlußfolgerungen dieser klassischen Versuche vermissen. GLADSTONE und HIBBERT (340) beobachteten, daß die Absorption der Elemente in Verbindungen additiver Natur ist, und MESLANS (586) zeigte, daß die Absorption der Strahlen eine Funktion des Atomgewichtes und nicht des Molekulargewichtes war. Ähnlich wie RÖNTGEN verwendete er Verbindungen von gleichem Molekulargewicht, aber verschiedener atomarer Zusammensetzung und zeigte an ihnen, daß die Absorption verschieden sein konnte. Der englische Physiker J. DEWAR (245) und viele andere Forscher machten die gleichen Beobachtungen. DEWAR und der Franzose CHABAUD (200) zeigten z. B., daß Quecksilber die Strahlen stärker absorbierte wie Platin, da es das größere Atomgewicht (200,6 im Vergleich zu 195,2) hatte, obwohl seine Dichte nur 13,6 im Vergleich zu der des Platins von 21,5 war. Auf die Bedeutung der Absorption der Strahlen für medizinische Zwecke wurde schon in einem früheren Kapitel hingewiesen, und die Verwendung verschiedener Absorber zur Bestimmung der Strahlenqualität soll im nächsten Kapitel erörtert werden.

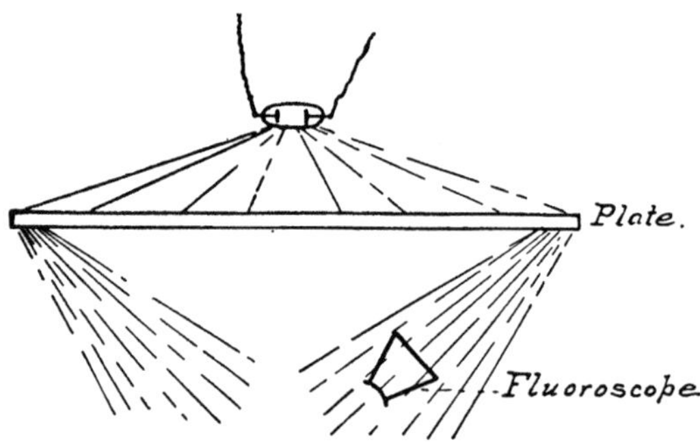

Abb. 93. Illustration der Wirkung der Streustrahlen nach EDISON [aus THOMPSONs Buch (36)]

Die Tatsache, daß Röntgenstrahlen von festen Körpern gestreut werden, wurde auch schon früh im Jahre 1896 beobachtet und hatte anfangs oft, trotz RÖNTGENs einwandfreier Beschreibung des Phänomens, zu den irrtümlichen Vermutungen geführt, daß es sich dabei um Brechung oder Reflektion der Strahlung handelte (77, 182). RÖNTGEN hatte aber in seiner sorgfältigen Weise bei seinen Versuchen neben den zerstreuten Strahlen die charakteristische Eigenstrahlung verschiedener Metalle und das Auftreten sekundärer Strahlen erkannt. Das Phänomen der Streustrahlung wurde verhältnismäßig schnell genau erforscht (TESLA, EDISON, PUPIN, IMBERT und BERTIN-SANS, RIGHI, VILLARI, WALTER) und ist in einer Zeichnung aus dem Edisonschen Laboratorium (Abb. 93) in seiner Wirkung gut illustriert. Strahlen, die sich später als die charakteristischen Eigenstrahlen von Metallen entpuppten, wurden früh von dem Franzosen LE ROUX (777), dessen Arbeiten schon mehrfach erwähnt wurden, erkannt. LE ROUX fand diese Strahlen vermischt mit der heterogenen Strahlung in der Röntgenröhre.

Die geradlinige Ausbreitung der Röntgenstrahlen von ihrem Ausgangspunkt und die Abnahme ihrer Intensität mit dem Quadrat der Entfernung vom Fokus war von RÖNTGEN früh erkannt und mit einem Fluoreszenzschirm experimentell nachgewiesen worden. Viele andere Experimentatoren bestätigten RÖNTGENs Resultate. RÖNTGENs Vorschlag, bei solchen Messungen das bekannte Photometer in Verbindung mit dem Fluoreszenzschirm zu verwenden, wurde auch wieder aufgegriffen [z. B. von E. THOMSON (930)] und bald wurde dieses Instrument zu einem Intensitätsmesser für die Strahlen ausgebaut.

Weitere Versuche mit den Röntgenstrahlen beschäftiten sich mit der durch die Ionisation verursachten Leitfähigkeit der Luft in ihrer Wirkung auf die Länge der Funkenstrecke [J. J. THOMSON (940), SWYNGEDAUW (905) u. a.].

Energiemessungen an den Strahlen wurden ebenfalls häufig angestellt, wegen der geringen Energiegröße meist ohne Erfolg; GOSSART (352), CHEVALLIER und RYDBERG (799) beobachteten zu diesem Zweck die Wirkung der Strahlen auf ein Radiometer, GUILLAUME (368) berechnete die Energieverteilung innerhalb der Anode.

Die Liste der mannigfachen Versuche, die Eigenschaften der neuentdeckten Strahlen zu untersuchen, ließe sich beliebig erweitern. Einen guten Überblick über die erstaunlich große Fülle der nach der Entdeckung angestellten Experimente gibt das Studium des im Anhang zusammengestellten Literaturverzeichnisses der im Jahre 1896 veröffentlichten Arbeiten über die Röntgenstrahlen.

17. Bestimmung der Quantität und Qualität der Röntgenstrahlen

Nach der Entdeckung der Röntgenstrahlen wurde die Strahlenmenge und die Durchdringungsfähigkeit meist an der Helligkeit der Lumineszenz auf dem Leuchtschirm oder an der Schwärzung der photographischen Platte gemessen. Als Testobjekt für die Durchdringungsfähigkeit der Strahlen diente gewöhnlich die menschliche Hand, ein Verfahren, das verantwortlich war für die große Anzahl von Verbrennungen der Hände der alten Röntgenpioniere. Die Literatur des Jahres 1896 wies aber auch eine Reihe von Versuchen auf, die Schwärzungen der photographischen Platte zu schätzen oder die Helligkeit des Leuchtschirmes zu messen, um damit ein genaueres Maß für die Strahlenintensität zu bekommen. Auch die feineren Meßmethoden, die heutzutage allgemein zur Messung der Strahlenquantität und -qualität dienen, wurden schon im Jahre 1896 teilweise ausgearbeitet. Nachdem RÖNTGEN selbst und zu gleicher Zeit J. J. THOMSON und andere Physiker die Eigenschaft der Röntgenstrahlen, elektrisch geladene Körper zu entladen, entdeckt hatten, lag es, wie schon gesagt, nahe, diese Eigenschaft zur Untersuchung der Durchlässigkeit verschiedener Substanzen für die Strahlen, und damit auch die Strahlenintensität selbst, zu benutzen. Mit diesen Versuchen war das grundlegende Prinzip der modernen Intensitätsmessungen gegeben. In der Aprilnummer 1896 von „Science“[1] ist eine Entladungskurve eines „Nalder-Micro-Farad“-Kondensators mit Röntgenstrahlen gegeben, die durchaus an die jetzt allgemein gebräuchlichen Entladungskurven erinnert (Abb. 94). W. L. ROBB, der diese Kurve bestimmte, bemerkte dazu: „Diese Methode scheint weit quantitativere Resultate zu liefern als irgendeine der photographischen Methoden.“ Auf dieselbe Art wurde, wie schon früher bemerkt, von PERRIN mit Hilfe einer großen Ionisationskammer die Röntgenstrahlenintensität bestimmt. In ähnlicher Weise versuchten die Professoren R. A. FESSENDEN und J. KEELER von der Western University, Pittsburgh die Strahlenintensität dadurch zu messen, daß sie die Enden eines Stromkreises in $^1/_2$ Zoll Abstand in Paraffin einschmolzen und dieses Paraffin dann bestrahlten. Dadurch bekam es eine gewisse Leitfähigkeit, die dann an einem Meßinstrument abgelesen wurde.

Eine andere quantitative Methode, die Strahlenintensität zu bestimmen, auf die auch schon kurz hingewiesen wurde, stützte sich auf die Helligkeitsmessungen des Fluoreszenzschirmlichtes. Der Franzose MESLIN (590) berichtete z. B. im Juni 1896 darüber in dem „Journal de Physique“. Sein Prinzip eines Photometers

[1] Science **3**, 544 (10. April 1896).

beruhte auf dem Vergleich der Helligkeit der beiden Hälften eines Kreises einer Bariumplatinzyanürscheibe, deren eine Hälfte durch Röntgenstrahlen fluoreszierend gemacht und die andere Hälfte von einer Standardlichtquelle beleuchtet wurde. Dieses Licht ging durch ein gefärbtes Glas, so daß es dieselbe Farbe hatte wie die durch die Röntgenstrahlen hervorgerufene Fluoreszenz. Mit dieser Vorrichtung gelang es MESLIN unter anderem, das schon von RÖNTGEN aufgestellte Gesetz von der Abnahme der Röntgenstrahlenintensität mit dem Quadrat der

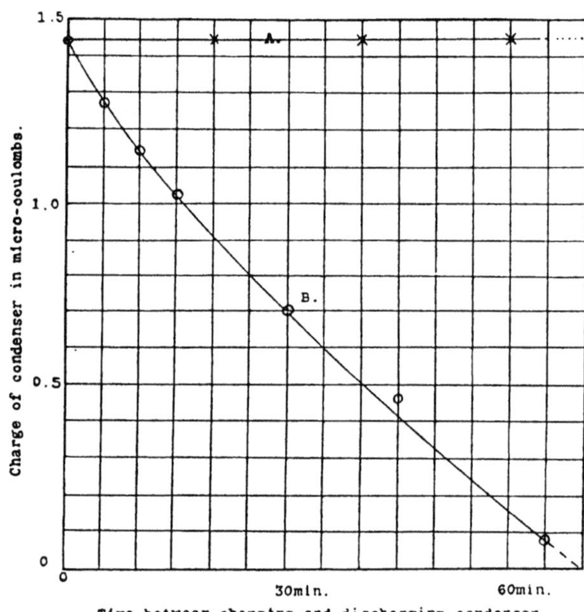

Abb. 94. Entladungskurve eines Kondensators durch Röntgenstrahlen nach W. L. ROBB, April 1896 (755)

Entfernung von neuem zu beweisen. Viele andere Physiker gebrauchten eine ähnliche Apparatur zu Intensitätsmessungen; unter ihnen sind vielleicht noch BATTELLI (85), ROITI (766) und SALVIONI (808) zu nennen, die die Methode sorgsam ausbauten.

Die Durchdringungsfähigkeit der Röntgenstrahlen durch eine Reihe von Substanzen hatte RÖNTGEN auch schon ausführlich untersucht und sich u. a. einer Treppe von Metallen bedient, so wie sie später allgemein in der Praxis für Härtemessungen Verwendung fand. Diese Idee wurde auch von einer englischen Firma aufgegriffen (732), die eine Aluminiumtreppe ringförmig anordnete, so daß sich das Aluminium in terrassenförmiger Anordnung von 1—10 mm verdickte. Mit Hilfe dieser Anordnung konnte man die Härte der Strahlen auf einem Fluoreszenzschirm als die Dicke ablesen, die gerade noch von den Strahlen durchdrungen werden konnte. — Die vielen anderen Meßmethoden des Jahres 1896 waren mehr oder minder nur Abarten der hier angeführten und sollen daher nicht weiter besprochen werden.

In einzelnen Laboratorien war somit die Bestimmung der Strahlenquantität und -qualität schon zu Beginn der Röntgenstrahlenära recht gut durchgearbeitet.

18. Die praktische Verwendung der Röntgenstrahlen für nichtmedizinische Zwecke

Bei den fieberhaften Bemühungen um die Untersuchung der neuentdeckten Strahlen ist es unausbleiblich, daß vielerlei technische Anwendungsmöglichkeiten der neuen Entdeckung, die später von großer Wichtigkeit werden sollten, schon 1896 ausgearbeitet wurden.

Eine wichtige Anwendung war die Röntgenuntersuchung von geschweißten Metallstücken und von Gußstücken auf Materialfehler hin. Röntgen schlug solche Untersuchungen schon in seiner ersten Mitteilung vor. Eine der bestgelungenen Röntgenschen Materialaufnahmen war die bekannte Photographie eines Jagdgewehres, an der dem Jäger Röntgen viel gelegen sein mußte. Diese Röntgenaufnahme zusammen mit einer gewöhnlichen Photographie des Gewehres, mit Röntgens eigenen Randbemerkungen versehen, ist in Abb. 95a, b abgebildet; es ist dies die Aufnahme, die Röntgen im Sommer 1896 seinem Freunde Exner nach Wien sandte. Er zeigte die Aufnahme auch Zehnder (a-85), der dazu bemerkte: ,,Röntgen zeigte mir nicht etwa die Bleischrotkörner im Inneren, die jeder sofort sah, sondern Pappscheiben in der Patrone, eine in den Stahllauf eingeschlagene Zahl und andere wenig auffallende Unregelmäßigkeiten.“ Eine andere Röntgensche Aufnahme von zusammengeschweißten Zinkstücken wurde schon früher in Abb. 9b wiedergegeben.

Auf die Wichtigkeit dieser Methode, Gußfehler in Kanonen, Panzerplatten usw. aufzufinden, machten früh im Jahre 1896 das österreichische und das deutsche Kriegsministerium aufmerksam. In Amerika photographierte Prof. A. W. Wright von der Yale University im Januar 1896 ein Stück geschweißtes Metall und konnte auf der Röntgenaufnahme die Schweißstelle, die mit den bloßen Augen nicht zu erkennen war, genau feststellen. ,,Diese Tatsache wird von der Regierung als hochbedeutend angesehen, da auf diese Art verborgene Defekte, Fehler an Panzerplatten und Maschinenteilen gefunden werden können“, bemerkte die Zeitschrift ,,Electrical Engineer“ zu jener Zeit.[1] Die Carnegie-Stahlwerke in Pittsburgh benutzten die Methode schon im Februar 1896[2] für praktische Untersuchungen.

In England machte A. A. C. Swinton ähnliche Versuche, über die in der ,,Electrical World“[3] folgendes stand: ,,Die Genauigkeit der von C. Swinton gemachten Negative zur Untersuchung von Fehlern in Metallen ist wunderbar. Aufnahmen von Zinkplatten, die zu einer homogenen Masse zusammengerollt waren, zeigten deren zusammengesetzte Struktur durch verschieden starke Schwärzungen des Negatives. Wir sehen vor uns ein großes Feld in der Metallurgie. Man kann nicht nur in schweren Gußstücken und in Schmiedeeisen, ohne die Stücke durchzubrechen, deren Fehler entdecken, sondern auch Eisenbahnschienen, Panzerplatten und Brückenbaumaterial untersuchen; diese Entdeckung wird von gewaltiger Bedeutung werden[4].“

---

[1] Electr. Eng. **21**, 131 (29. Jan. 1896).
[2] Electr. Eng. **21**, 192 (2. Febr. 1896).
[3] Electr. World **27**, 147 (8. Febr. 1896).
[4] Literary Digest **12**, 466 (15. Febr. 1896).

Bei seinen Versuchen machte EDISON eine merkwürdige Beobachtung bezüglich der Wirkung der Röntgenstrahlen auf Metalle. Er fand im Februar 1896, daß starke Röntgenbestrahlung die Härte des Aluminiums so änderte, daß es kaum wieder erkennbar war[1].

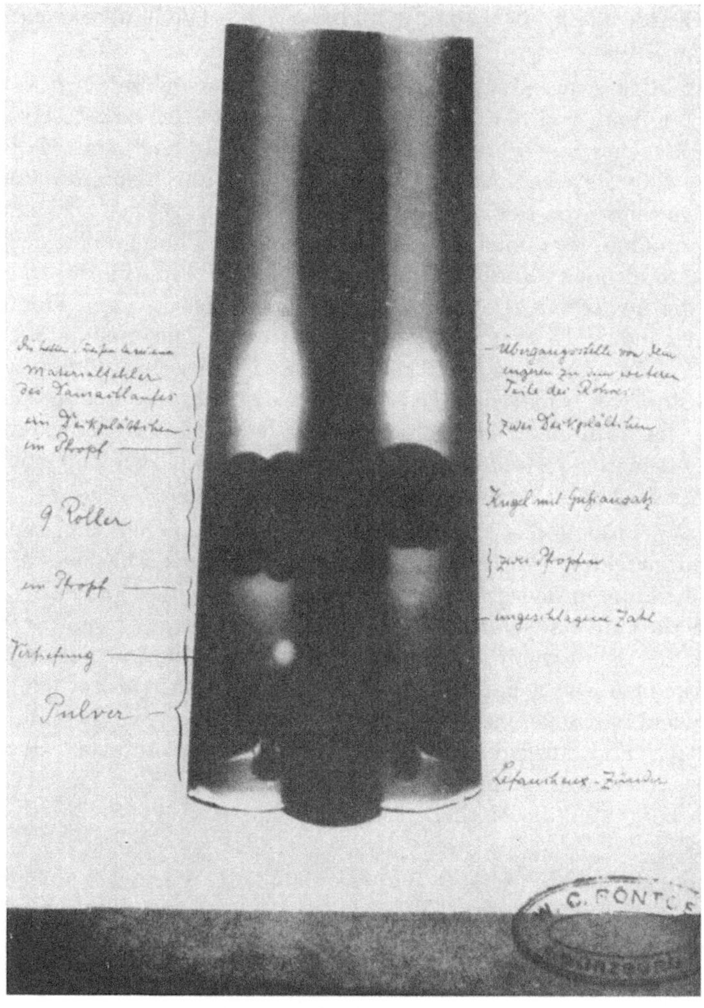

Abb. 95a

Abb. 95a, b. X-Strahlenaufnahme und photographische Aufnahme des Röntgenschen Jagdgewehres. Von RÖNTGEN im Sommer 1896 aufgenommen und mit Randbemerkungen und Institutsstempel versehen. (Abzüge der von RÖNTGEN an F. EXNER, Wien, gesandten Bilder)

Eine andere merkwürdige Entdeckung EDISONs erregte zu jener Zeit ebenfalls größtes Aufsehen, schlief aber bald wieder ein. Es war dies eine Vakuumröhre, in deren Innenwand Kalziumwolframatkristalle eingeschmolzen waren. Wurde diese Röhre evakuiert und mit Hochspannung betrieben, dann gab sie kaum Röntgenstrahlen, leuchtete aber hell mit einer außerordentlich starken weißen

[1] Literary Digest **12**, 524 (29. Febr. 1896).

Fluoreszenz. Edison sagte darüber: „Wir haben hier eine richtige Fluoreszenzlampe von möglicherweise kommerziellem Werte; eine kleine Lampe mit einem sehr geringen Aufwand von Energie gab $2^1/_2$ Kerzenstärke mit dem Photometer gemessen[1].“ Diese Lampe (Abb. 96) wurde in sensationeller Weise als das kom-

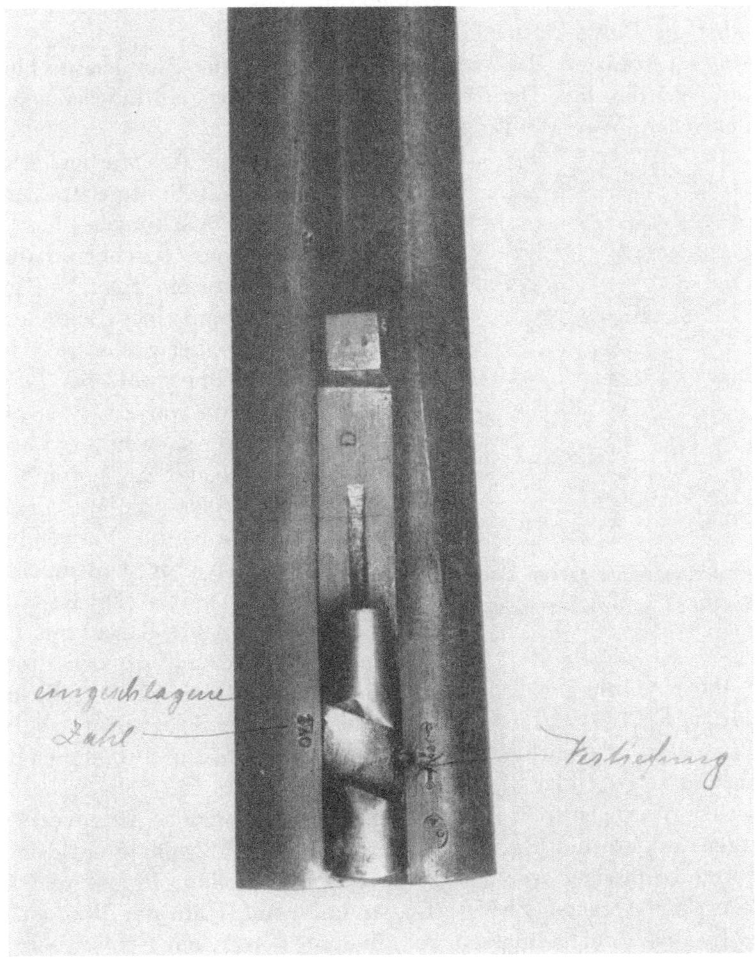

Abb. 95b

mende Licht bezeichnet und als erfolgreicher Abschluß des langen Suchens nach „kaltem Licht“ betrachtet.

Von praktischer Bedeutung wurden Röntgenuntersuchungen an sog. Höllenmaschinen, wie sie im Laboratorium der Stadt Paris durch den Physiker Brouardel zusammen mit seinen Assistenten Girard (338) und Bordas ausgeführt wurden. Zwei solcher Höllenmaschinen, die ähnlich denen waren, die zuvor an zwei Mitglieder der französischen Kammer gesandt worden waren, wurden mit den Röntgenstrahlen untersucht. „Der Mechanismus dieser Maschinen war so

[1] Electr. Eng. **21**, 378 (15. April 1896).

eingerichtet, daß sie explodierten, sowie die Kisten, in denen sie enthalten waren, geöffnet wurden. Die eine der Maschinen war in eine Zinkkiste gebaut, die andere in eine hölzerne Kiste. Bei dem ersten Versuch mit Röntgenstrahlen erhielten die Physiker nur ein undeutliches Bild, aber auf einer zweiten Aufnahme konnte man klar den Inhalt der Bombe erkennen mit Nägeln, Schrauben, einer Pistolenhülse; selbst die Pulverkörner konnte man klar sehen[1].

Ein anderer Franzose, PALLAIN, wies auf den Wert der Röntgendurchleuchtung für die Zollbehörden hin. Der ,,Globe" bemerkte dazu, daß nun bald ‚garantiert X-Strahlensichere Waren' auf den Markt kämen.

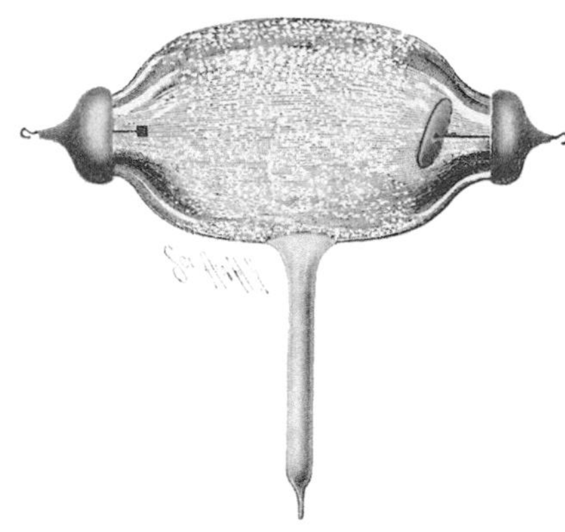
EDISON'S FLUORESCING VACUUM LAMP.

Abb. 96. EDISONs fluoreszierende Vakuum-Röntgenlampe, April 1896 (279)

Auf ähnliche Art wurden sehr dünne Gegenstände mit Röntgenstrahlen durchleuchtet, um Fälschungen usw. zu entdecken. Bei einer Gerichtsverhandlung in England brachte ein Herr B. HICKS eine Röntgenaufnahme eines Dokumentes, die zeigte, daß an einer Stelle, wo das Dokument unterzeichnet war, das Pergamentpapier sehr dünn war, ,,so, als ob einige Namen ausradiert worden wären, um durch andere ersetzt zu werden[2]".

Fast selbstverständlich ergab sich auf diese Weise die Verwendung der Röntgenstrahlen zur Untersuchung gefälschter Lebensmittel. Dr. RANWEZ (714) in Paris untersuchte Safran mit Röntgenstrahlen und ,,fand bei vier Proben, die er prüfte, nur eine, die ganz rein war. Eine andere enthielt 62,13% Bariumsulfat und eine dritte 11,75% Bariumsulfat mit einem gewissen Prozentsatz von Kaliumnitrat. Die vierte Probe enthielt nur 50% reinen Safran. Die Aufnahmen dauerten 4 Minuten und zeigten klar die beigemengten Salze[3]".

In gleicher Weise prüfte Prof. RUECKER (797) verschiedene Arten von Porzellan mit Röntgenstrahlen und zeigte, daß Porzellan, das Phosphate enthielt, für die Strahlen undurchlässiger war als gewöhnliches Porzellan. PERRY und CHENEY von der Portland General Electric Co. konnten mit Hilfe der Röntgenstrahlen Gold, das in Quarz eingeschlossen war, finden[4]. SCOTT, ein Geologe aus Lloydsville in Pennsylvania, behauptete, Kohlengänge in Bergwerken und andere Minerallager mit Hilfe der Röntgenstrahlen entdecken zu können[5].

Weitgehende Untersuchungen wurden mit Pflanzen verschiedener Art gemacht, wobei die Pflanzen entweder durchleuchtet wurden, um ihre innere Struktur zu erkennen[6], oder mit Röntgenstrahlen bestrahlt wurden, um deren biologische Wirkung festzustellen. BURCH (180) und MEEK (584) machten hübsche

[1] Literary Digest **3**, 677 (4. April 1896).
[2] Brit. J. Photogr. **43**, 691 (30. Okt. 1896).
[3] Sci. Amer. **75**, 38 (18. Juli 1896).
[4] Electr. World **27**, 515 (9. Mai 1896).
[5] Electr. Eng. **21**, 5 (17. Juni 1896).
[6] Sci. Amer. **75**, 19 (11. Juli 1896).

Röntgenaufnahmen von Pflanzen. Prof. A. SCHOBER (825) untersuchte, ob die Röntgenstrahlen, ähnlich den ultravioletten Strahlen, einen Einfluß auf das Wachstum der Pflanzen hätten, und er exponierte dieselben zuerst 30 Minuten, dann 1 Stunde lang, ohne eine Wirkung feststellen zu können.

In der Zoologie und Paläontologie (489) fanden die neuen Strahlen ebenfalls Verwendung. Der Italiener C. MARANGONI (569) machte Aufnahmen von Insektenlarven innerhalb der Frucht und konnte auf diese Art entdecken, bis zu welchem Grade dieselben angefressen waren. Der Franzose BOULANGER und der Deutsche GOLDSTEIN (344, 345) machten Röntgenaufnahmen von verschiedenen Tieren, um deren Knochengerüst zu studieren[1] (s. auch 367, 395). Dr. GRAETZ aus München machte Röntgenaufnahmen von jungen Schweinen, um fortlaufend die Art des Knochenwachstums zu verfolgen[2].

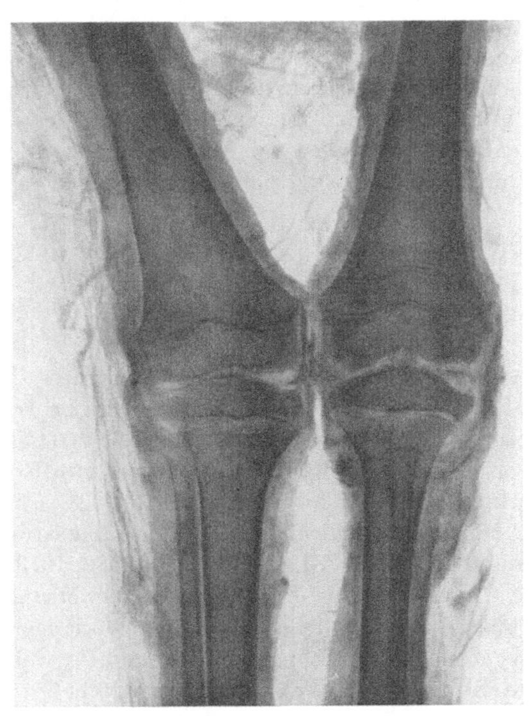

Abb. 97. Knie einer ägyptischen Kindermumie nach einer Röntgenaufnahme von KÖNIG, Frankfurt a. M. (279)

Zuvor wurde kurz auf die Röntgenaufnahmen von ägyptischen Mumien hingewiesen, die in verschiedenen Laboratorien hergestellt wurden. Eine der ersten Aufnahmen dieser Art wurde wohl von Prof. KÖNIG (17) in Frankfurt a. M. gemacht an einer Mumie, die sich im Senckenbergschen Museum in Frankfurt befand (Abbildung 97). In Wien wurden ebenfalls auf Rat des Kustos des Museums, Dr. DEDEKIND, Aufnahmen gemacht von einer Mumie, die sich im Museum für Naturgeschichte befand. Diese Mumie sah äußerlich aus wie die Mumie eines menschlichen Wesens, aber Inschriften auf ihr deuteten an, daß es sich um einen Vogel, einen Ibis, handelte. Die Röntgenaufnahme zeigte denn auch tatsächlich die klaren Umrisse eines jungen Vogels[3]. Gegen Ende des Jahres 1896 wurden auch in Chicago Röntgenaufnahmen von Mumien gemacht. Die Aufnahme einer mumifizierten Hand fand Eingang in alle populären Zeitschriften. Eine bekannte Chicagoer Persönlichkeit hatte diese Hand gekauft und war der Ansicht, daß sie 3000—4000 Jahre alt sei. Da dieses Alter sowie die Annahme, daß es sich überhaupt um eine menschliche Hand handle, allgemein angezweifelt wurde, ließ der Besitzer von CARBUTT in Philadelphia Röntgenstrahlenaufnahmen machen, die klar zeigten, daß es sich wirklich um eine Hand handelte.

[1] Sci. Amer. **75**, 122 (1. Aug. 1896); Science **3**, 809 (29. Mai 1896).

[2] Sci. Amer. **74**, 294 (9. Mai 1896).

[3] Brit. J. Photogr. **43**, 131 (29. Febr. 1896).

Nicht unerwähnt sollen schließlich die vielen Versuche bleiben, die gleich nach der Entdeckung angestellt wurden, um echte Perlen und Edelsteine von falschen zu unterscheiden. Unter den schon mehrfach genannten 14 Photographien mit Röntgenstrahlen von Prof. König (17) befand sich u. a. eine Röntgenaufnahme von echten und unechten Perlen, die den Unterschied in der Schattengebung derselben gut erkennen ließ. Prof. König beschäftigte sich auch zu jener Zeit mit Röntgenuntersuchungen an Gemälden, um eine eventuelle Übermalung alter Gemälde mit den Strahlen aufzufinden. Die ausgedehntesten Versuche, Edelsteine und Halbedelsteine mit Röntgenstrahlen zu unterscheiden, stellte der Grazer Prof. C. Doelter (248, 249) an; er veröffentlichte ausgedehnte Resultate dieser Untersuchungen im Mai und Juni des Jahres 1896. Mit Hilfe einer Stanniolskala aus 11 Streifen von $^1/_{100}$ bis $^1/_{10}$ mm Dicke bestimmte er das Verhältnis der Durchlässigkeit von Stanniol zu verschiedenen Materialien:

Diamant . .	1:300—400
Korund . . .	1: 50
Quarz	1: 30
Turmalin . .	1: 16—20
Smaragd . .	1: 5—6

Auf diese Weise gelang es ihm, ein gutes Unterscheidungsmittel verschiedener Steine festzulegen. Zugleich mit Doelter arbeiteten Physiker in anderen Laboratorien an solchen Messungen; Prof. Miller von der Case School in Cleveland veröffentlichte anfangs 1896 sehr gute Röntgenaufnahmen von Ringen mit echten und unechten Diamanten.

Chemische Wirkungen der Röntgenstrahlen wurden ebenfalls eingehend untersucht (246, 384, 486, 621, 800, 882, 1013, 1043).

Auch diese Liste praktischer Verwertungen der X-Strahlen für nichtmedizinische Zwecke ließe sich weiter verlängern, doch muß an dieser Stelle die gegebene Beschreibung genügen, und für weitere Studien sei auf das im Anhang gegebene Literaturverzeichnis verwiesen.

19. Röntgenindustrie und Patentfragen

Röntgen schenkte seine große Entdeckung der Allgemeinheit und zog persönlich keinerlei Vorteil daraus. Diese großzügige Einstellung des Entdeckers wurde schon zuvor besprochen. Ein anschauliches Bild derselben gab der Berliner Ingenieur Dr. Max Levy[1]: „Alsbald nach Veröffentlichung der Röntgenschen Entdeckung hielt ich im Kreise von Beamten der AEG, deren Ingenieur ich damals war, einen Vortrag über seine Entdeckung. Ich wurde daraufhin von der Direktion beauftragt, diese Entdeckung für die Zwecke der Technik zu bearbeiten und zu verwerten. Bald nach Aufnahme dieser Tätigkeit schlug ich meiner Direktion vor, an Röntgen heranzutreten, um mit ihm einen Vertrag abzuschließen, wonach seine künftigen Entdeckungen und Erfindungen unter gewissen noch zu vereinbarenden Bedingungen der AEG zur technischen Verwertung überlassen werden sollten. Ich erhielt den Auftrag, nach Würzburg zu fahren und mit Röntgen laut meinem Vorschlage zu verhandeln. Prof. Röntgen, der eine hohe, leicht nach vorn gebeugte, stattliche Figur hatte, empfing mich

[1] In einem Privatschreiben vom 6. Sept. 1929.

sehr nett im Physikalischen Institut der Universität und hörte meine Ausführungen ruhig und überlegt an. Alsdann dankte er mir für den Vorschlag, erkannte gern an, daß wir in der AEG bereits Beachtliches bezüglich der Entwicklung der X-Strahlen-Technik geleistet hätten, verkannte auch nicht die Vorteile einer Zusammenarbeit mit einem so großen Unternehmen; jedoch erklärte er, daß er durchaus, der guten Tradition deutscher Professoren entsprechend, der Auffassung sei, daß seine Erfindungen und Entdeckungen der Allgemeinheit gehören und nicht durch Patente, Lizenzverträge u. dgl. einzelner Unternehmungen vorbehalten bleiben dürfen. Er war sich darüber klar, daß er mit dieser Stellungnahme darauf verzichte, geldliche Vorteile aus seiner Erfindung zu ziehen.

Ich konnte den vornehmen Standpunkt des Prof. Röntgen innerlich durchaus verstehen und schied von ihm mit dem Bewußtsein, nicht nur einem wissenschaftlich hochbedeutenden, sondern auch vornehm denkenden Gelehrten begegnet zu sein. gez. Dr. Max Levy.“

Ähnlich schrieb der Herausgeber der „Elektrotechnischen Zeitschrift“ am 27. Februar 1896[1]: „Welch wertvolles Patent hätte sich Prof. Röntgen, dessen besonderes Verdienst es ist, daß er die von ihm gemachte Entdeckung sofort durch eine praktische Anwendung der Menschheit nutzbar machte, auf seine Entdeckung erteilen lassen können! Daß er dies unterlassen, dafür gebührt ihm volle Anerkennung, denn er hat es dadurch ermöglicht, daß zahllose Experimentatoren sich mit diesem Gegenstand ungehindert beschäftigen können.“

Diese Berichte geben einen guten Einblick in die vornehme Denkungsart des Gelehrten. Nach Röntgens eigener Erzählung waren die amerikanischen Vertreter großer Firmen die ersten, „die Millionen vor seine Augen hielten“, wenn er seine Entdeckung auswerten wollte. Röntgens Weigerung, seine Strahlen zu verkaufen, machte auf In- und Ausland großen Eindruck. Der amerikanische Philosoph Prof. Muensterberg schrieb in dem schon erwähnten ersten Bericht über die neuentdeckten Strahlen an die Zeitschrift „Science“[2] folgende Worte über die Einstellung der deutschen Wissenschaftler in bezug auf die kommerzielle Verwertung ihrer Entdeckungen: „Man weiß in der ganzen Welt, daß die physikalischen Laboratorien in Deutschland keine offenen Fenster nach dem Patentamt haben.“

Aber in dem mehr auf das praktische Ende eingestellten Amerika hatte man andererseits vielfach für diese ideale Denkungsart kein rechtes Verständnis. Verschiedenen amerikanischen Zeitungen nach, z. B. des New York Herald, New York Sun, Chicago Western Electrician usw., soll sich Edison folgendermaßen zu der Frage der kommerziellen Verwertung der Röntgenschen Entdeckung geäußert haben: „Prof. Röntgen zieht wahrscheinlich keinen Dollar-Gewinn aus seiner Entdeckung. Er gehört zu jenen reinen Wissenschaftlern, die aus Liebe zu ihrem Beruf und aus Vergnügen am Studium sich in die Geheimnisse der Natur vertiefen. Nachdem sie etwas Wunderbares entdeckt haben, muß jemand kommen, der die Sache vom praktischen Gesichtspunkt betrachtet. So wird es auch mit Röntgens Entdeckung sein. Man muß sehen, wie man sie praktisch verwerten und finanziellen Nutzen daraus ziehen kann.“

[1] Elektrotechn. Z. **17**, 129.

[2] Science **3**, 162 (31. Jan. 1896); Bericht aus Freiburg i. Br. vom 15. Jan. 1896.

Stammten auch diese Betrachtungen vielleicht nicht direkt aus dem Munde EDISONs, so gaben sie doch sicherlich die Meinung eines großen Teiles des amerikanischen Publikums wieder. In allen Veröffentlichungen wurde denn auch die vornehme Haltung RÖNTGENs in der Angelegenheit der Verwertung der Entdeckung gepriesen und darauf aufmerksam gemacht, wie sie für die rasche ungehemmte Entwicklung der Anwendung der neuen Strahlen allein verantwortlich war.

Auch irgendwelche andere Möglichkeiten, Teile seiner Entdeckung auszubeuten, wie z. B. das Recht, ein „Copyright" für seine ersten Bilder zu verwerten, wurden von RÖNTGEN nie in Betracht gezogen. Das Vorhaben, seine ersten Bilder in dem Verlag Barth in Leipzig erscheinen zu lassen, wie in dem Märzheft der „Photographischen Rundschau"[1] angekündigt wurde, scheint RÖNTGEN auch nicht durchgeführt zu haben; dafür erschienen dann in demselben Verlag die schon mehrfach erwähnten ausgezeichneten 14 Röntgenphotographien von Prof. W. KÖNIG in Frankfurt a. M.

Ohne Zweifel hat im allgemeinen diese selbstlose Art RÖNTGENs auch auf die meisten seiner Jünger eingewirkt, denn man findet im Jahre 1896 keine Unterlagen für eine kommerzielle Ausbeutung der Entdeckung, die über das normale Maß hinausginge. Diese Beobachtung bezieht sich sowohl auf die auffallend geringe Anzahl von zum Patent angemeldeten Verbesserungen der mit der Erzeugung der Röntgenstrahlen zusammenhängenden Apparatur oder mit ihrer praktischen Verwertung wie auch auf die durchaus bescheidenen Preise, die von einer großen Reihe von Fabriken in der ganzen Welt für Hittorf-Crookessche Röhren und für die Hochspannungsapparatur gefordert wurden. Diese letztere Tatsache ist indirekt wieder der Weigerung RÖNTGENs zuzuschreiben, seine Entdeckung durch Fesselung mittels Patentes einer Firma allein zur Ausbeute zu überlassen.

Des Zusammenhanges wegen sei eine kleine Zusammenstellung der auf Verbesserung der Röntgenapparatur im Jahre 1896 angemeldeten Patente hier angegeben, die aber keinen Anspruch auf Vollständigkeit machen kann. Die Anzahl der Anmeldungen war außerordentlich gering, verglichen mit der beispiellosen Fülle von Arbeiten über Röntgenstrahlen, die in diesem Jahre geleistet wurden. Sicherlich war diese Tatsache dem Einfluß der Zurückhaltung RÖNTGENs in dieser Beziehung zuzuschreiben, denn schon im nächsten Jahre änderte sich die Sachlage beträchtlich; im Jahre 1897 wurden in Deutschland allein schon ungefähr 20 Patente angemeldet, die sich direkt auf die Erzeugung und Anwendung der Röntgenstrahlen bezogen.

Die im Jahre 1896 erfolgten Patentanmeldungen sind die folgenden: Deutschland: Siemens & Halske, Berlin SW, am 23. März 1896, Hittorfsche Röhre mit Vorrichtung zur Entlüftung nach dem Malignanischen Verfahren. — M. LEVY in Berlin, am 13. Mai 1896, Neuerungen an Röntgenröhren. — Frankreich: A. u. L. LUMIÈRE in Lyon, am 16. September 1896, Stroboskop. — England und Amerika: T. A. GARRETT und W. LUCAS, am 3. Februar 1896, Verbesserte Filme für Röntgenstrahlen. — S. D. ROWLAND, am 19. Februar 1896, Verbesserung in der Skiagraphie oder Photographie mit Röntgenstrahlen. — VON DER KAMMER, am 17. März 1896, Röhre für X-Strahlen. — N. E. JOHNSON, am 15. Juli 1896, Verbesserungen an Apparaten zur Verwendung der Röntgenschen X-Strahlen

[1] Photogr. Rdsch. **10**, 91 (1896).

am Menschen, Pferd und anderen Tieren. — E. PAYNE, am 24. August 1896, Apparat zum Gebrauch des Fluoreszenzschirmes mit Röntgen- oder X-Strahlen. — C. H. STEARN und C. F. TOPHAM, am 24. September 1896, Lampen zur Erzeugung von Licht- oder Röntgenstrahlen. — E. BOHM, am 14. Oktober 1896, Vakuumröhre zur Erzeugung von Röntgenstrahlen.

Auf einige Verbesserungen wurde ein Musterschutz beantragt. Bei der an anderer Stelle erwähnten Beschreibung seiner Röntgenröhre bemerkte der amerikanische Physiker R. W. WOOD u. a.: „Mit meiner Erlaubnis hat Herr Glasbläser R. BURGER (Berlin, Chausseestraße 21) diese Pumpe gesetzlich schützen lassen und ist bereit, dieselbe, mit oder ohne Röntgensches Rohr, auf Bestellung anzufertigen."

Der auffallend rasche Fortschritt in der praktischen Anwendung der neuentdeckten Strahlen war unter anderem durch die Tatsache ermöglicht, daß zur Zeit der Entdeckung Hittorfsche Röhren und große Induktorien in vielen Laboratorien zu finden waren und daß die Hersteller dieser Apparate gleich in der Lage waren, nach der Entdeckung ihre Erfahrungen zu verwerten und der bedeutend gesteigerten Nachfrage nachzukommen. Wie schnell sich die einzelnen Glasbläser und Fabrikanten auf die neuen Anforderungen einstellten, haben wir schon früher aus Anlaß der Zusammenarbeit des bekannten Orthopäden GOCHT mit dem Glasbläser und Elektrotechniker C. H. F. MÜLLER in Hamburg beschrieben. MUELLER gründete eine der bestbekannten Fabriken für Röntgenröhren.

Mehrere Firmen in Deutschland lieferten schon vor RÖNTGENs Entdeckung gute und brauchbare Hittorfsche Röhren, so z. B. B. Geißler in Berlin und Poeller in München. Über die laufenden Preise derselben, wie auch über die zur Herstellung der Röntgenstrahlen benötigten Apparate gab eine Anzeige der Firma F. Ernecke in Berlin Aufschluß, die in den ersten Monaten des Jahres 1896 erschien und z. B. auf der Rückseite der Wunschmannschen Broschüre „Die Röntgenschen X-Strahlen" abgedruckt wurde. Sie ist in Abb. 98 wiedergegeben. Andere bekannte Hersteller von Röntgenröhren waren die Firmen Emil Gundelach in Gehlberg, Dr. H. Geißler Nachfolger, Franz Müller in Bonn und Robert Goetze in Leipzig. Die Gundelachsche Röhre wurde unter anderem von den Jenaer Physikern WINKELMANN und STRAUBEL bei ihren an anderer Stelle beschriebenen Versuchen mit Erfolg benutzt. Die Röhre wurde zu jener Zeit als „Kugelapparat" bezeichnet.

Die Goetzeschen Röhren fanden ebenfalls großen Anklang, denn im Juni 1896 war in der „Photographischen Rundschau"[1] zu lesen, daß „der bekannte Glasbläser GOETZE in Leipzig noch mehrere hundert Hittorfsche Röhren auszuführen hat. Diese Aufträge beschäftigen ihn wenigstens noch für ein Jahr. An einem Tage sind gegen 70 Bestellungen gekommen". GOETZE schien wie viele der anderen Fabrikanten die Stellungnahme RÖNTGENs zu teilen. „Patente auf die Röhren sind von meinem Vater niemals genommen worden, da er bekanntlich ein Feind derartiger Drosselung der Forschung war", schrieb sein Sohn[2]. Weiter lesen wir in derselben Mitteilung, daß „GOETZE im Verein mit Prof. W. KÖNIG der erste

[1] Photogr. Rdsch. **10**, 188.

[2] Privatmitteilung vom 8. Okt. 1929.

gewesen ist, welcher die Antikathode (Platinspiegel) in der Röhre angebracht hat, wobei es damals in seiner Hand lag, die ganze Fabrikation auf sich allein zu beschränken".

Eine andere deutsche Firma, die mit die ersten Röntgenröhren herstellte, war Greiner & Friedrichs (360) in Stützerbach i. Th. Die bekannten kleinen

Röntgen-Strahlen.

Apparate zu Versuchen

über Elektrische Entladungen in mit verdünnter Luft gefüllten Glasröhren.

A. Crookes'sche Apparate zur Demonstration der Eigenschaften der Kathoden- oder Glimmlichtstrahlen.

(Siehe die Fig. in Müller-Pouillet, Lehrbuch der Physik, IX. Aufl., Bd. III. 1. 2.)

*No. 2486. **Ausbreitung des dunklen Raumes auf beiden Seiten der negativen Elektrode.** M. P. III. Fig. 769 . . . 10,— M.
" 2487. **Fluorescenz bei Auftreffen der Kathodenstrahlen auf Mineralien** (Calcium-, Baryum-, Strontiumhaltige Mineralien) . . . 7,50 "
" 2487a. **Hittorf'sche Röhre,** mit hochgradiger Luftverdünnung, in gerader Form, mit Aluminiumschale. Beim Auftreffen der Kathodenstrahlen auf die Glaswand leuchtet dieselbe in seegrünem Fluorescenzlicht . . . 7,50 "
" 2487b. **Dieselbe Röhre,** knieförmig gebogen zur Demonstration des Fluorescenzlichtes der Glaswand und der gradlinigen Ausbreitung der Kathodenstrahlen. M. P. III. Fig. 768 . . . 9.— "
" 2487c. **Grosse Hittorf-Röhre,** kolbenförmig, hochgradig evakuiert (Modell Urania, Berlin) . . . 25,— "
" 2488. **Erscheinungen in einer Entladungsröhre bei allmählicher Zu- und Abnahme des Verdünnungsgrades.** M. P. III. Fig. 772 . . . 13,— "
" 2489. **Zur Demonstration der geradlinigen Ausbreitung der Kathodenstrahlen.** M. P. III. Fig. 770 . . . 18,— "
" 2490. **Zur Demonstration des Glimmlichtschattens.** M. P. III. Fig. 771 . . . 20,— "
" 2491. **Mechanische Wirkung der Kathodenstrahlen auf leichte Körper.** M. P. III. Fig. 773 . . . 25,— "
" 2492. Derselbe Apparat in einfacherer Form . . . 9,— "
" 2493. **Verhalten der Kathodenstrahlen gegen den Magneten.** M. P. III. Fig. 780 . . 12,— "
" 2499. **Wärmeerzeugung durch auffallende Kathodenstrahlen.** M. P. III. Fig. 774 . . 18,— "
" 1351. **Fluorescenzröhren nach Geissler,** doppelwandig, mit seitlichem Tubus, zum Einfüllen beliebiger fluorescierender Flüssigkeiten, à Stück 6,— bis 20,— "
" 2096. **Elektrisches Ei,** auf Holzfuss, zum Aufschrauben auf den Luftpumpenteller, zu dem gleichen Zwecke wie No. 2488 . . . 18,— "
" 2096. **Dasselbe,** gross, mit Hahn und plangeschliffenem Messingfuss . . . 36,— "

Ferner zur Demonstration der Durchlässigkeit vieler Körper für die sogen. X-Strahlen (nach Prof. Röntgen):

" 1346. **Papierstreifen,** 20 × 4 cm, **mit Baryumplatincyanür präpariert** . . . 4,50 M.
" 1346a. **Derselbe,** 20 × 10 cm, " . . . 8,50 "

Grössere Streifen und Schirme mit Baryumplatincyanür präpariert, nach Uebereinkunft.

B. Funkeninduktoren nach Ruhmkorff.

No. 2468.	**Funkeninduktor,** mit Stromwender, Funkenlänge		2,5 cm	95,— M
" 2469.	do.	" " "	4,5 "	160,— "
" 2470.	do.	" " "	8 "	240,— "
" 2471.	do.	" " "	15 "	380,— "
" 2472.	do.	" " "	25 "	550,— "

Ferner empfehle ich zum Selbstevakuieren von Röhren:

No. 602a. I. **Einfache Quecksilberluftpumpe** nach **Spiess,** inkl. Quecksilber . . . 100,— M.
II. **Dieselbe in eleganter Ausführung** " " . . . 150,— "

Mit dieser Quecksilberluftpumpe, die zusammen mit einer gewöhnlichen Kolbenluftpumpe gebraucht wird, lässt sich ein so gutes Vakuum erzielen, dass elektrische Entladungen in dem ausgepumpten Raum überhaupt nicht mehr übergehen.

Separatprospekt hierüber mit Beschreibung und Gebrauchsanweisung steht zu Diensten.

Eine vollständige und zum Gelingen guter Photographieen mittelst Röntgen-Strahlen geeignete Sammlung von Apparaten, für Aerzte wie für Lehranstalten geeignet: Dieselbe besteht aus einem **Funkengeber** (15 cm Funkenlänge), einer grossen, kolbenförmigen, hochgradig evakuierten **Hittorf-Röhre** (Modell **Urania, Berlin**), einer **Akkumulatorenbatterie,** einem **Stromstärkeregulator** und **Anleitung** zum **Photographieren.** Preis der kompletten Sammlung ***590 Mark.***

Preislisten No. 11 und 12, sowie Nachtrag No. 13 über neukonstruierte ***physikalische Apparate*** resp. elektrische Mess-Instrumente stehen den Herren Fachlehrern für Physik gratis und franko, anderen Interessenten gegen Einsendung von **3,30 Mark** franko zu Diensten.

Ferdinand Ernecke

Mechanische Werkstätten zur Konstruktion und Herstellung wissenschaftlicher Apparate.

BERLIN SW., Königgrätzer Strasse 112.

Fernsprecher, Amt VI. No. 152.

*) Die angegebenen Nummern beziehen sich auf meine Preisliste No. 11 über physikalische Apparate und genügt bei Bestellung die Angabe dieser Nummern.

Gedruckt bei Wilhelm Müller, Berlin, Prinzenstr. 95.

Abb. 98. Eine der ersten Anzeigen von Röntgenapparaten und Röhren

zylindrischen Fokusröhren stammten aus dieser Quelle. Sehr schnell machten sich auch die größeren Firmen, die AEG., Siemens & Halske und Reiniger-Gebbert & Schall an den Bau von guten Röhren.

In Frankreich zeigten die Firmen Heller & Co. und insbesondere Radiguet in Paris den Verkauf von Röntgenröhren und Röntgenapparaten an. Diese Anzeigen sind in Abb. 100a, b, c zusammen mit einer italienischen Annonce der Firma Gorla (Abb. 99) in Mailand zusammengestellt. Der Preis der Crookesschen Röhren der letzteren Firma schwankte zwischen 20 und 30 Lire, eine ganze Röntgenapparatur kostete von 230—600 Lire.

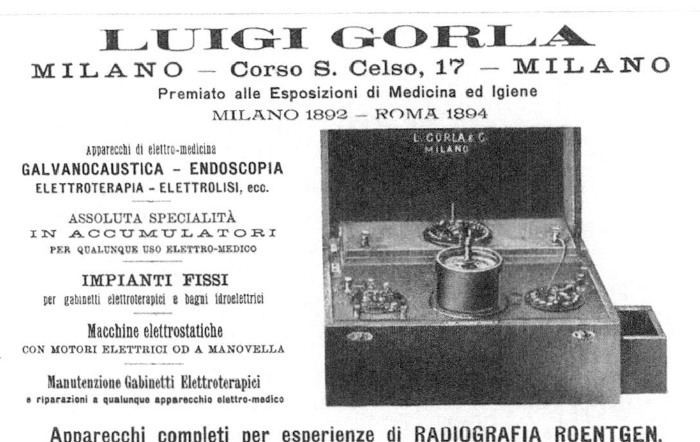

Abb. 99. Italienische Anzeige von Röntgenapparaten

Abb. 100a

Abb. 100a, b, c. Französische Anzeigen von Röntgenapparaten

APPAREILS ET USTENSILES POUR

Expériences avec les rayons X de Röntgen

— (PHOTOGRAPHIE DE L'INVISIBLE) —

RICHARD, CH. HELLER et Cie

Fabrique d'Appareils d'électricité médicale et industrielle. 18, cité Trévise, PARIS

Nous demandons, à cause des nombreuses commandes, un délai de livraison de 8 à 10 jours. — CHARGE DES ACCUMULATEURS A FORFAIT

Abb. 100b

In England gab es eine große Anzahl von Lieferanten für Röntgenausrüstungen, so die Firmen Thomas & Co., London, Reynolds & Branson, Leeds; Hought & Son, London; Brady & Martin, Newcastle; Watson & Sons und schließlich

Griffin & Sons in London (Abb. 101a, b). Die Anzeige der Firma Griffin, die im Mai 1896 in dem ersten Heft der „Archives of Skiagraphy" stand, lautete folgendermaßen:

John J. Griffin & Sons, Ltd.

X-Strahlen.

„Fokus"-Röhren pro Stück 27/6 S. Größeres Format 37/6 s.

Abb. 100c

Herr A. A. C. Swinton schreibt am 18. April 1896: Die von Ihnen kürzlich gesandte Spezialröhre wurde in meinem Laboratorium ausprobiert und hat zu unserer vollsten Zufriedenheit gearbeitet.

Prof. Chattock vom University College in Bristol schreibt am 1. Mai 1896: Die uns übersandte Röhre war ausgezeichnet; wir haben bis jetzt keine Röhre von derselben Qualität gehabt. Senden Sie uns bitte, sobald Sie können, eine weitere.

Ruhmkorffsche Spulen; von uns gebaut. 3 Zoll £ 9. 4 Zoll £ 12. 5 Zoll £ 15. 6 Zoll £ 18.

Diese Induktorien wurden in der letzten Zeit an den „Lancet", Shelford Bidwell Esq. M. A., F. R. S. und andere geliefert.

R. W. Thomas & Co. schreiben: Die von Ihnen bezogene Induktionsspule wird täglich für die neue Photographie benutzt. Sie arbeitet ausgezeichnet, und wir glauben nicht, daß es eine bessere Spule gibt.

Mr. G. Watmouth Webster, F. C. S., F. R. P. S.: Die Spule ist ausgezeichnet und gibt einen Funken von der angezeigten Größe.

Mr. Arnold, H. Ullyett, F. R. G. S.: Die Spule arbeitet ganz ausgezeichnet, und ich habe mit ihr einige sehr gute und scharfe Schattenphotographien gemacht.

Fluoreszenzschirme. Gute gleichmäßige Schirme, um verschiedene Teile des Körpers zu untersuchen. Mahagonirahmen mit Handgriff. Größe der fluoreszierenden Schicht: 5 × 5 Zoll, 15 s; 7 × 5 Zoll, 18 s; 8 × 6 Zoll, 22/6 s. Andere Größen zu entsprechenden Preisen.

Vollständiger Apparat, 3-Zoll-Spule, 6 Bunsenelemente. Verbesserte Fokusröhre mit Röhrenhalter, Fluoreszenzschirm und Verbindungsdrähten 12—15 s.

22 Garrick Street, Covent Garden, W. C.

Die Firma Cossor in London stellte auch Röntgenröhren her, und die Firma Wilhelm & Co. in London verkaufte importierte Röhren, vor allem die von Prof. Zehnder erfundene regulierbare Röhre, die aus Freiburg kam.

In Amerika wurden die Edisonschen Röhren und die Thomsonsche Doppelfokusröhre von verschiedenen Fabriken hergestellt. Nach langer Forschungsarbeit brachte die General Electric Company ihre Röhre durch die „Edison Decorative und Miniature Lamp Dept.“ in Harrison, N. J., in den Handel[1]. Dieselbe Firma vertrieb auch die Thomsonsche Röhre, die sehr früh „als die einzige Röhre,

a b

Abb. 101a, b. Englische Anzeigen von Röntgenapparaten

die eine Vorrichtung zur Regulierung des Vakuums hat“, angepriesen wurde (s. Abb. 102). Andere Bezugsquellen für Röntgenapparate und Röntgenröhren waren die Beacon Lamp Co. in Boston, Frei & Co. in Boston, Sunbeam Lamp Co. in Chicago[2], L. E. Knott in Boston, Willyoung & Sayen in Philadelphia[3], Cathodoscope Electrical Comp., New York, Greiner, New York und Eimer & Amend, New York (Abb. 102). Die beiden letzteren Firmen importierten auch deutsche Röhren und Apparate. Die Produkte der Edison Lamp. Co. in Harrison wurden in

[1] Electr. Eng. **21**, 423 (22. April 1896).
[2] Electr. World **27**, 438 (18. April 1896).
[3] Electr. World **27**, 735, 795 (12. u. 26. Dez. 1896).

den amerikanischen Zeitschriften mehrfach ausführlich beschrieben[1]. Ein „tragbarer Röntgenapparat für Ärzte, Professoren, Photographen und Studenten, komplett in schönem Tragkasten mit Induktionsspule, Kondensator, 2 Röhren, Batterien, zum Preise von 15 $ mit voller Garantie“ wurde im Juni von der Firma Pearson Mfg. Co. in St. Louis, Mo., angepriesen.

a

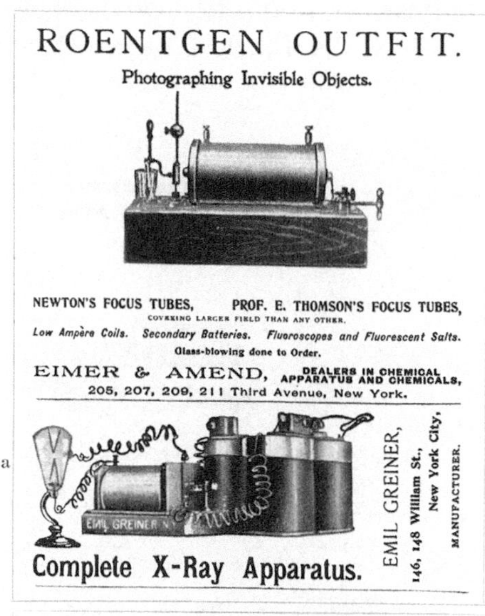

b

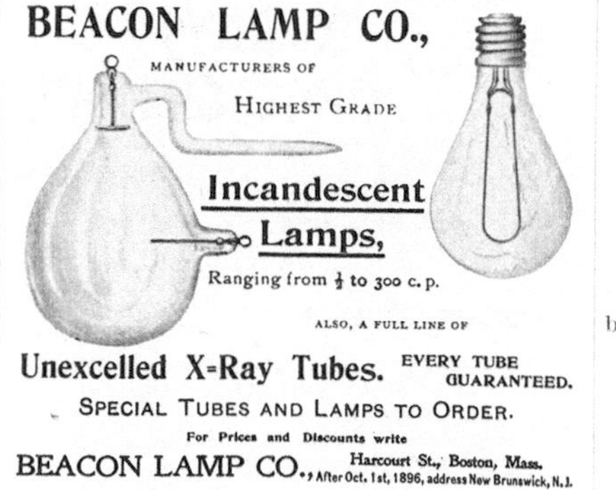

c

X = Ray = Apparatus
of All Kinds,
For Professionals and Amateurs.

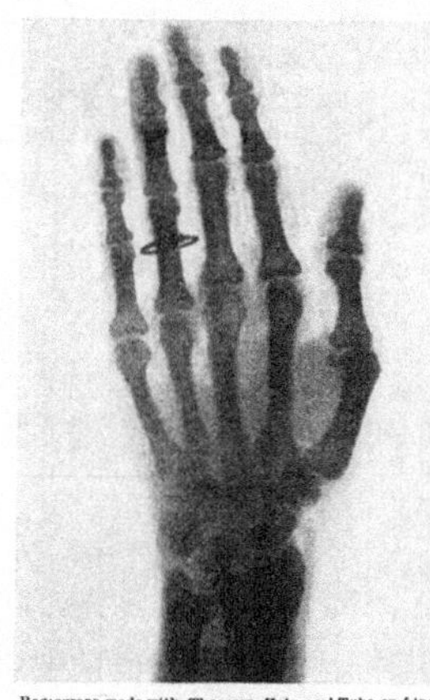
Radiograph made with Thomson Universal Tube on 5 inch spark. Exposure 3 minutes.

(1) Ruhmkorff Coils (oil immersion type).
(2) High Frequency Sets (for alternating current).
(3) Modern Holtz Machines
(4) Crookes Tubes
a. Regular.
b. Single focus.
c. Double focus, with adjustable vacuum. (Thomson Universal.)
(5) Fluoroscopes.
(6) Fluorescent Screens.
(7) Calcium Tungstate.

Complete Outfits For X Ray Work

Our Thomson Universal Double Focus Tube is pronounced by experts the most efficient tube ever made for the production of X Rays. It is the only tube made that provides for adjustment of vacuum.
Our Ruhmkorff coils of the larger size are of the oil immersion type, thus insuring the highest degree of insulation.
Miniature and Decorative Lamps and Electric Signs.
EDISON DECORATIVE AND MINIATURE LAMP DEPT.
HARRISON, N. J.

d

X Ray Apparatus
OF ALL KINDS.

(1) RUHMKORFF COILS. (Immersed in oil;—the highest insurance of insulation.)
(2) HOLTZ MACHINES. (Latest type. Efficient, portable.)
(3) HIGH FREQUENCY SETS. (For alternating currents. Designed by Prof. Elihu Thomson.)
(4) CROOKES TUBES.
(a) Double-focussing (Thomson Universal).
(b) Single-focussing.
(c) Globular.
(d) Elongated pear-shape.
Our Thomson Universal Tube is the only one in the market that is provided with simple means of adjusting the vacuum.
(5) FLUOROSCOPES. (Approved patterns, various sizes.)
(6) FLUORESCENCE SCREENS. (Even distribution, various sizes.)
(7) CALCIUM TUNGSTATE. (Fine crystals, chemically pure.)

EDISON DECORATIVE & MINIATURE LAMP DEPT.,
Sussex and Fifth Streets,
HARRISON, N. J.

Abb. 102a—d. Amerikanische Anzeigen von Röntgenapparaten

Röntgen arbeitete zur Zeit seiner Entdeckung mit verschiedenen Induktorien, und zwar denen von Ernecke in Berlin, Kohl in Chemnitz, Kaiser & Schmidt in

[1] Siehe z. B. Electr. World 28, 234 (Aug./Okt. 1896).

Berlin und Reiniger-Gebbert & Schall in Erlangen. Es ist sehr wahrscheinlich, daß er den Ernecke-Induktor benutzte bei der Entdeckung der X-Strahlen, denn es ist dieser Induktor, den Röntgen zusammen mit anderen historischen Gegenständen dem Deutschen Museum in München stiftete, wo er einen Ehrenplatz gefunden hat.

Diese Firmen kamen zur Zeit der Entdeckung der Röntgenstrahlen als Lieferanten für Funkeninduktorien in Betracht. Die bekannteste unter ihnen war wohl Kohl in Chemnitz, die durch ihren großen, für die Weltausstellung in Chicago 1893 angefertigten Induktor bekannt wurde. Nach dieser Ausstellung kamen viele der importierten Hittorfschen und Crookesschen Röhren in amerikanische physikalische Laboratorien und wurden da nach der Bekanntgabe von RÖNTGENs Entdeckung, z. B. von MILLER in Cleveland, zur Wiederholung seiner Versuche — meist mit Erfolg — benutzt.

Die Herstellung von Hochspannungsapparaturen hoher Frequenzen nach der Teslaschen Anordnung, die in Deutschland von W. KÖNIG (465), HIMSTEDT (394) u. a. empfohlen wurde, scheint nirgends im großen erfolgt zu sein; desgleichen fand man im Jahre 1896 kaum Ankündigungen von Elektrisiermaschinen zum Betriebe von Röntgenröhren.

Das Interesse an empfehlenswerter Apparatur, Preislage derselben usw. war naturgemäß so groß, daß die bekannten Physiker, Fabrikanten und Herausgeber der technischen Zeitschriften mit Anfragen um Auskunft überschüttet wurden. Auf die Anfrage des Herausgebers der „Zeitschrift für Elektrochemie" hin erschien denn eine kurze Beschreibung der Apparate von Siemens & Halske, die ihres Interesses wegen hier mitgeteilt sei[1]:

Apparate zur Erzeugung von X-Strahlen nach RÖNTGEN

Auf mehrfache Anfragen hin über Anordnung, Strombedarf und Kosten zuverlässiger Apparate zur Ausführung von RÖNTGENs Versuchen haben wir uns an die Firma Siemens & Halske, Berlin, um Auskunft gewandt und sind Dank dem Entgegenkommen genannter Firma in der Lage, folgendes darüber mitzuteilen:

Das einfachere, aber mit mancherlei Übelständen (unruhiges Licht, Platzen der Vakuumröhren u. dgl.) verbundene Verfahren besteht in der Benutzung eines Induktionsapparates von wenigstens 15 cm Schlagweite (bei langsamem Stromwechsel) und eines Quecksilberunterbrechers oder anderer Arten von Selbstunterbrechern.

Nach der Preisliste der Firma Siemens & Halske würden sich die Kosten dieser Einrichtung stellen:

1 Funkeninduktor Nr. 6370 für etwa 15 cm Funkenlänge auf Kasten mit Kondensator	540 Mk.
1 große Quecksilberwippe Nr. 4554	160 Mk.
2 evakuierte Glaskugeln je 8 Mk.	16 Mk.
Im ganzen	716 Mk.

Zum Betriebe erfordert dieser Apparat nur 5 Bunsenelemente oder 5 kleine Akkumulatoren.

[1] Z. Elektrochem. 2, Nr. 24, 523 (20. März 1896).

Aber dort, wo man als Elektrizitätsquelle den Strom einer Lichtzentrale, Blockstation, Gleichstromdynamo oder Akkumulatorenbatterie von 65 bis 120 Volt EMK. zur Verfügung hat, wählt man besser eine Methode, welche sich vor der obigen dadurch auszeichnet, daß das Fluoreszenzlicht stetig und ruhig ist und die Vakuumröhren viel seltener platzen. Sie besteht in der Ersetzung des Quecksilberunterbrechers durch einen rotierenden, von einem elektrischen Motor getriebenen Unterbrecher. Hierbei muß der primäre Strom eine Spannung von wenigstens 50 Volt besitzen, jedoch braucht die Schlagweite des Induktors, bei langsamem Stromwechsel, nur etwa 7 cm zu betragen und beträgt bei Anwendung des rotierenden Unterbrechers etwa 2—3 cm.

Die Kosten einer solchen Einrichtung sind folgende:

Stück	Gegenstand	Preis loco Berlin exklusive Verpackung	
		einzeln Mk.	zusammen Mk.
1	Funkenanlage für etwa 2 cm Funkenlänge bei raschem Wechsel, mit Kondensator	—	300,00
1	Motor K 1 mit rotierendem Unterbrecher für 50 oder 100 Volt	—	180,00
2	Regulierwiderstände für 50 oder 100 Volt, der eine zum Motor K 1, der zweite zu der primären Spirale des Funkeninduktors	29,00	58,00
2	Hebelumschalter	7,50	15,00
—	Montage der Apparate auf Grundbrett aus Eschenholz, lackiert	—	47,00
2	evakuierte Glaskugeln	8,00	16,00
	Sa.		616,00

Als photographische Platten empfehlen Siemens & Halske frische Eosinsilberplatten (zu haben bei Reichardt & Stoll, Berlin, Hollmannstraße 17).

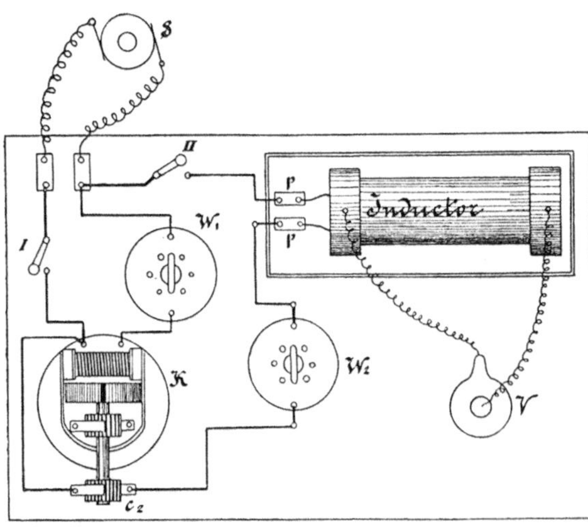

Abb. 103. Schaltungsskizze des Röntgeninduktors der Firma Siemens & Halske in Berlin, März 1896 (852)

Die Anordnung der Apparate ist aus nebenstehendem Schema ersichtlich (Abb. 103). Außer der Stromquelle S ist alles auf einem Grundbrett montiert. Hier bezeichnen I und II Hebelschalter. Der zur Unterbrechung des Primärstromes bestimmte und zu diesem Zwecke mit einem zweiten Kommutator c_2 versehene Motor K wird dem zur Verfügung stehenden Potential, wie oben schon erwähnt, angepaßt. Ein Teil des Primärstromes, 1,5—2 Amp., dient zum Betriebe des Motors, den größeren Teil, 4—5 Amp., schickt man durch den Kommutator c_2 in die Primärstromspirale pp des Induktors. Mit Hilfe des Widerstandes W_1 reguliert man die Geschwindigkeit des Motors, mit dem Widerstande W_2 die für das Induktorium erforderliche Stromstärke. V bezeichnet die mit der Sekundärwicklung verbundene evakuierte Glaskugel.

Mit fortschreitender Entwicklung der ganzen Röntgentechnik hielt die fabrikatorische Herstellung der Apparate gut stand, und man muß rückblickend feststellen, daß das Echo, welches die Begeisterung der Röntgenstrahlenforscher im Jahre 1896 in industriellen Kreisen fand, ein außerordentlich gutes war. Die Romantik der Herstellung der Röntgenapparate im ersten Jahre der Röntgenologie steht der Romantik der Entdeckung selbst und deren Aufnahme in der ganzen Welt um nichts nach.

20. Die Entdeckung der Röntgenstrahlen im zeitgenössischen Humor. Merkwürdige Ansichten über die Entstehung der Röntgenstrahlen und ihre Wirkungen

In den Zeitschriften des Jahres 1896 fand sich eine große Anzahl humorvoller Äußerungen, Gedichte und Zeichnungen über die „merkwürdige Entdeckung", die ein gutes Bild von der Aufnahme der unglaublichen Tatsache, daß man „die Knochen durch das Fleisch hindurch photographieren kann", beim Publikum gaben.

Eine der Hauptursachen dieser humorvollen Betrachtungen der praktischen Verwertung der neuen Entdeckung war durch die anfänglich viel verbreitete Meinung gegeben, daß die Röntgenphotographie identisch sei mit der gewöhnlichen Photographie mit dem einzigen Unterschied, daß man eben direkt durch den undurchsichtigen Körper hindurch photographieren könne. Sehr primitiv kam die Ansicht zum Ausdruck in der in Abb. 104 wiedergegebenen Zeichnung aus der amerikanischen Zeitschrift „Life"[1]. Zwei Röntgenbilder ähnlicher Art erschienen in der englischen Zeitschrift „Punch"[2] (Abb. 105 u. 106).

In zahllosen Witzen äußerten sich die Wirkungen der „modernen Photographie". Einige seien hier wiedergegeben:

Studium in Anatomie

Pferdehändler (zeigt anpreisend auf ein mageres Pferd): „Hier, mein Herr, ein feines Bild!"

Käufer: „Hm, ja, es sieht aus wie eine von den Röntgenphotographien."

[Punch **110**, 195 (25. April 1896).]

Zeitgemäß

Gast (zum Kellner, welcher ihm ein Kotelett mit einem großen Knochen und wenig Fleisch gebracht hat): „Kellner, das ist wohl ein Kotelett à la Röntgen?"

[Fliegende Bl. **104**, 163 (26. Mai 1896).]

Zukunftsinserat

Tüchtiger Pädagog gesucht; Gehirnphotographie erwünscht. Offerte unter W. O. W. befördert d. R.

[Fliegende Bl. **104**, 123 (29. März 1896).]

---

[1] Life **27**, 313 (16. April 1896).

[2] Punch **110**, 289, 117 (7. März u. 20. Juni 1896).

Alle modernen Einrichtungen

Sie: „Ich möchte mich gerne photographieren lassen.“
Photograph: „Jawohl Gnädigste, mit oder ohne?“
Sie: „Mit oder ohne was?“
Photograph: „Knochen.“ [Life **27**, 259 (27. April 1896).]

· LIFE ·

THAT DELICIOUS MOMENT
WHEN YOU FIND YOU ARE TO TAKE INTO DINNER THE GIRL WHO YESTERDAY REFUSED YOU.

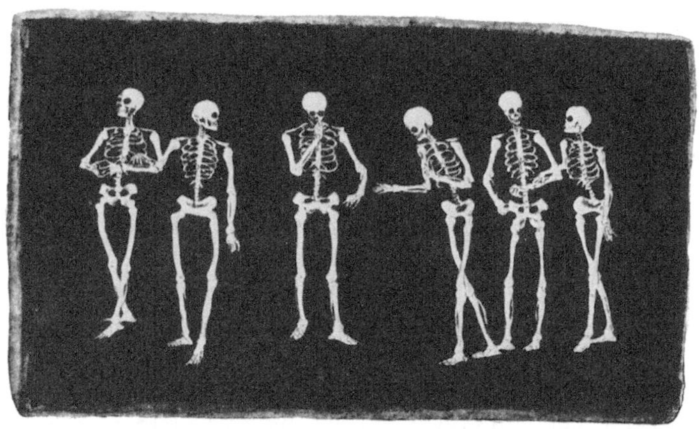

FOR those of our readers who like to get at the inside facts of a case we publish these companion pictures. They are interesting as showing the possibilities of the art of the future when developed by advanced photography. We have selected a well-known drawing from LIFE as better illustrating our point.

Abb. 104. Aufnahme mit gewöhnlicher Photographie und mit der „neuen Photographie“. [Aus Life **27**, 313 (6. April 1896)]

Seltsame Entdeckung

Der Schah Kal-Y-Jula ließ seine sämtlichen Hofschranzen mit Röntgens Strahlen photographieren. Trotz ganzstündiger Exposition war jedoch bei keinem ein Rückgrat zu entdecken. [Fliegende Bl. **104**, 155 (19. April 1896).]

Triumph der Wissenschaft

(Abb. 107)

Studiosus Süffl, einer der fleißigsten Besucher des „Hofbräuhauses“, ließ sich sein Herz mit Röntgenschen Strahlen photographieren — man entdeckte darin nachstehendes Monogramm: HB. [Fliegende Bl. **104**, 163 (26. Mai 1896).]

Abb. 105. „Ein grinsendes Skelett saß neben ihr“. [Aus der Chicago Tribune (Februar 1896)]

Abb. 106. Die Röntgenstrahlen sehen durch das Falstaff-Kostüm. [Aus Punch (20. Juni 1896)]

Die neuen Strahlen

Physiklehrer (zu einem beschränkten Primaner): „Sie müssen ein Brett vorm Kopfe haben, durch das nicht einmal die Röntgenstrahlen hindurchdringen.“

[Meggendorfers Humoristische Bl. **24**, 100 (März 1896)].

Ein Schlauer

Pump: „Sage nur, warum trägst du seit einiger Zeit immer Blechmarken im Portemonnaie?“
Suff: „Weißt du, das ist nur wegen der Röntgenschen Strahlen!“

[Meggendorfers Humoristische Bl. **25**, 2 (April 1896).]

Kasernenhofblüte

Feldwebel: „Einjähriger, Sie strahlen ja, als ob Sie den Röntgen erfunden hätten.“

[Meggendorfers Humoristische Bl. **25**, 104 (Juni 1896).]

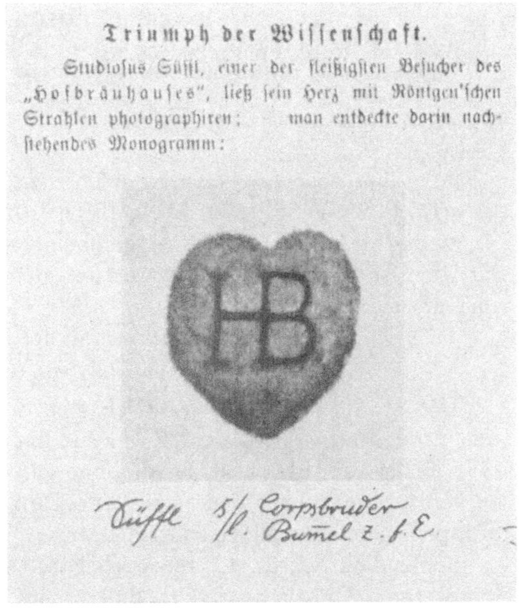
Triumph der Wissenschaft.

Studiosus Süffl, einer der fleißigsten Besucher des „Hofbräuhauses“, ließ sein Herz mit Röntgen'schen Strahlen photographiren; man entdeckte darin nachstehendes Monogramm:

Abb. 107. Triumph der Wissenschaft. [Aus den Fliegenden Blättern **104**, 163 (26. Mai 1896)]

Das beste Mittel, ins Innere zu schauen, bleibt doch trotz RÖNTGEN die Menschenkenntnis. [Meggendorfers Humoristische Bl. **26**, 72 (August 1896).]

Unter den Namen der bekannten französischen und englischen Physiker bemerkt man LANNELONGUE, SWYNGEDAUW, HURMUZESCU, EUMURFOUPOLUS, NIEWENGLOWSKI, und man muß unwillkürlich denken, wie sehr die Popularität der Röntgenstrahlen gelitten hätte, wenn einer dieser Wissenschaftler sie entdeckt hätte; es wäre dies ein um so besserer Grund gewesen, sie X-Strahlen zu nennen. [Electr. World **27**, 337 (22. März 1896).]

TOPICS IN BRIEF.

THE LATEST PHOTOGRAPHIC DISCOVERY.

By Prof. Röntgen's process we shall soon be able to verify the above surmises as to the contents of certain bodies.—*The Inter Ocean, Chicago.*

Abb. 108. Die neueste photographische Entdeckung. [Aus dem Literary Digest **12**, 459 (15. Februar 1896)]

Amerikanische Karikaturen erschienen u. a. im Literary Digest **12**, 459, 516, 518 (15. u. 29. Febr. 1896) (Abb. 108 u. 109).

Einige der zu jener Zeit erschienenen Gedichte und Geschichtchen, die sich mit der Entdeckung und Verwertung der Röntgenstrahlen beschäftigten, seien hier mit angeführt:

Ein Triumph der Wissenschaft

Zukunftsbild von OTTO BEHREND

Der Studio der Naturwissenschaften Schlauerl erhielt eines schönen Morgens den Besuch seines Onkels. Er war hierüber sehr erfreut, denn nicht nur konnte er so einige Tage aufs beste leben, ohne sein Schuldenkonto zu vergrößern, sondern er wußte auch unter den verschiedensten Vorwänden durch sachkundiges Anpumpen seine Finanzlage zu verbessern.

Schließlich wurde letzteres aber selbst der Gutmütigkeit des keineswegs knauserigen Onkels zuviel, so daß er erklärte, nur noch so viel Geld bei sich zu haben, als er für die Tage, die er noch zu bleiben beabsichtigte, selbst brauche. Um seine Armut zu beweisen, bezahlte er nur noch aus der Westentasche.

Schlauerl glaubte ihm nun zwar nicht, aber auf keine Weise vermochte er auch nur einen Pfennig noch aus dem Onkel herauszulocken. Da kam ihm plötzlich eine Idee.

„Du solltest dir doch auch einmal unser Physikalisches Institut ansehen", sprach er.

Der Onkel war bereit und ließ sich daher zu einer Zeit, wo sonst niemand anwesend war, in den der Wissenschaft geweihten Räumen umherführen. Er

Abb. 109. Nach einer afrikanischen Table d'hote. [Aus Life 27, 194 (12. März 1896)]

zeigte viel Interesse für dieses und jenes, bewunderte einige kleine, nette Experimente und war sichtlich ganz zufrieden, daß sein Neffe doch anscheinend das Studium nicht ganz vernachlässigt hatte.

Endlich bei einem photographischen Apparat stehenbleibend, sagte dieser:

„Was meinst du, lieber Onkel, wenn ich dich mal abkonterfeie?"

„Soll mir recht sein, Junge!"

„Na denn — stelle dich dorthin, da ist ein gutes Licht — ganz ‚en face', was? — Da präsentierst du dich am besten — so — und nun recht freundlich — und ruhig, einen Augenblick nur — es tut nicht weh und dauert nicht lange."

Die Beleuchtung war sehr günstig.

„Eins — zwei — drei!"

„So, Onkel, nun haben wir dich. — Willst du immer zum Diner vorausgehen? Ich komme gleich nach, sobald ich mit der Platte alles in Ordnung gebracht habe."

Der Onkel ging, der Neffe hantierte in bester Laune herum, fixierte die Platte und stellte sie dann zum Kopieren in einem Rahmen ans Fenster.

Darauf ging auch er und verlebte mit seinem Onkel einen fidelen Tag bis tief in die Nacht hinein.

Als sie sich andern Vormittags wieder trafen, war gleich die erste Frage des Neffen:

„Kannst du mir nicht 20 Mark geben, ich brauche sie notwendig?"

„Ich kann wirklich nicht, Junge, es reicht eben noch für die zwei Tage, die ich hierbleiben will — da mußt du schon deinem Vater schreiben!"

„Du hast also wirklich nichts mehr übrig?"

„Nein, gewiß nicht."

„So", sagte der Neffe, den Onkel mit eigentümlich siegesbewußtem Blicke fixierend, „dann sieh mal dieses hier, deine Photographie von gestern." Und er reichte ein seinem Notizbuch entnommenes Bild hin.

„Das — ich!" stammelte der Onkel entsetzt, „gräßlich! Das ist ja ein Skelett!"

„Allerdings", sprach der Neffe gelassen, „das ist dein innerer Mensch — ich habe dich nämlich mittels Crookesscher Röhren und Röntgenstrahlen abkonterfeit. — Ein famoses Knochengerüst — das ist auf mindestens 100 Jahre geeicht.

Ei, ei, Onkelchen, du hast mich ja angekohlt — du sagst, du hättest kein Geld mehr, und hier zähle ich ganz oberflächlich wenigstens noch 200 Mark in schönst gemünztem Golde. Knochen und Metall lassen ja bekanntlich die Strahlen nicht durch und kommen so ans Licht der Welt!"

Der Onkel war erst ganz starr, dann machte er ein höchst verblüfftes Gesicht, daß er so schändlich überlistet war.

„Da du nun doch reich bist, kannst du mir gewiß 50 Mark pumpen, was?"

„Verd . . . Bengel", sprach er, „du hast mich nett reingelegt. — Doch der Spaß war gut — da nimm 100 Mark dafür — mehr gibt's aber nicht, ein für allemal. Und nun wollen wir eins trinken, komm!"

[Meggendorfers Humoristische Bl. **24**, 64 (Febr. 1896).]

Die Gedichte drückten oft den großen Pessimismus aus, mit dem das Publikum die neuen „Gespensterbilder" aufnahm.

Das neue Licht

Eine Zeitjeremiade

Oh, wie schrecklich sind die Menschen!
Was erfinden sie nicht alles!
Dieses *neue Licht* jetzt wieder!
Schuld wird's eines Weltkrawalles!
Dieses neue Licht — das Fleisch und
Holz und andres soll durchdringen —
Wie gar vielen alten Lichtern
Wird es je Verderben bringen!
Mancher steigt als *Geistesgräße*
In der Stadt noch stolz und edel,
Bis gar bald das neue Licht uns
Zeigt das Stroh durch seinen Schädel.

Und den zweiten, von dem alle,
Daß er *Original* sei, sagen,
Sieht man dann den reinsten Diebstahl —
Trödelkram im Kopfe tragen.
Und dem dritten, der gehorsamst
Vor dem Chef sich krümmt als Katze,
Schaut mit seinem Brennglas dieser
Nichts als Ränke durch die Glatze.
Und dann gar erst diese *Herzen*!
Na, das kann ja recht nett werden!
Mit der sogenannten Liebe
Geht's nun auch dahin auf Erden,
Denn indes sie schwört: „Ach, Emil,
Dich *allein* nur hab' ich gerne!"
Leuchtet er ihr in das Herz und
Schreit: „Herrjemine! die Kaserne!"
Und indes zu ihren Füßen
Er den Schwur der Liebe säuselt,
Sieht sie dreißig andere Schöne
Ihm ins Herz hineingehäuselt!
Freundschaft und Vertrau'n geht flöten
Vor den neuen Wahrheitskerzen!
Einer spekuliert dem anderen
Das Geheimste aus dem Herzen!
Kassenschränke, täuschen nimmer,
Denn da kann man mit Vergnügen,
Statt der Pseudomillionen,
Sehn die Pfandschein' drinnen liegen,
Ja, durch deine eigene Tasche
Schaut dir in den Beutel jeder
Und ruft: „Na, mit den fünf Pfennig
Nun sich auch noch brüsten tät er!"
Pumpen gibt's im Wirtshaus nimmer:
Denn eh' man dir bringt Bestelltes,
Prüft Wirt, Pikkolo und Kellner
Erst den Beutel deines Geldes.
Ach mit der Toilette vollends
Liegt es hinfort arg im bösen:
Jeder guckt, lacht, schreit: „Hui, Watte!"
Bei Lieutenants und Balletteusen.
Kassenschlüssel an der Uhrkett'!
Strumpfloch durch die Seidenkleider,
Katzen, die im Kopf miauen,
Sieht der Spötter und die Neider!
Schwiegermutter, die dein Kuß einst
Bei der Ankunft täuschen konnte,
Schaut ins Herz dir bloß und ruft dann:
„Jetzt bleib' ich erst recht drei Monde!"
Kurz, das neue Licht bringt Unheil
Allen später oder früher!
Lachen kann bei der Erfindung
Höchstens der — Gerichtsvollzieher. Wilhelm Herbert

[Fliegende Bl. **104**, Nr. 2637, 63 (9. Febr. 1896).]

Ähnliche Ergüsse erschienen in „The Electrical Review" **31** (März 1896) und im „British Journal of Photography" **43**, 93 (4. Dez. 1896).

A Contrast

In Pharaoh's days the Egyptians vainly tried
By subtle art death's ravages to hide:
With antiseptic gums and varnish giving
To lifeless clay the semblance of the living.
Science and Time have altered all our ways;
The fashion now — to bask in RÖNTGEN rays,
Whereby as naked skeletons we're shown
Ere victor Death has claimed us for his own. S.

[Electr. Rev. (Lond.) **38**, 635 (Mai 1896).]

Auch ein Theaterstück, „Die X-Strahlen oder Herr RÖNTGEN bringt es an den Tag", Schwank mit Gesang in einem Akt von J. BECKS[1], erschien sehr bald. Es glich in seinem Inhalt sehr der oben beschriebenen Episode „Ein Triumph der Wissenschaft", war aber noch mit allerlei Gesängen ausgeschmückt. Gegen das Ende sagte der Hauptheld des Stückes:

„Hier habe ich zwei Strophen von einem Lied, das die Würzburger Studenten zu Ehren des Herrn Professors auf ihrer Kneipe singen nach der Melodie: ‚O alte Burschenherrlichkeit'."

O alte traute dunkle Zeit,
Wohin bist du entschwunden!
Was wird zu unserem Herzeleid
Von RÖNTGEN jetzt erfunden.
Was sonst bedeckt mit Nacht und Grauen,
Ist nun im X-Strahl frei zu schaun,
O jerum, jerum, jerum,
O quae mutatio rerum!

Sonst deckt ein großes Portemonnaie
Manch abgrundtiefe Leere,
Und brächte in das Renommee
Daß man ein „Krösus" wäre,
Doch wenn im Beutel nun ist nix,
Tun's jedem kund die Strahlen X.
O jerum, jerum, jerum,
O quae mutatio rerum.

Mit in dieses Kapitel gehören schließlich die mehr oder minder fragwürdigen sensationellen Mittel, Röntgenstrahlen zu erzeugen oder deren Wirkungen zu demonstrieren, die allenthalben auftauchten. Viele Berichte der Röntgenliteratur des Jahres 1896, so wie sie im Anhang zusammengestellt ist, gaben Beschreibungen von erfolgreichen Versuchen, Röntgenstrahlen auch ohne Hittorf-Crookessche Röhren, nur mit Hilfe von elektrischen Bogenlampen (307, 309, 452, 757), elektrischer Büschelentladung (141, 195, 196, 550, 604, 611, 612), Kalzium- und Magnesiumlicht (282, 812), gewöhnlichem oder Sonnenlicht (166, 266, 444; 185, 251, 309, 357, 484, 685) oder von den Röntgenstrahlen zuvor bestrahlten chemischen Substanzen (908, 955, 956). Meist wurden photographische Platten mit einem zwischen diesen und dem Strahlen liegenden Metallstück zu diesen Versuchen verwendet, wobei die unzureichend dichte Umhüllung der Platte scheinbar genügend Licht durchließ, um nach langen Expositionszeiten einen Eindruck auf der Platte zu hinterlassen. Die Versuche LE BON's (150—156) lösten

[1] BECKS, J.: Die X-Strahlen. Paderborn: B. Kleine. 1896.

vor der Pariser Akademie der Wissenschaften lange Diskussionen aus (67, 528, 638, 639, 1041). Der Amerikaner CAJORI (185) machte auf dem Pike's Peak in Colorado seine „Röntgenaufnahmen mit Sonnenstrahlen", interessanterweise an demselben Ort, an dem viele Jahre später der Physiker MILLIKAN seine Versuche über die Höhenstrahlen anstellte. Weiter kann auf diese ausgedehnten Versuche hier nicht eingegangen werden.

Dann kam es selbstverständlich vor, daß bei der ungeheuren Arbeitsleistung in den Laboratorien der ganzen Welt und bei der teilweise krankhaften Sucht, die gefundenen Resultate schnellstens zu veröffentlichen, auch von wissenschaftlicher Seite manche Ergebnisse berichtet wurden, die später nicht aufrechterhalten werden konnten. In englischen Zeitschriften fanden sich eine Reihe von Artikeln über „X-Strahlen-Mythen", in denen hervorragende Wissenschaftler auf solche Berichte in der Literatur hinwiesen, die nicht ganz einwandfrei waren[1]. In einer dieser X-Strahlen-Mythen wandte sich der englische Physiker S. P. THOMPSON (920) dagegen, daß X-Strahlen-Effekte mit Bogenlampenlicht hervorgerufen werden könnten. Er machte in dieser Notiz darauf aufmerksam, daß seine ersten Versuche im März 1896 schon gezeigt hätten, daß es sich bei den beobachteten Wirkungen um eine Täuschung handelte. Andererseits stellte der Amerikaner Prof. J. S. MCKAY (555) wiederum die etwas abenteuerliche Theorie auf, daß die durch Sonnenstrahlen erzeugten Schattenbilder vielleicht von den magnetischen Strahlen der Sonne erzeugt würden. „Sind nicht die Röntgenstrahlen selbst vielleicht analog diesen magnetischen Strahlen? Sind die Röntgenstrahlen nicht vielleicht der magnetischen Komponente der Hertzschen Strahlen zuzuschreiben?"

Vielfach wurde auch das Licht der Leuchtkäfer in Zusammenhang gebracht mit den Röntgenstrahlen. In den „Annalen der Physik" erschien z. B. eine Abhandlung über „Das Johanniskäferlicht" von H. MURAOKA (627), die mit folgender Übersicht schloß:

1. Das natürliche Käferlicht verhält sich wie das gewöhnliche Licht.

2. Die durch Filtration des natürlichen Käferlichtes durch Karton oder durch Kupferplatten usw. erhaltenen Strahlen haben ähnliche Eigenschaften wie die Röntgenschen oder wie die Becquerelschen Fluoreszenzstrahlen.

3. Die filtrierten Käferstrahlen zeigen dem Karton gegenüber ein auffallendes Verhalten, das Saugphänomen, welches dem Verhalten der magnetischen Kraftlinien gegen Eisen ähnlich ist.

4. Die Eigenschaften der filtrierten Käferstrahlen scheinen von den filtrierenden Substanzen abzuhängen, vielleicht von der Dichtigkeit der letzteren.

5. Es scheint, daß die unter 2 angegebenen Eigenschaften erst durch Filtration erzeugt werden. Analog könnten X-Strahlen auch erst durch Filtration erzeugt werden, und die Filtration mag ein Mittel geben, X-Strahlen zu homogenisieren.

6. Die filtrierten Käferstrahlen zeigen deutliche Reflektion. Refraktion, Interferenz und Polarisation konnte nicht nachgewiesen werden, doch glaubt der Verfasser, daß sie vorhanden sein werden.

7. Die filtrierten Käferstrahlen scheinen wie die Becquerelschen Fluoreszenzstrahlen mittlere Eigenschaften zwischen ultravioletten und Röntgenstrahlen zu besitzen, so daß sie zu der J. J. Thomsonschen Schlußweise über die Transversalität der Röntgenstrahlen einen Beitrag liefern.

[1] Siehe z. B. Electrician **38**, 161, 193, 225, 260 (27. Nov., 4., 11. u. 18. Dez. 1896).

In verschiedenen anderen Laboratorien wurden Versuche mit Leuchtkäfern und Glühwürmchen angestellt [z. B. von C. Henry (387) in Paris]. W. Maver (578), ein Amerikaner, stellte im April folgende Überlegungen an: „Reagiert der Glühwurm auf Röntgenstrahlen? Wissenschaftler sagen schon seit langem, daß, wenn das Geheimnis des Glühwürmchens bekannt wäre, wir im Besitze des Geheimnisses der ökonomischsten aller Beleuchtungsmethoden wären. Ich wage zu behaupten, daß Röntgen dieses Geheimnis vielleicht entdeckt hat. Um diese Theorie zu stützen, müssen wir natürlich annehmen, daß der Glühwurm in seinem Körper die notwendigen fluoreszierenden Substanzen hat und daß er entweder in seinem Körper eine Vorrichtung trägt, um X-Strahlen zu erzeugen, oder daß zwei andere Möglichkeiten bestehen: 1. Die X-Strahlen sind überall vorhanden, wenn auch sozusagen in sehr verdünnter Form. 2. Die fluoreszierende Substanz im Glühwurm ist so außerordentlich strahlenempfindlich, daß sie überall auf dieselben anspricht, auch wenn sie sehr verdünnt sind. Der Glühwurm kann scheinbar je nach Wunsch fluoreszieren."

Abb. 110. X-Strahlenapparat ohne X-Strahlen

Endlich seien hier noch zwei Vorrichtungen beschrieben, mit denen dem allgemeinen Publikum angeblich die Wirkungen der X-Strahlen demonstriert wurden, die aber auf direkter Täuschung beruhten. Bei dem ersten Apparat, der unter dem wohlklingenden Namen „X-Strahlen-Maschine, Wunder des Jahrhunderts" (Abb. 110) in den Handel gebracht wurde, konnte man vermittels eines Winkelspiegelsystems in bekannter Anordnung durch eine Münze usw. hindurchblicken. Ein auf dem Sockel des Apparates angebrachter gewickelter Draht stellte den „elektrischen Teil" des Apparates dar.

Der andere Apparat, „Le Cabaret du Néant" (Abb. 111a, b), der zuerst am Montmartre in Paris aufgestellt wurde, von da aus aber nach allen Jahrmärkten der Welt wanderte, war etwas besser ausgearbeitet. Im „Scientific American"[1] war diese Täuschung beschrieben und abgebildet: „Auf einer Bühne in einem schwarz ausgeschlagenen Zimmer steht aufrecht ein Sarg, in den sich eine Person aus dem Publikum stellt. Der Impresario stellt diese Person auf hölzerne Klötze, bis ihr Kopf oben am Sarg anstößt. Zwei Reihen von Lampen beleuchten ihren Körper, der nunmehr in ein weißes Tuch gehüllt wird. Während nun die Zuschauer aufmerksam beobachten, verschwindet die Person langsam, und an ihre Stelle tritt ein Skelett; danach verschwindet wieder das Skelett langsam und verwandelt sich in die weiß eingehüllte Person." Diese Illusion wurde durch Veränderung der Beleuchtung mit Hilfe eines halbdurchlässigen Spiegels erzielt.

Auch das vorstehende Kapitel könnte noch verlängert werden, denn die populäre Literatur des Jahres 1896 war überschwemmt mit merkwürdigen Be-

[1] Sci. Amer. **74**, 152 (7. März 1896).

richten über die Aufnahme der Röntgenschen Entdeckung beim Publikum, doch waren die einzelnen Veröffentlichungen meist Wiederholungen und entbehrten daher des anhaltenden Interesses.

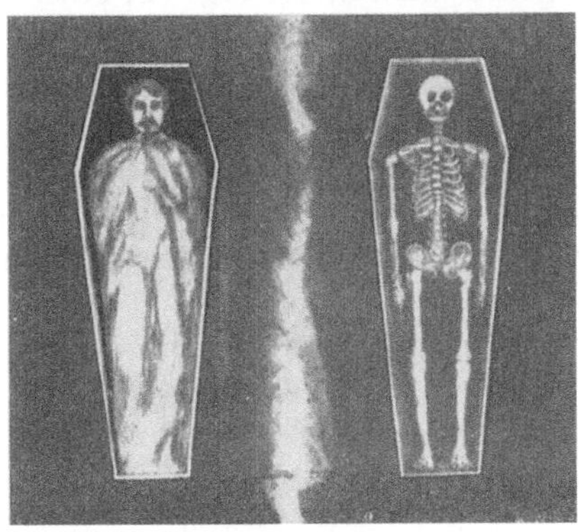

Abb. 111 a u. b.
«Le Cabaret du Neant». [Aus Scientific American **74**, 152 (7. März 1896)]

21. Röntgenstrahlen-Pioniere

Zusammen mit RÖNTGEN kommt einer großen Anzahl Röntgen-Pioniere das Verdienst zu, die Entdeckung der X-Strahlen in kurzer Zeit nicht nur auf eine praktische Basis gebracht zu haben, sondern auch die Eigenschaften der Strahlen selbst schnell so vollständig erkannt zu haben, wie das zuvor und auch danach wohl kaum je bei einer Entdeckung der Fall war. Alle die Wissenschaftler, die sich nach der Röntgenschen Entdeckung mit dem Ausbau der neuen Entdeckung befaßten, aufzuzählen, ist unmöglich. Eine nahezu vollständige Liste der Namen der alten Röntgenforscher des Jahres 1896 ist in dem Literaturverzeichnis des Anhanges enthalten, wenn es auch selbstverständlich viele Arbeiter auf diesem Gebiete gab, deren Name nicht in die Literatur gelangte und daher auch in dem Verzeichnis nicht mit aufgeführt ist. Neben den schon in den früheren Kapiteln gegebenen, zumeist aus der Literatur entnommenen Beschreibungen der Tätigkeit der ersten Röntgenforscher wurde der Versuch gemacht, von den jetzt noch lebenden alten Röntgenologen einen Bericht über ihre ersten Tage der Röntgenologie zu erbitten. Viele Wissenschaftler kamen der Bitte nach. Das Ergebnis ist im folgenden in den Briefen dieser Röntgenologen auszugsweise zusammengestellt.

Prof. F. CAJORI aus Berkeley, Cal., schrieb am 12. Januar 1930:

... Soviel ich mich erinnere, erreichte mich die Nachricht der Entdeckung der X-Strahlen in Colorado Springs, wo ich dazumal im Colorado College tätig war und gerade das Manuskript meiner Geschichte der Elementarmathematik im Dezember 1895 beendete. Ich erinnere mich, daß ich das Manuskript mit meinem Fahrrad nach dem Bureau der Express Company brachte und an demselben Abend mit meinem guten Freund Prof. WILLIAM STRIEBY versuchte, nach X-Strahlen zu suchen. Ich hatte im Colorado College eine ziemlich gute Ruhmkorffsche Spule und einige Crookessche Röhren. An jenem Abend erhielten wir die Schatten einiger Pflanzen, die wir aber anderen Effekten und nicht den X-Strahlen zuzuschreiben geneigt waren. Am nächsten Tage erhielten wir die ersten Schatten von Metallplatten ...

Dr. J. MCKEEN CATTELL aus New York schrieb am 1. Februar 1930:

... Meine Notiz über Röntgenstrahlen in „Science“ 1896 ist nicht sehr wichtig. Ich habe jedoch am 6. März auf Seite 344 einen Artikel mit meinem Bruder, Dr. H. W. CATTELL, veröffentlicht, der scheinbar zum ersten Male den Gebrauch der Röntgenstrahlen in der Medizin beschreibt ...

Dr. H. W. CATTELL aus Burlington, N. J., schrieb am 21. Dezember 1929:

... Ich habe einen guten Freund hier, der die erste Schattenaufnahme einige Jahre vor RÖNTGEN gemacht hat. Soviel ich weiß, wurde meine Arbeit in der Presse als die erste Verwendung der Röntgenstrahlen in der Medizin angesehen. Im Februar 1896 veröffentlichte ich Arbeiten in den „Medical News“ und in dem „International Medical Magazine“. Meine beste Arbeit erschien im Juli 1896 in den „International Clinics“, und mein Vortrag vor der Pathologischen Gesellschaft wurde in den Verhandlungen im selben Jahre gedruckt. Ich habe viele erste Aufnahmen, wie z. B. die der Fledermaus von Dr. HARRISON ALLEN, und auch von pathologischen Präparaten des Körpers, z. B. eines Darmes, eines Gallensteines, Kalziumniederschläge im Herzen usw. Ich prägte die Bezeichnung „Skiagraph“ und „Skotograph“, die anfänglich allgemein in der Literatur gebraucht, dann aber vollständig vergessen wurden und nur hier und da wieder auftauchten. Soviel ich weiß, besaß ich die erste tragbare Röntgenapparatur in Amerika. Ich besitze noch die erste Batterie und die Ruhmkorffsche Spule dieser Apparatur; die Röhre ist wohl zerbrochen. Ich ging seinerzeit zu Queens, einem guten optischen Geschäft in Philadelphia, und kaufte alle Geisslerschen und Crookesschen Röhren, die sie hatten. Meine erste Aufnahme veröffentlichte ich in den „Medical News“ am 15. Februar 1896. Sie war mit einer Expositionszeit von einer halben Stunde hergestellt ...

Herr Prof. Dr. L. FREUND, Wien, schrieb am 20. Dezember 1930:

... Es ist von historischem Interesse, daß in der ersten Zeit der Röntgenära die namhaftesten Ärzte in der vehementesten Weise gegen die Anwendung der Röntgenstrahlen zu Heilzwecken auftraten. Entweder leugneten sie jede spezifische Wirkung derselben, oder sie warnten vor der Anwendung der Röntgenstrahlen, da eine Heilwirkung ohne gleichzeitige Schädigung nicht erzielbar sei.

Meine ersten therapeutischen Versuche an dem mit einem behaarten Naevus behafteten Kinde wollte ich im hiesigen Physiologischen Institute durchführen, kam aber nicht dazu, weil der damalige Vorstand, Prof. S. Exner, sie als vollkommen aussichtslos bezeichnete und mir seinen Röntgenapparat verweigerte. Ich ließ mich aber nicht abschrecken und suchte Hofrat Eder auf, der mir die Möglichkeit bot, sie durchzuführen. Als ich nun den gelungenen Epilationsversuch in der hiesigen Gesellschaft der Ärzte demonstrierte, war alles verblüfft, und ein Angehöriger des Physiologischen Institutes besichtigte kritisch das demonstrierte Kind und erklärte mir kategorisch, das sei unmöglich und ein Schwindel, es liege offenbar eine zufällige Alopecia areata vor, eine Annahme, die nicht nur durch die Versuchsanordnung, sondern auch durch die spätere stark auftretende Reaktion als unhaltbar sich erwies ...

Dr. E. B. Frost vom Yerkes Observatory, Williams Bay, Wis., schrieb am 24. Januar 1930 folgendes:

... Nachdem kurze Nachrichten in amerikanischen Zeitungen veröffentlicht wurden, die sich auf ein von Deutschland kommendes Kabel stützten, begann ich im Physikalischen Laboratorium des Dartmouth College in den letzten Tagen des Monats Januar 1896 mit den Röntgenstrahlen zu arbeiten. Ich kann aber zur Zeit nicht mehr genau sagen, ob mein erstes Bild am Sonnabend, 24. Januar, oder am 1. Februar gemacht wurde. Mein Artikel für „Science“ war am 4. Februar 1896 geschrieben und wurde 10 Tage später mit Arbeiten von M. I. Pupin und A. W. Goodspeed veröffentlicht, deren Veröffentlichungen aber nach meiner eingeschickt worden waren. Nachdem ich die kurzen Kabelnachrichten gesehen hatte, prüfte ich alle Crookesschen Röhren im Dartmouth-Laboratorium, wobei ich eine Grovesche Batterie und eine Induktionsspule benutzte, und ich fand bald eine Röhre, die ausgezeichnete X-Strahlen gab. Diese Röhre war bekannt als Pulujröhre. Sie enthält ein diagonales Stück Glimmer, auf welchem eine phosphoreszierende Substanz befestigt war, sie war daher unbeabsichtigterweise so gebaut, daß sie sehr starke X-Strahlen produzierte. Ich ging mit der Röhre sehr sorgfältig um und glaube, daß sie in den Anfangswochen in den Vereinigten Staaten eine der besten Röhren war. Sie wird noch im Museum in Dartmouth aufbewahrt. Wie ich schon in meiner kurzen Notiz in „Science“ beschrieb, machte ich am 3. Februar 1896 eine Photographie einer gebrochenen Ulna. Ich habe noch das Bild, aber der Fall eignete sich nicht besonders gut, da der Arm schon seit 2 Wochen am Heilen war.

Da ich in Dartmouth den Lehrstuhl für Astronomie innehatte und nicht den für Physik, fehlte mir die Zeit, die Versuche nach dem Frühjahr 1896 fortzusetzen, obgleich ich einige Aufnahmen von gebrochenen Gliedern für befreundete Ärzte machte und auch bei einer Klage wegen Unfallverletzung vor Gericht erschien ...

Prof. A. W. Goodspeed aus Philadelphia, Pa., am 15. Februar 1929:

... Der zufällige Röntgenstrahleneffekt, den Herr W. N. Jennings von Philadelphia und ich im Jahre 1890 erzielte, war tatsächlich vorhanden und ist authentisch. Da wir die Sache aber nicht weiterverfolgten, können wir keinerlei Anspruch auf die Priorität machen, aber die Tatsachen sind so, wie sie in den verschiedenen Berichten des Jahres 1896 mitgeteilt wurden ...

Prof. Dr. R. Grashey, Köln, am 10. Juni 1929:

... Aus persönlicher Erinnerung weiß ich über die Röntgensche Entdeckung nichts. Ich las die erste Mitteilung der Zeitung „unter dem Strich". Sie klang so ungeheuerlich, daß man zunächst an eine Zeitungsente hätte denken mögen ...

Die Firma Greiner & Friedrichs, G.m.b.H., Stützerbach in Thüringen, unter dem 22. Juli 1929:

... Leider ist es uns nicht möglich, erschöpfende Auskunft zu geben, da die Herren, die sich in den 90er Jahren mit der Herstellung der Röntgenröhren befaßt haben, nicht mehr leben oder sich nicht mehr so genau auf die Einzelheiten besinnen können. Die ersten Modelle entsprechen den bekannten Abbildungen. Bei einer Röhre bestand die Aufbauchung aus einem anderen Glas wie der zylindrische Teil. Die ersten Röhren sollen 1896 von uns hergestellt worden sein. Sicher ist, daß die Antikathodenröhre von uns angefertigt worden ist. Versuche zur Regulierung des Vakuums sind auch unternommen worden. Patente sind von uns nicht angemeldet ...

Herr Emil Gundelach, Gehlberg, Thüringer Wald, am 20. August 1929:

... Daß ich einer der ersten Röntgenröhrenfabrikanten bin, geht aus dem Schreiben des Physikalischen Institutes der Universität Jena hervor.

Mit Prof. Röntgen habe ich damals ebenfalls gearbeitet und auch Röhren für ihn hergestellt. Der Briefwechsel ist nie direkt erfolgt, sondern durch die Assistenten des Herrn Prof. Röntgen, die Herren Prof. Koch und Prof. Wagner. Patente wurden in den ersten Jahren nicht von mir angemeldet ...

Herr E. W. Hammer, New York, am 7. Januar 1930:

Leider habe ich wenig Information über meine erste Arbeit mit den X-Strahlen zur Hand. Dr. William J. Morton ist tot. Es war seine Begeisterung gewesen und seine Apparatur, die mein Interesse gewannen. Er machte gern Gebrauch von meinen elektrischen Kenntnissen, daher waren die Versuche, die ich anstellte, eng verknüpft mit den seinigen und die Arbeitstechnik, die wir uns ausarbeiteten, wurde dann in einem besonderen Kapitel unseres Buches auf Seite 120 unter dem Titel „Die Aufnahmen des ersten X-Strahlen-Bildes" veröffentlicht. Ich weiß nicht genau, wann die erste Aufnahme in Dr. Mortons Laboratorium gemacht wurde. Dem Text nach zu urteilen, war diese Aufnahme die erste, die mit einer Fokusröhre hier gemacht wurde. Zwei Bilder, die vor der Niederschrift des Buches aufgenommen wurden, waren die eines Patienten, der eine Kugel in seiner Hand hatte, und eines Knaben, bei dem die Schulteraufnahme zeigte, daß er an Tuberkulose des Schultergelenkes litt. Der Knabe starb später an diesem Leiden ...

Prof. Dr. E. Haschek, Wien, am 3. März 1930:

... Röntgen hat die Mitteilung und die ersten Aufnahmen an Franz Exner, der damals Vorstand des Physikalisch-Chemischen Institutes war, geschickt. Mit Sigmund Exner, dem Bruder Franz Exners, hatte er keine Beziehungen. Er war vielmehr seinerzeit mit Franz Exner zusammen Assistent bei Kundt. Franz Exner machte in der ersten Sitzung der Chemisch-Physikalischen Gesellschaft nach den Weihnachtsferien von der Entdeckung Röntgens Mitteilung und wies dabei die Originalaufnahmen Röntgens und die Aufnahmen vor, die mir an demselben Morgen geglückt waren. An dem gleichen Abend hielt Sigmund Exner, der Professor der Physiologie war, einen Vortrag über die Elektrizität der Haare und Federn. Er als Mitglied der Medizinischen Fakultät veranlaßte dann die ersten Röntgenaufnahmen für chirurgische Zwecke, die ich im Beisein zahlreicher Mitglieder der Medizinischen Fakultät ausführte ...

Dr. JOHN C. HEMMETER, Baltimore, am 12. Dezember 1929:

... Die Sonderdrucke meines Artikels über „Photographie des menschlichen Magens mit der Röntgenschen Methode, ein Vorschlag" in dem „Bostoner Medical and Surgical Journal 1896" sind leider schon lange vergriffen. Ich hatte damals so viele Anfragen aus der ganzen Welt, daß auch eine 2. Auflage der Sonderdrucke in kurzer Zeit vergriffen wurde. In einigen anderen Arbeiten habe ich auf das Thema zurückgegriffen. — Meine Mitarbeiter vor 33 Jahren waren Prof. HAMMER, Prof. ADLER und Dr. BAY. Sie alle leben noch ...

Die Firma W. C. Heraeus in Hanau, Frankfurt a. M., am 28. Januar 1930:

... Es läßt sich jetzt nicht mehr feststellen, ob wir im Jahre 1896 Bariumplatinzyanür direkt an Herrn Prof. RÖNTGEN geliefert haben. Herr Dr. WILH. HERAEUS kann sich nicht erinnern, daß wir mit Herrn Prof. RÖNTGEN eine diesbezügliche Privatkorrespondenz geführt haben. Leider weilen die beiden Herren, die aus der Erinnerung hierüber Näheres mitteilen könnten, Herr HEINRICH HERAEUS und Herr Dr. KUECH (letzterer hat die ersten Arbeiten über Bariumplatinzyanür ausgeführt) nicht mehr unter den Lebenden. Dr. SEIP kann aus seinem Arbeitsjournal feststellen, daß er im Februar 1897 mit der Aufgabe betraut wurde, Bariumplatinzyanür in Form möglichst kleiner Kristalle für Röntgenschirme herzustellen, die bald befriedigend gelöst wurde. Der gleiche Herr, der im März 1896 in die Firma eintrat, kann sich genau entsinnen, bald nach seinem Eintritt mit Versuchen beschäftigt worden zu sein, Bariumplatinzyanürschirme herzustellen. Damals wurde so vorgegangen, daß mit Papier überspannte Holzrahmen möglichst gleichmäßig mit einer Lösung von Gummiarabikum überstrichen wurden und das Bariumplatinzyanür auf den noch feuchten Klebstoff aufgesiebt worden ist. Diese Schirme fielen schon recht gleichmäßig aus, hatten aber den Nachteil, daß sie gegen mechanische Verletzungen empfindlich waren. Die Firma C. H. E. Kahlbaum, Berlin, brachte dann bald eine sehr brauchbare Form heraus, bei der die Schicht der Bariumplatinzyanürkristalle durch einen Lacküberzug geschützt war. In der Folge stellten wir selbst keine Schirme mehr her, sondern lieferten nur das Bariumplatinzyanür an Leuchtschirmfabrikanten ...

Prof. D. W. HERING, New York, am 24. Dezember 1929:

... Im Jahre 1896 arbeiteten die Physiker fieberhaft mit den neuentdeckten Röntgenstrahlen. Rückblickend über ein halbes Jahrhundert wissenschaftlichen Fortschrittes erinnere ich mich keiner anderen Periode, die gleiches Interesse und gleiche Aufregung enthalten hätte. Die New Yorker Universität hatte glücklicherweise eine Reihe von guten Crookesröhren, wie man sie zu jener Zeit von London erhielt, um die bemerkenswerten Crookesschen Experimente der Entladung im hohen Vakuum zu wiederholen. Die einzige Möglichkeit, diese Kathodenstrahlenröhren zu erregen, war mit einer Induktionsspule, die kaum 3 Zoll Funken in Luft gab, und mit einer guten Toepler-Holtz-Elektrisiermaschine, die einen Funken von 6—8 Zoll gab, eine Spannung, die wohl für Crookessche Experimente genügte, aber nicht stark genug war, um X-Strahlen zu erzeugen. Ich interessierte mich im besonderen für die physikalische Grundlage der neuen

Entdeckung und widmete mich der Untersuchung der Absorption der Strahlen von verschiedener Intensität in geeigneten Substanzen und auch der Untersuchung der Durchlässigkeit dieser Substanzen für bestimmte Strahlungen. Die meisten dieser Experimente wurden mit dem Fluoroskop unternommen. Ich begann mit meinen Experimenten Ende Januar 1896 und machte in der ersten Februarwoche meine erste Aufnahme. Ich arrangierte die Experimente, und im Anfang entwickelten Dr. EDMONDSON von der Physikalischen Abteilung und Dr. BRISTOL von der Biologischen Abteilung die Platten. Nach einiger Zeit übernahm ich jedoch auch das Entwickeln der Platten und das Herstellen der Abzüge. Einen ersten schwachen Erfolg hatten wir, als wir einige Gegenstände auf 2 kleinen Platten den Strahlen einer kugelförmigen Crookesschen Röhre von ungefähr 4 Zoll Durchmesser aussetzten, die mit der Induktionsspule erregt wurde. Nach ungefähr 15 Minuten entfernte ich eine Platte, auf der ein Teil eines Froschschenkels gelegen hatte. Die andere Platte mit einer Spule von Aluminiumdraht und einem Fisch wurde ungefähr 5 Minuten länger exponiert. Prof. BRISTOL, EDMONDSON, der verstorbene Professor der Chemie, MORRIS LOEB und ich standen dichtgedrängt über der Entwicklungsschale in einem engen kleinen Raum und schauten begierig nach einem Anzeichen eines Bildes aus, während Prof. BRISTOL die Entwicklungsschale langsam hin und her bewegte. Endlich zeigte sich eine schwache Linie, die allmählich mehr und mehr Form annahm, und wir wurden gewahr, daß das Experiment gelungen war. „Machen wir ein anderes Experiment und exponieren eine Stunde lang“, sagte Prof. BRISTOL. Die zweite Platte fiel etwas ermutigender aus als die erste. Von dann an verbesserten sich unsere Aufnahmen mehr und mehr. In wenigen Tagen konnten wir mit Sicherheit gute Bilder erzeugen und gewannen weitere Erfahrung bei unserer Arbeit. Aber nichts reichte an die Begeisterung heran, mit der wir unsere ersten schwachen Versuche begrüßten.

Viele Besucher kamen in das Laboratorium, um die sonderbare neue Entdeckung zu sehen. Einer meiner Kollegen war gerade dabei, mit dem Fluoroskop die Knochen seiner Hand zu betrachten, fragte aber zuerst, ob er seine Augen beim Gebrauch des Instrumentes schließen solle. „Nein“, sagte ich, „natürlich nicht, wenn Sie etwas sehen wollen.“ „Warum nicht?“ fragte er. „Können die Strahlen nicht das Augenlid genau so gut durchdringen wie das Fleisch der Hand?“ ...

Dr. C. C. HUTCHINS, Brunswick, Main, am 20. Dezember 1929:

... Sobald die Nachricht von der Entdeckung Amerika erreichte, ging ich über meine Sammlung von Crookesschen Röhren und wählte die geeignetste derselben aus und machte mit ihr eine Photographie eines einzelnen Fingers eines hiesigen Arztes, Dr. G. M. ELIOT. Ich hatte in meinem Laboratorium eine sehr gute Quecksilberpumpe, und da ich selbst ein ziemlich guter Glasbläser bin, machte ich mich mit Erfolg an die Arbeit, X-Strahlen-Röhren eigener Konstruktion zu bauen. Ich benutzte diese Röhren mit einer Ritchiespule von 6 Zoll Funkenlänge. Ich entwickelte eine Röhrenform, die sich als sehr wirksam erwies. Die Kugel gegenüber der Antikathode wurde sehr dünn ausgeblasen und an die Röhre eine große Kugel angeschmolzen, die als ein Reservoir diente, um das Leben der Röhre zu verlängern. Mit dieser Röhre und der erwähnten Spule konnte ein gutes Bild der Hand und des Handgelenkes in ungefähr einer Minute gemacht werden. Ich machte und verteilte viele dieser Röhren. Ob sie die ersten hier hergestellten wirksamen Röntgenröhren waren, kann ich nicht sagen, doch machen sie einen guten Anspruch auf diese Ehre. Soviel ich mich erinnere, benutzte ich diese Röhren schon zwei Wochen nach der Ankunft der Neuigkeit von der Entdeckung.

Wir bemerkten ziemlich früh, daß die X-Strahlen verbrennende Wirkungen ausübten. Ich habe heute noch Spuren an meinen eigenen Händen. Ich verbrannte ziemlich schwer einen dicken Mann, der darauf bestand, eine Photographie seines Rückgrates zu haben ...

Prof. A. E. KENNELLY, Harvard University, Cambridge, Mass., am 26. Dezember 1929:

... Dr. HOUSTON und ich gehören sicher zu den ersten Forschern mit Röntgenstrahlen in den Vereinigten Staaten, da wir schon mit unseren Arbeiten nach Empfang der aus Europa gekabelten Nachrichten begannen, ehe ausführlichere Beschreibungen eintrafen.

Ich war in den Jahren 1887—1893 Assistent von Mr. EDISON in seinem Laboratorium in Orange, und als die Nachricht der neuen Strahlen Amerika per Kabel im Januar 1896 erreichte, begann EDISON sofort mit Experimenten über die neue Entdeckung und lud mich ein, dieselben in seinem Laboratorium in Orange zu sehen. Ich arbeitete mit ihm an einigen dieser Experimente vom 27. Januar bis 2. Februar und beschrieb dann manche der Edisonschen Experimente in der „Electrical World".

Prof. HOUSTON und ich hatten schon einige der Röntgenschen Experimente in unserem Laboratorium in Philadelphia gemacht, wobei wir eine Induktionsspule benutzten und einige Crookessche Röhren, die wir in Philadelphia kaufen konnten. Wir machten X-Strahlen-Bilder von Münzen, Schlüsseln und ähnlichen Gegenständen auf gewöhnlichen photographischen Platten. Es gab nichts Bemerkenswertes in unseren Versuchen, aber wir bestätigten die Kabelnachrichten, die wir erhalten hatten. Unsere Experimente waren wohl die ersten in Philadelphia, aber wahrscheinlich nicht in den Vereinigten Staaten ...

Prof. W. KÖNIG, Gießen, am 2. Dezember 1929:

... Wenn es mir gelungen ist, damals so gute Bilder aufzunehmen, so verdanke ich dies dem Umstande, daß ich wohl als erster eine Fokusröhre benutzte, die bekannte Röhre, mit der man die Heizwirkung der Kathodenstrahlen auf einem Platinblech zu zeigen pflegt. Die mir zur Verfügung stehenden Induktorien waren freilich ziemlich schwach, und ich bekam erst stärkere Wirkungen und kürzere Expositionszeiten, als ich auf den Vorschlag meines elektrotechnischen Kollegen, des Prof. EPSTEIN hin, die Röhre mit einem Teslatransformators erregte. Über die Aufnahme der Entdeckung beim Publikum und über RÖNTGENs Verhalten seinem so plötzlich erworbenen Ruhme gegenüber befinden sich einige Bemerkungen in meinem Nachruf. Als er es ablehnte, vor der Tagung der Bunsengesellschaft in Stuttgart über seine Entdeckung zu sprechen, wurde ich aufgefordert, den gewünschten Vortrag zu halten. Es wurde damals das originelle Bild der beiden ineinandergeschlungenen Hände gemacht. Es sind die Hände des Vorsitzenden der Gesellschaft, Geh. Rat BOETTINGER, und des Direktors des Institutes, in dem der Vortrag stattfand, Prof. K. R. KOCH (Abb. 12h).

Vielleicht sind noch die folgenden Bemerkungen von Interesse: Von den Bildern, die ich damals veröffentlichte und der Physikalischen Gesellschaft in Berlin übersandte, erregte das Bild des Krammetsvogels das besondere Interesse des Physiologen EMIL DUBOIS REYMOND. Er schrieb mir, er hätte „vorausgesagt, daß man beim Aufnehmen eines Vogelbildes mit Röntgenschen Strahlen die luftführenden Knochen hell durchsichtig sehen würde; diese seine Voraussicht sei in der vorliegenden Aufnahme noch obendrein in der Weise bestätigt, daß man den Luft enthaltenden Abschnitt von dem markführenden Abschnitt deutlich unterscheiden könne". Auch die Zahnaufnahmen mit der Wiedergabe der Plomben, an mir selber aufgenommen, dürften wohl von Interesse sein; es waren wohl die ersten Zahnaufnahmen, die gemacht worden sind. Ich habe natürlich noch vielerlei Aufnahmen aus jener Zeit im Besitz, Schmuckstücke mit Edelsteinen, zahlreiche Frauenhände, die ich bei Gelegenheit meiner Vorträge aufgenommen habe, auch die Aufnahme eines auf Holz gemalten Ölbildes, das ein Frankfurter Herr untersucht haben wollte, weil er gehört hatte, daß man auf diese Weise herausbekommen könnte, ob das Bild die Übermalung eines anderen, älteren, vielleicht wertvolleren Bildes sei.

Ich habe damals auch den Versuch gemacht, das Herz in bestimmten Phasen seines Schlages aufzunehmen, indem ich den Stoß der Herzspitze gegen die Brustwand benutzte, um einen Hebel in Bewegung zu setzen, der den primären Strom des Induktors immer in einem bestimmten Augenblicke des Herzschlages unterbrach. Doch habe ich darüber nichts veröffentlicht, weil die Schwierigkeiten, durch Summation dieser einzelnen Durchleuchtungen in minutenlanger Exposition genaue Bilder zu erhalten, doch zu groß waren ...

Prof. MAX LEVY-DORN, Berlin, am 14. Juni 1929:

... Meiner Erinnerung nach dürfte die Darstellung, die Herr J. MCKENZIE DAVIDSON von der Rolle, welche der Bariumplatinzyanürschirm bei der Entdeckung RÖNTGENs spielte, gab, richtig sein. Ich persönlich habe allerdings nie über diesen Punkt mit RÖNTGEN gesprochen, doch besagten alle Nachrichten, die ich darüber bekam, im wesentlichen dasselbe: Ein Aufblitzen des Schirmes, das der erfahrene Physiker auf Grund der bisher bekannten Tatsachen nicht erklären konnte, veranlaßte ihn, nach dem wahren Grund des noch unbekannten Neuen zu forschen. Ich bezweifle nicht, daß auch schon vor RÖNTGEN die Strahlen in Laboratorien gesehen wurden, ohne daß sie aber den betreffenden Forschern zum Bewußtsein kamen. Das Verdienst RÖNTGENs wird dadurch nicht nur nicht geschmälert, sondern wesentlich erhöht, weil ein genialer Blick Zusammenhänge aufdeckte, die andere, die dasselbe gesehen hatten, nicht ahnten. ..

Sir OLIVER LODGE, Normanton House, am 24. Juli und 19. September 1929:

... Ich erinnerte mich nicht, daß ich so viele Artikel im Jahre 1896 geschrieben hatte. Doch habe ich in der Zwischenzeit noch eine Reihe von alten Arbeiten aufgefunden. Einige davon sind schwer zu bekommen. Doch scheint es wünschenswert, sie zu haben, da sie die frühe Geschichte der Röntgenstrahlen und einige Spekulationen über die Natur der Strahlen enthalten. In einer der Arbeiten griff ich zurück auf die große Abhandlung von HELMHOLTZ über Dispersion und zeigte, wie seine Dispersionstheorie den durchdringenden Charakter dieser Strahlen genau beschrieb, ehe sie entdeckt wurden, nämlich im Jahre 1893. Zu jener Zeit war ich Professor in Liverpool, und einige der Artikel wurden in der „Liverpool Daily Post", einer wichtigen Zeitung der Provinz, veröffentlicht. Ein Bericht über den ersten Vortrag, den ich vor einer gedrängten Zuhörerschaft hielt, ist in der „Liverpool Daily Post" vom 28. Januar 1896 enthalten, ein besonderer Artikel über Radiographie in der Nummer vom 23. März 1896. „The Times" vom 31. März 1896 veröffentlichte einen Bericht, in dem mitgeteilt wurde, daß ich eine verletzte Wirbelsäule aufgenommen hätte und auch einen „Murphy-Knopf" in dem Darm entdeckt hätte. Wichtiger sind meine Arbeiten in „The Electrician": „Die überlebende Hypothese über die X-Strahlen." Diese Arbeit bezieht sich auf viele Experimente und Theorien einschließlich der Helmholtzschen Theorie und hat einen Anhang von Prof. FITZGERALD, in welchem er über die Möglichkeit der Photographie von Molekülen mit Hilfe der Strahlen spricht, ein Experiment, das inzwischen von BRAGG und anderen ausgeführt wurde. Ich möchte noch bemerken, daß sowohl FITZGERALD als ich für transversale Wellen waren, hauptsächlich wegen der Helmholtzschen Theorie, die die Durchlässigkeit für sehr kurze Wellen beschrieb ...

Herr WM. H. MEADOWCROFT, Orange, N. J., am 25. Januar 1930:

... Herr EDISON öffnete Ihren Brief und bat mich zu sagen, daß er mit seinen Assistenten zwei Tage nach Empfang der Kabelnachricht von Dr. RÖNTGENs Entdeckung mit seinen Experimenten begann; die Kabelnachricht besagte, daß die Strahlen von einer Vakuum-Phosphoreszenzröhre kamen, durch 12 Zoll Holz hindurchgingen und auf der anderen Seite die Knochen der Hand zeigten. In vier Tagen konnte Herr EDISON dieselben Experimente erfolgreich nachmachen.

RÖNTGENs Entdeckung verursachte auf der ganzen Welt das größte Aufsehen. Über 20 Zeitungsreporter kamen hier heraus in das Edisonsche Laboratorium, um die Ergebnisse der neuen Experimente zu sehen, und 12 Reporter blieben gleich zwei Wochen hier. Herr EDISON und seine Assistenten arbeiteten Tag und Nacht.

Schon gleich am Anfang erkannte Herr EDISON, daß eine Art Fluoroskop unbedingt notwendig war. Bei seiner Beobachtung der „Etheric Force" hatte er im Jahre 1875 schon eine ähnliche Anordnung benutzt.

RÖNTGEN erwähnte nur das Bariumplatinzyanür als geeignetes fluoreszierendes Salz; Herr EDISON suchte nach einer billigeren und praktischeren Substanz. Er ließ vier seiner Assistenten alle Arten chemischer Verbindungen herstellen und sammelte auf diese Art ungefähr 8000 verschiedene Kristalle, von denen einige hundert unter den X-Strahlen fluoreszierten. Er fand, daß sich von diesen das Kalziumwolframat am besten eignete. In kurzer Zeit hatte er ein praktisches Verfahren zur Herstellung dieser Kristalle ausgearbeitet, und bald hatten alle X-Strahlen-Forscher empfindliche Schirme aus Kalziumwolframat. Herrn EDISON kommt auf jeden Fall ein großes Verdienst zu in bezug auf die Einführung des Fluoroskopes.

Ich weiß nicht mehr genau, wann Herr DALLY starb. Zweifellos wurde sein Tod erheblich durch seine Röntgenverbrennungen beschleunigt, und soviel ich mich erinnere, hörte Herr EDISON mit seinen diesbezüglichen Arbeiten auf, da die Möglichkeit einer Verbrennung zu groß war.

Bei der Ankunft des Röntgenkabels war ich in den Edison-Glühlampen-Werken in Harrison, N. J., beschäftigt. Gegen Ende Januar oder Anfang Februar begann ich mit meinen Arbeiten, die sich bald auf die Entwicklung der X-Strahlen-Röhren beschränkte, wobei ich viele Arten derselben, Einzel- und Doppelfokusröhren usw., herstellte. Wir arbeiteten drei Jahre lang täglich an der Entwicklung der Röhren und kamen dabei nahe an das Prinzip der Coolidgeröhre heran.

Wie alle Veteranen, zog ich mir auch einige Verbrennungen zu, doch waren sie glücklicherweise nicht ernster Natur, wenn ich auch einige noch heute habe ...

Prof. E. MERRITT von Cornell University, Ithaca, N. Y., am 26. September 1929:

... In unserem Museum finde ich drei X-Strahlen-Bilder, die Prof. MOLER und ich gemacht haben. Prof. MOLERs Bilder sind Schattenbilder von verschiedenen Gegenständen, wie Schlüssel und Ketten, die in schwarzes Papier gehüllt oder in eine Pappschachtel gelegt wurden und dann aufgenommen wurden. Wir haben nicht mehr das genaue Datum, wann diese Aufnahmen gemacht wurden, doch hat Prof. MOLER auf der Rückseite der Aufnahmen vermerkt, daß sie sofort nach Empfang der Kabelnachricht von der Entdeckung und noch ehe RÖNTGENs erste Aufnahme ankam, gemacht wurden.

Wir machten die Aufnahmen mit einer alten Crookesschen Röhre, die wir schon über zwanzig Jahre lang im Laboratorium hatten; die X-Strahlen wurden an dem Ende, wo die helle Fluoreszenz war, gebildet. Um schärfer definierte Bilder zu erhalten, benutzten Prof. MOLER und ich eine Bleischeibe mit einem Loch von $^1/_2$ Zoll Durchmesser, womit wir den größeren Teil der fluoreszierenden Fläche bedeckten. Bei einem Abstand von 6 Zoll benötigte ich ungefähr 15 Minuten, um die Aufnahme meiner Hand zu machen ...

Prof. M. I. PUPIN, Columbia Universität, New York, 25. Februar 1930:

... Ich erhielt die erste Nachricht von der Entdeckung der X-Strahlen durch einen Freund, einen Physiker, in Deutschland. Ich sah dann auch eine Anzeige der Entdeckung in einer der New Yorker Zeitungen. Ich besitze leider keine Kopie meiner ersten X-Strahlen-Aufnahme mehr, aber ich habe noch die Aufnahme der Hand des verstorbenen Herrn PRESCOTT HALL BUTLER. Diese Aufnahme wurde mit Hilfe des Verstärkerschirmes hergestellt und ist ein ausgezeichnetes Bild.

Die Verwendung des Verstärkerschirmes beschrieb ich zuerst in „Electricity“ am 12. Februar 1896. Ich bin jedoch im Besitz von Notizen, die zeigen, daß ich die Methode schon am 6. Februar bei der Aufnahme von Herrn BUTLERs Hand benutzte ...

Dr. J. ROSENTHAL, München, 7. August 1929:

... Als RÖNTGEN zum ersten Male über seine Entdeckung vortrug, war ich als Ingenieur in der Starkstromabteilung der Firma Reiniger-Gebbert & Schall tätig. In der Elektromedizinischen Abteilung der genannten Firma war natürlich größtes Interesse für RÖNTGENs Entdeckung vorhanden. Meine ersten Versuche stellte ich mit einem Ruhmkorffinduktor und den in physikalischen Laboratorien verwendeten Kathodenstrahlenröhren an. Da man sich damals noch keine Vorstellungen über das Wesen der Röntgenstrahlen machen konnte, probierte man alles mögliche; so versuchte man z. B., ob nicht durch Überlastung des Glühfadens einer gewöhnlichen Glühlampe die geheimnisvollen Strahlen erzeugt werden könnten, und manche Glühlampe wurde zu diesem Zweck durchgebrannt — natürlich vergebens.

Schon bald erkannte ich, daß zur Erzielung guter Röntgenbilder das Wichtigste eine besonders gut geeignete Röhre sei, und es gelang mir schon im Jahre 1896, mit solchen hervorragend schöne Röntgenbilder herzustellen. Die Expositionszeiten waren zu jener Zeit allerdings noch sehr groß. Um schwieriger aufzunehmende Körperteile zu röntgenographieren, brauchte man eine halbe Stunde und mehr. Eine besonders schöne Aufnahme eines Kopfes (in 11 Minuten) sandte ich an Prof. RÖNTGEN in Würzburg. Vielleicht ist das beiliegende Schreiben von Interesse:

„Würzburg, 3. November 1896.

Sehr geehrter Herr!

Für die Zusendung der sehr schönen Photographie eines Kopfes sage ich Ihnen meinen besten Dank, und ich ersuche Sie, mir für Rechnung des hiesigen Physikalischen Institutes zwei Vakuumröhren Ihrer Konstruktion (mit Gebrauchsanweisung) möglichst bald zu schicken.

Hochachtungsvoll

gez. Prof. W. C. RÖNTGEN."

Nach einem Vorschlag des Geheimrats EILHARD WIEDEMANN, dem Physiker der Universität Erlangen, hatte ich in 1896 die meines Wissens zuerst von Prof. W. KÖNIG, Frankfurt a. M., für die Erzeugung von Röntgenstrahlen angewandte Teslaanordung benutzt, um einen kleinen, billigen und doch leistungsfähigen Röntgenapparat zu konstruieren. Hierbei konnte ich nachweisen, daß die Röntgenstrahlenausbeute dieses kleinen Apparates eine relativ große war, daß also der Röntgenstrahlenwirkungsgrad der Teslaanordnung ein wesentlich besserer ist als der des einfachen Induktors (siehe Sitzungsberichte der Phys.-Med. Sozietät zu Erlangen 1896) ...

Prof. J. P. C. SOUTHALL, Columbia. Universität, New York, 20. Dezember 1929:

... Im Jahre 1895 war ich ein junger Lehrer an der Miller Manual Training School in Albemarle, Piedmont, Virginia. Ich war Vorstand der Abteilung für Physik und Mathematik. Wie alle jungen Physiker jener Zeit, beschäftigte ich mich auch mit Experimenten über elektrische Strahlungen. Zu jener Zeit hatte HERTZ seine hervorragenden Arbeiten über Elektromagnetismus veröffentlicht. Ich arbeitete meist mit Crookesschen Röhren, deren Kathodenentladung ich studierte. Ich hatte eine ausgezeichnete Sammlung dieser Röhren und alle Möglichkeiten, damit zu experimentieren, als die dürftigen Kabelnachrichten von RÖNTGENs Entdeckung ankamen. Ich las den Bericht der Zeitungen und machte schon zwei Tage später X-Radiographien von Münzen und einem Schlüsselbund. Diese Gegenstände lagen auf einem Plattenhalter mit einer gewöhnlichen „Seeds"-Platte. Die Strahlen der Röhre wurde auf diese Gegenstände gerichtet. Soweit mir bekannt ist, waren dies die ersten X-Strahlen-Bilder, die in Amerika gemacht wurden.

Bald darauf machte ich viele Bilder dieser Art — Skelette von Fröschen, Eidechsen, die Knochen der Hand usw. Dann kamen ausführliche Berichte von RÖNTGENs Experimenten, die mir natürlich bei meiner Arbeit sehr wertvoll waren ...

Dr W. M. STINE, Penfield, Pa., 10. Juli 1930:

... 1886 war ich Assist.-Professor und 1889 Professor für Physik an der Ohio-Universität in Athens, Ohio. Schon im Jahre 1886 interessierte ich mich sehr für die Crookesschen Experimente. CROOKES, HITTORFF, KELVIN und J. J. THOMSON veröffentlichten eine Reihe von Arbeiten. Wir hatten an der Universität glücklicherweise eine gute Sammlung von Geisslerschen und Crookesschen Röhren und eine ausgezeichnete Charpentier-Induktionsspule, die Funken von 6—8 Zoll gab. Die Kreuzröhre hatte von Anfang an meine Aufmerksamkeit auf sich gezogen. Wahrscheinlich faszinierte mich ihre glänzende Glasfluoreszenz.

Als ich einmal im Herbst 1891 meinen Studenten diese Röhre demonstrierte, dachte ich plötzlich, daß die Kathode der Ausgangspunkt einer Strahlung sein könnte, deren Frequenz jenseits der des Lichtes lag und die sich etwa durch den Zusammenstoß der elektrifizierten Moleküle mit der harten Oberfläche der Kathode bilden könnten. Ich betrachtete ferner die Ätherstörungen als molekularer oder atomarer Natur von der Art wie die Erzeugung des Lichtes durch den Kohlenbogen. So könnte das atomare oder molekulare Ion, das mit außerordentlich hoher Geschwindigkeit auf die Metallfläche der Kathode auffällt, eine Störung des umgebenden Äthers verursachen von wellenförmiger Natur, sehr kleiner Wellenlänge und damit hoher Frequenz. Diese Wellen würden radial wie beim Licht von der Kathode ausgehen. Da ihre Frequenz erheblich größer wie die des Lichtes sein würde, fürchtete ich, daß ich ihre Gegenwart nicht durch ihre chemische Wirkung auf die photographische Platte finden würde. Da ihre Wellenlänge sehr klein wäre, würde ihre Durchdringungskraft alles bis dahin Bekannte übertreffen. Ich dachte sehr viel über diese Möglichkeiten nach.

Selbst ehe ich diese Gedanken ausführlich durchdachte, glaubte ich, vor allem, da ich mich zu jener Zeit sehr für Anatomie interessierte, daß in diesen Vakuumröhren Strahlungen erzeugt werden könnten, die das Fleisch des Unterarmes, aber nicht die Knochen durchdringen würden und die damit das Skelett sichtbar machen könnten. Diese Überlegungen schienen aber zu jener Zeit zu phantastisch, und deshalb bewahrte ich darüber Stillschweigen. Sobald ich aber Zeit fand, es war ungefähr in der Mitte Januar 1892, stellte ich die Apparate zusammen, um Untersuchungen anzustellen. Auf einen kleinen Tisch in meinem Laboratorium baute ich die Charpentierspule auf, und neben die Spule stellte ich ein verstellbares Stativ, in welches ich die Kreuzröhre einspannte mit der Kathode nach oben; die Röhre war etwa um 30° aus der vertikalen Lage gedreht. Das untere Ende der Röhre war etwa $4^1/_2$ Zoll vom Tisch entfernt. Zwei 4×5-Zoll-Plattenhalter füllte ich mit „Seeds“-27-Platten. Eine derselben legte ich in die Richtung der Achse der Röhre gegenüber der Kathode flach auf den Tisch. Die andere stand senkrecht dazu. Auf die Plattenhalter legte ich einige $^1/_2$-Zoll-Eisenmuttern, einen Schlüsselbund, eine Zange und einige Stücke Metall, die im Laboratorium herumlagen. Da ich zu jener Zeit sehr mit Vorlesungen beschäftigt war, konnte ich den Versuch nur an einem Sonntagnachmittag ausführen, wo ich ungestört war und wo niemand etwas von meinen Versuchen, die ich geheimhalten wollte, sehen konnte.

Ich exponierte ca. 90—100 Minuten; die zwei ersten Aufnahmen ergaben nichts, da die Röhren nicht genügend erregt waren, um Strahlen zu produzieren. Die dritte Platte zeigte, wenn auch schwach, die Umrisse der Zange und der Schrauben. Ich war also erfolgreich, und von der Kathode ging eine durchdringende Strahlung aus. Dieser Versuch wurde Anfang Februar 1892 ausgeführt. Da ich beabsichtigte, die Versuche so bald wie möglich fortzusetzen, bewahrte ich die erste Platte nicht auf. In der nächsten Woche mußte ich jedoch mein kleines Privatlaboratorium aufgeben und daher meine Apparatur abbauen; ich tröstete mich mit der Hoffnung, daß ich sie an einer anderen Stelle wieder aufbauen könnte, doch war das nicht möglich. Unser Raum war so beschränkt, daß privates Arbeiten nicht möglich war. Ich hatte gehofft, die Versuche weiterführen zu können, um meine Erfindung der Physiksektion der American Association for the Advancement of Science im Sommer 1892 vorzuführen. Doch Woche um Woche verging, ohne daß ich Zeit oder den Raum fand, meine Versuche fortzusetzen. Am Ende des Studienjahres mußte ich verreisen und konnte meine Arbeiten nicht wieder aufnehmen bis zum Januar 1893. Gerade als ich dabei war, die Apparate zusammenzustellen, erhielt ich einen Ruf als Direktor des Armour Institute of Technology. Ich nahm den Ruf an und hoffte, daß die besseren Verhältnisse an dem neuen Institut mir die Fortsetzung der Versuche gestatten würden. Ich kaufte in Chicago eine gute Charpentier-8-Zoll-Spule und eine Kreuzröhre, doch sollte ich, ähnlich wie NEWTON, wieder durch unabänderliche Verzögerungen von der Fortsetzung meiner Versuche abgehalten werden. Im April 1893 wurde ich zum Richter in der elektrischen Abteilung der Weltausstellung ernannt. Da ich der einzige ortsanwesende Richter war, war meine ganze freie Zeit bis zum Ende des Jahres in Anspruch genommen. Dann erkrankte meine Frau sehr schwer, und wir gingen zunächst nach Florida; später pflegte ich sie dauernd, doch starb sie am 4. Mai 1894. Ich war tief erschüttert. Nachdem ich mich von dem Verlust erholte, ging ich zum dritten Male an meine Experimente heran, und gerade dann kamen die Nachrichten von RÖNTGENs Entdeckung. Ich sandte sofort meinem Nachfolger an der Ohio-Universität, Prof. A. A. ATKINSON, eine genaue Anweisung zur Aufstellung des Apparates in genau derselben Weise, wie ich ihn zuerst für meine Experimente benutzt hatte, doch bat ich ihn, die Röhre mehrere Stunden lang langsam einlaufen zu lassen, ehe er versuchte, Aufnahmen zu machen. Er folgte meinen Anordnungen und hatte auch gleich Erfolg ...

Herr A. A. C. SWINTON, London, 23. Dezember 1929:

... Beiliegend ein Abdruck der ersten Röntgenaufnahme meiner Hand, die die erste X-Strahlen-Photographie in England war. Ferner lege ich Lord KELVINs Hand bei, mit der Unterschrift und dem Namenszug von KELVINs Hand. Man kann sehen, daß der Stein, den Lord KELVIN in dem Ring an seinem kleinen Finger trug, ein echter Diamant ist. In einem Vortrag vor der Royal Institution am 4. Februar 1898, mit Sir WILLIAM CROOKES als Vorsitzendem, beschrieb und illustrierte ich viele Versuche mit Röntgenstrahlen, u. a. einige Arten von X-Strahlen-Röhren, die durch Bewegen der Kathode oder Anode reguliert werden konnten oder sogar bei feststehenden Elektroden durch Bewegen eines verstellbaren Glaszylinders, der die Kathode umgab. Ferner enthielt der Vortrag Kopien von Lochkameraphotographien, die in einzelnen Fällen zeigten, daß die Strahlenquelle hohl ist und oft einen sehr glänzenden Teil direkt in der Mitte hat. Dann zeigte ich das Bild einer Figur, die durch die Kathodenstrahlen auf das Innere einer hermetisch versiegelten Glasröhre eingraviert worden war.

Meine Vorlesung vor dem Camera Club fand am 13. Februar 1896 statt; der Titel war: „Die neue Photographie.“ In einer Mitteilung an „Nature“ vom 30. April 1896 machte ich darauf aufmerksam, daß man die Expositionszeit erheblich abkürzen könne, wenn man ein dick mit Kaliumplatinzyanür bestrichenes Stück Zelluloid mit dem photographischen Film in Kontakt brachte. Dasselbe Resultat erreicht man, wenn auch in geringerem Maße, mit Fluorspar ...

Prof. ELIHU THOMSON, West Lynn, Mass., 8. Februar 1929:

... Ein wichtiger Artikel über „Röntgenstrahlenverbrennungen" erschien in der „Electrical World" am 14. April 1897 und auch im „Electrical Engineer". Dieser Artikel war wichtig, weil er besonders darauf aufmerksam machte, daß eine große Gefahr bestand, die damals nur wenig vermutet wurde. Ich verbrannte absichtlich das letzte Glied meines kleinen Fingers der linken Hand, um sozusagen ein Warnungssignal zu errichten für diejenigen, die mit Röntgenstrahlen arbeiten. Einige Leute glaubten, daß meine Experimente das Resultat eines Unfalles waren, aber ich beschrieb genau, was ich tat und warum ich es tat. Ich habe noch jetzt die Narbe von dieser Verbrennung, aber glücklicherweise war die Bildung der Narbe alles, was auf die Verbrennung folgte. Manchmal, besonders im Winter, reißt die Narbe etwas auf, aber ein Stück Heftpflaster hält die Stelle feucht, und ich habe weiter keine Beschwerden.

Zu jener Zeit wurde oft die Behauptung aufgestellt, daß nur die Röhren an Induktionsspulen Verbrennungen verursachen würden; meine Verbrennung wurde jedoch mit einer statischen Maschine erzeugt, und es war meine Absicht, mit dem Experiment zu zeigen, daß auch statische Maschinen X-Strahlen erzeugen könnten, die Verbrennungen verursachen.

Ich arbeitete auch an Streuungsexperimenten mit Röntgenstrahlen und ging sogar so weit, tertiäre Strahlenemanationen zu beobachten. Über diese Arbeiten veröffentlichte ich einige Abhandlungen. Weiter beschrieb ich einige Experimente mit dem „Wehnelt"-Unterbrecher, der zusammen mit Induktionsspulen sehr vorteilhaft bei der Erzeugung der X-Strahlen war ...

Prof. R. W. WOOD, Baltimore, Md., 20. Dezember 1929:

... Ich studierte zur Zeit der Röntgenschen Entdeckung im Physikalischen Institut der Universität Berlin und erinnere mich genau daran, daß ich eines Tages, als ich in das Institut kam, Prof. BLASIUS sehr aufgeregt antraf. Er sagte: „Oh, kommen Sie her, wir haben gerade einige Bilder bekommen, die außerordentlich interessant sind; sie sind mit einer neuen Art Strahlen gemacht." Die Bilder waren der Reihe nach an der Wand aufgehängt, eine menschliche Hand, in der man genau die Knochen sah, ein Geldbeutel mit einigen Münzen und einem Schlüssel drin und einige andere Bilder, die ich aber vergessen habe. Sofort fingen wir im Laboratorium alle an, solche Versuche anzustellen, und schon nach wenigen Tagen hatten wir eine Reihe von Röntgenbildern. Die erste Röhre, die ich benutzte, war birnenförmig mit einer flachen Kathode. Da sich diese Röhre sehr erhitzte, frug ich Prof. WARBURG, den Direkter des Institutes, ob man die Kathodenstrahlen nicht auf eine Platinplatte anstatt die Glaswand richten könnte, ähnlich, wie man es bei den Crookesschen Röhren tat, um den Wärmeeffekt der „strahlenden Materie" nachzuweisen. WARBURG schien den Wert dieses Vorschlages zu bezweifeln und sagte: „Platin läßt die Strahlen schwer durch." Ich antwortete: „Vielleicht kommen die X-Strahlen aus der Vorderfläche der Platte, wo die Kathodenstrahlen auffallen!" Er erwiderte: „Vielleicht, versuchen Sie es einmal!" —

Auf dem Speicher des Institutes standen Kisten voll mit alten Goldsteinröhren, und ich fand darunter eine dicke runde Kugel mit einer konkaven Kathode an einer Seite und einer flachen Anode an der anderen. Ich machte ein Loch an einer Seite und führte dadurch eine flache Platinplatte ein, so daß sie in der Mitte der Kugel stand. Die Kathodenstrahlen erwärmten das Platin zur Rotglut, aber der Bariumplatinzyanürschirm zeigte keine Spur von X-Strahlen. Ich kann mich auf das Datum dieser Versuche nicht mehr genau besinnen, doch war es innerhalb weniger Tage nach der ersten Nachricht über die Entdeckung.

Einige Tage später versuchte ich dann, eine rotierende Glaskugel zu benutzen, in der die Kathode wie ein Pendel hing. Dieses Experiment beschrieb ich im „Philosophical Magazine" vom 6. März 1896.

Ich habe noch meine alte Fokusröhre und wollte schon manchmal untersuchen, warum ich damals mit ihr keine Röntgenstrahlen erzeugen konnte. Ich glaube, sie war aus Bleiglas gemacht, das ja für weiche X-Strahlen sehr undurchlässig ist; diese Röhren waren meist aus Bleiglas gemacht.

Die Kunst, die Röhre gasfrei zu bekommen, war zu jener Zeit noch nicht sehr weit vorgeschritten, und die Veränderung des Vakuums mit dem Gebrauch machte viele Schwierigkeiten. Um dieser Schwierigkeiten Herr zu werden, konstruierte ich die kleine Wiegequecksilberpumpe, die dauernd mit der Röhre verbunden blieb. Mit dieser konnte man den Druck in der Röhre innerhalb weniger Minuten auf das gewünschte Minimum reduzieren. Ich führte diese Pumpe bei einer Versammlung der Physikalischen Gesellschaft vor und erinnere mich noch, daß Prof. Du Bois-Reymond, der Vorsitzende der Gesellschaft, eingeschlafen war und bei dem „Klick" des Quecksilbers aufwachte und mit sehr vernehmlicher Stimme sagte: „Sie hat den richtigen Klang!"

Ich schickte einen Tag nach dem Empfang der Röntgenschen Bilder einen langen Bericht der Röntgenschen Entdeckung an die „Chicago Tribune". Es war dies der erste Bericht, der nach Amerika kam, außer dem ersten Kabel, das aber nur einige Zeilen umfaßte. Mein Bericht wurde aber von der Zeitung als unbrauchbar zurückgeschickt, da die „Tribune" schon einen langen Bericht veröffentlicht hatte. Ich erhielt eine Kopie dieses Berichtes, der mit „X-Strahlen-Bildern" ausgestattet war, die von einem Chicagoer Photographen von der Südseite gemacht worden waren. Eine der Photographien zeigte das Innere einer Schreibmaschine und die andere, wenn ich mich recht erinnere, das Innere eines Pianos! Der ganze Artikel beruhte nur auf Einbildung.

Ich schickte einige Photographien, die wir in unserem Laboratorium aufgenommen hatten, an meinen Freund Dr. J. C. Stedman aus Jamaica Plain, der sie auf einem Kongreß der Bostoner Medizinischen Gesellschaft zeigte; ich glaube, dies waren die ersten Bilder, die in Amerika vorgeführt wurden, und sie erregten beträchtliches Interesse.

Im Herbst 1896 kehrte ich nach Amerika zurück und begann mit Versuchen über die Brechbarkeit der X-Strahlen im Laboratorium des Massachusetts Institute of Technology. Ich baute mir eine sehr kleine Röntgenröhre von weniger als 1 Zoll Durchmesser, mit der man die Knochen im Arm deutlich auf einem Fluoroskop zeigen konnte. Die Elektroden bestanden aus zwei Platinperlen von etwa 1 mm Abstand, zwischen denen eine kleine „bogenartige" Entladung der

Kathodenstrahlen stattfand. Ich hatte damit eine kleine Strahlenquelle von einer effektiven Intensität der Strahlen, die die der besten Fokusröhren jener Zeit übertraf.

9. Januar 1930:

... Ich habe endlich untersucht, warum die „Fokusröhre", die ich einige Tage nach dem Empfang der Röntgenschen Bilder im Physikalischen Institut der Universität Berlin machte, keine Strahlen gab. Trotzdem das Platin damals zur Rotglut erhitzt wurde, konnten wir nichts entdecken, und ich dachte damals, daß die Sache damit erledigt war, da wir noch nichts von harten und weichen Strahlen wußten und die Notwendigkeit des hohen Vakuums in den Röhren noch nicht vermuteten.

Ich habe nun die Versuche wiederholt und konnte mit einer 5-Zoll-Induktionsspule nichts erreichen; nachdem ich aber die Röhre mit meinem Hochfrequenzoszillator (5 m Wellenlänge) behandelt hatte, wurden die Gasreste an das Glas gebunden, und die Röhre gab dann reichlich X-Strahlen mit der Induktionsspule, ohne daß das Platin sich erhitzte.

Diese kurze Zusammenstellung der Erfahrungen einiger Röntgenstrahlenforscher gibt einen ausgezeichneten Einblick in die fieberhaften Tage nach der Bekanntmachung der großen Entdeckung. Die Verbreitung der Kenntnis der fast dramatischen Arbeitswut jener Zeit entsprang dem Wunsch, den Arbeiten Röntgens und seiner „Jünger" die Anerkennung zu verschaffen, die ihnen rechtmäßig zukommt.

22. Röntgens dritte Mitteilung: „Weitere Beobachtungen über die Eigenschaften der X-Strahlen." Entwicklung der Röntgenologie nach 1896

Im März 1897 erschien Röntgens dritte Mitteilung, die mit den vorliegenden Arbeiten ein organisches Ganzes bildet und daher abschließend hier mitgeteilt wird:

1. Stellt man zwischen einem Entladungsapparat, der intensive X-Strahlen aussendet[1] und einem Fluoreszenzschirm eine undurchlässige Platte so auf, daß diese den ganzen Schirm beschattet, so kann man trotzdem noch ein Leuchten des Bariumplatinzyanürs bemerken. Dieses Leuchten ist sogar dann noch zu sehen, wenn der Schirm direkt auf der Platte liegt, und man ist auf den ersten Blick geneigt, die Platte doch für durchlässig zu halten. Bedeckt man aber den auf der Platte liegenden Schirm mit einer dicken Glasscheibe, so wird das Fluoreszenzlicht viel schwächer, und es verschwindet vollständig, wenn man, statt eine Glasplatte zu nehmen, den Schirm mit einem Zylinder aus 0,1 cm dickem Bleiblech umgibt, der einerseits durch die undurchlässige Platte, andererseits durch den Kopf des Beobachters abgeschlossen wird.

Die beschriebene Erscheinung könnte durch Beugung von sehr langwelligen Strahlen oder dadurch entstanden sein, daß von den den Entladungsapparat

[1] Alle in der folgenden Mitteilung erwähnten Entladungsröhren sind nach dem in § 20 meiner zweiten Mitteilung (Sitzgsber. physik.-med. Ges. Würzburg 1896) angegebenen Prinzip konstruiert. Einen großen Teil davon erhielt ich von der Firma Greiner & Friedrichs in Stützerbach i. Th., der ich für das mir in reichstem Maße und kostenlos zur Verfügung gestellte Material öffentlich meinen Dank ausspreche.

umgebenden bestrahlten Körpern, namentlich von der bestrahlten Luft, X-Strahlen ausgehen.

Die letztere Erklärung ist die richtige, wie sich unter anderem mit folgendem Apparate leicht nachweisen läßt. Die Abb. 112 stellt eine sehr dickwandige, 20 cm hohe und 10 cm weite Glasglocke dar, die durch eine aufgekittete, dicke Zinkplatte verschlossen ist. Bei *1* und *2* sind kreissegmentförmige Bleischeiben eingesetzt, die etwas größer sind als der halbe Querschnitt der Glocke und verhindern, daß X-Strahlen, welche durch eine in der Zinkplatte angebrachte, mit Zelluloidfilm wieder verschlossene Öffnung in die Glocke eindringen, auf direktem Wege zu dem über der Bleischeibe *2* gelegenen Raum gelangen. Auf der oberen Seite dieser Bleischeibe ist ein Bariumplatinzyanürschirmchen befestigt, das fast den ganzen Querschnitt der Glocke ausfüllt. Dasselbe kann weder von direkten noch von solchen Strahlen getroffen werden, die an einem festen Körper (z. B. der Glaswand) eine einmalige diffuse Reflexion erlitten haben. Die Glocke wird vor jedem Versuch mit staubfreier Luft gefüllt. — Läßt man X-Strahlen in die Glocke eintreten, und zwar zunächst so, daß sie alle von dem Bleischirm *1* aufgefangen werden, so sieht man noch gar keine Fluoreszenz bei *2*; erst wenn infolge von Neigen der Glocke direkte Strahlen auch zu dem zwischen *1* und *2* gelegenen Raum gelangen, leuchtet der Fluoreszenzschirm auf der von dem Bleiblech *2* bedeckten Hälfte. Setzt man nun die Glocke in Verbindung mit einer Wasserstrahlluftpumpe, so bemerkt man, daß die Fluoreszenz immer schwächer wird, je weiter die Verdünnung fortschreitet; wird darauf Luft eingelassen, so nimmt die Intensität wieder zu.

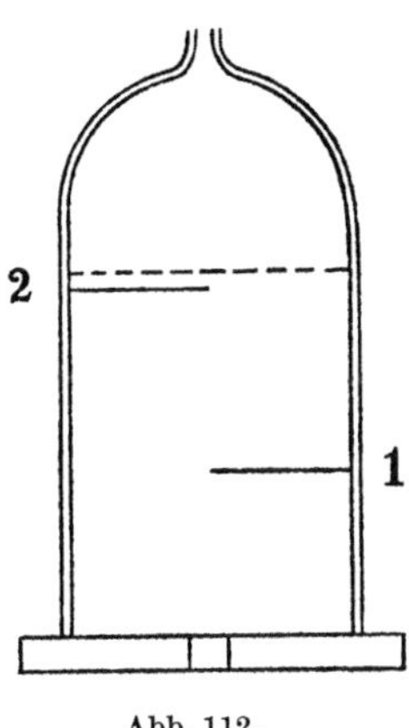

Abb. 112.

Da nun, wie ich fand, die bloße Berührung mit kurz vorher bestrahlter Luft keine merkliche Fluoreszenz des Bariumplatinzyanürs erzeugt, so ist aus dem beschriebenen Versuch zu schließen, daß die Luft, während sie bestrahlt wird, nach allen Richtungen X-Strahlen aussendet.

Würde unser Auge für die X-Strahlen ebenso empfindlich sein wie für Lichtstrahlen, so würde ein in Tätigkeit gesetzter Entladungsapparat uns erscheinen, ähnlich wie ein in einem mit Tabakrauch gleichmäßig gefüllten Zimmer brennendes Licht; vielleicht wäre die Farbe der direkten und der von den Luftteilchen kommenden Strahlen verschieden.

Die Frage, ob die von den bestrahlten Körpern ausgehenden Strahlen derselben Art sind wie die auffallenden oder, mit anderen Worten, ob eine diffuse Reflexion oder ein der Fluoreszenz ähnlicher Vorgang die Ursache dieser Strahlen ist, habe ich noch nicht entscheiden können; daß auch die von der Luft kommenden Strahlen photographisch wirksam sind, läßt sich leicht nachweisen, und es macht sich diese Wirkung sogar manchmal in einer für den Beobachter unerwünschten Weise bemerkbar. Um sich gegen dieselben zu schützen, was namentlich bei längerer Expositionsdauer häufig notwendig ist, wird man die photographische Platte durch geeignete Bleihüllen abschließen müssen.

2. Zur Vergleichung der Intensität der Strahlung zweier Entladungsröhren und zu verschiedenen anderen Versuchen benutzte ich eine Vorrichtung, die

dem Bouguerschen Photometer nachgebildet ist und welche ich der Einfachheit halber auch Photometer nennen will. Ein 35 cm hohes, 150 cm langes und 0,15 cm dickes, rechteckiges Stück Bleiblech ist, durch Bretter gestützt, in der Mitte eines langen Tisches vertikal aufgestellt. Auf beiden Seiten desselben steht, auf dem Tisch verschiebbar, je eine Entladungsröhre. An dem einen Ende des Bleistreifens ist ein Fluoreszenzschirm[1] so angebracht, daß jede Hälfte desselben nur von einer Röhre senkrecht bestrahlt wird. Bei den Messungen wird auf gleiche Helligkeit der Fluoreszenz beider Hälften eingestellt.

Einige Bemerkungen über den Gebrauch dieses Instrumentes mögen hier Platz finden. Zunächst ist zu erwähnen, daß die Einstellungen häufig sehr erschwert werden durch die Inkonstanz der Strahlenquelle; die Röhre reagiert auf jede Unregelmäßigkeit in der Unterbrechung des primären Stromes, und solche kommen beim Deprezschen, aber namentlich beim Foucaultschen Unterbrecher vor. Eine mehrmalige Wiederholung jeder Einstellung ist daher geboten.

Zweitens möchte ich angeben, wovon die Helligkeit eines gegebenen Fluoreszenzschirmes abhängig ist, der in so rascher Aufeinanderfolge von X-Strahlen getroffen wird, daß das beobachtende Auge die Intermittenz der Bestrahlung nicht mehr wahrnimmt. Diese Helligkeit hängt ab 1. von der Intensität der Strahlung, die von der Platinplatte der Entladungsröhre ausgeht; 2. sehr wahrscheinlich von der Art der den Schirm treffenden Strahlen, denn nicht jede Strahlenart (vgl. unten) braucht in gleichem Maß fluoreszenzerregend zu wirken; 3. von der Entfernung des Schirmes von der Ausgangsstelle der Strahlen; 4. von der Absorption, die die Strahlen auf ihrem Wege bis zu dem Bariumplatinzyanür erleiden; 5. von der Anzahl der Entladungen in der Sekunde; 6. von der Dauer jeder einzelnen Entladung; 7. von der Dauer und der Stärke des Nachleuchtens des Bariumplatinzyanürs und 8. von der Bestrahlung des Schirmes durch die die Entladungsröhre umgebenden Körper. Um Irrtümer zu vermeiden, wird man immer daran denken müssen, daß hier im allgemeinen ähnliche Verhältnisse vorliegen, wie wenn man mit Hilfe der Fluoreszenzwirkung zwei verschiedenfarbige, intermittierende Lichtquellen zu vergleichen hätte, die, von einer absorbierenden Hülle umgeben, in einem trüben — oder fluoreszierenden — Medium aufgestellt sind.

3. Nach § 12 meiner ersten[2] Mitteilung ist die von den Kathodenstrahlen getroffene Stelle des Entladungsapparates der Ausgangsort der X-Strahlen, und zwar breiten sich diese „nach allen Richtungen" aus. Es ist nun von Interesse, zu erfahren, wie die Intensität der Strahlen sich mit der Richtung ändert. Zu dieser Untersuchung eignen sich am besten die kugelförmigen Entladungsapparate mit gut eben geschliffener Platinplatte, die unter einem Winkel von 45° von den Kathodenstrahlen getroffen wird. Schon ohne weitere Hilfsmittel glaubt man an der gleichmäßig hellen Fluoreszenz der über der Platinplatte liegenden halbkugelförmigen Glaswand erkennen zu können, daß sehr große Verschiedenheiten der Intensitäten in verschiedenen Richtungen nicht vorhanden sind, daß somit

[1] Bei diesen und anderen Versuchen hat sich der Edisonsche Fluoreszenzschirm als sehr praktisch erwiesen. Derselbe besteht aus einem stereoskopähnlichen Gehäuse, das sich lichtdicht an den Kopf des Beobachters anlegen läßt und dessen Kartonboden mit Bariumplatinzyanür bedeckt ist. EDISON nimmt statt Bariumplatinzyanür Scheelit; ich ziehe aber ersteres aus manchen Gründen vor.

[2] Sitzgsber. physik.-med. Ges. Würzburg 1895.

das Lambertsche Emanationsgesetz hier nicht gültig sein kann; doch dürfte diese Fluoreszenz zum größten Teil durch Kathodenstrahlen erzeugt sein.

Zur genaueren Prüfung wurden verschiedene Röhren mit dem Photometer auf die Intensität der Strahlung nach verschiedenen Richtungen untersucht, und außerdem habe ich zu demselben Zweck photographische Filme exponiert, die um die Platinplatte des Entladungsapparates als Mittelpunkt zu einem Halbkreis (Radius 25 cm) gebogen waren. Bei beiden Verfahren wirkt die Ungleichheit der Dicke verschiedener Stellen der Röhrenwand sehr störend, weil dadurch die nach verschiedenen Richtungen ausgehenden X-Strahlen in ungleichem Maße zurückgehalten werden. Doch gelingt es wohl, die durchstrahlte Glasdicke durch Einschaltung von dünnen Glasplatten ziemlich gleichzumachen.

Das Resultat dieser Versuche ist, daß die Bestrahlung einer über der Platinplatte als Mittelpunkt konstruiert gedachten Halbkugel fast bis zum Rande derselben eine nahezu gleichmäßige ist. Erst bei einem Emanationswinkel von etwa 80° der X-Strahlen konnte ich den Anfang einer Abnahme der Bestrahlung bemerken, und auch diese Abnahme ist noch eine relativ geringe, so daß die Hauptänderung der Intensität zwischen 89 und 90° vorhanden ist.

Einen Unterschied in der Art der unter verschiedenen Winkeln emittierten Strahlen habe ich nicht bemerken können.

Infolge der beschriebenen Intensitätsverteilung der X-Strahlen müssen die Bilder, welche mit einer Lochkamera — bzw. mit einem engen Spalt — von der Platinplatte, sei es auf dem Fluoreszenzschirm oder auf der photographischen Platte, erhalten werden, um so intensiver sein, je größer der Winkel ist, den die Platinplatte mit dem Schirm oder der photographischen Platte bildet; vorausgesetzt, daß dieser Winkel 80° nicht überschreitet. Durch geeignete Vorrichtungen, welche gestatten, die bei verschiedenen Winkeln mit derselben Entladungsröhre gleichzeitig erhaltenen Bilder miteinander zu vergleichen, konnte ich diese Folgerung bestätigen.

Einen ähnlichen Fall von Intensitätsverteilung ausgesandter Strahlen treffen wir in der Optik bei der Fluoreszenz an. Läßt man in einen mit Wasser gefüllten, viereckigen Trog einige Tropfen Fluoreszeinlösung fallen und beleuchtet den Trog mit weißem oder violettem Licht, so bemerkt man, daß das hellste Fluoreszenzlicht von den Rändern der langsam herabsinkenden Fluoreszeinfäden ausgeht, d. h. von den Stellen, wo der Emanationswinkel des Fluoreszenzlichtes am größten ist. Wie schon Herr Stokes bei Gelegenheit eines ähnlichen Versuches bemerkte, rührt diese Erscheinung daher, daß die fluoreszenzerregenden Strahlen von der Fluoreszeinlösung bedeutend stärker absorbiert werden als das Fluoreszenzlicht. Es ist nun sehr bemerkenswert, daß auch die die X-Strahlen erzeugenden Kathodenstrahlen von Platin viel stärker absorbiert werden als die X-Strahlen, und es liegt deshalb nahe, zu vermuten, daß zwischen den beiden Vorgängen — der Verwandlung von Licht in Fluoreszenzlicht und der von Kathodenstrahlen in X-Strahlen — eine Verwandtschaft besteht. Irgendein zwingender Grund für eine solche Annahme ist indessen vorläufig noch nicht vorhanden.

Auch mit Rücksicht auf die Technik der Herstellung von Schattenbildern mittels X-Strahlen haben die Beobachtungen über die Intensitätsverteilung der von der Platinplatte ausgehenden Strahlen eine gewisse Bedeutung. Nach dem oben Mitgeteilten wird es sich empfehlen, die Entladungsröhre so aufzustellen, daß die zur Bildererzeugung verwendeten Strahlen das Platin unter einem möglichst großen, jedoch nicht viel über 80° hinausgehenden Winkel verlassen; dadurch erhält man möglichst scharfe Bilder, und wenn die Platinplatte gut eben und die Konstruktion der Röhre eine derartige ist, daß die schräg emittierten Strahlen keine wesentlich dickere Glaswand zu durchlaufen haben als die senkrecht von der Platinplatte ausgehenden Strahlen, so erleidet auch die Bestrahlung des Objektes durch die angegebene Anordnung keine Einbuße an Intensität.

4. Mit „Durchlässigkeit eines Körpers" bezeichnete ich in meiner ersten Mitteilung das Verhältnis der Helligkeit eines dicht hinter dem Körper senkrecht zu den Strahlen gehaltenen Fluoreszenzschirmes zu derjenigen Helligkeit des Schirmes, welche dieser ohne Zwischenschaltung des Körpers, aber unter sonst gleichen Verhältnissen zeigt. Spezifische Durchlässigkeit eines Körpers soll die auf die Dickeneinheit reduzierte Durchlässigkeit des Körpers genannt werden; dieselbe ist gleich der $d$ten Wurzel aus der Durchlässigkeit, wenn d die Dicke der durchstrahlten Schicht, in der Richtung der Strahlen gemessen, bedeutet.

Um die Durchlässigkeit zu bestimmen, habe ich seit meiner ersten Mitteilung hauptsächlich das oben beschriebene Photometer gebraucht. Vor die eine der beiden gleich hell fluoreszierenden Hälften des Schirmes wurde der betreffende plattenförmige Körper — Aluminium, Stanniol, Glas usw. — gebracht, und die dadurch entstandene Ungleichheit der Helligkeiten wieder ausgeglichen entweder durch Vergrößerung der Entfernung des die nichtbedeckte Schirmhälfte bestrahlenden Entladungsapparates oder durch Nähern des andern. In beiden Fällen ist das richtig genommene Verhältnis der Quadrate der Entfernungen der Platinplatte des Entladungsapparates vom Schirm vor und nach der Verschiebung des Apparates der gesuchte Wert der Durchlässigkeit des vorgesetzten Körpers. Beide Wege führten zu demselben Resultat. Nach Hinzufügen einer zweiten Platte zu der ersten findet man in derselben Weise die Durchlässigkeit jener zweiten Platte für Strahlen, die bereits durch eine Platte hindurchgegangen sind.

Das beschriebene Verfahren setzt voraus, daß die Helligkeit eines Fluoreszenzschirmes umgekehrt proportional ist dem Quadrat seiner Entfernung von der Strahlenquelle, und dies trifft nur dann zu, wenn erstens die Luft keine X-Strahlen absorbiert bzw. emittiert und wenn zweitens die Helligkeit des Fluoreszenzlichtes der Intensität der Bestrahlung durch Strahlen gleicher Art proportional ist. Die erstere Bedingung ist nun sicher nicht erfüllt, und von der zweiten ist es fraglich, ob sie erfüllt ist; ich habe mich deshalb zuerst durch Versuche, wie sie bereits in § 10 meiner ersten Mitteilung beschrieben wurden, davon überzeugt, daß die Abweichungen von dem erwähnten Proportionalitätsgesetz so gering sind, daß sie in dem vorliegenden Fall außer Betracht gelassen werden können. — Auch ist noch mit Rücksicht auf die Tatsache, daß von den bestrahlten Körpern wieder X-Strahlen ausgehen, zu erwähnen, erstens, daß ein Unterschied in der Durchlässigkeit einer 0,925 mm dicken Aluminiumplatte und von 31 übereinander gelegten Aluminiumblättern von 0,0299 mm Dicke — $31 \cdot 0{,}0299 = 0{,}927$ — mit dem Photometer nicht gefunden werden konnte; und zweitens, daß die Helligkeit des Fluoreszenzschirmes nicht merklich verschieden war, wenn die Platte dicht vor dem Schirm oder in größerer Entfernung von demselben aufgestellt wurde.

Das Ergebnis dieser Durchlässigkeitsversuche ist nun für Aluminium folgendes:

Durchlässigkeit für senkrecht auffallende Strahlen	Röhre 2	Röhre 3	Röhre 4	Röhre 2
der ersten 1 mm dicken Aluminiumplatte . .	0,40	0,45	—	0,68
der zweiten 1 mm dicken Aluminiumplatte . .	0,55	0,68	—	0,73
der ersten 2 mm dicken Aluminiumplatte . .	—	0,30	0,39	0,50
der zweiten 2 mm dicken Aluminiumplatte . .	—	0,39	0,54	0,63

Aus diesen und ähnlichen mit Glas und Stanniol aufgestellten Versuchen entnehmen wir zunächst folgendes Resultat: Denkt man sich die untersuchten Körper in gleich dicke, zu den parallelen Strahlen senkrechte Schichten zerlegt, so ist jede dieser Schichten für die in sie eindringenden Strahlen durchlässiger als die vorhergehende; oder mit anderen Worten: die spezifische Durchlässigkeit eines Körpers ist um so größer, je dicker der betreffende Körper ist.

Dieses Resultat ist vollständig in Einklang mit dem, was man an der in § 4 meiner ersten Mitteilung erwähnten Photographie einer Stanniolskala beobachten kann, und auch mit der Tatsache, daß sich mitunter auf photographischen Bildern der Schatten dünner Schichten, z. B. von dem zum Einwickeln der Platte verwendeten Papier, verhältnismäßig stark bemerkbar macht.

5. Wenn zwei Platten aus verschiedenen Körpern gleich durchlässig sind, so braucht diese Gleichheit nicht mehr zu bestehen, wenn die Dicke der beiden Platten in demselben Verhältnis und sonst nichts verändert wird. Diese Tatsache läßt sich am einfachsten nachweisen mit Hilfe von zwei nebeneinandergelegten Skalen aus Platin bzw. aus Aluminium. Ich benutzte dazu Platinfolie von 0,0026 mm und Aluminiumfolie von 0,0299 mm Dicke. Brachte ich die Doppelskala vor dem Fluoreszenzschirm oder vor eine photographische Platte und bestrahlte dieselbe, so fand ich z. B. in einem Fall, daß eine einfache Platinschicht gleich durchlässig war wie eine sechsfache Aluminiumschicht; dann war aber die Durchlässigkeit einer zweifachen Platinschicht nicht gleich der einer zwölffachen, sondern der einer sechzehnfachen Aluminiumschicht. Bei Verwendung einer anderen Entladungsröhre erhielt ich 1 Platin = 8 Aluminium bzw. 8 Platin = 90 Aluminium. Aus diesen Versuchen folgt, daß das Verhältnis der Dicken von Platin und Aluminium gleicher Durchlässigkeit um so kleiner ist, je dicker die betreffenden Schichten sind.

6. Das Verhältnis der Dicken von zwei gleich durchlässigen Platten aus verschiedenem Material ist abhängig von der Dicke und dem Material desjenigen Körpers — z. B. der Glaswand des Entladungsapparates —, den die Strahlen zu durchlaufen haben, bevor sie die betreffenden Platten erreichen.

Um dieses — nach dem in §4 und 5 Mitgeteilten nicht unerwartete — Resultat nachzuweisen, kann man eine Vorrichtung gebrauchen, die ich ein Platin-Aluminium-Fenster nenne und die auch, wie wir sehen werden, zu anderen Zwecken verwendbar ist. Dieselbe besteht aus einem auf einem dünnen Papierschirm aufgeklebten, rechteckigen (4,0 × 6,5 cm) Stück Platinfolie von 0,0026 mm Dicke, das mittels eines Durchschlages mit 15 auf drei Reihen verteilten runden Löchern von 0,7 cm Durchmesser versehen ist. Diese Fensterchen sind verdeckt mit genau passenden und sorgfältig übereinandergeschichteten Scheibchen aus 0,0299 mm dicker Aluminiumfolie, und zwar so, daß in dem ersten Fensterchen 1, im zweiten 2 usw., schließlich im fünfzehnten 15 Scheibchen liegen. Bringt man diese Vorrichtung vor den Fluoreszenzschirm, so erkennt man namentlich bei nicht zu harten Röhren (vgl. unten) sehr deutlich, wieviel Aluminiumblättchen gleich durchlässig sind wie die Platinfolie. Diese Anzahl soll kurz die Fensternummer genannt werden.

Als Fensternummer erhielt ich in einem Fall bei direkter Bestrahlung die Zahl 5; wurde dann eine 2 mm dicke Platte aus gewöhnlichem Natronglas vorgehalten, so ergab sich die Fensternummer 10, es war somit das Verhältnis der Dicken von Platin- und Aluminiumblechen gleicher Durchlässigkeit dadurch auf die Hälfte reduziert, daß ich statt der direkt von dem Entladungsapparat kommenden Strahlen solche benutzte, die durch eine 2 mm dicke Glasplatte hindurchgegangen waren, q. e. d.

Auch der folgende Versuch verdient an dieser Stelle einer Erwähnung. Das Platin-Aluminium-Fenster wurde auf ein Päckchen, das 12 photographische Filme enthielt, gelegt und dann exponiert; nach dem Entwickeln zeigte das erste unter dem Fenster gelegene Blatt die Fensternummer 10, das zwölfte die Nummer 13 und die übrigen in richtiger Reihenfolge der Übergänge von 10 zu 13.

7. Die in den §§ 4, 5 und 6 mitgeteilten Versuche beziehen sich auf die Veränderungen, welche die von einer Entladungsröhre ausgehenden X-Strahlen beim Durchgang durch verschiedene Körper erleiden. Es soll nun nachgewiesen werden, daß ein und derselbe Körper bei gleicher durchstrahlter Dicke verschieden durchlässig sein kann für Strahlen, die von verschiedenen Röhren emitiert werden.

In der folgenden Tabelle sind zu diesem Zweck die Werte der Durchlässigkeit einer 2 mm dicken Aluminiumplatte für die in verschiedenen Röhren erzeugten Strahlen angegeben. Einige dieser Werte sind der ersten Tabelle entnommen.

Durchlässigkeit	Röhre 1	Röhre 2	Röhre 3	Röhre 4	Röhre 2	Röhre 5
für senkrecht auffallende Strahlen einer 2 mm dicken Aluminiumplatte . . .	0,0044	0,22	0,30	0,39	0,50	0,59

Die Entladungsröhren unterschieden sich nicht wesentlich durch ihre Konstruktion oder durch die Dicke ihrer Glaswand, sondern hauptsächlich durch den Grad der Verdünnung ihres Gasinhaltes und das dadurch bedingte Entladungspotential, die Röhre 1 erfordert das kleinste, die Röhre 5 das größte Entladungspotential oder wie wir der Kürze halber sagen wollen: die Röhre 1 ist die weichste, die Röhre 5 die härteste. Derselbe Ruhmkorff — und zwar in direkter Verbindung mit den Röhren —, derselbe Unterbrecher und dieselbe primäre Stromstärke wurden in allen Fällen benutzt.

Ähnlich wie das Aluminium verhalten sich die vielen anderen von mir untersuchten Körper; alle sind für Strahlen einer härteren Röhre durchlässiger als für Strahlen einer weicheren Röhre[1]. Diese Tatsache scheint mir einer besonderen Beachtung wert zu sein.

Auch das Verhältnis der Dicken von zwei gleich durchlässigen Platten verschiedener Körper stellt sich als abhängig von der Härte der benutzten Entladungsröhre heraus. Man erkennt das sofort mit dem Platin-Aluminium-Fenster (5), mit einer sehr weichen Röhre findet man z. B. die Fensternummer 2 und für

[1] Über das Verhalten „nicht normaler" Röhren s. unten.

sehr harte, sonst gleiche Röhren reicht die bis Nr. 15 gehende Skala gar nicht aus. Das heißt also, daß das Verhältnis der Dicken von Platin und Aluminium gleicher Durchlässigkeit um so kleiner ist, je härter die Röhren sind, aus denen die Strahlen kommen, oder — mit Rücksicht auf das oben mitgeteilte Resultat — je weniger absorbierbar die Strahlen sind.

Das verschiedene Verhalten der in verschieden harten Röhren erzeugten Strahlen macht sich selbstverständlich auch in den bekannten Schattenbildern von Händen usw. bemerkbar. Mit einer sehr weichen Röhre erhält man dunkle Bilder, in denen die Knochen wenig hervortreten; bei Anwendung einer härteren Röhre sind die Knochen sehr deutlich und in allen Details sichtbar, die Weichteile dagegen schwach, und mit einer sehr harten Röhre erhält man auch von den Knochen nur schwache Schatten. Aus dem Gesagten geht hervor, daß die Wahl der zu benutzenden Röhre sich nach der Beschaffenheit des abzubildenden Gegenstandes richten muß.

8. Es bleibt noch übrig mitzuteilen, daß die Qualität der von einer und derselben Röhre gelieferten Strahlen von verschiedenen Umständen abhängig ist. Wie die Untersuchung mit dem Platin-Aluminium-Fenster lehrt, wird dieselbe beeinflußt: 1. von der Art und Weise, wie der Deprez- oder Foucaultunterbrecher[1] am Induktionsapparat wirkt, d. h. von dem Verlauf des primären Stromes. Hierher gehört die häufig zu beobachtende Erscheinung, daß einzelne von den rasch aufeinanderfolgenden Entladungen X-Strahlen erzeugen, die nicht nur besonders intensiv sind, sondern sich auch durch ihre Absorbierbarkeit von den andern unterscheiden; 2. durch eine Funkenstrecke, welche in den sekundären Kreis vor den Entladungsapparat eingeschaltet wird; 3. durch Einschaltung eines Teslatransformators; 4. durch den Grad der Verdünnung des Entladungsapparats (wie schon erwähnt); 5. durch verschiedene noch nicht genügend erkannte Vorgänge im Innern der Entladungsröhre. Einzelne dieser Faktoren verdienen eine etwas mehr eingehende Besprechung.

Nehmen wir eine noch nicht gebrauchte und nicht evakuierte Röhre und setzen dieselbe an die Quecksilberpumpe an, so werden wir nach dem nötigen Pumpen und Erwärmen der Röhre einen Verdünnungsgrad erreichen, bei welchem die ersten X-Strahlen sich durch schwaches Leuchten des nahen Fluoreszenzschirmes bemerkbar machen. Eine parallel zur Röhre geschaltete Funkenstrecke liefert Funken von wenigen Millimetern Länge, das Platin-Aluminium-Fenster zeigt sehr niedrige Nummern, die Strahlen sind sehr absorbierbar. Die Röhre ist „sehr weich". Wenn nun eine Funkenstrecke vorgeschaltet oder ein Teslatransformator eingeschaltet wird[2], so entstehen intensivere und weniger absorbierbare Strahlen. So fand ich z. B. in einem Fall, daß durch Vergrößerung der vorgeschalteten Funkenstrecke die Fensternummer allmählich von 2,5 auf 10 heraufgebracht werden konnte.

(Diese Beobachtungen führten mich zu der Frage, ob nicht auch bei noch höheren Drucken durch Anwendung eines Teslatransformators X-Strahlen zu

[1] Ein guter Deprezunterbrecher funktioniert regelmäßiger als ein Foucaultunterbrecher; der letztere nutzt jedoch den primären Strom besser aus.

[2] Daß eine vorgeschaltete Funkenstrecke ähnlich wie ein eingeschalteter Teslatransformator wirkt, habe ich in der französischen Ausgabe meiner zweiten Mitteilung (Arch. Sci. phys. etc. Geneve 1896) erwähnen können; in der deutschen Ausgabe ist diese Bemerkung durch ein Versehen weggeblieben.

erhalten sind. Dies ist in der Tat der Fall: mit einer engen Röhre mit drahtförmigen Elektroden konnte ich noch X-Strahlen erhalten, wenn der Druck der eingeschlossenen Luft 3,1 mm Quecksilber betrug. Würde statt Luft Wasserstoff genommen, so dürfte der Druck noch größer sein. Den geringsten Druck, bei welchem in Luft noch X-Strahlen erzeugt werden können, konnte ich nicht feststellen; derselbe liegt aber jedenfalls unter 0,0002 mm Quecksilber, so daß das Druckgebiet, innerhalb dessen überhaupt X-Strahlen entstehen können, schon jetzt ein sehr großes ist.)

Weiteres Evakuieren der „sehr weichen" — direkt mit dem Induktorium verbundenen — Röhre hat zur Folge, daß die Strahlung intensiver wird und daß ein größerer Bruchteil derselben durch die bestrahlten Körper hindurchgeht: eine vor den Fluoreszenzschirm gehaltene Hand ist durchlässiger als vorher, und es ergeben sich am Platin-Aluminium-Fenster höhere Fensternummern. Gleichzeitig mußte die parallel geschaltete Funkenstrecke vergrößert werden, um die Entladung durch die Röhre gehen zu lassen: die Röhre ist „härter" geworden. — Pumpt man die Röhre noch mehr aus, so wird sie so „hart", daß die Funkenstrecke über 20 cm lang gemacht werden muß, und nun sendet die Röhre Strahlen aus, für welche die Körper ungemein durchlässig sind: 4,0 cm dicke Eisenplattten, mit dem Fluoreszenzschirm untersucht, erwiesen sich noch als durchlässig.

Das beschriebene Verhalten einer mit der Quecksilberpumpe und mit dem Induktorium direkt verbundenen Röhre ist das normale; Abweichungen von dieser Regel, die durch die Entladungen selbst bewirkt werden, kommen häufig vor. Das Verhalten der Röhren ist überhaupt manchmal ein ganz unberechenbares.

Das Hartwerden einer Röhre dachten wir uns durch fortgesetztes Evakuieren mit der Pumpe erzeugt; dasselbe kann auch in anderer Weise geschehen. So wird eine von der Pumpe abgeschmolzene, mittelharte Röhre auch von selbst — mit Rücksicht auf die Dauer ihrer Verwendbarkeit leider — fortwährend härter, wenn sie in richtiger Weise zum Erzeugen von X-Strahlen verwendet wird, d. h. wenn Entladungen, die das Platin nicht oder nur schwach zum Glühen bringen, durchgeschickt werden. Es findet eine allmähliche Selbstevakuierung statt.

Mit einer solchen sehr hart gewordenen Röhre habe ich von dem Doppellauf eines Jagdgewehres mit eingesteckten Patronen ein sehr schönes photographisches Schattenbild erhalten, in welchem alle Details der Patronen, die inneren Fehler der Damastläufe usw. sehr deutlich und scharf erkennbar sind. Der Abstand der Platinplatte der Entladungsröhre bis zur photographischen Platte betrug 15 cm, die Expositionszeit 12 Minuten — verhältnismäßig lang infolge der geringeren photographischen Wirkung der wenig absorbierbaren Strahlen (vgl. unten). Der Deprezunterbrecher mußte durch den Foucaultunterbrecher ersetzt werden. Es würde von Interesse sein, Röhren zu konstruieren, welche gestatten, noch höhere Entladungspotentiale anzuwenden, als bisher möglich war.

Als Ursache des Hartwerdens einer von der Pumpe abgeschmolzenen Röhre wurde oben die Selbstevakuierung infolge von Entladungen angegeben; indessen ist dies nicht die einzige Ursache, es finden auch an den Elektroden Veränderungen statt, die dasselbe bewirken. Worin dieselben bestehen, weiß ich nicht.

Eine zu hart gewordene Röhre kann weicher gemacht werden: durch Einlassen von Luft, manchmal auch durch Erwärmen der Röhre oder Umkehren der Stromrichtung und schließlich durch sehr kräftige hindurchgeschickte Entladungen.

Im letzten Fall hat aber die Röhre meistens andere Eigenschaften als die oben beschriebenen bekommen: so beansprucht sie z. B. manchmal ein sehr großes Entladungspotential und liefert doch Strahlen von verhältnismäßig geringer Fensternummer und großer Absorbierbarkeit. Auf das Verhalten dieser „nicht normalen“ Röhren möchte ich nicht weiter eingehen. — Die von Herrn ZEHNDER konstruierten Röhren mit regulierbarem Vakuum, welche ein Stückchen Lindenkohle enthalten, haben mir sehr gute Dienste geleistet.

Die in diesem Paragraphen mitgeteilten Beobachtungen und andere haben mich zu der Ansicht geführt, daß die Zusammensetzung der von einer mit Platinanode versehenen Entladungsröhre ausgesandten Strahlen wesentlich bedingt ist durch den zeitlichen Verlauf des Entladungsstromes. Der Verdünnungsgrad, die Härte, spielt nur deshalb eine Rolle, weil davon die Form der Entladung abhängig ist. Wenn man die für das Zustandekommen der X-Strahlen nötige Entladungsform in irgendeiner Weise herzustellen vermag, so können auch X-Strahlen erhalten werden, selbst bei relativ hohen Drucken.

Schließlich ist es noch erwähnenswert, daß die Qualität der von einer Röhre erzeugten Strahlen gar nicht oder nur wenig geändert wird durch beträchtliche Veränderungen der Stärke des primären Stromes; vorausgesetzt, daß der Unterbrecher in allen Fällen gleich funktioniert. Dagegen ergibt sich die Intensität der X-Strahlen innerhalb gewisser Grenzen proportional der Stärke des primären Stromes, wie folgender Versuch zeigt. Die Entfernungen vom Entladungsapparat, in welchem die Fluoreszenz des Bariumplatinzyanürschirmes in einem speziellen Fall noch eben bemerkbar war, betrugen 18,1, 25,7 und 37,5 m, wenn die Stärke des primären Stromes von 8 auf 16 und 32 Amp. vergrößert wurde. Die Quadrate jener Entfernungen stehen in nahezu demselben Verhältnis zueinander wie die entsprechenden Stromstärken.

9. Die in den fünf letzten Paragraphen aufgeführten Resultate ergaben sich unmittelbar aus den einzelnen mitgeteilten Versuchen. Überblickt man die Gesamtheit dieser Einzelresultate, so kommt man, zum Teil geleitet durch die Analogie, welche zwischen dem Verhalten der optischen und der X-Strahlen besteht, zu folgenden Vorstellungen:

a) Die von einem Entladungsapparate ausgehende Strahlung besteht aus einem Gemisch von Strahlen verschiedener Absorbierbarkeit und Intensität.

b) Die Zusammensetzung dieses Gemisches ist wesentlich von dem zeitlichen Verlauf des Entladungsstromes abhängig.

c) Die bei der Absorption von den Körpern bevorzugten Strahlen sind für die verschiedenen Körper verschieden.

d) Da die X-Strahlen durch die Kathodenstrahlen entstehen und beide gemeinsame Eigenschaften haben — Fluoreszenzerzeugung, photographische und elektrische Wirkungen, eine Absorbierbarkeit, deren Größe wesentlich durch die Dichte der durchstrahlten Medien bedingt ist, usw. —, so liegt die Vermutung nahe, daß beide Erscheinungen Vorgänge derselben Natur sind. Ohne mich zu dieser Ansicht bedingungslos bekennen zu wollen, möchte ich doch bemerken, daß die Resultate der letzten Paragraphen geeignet sind, eine Schwierigkeit, die sich jener Vermutung bis jetzt entgegenstellte, zu heben. Diese Schwierigkeit besteht einmal in der großen Verschiedenheit zwischen der Absorbierbarkeit der von Herrn LENARD untersuchten Kathodenstrahlen und der der X-Strahlen und zweitens darin, daß die Durchlässigkeit der Körper für jene Kathodenstrahlen nach einem anderen Gesetz von der Dichte der Körper abhängig ist als die Durchlässigkeit für die X-Strahlen.

Was zunächst den ersten Punkt anbetrifft, so ist zweierlei zu erwägen. 1. Wir haben in §7 gesehen, daß es X-Strahlen von sehr verschiedener Absorbierbarkeit gibt, und wissen durch die Untersuchungen von HERTZ und LENARD, daß auch die verschiedenen Kathodenstrahlen sich durch ihre Absorbierbarkeit voneinander unterscheiden; wenn somit auch die erwähnte,, weichste Röhre" X-Strahlen lieferte, deren Absorbierbarkeit noch bei weitem nicht an die der von Herrn LENARD untersuchten Kathodenstrahlen heranreicht, so gibt es doch ohne Zweifel X-Strahlen von noch größerer und andererseits Kathodenstrahlen von noch kleinerer Absorbierbarkeit. Es erscheint deshalb wohl möglich, daß bei späteren Versuchen Strahlen gefunden wurden, die, was ihre Absorbierbarkeit anbetrifft, den Übergang von der einen Strahlenart zur anderen bilden. 2. Wir fanden in §4, daß die spezifische Durchlässigkeit eines Körpers desto kleiner ist, je dünner die durchstrahlte Platte ist. Hätten wir folglich zu unseren Versuchen so dünne Platten genommen wie Herr LENARD, so würden wir für die Absorbierbarkeit der X-Strahlen Werte gefunden haben, die den Lenardschen näher gelegen wären.

Bezüglich des verschiedenen Einflusses der Dichte der Körper auf die Absorbierbarkeit der X-Strahlen und der Kathodenstrahlen ist zu sagen, daß dieser Unterschied auch um so kleiner gefunden wird, je stärker absorbierbare X-Strahlen zu dem Versuch gewählt werden (§§7 und 8) und je dünner die durchstrahlten Platten sind (§5). Folglich ist die Möglichkeit zuzugeben, daß dieser Unterschied in dem Verhalten der beiden Strahlenarten gleichzeitig mit dem zuerst genannten durch weitere Versuche zum Verschwinden gebracht werden kann.

Am nächsten stehen sich in ihrem Verhalten bei der Absorption die in sehr harten Röhren vorzugsweise vorhandenen Kathodenstrahlen und die in sehr weichen Röhren von der Platinplatte vorzugsweise ausgehenden X-Strahlen.

10. Außer der Fluoreszenzerregung üben die X-Strahlen bekanntermaßen noch photographische, elektrische und andere Wirkungen aus, und es ist von Interesse, zu wissen, inwieweit dieselben miteinander parallel gehen, wenn die Strahlenquelle geändert wird. Ich habe mich darauf beschränken müssen, die beiden zuerst genannten Wirkungen miteinander zu vergleichen.

Dazu eignet sich zunächst wieder das Platin-Aluminium-Fenster. Ein Exemplar davon wurde auf eine eingehüllte photographische Platte gelegt, vor den Fluoreszenzschirm gebracht und dann beide in gleichem Abstand von dem Entladungsapparat aufgestellt. Die X-Strahlen hatten bis zur empfindlichen Schicht der photographischen Platte bzw. bis zum Bariumplatinzyanür genau dieselben Medien zu durchlaufen. Während der Exposition beobachtete ich den Schirm und konstatierte die Fensternummer; nach dem Entwickeln wurde auf der photographischen Platte ebenfalls die Fensternummer bestimmt, und dann wurden beide Nummern miteinander verglichen. Das Resultat solcher Versuche ist, daß bei Anwendung von weicheren Röhren (Fensternummer 4—7) kein Unterschied zu bemerken war; bei Anwendung von härteren Röhren schien es mir, als ob die Fensternummer auf der photographischen Platte ein wenig, aber höchstens eine Einheit, niedriger war als die mittels des Fluoreszenzschirmes bestimmte. Indessen ist diese Beobachtung, wenn auch wiederholt bestätigt gefunden, doch nicht ganz einwurfsfrei, weil die Bestimmung der hohen Fensternummer am Fluoreszenzschirm ziemlich unsicher ist. Völlig sicher dagegen ist das folgende Ergebnis. Stellt man an dem in § 2 beschriebenen Photometer eine harte und eine weiche Röhre auf gleiche Helligkeit des Fluoreszenzschirmes ein und bringt dann eine photographische Platte an die Stelle des Schirmes, so bemerkt man nach dem Entwickeln dieser Platte, daß die von der harten Röhre bestrahlte Plattenhälfte beträchtlich weniger geschwärzt ist als die andere. Die Bestrahlungen, die gleiche Intensität der Fluoreszenz erzeugten, wirkten photographisch verschieden.

Bei der Beurteilung dieses Resultats darf man nicht außer Betracht lassen, daß weder der Fluoreszenzschirm noch die photographische Platte die auffallenden Strahlen vollständig ausnutzen; beide lassen noch viel Strahlen hindurch, die wieder Fluoreszenz bzw. photographische Wirkungen hervorrufen können. Das mitgeteilte Resultat gilt demnach zunächst nur für die gebräuchliche Dicke der empfindlichen photographischen Schicht und des Bariumplatinzyanürbeleges.

Wie sehr durchlässig die empfindliche Schicht der photographischen Platte sogar für X-Strahlen von Röhren mittlerer Härte ist, beweist ein Versuch mit 96 aufeinandergelegten, in 25 cm Entfernung von der Strahlenquelle 5 Minuten lang exponierten und durch eine Bleiumhüllung gegen die Strahlung der Luft geschützten Filmen. Noch auf dem letzten derselben ist eine photographische Wirkung deutlich zu erkennen, während der erste kaum überexponiert ist. Durch diese und ähnliche Beobachtungen veranlaßt, habe ich bei einigen Firmen für photographische Platten angefragt, ob es nicht möglich wäre, Platten herzustellen, die für die Photographie mit X-Strahlen geeigneter wären als die gewöhnlichen. Die eingesandten Proben waren jedoch nicht brauchbar.

Ich hatte, wie schon erwähnt, häufig Gelegenheit, wahrzunehmen, daß sehr harte Röhren unter sonst gleichen Umständen eine längere Expositionsdauer beanspruchen als mittelharte, es ist dies verständlich, wenn man sich des in § 9 mitgeteilten Resultates erinnert, wonach alle untersuchten Körper für Strahlen, die von harten Röhren emittiert werden, durchlässiger sind als für die von weichen Röhren ausgehenden. Daß mit sehr weichen Röhren wieder lang exponiert werden muß, läßt sich durch die geringere Intensität der von denselben ausgesandten Strahlen erklären.

Wenn die Intensität der Strahlen durch Vergrößerung der primären Stromstärke vermehrt wird, so wird die photographische Wirkung in demselben Maß gesteigert wie die Intensität der Fluoreszenz; und es dürfte in diesem und in jenem oben besprochenen Fall, wo die Intensität der Bestrahlung des Fluoreszenzschirmes durch Veränderung des Abstandes des Schirmes von der Strahlenquelle geändert wird, die Helligkeit der Fluoreszenz — wenigstens sehr nahezu — proportional der Intensität der Bestrahlung sein. Es ist aber nicht erlaubt, diese Regel allgemein anzuwenden.

11. Zum Schluß sei es mir gestattet, folgende Einzelheiten zu erwähnen. Bei einer richtig konstruierten, nicht zu weichen Entladungsröhre kommen die X-Strahlen hauptsächlich von einer nur 1—2 mm großen Stelle der von den Kathodenstrahlen getroffenen Platinplatte, indessen ist das nicht der einzige Ausgangsort: die ganze Platte und ein Teil der Röhrenwand emittiert, wenn auch

in viel schwächerem Maße, X-Strahlen. Von der Kathode gehen nämlich nach allen Richtungen Kathodenstrahlen aus; die Intensität derselben ist aber nur in der Nähe der Hohlspiegelachse sehr bedeutend, und deshalb entstehen auf der Platinplatte da, wo diese Achse sie trifft, die intensivsten X-Strahlen. Wenn die Röhre sehr hart und das Platin dünn ist, so gehen auch von der Rückseite der Platinplatte sehr viel X-Strahlen aus, und zwar, wie die Lochkamera zeigt, wieder vorzugsweise von einer auf der Spiegelachse liegenden Stelle.

Auch in diesen härtesten Röhren ließ sich das Intensitätsmaximum der Kathodenstrahlen durch einen Magneten von der Platinplatte ablenken. Einige an weichen Röhren gemachte Erfahrungen veranlaßten mich, die Frage nach der magnetischen Ablenkbarkeit der X-Strahlen mit verbesserten Hilfsmitteln nochmals in Angriff zu nehmen; ich hoffe, bald über diese Versuche berichten zu können.

Die in meiner ersten Mitteilung erwähnten Versuche über die Durchlässigkeit von Platten gleicher Dicke, die aus einem Kristall nach verschiedenen Richtungen geschnitten sind, habe ich fortgesetzt. Es kamen zur Untersuchung Platten von Kalkspat, Quarz, Turmalin, Beryll, Aragonit, Apathit und Baryt. Einfluß der Richtung auf die Durchlässigkeit ließ sich auch jetzt nicht erkennen.

Die von Herrn G. Brandes beobachtete Tatsache, daß die X-Strahlen in der Netzhaut des Auges einen Lichtreiz auslösen können, habe ich bestätigt gefunden. Auch in meinem Beobachtungsjournal steht eine Notiz aus dem Anfang des Monats November 1895, wonach ich in einem ganz verdunkelten Zimmer nahe an einer hölzernen Tür, auf deren Außenseite eine Hittorfsche Röhre befestigt war, eine schwache Lichterscheinung, die sich über das ganze Gesichtsfeld ausdehnte, wahrnahm, wenn Entladungen durch die Röhre geschickt wurden. Da ich diese Erscheinung nur einmal beobachtete, hielt ich sie für eine subjektive, und daß ich sie nicht wiederholt sah, liegt daran, daß später statt der Hittorfschen Röhre andere, weniger evakuierte und nicht mit Platinanode versehene Apparate zur Verwendung kamen. Die Hittorfsche Röhre liefert wegen der hohen Verdünnung ihres Inhaltes Strahlen von geringer Absorbierbarkeit und wegen des Vorhandenseins einer von den Kathodenstrahlen getroffenen Platinanode intensive Strahlen, was für das Zustandekommen der genannten Lichterscheinung günstig ist. Ich mußte die Hittorfschen Röhren durch andere ersetzen, weil alle nach sehr kurzer Zeit durchschlagen wurden.

Mit den jetzt in Gebrauch befindlichen harten Röhren läßt sich der Brandessche Versuch leicht wiederholen. Vielleicht ist die Mitteilung von folgender Versuchsanordnung von einigem Interesse. Hält man möglichst dicht vor das offene oder geschlossene Auge einen vertikalen, wenige Zehntelmillimeter breiten Metallspalt und bringt dann den durch ein schwarzes Tuch verhüllten Kopf nahe an den Entladungsapparat, so bemerkt man nach einiger Übung einen schwachen, nicht gleichmäßig hellen Lichtstreifen, der je nach der Stelle, wo sich der Spalt vor dem Auge befindet, eine andere Gestalt hat: gerade, gekrümmt oder kreisförmig. Durch langsames Bewegen des Spaltes in horizontaler Richtung kann man diese verschiedenen Formen allmählich ineinander übergehen lassen. Eine Erklärung dieser Erscheinung ist bald gefunden, wenn man daran denkt, daß der Augapfel geschnitten wird von einem lamellaren Bündel X-Strahlen, und wenn man annimmt, daß die X-Strahlen in der Netzhaut Fluoreszenz erregen können. —

Seit dem Beginn meiner Arbeit über X-Strahlen habe ich mich wiederholt bemüht, Beugungserscheinungen dieser Strahlen zu erhalten; ich erhielt auch verschiedene Male mit engen Spalten usw. Erscheinungen, deren Aussehen wohl an Beugungsbilder erinnerte, aber wenn durch Veränderung der Versuchsbedingungen die Probe auf die Richtigkeit der Erklärung dieser Bilder durch Beugung gemacht wurde, so versagte sie jedesmal, und ich konnte häufig direkt nachweisen, daß die Erscheinungen in ganz anderer Weise als durch Beugung zustande gekommen waren. Ich habe keinen Versuch zu verzeichnen, aus dem ich mit einer mir genügenden Sicherheit die Überzeugung von der Existenz einer Beugung der X-Strahlen gewinnen könnte.

Die drei klassischen Arbeiten RÖNTGENs im besonderen, zusammen mit den vielen in den vorliegenden Ausführungen aufgezählten und geschilderten Versuchen anderer Forscher des ersten Jahres der Röntgenologie (1896), legten die sichere Grundlage für ein gewaltiges und stolzes Gebäude, das in den kommenden Jahren von Medizinern, Technikern und Naturwissenschaftlern errichtet wurde. Ein Verzeichnis der Titel allein der Veröffentlichungen über Röntgenstrahlen und deren Verwertung wächst jedes Jahr zu einem respektablen Band an; eine ausführliche Fortsetzung der Besprechung der mannigfachen Arbeiten, die beim Ausbau der Röntgenschen Entdeckung über das Jahr 1896 hinaus geleistet wurde, würde dickleibige Bände füllen.

Röntgenröhren und Röntgenapparate wurden stetig verbessert, bis sie zu einem zuverlässigen Präzisionswerkzeug wurden, mit dem heute jede Röntgenbeleuchtung, sei es zu diagnostischen oder therapeutischen Zwecken in der Medizin, zu Präzisionsuntersuchungen der Struktur der Materie in der Physik, Chemie, Mineralogie, Metallurgie oder zu praktischen Messungen in vielen anderen Zweigen der Wissenschaft und Technik, zuverlässig appliziert und wiederholt werden kann.

Durch technische Verbesserungen der Apparatur, Verabreichung geeigneter Kontrastmittel usw. machte die Untersuchung aller Teile des menschlichen Körpers wie auch die therapeutische Beeinflussung vieler Krankheiten mehr und mehr Fortschritte.

Mit der Erkenntnis der wahren Natur der Strahlen begannen neue Zeitabschnitte der Erkenntnis naturwissenschaftlicher Vorgänge.

Und doch geht im Grund ein großer Teil der Fortschritte in der Erkenntnis der Natur der Röntgenstrahlen wie vor allem auch in dem Ausbau ihrer praktischen Verwendung auf das Pionierjahr 1896 zurück, in dem — oft mit unzulänglichen Mitteln — grundlegende Versuche gemacht wurden, deren Ergebnisse sich erst Jahre später zu Tatsachen von größter Bedeutung entwickeln sollten.

Dieser grundlegenden Pionierarbeit des Jahres 1896 in der Erkenntnis einer neuen Naturerscheinung und in dem bemerkenswerten Ausbau derselben sind die vorliegenden Ausführungen gewidmet.

Anhang

a) Verzeichnis der Schriften über RÖNTGEN und über die Geschichte der Entdeckung der Röntgenstrahlen

a-1. BOVERI, M.: Wilhelm Conrad Röntgen. In „Die Großen Deutschlands“. Berlin: Propyläen-Verlag 1956.

a-2. BRENDLER, W.: Persönliche Erinnerungen an Wilhelm Conrad Röntgen. Röntgenblätter **1**, 1 (1948).

a-3. Carstensen, R.: Die tödlichen Strahlen. Kiel: Neumann & Wolff Verlag 1954.
a-4. Broglie, M. de: Die grundlegende Bedeutung der Röntgenstrahlen in der Entwicklung der letzten vier Jahrzehnte. Strahlenther. **56**, 9 (1936).
a-5. Debye, P.: Röntgen und seine Entdeckung. Deutsches Museum, Abh. u. Ber. **6**, 83 (1934).
a-6. Del Buono: In memoria di G. Röntgen. L'Actinoter. **3**, 129 (1923).
a-7. Dessauer, F.: Wilhelm C. Röntgen. Die Offenbarung einer Nacht. Frankfurt a. M.: Josef Knecht Verlag 1951.
a-8. — Erinnerungen aus der Entwicklung der Röntgentechnik. Röntgenblätter **9**, 65 (1956).
a-9. Donaghey, J. P.: Reminiscenses of Röntgen. Radiogr. clin. Photogr. **10**, 2 (1934).
a-10. Eiselsberg, A.: Gedächtnisrede auf W. C. Röntgen. Wien. klin. Wschr. **36**, 432 (1923).
a-11. Etter, L. E.: Post-war visit to Röntgens laboratory. Amer. J. Roentgenol. **54**, 547 (1945).
a-12. — Some historical data relating to the discovery of the Roentgen rays. Amer. J. Roentgenol. **56**, 220 (1946).
a-13. Evers, G. A.: De Nederlandsche Periode van Wilhelm Conrad Röntgen. Natuur en Mensch **51**, 1 (1931); in deutscher Sprache in Acta radiol. (Stockh.) **16**, 88 (1935).
a-14. Forssell, G.: Wilhelm Conrad Röntgen. In Memoriam. Acta radiol. (Stockh.) **2**, 101 (1923).
a-15. Franke, H.: Zur Geschichte der Röntgenschen Entdeckung. Fortschr. Röntgenstr. **34**, 441 (1926).
a-16. Freund, F.: Lenard's share in the discovery of X-rays. Brit. J. Radiol. **19**, 131 (1946).
a-17. Freund, L.: Wie es zur Entdeckung der Röntgenstrahlen kam. Wien. med. Wschr. **83**, 403 (1933).
a-18. Friedrich, W.: Wilhelm Conrad Röntgen †. Strahlenther. **15**, 855 (1923); Physik. Z. **24**, 353 (1923).
a-19. Gerlach, W.: W. C. Röntgen, der Forscher und sein Werk in der Auswirkung für die Entwicklung der exakten Naturwissenschaften. Strahlenther. **47**, 3 (1933).
a-20. Ghent, P.: Röntgen. Toronto: Hunter, Rose Co. 1929.
a-21. Glasser, Otto: First observations on the physiological effects of Roentgen rays on the human skin. Amer. J. Roentgenol. **28**, 75 (1932).
a-22. — The genealogy of the Roentgen rays. Amer. J. Roentgenol. **20**, 180, 349 (1933).
a-23. — What kind of tube did Röntgen use when he discovered the X-rays? Radiology **27**, 138 (1936).
a-24. — The life of Wilhelm Conrad Röntgen as revealed in his letters. Scient. Monthly **45**, 193 (1937).
a-25. — Dr. W. C. Röntgen. Springfield, Ill.: Charles C. Thomas 1945.
a-26. — Strange repercussions of Röntgen's discovery of the X-rays. Radiology **45**, 425 (1945).
a-27. — Fifty years of Roentgen rays. Radiogr. clin. Photogr. **21**, 58 (1945).
a-28. — Röntgen et von Laue. In «Les Inventeurs Célèbres». Paris: Mazenod 1952.
a-29. — Wilhelm Conrad Röntgen als Physiker. Röntgenblätter **5**, 147 (1952).
a-30. — The human side of science. Clevel. Clin. Bull. **20**, 400 (1953). Auch in "The Doctor Writes". New York: Grune & Stratton 1954.
a-31. — Erinnerungen eines alten Freundes des Deutschen Röntgen-Museums. Röntgenblätter **7**, 426 (1954).
a-32. The sixtieth birthday of the Roentgen rays. Bull. Acad. Med. Cleveland **9**, 5 (1955).
a-33. — Dr. W. C. Röntgen. 2. Auflage. Springfield, Ill.: Charles C. Thomas 1958.
a-34. Grashey, R.: Wilhelm Conrad Röntgen †. Fortschr. Röntgenstr. **30**, 409 (1923).
a-35. — Zum 100. Geburtstag Wilhelm Conrad Röntgens. Fortschr. Röntgenstr. **71**, 3 (1949).
a-36. Guarini, C.: Guglielmo corrado von Röntgen. Necrologia. Riforma med. (1923).
a-37. Günther, P.: Röntgen als Briefschreiber. Angew. Chem. **50**, 77 (1937).
a-38. Haenisch, F.: Gedächtnisrede für Röntgen. Fortschr. Röntgenstr. **3**, Kongreßh. 1 (1923).
a-39. Hartmann, H.: Wilhelm Conrad Röntgen. In „Schöpfer des Neuen Weltbildes", „Große Physiker unserer Zeit". Bonn: Athenäum-Verlag 1952.

a-40. HENKELS, P.: Wilhelm Conrad Röntgen zum Gedenken. Dtsch. tierärztl. Wschr. **41**, 81 (1933).
a-41. HEUSS, TH.: Deutsche Gestalten. Stuttgart: Rainer Wunderlich Verlag Hermann Leins 1951.
a-42. HILLE, H.: From the memoirs of a student in Röntgen's laboratory in Würzburg half a century ago. Amer. J. Roentgenol. **55**, 643 (1946).
a-43. HIRSCH, I. S.: William Conrad Röntgen. His life and work. Radiology **4**, 63, 139, 249 (1925).
— Wilhelm Conrad Röntgen, a biographical sketch. N. Y. State J. Med. Dez. 1915.
a-44. JAUNCEY, G. E. M.: The birth and early infancy of X-rays. J. Physics **13**, 1 (1945).
a-45. KOCH, P. P.: Wilhelm Conrad Röntgen als Forscher und Mensch. Z. techn. Phys. **4**, 273 (1923); Dtsch. biogr. Jb. 1930.
a-46. KÖHLER, A.: Zum Vierteljahrhundert-Jubiläum von Röntgens Entdeckung. Fortschr. Röntgenstr. **27**, 654 (1921).
a-47. KÖNIG, W.: Gedächtnisrede auf Röntgen. Fortschr. Röntgenstr. **32**, 189 (1924).
a-48. KRAUSE, P.: Zum 75. Geburtstage von Wilhelm Conrad Röntgen. Fortschr. Röntgenstr. **27**, 448 (1920).
a-49. LECHER, E.: Wilhelm Conrad von Röntgen. Wien. med. Wschr. **73**, 370 (1923).
a-50. LENARD, P.: Über Kathodenstrahlen. Nobel-Vortrag. Zweite Auflage. Berlin und Leipzig: Walter de Gruyter 1920.
a-51. LEVY-DORN, M.: Wilhelm Conrad von Röntgen. Med. Klin. **19**, 263 (1923).
a-52. LOSSEN, H.: Wilhelm Conrad Röntgen zum 27. März 1945. Baden-Baden: Drei-Kreise-Verlag Knapp 1945.
a-53. Medicine's debt to Röntgen. Lancet **204**, 390 (Febr. 1923).
a-54. NEHER, F. L.: Röntgen, Roman eines Forschers. München: Braun & Schneider 1936.
a-55. — Blick ins Unsichtbare. Reutlingen: Bardtenschlager Verlag 1956.
a-56. Preußische Akademie der Wissenschaften, Adresse an Herrn W. C. Röntgen zum fünfzigjährigen Doktorjubiläum am 22. Juni 1919. Berliner S.-B. **522** (1919).
a-57. REES, W.: Neues zum Werdegang Wilhelm Conrad Röntgens. Röntgenblätter **1**, 158 (1948).
a-58. REVESZ, V.: Röntgen. Magy. orv. Arch. **5**, 78 (1923).
a-59. RIEDER, H.: Glückwünsche und Dankesworte zu Röntgens 70. Geburtstage. Münch. med. Wschr. **72**, 401 (1915).
a-60. RÖSSLER, O.: Zur Entdeckung der nach Röntgen benannten Strahlen. Münch. med. Wschr. **16**, 631 (1935).
a-61. SARACENI, F.: Guglielmo Corrado von Röntgen; la sua scoperta e suoi scritti. L'Actinoter. **3** (1923).
a-62. SARTON, G.: The discovery of X-ray. Isis **26**, 349 (1937).
a-63. SAUERBRUCH, F.: Nachruf auf Wilhelm Conrad Röntgen. Münch. med. Wschr. **70**, 273 (1923).
a-64. SCHINZ, H. R.: Röntgen und Zürich. Acta radiol. (Stockh.) **15**, 562 (1934).
a-65. SCHMIDT, F.: Über die von einer Lenard-Fensterröhre mit Platinansatz ausgehenden Röntgenstrahlen. Physik. Z. **36**, 283 (1935).
a-66. SCHOENBORN, S.: Bei Wilhelm Conrad Röntgen daheim und draußen. Röntgenblätter **2**, 133 (1949).
a-67. SIEPER, B.: Der Ruf der Strahlen. Ein biographisches Röntgenbildnis. W.-Elberfeld: Hans Putty Verlag 1946.
a-68. SOMMERFELD, A.: Zu Röntgens siebzigstem Geburtstag. Physik. Z. **16**, 89 (1915).
a-69. STARK, J.: Zur Geschichte der Röntgenstrahlen. Physik. Z. **36**, 280 (1935).
a-70. STRELLER, E.: Ein Brief W. C. Röntgens an KAMMERLINGH ONNES. Röntgenblätter **7**, 379 (1954).
a-71. — Beitrag zur Geschichte verschiedener Röntgenbüsten. Röntgenblätter **8**, 147 (1955).
a-72. THURSTAN-HOLLAND, C.: X-rays in 1896. Liverpool Med. Chir. J. **45**, 61 (1937).
a-73. TROSTLER, I. S.: Some interesting highlights in the history of Roentgenology. Amer. J. Phys. Therapy, February 1931.
a-74. — Some interesting historical data regarding the Roentgen rays. Radiol. Rev. **55**, 177 (1933).

a-75. UNGER, H.: Wilhelm Conrad Röntgen. Hamburg: Hoffmann und Campe Verlag 1949.
a-75. LAUE, M. VON: Zum Gedächtnis Wilhelm Conrad Röntgens. Naturwissenschaften **33**, 3 (1946).
a-76. WAGNER, E.: Röntgen-Gedächtniszimmer in Würzburg. Fortschr. Röntgenstr. **31**, 565 (1924).
a-77. WEIL, E.: Some bibliographical notes on the first publications of the Roentgen rays. Isis **29**, 362 (1938).
a-78. WIEN, M.: Zur Geschichte der Entdeckung der Röntgenstrahlen. Physik. Z. **36**, 536 (1935).
a-79. — Röntgen. Ann. Physik **70** (1923).
a-80. WÖLFFLIN, E.: Begebenheiten aus den letzten Lebensjahren Wilhelm Conrad Röntgens. Fortschr. Röntgenstr. **72**, 614 (1950).
a-81. — Meine persönlichen Erinnerungen an W. C. Röntgen. Perutz 1955.
a-82. — Persönliche Erinnerungen an Wilhelm Conrad Röntgen. Ciba-Symposium **5**, 111 (1957).
a-83. ZEHNDER, L.: Röntgen, Wilhelm Conrad. Lebensläufe aus Franken **4**, Würzburg: Becker 1930.
a-84. — Persönliche Erinnerungen an W. C. Röntgen und über die Entwicklung der Röntgenröhren. Helv. phys. Acta **6**, 608 (1934).
a-85. — Röntgens Briefe an ZEHNDER. Zürich: Rascher & Cie. 1935.
a-86. ZIMMERN, A.: Röntgen et la découverte des rayons X. Presse méd. **22**, 1 (1932).

b) Verzeichnis der im Jahre 1896 veröffentlichten Bücher und Broschüren über Röntgenstrahlen

1. ACKROYD, W.: The old light and the new. London: Chapman and Hall, Ltd. 1896.
2. ARNOLD, W.: Über Lumineszenz. Erlangen: Univ. Buchdruckerei F. Junge 1896.
3. BORCHARDT: Die Röntgensche Entdeckung. Berlin 1896.
4. BRUNEL, G.: Manuel de radioscopie et de radiographie. Paris: Librairie Bemard Tignol 1896.
5. BUGUET, ABEL: Technique médicale des rayons X. Paris: Radiguet 1896.
6. CHATWOOD, A. B.: The new photography. New York: C. Scribner's sons 1896. London: Downey & Co., Covent Garden 1896.
7. CRACAU, J.: Ein Beitrag zur Lichttheorie, zugleich Vorschlag einer Methode, um das wahre Wesen der Röntgenstrahlen zu ergründen. 12 S. mit 2 Tafeln. Zittau: Pahlsche Buchhandlung 1896.
8. DITTMAR, A.: Prof. Röntgen's "X"-rays and their application in the new photography. 32 p. London: "The Electrician". Printing and Pub. Co. 1896.
9. DWELSHAUVERS-DERY, F. V.: Die strahlende Materie und die X-Strahlen. 15 S. Lüttich: H. Vaillart Carmann 1896.
10. EDER, J. M., u. E. VALENTA: Versuche über Photographie mittels der Röntgenschen Strahlen. Wien: R. Lechner. Halle a. d. S.: Wilhelm Knapp (Febr.) 1896.
11. FÖRSTER, A.: Radiographische Aufnahmen, ausgeführt mit Röntgenschen Strahlen im Phys. Inst. der Universität Bern. 15 S. Bern: Staempfli & Co. 1896.
12. GALITZINE, B. PRINCE u. A. VON KARNOJITZKY: Über die Ausgangspunkte und Polarisation der X-Strahlen. Mem. l'acad. imp. St. Petersbourg. Petersburg 1896.
13. GEBHARDT u. WILISCH: Mit Röntgens X-Strahlen aufgenommene und in Lichtdruck ausgeführte Abbildung. Leipzig: Rengersche Buchhandlung 1896.
14. GUILLAUME, CH. E.: Les radiations nouvelles. Les rayons et la photographie à travers les corps opaques (Bureau International des Poids et Mesures). Paris: Gauthier-Villars et fils 1896. London: "The Electrician" Printing and Publ. Co. 1896.
15. HEATON: The new photography. "The Electrician" Printing and Publ. Co. Nottingham: Short Hill 1896.
16. HENRY, CH.: Les rayons Röntgen. Paris: Société d'Editions Scientifiques 1896.
17. KÖNIG, WALTER: 14 Photographien mit Röntgen-Strahlen, aufgenommen im Physikalischen Verein zu Frankfurt a. M. Leipzig: J. A. Barth 1896.

18. Levy, M.: Die Durchleuchtung des menschlichen Körpers mittels Röntgenstrahlen zu medizinisch-diagnostischen Zwecken. Vortrag, gehalten in der Berliner Physiolog. Ges. am 12. Juni 1896. Berlin: A. Hirschwald 1896.
19. Liebetanz, R. F.: Röntgens X-Strahlen, nebst allen bis jetzt bekannten Strahlenarten. 32 S. Düsseldorf: J. B. Gerlach & Co. 1896.
20. Maack, F.: Die Weisheit von der Weltkraft. Eine Dynamosophie. Mit einem Vorwort über die Röntgenstrahlen. 68 S. Leipzig: O. Weber 1896.
21. Mandras, V.: Applications de la radiographie. J. B. Baillière et fils 1896.
22. Meadowcroft, W. H.: The ABC of the X-rays. 190 p. New York: Exc. Pub. House 1896. London: Simpkin 1896.
23. Medizinalabteilung d. kgl. preuß. Kriegsministerium im Verein mit der Physikal.-Techn. Reichsanstalt. Versuche zur Feststellung der Verwertbarkeit Röntgenscher Strahlen für medizinisch-chirurgische Zwecke. Veröff. Mil. san.wes. 45 S. und 19 Tafeln. Berlin: A. Hirschwald 1896.
24. Mewes, A.: Ein Beitrag zur Erklärung der Röntgenschen Strahlen. 1. Licht-, Elektrizitäts- und X-Strahlen. 2. Die Fortpflanzungsgeschwindigkeit der Schwerkraftstrahlen und deren Wirkungsgesetze. 54 S. Fischers technolog. Verl. M. Krayn 1896.
25. Morton, W. J. (in coll. with E. W. Hammer): The X-ray. New York: Am. Techn. Book Co. 1896. London: "The Electrician" Printing and Publ. Co. 1896.
26. Morwitz, J.: Die Photographie mit Röntgenschen X-Strahlen. Mit Anleitung zum Experimentieren auch für Laien. 41 S., mit Abb. und 1 Tafel. Berlin: A. Dressel 1896.
27. Müller, H.: Röntgens X-Strahlen, gemeinverständlich dargestellt. 32 S., 4 Tafeln und 5 Abb. Berlin: V. Sigismund 1896.
28. Murani, O.: Sperimenti sui raggi Röntgen. 19 p. con sei tavole. 2 Z. Milano: Ulrico Hoepli 1896.
29. Niewenglowski, G. H.: La photographie de l'invisible au moyen des rayons X ultraviolets, de la phosphorescence et de l'effluve électrique. Aves numereuses figures, 23 p. Paris: Desforges 1896.
30. Pacher, G.: Sui Raggi di Röntgen. Produzione, proprieta, natura applicazione etc. 28 p. Turin: Rosenberg e Sellin 1896.
31. Panesch, K. G.: Röntgen-Strahlen, Skotographie und Od. Nach den neuesten Forschungen leichtfaßlich dargestellt. 65 S. mit 19 Abb. Neuwied: L. Heusser 1896.
32. Phillips, Charles: Bibliography of X-ray literature and research, 1896—1897. Printing and Publishing Co., Ltd. 1897.
33. Röntgen, W. C.: Über eine neue Art von Strahlen. (Vorläufige Mitteilung.) Sitzgsber. physik.-med. Ges. Würzburg. 10 S. Würzburg: Stahel 1896.
34. — II. Mitteilung. 9 S. Würzburg: Stahel 1896.
35. Santini, L. N.: La photographie à travers les corps opaques par les rayons électriques cathodiques et de Röntgen avec une étude sur les images. 102 p. Paris: Ch. Mendel 1896.
36. Thompson, E. P. (with Chapt. by Wm. A. Anthony): Röntgen rays and phenomena of the anode and cathode. 190 p. New York: D. van Nostrand Comp. 1896. London: E. & F. Spon 1896.
37. Thompson, Sylvanus, P.: Light, visible and invisible. London: "The Electrician" Printing and Publ. Co. 1896.
38. — Über sichtbares und unsichtbares Licht. Deutsch von O. Lummer. Halle: W. Knapp 1897.
39. Thornton, A.: The X-rays. 64 p. Bradford, London: Percy Lund and Co., Ltd. 1896.
40. Tormin, Ludwig: Magische Strahlen. Die Gewinnung photographischer Lichtbilder lediglich durch odisch-magnetische Ausstrahlungen des menschlichen Körpers. 2 Abb. Düsseldorf: Schmitz & Olbertz 1896.
41. Trevert, E.: Something about X rays for everybody. 78 p. illustr. Lynn (Mass.): Bubier Publ. Co. 1896.
42. Venturini, G., e G. Pacher: Esperienze coi raggi di Röntgen; studie 18 p. con due tavole. Venezia; tip. Ferrari 1896.
43. Vitoux, O.: Les rayons et la photographie de l'invisible. 192 p. avec 30 fig. et dessins et 16 planches hors texte. Paris: Chamuel 1896.

44. Voller, A.: Mitteilungen über einige im physikalischen Staatslobaratorium ausgeführte Versuche mit Röntgenstrahlen. (Aus Jb. d. Hamburg. wissenschaftl. Anstalten.) 17 S. mit 7 Lichtdrucktafeln. Hamburg: L. Graefe & Sillem 1896.

44a. — Versuche mit X-Strahlen nach Prof. Röntgen. 8 Blätter (8 Aufnahmen). Hamburg-Uhlenhorst: Strumpfer & Co. 1896.

45. Ward, H. S.: Practical radiographie. London: Dawbarn & Ward 1896.

46. Winkelmann, A., u. R. Straubel: Über einige Eigenschaften der Röntgenschen X-Strahlen. 13 S. Jena: Gustav Fischer 1896.

47. Waymouth Reed, and J. P. Kuenen: Röntgen photographs. Dundee: Valentine and Sons 1896.

48. Wiechert, E.: Die Theorie der Elektrodynamik und die Röntgensche Entdeckung. 48 S. Königsberg: W. Koch 1896.

49. Wunschmann, E.: Die Röntgenschen X-Strahlen. Gemeinverständlich dargestellt. 31 S. mit 13 Abb. Berlin: F. Schmidt & Sohn 1896.

c) Verzeichnis der im Jahre 1896 veröffentlichten Arbeiten über Röntgenstrahlen

(Alle Titel sind in deutscher Sprache aufgeführt[1])

50. Abney, W. de: Neue Photographie. Photography (Lond.) 8, 114 (1896).

51. Ackroyd, W., u. H. B. Knowles: Durchlässigkeit einer Reihe von Substanzen für die Röntgenstrahlen. Proc. Phys. Soc. Lond. **14**, 179, 479 (1896); Nature (Lond.) **53**, 616 (April 1896) (kurze Notiz); Bbl. Wied. Ann. **20**, 585 (Juni 1896) (Ref.).

52. Adams, W., u. F. E. Nipher: Fokussierung der Röntgenstrahlen. Nature (Lond.) **53**, 421 (1896).

53. Alexander, Béla (Budapest): Der Röntgenapparat. Verein der Zipser Ärzte, Ungarn 1896.

54. — Über X-Strahlen; auf Grund von Plattenbildern und Kopien. Jb. der Zipser Ärzte, Ungarn 1896.

55. Allgemeine Elektrizitäts-Gesellschaft, Röntgenröhren. Elektrotechn. Z. (Berl.) **17**, 349 (4. Juni 1896); Bbl. Wied. Ann. **21**, 61 (Jan. 1897). (Ref.)

55a. Alvaro, G.: Die praktischen Vorteile der Röntgenstrahlen in der Chirurgie. G. med. Regio esercito **44**, 385 (1896).

56. Andreoli, E.: Wie kann man durch undurchsichtige Körper photographieren und sehen? Electr. Rev. (Lond.) **38**, 404 (März 1896).

57. Angerer, E. (München): Über die Verwertung der Röntgenstrahlen in der Chirurgie. Münch. med. Wschr. **29**, 689 (1896). (Ref.)

58. Anthony, Wm. A.: Sind Röntgenstrahlen-Phänomene Schallwellen zuzuschreiben? Electr. Eng. **21**, 379 (15. April 1896).

59. Argyropoulos, T.: Bemerkungen über die X-Strahlen. C. R. Acad. Sci. (Paris) **122**, 1119 (18. Mai 1896); Bbl. Wied. Ann. **20**, 582 (Juni 1896). (Ref.)

60. Armagnac, H.: Einige Erfahrungen, welche frühere Erfahrungen über die Photographie durch undurchsichtige Körper bestätigen. C. R. Acad. Sci. (Paris) **122**, 641 (März 1896).

61. Arno, R.: Die Röntgenstrahlung von Hittorfschen Röhren mit seltenen Gasen. Electr. Rev. (Lond.) **38**, 692 (Mai 1896).

62. — Die Röntgenstrahlung in Hittorfschen Röhren mit verdünntem Wasserstoff. Atti Accad. Sci. med. natur. Ferarra (Torino) **31**, 418 (1896); Bbl. Wied. Ann. **20**, 910 (Okt. 1896). (Ref.)

63. Arnold, W. (Erlangen): Durchlässigkeit der Röntgenstrahlen. Süddtsch. Apotheker-Ztg. **37** (1896); Bbl. Wied. Ann. **20**, 448 (Mai 1896). (Ref.)

64. — Über die Bedeutung der Röntgenstrahlen für die Lebensmitteluntersuchung. Abh. Nahrungs- u. Genußmittel-Chem. **2**, 1 (1896).

65. — Kathodenstrahlen und Röntgenstrahlen. Z. Elektrochem. **2**, 602 (1896).

[1] Die angeführte Liste kann trotz ihrer Ausdehnung keinen Anspruch auf Vollständigkeit erheben. Beiträge zu ihrer Vervollständigung und Verbesserung sind erbeten.

66. ARNOLD, W. (Erlangen): Über Lumineszenz fester Körper mit Berücksichtigung der Wirkung von Röntgenstrahlen. Z. Elektrochem. **2**, 602 (5. Mai 1896); Zbl. Nahrungs- u. Genußmittel-Chem.; Hygiene **1896**; Bbl. Wied. Ann. **20**, 423 (Mai 1896). Ref.)

67. D'ARSONVAL, A.: Beobachtungen zu der Photographie durch dunkle Körper. C. R. Acad. Sci. (Paris) **122**, 500 (2. März 1896); Bbl. Wied. Ann. **20**, 480 (Mai 1896). (Ref.)

68. — Bemerkung zu IMBERT und BERTIN-SANS. Über die Technik der Photographie mit den X-Strahlen. C. R. Acad. Sci. (Paris) **122**, 607 (März 1896); Bbl. Wied. Ann. **20**, 427 (Mai 1896). (Ref.)

69. AUBEL, E. VAN: Über die Durchsichtigkeit der Körper für die Röntgenstrahlen. J. Physique (Paris) **3**, 511 (Nov. 1896); Bbl. Wied. Ann. **21**, 66 (Jan. 1897) (Ref.).

70. AXENFELD (Perugia): Die Röntgenstrahlen dem Insektenauge sichtbar. Zbl. Physiol. **10**, 436 (1896).

71. — Reaktion der Fliegen auf Röntgenstrahlen. Naturwiss. Rdsch. **47**, 607 (21. Nov. 1896); Bbl. Wied. Ann. **21**, 68 (Jan. 1897). (Ref.)

72. BAMBERGER, M. (Wien): Demonstration des Röntgenbildes eines Daumens mit drei Phalangen. Wien. med. Wschr. **46** (1896).

73. BARDET, G.: Die Photographie durch undurchsichtige Körper und ihre Anwendung in der Medizin. Bull. Gen. Ther. **131**, 156 (30. Aug. 1896).

74. BARR, J. M.: Röntgenstrahlen. Presse med. (Febr. 1896).

75. — Eine experimentelle Vakuumröhre. Electr. (Lond.) **37**, 24 (1. Mai 1896).

76. —, u. C. E. S. PHILLIPS: Ein neues Vakuum-Manometer. Electr. (Lond.) **37**, 822 (23. Okt. 1896); Bbl. Wied. Ann. **21**, 155 (Febr. 1897). (Ref.)

77. — — Über die Ablenkung der Kathodenstrahlen. Electr. (Lond.) **38**, 357, 498, 530 (8. Jan. 1897).

78. BARTORELLI: Versuche über das Röntgenlicht. Settim. med. **50**, 67 (25. Jan. 1896).

79. BARWELL, R.: Über verschiedene Formen des Talipes, wie sie durch die Röntgenstrahlen dargestellt werden. Lancet **74 II**, 160, 234, 455, 1520, 1810 (28. Nov. u. 26. Dez. 1896).

80. BASILEWSKI: Verfahren, um die Expositionszeit bei der Röntgenphotographie abzukürzen. C. R. Acad. Sci. (Paris) **122**, 720 (23. März 1896).

81. BATTELLI, A. (Pisa): Über die Ausgangsstelle der Röntgenstrahlen in den evakuierten Röhren. Nuovo Cim. (Pisa) **4**, 129 (März 1896); Bbl. Wied. Ann. **20**, 578 (Juni 1896). (Ref.)

82. — Untersuchungen über die photographischen Wirkungen innerhalb der Entladungsröhren. Nuovo Cim. (Pisa) **4**, 193 (April 1896); Bbl. Wied. Ann. **20**, 577 (Juni 1896). (Ref.)

83. —, u. A. GARBASSO: Über einige Erscheinungen in Verbindung mit den Röntgenstrahlen. C. R. Acad. Sci. (Paris) **122**, 603 (9. März 1896).

84. — — Über die Röntgenstrahlen. Nuovo Cim. (Pisa) **4**, 40 (1896); Bbl. Wied. Ann. **20**, 419 (Mai 1896). (Ref.)

85. — — Über ein Verfahren zur Abkürzung der Expositionsdauer beim Photographieren mit Röntgenstrahlen. Nuovo Cim. (Pisa) **4**, 167 (März 1896); Bbl. Wied. Ann. **20**, 577 (Juni 1896). (Ref.)

86. — — Kathodenstrahlen und X-Strahlen. Nuovo Cim. (Pisa) **4**, 289 (1896); Bbl. Wied. Ann. **20**, 662 (Juli 1896). (Ref.)

87. — — Über die Zerstreuung elektrischer Ladungen durch die ultravioletten Strahlen. Nuovo Cim. (Pisa) **4**, 321 (Juni 1896); Bbl. Wied. Ann. **20**, 916 (Okt. 1896).

88. — — Wirkung der Kathodenstrahlen auf isolierte Konduktoren. Nuovo Cim. (Pisa) **4**, 129 (Sept. 1896).

89. BATTELLI, F.: Über die Durchlässigkeit der Gewebe des Organismus für die Röntgenstrahlen. Arch. ital. Biol. **25**, 202 (1896).

90. — Über den Durchgang und die Wirkung der Röntgenstrahlen auf das Auge. Arch. ital. Biol. **25**, 202 (1896).

91. — Über das Verhalten verschiedener menschlicher Gewebe gegenüber den Röntgenschen Strahlen. Atti Accad. Med. Fis. Fiorent., 14. März **1896**.

92. — Einfluß der Röntgenstrahlen auf das Auge. Policlinico (Rom) Suppl. **2**, 357 (März 1896).

93. BATTLE, W. H.: Über die Entfernung einer Nadel aus der Hand mit Hilfe der Röntgenstrahlen. Lancet **74 I**, 548 (29. Febr. 1896).

94. Beaulard, F.: Über die Brechung der Röntgenstrahlen. C. R. Acad. Sci. (Paris) **122**, 782 (30. März 1896); Bbl. Wied. Ann. **20**, 440 (Mai 1896). (Ref.)
95. — Über die Nichtbrechbarkeit der X-Strahlen durch Kalium. C. R. Acad. Sci. (Paris) **123**, 301 (3. Aug. 1896); Bbl. Wied. Ann. **20**, 1017 (Nov. 1896). (Ref.)
96. Becher, W. (Berlin): Zur Anwendung des Röntgenschen Verfahrens in der Medizin. Dtsch. med. Wschr. **22**, 202, 432 (26. März und 2. Juli 1896); Bbl. Wied. Ann. **20**, 719 (Aug. 1896). (Ref.)
97. Beck, C. (New York): Skiagraphische Vorführungen. Trans. New York East Med. Soc. März **1896**.
98. —, u. Schulz (New York): Skiagraphische Vorführungen. Z. Hyg. 490 (1896).
99. Becquerel, H. (Paris): Über die durch Phosphoreszenz ausgesendeten Strahlen. C. R. Acad. Sci. (Paris) **122**, 420 (24. Febr. 1896); Bbl. Wied. Ann. **20**, 469 (Mai 1896). (Ref.); Nature (Lond.) **50**, 455 (1896). (Kurze Notiz.)
100. — Über die von phosphoreszierenden Substanzen ausgesendete unsichtbare Strahlung. C. R. Acad. Sci. (Paris) **122**, 501 (2. März 1896); Bbl. Wied. Ann. **20**, 469 (Mai 1896). (Ref.)
101. — Über einige neue Eigenschaften der unsichtbaren Strahlen, die von verschiedenen phosphoreszierenden Körpern ausgehen. C. R. Acad. Sci. (Paris) **122**, 559 (9. März 1896); Bbl. Wied. Ann. **20**, 470 (Mai 1896). (Ref.)
102. — Über die von Uransalzen ausgehenden unsichtbaren Strahlen. C. R. Acad. Sci. (Paris) **122**, 689 (März 1896); Bbl. Wied. Ann. **20**, 471 (Mai 1896). (Ref.)
103. — Über die abweichenden Eigenschaften der von den Uransalzen und der von der Wand der Crookesschen Röhre ausgehenden unsichtbaren Strahlen. C. R. Acad. Sci. (Paris) **122**, 762 (30. März 1896); Bbl. Wied. Ann. **20**, 472 (März 1896). (Ref.)
104. — Emission von neuen Strahlen durch Uraniummetall. C. R. Acad. Sci. (Paris) **122**, 1068 (18. Mai 1896); Bbl. Wied. Ann. **20**, 595 (Juni 1896). (Ref.)
105. — Über verschiedene Eigenschaften der Uraniumstrahlen. C. R. Acad. Sci. (Paris) **123**, 855 (23. Nov. 1896).
106. Beibler (Berlin): Demonstration von mit Röntgenschen Strahlen aufgenommenen Photographien an Kaninchen usw. V. B. Dtsch. med. Wschr. **22**, 112 (1896). (Ref.)
107. Bell, L. (Newton-Centre, Mass.): Wirkung der Röntgenstrahlen an Blinden. Electr. World (New York) **28**, 729 (12. Dez. 1896).
108. Benedikt, H. (Wien): Aortenaneurysma. Wien. med. Wschr. **46**, 2033 (14. Nov. 1896).
109. Benedikt, M. (Wien): Die Herztätigkeit in Röntgenbeleuchtung. Münch. med. Wschr. **43**, 994 (13. Okt. 1896); Wien. klin. Wschr. **9**, 967 (15. Okt. 1896).
110. — Weitere Beiträge zur Biomechanik des Kreislaufs. Wien. med. Wschr. **46**, 2265 (19. Dez. 1896).
111. — Beobachtungen und Betrachtungen aus dem Röntgenkabinett. Wien. med. Wschr. **46**, 2265, 2318 (19. Dez. 1896).
112. Benoist, L. (Sorbonne-Paris): Wirkung der Röntgenstrahlen auf gasförmige Dielektrika. C. R. Acad. Sci. (Paris) **123**, 1265 (28. Dez. 1896).
113. — u. D. Hurmuzescu: Neue Eigenschaften der X-Strahlen. C. R. Acad. Sci. (Paris) **122**, 235 (3. Febr. 1896); Bbl. Wied. Ann. **20**, 453 (Mai 1896). (Ref.)
114. — — Neue Eigenschaften der X-Strahlen. L'Eclair. Electr. (Paris) **6**, 308 (15. Febr. 1896); J. Physique **5**, 110 (März 1896).
115. — — Neue Untersuchungen über die Röntgenstrahlen. C. R. Acad. Sci. (Paris) **122**, 379 (17. Febr. 1896); Bbl. Wied. Ann. **20**, 454 (Mai 1896). (Ref.)
116. — — Wirkung der Röntgenstrahlen auf die elektrisierten Körper. C. R. Acad. Sci. (Paris) **122**, 779, 926 (30. März u. 27. April 1896); C. R. Soc. franç. de Phys. 261 (1896); J. Physique (Paris) **3**, 358 (Aug. 1896); Bbl. Wied. Ann. **20**, 454, 591 (Mai u. Juni 1896). (Ref.)
117. — — Antwort auf die Bemerkungen des Herrn A. Righi. C. R. Acad. Sci. (Paris) **122**, 993 (4. Mai 1896); Bbl. Wied. Ann. **20**, 590 (Juni 1896). (Ref.)
118. — — Über die Entladung von Körpern durch X-Strahlen. Sitzgsber. d. Soc. Franc. de Phys. 4. Dez. **1896**; Bbl. Wied. Ann. **21**, 155 (Febr. 1897). (Ref.)
119. — — Neue Untersuchungen über die Röntgenstrahlen. C. R. Soc. franç. Phys. 108 (1896).

120. BENTEJAE, H.: Projektion der Quecksilbersäule eines Thermometers auf einen empfindlichen Schirm durch die Röntgenstrahlen. C. R. Acad. Sci. (Paris) **122**, 1026 (Mai 1896).
121. BERGONIÉ, J. (Bordeaux): Die Röntgenstrahlungen und ihre Anwendung in der Medizin. J. Méd. Bordeaux (Febr. 1896).
122. — Neue radioskopische Tatsachen über Verletzungen im Brustraum. C. R. Acad. Sci. (Paris) **123**, 1268 (28. Dez. 1896); Bbl. Wied. Ann. **21**, 150 (Febr. 1897). (Ref.)
123. BERTON, F.: Wirkung der Röntgenstrahlen auf den Diphtheriebazillus. C. R. Acad. Sci. (Paris) **123**, 109 (13. Juli 1896); Semaine méd. **1896**, 266; Bbl. Wied. Ann. **20**, 720 (Aug. 1896). (Ref.)
124. BETZ (Berlin): Zur Erzielung kräftiger Röntgenstrahlen. Elektrotechn. Z. **17**, 189 (19. März 1896).
125. BIESALZKI, K. (Berlin): Eine praktische Verwendung der Röntgenschen Photographie. Dtsch. med. Wschr. **22**, 203 (26. März 1896); Bbl. Wied. Ann. **20**, 594 (Juni 1896). (Ref.)
126. BIRKELAND, K.: Über Kathodenstrahlen unter der Einwirkung von starken magnetischen Kräften. Elektrotekn. Tidsskr. **8**, 104 (1896); Bbl. Wied. Ann. **20**, 802 (Sept. 1896). (Ref.)
127. — Über ein Spektrum der Kathodenstrahlen. C. R. Acad. Sci. (Paris) **123**, 492 (28. Sept. 1896); Bbl. Wied. Ann. **21**, 146 (Febr. 1897). (Ref.)
128. BLANDFORD, G.: Was sind X-Strahlen ? St. Bartholomew's Hospital J. **3**, 87 (März 1896).
129. BLASERNA, P. (Rom): Die Röntgenstrahlen. Policlinico (Rom), Suppl. **2**, 281 (8. Febr. 1896).
130. — Über die von Prof. Röntgen entdeckten Strahlen. Rend. Accad. Lincei **5**, 67 (1896); Bbl. Wied. Ann. **20**, 435 (Mai 1896). (Ref.)
131. BLASIUS, H. (Berlin): Die Frage der photographischen Bilder für Gutachten und der Röntgenschen X-Strahlen. Mschr. Unfallheilk. **3**, 47 (20. Febr. 1896).
132. — Röntgensche Strahlen. Mschr. Unfallheilk. **3**, 143 (April 1896).
133. BLEEKRODE, L. (im Haag): Radiographie mit fluoreszierenden Schirmen. Nature (Lond.) **53**, 557 (April 1896); Bbl. Wied. Ann. **20**, 576 (Juni 1896). (Ref.)
134. — Röntgenstrahlen bei niedriger Temperatur. Electr. Rev. (Lond.) **38**, 756 (Juni 1896).
135. BLEUNARD u. LABESSE: Über den Durchgang der Röntgenstrahlen durch Flüssigkeiten. C. R. Acad. Sci. (Paris) **122**, 527 (2. März 1896); Bbl. Wied. Ann. **20**, 445 (Mai 1896). (Ref.)
136. — Über die Fähigkeit einiger Flüssigkeiten und fester Substanzen, dem Durchgang der Röntgenstrahlen sich zu widersetzen. C. R. Acad. Sci. (Paris) **122**, 723 (23. März 1896); Bbl. Wied. Ann. **20**, 445 (Mai 1896). (Ref.)
137. BLEYER, J. M.: Über das Bleyersche Photo-Fluoroskop. Electr. Eng. **22**, 10 (1. Juli 1896).
138. BLOCH, E.: Über Verwendung Röntgenscher Strahlen bei einigen Formen von Blindheit. Wien. med. Wschr. **46**, 2327 (26. Dez. 1896).
139. BLOECHL (Wien): Eine Tapeziernadel aspiriert. Wien. med. Wschr. **46**, 2006 (7. Nov. 1896).
140. BLONDIN, J. (Paris): Röntgenstrahlen. L'Eclair. Electr. Paris **6**, 289 (15. Febr. 1896).
141. BLYTHSWOOD, LORD (Blythswood, Renfrew.): Röntgenbilder mit der Büschelentladung einer Wimshurstmaschine aufgenommen. Nature (Lond.) **53**, 340 (13. Febr. 1896); Bbl. Wied. Ann. **20**, 424 (Mai 1896). (Ref.)
142. — Über Röntgenphotogramme. Nature (Lond.) **53**, 340, 378 (13. Febr. 1896).
143. Über die Reflexion von Röntgenlicht von polierten Metallspiegeln. Proc. roy. Soc. Lond. **59**, 330 (1896); Bbl. Wied. Ann. **20**, 712 (Aug. 1896). (Ref.)
144. BOAS, H. (Kiel): Neue Röhrenform zur Photographie mit Röntgenschen Strahlen. Z. Instrumentenkde. **16**, 117 (April 1896); Bbl. Wied. Ann. **20**, 437 (Mai 1896). (Ref.)
145. BOCK, E.: Vorschlag für Verwendung von X-(Röntgen)Strahlen bei einigen Formen der Blindheit. Wien. med. Wschr. **46**, 2269 (19. Dez. 1896).
146. DU BOIS-REYMOND, E. (Berlin): Röntgens X-Strahlen. Photogr. Rdsch., 10. Febr. **1896**, 38.
147. BOLTON, F., u. CAUSLAND: Fremdkörper. Dub. J. Med. Sci. **293** (Mai 1896).
148. BOLTZMANN, L. (Wien): Über Röntgens epochemachende Entdeckung. Z. Elektrochem. **14**, 103 (15. Jan. 1896).

149. Boltzmann, L. (Wien): Über longitudinale Wellen. J. Gasbeleuchtg. **39**, 71 (1896).
150. Le Bon, G. (Paris): Das schwarze Licht. C. R. Acad. Sci. (Paris) **122**, 188 (27. Jan. 1896); Bbl. Wied. Ann. **20**, 476 (Mai 1896). (Ref.)
151. — Die Photographie mit schwarzem Licht. C. R. Acad. Sci. (Paris) **122**, 233 (3. Febr. 1896); L'Eclair. Electr. **6**, 307 (15. Febr. 1896); Bbl. Wied. Ann. **20**, 476 (Mai 1896). (Ref.)
152. — Über das schwarze Licht. L'Eclair. Electr. **6**, 247 (8. Febr. 1896).
153. — Natur und Eigenschaften des schwarzen Lichtes. C. R. Acad. Sci. (Paris) **122**, 386 (17. Febr. 1896); Bbl. Wied. Ann. **20**, 477 (Mai 1896). (Ref.)
154. — Über einige Eigenschaften des schwarzen Lichtes. C. R. Acad. Sci. (Paris) **122**, 462 (24. Febr. 1896); Bbl. Wied. Ann. **20**, 478 (Mai 1896). (Ref.)
155. — Das schwarze Licht; Antwort auf einige Kritiken. C. R. Acad. Sci. (Paris) **122**, 522 (2. März 1896); Bbl. Wied. Ann. **20**, 480 (Mai 1896). (Ref.)
156. — Über die Aufspeicherung des schwarzen Lichtes. C. R. Acad. Sci. (Paris) **122**, 1054 (Mai 1896); Bbl. Wied. Ann. **20**, 722 (Aug. 1896). (Ref.)
157. Bordas, F.: Medizinisch-juristische Photographien, die mit Hilfe der Röntgenstrahlen erhalten wurden. Acad. Méd., Juni **1896**.
158. Borgmann, J. J., u. A. L. Gerchun (Petersburg): Wirkung der Röntgenstrahlen auf die elektrostatischen Ladungen und die Funkenstrecke. C. R. Acad. Sci. (Paris) **122**, 378 (17. Febr. 1896); Bbl. Wied. Ann. **20**, 453 (Mai 1896). (Ref.)
159. Bottomley, J. T. (Glasgow): Über Röntgens Strahlen. Nature (Lond.) **53**, 268 (23. Jan. 1896); Über die Longitudinalwellen des Äthers. L'Eclair. Electr. Paris **6**, 300 (15. Febr. 1896); Bbl. Wied. Ann. **20**, 406 (Mai 1896). (Ref.)
160. Bouchard, C.: Die Pleuritis des Menschen, studiert mittels der Röntgenstrahlen. C. R. Acad. Sci. (Paris) **123**, 967 (7. Dez. 1896); Bbl. Wied. Ann. **21**, 283 (März 1897). (Ref.); Gaz. Hop. **69**, 144 (1896).
161. — Die Benutzung der Röntgenstrahlen zur Diagnose der Lungentuberkulose. C. R. Acad. Sci. (Paris) **123**, 1042 (14. Dez. 1896); Bbl. Wied. Ann. **21**, 156 (Febr. 1897); (Ref.); Gaz. Hop. **69**, 147 (1896).
162. — Neue Note über die Radioskopie zur Diagnose der Krankheiten des Thorax. C. R. Acad. Sci. (Paris) **123**, 1234 (28. Dez. 1896); Bbl. Wied. Ann. **21**, 156 (Febr. 1897). (Ref.)
163. Brandes, G. (Halle a. d. S.): Über die Sichtbarkeit der Röntgenstrahlen. S.-B. kgl. preuß. Akad. Wiss., Physik.-math. Kl. (Berlin) **24**, 547 (Sepab.) (1896); Bbl. Wied. Ann. **20**, 718 (Aug. 1896). (Ref.)
164. Branson, F. W.: Methode zur Schätzung der Intensität der Röntgenstrahlen. Electr. Rev. (Lond.) **40**, 251 (19. Febr. 1897).
165. Breitung, M. (Hannover): Quieta non movere. Dtsch. med. Wschr. **10**, 159 (5. März 1896).
166. Briançon, A.: Photographien, die in der Dunkelheit erhalten worden sind. C. R. Acad. Sci. (Paris) **122**, 390 (17. Febr. 1896); Bbl. Wied. Ann. **20**, 479 (Mai 1896). (Ref.)
167. Brissaud, E., u. A. Londe: Photographie einer Kugel von 7 mm im Gehirn. C. R. Acad. Sci. (Paris) **122**, 1363 (Juni 1896); Bbl. Wied. Ann. **20**, 720 (Aug. 1896). (Ref.)
168. Broca, A.: Über die Enthaarung durch X-Strahlen. C. R. Soc. franç. Phys., 18. Juli 1896; Bbl. Wied. Ann. **21**, 150 (Febr. 1897). (Ref.)
169. Brunner, N. (Warschau): Über Konzentration der Röntgenstrahlen zu photographischen Zwecken. Elektrotechn. Z. **17**, 374 (11. Juni 1896).
170. Buchheim: Die verschiedenen Methoden der Darstellung der X-Strahlen und deren photographische Verwendung für die Medizin. Ber. Med. Ges. Leipzig, 12. Mai 1896.
171. Buguet, A.: Über die Richtung der X-Strahlen. C. R. Acad. Sci. (Paris) **122**, 608 (9. März 1896); Bbl. Wied. Ann. **20**, 428 (Mai 1896). (Ref.)
172. — Über das Phänomen der Röntgenstrahlen. C. R. Acad. Sci. (Paris) **123**, 689 (2. Nov. 1896); Bbl. Wied. Ann. **21**, 59 (Jan. 1897). (Ref.)
173. —, u. A. Gascard (Rouen): Über die Wirkung der Röntgenstrahlen auf den Diamanten. C. R. Acad. Sci. (Paris) **122**, 457 (24. Febr. 1896); Bbl. Wied. Ann. **20**, 587 (Juni 1896). (Ref.)
174. — — Wirkung der X-Strahlen auf die Edelsteine. C. R. Acad. Sci. (Paris) **122**, 726 (23. März 1896); Bbl. Wied. Ann. **20**, 446 (Mai 1896). (Ref.)

175. Buguet, A., u. A. Gascard (Rouen): Bestimmung der Tiefe und des Sitzes eines Fremdkörpers in Geweben mittels der Röntgenstrahlen. C. R. Acad. Sci. (Paris) **122**, 786 (30. März 1896); Bbl. Wied. Ann. **20**, 467 (Mai 1896). (Ref.)
176. Buka (Charlottenburg): Zur direkten Beobachtung innerer Körperteile mittels Röntgenstrahlen. Dtsch. med. Wschr. **22**, 304 (7. Mai 1896).
177. — Röntgenstrahlen von hoher Intensität. Dtsch. med. Wschr. **22**, 733 (5. Nov. 1896); Bbl. Wied. Ann. **21**, 61 (Jan. 1897). (Ref.)
178. Bungetziano, J.: Die Beugung der X-Strahlen. L'Eclair. Electr. (Paris) **7**, 165 (25. April 1896); Bbl. Wied. Ann. **20**, 442 (Mai 1896). (Ref.)
179. Bunts, F. E. (Cleveland): Wer soll die Röntgenstrahlen in der Medizin und Chirurgie gebrauchen? Clevel. med. Gaz. **2** (Dez. 1896).
180. Burch, G. J. (Reading): Pflanzenstruktur enthüllt durch Röntgenstrahlen. Nature (Lond.) **54**, 111 (4. Juni 1896); Bbl. Wied. Ann. **20**, 718 (Aug. 1896). (Ref.)
181. Burckhardt, H. v. (Stuttgart): Ein Beispiel für die Verwendbarkeit der Röntgenschen Entdeckung in der Chirurgie. Med. Korresp.bl. Württemberg. ärztl. Landesver. **7** (1896).
182. Burke, J.: Einige Versuche mit Röntgenstrahlen. Electr. Rev. (Lond.) **39**, 73 (17. Juli 1896); Electr. World (New York) **28**, 130 (1. Aug. 1896); Bbl. Wied. Ann. **20**, 1016 (Nov. 1896). (Ref.); **21**, 154 (Febr. 1897). (Ref.)
183. Burry, J.: Ein vorläufiger Bericht über die Röntgen- oder X-Strahlen. J. Amer. med. Ass. **26**, 402 (29. Febr. 1896).
184. Caffrey, W., u. N. S. Wilson: X-Strahlen. Electr. World (New York) **29**, 67 (9. Jan. 1897).
185. Cajori, F. (Colorado Springs): Suchen nach X-Strahlen in der Sonnenstrahlung auf Pikes Peak. Amer. J. med. Sci. **4**, 289 (1896); Phil. Mag. **42**, 451 (Nov. 1896); Sci. Amer. Suppl.-Bd. 42, 17476 (12. Dez. 1896); Bbl. Wied. Ann. **21**, 71 (Jan. 1897). (Ref.)
186. —, u. W. Strieby: Münzenverzerrungen durch die Röntgenstrahlen. Science (New York) **3**, 635 (24. April 1896).
187. — — Verdunkelung der Kathode in einer Crookesschen Röhre. Science (New York) **3**, 901 (19. Juni 1896).
188. Calmette, L., u. G. T. Lhuillier: Die Beugung der Röntgenstrahlen. C. R. Acad. Sci. (Paris) **122**, 877 (20. April 1896); Bbl. Wied. Ann. **20**, 442 (Mai 1896). (Ref.)
189. Campanile, F., u. E. Stromei (Neapel): Die Phosphoreszenz und die X-Strahlen in den Crookesschen und Geißlerschen Röhren. Rend. Accad. Sci. Fis. e Mat. 14 (Sepab.) (März 1896); Nuovo Cim. Pisa **4**, 229 (April 1896); Electr. Rev. (Lond.) **38**, 718 (5. Juni 1896); Bbl. Wied. Ann. **20**, 418 (Mai 1896). (Ref.)
190. — — Ein Funken und die X-Strahlen. Nuovo Cim. (Pisa) **4**, 5 (Juli 1896); Bbl. Wied. Ann. **20**, 908 (Okt. 1896).
191. Capranica, S.: Über die biologische Wirkung der Röntgenstrahlen. Rend. Accad. Lincei **5**, 416 (1896); Bbl. Wied. Ann. **20**, 666 (Juli 1898).
192. Carbutt, J. (Philadelphia): Prüfung der Kathoden- und Röntgenstrahlen durch gefärbte Schirme mit Hilfe des Fluoroskops. Electr. World (New York) **28**, 697 (5. Dez. 1896); Electr. Eng. **22**, 601 (9. Dez. 1896).
193. Carless, A.: Der Wert der Photographie mit Röntgenstrahlen in der Chirurgie. Practitioner (März 1896).
194. Carpentier, J.: Über die photographische Wiedergabe des Reliefs einer Medaille mit Hilfe der Röntgenstrahlen. C. R. Acad. Sci. (Paris) **122**, 526 (2. März 1896); Bbl. Wied. Ann. **20**, 467 (Mai 1896). (Ref.)
195. Case, W. E.: Kathodographs ohne Crookessche Röhren. Electr. Eng. **21**, 167 (12. Febr. 1896).
196. — Über die Natur der X-Strahlen. Electr. Eng. **21**, 185 (19. Febr. 1896); L'Eclair. Electr. (Paris) **6**, 507 (14. März 1896); Bbl. Wied. Ann. **20**, 588 (Juni 1896). (Ref.)
197. — Eine Aluminium-Vakuum-Röhre für Experimente mit Röntgenstrahlen. Electr. Eng. **21**, 234 (4. März 1896).
198. Cattell, H. W. (Philadelphia): Verwendung der X-Strahlen in der Chirurgie. Science **3**, 344 (6. März 1896).
199. Cave, Ch. J. P. (Cambridge): Entladungspotentiale. Electr. (Lond.) **36**, 559 (21. Febr. 1896); Bbl. Wied. Ann. **20**, 459 (Mai 1896). (Ref.)

200. Chabaud, V.: Die Durchlässigkeit der Metalle für die X-Strahlen. C. R. Acad. Sci. (Paris) **122**, 237 (3. Febr. 1896); L'Eclair. Electr. (Paris) **6**, 310 (15. Febr. 1896); Bbl. Wied. Ann. **20**, 443 (Mai 1896). (Ref.)

201. — Über einige der Wirkung der X-Strahlen ausgesetzte Gläser. C. R. Acad. Sci. (Paris) **122**, 603 (9. März 1896); Bbl. Wied. Ann. **20**, 446 (Mai 1896).

202. — Über Röhren für Röntgenstrahlen. L'Eclair. Electr. (Paris) **7**, 599 (27. Juni 1896); Bbl. Wied. Ann. **21**, 63 (Jan. 1897). (Ref.)

203. — Neue Röhren für Röntgenstrahlen. Séanc. Soc. franç. Phys. **4** (Dez. 1896).

204. —, u. D. Hurmuzescu: Über die Beziehung zwischen dem Maximum der X-Strahlen, dem Grade der Verdünnung und der Form der Röhren. C. R. Acad. Sci. (Paris) **122**, 995 (4. Mai 1896).

205. Chadwick, W. I.: Radiographie. Nature (Lond.) **55**, 198 (31. Dez. 1896); Brit. J. Photogr. **43**, 302 (8. Mai 1896); Bbl. Wied. Ann. **21**, **449** (Mai 1897). (Ref.)

206. Chamberlain, W.: Die Erwärmung der Anoden in X-Strahlen-Röhren. Nature (Lond). **55**, 198 (31. Dez. 1896); Bbl. Wied. Ann. **21**, 447 (Mai 1897). (Ref.)

207. Chappuis, J.: Über die Expositionszeit bei dem Photographieren mit den X-Strahlen. C. R. Acad. Sci. (Paris) **122**, 777 (30. März 1896); Bbl. Wied. Ann. **20**, 437 (Mai 1896). (Ref.)

208. — Photographien, die mit Röntgenstrahlen hergestellt wurden. Séanc. Soc. franç. Phys. **4**, 138 (1896).

209. —, u. E. Nugues: Eine Bedingung, um die maximale Wirkung mit Crookesschen Röhren zu erhalten. C. R. Acad. Sci. (Paris) **122**, 810 (7. April 1896); L'Eclair. Electr. (Paris) **7**, 135 (18. April 1896); Bbl. Wied. Ann. **20**, 438 (Mai 1896). (Ref.)

210. Clavenad: Über die freie Bewegung mit Bezug auf die Versuche von Röntgen. L'Eclair. Electr. (Paris) **6**, 443 (7. März 1896); Bbl. Wied. Ann. **20**, 806 (Sept. 1896). (Ref.)

211. Clayton, J. H. (Birmingham): Nadel in der Hand. Brit. med. J. 749 (21. März 1896).

212. Colard, M.: Longitudinale Spannung der Kathodenstrahlen. C. R. Acad. Sci. (Paris) **123**, 1057 (14. Dez. 1896).

213. Colardeau, E.: Verbesserung in der Konstruktion der Crookesschen Röhre zum Gebrauch in der Photographie mit Röntgenstrahlen. L'Eclair. Electr. (Paris) 8, 112 (18. Juli 1896).

214. — Über eine Form der Crookesschen Röhre, mit der man bei kurzer Expositionszeit photographische Bilder von großer Schärfe erhalten kann. J. Physique **3**, 542 (Nov. 1896); Séanc. Soc. franç. Phys. **1896**, 213; Bbl. Wied. Ann. **21**, 62 (Jan. 1897). (Ref.)

215. Colson, R.: Rolle der verschiedenen Energieformen bei der Photographie durch dunkle Körper. C. R. Acad. Sci. (Paris) **122**, 598 (9. März 1896); Bbl. Wied. Ann. **20**, 426 (Mai 1896). (Ref.)

216. — Art der Wirkung der X-Strahlen auf die photographische Platte. C. R. Acad. Sci. (Paris) **122**, 922 (27. April 1896); Bbl. Wied. Ann. **20**, 581 (Juni 1896). (Ref.)

217. Coma, S. (Barcelona): Experimenteller Vortrag über Röntgenologie. Arch. Ginec., Obstet. y Pediat. **1896**, Nr. 7, 195.

218. —, u. Prio (Barcelona): Über die Anwendung der Röntgenstrahlen zum Studium von Verletzungen. Arch. Ginec., Obstet. y Pediat. **1896**, Nr. 6, 486.

219. Cormack, J. D., u. H. Ingle (Leeds): Knochenphotographie. Die Undurchlässigkeit der mineralischen Bestandteile der Knochen für Röntgenstrahlen. Nature (Lond.) **53**, 437 (12. März 1896); Bbl. Wied. Ann. **20**, 466 (Mai 1896). (Ref.)

220. Cornu, A.: Über die bedeutende Entdeckung der Röntgenstrahlen. C. R. Acad. Sci. (Paris) **123**, 1099 (21. Dez. 1896).

221. Cory, C. L., J. N. Le Conte u. R. W. Loham (Kalifornien): Der Ursprung der Röntgenstrahlen. Electr. World **27**, 424 (18. April 1896).

222. Cottier, J.: Photographie im Vakuum. Electr. World **27**, 592 (23. Mai 1896).

223. Cowl, W. (Berlin): Zur Herstellung Röntgenscher Dichtigkeitsbilder mit Demonstration. Dtsch. med. Wschr. **22**, 99 (14. Mai 1896).

224. — Über größere Deutlichkeit in Röntgenbildern. Dtsch. med. Wschr. **22**, 780 (26. Nov. 1896).

225. — Über den gegenwärtigen Stand des Röntgenschen Verfahrens. Berl. klin. Wschr. **30**, 682 (1896).

226. COWL, W. (Berlin): Weitere Erfahrungen über Röntgensche Schattenbilder. Internat. photogr. Mschr. Med. u. Naturwiss. **3**, 161 (1896). (Sepab.); Bbl. Wied. Ann. **20**, 811 (Sept. 1896). (Ref.)
227. COX, J., u. H. L. CALLENDAR: Einige Versuche über X-Strahlen. Trans. roy. Soc. Canada **2**, 171 (2. Mai 1896); Nature (Lond.) **53**, 398 (27. Febr. 1896).
228. CROCKER, H.: Dermatitis, erzeugt durch die Röntgenstrahlen. Brit. med. J. **1**, 8 (1896).
229. CRUMP, T. G.: Vermehrung der Wirkungen von Röntgenstrahlen-Röhren. Nature (Lond.) **54**, 225 (9. Juli 1896); Bbl. Wied. Ann. **20**, 910 (Okt. 1896). (Ref.)
230. CZERMAK, P.: Aufnahme eines Ellbogengelenkes mit Fraktur und Luxation mit Röntgenstrahlen. Stereoskopbilder. Internat. photogr. Mschr. Med. u. Naturwiss. **3**, 231 (1896); Bbl. Wied. Ann. **20**, 1018 (Nov. 1896). (Ref.)
231. DANIEL, J. (New York): Die X-Strahlen. Science **3**, 562 (10. April 1896); Med. Rec. **4**, 23 (April 1896).
232. DANIELS, N. H.: Photographieren durch undurchsichtige Körper. Electr. World **27**, 243 (7. März 1896).
232a. DARIER: Permeabilität des Auges für Röntgenstrahlen. Rev. gen. Ophthal. 151 (1896).
233. DARIEX, u. A. DE ROCHAS (Rouen): Über die Ursache der Unsichtbarkeit der Röntgenstrahlen. C. R. Acad. Sci. (Paris) **122**, 458 (24. Febr. 1896); Bbl. Wied. Ann. **20**, 449 (Mai 1896). (Ref.)
234. DAVIES, B.: Neue Form des Apparates zur Erzeugung der Röntgenstrahlen. Nature (Lond.) **54**, 281 (23. Juli 1896); Bbl. Wied. Ann. **20**, 908 (Okt. 1896). (Ref.)
235. DAVIS, E. P.: Das Studium des Fetus und der Schwangerschaft mit Hilfe der Röntgenstrahlen. Amer. J. med. Sci. **111**, 263 (März 1896); J. Amer. med. Ass. **26**, 548 (4. März 1896).
236. DELBET, P.: Entdeckung und Entfernung einer in die Hand eingewachsenen Nadel mit Hilfe einer Röntgenphotographie. C. R. Acad. Sci. (Paris) **122**, 528 (2. März 1896); Bbl. Wied. Ann. **20**, 466 (Mai 1896). (Ref.)
237. — Drei Fälle der chirurgischen Anwendung der Röntgenphotographien. C. R. Acad. Sci. (Paris) **122**, 726 (23. März 1896); Bbl. Wied. Ann. **20**, 465 (Mai 1896). (Ref.)
238. — Einige chirurgische Anwendungen der Röntgenphotographien. Nouv. Icon. Salp. **2** (1896).
239. DELEPINE, S. (Manchester): Therapeutischer Gebrauch der Röntgenstrahlen. Brit. med. J. **1**, 559 (29. Febr. 1896).
240. DESPEIGNES, V. (Lyon): Therapeutische Verwendung der Röntgenstrahlen. Semaine méd. **37** (Okt. 1896).
241. — Beobachtungen über einen Fall von Magenkrebs, der mit Röntgenstrahlen behandelt wurde. Lyon méd. **82**, 428, 503 (Juli u. Aug. 1896).
242. DESTOT u. BERARD (Lyon): Studium des Gefäßnetzes in der Niere durch Röntgenphotographie. Acad. Méd. (Paris) (29. Dez.) **1896**.
243. — Die Verwendung der X-Strahlen zum Studium der Blutzirkulation. Prov. Méd. Lyon **10** (1896).
244. DRURY, H.: Ekzem nach Anwendung der Röntgenstrahlen. Brit. med. J. **1896**, 1377 (9. Nov.).
245. DEWAR, J.: Über die Undurchlässigkeit für Röntgenstrahlen. Electr. (Lond.) **36**, 537 (21. Febr. 1896).
246. DIXON, H. B., u. H. B. BAKER: Die chemische Unwirksamkeit der Röntgenstrahlen. J. Amer. chem. Soc., 1308 (1896).
247. DOELTER, C.: Versuche mit den Röntgenstrahlen. Sonderdruck. Gratz, Febr. 1896; Neues Jb. Mineral., Geol. u. Paläontol. **1**, 88 (1896); Bbl. Wied. Ann. **20**, 446 (Mai 1896). (Ref.)
248. — Über das Verhalten der Mineralien zu den Röntgenschen X-Strahlen. Naturwiss. Rdsch. **11**, 220 (25. April 1896).
249. — Die Unterscheidung der Edelsteine mittels der X-Strahlen. Naturwiss. Rdsch. **11**, 277 (30. Mai 1896); Bbl. Wied. Ann. **20**, 586 (Juni 1896). (Ref.)
250. DOLBEAR, A. E.: Röntgens Photographien. Electr. World **27**, 147 (8. Febr. 1896).
251. DOLLEY, C. S., u. S. EGBERT: Röntgenstrahlen im Sonnenlicht. Science **3**, 357 (6. März 1896).

252. Donati, L.: Über das Verhältnis zwischen der elektrodispersiven und der photographischen Wirksamkeit der Röntgenstrahlen. Rend. R. Accad. Sci. Bologna (31. Mai) **1896**. (Sepab.); Nuovo Cim. (Pisa) **4**, 164 (Sept. 1896); Bbl. Wied. Ann. **21**, 277 (März 1897). (Ref.)
253. Dorn, E. (Halle): Mitteilungen über Röntgenstrahlen. Abh. Naturforscherges. Halle **21**, 75 (30. März 1896). (Sepab.); Bbl. Wied. Ann. **21**, 446 (Mai 1897). (Ref.)
254. — Woodwards Lampe. Elekt. Z. **17**, 216, 250 (2. April 1896); Bbl. Wied. Ann. **20**, 436 (Mai 1896). (Ref.)
255. — Eine Einrichtung an Röntgenröhren. Elektr. Z. **17**, 706 (12. Nov. 1896).
256. — Über die Schwingungsrichtung der Röntgenstrahlen. Abh. Naturforscherges. Halle **21**, 55 (1896); Bbl. Wied. Ann. **20**, 411 (Mai 1896). (Ref.) (Sepab.)
257. — Zur Frage der Sichtbarkeit der Röntgenstrahlen. Ver. phys. Ges. Berlin **1896**, 87.
258. Downie, W. (Glasgow): Vesikation der Haut und Kahlköpfigkeit verursacht durch Röntgenstrahlen. Lancet **74 II**, 1049 (10. Okt. 1896).
259. Dufour, H. (Lausanne): Einige Beweise mit Hilfe des Verfahrens des Herrn Röntgen. C. R. Acad. Sci. (Paris) **122**, 213 (27. Jan. 1896).
260. — Beodachtungen über die Röntgenstrahlen. Arch. Sci. physiques **4**, 111 (10. Febr. 1896).
261. — Über einige Eigenschaften der X-Strahlen des Herrn Röntgen. C. R. Acad. Sci. (Paris) **121**, 460 (24. Febr. 1896); Arch. Sci. physiques **4**, 110 (1896); Bbl. Wied. Ann. **20**, 455 (Mai 1896). (Ref.)
262. — Über die Bildung der Röntgenstrahlen. Rev. gén. Sci. **4** (29. Febr. 1896).
263. — Neue Beobachtungen über die elektrischen Wirkungen der Röntgenstrahlen. Arch. de Genève **4**, 513 (Juni 1896); Arch. Sci. physiques 513 (1896); Bbl. Wied. Ann. **20**, 1016 (Nov. 1896). (Ref.)
264. — Beobachtungen an den Röntgenstrahlen. Arch. Sci. physiques **4**, 111 (1896). (Sepab.)
265. Dumstrey, F. (Leipzig): Über die Bedeutung der Röntgenuntersuchung für die Unfallheilkunde. Mschr. Unfallheilk. **3**, 353 (Nov. 1896).
266. Duncan, R. K.: Sondern gewöhnliche Leuchtkörper Röntgenstrahlen aus? Electr. Eng. **21**, 283 (18. März 1896).
267. Dupraz: Die Möglichkeit eines Irrtumes bei der Suche nach Fremdkörpern mit Hilfe der Röntgenstrahlen; Beispiel einer Kugel in der Hand. Rev. méd. Suisse rom. **16**, 8 (1896).
268. Dutto, U.: Photographien des Arteriensystemes mittels Röntgenstrahlen. Arch. ital. Biol. **25**, 320 (1896); Rend. Accad. Lincei **5**, 129—130 (1896); Bbl. Wied. Ann. **20**, 595 (Juni 1896). (Ref.)
269. Duyse, van: Neue Methode, Schattenaufnahmen des Auges herzustellen. Ann. Bull. Soc. méd. Gand **1896**; Arch. Ophthal. (Paris) **15**, 101 (1896).
270. Dwelshauvers-Dery, F. V.: Hypothesen und Beobachtungen in bezug auf die X-Strahlen. Bull. Inst. Phys. (Lüttich) **31**, 687 (Aug. 1896). (Sepab.)
271. — Die Photographie eines Bruches des Ellbogenknochens mittels des Röntgenverfahrens. Ann. Soc. Méd.-Chir. (Lüttich) (1896). (Sepab.); Bbl. Wied. Ann. **20**, 464 (Mai 1896). (Ref.)
272. — Notiz über die Aktinochrose der X-Strahlen. Bull. Acad. roy. Belg. **31**, 687 (1896); Bbl. Wied. Ann. **20**, 810 (Sept. 1896). (Ref.)
273. — Über die Reflexion der X-Strahlen. Bull. Acad. roy. Belg. **31**, 482 (Mai 1896); Bbl. Wied. Ann. **20**, 809 (Sept. 1896). (Ref.)
274. Eberlein, R. (Berlin): Ein Versuch mit Röntgenstrahlen. Mschr. prakt. Tierheilk. **7**, 337 (1896).
275. Eder, E., u. E. Valenta: Versuche über Photographie mittels der Röntgenstrahlen. Wien. klin. Wschr. **9**, 352 (30. Mai 1896); Photogr. Korresp. **33**, 126 (1896); Photogr. Mitt. **32**, 380 (1896).
276. Edison, Th. A.: Experimente mit Röntgenstrahlen. Electr. Eng. **21**, 305 (25. März 1896).
277. — Weitere Experimente über Fluoreszenz durch die Kathodenstrahlen. Electr. Eng. **21**, 340 (1. April 1896).
278. — Sind Röntgenstrahlenphänomene Schallwellen zuzuschreiben? Electr. Eng. **21**, 365 (8. April 1896).
279. — Röntgenstrahlenlampe und andere Versuche. Electr. Eng. **21**, 378 (15. April 1896); Nature (Lond.) **54**, 112 (4. Juni 1896); Bbl. Wied. Ann. **20**, 713 (Aug. 1896). (Ref.)

280. Edison, Th. A.: Neuere Röntgenstrahlenbeobachtungen. Electr. Eng. **22**, 520 (18. Nov. 1896).

281. —, Morton, Swinton, Stanton: Wirkung der X-Strahlen auf das Auge. Nature (Lond.) **53**, 421 (5. März 1896); Bbl. Wied. Ann. **20**, 449 (Mai 1896). (Ref.)

282. Elline, J. F. (Baltimore, Md.): Röntgenstrahlen mit Kalziumlicht. Nature (Lond.) **53**, 421 (5. März 1866); Bbl. Wied. Ann. **21**, 71 (Jan. 1897). (Ref.)

283. Erdheim (Wien): Luxation der Skapula. Wien. klin. Wschr. **9**, 1198 (10. Dez. 1896).

284. Errara, L. von: Versuche über die Wirkung von X-Strahlen auf Phycomyces. C. R. Acad. Sci. (Paris) **122**, 787 (30. März 1896).

285. Espin, T. E.: Diagnose durch X-Strahlen. Photography **9**, 73 (1896).

286. Eulenburg, A. (Berlin): Kugel im Gehirn; ihre Auffindung und Ortsbestimmung mittels Röntgenstrahlenaufnahmen. Dtsch. med. Wschr. **22**, 523, 554 (13. u. 20. Aug. 1896).

287. Ewart, W.: Die Röntgenstrahlen und die dorsale Untersuchung des Herzens. Lancet **74 II**, 1790 (19. Dez. 1896).

288. Exner, S. (Wien): Demonstration von Röntgenbildern und Wirkung derselben. Wien. klin. Wschr. **9**, 48 (16. Jan. 1896).

289. — Röntgensche Photographien. Münch. med. Wschr. **43**, 67 (22. Jan. 1896).

290. Fae, G.: Versuche mit den Röntgenstrahlen. Elettricita **10** (1896). (Sepab.); Nuovo Cim. (Pisa) **4**, 191 (1896); Bbl. Wied. Ann. **20**, 661 (Juli 1896). (Ref.)

291. Falk, H. L. (New Orleans): Falks X-Strahlenversuche. Electr. Eng. **21**, 437 (29. April 1896).

292. — Falks Bericht beruht auf Unwahrheit. Electr. Eng. **21**, 496 (13. Mai 1896).

293. — Falk veröffentlicht eine Herausforderung. Electr. Eng. **21**, 597 (3. Juni 1896).

294. Feilchenfeld (Berlin): Röntgenphotographie einer typischen Spinaventosa des rechten Zeigefingers. Vb. Münch. med. Wschr. **43**, 97 (24. Mai 1896).

295. — Ekzem durch Röntgenstrahlen. Internat. photogr. Mschr. Med. u. Naturwiss. **3**, 242 (1896); Bbl. Wied. Ann. **21**, 69 (Jan. 1897). (Ref.)

296. Fein, E. (Stuttgart): Vergleich der Durchlässigkeit verschiedener Materialien für Röntgenstrahlen. Z. Elektrochem. **2**, 583 (20. April 1896); Bbl. Wied. Ann. **20**, 587 (Juni 1896). (Ref.)

297. Fessler (München): Radiusfraktur, nach Prof. Röntgen photographiert. Münch. med. Wschr. **43**, 201 (3. März 1896).

298. Fitzgerald, G. F., u. F. T. Trouton (Dublin): Einfluß der Kristallwirkungen auf die Transmission und Reflektion bei streifendem Einfall von Röntgenstrahlen. Nature (Lond.) **53**, 615 (30. April 1896); Bbl. Wied. Ann. **20**, 582 (Juni 1896). (Ref.)

299. Fomm, L. (München): Die Wellenlänge der Röntgenstrahlen. Naturwiss. Rdsch. **24**, 304 (13. Juni 1896); Wied. Ann. **58**, 350 (15. Sept. 1896); S.-B. bayer. Akad. Wiss., Math.-physik. Kl. **26** (1896); Electr. (Lond.) **38**, 55 (6. Nov. 1896); Bbl. Wied. Ann. **20**, 584 (Juni 1896). (Ref.)

300. Fontana, A., u. A. Umani: Über die mechanische Wirkung, die von einer Crookesschen Röhre ausgeht. C. R. Acad. Sci. (Paris) **122**, 840 (13. April 1896).

300a. — — Wirkung der Crookesschen Röhre auf das Radiometer. Rend. R. Accad. Lincei **5**, 170 (1896); Bbl. Wied. Ann. **20**, 462 (Mai 1896). (Ref.)

301. Forgue: Anwendung der Röntgenstrahlen zur Bestimmung der Resektion des Keilbeines bei Ankylose des Knies. Rev. de Chir. **9** (1896).

302. Förster, A. (Bern): Röntgens Versuche. Apoth.-Ztg. **11**, 277 (1896); Bbl. Wied. Ann. **20**, 423 (Mai 1896). (Ref.)

303. Fournier, J.: Über die Wichtigkeit der Röntgenschen Entdeckung und Demonstrierung der Photographie einer Hand. Münch. med. Wschr. **43**, 166 (18. Febr. 1896).

304. Frank, M. (Charlottenburg): Durchleuchtung auf dem fluoreszierenden Schirm, wobei die Wirbelsäule, die Herz- und Leberkonturen deutlich, die Nierenschatten undeutlich zu erkennen sind. Allg. med. Zentralztg. **43** (1896).

305. — Über neue Beobachtungen mit Röntgenstrahlen. Allg. med. Zentralztg. **65**, 43 (1896).

306. Frankland, P. F. (Birmingham): Die Röntgenstrahlen und die optisch-aktiven Substanzen. Nature (Lond.) **53**, 556 (16. April 1896); Electr. Eng. **22**, 41 (8. Juli 1896); Bbl. Wied. Ann. **20**, 587 (Juni 1896). (Ref.)

307. Franklin, W. S. (Ames, Iowa): Röntgenstrahlen von dem elektrischen Lichtbogen. Science **3**, 358 (6. März 1896).

308. Fraser, A. T.: Eine Hindoshand ist undurchlässiger für Röntgenstrahlen als die Hand eines Europäers. Nature (Lond.) **45**, 483 (17. Sept. 1896); Bbl. Wied. Ann. **21**, 69 (Jan. 1897). (Ref.)

309. Freedmann, W. H.: Schattenbilder von Bogen- und Sonnenlicht. Electr. Eng. **21**, 256 (11. März 1896); Electr. World **27**, 280 (14. März 1896).

310. Frentzel: Röntgenphotographie einer Hand und des distalen Endes des Vorderarmes. Vb. Dtsch. med. Wschr. **22**, 41 (27. Febr. 1896).

311. Friedrich, E.: Die postmortale Diagnose mittels einer neuen Art von schwarzen Strahlen, der sog. Kritikstrahlen. Wien. Anz. **23**, 254 (1896).

312. Frost, E. B. (Hannover, N. H.): Versuche über die X-Strahlen. Science **3**, 235 (14. Febr. 1896).

313. — Ein Magnetkathograph. Electr. Eng. **21**, 257 (11. März 1896).

314. — Weitere Erfahrungen mit Röntgenstrahlen. Science **3**, 465 (27. März 1896).

315. Fuchs, S., u. A. Kreidl (Charlottenburg): Die Wirkung der Röntgenstrahlen auf den Sehpurpur. Naturwiss. Rdsch. **34**, 439 (22. Aug. 1896); Zbl. Physiol. **25**, 7 (1896). (Sepab.); Bbl. Wied. Ann. **20**, 1016 (Nov. 1896). (Ref.)

316. — — Über den Einfluß von Kathodenstrahlen auf die Haut. Dtsch. med. Wschr. **22**, 569 (27. Aug. 1896).

317. Gaedicke, J.: Studien über Röntgenstrahlen. Photogr. Wschr. **16** (1896).

318. Galitzine, B. Prince, u. A. de Karnojitzky: Über die Ausgangspunkte der X-Strahlen. C. R. Acad. Sci. (Paris) **122**, 608 (9. März 1896); Bbl. Wied. Ann. **20**, 428 (Mai 1896). (Ref.)

319. — — Untersuchungen über die Eigenschaften der X-Strahlen. C. R. Acad. Sci. (Paris) **122**, 717 (23. März 1896); Bbl. Wied. Ann. **20**, 441 (Mai 1896). (Ref.)

320. — — Röntgenstrahlen. Mem. Acad. imp. Sci. St. Petersburg **3**, 1 (März 1896).

321. Garbasso, A. (Pisa): Über eine Wirkung, die auf ein Gas durch eine Funkenstrecke in der Luft ausgeübt wurde. Nuovo Cim. **4**, 24 (Juli 1896).

322. Gardiner, J. H.: Kathoden- oder Röntgenstrahlen? Nature (Lond.) **53**, 486 (26. März 1896); Bbl. Wied. Ann. **20**, 405 (Mai 1896). (Ref.)

323. Gariel, C. M.: Die Untersuchungen des Prof. Röntgen und die Photographie durch undurchsichtige Körper. Semaine méd. (Febr. 1896).

324. — Fluoroskopie, Anwendung der X-Strahlen auf die direkte Betrachtung der inneren Organe. Rev. gén. Sciences **71**, 850 (30. Okt. 1896). (Sepab.); Bbl. Wied. Ann. **21**, 63 (Jan. 1897). (Ref.)

325. Gaertner, G. (Wien): Wertvolles über die Röntgenphotographie als Hilfsmittel zum Studium normaler und pathologischer Ossifikationsvorgänge. Wien. med. Wschr. **64**, 791 (April 1896).

326. Geissler (Berlin): Die Diagnose der Knochenherde durch Röntgensche Strahlen. Vb. Dtsch. med. Wschr., 18. Juni **1896**, 112.

327. Gerard, G.: Über die Photographie der unsichtbaren Körper. Bull. Ass. Ing. Inst. (Montfiore) **1896**; Bbl. Wied. Ann. **21**, 56 (Jan. 1897). (Ref.)

328. Gerard, L.: Über die Emission der X-Strahlen und ihre Verteilung in der Luft. Bull. Acad. roy. Belg. **31**, 280 (März 1896); Bbl. Wied. Ann. **20**, 582 (Juni 1896). (Ref.)

329. — Ausgangspunkte der Röntgenstrahlen und die Art ihrer Verteilung in der Luft. Nature (Lond.) **54**, 204 (2. Juli 1896).

330. Giazzi, E.: Über die Röntgenstrahlen. Splanknoskop. Perugia (7. April 1896). (Sepab.); Nuovo Cim. (Pisa) **4**, 235, 301 (April u. Mai 1896); Bbl. Wied. Ann. **20**, 576 (Juni 1896). (Ref.)

331. — Über die Röntgenstrahlen. Die beste Form des Kalziumwolframats und seine Verwendung zur Photographie. Perugia **4** (1896); Bbl. Wied. Ann. **21**, 270 (März 1897). (Ref.)

332. Gieseler: Abkürzung der Expositionszeit bei Röntgenphotogrammen. Pharm. Ztg. **41**, 119 (1896).

333. Gifford, J. W. (Chard): Röntgenstrahlenphänomene. Brit. J. Photogr. **43**, 60 (24. Jan. 1896); Nature (Lond.) **54**, 53 (21. Mai 1896).

334. — Über Röntgenstrahlen. Nature (Lond.) **53**, 414, 460, 557 (5. März 1896); Bbl. Wied. Ann. **20**, 432, 576 (Mai u. Juni 1896). (Ref.)

335. — Elektrographie oder die neue Photographie. Knowledge (Lond.) **19**, 73 (April 1896).

336. GIFFORD, J. W. (Chard): Sind X-Strahlen polarisiert? Nature (Lond.) **54**, 172 (25. Juni 1896); Bbl. Wied. Ann. **20**, 715 (Aug. 1896). (Ref.)
337. GILTAY, J. W. (Delft, Holl.): Röntgenstrahlen und der Widerstand des Selens. Nature (Lond.) **54**, 109 (4. Juni 1896); Bbl. Wied. Ann. **20**, 715 (Aug. 1896). (Ref.)
338. GIRARD, C., u. F. BORDAS: Anwendung der Methode Röntgens. C. R. Acad. Sci. (Paris) **122**, 528 (2. März 1896); Bbl. Wied. Ann. **20**, 466 (Mai 1896). (Ref.)
339. — — Über die Röntgenstrahlen. C. R. Acad. Sci. (Paris) **122**, 604 (März 1896); Bbl. Wied. Ann. **20**, 430 (Mai 1896). (Ref.)
340. GLADSTONE, J. H., u. W. HILBERT: Wirkung der Metalle und ihrer Salze auf die gewöhnlichen und die Röntgenstrahlen — ein Kontrast. Chem. News **74**, 285 (1896); Bbl. Wied. Ann. **21**, 65 (Jan. 1897). (Ref.); Rep. 66. Meeting Brit. Assoc. Adv. Science 746 (Sept. 1896).
341. GOCHT, H. (Hamburg): Sekundenaufnahmen mit Röntgenschen Strahlen. Dtsch. med. Wschr. **22**, 323 (14. Mai 1896).
342. GOLDHAMMER, D. A. (Kasan): Einige Bemerkungen über die Natur der X-Strahlen. Wied. Ann. **57**, 635 (15. März 1896); Elektr. Z. **17**, 317 (21. Mai 1896).
343. GOLDSTEIN, E. (Berlin): Über die Röntgenschen Strahlen. Berl. klin. Wschr. 106 (Febr. 1896); Vb. Dtsch. med. Wschr. 40 (27. Febr. 1896).
344. — Aufnahmen tierischer und pflanzlicher Objekte mittels Röntgenstrahlen. Naturwiss. Rdsch. **36**, 464 (5. Sept. 1896); Berl. Sitzgsber. **1896**, 667; Bbl. Wied. Ann. **20**, 1018 (Nov. 1896). (Ref.)
345. — Die Verwendung Röntgenscher Aufnahmen zu wissenschaftlichen Zwecken. Photogr. Mitt. **33**, 143 (1896); Bbl. Wied. Ann. **20**, 811 (Sept. 1896). (Ref.)
346. — Über Aufnahmen mit Röntgenstrahlen. Ber. Berl. Akad. Wissensch. **1896**, 263; Berl. Ber. **30**, 667 (1896).
347. GOODSPEED, A. W. (Philadelphia): Versuche mit Röntgen-X-Strahlen. Science **3**, 237 (14. Febr. 1896).
348. — Röntgens Entdeckung. Med. News **68**, 7 (1896).
349. — Das Röntgenphänomen. Einige frühe an der Universität zu Pennsylvania erhaltene Resultate. Science **3**, 394 (13. März 1896).
350. GOODWIN, W. L.: Durchlässigkeit verschiedener Substanzen für Röntgenstrahlen. Nature (Lond.) **53**, 615 (30. April 1896); Bbl. Wied. Ann. **20**, 587 (Juni 1896). (Ref.)
351. GORMANI, G.: Üben die Röntgenstrahlen irgendeinen Einfluß auf die Bakterien aus? Rend. Cont. Real. Istit. Lomardo (1896); Nature (Lond.) **54**, 136 (11. Juni 1896).
352. GOSSART u. CHEVALLIER (Bordeaux): Über eine von den Crookesschen Röhren ausgehende mechanische Wirkung, welcher der von Röntgen entdeckten lichterregenden Wirkung analog ist. C. R. Acad. Sci. (Paris) **122**, 316 (10. Febr. 1896); L'Eclair. Electr. (Paris) **6**, 375 (22. Febr. 1896); Bbl. Wied. Ann. **20**, 461 (Mai 1896). (Ref.)
353. GOUY, G.: Über das Eindringen von Gasen in die Glaswände von Crookesschen Röhren. C. R. Acad. Sci. (Paris) **122**, 775 (30. März 1896); Bbl. Wied. Ann. **20**, 571 (Mai 1896). (Ref.)
354. — Über die Brechung der X-Strahlen. C. R. Acad. Sci. (Paris) **122**, 1197 (26. Mai 1896); Bbl. Wied. Ann. **20**, 584 (Juni 1896). (Ref.)
355. — Über die Brechung der X-Strahlen. C. R. Acad. Sci. (Paris) **123**, 43 (6. Juli 1896); J. Phys. **3**, 345 (Aug. 1896); Bbl. Wied. Ann. **20**, 713 (Aug. 1896). (Ref.)
356. GRAETZ, L. (München): Über die Fortschritte in der Erkenntnis und Anwendung der Röntgenschen Strahlen. Münch. med. Wschr. **43**, 499, 520 (26. Mai 1896).
357. GRASHEY, RUDOLF (München): Fremdkörper und Röntgenstrahlen. Münch. med. Wschr. **43**, 1241 (Juni 1896).
358. GRAY, A.: Die Röntgenstrahlen. Nature (Lond.) **53**, 413 (5. März 1896).
359. GRAY, E. (London): Dislokation des Ellenbogens. Brit. med. J. 620 (7. März 1896).
360. GREINER u. FRIEDRICHS: Manganglasröhre zur Erzeugung von X-Strahlen. Z. Glasinstrumentenindustr. **6**, 19 (1896); Bbl. Wied. Ann. **21**, 63 (Jan. 1897). (Ref.)
361. GRIMALDI, G. P.: Beitrag zum Studium der Röntgenstrahlen. Bull. Men. del'Accad. Gioenia di Sci. Nat. Catania **42** (22. März 1896). (Sepab.); Nuovo Cim. (Pisa) **4**, 234 (4. April 1896).
362. GRUNMACH, L. (Berlin): Über Röntgenstrahlen zur Diagnostik innerer Erkrankungen. Berl. klin. Wschr. **33**, 574 (Juni 1896).

363. Grunmach, L. (Berlin): Röntgenstrahlen. Berl. klin. Wschr. 474 (Aug. 1896); Dtsch. med. Wschr. **22**, 427 (25. Juni 1896); Bbl. Wied. Ann. **20**, 720 (Aug. 1896). (Ref.)
364. — Über die Bedeutung der Röntgenstrahlen für die innere Medizin. Ther. Mh. **1** (1896).
365. Gruner, P,: Kathodenstrahlen und X-Strahlen. Mitt. naturforsch. Ges. Bern **2**, 8 (1896). (Sepab.); Bbl. Wied. Ann. **20**, **414** (Mai 1896). (Ref.)
366. Guillaume, Ch. E.: Die Kathodenstrahlen. Electr. Eng. **21**, 62 (15. Jan. 1896).
367. — Neue Untersuchungen über die Röntgenstrahlen. Nature (Paris) **24**, 26 (13. Juni 1896); Bbl. Wied. Ann. **20**, 720 (Aug. 1896). (Ref.)
368. Über die Emission der X-Strahlen C. R. Acad. Sci (Paris) **123**, 450 (7. Sept. 1896); L'Eclair Electr. (Paris) **9**, 37 (3. Okt. 1896); Bbl. Wied. Ann. **21**, 152 (Febr. 1897). (Ref.)
369. Die Missetaten der X-Strahlen. Nature (Paris) **24**, 406 (28. Nov. 1896); Bbl. Wied. Ann. **21**, 68 (Jan. 1897). (Ref.)
370. Guthrie, L. G.: Die Verwendung der Röntgenstrahlen bei der Diagnose einer schmerzenden Zehe. Brit. med. J., 558 (29. Febr. 1896).
371. Hall, M., u. T. G. Lyon: Röntgenstrahlen als Heilmittel für Krankheiten. Lancet **74 I**, 326 (1896).
372. Hall-Edwards, J.: Die Röntgenstrahlenphotographie. Electr. Eng. **21**, 139 (5. Febr. 1896); Lancet **74 I**, 516 (22. Febr. 1896); Brit. J. Photogr. **43**, 185 (20. März 1896).
373. — Bemerkungen über Radiographie. Brit. J. Photogr. **43**, 374 (12. Juni 1896).
374. Hammer, G.: Auffindung eines metallischen Fremdkörpers im Daumenballen mit Hilfe der Röntgenstrahlen. Dtsch. med. Wschr. **22**, 114 (20. Febr. 1896); Münch. med. Wschr. **43**, 185 (25. Febr. 1896).
374a. Harnisch, F. C.: Experimente mit Röntgenstrahlen am Auge. Ann. Ophthal. and Otol. (April 1896).
375. Hartley, W. N.: Die Natur der Röntgenstrahlen. Nature (Lond.) **54**, 110 (4. Juni 1896); Bbl. Wied. Ann. **20**, 712 (Aug. 1896). (Ref.)
376. Hascheck, E., u. O. Th. Lindenthal: Ein Beitrag zur praktischen Verwertung der Photographie nach Röntgen. Wien. klin. Wschr. **9**, 63 (23. Jan. 1896).
377. Hawks, H. D.: Die physiologischen Wirkungen der Röntgenstrahlen. Electr. Eng. **22**, 276 (16. Sept. 1896).
378. Heen, P. de (Lüttich): Ein Versuch, der beweist, daß die Röntgenstrahlen von der Anode ausgehen. C. R. Acad. Sci. (Paris) **122**, **383** (17. Febr. 1896); Bbl. Wied. Ann. **20**, 431 (Mai 1896). (Ref.)
379. — Prüfung unserer Theorie der Crookesschen Röhre. Bull. Acad. Méd. Belg. **32**, 277 (1896).
380. — Notiz über die wahrscheinliche Ursache der X-Strahlen und der atmosphärischen Elektrizität und über die Natur der Elektrizität. Bull. Acad. Méd. Belg. **31**, 458 (1896); Bbl. Wied. Ann. **20**, 806 (Sept. 1896). (Ref.); **21**, 270 (März 1897). (Ref.)
381. Heinrichs: Demonstration eines fast ausgetragenen Fetus durch Röntgenstrahlen. Berl. klin. Wschr. 591 (Juni 1896).
382. — Demonstration eines Fetus mit Hydrocephalus, Skoliose, Spina bifida und Klumpfüßen. Zbl. Gynäk. **19** (1896).
383. Heller (Charlottenburg): Photographische Aufnahmen nach dem Röntgenschen Verfahren an Tieren. Berl. klin. Wschr. 47 (Jan. 1896); Bilder eines Kaninchenknies bei Polyneuritis mercurialis. Berl. klin. Wschr. (Aug. 1896).
384. Hemptinne, A. de: Die Rolle der Röntgenstrahlen in der Chemie. Z. physik. Chem. **21**, 493 (Dez. 1896); Bbl. Wied. Ann. **21**, 282 (März 1897). (Ref.)
385. Henry, C. (Paris): Vergrößerung der photographischen Wirkung der Röntgenstrahlen durch phosphoreszierendes Schwefelzink. C. R. Acad. Sci. (Paris) **122**, 312 (10. Febr. 1896); L'Eclair. Electr. (Paris) **6**, 373 (22. Febr. 1896); Bbl. Wied. Ann. **20**, 468 (Mai 1896). (Ref.)
386. — Über die Röntgenstrahlen. C. R. Acad. Sci. (Paris) **122**, 787 (30. März 1896); Bbl. Wied. Ann. **20**, 409 (Mai 1896). (Ref.)
387. — Über den Vorteil, den Schirme von phosphoreszierendem Schwefelzink in der „Radiographie" gewähren; Emission von Strahlen durch Leuchtwürmchen, die Papier durchdringen. C. R. Acad. Sci. (Paris) **123**, 400 (24. Aug. 1896); Bbl. Wied. Ann. **20**, 1018 (Nov. 1896). (Ref.)

388. HENRY, CH., u. G. SÉGUY: Photometrie des phosphoreszierenden Schwefelzinkes, welches durch die Kathodenstrahlen in der Crookesschen Röhre erregt wird. C. R. Acad. Sci. (Paris) **122**, 1198 (26. Mai 1896); Bbl. Wied. Ann. **20**, 721 (Aug. 1896). (Ref.)
389. HERING, D. W. (New York): Die Röntgenstrahlen. Electr. World **27**, 255 (7. März 1896).
390. — Strahlende Punkte der Röntgenstrahlen. Electr. World **27**, 395 (11. April 1896).
391. HEURCK, H. VAN: Radiographie mit fluoreszierenden Schirmen. Nature (Lond.) **53**, 613 (30. April 1896).
392. HEYDWEILLER, A: Röntgenstrahlen. Chem. Ztg. **53**, 521 (1896); Proc. Phys. Soc. **14**, 308 (1896); Bbl. Wied. Ann. **20**, 1019 (Nov. 1896). (Ref.)
393. HICKS, W. M.: Die Röntgenstrahlen. Nature (Lond.) **53**, 413 (5. März 1896).
394. HIMSTEDT, F.: Über die Entstehung der Röntgenstrahlen. Ber. naturforsch. Ges. Freiburg i. Br. (1896). (Sepab.); Bbl. Wied. Ann. **20**, 579 (Juni 1896). (Ref.)
395. HINTERBERGER, H. (Wien): Röntgenogramme von Pflanzenteilen. Photogr. Korresp. **4** (Juli 1896).
396. — Über Untersuchungen mittels Röntgenstrahlen. Wien. photogr. Bl. **11** (1896); Bbl. Wied. Ann. **21**, 69 (Jan. 1897). (Ref.)
397. — Ein X-Strahlen-Intensitätsmesser. Dtsch. Photographenztg. **20**, 397 (1896); Bbl. Wied. Ann. **21**, 63 (Jan. 1897). (Ref.)
398. — Über die Schärfe der Röntgenbilder bei Anwendung verschiedener Vakuumröhren. Photogr. Korresp. **5** (1896); Bbl. Wied. Ann. **21**, 151 (Febr. 1897). (Ref.)
399. HINSCHBERG-LEVKOWITSCH: Röntgenstrahlen in der Augenchirurgie. Lancet **74 II**, 452 (15. Aug. 1896).
400. HOBDAY, F., u. R. JOHNSON (London): Die Röntgenstrahlen in tierärztlicher Praxis. Veterinarian **825** (1896).
401. HOCHENEGG, J.: Chirurgisch-kasuistische Mitteilungen aus der Praxis und dem Spital. Wien. klin. Wschr. **9** (17. Dez. 1896).
402. HOFFA, A. (Berlin): Demonstration mit Röntgenstrahlen für die praktische Medizin. Berl. klin. Wschr. 1059 (Nov. 1896).
402a. HOFFA, A.: Demonstration mit Röntgenstrahlen. Physik.-med. Ges. Würzburg. Sitzgsber. 11 (1896).
403. HOLTZ, W.: Ein älteres Analogon zu den Röntgenschen Strahlenversuchen. Ann. Physik, N. F. **57** (293), 462 (25. Febr. 1896).
404. HOORWEG, J. L.: Versuche mit X-Strahlen. Zittingsverst. Kon. Akad. Wet. Amsterdam **1895/96**, 290.
405. HOPPE-SEYLER, G. (Kiel): Über die Verwendung der Röntgenstrahlen zur Diagnose der Arteriosklerose. Münch. med. Wschr. **32**, 281, 316 (24. März 1896).
406. HOUSTON, E. J., u. A. E. KENNELLY: Edisons Versuche über die Röntgenstrahlen. Electr. Eng. **21**, 281 (18. März 1896); Electr. World **27**, 308 (21. März 1896); Sci. Amer. Suppl. **41**, 16889 (4. April 1896); Proc. Phys. Soc. **14**, 243 (1896); Bbl. Wied. Ann. **20**, 807 (Sept. 1896). (Ref.)
407. — — Die Röntgenstrahlen. J. Frankl. Inst. **141**, 241 (April 1896).
408. — — Wechselströme und X-Strahlen. Amer. Electr. 8, 117 (1896); Electr. Rev. (Lond.) **39**, 325 (11. Sept. 1896).
409. HUBER (Berlin): Demonstration von Röntgenschen Photogrammen von akutem und chronischem Gelenkrheumatismus und Gicht. Münch. med. Wschr. **43**, 187 (25. Febr. 1896).
410. — Demonstration eines Gichtfalles durch Röntgenstrahlen. Berl. klin. Wschr. 309 (2. März 1896).
411. — Zur Verwertung der Röntgenstrahlen im Gebiete der inneren Medizin. Dtsch. med. Wschr. **22**, 182 (19. März 1896); Berl. klin. Wschr. **32**, 722 (1896); Vb. Dtsch. med. Wschr. **22**, 73 (März 1896).
412. — Ein Fall von Gichthand unter Röntgenscher Beleuchtung. Vb. Dtsch. med. Wschr. **22**, 106 (4. Juni 1896).
413. HURION, A., u. IZARN: Über die Bestimmung der Ablenkung der Röntgenstrahlen durch ein Prisma. C. R. Acad. Sci. (Paris) **122**, 1195 (26. Mai 1896); Bbl. Wied. Ann. **20**, 584 (Juni 1896). (Ref.)
414. HURMUZESCU, D., u. L. BENOIST: Neuere Eigenschaften der X-Strahlen. Séanc. Soc. franç. Phys. **1896**, 107.

415. Hutchins, C. C., u. F. C. Robinson: Über die Crookesschen Röhren. Amer. J. Sci. **151** 463 (Juni 1896); Bbl. Wied. Ann. **20**, 712 (Aug. 1896). (Ref.)
416. Hutchinson, A.: Phosphoreszenz der Mineralien unter dem Einfluß (der Röntgenstrahlen Nature (Lond.) **53**, 524 (2. April 1896); Bbl. Wied. Ann. **20**, 582 (Juni 1896). (Ref.)
417. Hyndman, H. H. F.: Beobachtungen über die X-Strahlen Rep. 66. Meeting Brit. Ass. Adv. Sci. (Liverpool) 713 (Sept. 1896).
418. Imbert, A., u. H. Bertin-Sans: Einige Erfahrungen über die Röntgenstrahlen. Bull. Mém. Soc. Biol. (15. Febr. 1896).
419. — — Photographien, die mit Hilfe der Röntgenstrahlen erhalten worden sind. C. R. Acad. Sci. (Paris) **122**, 384 (17. Febr. 1896); Bbl. Wied. Ann. **20**, 466 (Mai 1896). (Ref.)
420. — — Verbreitung der Röntgenstrahlen. C. R. Acad. Sci. (Paris) **122**, 524 (2. März 1896); Bbl. Wied. Ann. **20**, 439 (Mai 1896). (Ref.)
421. — — Über die Technik der Photographie mit den X-Strahlen. C. R. Acad. Sci. (Paris) **122**, 605 (9. März 1896); Bbl. Wied. Ann. **20**, 427 (Mai 1896). (Ref.)
422. — — Verfahren, um die Expositionszeit bei der Röntgenphotographie abzukürzen. C. R. Acad. Sci. (Paris) **122**, 720 (23. März 1896); Bbl. Wied. Ann. **20**, 439 (Mai 1896). (Ref.)
423. — — Stereoskopische Photographien, die mit X-Strahlen gemacht wurden. C. R. Acad. Sci. (Paris) **122**, 786 (30. März 1896); Bbl. Wied. Ann. **20**, 467 (Mai 1896). (Ref.)
424. — — Radiographie und ihre Anwendung auf die Physiologie der Bewegung. C. R. Acad. Sci. (Paris) **122**, 997 (5. Mai 1896); Bbl. Wied. Ann. **20**, 594 (Juni 1896). (Ref.)
425. — — Die Radiographie mit X-Strahlen in der Medizin. Presse méd. **1896**, 55.
426. — —, u. Gagnière: Radiographie des Körpers eines Neugeborenen, die in einer Sitzung mit Doppelplatten gemacht wurde. C. R. Soc. Biol. (Paris) (13. Juni 1896); Rev. gén. Sci. (30. Juni 1896).
427. D'Infreville, G.: Photographieren und Sehen im Dunkeln. Electr. Eng. **21**, 85, 188 (22. Jan. u. 19. Febr. 1896).
428. Isenthal, A. W.: Eine Zusammenfassung des Fortschrittes in der Anwendung der neuen Strahlen. Brit. J. Photogr. **43**, 313 (15. Mai 1896).
429. Jaffe (Posen): Photographieren nach dem Röntgenschen Verfahren von Schrotkugeln im Kleinfingerballen und einer Revolverkugel in der Grundphalanx des Zeigefingers. Vb. Dtsch, med. Wschr. **22**, 44 (27. Febr. 1896).
430. Jankau, L.: Röntgens neue Art von Strahlen. Internat. photogr. Mschr. Med. u. Naturwiss. **3**, 33 (1896).
431. — Weitere Mitteilungen über die Röntgenschen Strahlen. Internat. photogr. Mschr. Med. u. Naturwiss. **3**, 72, 139, 214, 234 (1896); Bbl. Wied. Ann. **20**, 811, 1018 (Sept. u. Nov. 1896). (Ref.); **21**, 150 (Febr. 1897). (Ref.)
432. Jastrowitz, M. (Berlin): Die Röntgenschen Experimente mit Kathodenstrahlen und ihre diagnostische Verwertung. Dtsch. med. Wschr. **22**, 65 (30. Jan. 1896).
433. — Verwertung der neuen Röntgenschen Methode und photographischen Aufnahme einer menschlichen Hand mit Glassplittern. Berl. klin. Wschr. **4**, 89 (1896).
434. Jaumann, G.: Elektrostatische Ablenkung der Kathodenstrahlen. Antwort auf H. Poincarés Veröffentlichung. C. R. Acad. Sci. (Paris) **122**, 988 (4. Mai 1896).
435. Joachimsthal, G. (Berlin): Über den Wert der Röntgenbilder für die Chirurgie. Ther. Mh. **1896**, 40.
436. — Über einen Fall von angeborenem Defekt an der rechten Thoraxhälfte und der entsprechenden Hand. Berl. klin. Wschr. 804 (1896).
437. Jolly, J. (Dublin): Über die Reflexion der Lenard-Röntgen-Strahlen. Nature (Lond.) **53**, 522, 615 (2. April 1896); Bbl. Wied. Ann. **20**, 583 (Juni 1896). (Ref.)
438. Jones, R., u. O. Lodge (Liverpool): Die Auffindung einer im Handgelenk verlorenen Kugel mit Hilfe der Röntgenstrahlen. Lancet **74 I**, 476, 488 (22. Febr. 1896).
439. Julliard, G., u. Ch. Soret (Genf): Eine Anwendung der Röntgenstrahlen auf die Chirurgie. Rev. méd. Suisse rom. **16** (1896). (Sepab.); Bbl. Wied. Ann. **20**, 811 (Sept. 1896). (Ref.)
440. Kalischer, S. (Berlin): Röntgenstrahlen von Geißlerschen Röhren. Electr. Z. **17**, 250 (16. April 1896); Bbl. Wied. Ann. **20**, 437 (Mai 1896). (Ref.)

441. Katzenstein, M.: Aktinogramm einer Hand mit einer Nadel im Daumenballen. Vb. Dtsch. med. Wschr. **22**, 94 (7. Mai 1896).
442. Kaufmann, C. (Zürich): Zur Verwendbarkeit der Skiagraphie bei der Begutachtung von Unfallverletzten. Mschr. Unfallheilk. **3**, 258 (Aug. 1896).
443. Keen, W. W.: Die klinische Anwendung der Röntgenstrahlen. II. In chirurgischer Diagnostik. Amer. J. med. Sci. **111**, 256 (März 1896).
444. Keevil, G. M.: Die Röntgenstrahlen. Brit. med. J. 433 (15. Febr. 1896).
445. Kelvin, Lord: Über die Erzeugung von longitudinalen Wellen im Äther. L'Eclair. Electr. (Paris) **6**, 493 (14. März 1896); Nature (Lond.) **53**, 450 (12. März 1896); Electr. (Lond.) **36**, 593 (28. Febr. 1896); Bbl. Wied. Ann. **20**, 411 (Mai 1896). (Ref.)
446. — Über Lippmanns Farbenphotographie mit schräg einfallendem Licht. Nature (Lond.) **54**, 12 (7. Mai 1896).
447. — Bemerkung zu der Arbeit von Lord Blythswood „Über die Reflexion von Röntgenlicht durch polierte Metallspiegel". Proc. roy. Soc. Lond. **59**, 330 (1896); Bbl. Wied. Ann. **20**, 712 (Aug. 1896). (Ref.)
448. — Erfahrungen über die Röntgenstrahlen. Rev. gén. Sci. **7**, 357 (1896). (Sepab.)
449. — Untersuchungen in hohen Vakuis. Electr. (Lond.) **36**, 522 (1896); Bbl. Wied. Ann. **20**, 405 (Mai 1896). (Ref.)
450. — Die Ausbreitungsgeschwindigkeit der elektrostatischen Kraft. Nature (Lond.) **53**, 316 (6. Febr. 1896); Bbl. Wied. Ann. **20**, 412 (Mai 1896). (Ref.)
451. —, J. C. Beatti, M. Smoluchowski u. Smolan: Elektrisierung der Luft durch Röntgenstrahlen. Nature (Lond.) **55**, 199 (31. Dez. 1896); Bbl. Wied. Ann. **21**, 453 (Mai 1897). (Ref.)
452. Kerr, W. W.: Schattenbilder durch Bogenlichtstrahlen. Electr. Eng. **21**, 309 (25. März 1896).
453. Ketteler, E.: Notiz, betreffend die Natur der Röntgenschen X-Strahlen. Ann. Physik, N. F. **58**, 410 (1. Juni 1896).
454. Klingenberg, G. (Charlottenburg): Über Röntgensche Strahlen. Elektr. Z. **17**, 220 (2. April 1896); Bbl. Wied. Ann. **20**, 415 (Mai 1896). (Ref.)
455. Knauer (Wien): Bild eines neugeborenen Kindes mit angeborener Luxation beider Tibien. Wien. med. Wschr. **46**, 2006 (7. Nov. 1896).
456. Knott, L. E.: Röntgenstrahlen, Apparatur, Teslaspule. Electr. Eng. **22**, 502 (11. Nov. 1896).
457. Knudsen, M.: Einige Versuche über die Erzeugung der Röntgenschen Strahlen. Ofers. Kgl. Danske Vidensk. Selesk. Forhdl. **3**, 150 (1896); Bbl. Wied. Ann. **20**, 1015 (Nov. 1896).
458. König, F. (Berlin): Photogramme eines Sarkoms an dem Schienbein gemäß Röntgen. Mschr. Unfallheilk. **3**, 95 (20. Febr. 1896).
459. — Die Bedeutung der Durchleuchtung (Röntgen) für die Diagnose der Knochenkrankheiten. Dtsch. med. Wschr. **22**, 113 (20. Febr. 1896); Bbl. Wied. Ann. **20**, 594 (Juni 1896). (Ref.)
460. — Demonstration eines Präparates nebst einer mit Röntgenstrahlen aufgenommenen Photographie. Berl. klin. Wschr. 568 (1896).
461. — Durchleuchtung einer Knochentuberkulose auf dem Wege des Röntgenschen Verfahrens. Berl. klin. Wschr. 150 (1896).
462. König, W. (Frankfurt a. M.): Über Aufnahmen mit Röntgenstrahlen im physikalischen Verein zu Frankfurt a. M. Verh. Phys. Ges. Berlin **15**, 74 (1896).
463. — Über Röntgenlampen. Elektr. Z. **17**, 302 (17. Mai 1896); Bbl. Wied. Ann. **20**, 573 (Juni 1896). (Ref.)
464. — Über Röntgensche Strahlen. Z. Elektrochem. **3**, 54 (Aug. 1896); Bbl. Wied. Ann. **21**, 56 (Jan. 1897). (Ref.)
465. — Die Röntgenaufnahmen und die neuen Einrichtungen der physikalischen Abteilung des Institutes des Frankfurter Physikalischen Vereins. Jber. Phys. Ver. Frankfurt a. M. **1895/96**.
466. Kolle, F. S.: Ein neuer X-Strahlen-Meßapparat. Electr. Eng. **22**, 602 (9. Dez. 1896).
467. Krause, F. (Altona): Die Bedeutung der Röntgenschen Photogramme für die Chirurgie. Vb. Dtsch. med. Wschr. **22**, 96 (7. März 1896); Münch. med. Wschr. **43**, 259 (17. März 1896).

468. Kreidl, A.: Die Röntgenstrahlen im Dienste der Medizin. Münch. med. Wschr. **43**, 112 (4. Febr. 1896).
469. Kronberg (Großlichterfelde): Über die Anwendung der X-Strahlen in Verbindung mit Quecksilber zur Diagnose bei Darmstenosen und Fistelgängen. Wien. med. Wschr. **46**, 962 (1. Mai 1896).
470. Kümmell, G. (Hamburg): Die Diagnose der Knochenherde durch X-Strahlen. Vb. Dtsch. med. Wschr. **22**, 112 (4. Juni 1896).
471. — Über Fresnelsche Beugungserscheinungen bei Röntgenstrahlen. Abh. naturforsch. Ges. Halle **21**, 63 (1896); Bbl. Wied. Ann. **20**, 585 (Juni 1896). (Ref.)
472. Lafay, A.: Über ein Mittel, den Röntgenstrahlen die Eigenschaft zu erteilen, von dem Magneten abgelenkt zu werden. C. R. Acad. Sci. (Paris) **122**, 713 (23. März 1896); L'Eclair. Electr. (Paris) **7**, 133 (18. April 1896); Bbl. Wied. Ann. **20**, 460 (Mai 1896). (Ref.)
473. — Über die elektrisierten Röntgenstrahlen. C. R. Acad. Sci. (Paris) **122**, 809, 837, 929 (7., 13. u. 27. April 1896); L'Eclair. Electr. (Paris) **7**, 134 (18. April 1896); Bbl. Wied. Ann. **20**, 460, 593 (Mai u. Juni 1896). (Ref.)
474. *Lancet*: Die neue Photographie. Lancet **74 I**, 785 (28. März 1896).
475. Langer: Über Erzeugung von X-Strahlen. Naturwiss. Wschr. **11**, 365 (1896). (Sepab.); Bbl. Wied. Ann. **20**, 910 (Okt. 1896). (Ref.)
476. Lannelongue, A. (Paris): Über den Nutzen der Photographie mit den X-(Röntgen-) Strahlen zur Krankheitsdiagnose. Münch. med. Wschr. **43**, 166 (18. Febr. 1896).
477. — Anwendung der X-Strahlen zur Diagnose chirurgischer Krankheiten. C. R. Acad. Sci. (Paris) **122**, 695 (23. März 1896).
478. —, Barthelemy u. P. Oudin: Über den Gebrauch der Photographie mit den X-Strahlen für die Pathologie des Menschen. C. R. Acad. Sci. (Paris) **122**, 159 (27. Jan. 1896); L'Eclair. Electr. (Paris) **6**, 249 (8. Febr. 1896).
479. —, u. P. Oudin: Über die Anwendung der Röntgenstrahlen bei der chirurgischen Diagnostik. C. R. Acad. Sci. (Paris) **122**, 283 (10. Febr. 1896); Bbl. Wied. Ann. **20**, 465 (Mai 1896). (Ref.)
480. Lannois: Anwendung der Röntgenstrahlen zum Studium der Veränderung des Knochengerüstes bei chronischem progressiven Rheumatismus. Bull. Soc. méd. Hôp. Paris (12. Juni 1896).
481. Lardy (Paris): Radiographische Photographie der Hand eines Leprakranken. Ac. de Méd. (18. Aug. 1896).
482. Lauenstein (Hamburg): Aktinogramm (Röntgen) einer Handwurzelfraktur. Vb. Dtsch. med. Wschr. **22**, 96, 43 (17. März u. 7. Mai 1896); Münch. med. Wschr. **43**, 259 (17. März 1896).
483. Lawrence, R. R. (Boston): Die Röntgenstrahlen. Science **3**, 357, 409 (6. März 1896); Nature (Lond.) **53**, 436 (12. März 1896); Bbl. Wied. Ann. **20**, 435 (Mai 1896). (Ref.)
484. Lea, M. C.: Röntgenstrahlen nicht in der Sonne vorhanden. Electr. (Lond.) **37**, 75 (15. Mai 1896); Phil. Mag. **41**, 528 (Juni 1896); Amer. J. Sci. **4**, 363 (1896); Bbl. Wied. Ann. **20**, 587 (Juni 1896). (Ref.)
485. Lebedef: Photographien mit Röntgenschen Strahlen. Münch. med. Wschr. **43**, 284 (24. März 1896).
486. Lecercle, L.: Veränderung in der Elimination der Phosphate unter dem Einfluß der Röntgenstrahlen. C. R. Acad. Sci. (Paris) **123**, 362 (10. Aug. 1896).
487. Leduc, Stephan: Die Röntgenstrahlen. Gaz. méd. Nantes **1896**.
488. Lehmann, R.: Röntgen und X-Strahlen. Karlsruher Ztg. **1896** (Sepab.); Bbl. Wied. Ann. **20**, 415 (Mai 1896). (Ref.)
489. Lemoine, V.: Über die Anwendung der Röntgenstrahlen auf die Paläontologie. C. R. Acad. Sci. (Paris) **123**, 764 (9. Nov. 1896); Bbl. Wied. Ann. **21**, 70 (Jan. 1897). (Ref.)
490. — Über die Anwendung der Röntgenstrahlen auf das Studium des Skeletts der jetzt lebenden Tiere. C. R. Acad. Sci. (Paris) **123**, 951 (30. Nov. 1896); Bbl. Wied. Ann. **21**, 156 (Febr. 1897). (Ref.)
491. Lenard, P. (Aachen): Absorption der Kathodenstrahlen. Wied. Ann. **56**, 255 (1895). (Ref.)
492. — Über Kathodenstrahlen und ihre wahrscheinliche Verbindung mit den Röntgenstrahlen. Rep. 66. Meet. Brit. Assoc. Adv. Sci. (Liverpool) 709 (Sept. 1896).

493. Leo, H.: Über die voraussichtliche Bedeutung der Kathodenstrahlen für die innere Medizin. Berl. klin. Wschr. **33**, 158 (1896).
494. Leonard, C. L.: Neue physikalische Phänomene der Röntgenstrahlen. Electr. World **29**, 687 (5. Dez. 1896).
495. Leppin, O. (Berlin): Wirkung der Röntgenstrahlen auf die Haut. Dtsch. med. Wschr. **22**, 454 (9. Juli 1896); Bbl. Wied. Ann. **20**, 721 (Aug. 1896). (Ref.)
496. Leray, R. P.: Natur der Röntgenstrahlen. Kathodenstrahlen und die kinetischen Theorien ihrer Natur. Nature (Lond.) **54**, 112 (4. Juni 1896); Cosmos (Paris) (1896); Bbl. Wied. Ann. **20**, 712 (Aug. 1896). (Ref.)
497. Levy, O. (Berlin): Wichtige Verbesserungen in der Anwendung der X-Strahlen in der Medizin. Lancet **74 II**, 47 (4. Juli 1896).
498. Levy-Dorn, M. (Berlin): Röntgenbilder. Multiple Exostosen. Oberschenkelfraktur, Geschoß im Thorax, Lokalisation. Vb. Dtsch. med. Wschr. **22**, 210 (26. Nov. 1896).
499. — Ein asthmatischer Anfall im Röntgenbilde. Münch. med. Wschr. **43**, 1191 (1. Dez. 1896).
500. — Beitrag zur Methodik der Untersuchung mit Röntgenstrahlen. (Endoskopie.) Berl. med. Ges. (9. Dez. 1896); Berl. klin. Wschr. **51**, 1142 (1896).
501. Lewkowitsch, H. (London): Eine neue Methode für die Anwendung der Röntgenstrahlen in der Augenchirurgie in bezug auf das Auffinden von Fremdkörpern im Auge und die Bestimmung deren Lage. Lancet **74 II**, 452 (15. Aug. 1896); **74 II**, 547 (22. Aug. 1896).
502. Lister, J.: Die Wirkung der X-Strahlen. Lancet **74 II**, 979 (3. Okt. 1896).
503. Lockyer, W. S.: Ein Beitrag zu der neuen Photographie. Nature (Lond.) **53**, 325 (6. Febr. 1896).
504. Lodge, O.: Über die Lenard- und Röntgenstrahlen. Electr. (Lond.) **36**, 438 (31. Jan. 1896); L'Eclair. Electr. (Paris) **6**, 302 (15. Febr. 1896); Electr. World **27**, 198 (22. Febr. 1896); Bbl. Wied. Ann. **20**, 407 (Mai 1896). (Ref.)
505. — Über die gegenwärtigen Hypothesen über die Natur der Röntgenstrahlen. Electr. (Lond.) **36**, 471 (7. Febr. 1896); L'Eclair. Electr. (Paris) **6**, 311 (15. Febr. 1896); Electr. Eng. **21**, 215 (26. Febr. 1896); Electr. World **27**, 225 (29. Febr. 1896); Rev. gén. Sci. **7** (1896). (Sepab.); Bbl. Wied. Ann. **20**, 407 (Mai 1896). (Ref.)
506. — Photographie einer Kugel im Handgelenk. Brit. med. J. 497 (22. Febr. 1896).
507. — Die Röntgenstrahlen. Nature (Lond.) **53**, 412 (5. März 1896); Bbl. Wied. Ann. **20**, 433 (Mai 1896). (Ref.)
508. — Röntgens Radiographie. Lancet **74 I**, 928 (4. April 1896).
509. — Weitere Fortschritte in der Radiographie. Electr. (Lond.) **36**, 783 (10. April 1896); Bbl. Wied. Ann. **20**, 409 (Mai 1896). (Ref.)
510. — Wirkung der X-Strahlen auf einen photographischen Film. Nature (Lond.) **53**, 613 (30. April 1896).
511. — Erfahrungen über die Röntgenstrahlen. L'Eclair. Electr. (Paris) **7**, 549 (20. Juni 1896).
512. — Die überlebende Hypothese über die X-Strahlen. Electr. (Lond.) **37**, 370 (17. Juli 1896); Bbl. Wied. Ann. **20**, 1020 (Nov. 1896). (Ref.)
513. — Über Licht und Elektrisierung. Nature (Lond.) **53**, 421 (5. März 1896).
514. — Erzeugung von X-Strahlen. Nature (Lond.) **55**, 100 (3. Dez. 1896); Bbl. Wied. Ann. **21**, 448 (Mai 1897). (Ref.)
515. — Bemerkungen zu den Röntgenstrahlen. Nature (Lond.) **53**, 613 (30. April 1896); Bbl. Wied. Ann. **20**, 581 (Juni 1896). (Ref.)
516. — Röntgenphotographie. Nature (Lond.) **53**, 524 (2. April 1896); Bbl. Wied. Ann. **20**, 595 (Juni 1896). (Ref.)
517. — Röntgenstrahlenversuche. Electr. (Lond.) **37**, 169 (5. Juni 1896); Bbl. Wied. Ann. **20**, 807 (Sept. 1896). (Ref.)
518. — X-Strahlenmythen. Electr. (Lond.) **30**, 193 (14. Dez. 1896); Bbl. Wied. Ann. **21**, 59 (Jan. 1897). (Ref.)
519. Lohnstein (Berlin): Die Röntgenschen Strahlen. Ther. Mh. **1896**.
520. Loi: Beitrag zur Verwendung der X-Strahlen in der Chirurgie. Riforma med. **12**, 184 (1896).

521. LONDE, A. (Paris): Anwendung der Methode des Herrn Röntgen. C. R. Acad. Sci. (Paris) **122**, 311 (10. Febr. 1896); Nouvelle iconographie de la salpêtrière **1896**, fasc. 1; Bbl. Wied. Ann. **20**, 465 (Mai 1896). (Ref.)

522. — Photographie einer Revolverkugel im Gehirn mittels Röntgenstrahlen. Acad. Sci. (15 Juni 1896).

523. — Vorführung von Bildern, die mit Hilfe der Röntgenstrahlen erhalten wurden. C. R. Acad. Sci. (Paris) **122**, 520 (2. März 1896); Bbl. Wied. Ann. **20**, 466 (Mai 1896). (Ref.)

524. LORTET, L., u. GENOUD: Künstliche Tuberkulose durch Röntgenstrahlen geschwächt. C. R. Acad. Sci. (Paris) **122**, 1511 (22. Juni 1896); Semaine méd. **1896**, 266; Gaz. Hôp. **896**, 78.

525. LOTH, O.: Über die Röntgenstrahlen und die Durchlässigkeit der Körper für dieselben. Wied. Ann. **58**, **344** (1896); L'Eclair. Electr. (Paris) **9**, 563 (Dez. 1896).

526. LOWE, G. M.: Radiographie. Nature (Lond.) **55**, 114 (3. Dez. 1896); Bbl. Wied. Ann. **21**, 454 (Mai 1897). (Ref.)

527. LUMIÈRE, A. u. L.: Photographische Untersuchungen über die Röntgenstrahlen. C. R. Acad. Sci. (Paris) **122**, 382 (17. Febr. 1896); Bbl. Wied. Ann. **20**, 425 (Mai 1896). (Ref.)

528. — — Zu der Photographie durch dunkle Körper. C. R. Acad. Sci. (Paris) **122**, 463 (24. Febr. 1896); Bbl. Wied. Ann. **20**, 479 (Mai 1896). (Ref.)

529. LUMMER, O. (Berlin): Über die von Prof. W. C. Röntgen entdeckte neue Art von Strahlen. Mechaniker **4**, 17 (Jan. 1896).

530. — Wissenschaftliche Vorführungen; die Röntgenschen Photographien. Bbl. Z. Instrumentenkde. 275 (15. Febr. 1896).

531. LUSSANA, S., u. M. CINELLI: Über eine Methode zur Messung der Fortpflanzung der Röntgenstrahlen. Comun. R. Accad. Fisiocritici Siena (29. April 1896). (Sepab.); Nuovo Cim. (Pisa) **4**, 364 (Juni 1896); Bbl. Wied. Ann. **20**, 661, 912 (Juli u. Okt. 1896). (Ref.)

532. LYON, T. G.: Röntgensche Strahlen als ein Heilmittel für Krankheiten. Lancet **74 I**, 326, 513 (1. u. 22. Febr. 1896).

533. MCCLELLAND, J. A.: Selektive Absorption von Röntgenstrahlen. Proc. roy. Soc. Lond. **60**, 140 (18. Juni 1896); Bbl. Wied. Ann. **20**, 810 (Sept. 1896). (Ref.)

534. MCFARLANE, A.: Versuche mit Röntgenstrahlen. Electr. World **27**, 281 (14. März 1896).

535. — Der Ursprung der Röntgenstrahlen. Electr. World **27**, 548 (16. Mai 1896).

536. MCILHINEY, P. C.: Vorläufige Mitteilung über die Färbung der X-Strahlenfluoreszenz. Electr. World **28**, 664 (28. Nov. 1896).

537. MCINTYRE, J. (Glasgow): Direktes Sehen mit Röntgens Strahlen. Lancet **74 I**, 804, 876, 944 (21. u. 28. März u. 4. April 1896); Nature (Lond.) **53**, 378 (20. Febr. 1896).

538. — Chirurgische Anwendungen der Röntgenschen Entdeckung. Nature (Lond.) **53**, 461 (19. März 1896); Bbl. Wied. Ann. **20**, 465 (Mai 1896). (Ref.)

539. — Schnell erhaltene Röntgenbilder. Nature (Lond.) **53**, 614 (30. April 1896); Proc. roy. Soc. Edinburgh **21**, 140 (1896); Bbl. Wied. Ann. **20**, 595 (Juni 1896). (Ref.)

540. — Ein Fortschritt in der Röntgenschen Photographie. Nature (Lond.) **54**, 29 (14. Mai 1896).

541. — Versuch, die Röntgenstrahlen zu polarisieren. Nature (Lond.) **54**, 109 (4. Juni 1896); Proc. roy. Soc. Edinburgh **21**, 144 (1896); Bbl. Wied. Ann. **20**, 715 (Aug. 1896). (Ref.)

542. — Röntgenstrahlen; Photographie eines Nierensteines; Beschreibung einer verstellbaren Anordnung in der Fokusröhre. Lancet **74 II**, 118 (11. Juli 1896).

543. — Photographieren der wichtigen Teile der Lunge und des Umrisses des Herzens. Lancet **74 II**, 368, 420 (8. Aug. 1896).

544. — Gebrauch der Röntgenschen Strahlen in der medizinischen Diagnose. Lancet **74 II**, 567 (22. Aug. 1896).

545. — Physiologische Wirkung der X-Strahlen. Lancet **74 II**, 979 (3. Okt. 1896).

546. — X-Strahlen. Lancet 74 **II**, 1303 (7. Nov. 1896).

547. — Einige Resultate mit Röntgenschen X-Strahlen. Proc. roy. Soc. Edinburgh **21**, 137 (1896); Bbl. Wied. Ann. **21**, 63 (Jan. 1897). (Ref.)

548. — Röntgenstrahlen in der Chirurgie des Kehlkopfes. Brit. med. J. **1**, 1094 (1896); J. of Laryng. **1896**, Nr. 5.

549. — Chirurgische Anwendungen der X-Strahlen. Nature (Lond.) **53**, 461 (19. März 1896).

550. Mc Intyre, J. (Glasgow): Photographie durch undurchsichtige Körper ohne Crookessche Röhre. Nature (Lond.) **53**, 379 (20. Febr. 1896); Bbl. Wied. Ann. **20**, 588 (Juni 1896). (Ref.)
551. — Vergleichendes Studium über fluoreszierende Schirme. Nature (Lond.) **53**, 523 (2. April 1896); Bbl. Wied. Ann. **20**, 576 (Juni 1896). (Ref.)
552. — Anwendung der Röntgenstrahlen auf die weichen Gewebe des Körpers. Nature (Lond.) **54**, 429 (3. Sept. 1896); Lancet **74 II**, 503 (15. Aug. 1896).
553. — Versuche mit Röntgenstrahlen. Nature (Lond.) **55**, 64 (19. Nov. 1896); Bbl. Wied. Ann. **21**, 151 (Febr. 1897). (Ref.)
554. —, u. S. Adam: Beispiel des Wertes der neuen Methode für die Diagnose. Brit. med. J. **21**, 750 (April 1896).
555. McKay, J. S.: Die neue Kunst der Radiographie. Nature (Lond.) **53**, 450 (12. März 1896); Sci. Amer. **1**, 240 (18. April 1896).
556. McKeen-Cattel, J. (New York): Die Röntgenstrahlen. Science **3**, 325 (28. Febr. 1896).
557. McKenzie Davidson, J. (Aberdeen): Die Lage einer gebrochenen Nadel im Fuß, bestimmt durch Röntgenstrahlen. Brit. med. J. 558 (29. Febr. 1896); Lancet **74 I**, 519 (22. Febr. 1896).
558. — Die neue Photographie. Lancet **74 I**, 795 (21. März 1896); Lancet **74 I**, 875 (28. März 1896).
559. — Demonstration der zur Herstellung der Röntgenstrahlen nötigen Apparate. Brit. med. Ass. (29. Juli 1896); Lancet **74 II**, 343 (1. Aug. 1896).
560. — Demonstration der Röntgenstrahlen. Lancet **74 II**, 337 (1. Aug. 1896).
561. — Demonstration der X-Strahlen. Aberdeen Branch der Brit. med. Ass.; Lancet **74 II**, 1194 (24. Okt. 1896).
562. Magie, W. F. (Princeton): Die klinische Anwendung der Röntgenstrahlen. 1. Der Gebrauch der Röntgenapparate. Amer. J. med. Sci. **1896 III**, 251 (März 1896).
563. — Die Röntgenstrahlung. Current Literature **19**, 282 (April 1896).
564. Malagoli, R., u. C. Bonacini: Über die Reflektion der Röntgenstrahlen. Rend. Accad. Lincei **5**, 327, 1. Sem. (26. April 1896); Nuovo Cim. (Pisa) **4**, 307 (Mai 1896); Bbl. Wied. Ann. **20**, 662 (Juli 1896). (Ref.)
565. Maltezos, C.: Über die X-Strahlen. C. R. Acad. Sci (Paris) **122**, 1474 (22. Juni 1896).
566. — Über einige Eigenschaften der X-Strahlen, die durch ponderable Medien gehen. C. R. Acad. Sci. (Paris) **122**, 1115 (18. Mai 1896).
567. — Über die Grenzstrahlen. C. R. Acad. Sic. (Paris) **122**, 1533 (22. Juni 1896); Bbl. Wied. Ann. **21**, 450 (Mai 1897). (Ref.)
568. Mance, H. O., A. Moore u. C. E. S. Phillips: Ein Fluoroskop zur Untersuchung des Wirkungsgrades der Röntgenstrahlen. Electr. (Lond.) **36**, 865 (24. April 1896); **38**, 760 (Juni 1896).
569. Marangoni, C.: Aufsuchen der Insektenlarven in den Pflanzen mittels der Röntgenstrahlen. Atti Accad. Georgofili Florenz (19. Sept. 1896). (Sepab.); Bbl. Wied. Ann. **20**, 666 (Juli 1896). (Ref.)
570. — Über das Eindringen der Röntgenstrahlen in die Alkalimetalle (Absorptionsgesetz für Röntgenstrahlen). Atti Accad. Lincei Italy **1896**, Nr. 11, 403; Bbl. Wied. Ann. **21**, 274 (März 1897). (Ref.)
571. Marcuse, W. (Berlin): Dermtiatis und Alopecie nach Durchleuchtungsversuchen mit Röntgenstrahlen. Dtsch. med. Wschr. **22**, 481 (22. Juli 1896).
572. — Nachtrag zu dem Fall von Dermatitis nach Durchleuchtung mit Röntgenstrahlen. Dtsch. med. Wschr. **22**, 681 (15. Okt. 1896).
573. Marfun: Anwendung der X-Strahlen zum Studium einer Arthritis deformans des Hüftgelenkes und Oberschenkels. Soc. Hôp. Paris (24. Juli 1896).
574. Marsch, F.: Lokalisierung einer Nadel in der Hand. Brit. med. J. 749 (21. März 1896).
575. Martinotti, G. (Urbino): Studien über die Röntgenstrahlen. Nuovo Cim. (Pisa) **4**, 205 (April 1896); Bbl. Wied. Ann. **20**, 667 (Juli 1896). (Ref.)
576. Maurain, C.: Über die photographische Wirkung der X-Strahlen. L'Eclair. Electr. (Paris) **7**, 549 (20. Juni 1896); Bbl. Wied. Ann. **20**, 713 (Aug. 1896). (Ref.)
577. Mauritius, R. (Koburg): Versuche mit Röntgenstrahlen. Ann. Physik, N. F. **59**, 346 (15. Sept. 1896).
578. Maver: Reagiert ein Glühwurm auf die Röntgenstrahlen. Electr. Eng. **21**, 379 (15. April 1896).

579. Mayer, A. M. (New York): Untersuchungen über Röntgenstrahlen. Amer. J. med. Sci. **151**, 467 (März 1896); Bbl. Wied. Ann. **20**, 714 (Aug. 1896). (Ref.)
580. — X-Strahlen werden nicht polarisiert beim Durchgang durch doppelbrechende Medien. Science **3**, 478 (27. März 1896).
581. — Über die Polarisation der Röntgenstrahlen. Nature (Lond.) **53**, 522 (2. April 1896); Bbl. Wied. Ann. **20**, 1017 (Nov. 1896). (Ref.)
582. — Über Roods Demonstration der regelmäßigen Reflektion der Röntgenstrahlen durch einen Platinspiegel. Science **3**, 705 (8. Mai 1896).
583. Mebius, C. A.: Über Polarisationserscheinungen in Vakuumröhren. Ann. Physik, N. F. **59**, 695 (1896).
584. Meek, A. (Newcastle): Eine biologische Anwendung der Röntgenphotographie. Nature (Lond.) **54**, 8 (7. Mai 1896).
585. Merritt, E.: Über den Einfluß des Lichtes auf die Entladung elektrisierter Körper. Science **4**, 853 (11. Dez. 1896).
586. Meslans, M. (Nancy): Einfluß der chemischen Natur der Körper auf ihre Durchlässigkeit für die Röntgenstrahlen. C. R. Acad. Sci. (Paris) **122**, 309 (10. Febr. 1896); L'Eclair. Electr. (Paris) **6**, 372 (22. Febr. 1896); Bbl. Wied. Ann. **20**, 443 (Mai 1896). (Ref.)
587. Meslin, G.: Über die Röntgenstrahlen. C. R. Acad. Sci. (Paris) **122**, 459 (24. Febr. 1896); Bbl. Wied. Ann. **20**, 426 (Mai 1896). (Ref.)
588. — Über die Reduktion der Expositionszeit bei Röntgenphotographien. C. R. Acad. Sci. (Paris) **122**, 719 (23. März 1896).
589. — Über die Verwendung der ungleichmäßigen Magnetfelder bei der Photographie der X-Strahlen. C. R. Acad. Sci. (Paris) **122**, 776 (30. März 1896); Rev. gén. Sci. (30. April 1896); Bbl. Wied. Ann. **20**, 439 (Mai 1896). (Ref.)
590. — Über ein Photometer für die Röntgenstrahlen, welches das Feld dieser Strahlen zu erforschen erlaubt. J. Phys. **3**, 202 (Mai 1896); Bbl. Wied. Ann. **20**, 1011 (Nov. 1896). (Ref.)
591. — Verringerung der Expositionszeit in der Radiographie durch Verwendung von ungleichmäßigen magnetischen Ladungen. Rev. gén. Sci. Jun. Appl. **7**, 407 (April 1896).
592. Metz, G.: Photographien im Inneren einer Crookesschen Röhre. C. R. Acad. Sci. (Paris) **122**, 880 (20. April 1896); **123**, 354 (10. Aug. 1896); Bbl. Wied. Ann. **20**, 431 (Mai 1896). (Ref.); **21**, 60 (Jan. 1897). (Ref.)
593. Michael: Nach dem Röntgenschen Verfahren hergestellte Photographien. Münch. med. Wschr. **43**, 109 (4. Febr. 1896).
594. Michelson, A. A.: Eine Theorie der X-Strahlen. Amer. J. Sci. **1**, 312 (April 1896); Nature (Lond.) **54**, 66 (21. Mai 1896); Bbl. Wied. Ann. **20**, 413 (Mai 1896). (Ref.)
595. —, u. S. W. Stratton: Ursprung der Röntgenstrahlen. Science **3**, 694 (8. Mai 1896).
596. Milhalkovicz, G., u. J. Brandt: Demonstration des Herzens und der Leber bei der ungarischen Jahrtausendausstellung. Lancet **74 II**, 220 (18. Juli 1896).
597. Miller, D. C. (Cleveland): Röntgenstrahlenversuche. Electr. World **27**, 309 (21. März 1896); Science **3**, 516 (3. April 1896).
598. — Die Röntgenstrahlen und ihre Anwendung in der Medizin und Chirurgie. Cleveland. Med. Gaz. (6. April 1896).
599. — Röntgenphotogramme. Nature (Lond.) **53**, 615 (30. April 1896); Bbl. Wied. Ann. **20**, 595 (Juni 1896). (Ref.)
600. Minchin, S. M.: Über die aufladende Wirkung der Röntgenstrahlen. Electr. (Lond.) **36**, 736 (27. März 1896).
601. — Röntgenstrahlen. Electr. (Lond.) **36**, 36 (27. März 1896); Bbl. Wied. Ann. **20**, 458 (Mai 1896). (Ref.)
602. Minck, F. (München): Zur Frage über die Einwirkung der Röntgenschen Strahlen auf Bakterien und ihre eventuelle therapeutische Verwendbarkeit. Münch. med. Wschr. **43**, 101 (4. Febr. 1896).
603. — Zur Frage der Einwirkung der Röntgenschen Strahlen auf Bakterien. Münch. med. Wschr. **43**, 202 (3. März 1896).
604. Moreau, G.: Über die Photographie metallischer Gegenstände durch undurchsichtige Körper hindurch mittels des Funkenstromes eines Induktoriums ohne Crookessche Röhre. C. R. Acad. Sci. (Paris) **122**, 238 (3. Febr. 1896); L'Eclair. Electr. (Paris) **6**, 310 (15. Febr. 1896); J. Phys. **3**, 111 (März 1896); Bbl. Wied. Ann. **20**, 425 (Mai 1896). (Ref.)

605. Morgan: Skiagramme eines Falles von Polydaktylismus. Lancet **74 II**, 1599 (5. Dez. 1896).
606. Morriky: Die Röntgenstrahlen in der Chirurgie. Bull. Soc. Lancis **5** (16. Jan. 1896).
607. Morris, Henry: Die Wirkung der Röntgenstrahlen auf Steine der Harn- und Gallenwege. Lancet **74 II**, 1367 (14. Nov. 1896).
608. Morton, A. C.: Experimentelle Beobachtungen an Toten. Brit. med. J. 750 (2. März 1896).
609. Morton, H. (Hoboken): Röntgenstrahlen. Electr. Eng. **21**, 428 (29. April 1896).
610. — Die Röntgenstrahlen. Engin. News Rec. **61**, 498 (April 1896).
611. Morton, W. J. (New York): Photographie undurchsichtiger Gegenstände ohne Crookessche Röhren. Electr. Eng. **21**, 140 (5. Febr. 1896); L'Eclair. Electr. (Paris) **6**, 506 (14. März 1896); Bbl. Wied. Ann. **20**, 588 (Juni 1896). (Ref.)
612. — Kathodographien durch die Entladung einer Leydner-Flasche und anderer unterbrochener Ladungen statischer Elektrizität. Eine neue Methode zur Herstellung von Röntgenstrahlen. Electr. Eng. **21**, 186 (19. Febr. 1896).
613. — Kommen die Röntgenstrahlen denn nicht nur von der Fluoreszenz? Electr. Eng. **26**, 311 (25. März 1896).
614. — 1. Zentralisierte X-Strahlen-Röhre. 2. Äußere Elektrode einer Vakuumröhre. Electr. Eng. **21**, 355 (8. April 1896).
615. — Die X-Strahlen in der Zahnheilkunde. Dent. Cosmos (Juni 1896); Electr. Eng. **21**, 653 (17. Juni 1896).
616. — Röntgenbilder von Brust und Schultern. Electr. Eng. **21**, 653 (17. Juni 1896).
617. — Eine Nadel im Fuß durch Röntgenstrahlen gefunden. N. Y. Med. Rec. **49**, 371 (14. März 1896).
618. — Eine neue Art der Erzeugung der Röntgenstrahlen. L'Eclair. Electr. (Paris) **6**, 107 (1896).
619. Mosetig-Moorhof, A. von (Wien): Röntgenstrahlen im Dienste der Chirurgie. Münch. med. Wschr. **43**, 90 (28. Jan. 1896).
620. — Röntgenstrahlen zur Komplettierung der Diagnose. Wien. klin. Wschr. **9**, 83 (30. Jan. 1896).
621. Moss, R. J.: Über Röntgenstrahlen. Nature (Lond.) **3**, 523 (2. April 1896); Bbl. Wied. Ann. **20**, 581 (Juni 1896). (Ref.)
622. Moyer: Professor Röntgens Entdeckung. Medicine **2**, 4 (1896).
623. Mueller, E. (Hagen i. W.): Mißbildung eines Händchens in Röntgenscher Beleuchtung. Dtsch. med. Wschr. **22**, 184 (19. März 1896).
624. Mueller, O. (Chemnitz): Einige Bemerkungen über Röntgenstrahlen. Ann. Physik, N. F. **58**, 771 (15. Juli 1896).
625. Muensterberg, H. (Cambridge): Die X-Strahlen. Science **3**, 161 (31. Jan. 1896).
626. Murani, O.: Versuche über die Röntgenstrahlen. Mem. R. Istit. Sci. **9**, 1 (1896); Bbl. Wied. Ann. **20**, 661 (Juli 1896). (Ref.)
627. Muraoka, H. (Kyoto, Japan): Das Johanniskäferlicht. Ann. Physik **59**, 773 (15. Nov. 1896).
628. Murras, T. H.: Die Röntgenstrahlen und ihr Ursprung. Electr. Rev. (Lond.) **38**, 240 (21. Febr. 1896).
629. — Röntgenstrahlen: Ein Vorschlag. Electr. Rev. (Lond.) **38**, 535 (April 1896).
630. Murray, J. R. E.: Über die Wirkung der Röntgenschen X-Strahlen auf die Kontaktelektrizität der Metalle. Proc. roy. Soc. Lond. **3**, 4 (März 1896); Electr. (Lond.) **36**, 857 (24. April 1896); Bbl. Wied. Ann. **20**, 458 (Mai 1896). (Ref.)
631. Mygge, J. L. (Kopenhagen): Demonstration von Röntgenbildern. Förh. Foersta Nord. Kongr. Inv. Midicin Göteburg (27. bis 29. Aug. 1896); Nord. med. Ark. (schwed.) **1896**, 96 (Tillaegshefte).
632. Nannes, G.: Die Absorption der X-Strahlen in Glas. Ofers Kgl. Vet. Akad. Förhdlg. (Stockholm) **53**, 505 (1896); Bbl. Wied. Ann. **21**, 154 (Febr. 1897). (Ref.)
633. Neesen, F. (Berlin): Anordnung von Geißlerschen Röhren, welche für die Benutzung bei Versuchen mit Röntgenschen Strahlen besonders geeignet sind. Verh. phys. Ges. (Berlin) **15**, 80 (1896); Bbl. Wied. Ann. **21**, 447 (Mai 1897). (Ref.)
634. — Über Röntgenröhren und Röntgenstrahlen. Ver. phys. Ges. **15**, 119 (1896).

635. NEUHAUSS, R. (Berlin): Prof. Dr. W. Röntgens Entdeckung einer neuen Art von Energiestrahlen. Z. Elektrochem. **2**, 461 (5. Febr. 1896); Photogr. Rdsch. **10**, 40 (Febr. 1896).
636. — Nachtrag zu dem Aufsatz über Röntgens X-Strahlen. Z. Elektrochem. **2**, 462 (5. Febr. 1896).
637. NEUSSER (Wien): Tapeziernagel in der Lunge. Die Röntgenstrahlen im Dienste der inneren Medizin. Münch. med. Wschr. **43**, 1093 (3. Nov. 1896).
638. NIEWENGLOWSKI, G. H.: Beobachtungen, die im Anschluß an eine Veröffentlichung von Herrn G. LE BON über das schwarze Licht gemacht worden sind. C. R. Acad. Sci. (Paris) **122**, 232 (3. Febr. 1896); Bbl. Wied. Ann. **20**, 476 (Mai 1896). (Ref.)
639. — Über die Eigenschaft der von phosphoreszierenden Körpern ausgesendeten Strahlen, gewisse für das Sonnenlicht undurchdringliche Substanzen zu durchsetzen, und über die Versuche des Herrn G. LE BON über das „schwarze Licht". C. R. Acad. Sci. (Paris) **122**, 385 (17. Febr. 1896); Bbl. Wied. Ann. **20**, 477 (Mai 1896). (Ref.)
640. NIPHER, F. E. (St. Louis): X-Strahlen-Photographie mittels einer Kamera. Science **3**, 783 (22. Mai 1896).
641. — Über eine Rotationsbewegung der Kathodenscheibe in der Crookes-Röhre. Trans. Acad. Sci. St. Louis **7**, 181 (8. Mai 1896); Electr. Rev. (Lond.) **38**, 833 (Juni 1896); Bbl. Wied. Ann. **20**, 659 (Juli 1896). (Ref.)
642. NOBELE, J. DE: Die Photographie durch undurchsichtige Körper mit Hilfe der neuen Strahlen von Röntgen. Belgique Méd. **8 III** (1896).
643. NOBLE SMITH: Das Auffinden der Rückenmarksentzündung durch Röntgenstrahlen. Brit. med. J. 1382 (6. Juni 1896).
644. NODON, A. (Paris): Experimente über die Röntgenstrahlen. C. R. Acad. Sci. (Paris) **122**, 237 (3. Febr. 1896); L'Eclair. Electr. (Paris) **6**, 309 (15. Febr. 1896); Bbl. Wied. Ann. **20**, 425 (Mai 1896). (Ref.)
645. — Die Photographie des infraroten Spektrums und ein Studium der Strahlen von Röntgen. L'Eclair. Electr. (Paris) **8**, 321 (15. Aug. 1896).
646. NORTON, C. L. (Boston): Die X-Strahlen in der Medizin und Chirurgie. Science **3**, 730 (15. Mai 1896); Electr. World **27**, 603 (Mai 1896).
647. NOTT, J. P.: Erfahrungen mit X-Strahlen. Brit. J. Photogr. **34**, 822 (25. Dez. 1896).
648. NOVAK, V., u. O. SULC (Prag): Über die Absorption von Röntgenstrahlen durch chemische Verbindungen. Z. physik. Chem. **19**, 489 (März 1896); Bbl. Wied. Ann. **20**, 444 (Mai 1896). (Ref.)
649. OBERBECK, A.: Über die Absorption der Röntgenstrahlen. Naturwiss. Rdsch. **11**, 265, 458 (23. Mai u. 5. Sept. 1896); Bbl. Wied. Ann. **20**, 586 (Juni 1896). (Ref.); **21**, 65 (Jan. 1897). (Ref.)
650. OBERST, M. (Halle): Ein Beitrag zur Verwendung der Röntgenschen Strahlen in der Chirurgie. Münch. med. Wschr. **43**, 973 (13. Okt. 1896).
651. OETTINGEN u. LANNOIS: Diagnostik des Rheumatismus mit X-Strahlen. Semaine méd. (17. Juni 1896).
652. OGDEN, C.: Herstellung des Kalziumwolframats für fluoreszierende Schirme. Nature (Paris) **24**, 175 (15. Aug. 1896); Bbl. Wied. Ann. **20**, 1011 (Nov. 1896). (Ref.)
653. OLIVER, D. J. (London): Ovarialschwangerschaft. Operation Lancet **74 II**, 241 (25. Juli 1896).
654. — Versuch mit Röntgenstrahlen. Heilungsverlauf. Lancet **74 II**, 241 (25. Juli 1896).
655. OLIVIER, L.: Die Photographie des Unsichtbaren. Rev. gén. Sci. **7**, 49 (30. Jan. 1896); Bbl. Wied. Ann. **20**, 406 (Mai 1896). (Ref.)
656. O'REILLY, S. F.: Sind X-Strahlen odylische Strahlen? Electr. Eng. **22**, 40 (8. Juli 1896).
657. OSTERBERG, M. (New York): Röntgenstrahlen. Electr. Eng. **21**, 321 (25. März 1896).
658. OUDIN, P., u. A. BARTHELEMY: Photographien der Handknochen mit Hilfe der X-Strahlen des Prof. Röntgen. C. R. Acad. Sci. (Paris) **122**, 150 (20. Jan. 1896).
659. — — Röntgenphotographien. Acad. Méd. (25. Febr., 31. März, 21. April, 19. Mai, 30. Juni, 4. Aug. u. 3. Nov. 1896).
660. — — Anwendung der Röntgenschen Methode in der medizinischen Wissenschaft. France méd. (11. u. 18. Dez. 1896).
661. — — Über eine Crookessche Röhre für Dynamos mit Wechselströmen. C. R. Acad. Sci. (Paris) **123**, 1269 (28. Dez. 1896); Bbl. Wied. Ann. **21**, 151 (Febr. 1897). (Ref.)

662. Owen, E. (London): Nicht vereinigte Fraktur des Humerus, Operation und Heilungsverlauf. Lancet **74 II**, 604 (29. Aug. 1896).
663. Owen, R. B. (Lincoln, Nebr.): Wirkung der Röntgenstrahlen auf die Gewebe. Electr. World **28**, 759 (19. Dez. 1896).
664. Paker: Wirkung unsichtbarer Sonnenstrahlen. Photogr. Mitt. **33**, 144 (1896).
665. Paterson, A. M. (Liverpool): Wirkung einer Verletzung eines Phalangengelenkes. Brit. med. J. 749 (21. März 1896).
666. Péan: Ösophagotomie. 5-Centimes-Stück. Semaine méd. **1896**, 494 (Dez.).
667. — u. Mergier: Radiographien verschiedener Erkrankungen. Acad. de méd. **23** (Juni 1896).
668. Peckham, W. C.: Einige Versuche mit Röntgenstrahlen. Electr. World **27**, 633 (30. Mai 1896).
669. — Seltsame Erscheinungen in einer Crookesschen Röhre. Electr. Eng. **22**, 651 (23. Dez. 1896).
670. Peraire: Drei Fälle von Fremdkörpern in der Hand, die mit Hilfe der Röntgenstrahlen entdeckt wurden. Bull. Soc. Anat. Paris (Juli 1896).
671. Pernet, J.: Über die Röntgenschen X-Strahlen. Schweiz. Bauztg. **27**, Nr. 7, 10 (1896); Bbl. Wied. Ann. **20**, 462 (Mai 1896). (Ref.)
672. Perrin, J. (Paris): Experimentaluntersuchungen über die Röntgenstrahlen. Rev. gén. Sci. **7**, 66 (Jan. 1896); Bbl. Wied. Ann. **20**, 406 (Mai 1896).
673. — Einige Eigenschaften der Röntgenstrahlen. C. R. Acad. Sci. (Paris) **122**, 186 (27. Jan. 1896); L'Eclair. Electr. (Paris) **6**, 246 (8. Febr. 1896); J. de Phys. **3**, 108 (März 1896); Bbl. Wied. Ann. **20**, 406 (Mai 1896). (Ref.)
674. — Ursprung der Röntgenstrahlen. C. R. Acad. Sci. (Paris) **122**, 716 (23. März 1896); Bbl. Wied. Ann. **20**, 428 (Mai 1896). (Ref.)
675. — Einige Eigenschaften der Röntgenstrahlen. J. Physique **3**, 108 (März 1896).
676. — Mechanismus der Entladung der elektrischen Körper durch die Röntgenstrahlen. L'Eclair. Electr. (Paris) **7**, 545 (Juni 1896); J. de Phys. **3**, 350 (Aug. 1896); Séanc. Soc. franç. Phys. 254 (1896); Bbl. Wied. Ann. **20**, 716 (Aug. 1896). (Ref.)
677. — Über Entladung von Körpern durch X-Strahlen. Sitzgsber. Soc. franç. Phys. (17. Juli 1896); Bbl. Wied. Ann. **21**, 155 (Febr. 1897). (Ref.)
678. — Rolle des Dielektrikums bei der Entladung durch die Röntgenstrahlen. C. R. Acad. Sci. (Paris) **123**, 351 (10. Aug. 1896); Electr. (Lond.) **37**, 603 (4. Sept. 1896); Bbl. Wied. Ann. **21**, 67 (Jan. 1897). (Ref.)
679. — Entladungen durch die Röntgenstrahlen, Einfluß von Druck und Temperatur. C. R. Acad. Sci. (Paris) **123**, 878 (23. Nov. 1896); Bbl. Wied. Ann. **21**, 68 (Jan. 1897). (Ref.)
680. — Kathodische X- und andere Strahlen. Séanc. Soc. franç. Phys. 121 (1896).
681. Petersen, W. (Heidelberg): Chirurgisch-photographische Versuche mit den Röntgenstrahlen. Münch. med. Wschr. **43**, 121 (11. Febr. 1896).
682. Pfaundler, L. (Graz): Beitrag zur Kenntnis und Anwendung der Röntgenschen Strahlen. Sitzgsber. k. k. Akad. Wiss. Wien **1896**.
683. — Bestimmung eines Fremdkörpers mittels Röntgenscher Strahlen. Internat. photogr. Mschr. Med. u. Naturwiss. **3**, 44 (1896). (Sepab.)
(21. Febr. 1896); Bbl. Wied. Ann. **20**, 448 (Mai 1896). (Ref.)
684. Phillipps, C. E. S. (London): Durchlässigkeit für X-Strahlen. Electr. (Lond.) **36**, 559 (21. Febr. 1896); Bbl. Wied. Ann. **20**, 448 (Mai 1896). Ref.)
685. Phipson, F. L.: Über das Vorhandensein von Röntgenstrahlen im Sonnenlicht. Chem. News **73**, 223 (1896).
686. — Erklärung der Röntgenstrahlen. Chem. News **74**, 260 (1896); Bbl. Wied. Ann. **21**, 58 (Jan. 1897). (Ref.)
687. Piltchikoff, N.: Über die Emission von Röntgenstrahlen durch eine Röhre, welche eine fluoreszierende Substanz enthält. C. R. Acad. Sci. (Paris) **122**, 461 (24. Febr. 1896); Bbl. Wied. Ann. **20**, 429 (Mai 1896). (Ref.)
688. — Über die Röntgenstrahlen. C. R. Acad. Sci. (Paris) **122**, 723 (23. März 1896); Bbl. Wied. Ann. **20**, 424 (Mai 1896). (Ref.)
689. — C. R. Acad. Sci. (Paris) **122**, 839 (13. April 1896); Bbl. Wied. Ann. **20**, 457 (Mai 1896). (Ref.)

690. Poech, R. (Wien): Fremdkörper in der Lunge. Berichte über Röntgenstrahlen. Wien. klin. Wschr. **9**, 1049, 1065 (12. Okt. 1896); Münch. med. Wschr. **44**, 1093 (3. Nov. 1896).

691. Poincaré, H. (Paris): Die Kathodenstrahlen und die Röntgenschen X-Strahlen. Rev. gén. Sci. **7**, 52 (Jan. 1896).

692. — Bemerkung zu der Mitteilung des Herrn Perrin. C. R. Acad. Sci. (Paris) **122**, 188 (27. Jan. 1896); Bbl. Wied. Ann. **20**, 406 (Mai 1896). (Ref.)

693. — Bemerkung über den Gegenstand der Mitteilung des Herrn de Metz. C. R. Acad. Sci. (Paris) **122**, 881 (20. April 1896).

694. — Eine Bemerkung zu der Mitteilung Jaumanns. C. R. Acad. Sci. (Paris) **122**, 990 (4. Mai 1896).

695. — Bemerkungen über die Mitteilung des Herrn de Metz. C. R. Acad. Sci. (Paris) **123**, 354 (10. Aug. 1896); Bbl. Wied. Ann. **21**, 60 (Jan. 1897). (Ref.)

696. — Bemerkung über eine Erfahrung von Birkeland. C. R. Acad. Sci. (Paris) **123**, 530 (5. Okt. 1896).

697. — Die Kathodenstrahlen und die Theorie des Herrn Jaumann. L'Eclair. Electr. (Paris) **9**, 241, 289 (7. Nov. 1896).

698. Poland, J. (London): Skiagraphie als Hilfe zur Diagnose einer Epiphysenverletzung eines Kindes. Brit. med. J. 620 (7. März 1896).

699. Poncet: Über die Untersuchung der Blutzirkulation mittels Röntgenstrahlen und des Stereoskops. Bull. Acad. Méd. Paris **60**, 899 (Dez. 1896).

700. Porter, A. W. (London): Die neuen Aktinischen Strahlen. Nature (Lond.) **53**, 316 (6. Febr. 1896).

701. — Die Röntgenstrahlen. Nature (Lond.) **53**, 413 (5. März 1896); Bbl. Wied. Ann. **20**, 428 (Mai 1896). (Ref.)

702. Porter, T. C.: Analyse der X-Strahlen. Nature (Lond.) **54**, 110 (4. Juni 1896); Bbl. Wied. Ann. **20**, 716 (Aug. 1896). (Ref.)

703. — Versuche mit Röntgenstrahlen. Nature (Lond.) **54**, 149 (18. Juni 1896); Brit. J. Photogr. **43**, 419 (3. Juli 1896); Bbl. Wied. Ann. **20**, 716 (Aug. 1896). (Ref.)

704. — X-Strahlen mit der Wimshurstmaschine erzeugt. Nature (Lond.) **55**, 30, 79 (12. Nov. 1896); Bbl. Wied. Ann. **21**, 151 (Febr. 1897). (Ref.)

705. Puluj, J. (Prag): Über die Entstehung der Röntgenschen Strahlen und ihre photographische Wirkung. Sitzgsber. k. k. Akad. Wiss. zu Wien **105**, 228 (20. Febr. 1896); Wiener Anz. 33, 55 (Jan. u. Febr. 1896); Bbl. Wied. Ann. **20**, 429, 574 (Mai u. Juni 1896). (Ref.) Nature (Paris) **24**, 158 (1896).

706. Pujol: Zwillingsschwangerschaft, bei der ein Kind geboren wurde trotz des Todes des anderen im 4. Monat. Arch. Gynec. Tocol. **3** (1896).

707. Pupin, M. (New York): Röntgenstrahlen. Science **3**, 231, 235 (14. Febr. 1896); Sci. Amer. **74**, 184 (21. März 1896).

708. — Diffuse Reflektion der Röntgenstrahlen. Science **3**, 538 (10. April 1896).

709. — Kalziumwolframatfluoroskop. Electr. World (N. Y.) **27**, 373 (4. April 1896).

710. — Versuche mit Kathodenstrahlen. Nature (Lond.) **53**, 450 (12. März 1896).

711. — Radiographie mit fluoreszierenden Schirmen. Nature (Lond.) **53**, 613 (30. April 1896).

712. Reflexion von Röntgenstrahlen. Nature (Lond.) **53**, 614 (30. April 1896); Bbl. Wied. Ann. **20**, 583 (Juni 1896). (Ref.)

713. Raid: Der Wert der X-Strahlen in der Medizin und Chirurgie. Lancet **74 II** (21. Nov. 1896).

714. Ranwez, F. (Louvain): Anwendung der Photographie mit Röntgenstrahlen zur analytischen Untersuchung vegetabiler Stoffe. C. R. Acad. Sci. (Paris) **122**, 841 (13. April 1896); Bbl. Wied. Ann. **20**, 447 (Mai 1896). (Ref.)

715. Raveau, C.: Die Röntgenstrahlen und das ultraviolette Licht. L'Eclair. Elec. (Paris) **6**, 249 (8. Febr. 1896); J. Physique **5**, 113 (März 1896); Bbl. Wied. Ann. **20**, 410 (Mai 1896). (Ref.)

716. — Neue Tatsache über die Strahlen von Röntgen. Rev. gén. Sci. **7**, 249 (15. März 1896). (Sepab.)

717. — Die Technik und die neueren Anwendungen der Photographie des Unsichtbaren. Rev. gén. Sci. **30** (April 1896).

718. Raw, N. (Manchester): Der Wert der X-Strahlen in Medizin und Chirurgie. Lancet **74 II**, 1446 (21. Nov. 1896).
719. — Das Skiagraphieren der Adern. Lancet **74 II**, 1762 (19. Dez. 1896).
720. — Röntgenstrahlen. Brit. med. J. 1678 (5. Dez. 1896).
721. Reed, C. J.: Photographie des schwarzen Lichtes. Electr. World **27**, 119 (1. Febr. 1896).
722. Reichard (Posen): Über eine mit Hilfe Röntgenscher Strahlen ausgeführte Fremdkörperentfernung. Berl. klin. Wschr. **9** (Aug. 1896).
723. Reiche (Hamburg): Über das mit X-Strahlen hergestellte Skiagramm der Halswirbelsäule. Brit. med. J. (6. Juni 1896); L. V. Dtsch. med. Wschr. **18**, 182 (1896).
724. Reid, E. W. (Dundee): Röntgenstrahlen und die Durchlässigkeit der Gewebe. Brit. med. J. **433**, 1744 (15. Febr. 1896).
725. —, u. J. P. Kuenen: Die Röntgenstrahlen. Nature (Lond.) **53**, 419 (5. März 1896).
726. Reid, F. J. (London): Entladung des Elektroskops mittels der Crookesschen und Geißlerschen Röhren. Nature (Lond.) **53**, 461 (19. März 1896); Bbl. Wied. Ann. **20**, 437 (Mai 1896). (Ref.)
727. *Reiniger-Gebbert-Schall* (Erlangen): Instrumentarium zur Erzeugung von Röntgenstrahlen. Elektr. Ztg. **17**, 667 (Okt. 1896); Bbl. Wied. Ann. **20**, 573 (Juni 1896). (Ref.)
728. Rémy, Ch., u. C. Contremoulins: Endographie des Schädels mittels der Röntgenstrahlen. C. R. Acad. Sci. (Paris) **123**, 233 (27. Juli 1896); Bbl. Wied. Ann. **20**, 1018 (Nov. 1896). (Ref.)
729. — — Verwendung der X-Strahlen zur anatomischen Untersuchung, Entwicklung, Knochenbildung, Entwicklung der Zähne. C. R. Acad. Sci. (Paris) **123**, 711 (2. Nov. 1896); Bbl. Wied. Ann. **21**, 70 (Jan. 1897). (Ref.); Rev. Gen. Internat. (Dez. 1896).
730. Renzi, de: Über die Wirkung der Röntgenstrahlen auf Bakterien. Gazz. Osp. 164 (1896).
731. Reulard, F.: Über die Brechung der Röntgenstrahlen. C. R. Acad. Sci. (Paris) **122**, 782 (30. März 1896).
732. Reynold, S., u. Branson (Leed): Der X-Strahlenmesser. Nature (Lond.) **54**, 62 (21. Mai 1896).
733. Rice, E. W.: X-Strahlen-Photographien mit einer Wimshurstmaschine. Electr. Eng. **21**, 410 (22. April 1896).
734. — Zur Erzeugung von Röntgenstrahlen unter neuen Bedingungen. Electr. World **27**, 423 (18. April 1896); Electr. Eng. **21**, 401 (22. April 1896).
735. Richardson: Die praktischen Werte der Röntgenstrahlen bei täglichen Untersuchungen in der chirurgischen Praxis. Med. News **69**, 25 (1896).
736. Richarz, F. (Greifswald): Demonstration von Röntgenschen X-Strahlen. Vb. Dtsch. med. Wschr. **22**, 163 (17. Sept. 1896).
737. — Über Wirkung der Röntgenstrahlen auf den Dampfstrahl. Ann. Physik **59**, 592 (15. Okt. 1896).
738. — Demonstration der Röntgenstrahlen. Elektr. Z. **17**, 226 (1896); Bbl. Wied. Ann. **20**, 433 (Mai 1896). (Ref.)
739. — Demonstration neuer Versuche mit Röntgenstrahlen. Mitt. naturw. Ver. Neu-Vorpommern u. Rügen 5 (1896). (Sepab.); Bbl. Wied. Ann. **20**, 91 (Okt. 1896). (Ref.)
740. Righi, A. (Bologna): Über die Erzeugung elektrischer Phänomene durch die Röntgenstrahlen. Rend. Accad. Sci. (Bologna), 8 (9. Febr. 1896). (Sepab.); Electr. (Lond.) **36**, 552 (21. Febr. 1896); Nuovo Cim. (Pisa) **4**, 177 (März 1896); Phil. Mag. **41**, 230, 250 (März 1896); Bbl. Wied. Ann. **20**, 450 (Mai 1896). (Ref.)
741. — Über die Erzeugung elektrischer Phänomene mittels der Röntgenstrahlen. C. R. Acad. Sci. (Paris) **122**, 476 (17. Febr. 1896); L'Eclair. Electr. (Paris) **6**, 399 (23. Febr. 1896).
742. — Über die Dispersion der Elektrizität durch die Röntgenstrahlen. Rend. Accad. Lincei (5), **143**, 342 (1. März 1896); Bbl. Wied. Ann. **20**, 450, 589 (Mai u. Juni 1896). (Ref.)
743. — Über den Einfluß von Druck und Natur des umgebenden Gases auf die von den Röntgenstrahlen bewirkte elektrische Dispersion. Mem. Accad. Sci. (Bologna) **5**, 725 (8. März 1896); Bbl. Wied. Ann. **20**, 451 (Mai 1896). (Ref.)
744. — Elektrische Wirkungen der Röntgenstrahlen. C. R. Acad. Sci. (Paris) **122**, 601 (9. März 1896).

745. Right, A.: Bemerkungen zu einer Mitteilung der Herren Benoist und Hurmuzescu. C. R. Acad. Sci. (Paris) **122**, 878 (20. April 1896); Bbl. Wied. Ann. **20**, 590 (Juni 1896). (Ref.)
746. — Bemerkung zu der Erwiderung von Benoist und Hurmuzescu. C. R. Acad. Sci. (Paris) **122**, 1119 (18. Mai 1896); Bbl. Wied. Ann. **20**, 916 (Okt. 1896). (Ref.)
747. — Über die von Röntgenstrahlen bewirkte Fortführung der Elektrizität längs der Kraftlinien. Rend. Accad. Lincei **5**, 1. Sem., 452 (21. Juni 1896); Nuovo Cim. (Pisa) **4**, 167 (Sept. 1896); Bbl. Wied. Ann. **20**, 915 (Okt. 1896). (Ref.)
748. — Über die Röhren zur Erzeugung der Röntgenstrahlen. Rend. Accad. Lincei **5**, 2. Sem., 47 (1896); Electr. (Lond.) **37**, 675 (18. Sept. 1896); Bbl. Wied. Ann. **20**, 909 (Okt. 1896). (Ref.)
749. — Bemerkungen zur E. Villari über das Umbiegen der X-Strahlen um durchlässige Körper. Rend. Accad. Lincei **5**, 1. Sem., 452 (Juli 1896); Bbl. Wied. Ann. **20**, 912 (Okt. 1896). (Ref.)
750. — Über die von den Röntgenstrahlen bewirkte elektrische Konvektion längs der Kraftlinien. C. R. Acad. Sci. (Paris) **123**, 399 (24. Aug. 1896); Bbl. Wied. Ann. **20**, 1017 (Nov. 1896). (Ref.)
751. — Über Versuche mit Röntgenstrahlen. Phil. Mag. **42**, 530 (Dez. 1896).
752. — Übertragung der Elektrizität. Nuovo Cim. (Pisa) **4**, 167 (1896).
753. — Über die Erzeugung von Schatten mittels der durch die Röntgenstrahlen bewirkten elektrischen Dispersionen. Rend. Accad. Lincei **5**, 149 (1896); Bbl. Wied. Ann. **20**, 450 (Mai 1896). (Ref.)
754. — Über die Fortpflanzung der Elektrizität in den von Röntgenstrahlen durchsetzten Gasen. Mem. Accad. Sci. (Bologna) **5**, 231 (1896). (Sepab.); Bbl. Wied. Ann. **21**, 278 (März 1897). (Ref.)
755. Robb, W. L.: Eine Methode zur Untersuchung der relativen Durchlässigkeit verschiedener Substanzen für die Röntgenstrahlen. Science **3**, 544 (10. April 1896).
756. Roberts, A. W.: Röntgenstrahlen in der Chirurgie. Amer. Pract. News **21** (1896).
757. Robertson, J. H.: Photographien von unsichtbaren Gegenständen durch den elektrischen Lichtbogen. Electr. Eng. **21**, 185 (19. Febr. 1896).
758. Roiti, A.: Über einige photographische Versuche mit Crookesschen Röhren. Rend. Accad. Lincei **5**, 69 (1896).
759. — Der Ausgangspunkt der Röntgenstrahlen. Rend. Accad. Lincei **5**, 185 (15. März 1896); Nuovo Cim. (Pisa) **4**, 232 (April 1896); Bbl. Wied. Ann. **20**, 426 (Mai 1896). (Ref.)
760. — Die Emissionsdauer der Röntgenstrahlen. Rend. Accad. Lincei **5**, 1. Sem., 243 12. April 1896); Nuovo Cim. (Pisa) **4**, 236 (April 1896); Bbl. Wied. Ann. **20**, 580 (Juni 1896). (Ref.)
761. — Einige Versuche mit den Hittdorfschen Röhren und den Röntgenstrahlen. Electr. (Lond.) **37**, 153 (29. Mai 1896); Rend. Accad. Lincei **5**, 1. Sem., 156 (1896); Bbl. Wied. Ann. **20**, 426 (Mai 1896). (Ref.)
762. — Kryptochrose und andere Untersuchungen über die X-Strahlen. Mem. Accad. Lincei **5**, 131 (Juli 1896); Nuovo Cim. (Pisa) **4**, 173 (Sept. 1896); Bbl. Wied. Ann. **20**, 1013 (Nov. 1896). (Ref.)
763. — Eine geeignete Röhre für die Röntgenschen Versuche. Electr. (Lond.) **37**, 450 (31. Juli (1896); Nuovo Cim. (Pisa) **4**, 162 (Sept. 1896); Elettricista **5**, 132 (1896). 2. (Sepab.); Bbl. Wied. Ann. **20**, 660 (Juli 1896). (Ref.)
764. — Ein anderer Versuch über die Kryptochrose. Rend. Accad. Lincei **5**, 153 (30. Aug. 1896); Nuovo Cim. (Pisa) **4**, 232 (Okt. 1896); Bbl. Wied. Ann. **21**, 274 (März 1897). (Ref.)
765. — Durchlässigkeit und Photometrie der Röntgenstrahlen. Electr. (Lond.) **37**, 670 (18. Sept. 1896).
766. — Ein Aktinometer für die X-Strahlen. L'Elettricista **5**, 6 (1896). (Sepab.); Bbl. Wied. Ann. **20**, 1013 (Nov. 1896). (Ref.)
767. Röntgen, W. C. (Würzburg): Über eine neue Art von Strahlen. Erste Mitt. Sitzgsber. physik.-med. Ges. Würzburg **137** (Dez. 1896); Übersetzt von A. Stanton in: Nature (Lond.) **53**, 274 (23. Jan. 1896); Electr. (Lond.) **36**, 415 (24. Jan. 1896); L'Eclair. Electr. (Paris) **6**, 241 (8. Febr. 1896); Science **3**, 227 (14. Febr. 1896); J. Physique **3**, 101 (März 1896).

768. Röntgen, W. C.: Über eine neue Art von Strahlen. Zweite Mitt. Sitzgsber. physik.-med. Ges. Würzburg (9. März 1896); Übersetzt von A. Stanton in: Electr. (Lond.) **36**, 850 (24. April 1896); Science **3**, 726 (15. Mai 1896); L'Eclair. Electr. (Paris) **7**, 354 (23. Mai 1896); J. Physique **3**, 189 (Mai 1896).

769. Rood, O. N. (New York): Über die Zurückstrahlung der Röntgenstrahlen von Platin. Science **3**, 463 (27. März 1896).

770. — Über die Reflexion der Röntgenstrahlen. Nature (Lond.) **53**, 614 (April 1896); Bbl. Wied. Ann. **20**, 583 (Juni 1896). (Ref.)

771. — Über die regelmäßige oder Spiegelreflexion der Röntgenstrahlen von isolierten metallischen Oberflächen. Amer. J. Sci. **4**, 173 (Juni 1896); Bbl. Wied. Ann. **21**, 153 (Febr. 1897). (Ref.)

772. Rosenfeld, G. (München): Die Verwendung der Röntgenstrahlen in der inneren Medizin. Allg. med. Zentralztg. **98** (1896).

773. Rosenfeld, M.: Über die Abkürzung der Expositionszeit bei der Erzeugung von Photographien mit Röntgenstrahlen. Wien. Anz. 110 (1896); Bbl. Wied. Ann. **20**, 574 (Juni 1896). (Ref.)

774. Rosenthal, J. (München): Über Röntgenstrahlen. Sitzgsber. physik.-med. Sozietät Erlangen) 14. Juli 1896). (Sepab.); Bbl. Wied. Ann. **21**, 446 (Mai 1897). (Ref.)

775. — Über die Erzeugung intensiver Röntgenscher Strahlen. Mechaniker **4**, 359 (1896); Bbl. Wied. Ann. **21**, 148 (Febr. 1897). (Ref.)

776. Roth, F. N.: Fall eines komplizierten Bruches der rechten Tibia, bei dem eine nach zwei Jahren gemachte Röntgenaufnahme einen guten Heilungsverlauf zeigt. Lancet **74 II**, 1522 (28. Nov. 1896).

777. Le Roux, F. P. (Paris): Über die Heterogenität der von Crookesschen Röhren ausgesandten Strahlen und deren Transformation durch die Leuchtschirme. C. R. Acad. Sci. (Paris) **122**, 924 (27. April 1896); Bbl. Wied. Ann. **20**, 581 (Juni 1896). (Ref.)

778. Rowland, S. (London): Bericht über die Anwendung der neuen Photographie in Medizin und Chirurgie. Brit. med. J. 361 (8. Febr. 1896).

779. — Brit. med. J. 431 (15. Febr. 1896).

780. — Brit. med. J. (22. Febr. 1896).

781. — Brit. med. J. 556 (29. Febr. 1896).

781. — Brit. med. J. 556 (29. Febr. 1896).

782. — Brit. med. J. 620 (7. März 1896).

783. — Brit. med. J. 683 (14. März 1896).

784. — Brit. med. J. 748 (21. März 1896).

785. — Brit. med. J. 874 (4. April 1896).

786. — Brit. med. J. 932 (11. April 1896).

787. — Brit. med. J. 997 (18. April 1896).

788. — Brit. med. J. 1059 (25. April 1896).

798. — Brit. med. J. 1225 (16. Mai 1896).

790. — Brit. med. J. 1411 (6. Juni 1896).

791. — Bilder von Münzen durch Hochspannungsbüschelentladung. Nature (Lond.) **53**, 340 (13. Febr. 1896).

792. — Photographie mit Röntgenschen X-Strahlen. Lancet **74 I**, 552 (29. Febr. 1896).

793. — Röntgenphotographie eines 3 Monate alten Kindes. Nature (Lond.) **53**, 524 (2. April 1896); Bbl. Wied. Ann. **20**, 595 (Juni 1896). (Ref.)

794. — Messung der Wellenlänge der X-Strahlen. L'Eclair. Electr. (Paris) **9**, 191 (1896).

795. Rowland, H. A., W. R. Carmichael u. L. J. Briggs (Baltimore): Bemerkungen über Beobachtungen an den Röntgenstrahlen. Amer. J. Sci. **4**, 247 (März 1896); Phil. Mag. **41**, 381 (April 1896); Bbl. Wied. Ann. **20**, 430 (Mai 1896). (Ref.)

796. Royer, Le: Röntgenphotographien. Arch. de Genèva **4**, 475 (1896); Bbl. Wied. Ann. **20**, **76** (Juni 1896). (Ref.)

797. Ruecker, A. W., u. W. S. Watson: Über die Durchlässigkeit von Glas und Porzellan gegenüber Röntgenstrahlen. Rep. 66. Meet. Brit. Assoc. Adv. Sci. (Liverpool) 710 (Sept. 1896).

798. Rushton, W. (London): „Sonnenbrand" mit Röntgenstrahlen. Lancet **74 II**, 492 (15. Aug. 1896).

799. RYDBERG, J. R.: Über die mechanische Wirkung, die von der Crookesschen Röhre ausgeht. C. R. Acad. Sci. (Paris) **122**, 715 (23. März 1896); Bbl. Wied. Ann. **20**, 461 (Mai 1896). (Ref.)
800. RZEWUSKI, A.: Chemische Wirkungen der Röntgenstrahlen. Naturwiss. Rdsch. **11**, 419 (1896); Bbl. Wied. Ann. **20**, 1016 (Nov. 1896). (Ref.)
801. SAGNAC, G. (Paris): Über die Beugung und Polarisation der Röntgenstrahlen. C. R. Acad. Sci. (Paris) **122**, 783 (30. März 1896); Bbl. Wied. Ann. **20**, 441 (Mai 1896). (Ref.)
802. — Täuschungen, welche die Bildung von Halbschatten begleiten. Anwendungen auf die X-Strahlen. C. R. Acad. Sci. (Paris) **123**, 880 (23. Nov. 1896); L'Eclair. Electr. (Paris) **9**, 408 (28. Nov. 1896); Bbl. Wied. Ann. **21**, 59 (Jan. 1897). (Ref.)
803. — Schatten und optische Täuschungen. Nature (Paris) **25**, 139 (1896).
804. SALVIONI, E.: Eine notwendige Bedingung für Erlangung scharfer Schatten mit den Röntgenstrahlen. Atti Accad. Med.-Chirur. (Perugia) 8 (6. Febr. 1896). (Sepab.); Nuovo Cim. (Pisa) **4**, 188 (1896); Übersetzt: Nature (Lond.) **53**, 424 (5. März 1896); Sci. Amer. Suppl. **41**, 16 (4. April 1896); Bbl. Wied. Ann. **20**, 420 (Mai 1896). (Ref.)
805. — Über die Röntgenschen Strahlen. Electr. Rev. (Lond.) **38**, 243 (21. Febr. 1896).
806. — Zwei Methoden, die Kathodenstrahlen auf einen Punkt der Glaswand der Röhre zu konzentrieren. Atti Accad. Med.-Chirur. (Perugia) 8 (22. Febr. 1896).
807. — Eine notwendige Bedingung zum Erzeugen von scharfen Schatten durch die Röntgenstrahlen und ein Phänomen, welches dasselbe zu erzeugen gestattet. Electr. Rev. (Lond.) **38**, 550 (April 1896).
808. — Eine Methode zur Vergleichung des Leuchtens durch die X-Strahlen fluoreszierender Schirme. Atti Accad. Med.-Chirurg. (Perugia) 8 (1896). (Sepab.)
809. SANDRUCCI, A.: Über die photographische Wirkung der Röntgenstrahlen und ihre Diffusion in den Körpern, welche sie passieren. Nuovo Cim. **4**, 353 (Juni 1896); Bbl. Wied. Ann. **20**, 913 (Okt. 1896). (Ref.)
810. SAENGER, A. (Hamburg): Die Röntgenstrahlen in der Gynäkologie. Mschr. Geburtsh. **3** (1896).
811. SATORI, C. (Wien): Erzeugung von Röntgenschen Strahlen mittels einer Influenzmaschine. Elektrotechn. Z. **17**, 163 (5. März 1896).
812. SAUNDERS, W.: Photographien von unsichtbaren Gegenständen mit Hilfe des Magnesiumlichtes. Nature Lond.) **53**, 316 (6. Febr. 1896); Bbl. Wied. Ann. **20**, 481 (Mai 1896). (Ref.)
813. S. J. R.: Einige Wirkungen der X-Strahlen auf die Hände. Nature (Lond.) **54**, 621 (29. Okt. 1896); Bbl. Wied. Ann. **21**, 658 (Aug. 1897). (Ref.)
814. SCHAEFER, B.: Zur direkten Betrachtung innerer Körperteile mittels Röntgenscher Strahlen. Dtsch. med. Wschr. **22**, 240 (9. April 1896); Münch. med. Wschr. **43**, 347 (14. April 1896); Bbl. Wied. Ann. **20**, 463 (Mai 1896). (Ref.)
815. SCHEIER, M. (Berlin): Zur Anwendung des Röntgenschen Verfahrens bei Schußverletzungen des Kopfes. Dtsch. med. Wschr. **22**, 648 (1. Okt. 1896); Münch. med. Wschr. **43**, 996 (13. Okt. 1896).
816. — Über die Photographie der Nase und des Kehlkopfes mittels Röntgenstrahlen. Laryngol. Ges. **4**, 7 (1896).
817. SCHJERNING, O., u. KRANZFELDER (Berlin): Über die von der Medizinalabteilung des Kriegsministeriums angestellten Versuche zur Feststellung der Verwertbarkeit Röntgenscher Strahlen für die medizinisch-chirurgischen Zwecke. Dtsch. med. Wschr. **22**, 211 (2. April 1896).
818. — — Zum jetzigen Stand der Frage nach der Verwertbarkeit der Röntgenschen Strahlen für medizinische Zwecke. Dtsch. med. Wschr. **22**, 541 (20. Okt. 1896).
819. — — Versuche zur Feststellung der Verwertbarkeit Röntgenscher Strahlen für medizinisch-chirurgische Zwecke. Zbl. Chir. 463 (1896).
820. SCHMIDT, H.: Über die Durchlässigkeit undurchsichtiger Stoffe. Photogr. Rdsch. **32**, 348 (1896); Bbl. Wied. Ann. **20**, 481 (Mai 1896). (Ref.)
821. SCHMIDT, K. E. F.: Bemerkung zur Arbeit von S. KÜMMEL: Über Fresnelsche Beugungserscheinungen bei Röntgenstrahlen. Abh. naturforsch. Ges. Halle 66 (1896); Bbl. Wied. Ann. **20**, 585 (Juni 1896). (Ref.)
822. SCHMIDT, O. L.: Röntgenstrahlendiagnosen. Medicine 6 (Febr. 1896).
823. — Die Röntgenstrahlen. Z. Naturwiss. (Leipzig) **1896**.

824. Schmuck (Straßburg): Demonstration von Röntgenstrahlen nach einem einleitenden Vortrag. Vb. Dtsch. med. Wschr. **22**, 208 (12. Nov. 1896).
825. Schober, A.: Ein Versuch mit Röntgenschen Strahlen auf Keimpflanzen. Ber. dtsch. bot. Ges. **14**, 108 (14. April 1898); Apotheker-Ztg. 321 (1896).
826. Schuecking (Pyrmont): Röntgenstrahlen in der Gynäkologie. Zbl. Gynäk. **20** (1896).
827. Schuller, A.: Zur Deutung der Röntgenschen Strahlen. Bbl. Wied. Ann. **20**, 413 (Mai 1896). (Ref.)
828. Schultz-Henke: Die Röntgenschen Strahlen. Apotheker-Ztg. **11**, 102 (1896).
829. Schultze, E. (Bonn): Die Hand der Akromegalischen in der Beleuchtung durch die Röntgenschen Strahlen. Vb. Dtsch. med. Wschr. **22**, 151 (20. Aug. 1896).
830. Schuermayer (Berlin): Die elektrischen Lichterscheinungen im luftverdünnten Raume und die Röntgenschen X-Strahlen. Allg. med. Zentralztg. **20** (1896). Berlin: Coblenz.
831. Schuster, A. (Manchester): Über die neue Art von Strahlen. Brit. med. J. **1**, 172 (18. Jan. 1896).
832. — Über die Röntgenstrahlen. Rev. gén. Sci. **7**, 64 (Jan. 1896); L'Eclair. Electr. (Paris) **6**, 299 (15. Febr. 1896); Bbl. Wied. Ann. **20**, 406 (Mai 1896). (Ref.)
833. — Über die Röntgenschen Strahlen. Nature (Lond.) **53**, 268 (23. Jan. 1896); Lancet **74 I**, 892 (28. März 1896).
834. Scribner, C. E., u. F. R. McBerty: Der Ursprung der Röntgenstrahlen. Electr. Eng. **21**, 358 (8. April 1896); Electr. World **27**, 394 (11. April 1896).
835. Segalin, L. (Jesi): Über verschiedene Phänomene, die an einer Crookesschen Röhre beobachtet wurden. Nuovo Cim. (Pisa) **4**, 209 (April 1896).
836. Séguy, G.: Über eine Crookessche Röhre von kugelförmiger Gestalt, die die Reflexion der Kathodenstrahlen an Gasen und Metallen zeigt. C. R. Acad. Sci. (Paris) **122**, 134 (20. Jan. 1896); Bbl. Wied. Ann. **20**, 570 (Mai 1896). (Ref.)
837. Sehrwald, E. (Freiburg i. Br.): Das Verhalten der Halogene gegen Röntgenstrahlen.
838. — Dermatitis nach Durchleuchtung mit Röntgenstrahlen. Dtsch. med. Wschr. **43**, 665 (8. Okt. 1896).
839. Sella, A., u. D. Maiorana (Rom): Untersuchungen über die Röntgenstrahlen. Rend. Accad. Lincei **5**, 116 (16. Febr. 1896); Nuovo Cim. (Pisa) **4**, 225 (April 1896).
840. — — Über die Wirkung der Röntgenstrahlen auf die Natur der explosiven Entladung in Luft. Nuovo Cim. (Pisa) **4**, 238 (April 1896); Rend. Accad. Lincei **5**, 389 (12. April 1896); Bbl. Wied. Ann. **20**, 664 (Juli 1896). (Ref.)
841. — — Über die Wirkung der Röntgenstrahlen und des ultravioletten Lichtes auf die explosive Entladung in Luft. Rend. Accad. Lincei **5**, 323 (17. Mai 1896); Nuovo Cim. (Pisa) **4**, 368 (Juni 1896); Bbl. Wied. Ann. **20**, 416 (Mai 1896). (Ref.)
842. — — Über die Wirkung der Röntgenstrahlen und des ultravioletten Lichtes auf den elektrischen Funken. Nature (Lond.) **54**, 53 (21. Mai 1896).
843. — — Versuche über die Röntgenstrahlen und Schätzung einer unteren Grenze für ihre Geschwindigkeit. Rend. Accad. Lincei **5**, 168 (1896); Bbl. Wied. Ann. **20**, 416 (Mai 1896). (Ref.)
844. Semmola, E.: Crookessche Röhre mit äußerer metallischer Belegung. Rend. Accad. Sci. Fis. e Mat. (Juni-Juli 1896). (Sepab.); L'Eclair. Electr. (Paris) **9**, 40 (3. Okt. 1896); Bbl. Wied. Ann. **20**, 1010 (Nov. 1896). (Ref.)
845. Sestini, Q. (Pisa): Über eine Erscheinung der Crookesschen Röhren und ein leichtes Verfahren zur Herstellung der letzteren. Nuovo Cim. (Pisa) **4**, 65 (Febr. 1896); Bbl. Wied. Ann. **20**, 575 (Juni 1896). (Ref.)
846. Shettle, R. C.: Die neuen Strahlen. Electr. Eng. (Lond.) **17**, 267 (6. März 1896).
847. — Die neue Photographie. Electr. Rev. (Lond.) **38**, 295 (März 1896).
848. — Eine Theorie über die Ursache der durch Röntgenstrahlen erzeugten Phänomene. Electr. Eng. (Lond.) **17**, 624 (5. Juni 1896).
849. Shrader, W.: Die Wirkung der Röntgenstrahlen auf die Bakterien. Electr. Eng. **22**, 176, 183 (19. Aug. 1896).
850. Siegel: Demonstration von Photogrammen von Gallen- und Blasensteinen. Wien. klin. Wschr. **9**, 102 (6. Febr. 1896); Bbl. Wied. Ann. **20**, 464 (Mai 1896). (Ref.)
851. *Siemens Halske* (Berlin): Notiz betr. Erzeugung der Röntgenschen Strahlen. Elektr. Z. **17**, 105 (13. Febr. 1896); Bbl. Wied. Ann. **20**, 434, 572 (Mai 1896). (Ref.)

852. *Siemens Halske* (Berlin): Apparate zur Erzeugung von X-Strahlen nach Röntgen. Z. Elektrochem. **27**, 523 (1896); Bbl. Wied. Ann. **20**, 434 (Mai 1896). (Ref.)
853. — Eine neue Röntgenstrahlenlampe. Electr. Rev. (Lond.) **40**, 237 (19. Febr. 1897).
854. Slotte, K. F.: Über die elektrischen Strahlungsphänomene. Fisk. Tidskr. **40**, 17 (1896). (Sepab.)
855. Smith, F. J. (Oxford): Eine Note über die Teslafunken und die X-Strahlen-Photographie. Nature (Lond.) **54**, 594 (22. Okt. 1896); Bbl. Wied. Ann. **21**, 654 (Aug. 1897). (Ref.)
856. — Leiterlose X-Strahlen, Kugel und Röhren. Nature (Lond.) **55**, 294 (28. Jan. 1897); Bbl. Wied. Ann. **21**, 442 (Mai 1897). (Ref.)
857. Spies, P. (Posen): Versuche mit Röntgenstrahlen. Elektr. Z. **17**, 129 (27. Febr. 1896); Bbl. Wied. Ann. **20**, 432 (Mai 1896). (Ref.)
858. — Fluoreszenzerregung durch Uranstrahlen. Verh. phys. Ges. (Berlin) **15**, 102 (1896); Bbl. Wied. Ann. **21**, 67 (Jan. 1897). (Ref.)
859. Stefanini, A. (Lucca): X-Strahlen. Nuovo Cim. (Pisa) **4**, 302 (Mai 1896); Atti Accad. Lucchese Sci., Lettere et Arti **29**, 107 (1896). (Sepab.); Bbl. Wied. Ann. **20**, 667 (Juli 1896). (Ref.)
860. — Über die unsichtbaren Strahlungen und die X-Strahlen. Nuovo Cim. (Pisa) **4**, 18 (Juli 1896); Bbl. Wied. Ann. **20**, 916 (Okt. 1896). (Ref.)
861. Steherbakof: Methode zur Feststellung der Lage der Emissionsoberfläche der X-Strahlen. C. R. Acad. Sci. (Paris) **122**, 1155 (Mai 1896); Bbl. Wied. Ann. **20**, 580 (Juni 1896). (Ref.)
862. Steine: Ausgangspunkt der Röntgenstrahlen. Internat. photogr. Mschr. **4**, 44 (1896); Bbl. Wied. Ann. **21**, 449 (Mai 1897). (Ref.)
863. Stenbeck (Stockholm): Über den Einfluß der Röntgenstrahlen auf Bakterien. Svenska Laek. Sällsk. Förh. 19 (30. Juni 1896).
864. — Über die Röntgenstrahlen in der Medizin. Verh. beim ersten Kongr. für inn. Med. in Göteborg, 27. bis 29. Aug. 1896. Medicinskark. **1896**, Tillaeggshäfte, 92.
865. — Über Röntgenphotographie. Svenska Läk.-Sällsk. Förh. 100 (22. Sept. 1896).
866. — Über Röntgenstrahlen. Offentligt föredrag i Kongl. Vetensk. Akad. hörsal. Nov. 1896.
867. — Über Photographie mit Röntgenstrahlen. Hygiea (Stockh.) 8, 233 (1896).
868. Sternfeld, H. (München): Ein geheilter Fall von akuter Osteomyelitis der linken Hand (Heilungsresultate nach 6 Jahren) kontrolliert durch die Röntgenschen Strahlen. Münch. med. Wschr. **43**, 199 (3. März 1896).
869. Stewart, J. J. (London): Photographien von unsichtbaren Gegenständen. Knowledge (Lond.) 61 (19. März 1896).
870. Stine, W. M. (Chicago): Skiagraphische Experimente. Electr. Eng. **21**, 253 (11. März 1896).
871. — Theorien der Röntgenstrahlen. Electr. World **27**, 337 (28. März 1896).
872. — Über die Quelle der Röntgenstrahlen. Electr. Eng. **21**, 357 (8. April 1896).
873. — Über die Röntgenstrahlen. Electr. Eng. **21**, 408 (22. April 1896).
874. — Über den Ursprung der Röntgenstrahlen. Electr. World **27**, 392 (11. April 1896).
875. — Röntgenstrahlenröhren. Electr. World **28**, 383 (3. Okt. 1896).
876. — Röntgenstrahlenapparate. Der Stromunterbrecher. Electr. Eng. **22**, 484 (11. Nov. 1896).
877. — Physiologische Wirkungen der Röntgenröhren. Electr. World **28**, 748 (19. Dez. 1896).
878. — Ein Beitrag zu den Röntgenstrahlen. Amer. Inst. El. Eng. **13**, 81 (1896); Proc. roy. Soc. Lond. **14**, 302 (1896); Bbl. Wied. Ann. **20**, 1011 (Nov. 1896). (Ref.)
879. Stokes, G. G.: Über die Röntgenstrahlen. Nature (Lond.) **54**, 427 (3. Sept. 1896); Brit. J. Photogr. **43**, 585 (11. Sept. 1896); Bbl. Wied. Ann. **21**, 58 (Jan. 1897). (Ref.)
880. Strauss, H. (Berlin): Diagnostische Bedeutung der Röntgendurchleuchtung. Vb. Dtsch. med. Wschr. **22**, 161 (17. Sept. 1896).
881. Strauss, L. (Bonn): Über die voraussichtliche Bedeutung der Kathodenstrahlen für die innere Medizin. Vb. Dtsch. med. Wschr. **22**, 151 (20. Aug. 1896).
882. Streinitz, F.: Über eine elektrochemische Wirkung der Röntgenstrahlen auf Bromsilber. Wien. Anz. **4**, 26 (6. Febr. 1896); Wied. Ann. **58**, 448 (Mai 1896); Phil. Mag. **41**, 462 (1896).

883. Stroud: Vorlesung über Röntgenstrahlen. Tod des Stabsarztes von Sunderland. Lancet **74 I**, 958 (1896).

884. — Verminderung der Expositionszeit für mit Röntgenstrahlen erhaltene Photographien. Nature (Lond.) **53**, 492 (26. März 1896).

885. Swinton, A. A. C. (London): Prof. Röntgens Entdeckung. Nature (Lond.) **53**, 276 (23. Jan. 1896); Lancet **74 I**, 257 (25. Jan. 1896).

886. — Die neue Schattenphotographie. Vortrag vor der Royal Photographie Society (11. Febr. 1896).

887. — Die neue Schattenphotographie. Vortrag vor dem Camera Club (13. Febr. 1896).

888. — Prof. Röntgens Entdeckung. Electr. Eng. **21**, 165 (12. Febr. 1896).

889. — Elektrische Energie für Röntgenphotographien. Nature (Lond.) **53**, 340 (13. Febr. 1896).

890. — Röntgenphotogramme. Nature (Lond.) **53**, 340 (13. Febr. 1896); Bbl. Wied. Ann. **20**, 464 (Mai 1896). (Ref.)

891. — Die neuen aktinischen Strahlen. Nature (Lond.) **53**, 340 (13. Febr. 1896).

892. — u. R. L. Bowles: Pathologische und therapeutische Werte der Röntgenstrahlen (Camera Club, 15. Febr. 1896). Lancet **74 I**, 655 (7. März 1896).

893. — Röntgenphotogramme. Nature (Lond.) **53**, 340 (13. Febr. 1896); Bbl. Wied. Ann. **20**, 464 (Mai 1896). (Ref.)

894. — Die Röntgenstrahlen. Nature (Lond.) **53**, 388 (27. Febr. 1896).

895. — Röntgens Photographie des Unsichtbaren. Vortrag vor der Royal Society of Arts (4. März 1896).

896. — Röntgensche Photographie des Unsichtbaren. Brit. J. Photogr. **43**, 167 (13. März 1896); J. Soc. Arts **44**, 349 (März 1896); Cornhill Magazine (März 1896).

897. — Keine Wirkung der X-Strahlen auf das Auge. Nature (Lond.) **53**, 421, 613 (5. März 1896).

898. — Die Wirkung der Röntgenstrahlen auf photographische Filme. Nature (Lond.) **53**, 613 (30. April 1896).

899. — Fokusröhre zum Gebrauch mit Wechselströmen. Electr. (Lond.) **37**, 37 (8. März 1896); Bbl. Wied. Ann. **20**, 574 (Juni 1896). (Ref.)

900. — Verbesserungen in der Röntgenphotographie. Brit. med. J. 1226 (16. Mai 1896).

901. — Röntgenstrahlenversuche. Nature (Lond.) **54**, 125 (11. Juni 1896); Bbl. Wied. Ann. **20**, 712 (Aug. 1896). (Ref.)

902. — Röntgenstrahlenversuche. Electr. (Lond.) **37**, 221 (12. Juni 1896); Bbl. Wied. Ann. **20**, 807 (Sept. 1896). (Ref.)

903. — Die Wirkung eines starken Magnetfeldes auf elektrische Entladungen. Electr. (Lond.) **37**, 349 (10. Juli 1896); Paper Roy. Soc. (18. Juni 1896); Bbl. Wied. Ann. **21**, 146 (Febr. 1897). (Ref.)

904. — Die Röntgenstrahlen. Vortrag vor der Newcastle Literary Philosophical Society (28. Sept. 1896).

905. Swyngedauw, R. (Lille): Über die Erniedrigung statischer und dynamischer Entladungspotentiale durch die Röntgenstrahlen. C. R. Acad. Sci. (Paris) **122**, 374 (17. Febr. 1896); Bbl. Wied. Ann. **20**, 459 (Mai 1896). (Ref.)

906. Szymanski, P. (Berlin): Zur Erzeugung der X-Strahlen. Z. Instrumentenkde. **16**, 153 (Mai 1896); Bbl. Wied. Ann. **20**, 575 (Juni 1896). (Ref.)

907. Taudin-Chabot, J. J.: Über einen Versuch von J. J. Thompson über die Röntgenschen Strahlen. L'Eclair. Electr. (Paris) **6**, 456 (7. März 1896); Bbl. Wied. Ann. **20**, 809 (Sept. 1896). (Ref.)

908. — Über die Röntgenstrahlen. L'Eclair. Electr. (Paris) **7**, 67 (11. April 1896); Bbl. Wied. Ann. **20**, 474 (Mai 1896). (Ref.)

909. Tennant, C. E.: Die Herstellung von Kalziumwolframat für Leuchtschirme. Electr. Eng. **22**, 149 (12. Aug. 1896).

910. Terry, N. M.: Über X-Strahlen-Photographien von verschiedenen Substanzen. Electr. Eng. **21**, 359 (8. April 1896).

911. Tesla, N. (New York): Reflexion der Röntgenstrahlen. Nature (Lond.) **53**, 615 (30. April 1896); Bbl. Wied. Ann. **20**, 583 (Juni 1896). (Ref.)

912. Thiele, A. (Chemnitz): Beitrag zur Beurteilung des Wertes der X-Strahlen für die Unfallheilkunde. Mschr. Unfallheilk. **3**, 255 (Aug. 1896).
913. Thiem (Cottbus): Beitrag zur Darlegung des Nutzens der Röntgenographie bei Beurteilung von Verletzungen. Mschr. Unfallheilk. **3**, 260 (3. Aug. 1896).
914. Thompson, S. P. (London): Antikathodische Strahlen. Nature (Lond.) **53**, 437 (12. März 1896); Bbl. Wied. Ann. **20**, 405 (Mai 1896). (Ref.)
915. — Beobachtungen über X-Strahlen. C. R. Acad. Sci. (Paris) **122**, 807 (7. April 1896); L'Eclair. Electr. (Paris) **7**, 131 (18. April 1896); Bbl. Wied. Ann. **20**, 431 (Mai 1896). (Ref.)
916. — Kathodische Strahlen und die X-Strahlen. Electr. (Lond.) **37**, 290 (26. Juni 1896); Bbl. Wied. Ann. **21**, 61 (Jan. 1897). (Ref.)
917. — Über Hyperphosphoreszenz. Electr. (Lond,) **37**, 417 (24. Juli 1896); Phil. Mag. **42**, 103 (1896); Bbl. Wied. Ann. **20**, 721 (Aug. 1896). (Ref.)
918. — Einige Versuche mit den Röntgenstrahlen. Phil. Mag. **42**, 162 (Aug. 1896); Proc. roy. Soc. Lond. **14**, 272 (1896); Bbl. Wied. Ann. **20**, 808 (Sept. 1896). (Ref.)
919. — Über die Verwandtschaft zwischen den Kathoden-, den Röntgen- und Becquerelstrahlen. Rep. 66. Meeting Brit. Assoc. Adv. Sci. (iverpool) 712 (Sept. 1896).
920. — X-Strahlen-Mythen. Electr. (Lond.) **38**, 161, 291 (27. Nov. 1896); Bbl. Wied. Ann. **21**, 57 (Jan. 1897). (Ref.)
921. Thomson, E. (Lynn, Mass.): Die Phänomene der Kathodenstrahlen. Electr. Eng. **21**, 134 (5. Febr. 1896).
922. — Kathodographische Experimente. Electr. Eng. **21**, 161 (12. Febr. 1896).
923. — Anwendung der X-Strahlen zur Sichtbarmachung von sich bewegenden Gegenständen. Electr. Eng. **21**, 235 (4. März 1896).
924. — Der Ursprung der X-Strahlen. Electr. Eng. **21**, 236 (4. März 1896); Electr. World **27**, 405 (11. April 1896); Electr. Eng. **21**, 350, 354 (8. April 1896).
925. — Stereoskopische Röntgenbilder. Electr. Eng. **21**, 256 (11. März 1896); Electr. World **27**, 280 (14. März 1896); Electr. (Lond.) **36**, 661 (13. März 1896); Bbl. Wied. Ann. **20**, 468 (1896). (Ref.)
926. — Vervielfältigung durch Kathodenstrahlen. Electr. Eng. **21**, 255 (11. März 1896).
927. — Röntgenstrahlen von der Anode. Electr. Eng. **21**, 281 (18. März 1896).
928. — Röntgenstrahlen „anodisch" oder „kathodisch". Electr. Eng. **21**, 305 (25. März 1896).
929. — X-Strahlen. Electr. (Lond.) **36**, 668 (13. März 1896); Bbl. Wied. Ann. **20**, 468 (Mai 1896). (Ref.)
930. — Ein Vorschlag für eine Standardröhre zur Herstellung von Röntgenstrahlen. Electr. Eng. **21**, 377 (15. April 1896); Electr. World **27**, 426 (18. April 1896); Elektrotechn. Z. **17**, 308 (14. Mai 1896).
931. — Diffusion und Opaleszenz bei Röntgenstrahlen. Electr. Eng. **21**, 407 (22. April 1896); Electr. World **27**, 452 (25. April 1896).
932. — Stereoskopische Röntgenschattenbilder. J. Frankl. Inst. **141**, 381 (Mai 1896).
933. — Neuere Röntgenstrahlenarbeiten. Electr. World **28**, 415 (10. Okt. 1896).
934. — Einige Bemerkungen über Röntgenstrahlen. Electr. Eng. **22**, 520 (18. Nov. 1896).
935. — Starke Wirkung der Röntgenstrahlen auf das Gewebe. Electr. Eng. **22**, 534 (25. Nov. 1896).
936. — Der Gebrauch der Röntgenstrahlen in der Chirurgie. Amer. Pract. Med. News **21**, 5 (1896).
937. Thomson, H. (London): Die Schätzung der Größe und der Form des Herzens durch die Röntgenstrahlen. Lancet **74 II**, 1011 (10. Okt. 1896).
938. — Die praktische Anwendung der Röntgenstrahlen für Krankheiten des Herzens und der Gefäße. Lancet **74 II**, 1676 (12. Dez. 1896).
939. Thomson, J. J. (Cambridge): Röntgenstrahlen. Nature (Lond.) **53**, 391, 581 (27. Febr. u. 23. April 1896); Electr. (Lond.) **36**, 491 (7. Febr. 1896); Bbl. Wied. Ann. **20**, 456 (Mai 1896). (Ref.)
940. — Entladung von Elektrizität, verursacht durch die Röntgenstrahlen. L'Eclair. Electr. (Paris) **6**, 454 (7. März 1896).
941. — Longitudinale elektrische Wellen und Röntgens X-Strahlen. Electr. Eng. **21**, 281 (18. März 1896); Proc. Cambr. Phil. Soc. **9**, 49 (1896). (Sepab.); Bbl. Wied. Ann. **20**, 800 (Sept. 1896). (Ref.)

942. THOMSON, J. J.: Über die durch die Röntgenstrahlen bewirkte Entladung und über die Wirkung, welche durch dieselben in Dielektrizis hervorgebracht wird, die sie durchdringen. J. Physique **3**, 165 (April 1896); Proc. roy. Soc. Lond. **59**, 274 (1896); Bbl. Wied. Ann. **20**, 592 (Juni 1896). (Ref.)
943. — Die Röntgenstrahlen. The Reed Lecture. Nature (Lond.) **54**, 302 (30. Juli 1896); Electr. (Lond.) **37**, 504 (14. Aug. 1896).
944. — Quantitative Bestimmungen der Röntgenstrahlen. Electr. (Lond.) **36**, 469 (7. Febr. 1896); Nature (Lond.) **54**, 471 (17. Sept. 1896); Bbl. Wied. Ann. **21**, 148 (Febr. 1897). (Ref.)
945. —, CH. J. P. CAVE u. C. E. S. PHILLIPPS: Über die Röntgenschen Strahlen. L'Eclair. Electr. (Paris) **6**, 421 (29. Febr. 1896).
946. — u. J. A. MCCLELLAND: Über das Entweichen der Elektrizität durch Dielektrika, die von Röntgenstrahlen durchsetzt worden sind. Proc. Cambr. Phil. Soc. **9** (März 1896). (Sepab.); Bbl. Wied. Ann. **20**, 592 (Juni 1896).
947. — u. E. RUTHERFORD: Über die Beschaffenheit der Röntgenstrahlen. Amer. J. Sci. **4**, 381 (1896).
948. — — Über den Durchgang der Elektrizität durch Gase, die den Röntgenschen Strahlen ausgesetzt sind. Rep. 66. Meeting Brit. Assoc. Adv. Sci. (Liverpool) 710 (Sept. 1896); Phil. Mag. **42**, 392 (1896); Bbl. Wied. Ann. **21**, 275 (März 1897). (Ref.)
949. THURNBURN, A. (Keith, N. B.): Röntgenstrahlen. Nature (Lond.) **54**, 248 (16. Juli 1896); Bbl. Wied. Ann. **20**, 908 (Okt. 1896). (Ref.)
950. TIDDENS, G. P.: Bemerkungen über die Versuche von FOURNIER über die Wellenlänge der X-Strahlen. Zittingsvers. Kon. Akad. Wet. Amsterdam **1896**, 408.
951. — Eine Methode zur Bestimmung der Wellenlänge der X-Strahlen. Zittingsvers. Kon. Akad. Wet. Amsterdam **1896**, 444.
952. TOEPLER, A.: Bemerkungen zu den Lenard-Röntgenschen Entdeckungen. Vortrag, gehalten in Dresden. Ges. Iris **19** (März 1896). (Sepab.); Bbl. Wied. Ann. **21**, 268 (März 1897). (Ref.)
953. TRACEWSKY, O. LENZ u. G. LENZ (Bern): Einige Versuche mit der Röntgenschen Photographie. Korresp.bl. Schweiz. Ärzte (Juli 1896).
954. TROESTER (Berlin): Photographie mit X-Strahlen. Z. Vetkde. 8, 274 (1896).
955. TROOST, L.: Über die Verwendung der hexagonalen künstlichen Blende zum Ersatz der Crookesschen Röhren. C. R. Acad. Sci. (Paris) **122**, 564 (9. März 1896); Bbl. Wied. Ann. **20**, 474 (Mai 1896). (Ref.)
956. — Bemerkung zu der Mitteilung des Herrn H. BECQUEREL. C. R. Acad. Sci. (Paris) **122**, 694 (23. März 1896); Bbl. Wied. Ann. **20**, 474 (Mai 1896). (Ref.)
957. TROUTON, F. T.: Die Dauer der X-Strahlen bei jedem Funken. Rep. 66. Meeting Brit. Assoc. Adv. Sci. (Liverpool) 712 (Sept. 1896); Chem. News **74**, 177 (1896); Bbl. Wied. Ann. **21**, 60 (Jan. 1897). (Ref.)
958. TROWBRIDGE, J. (Cambridge): Triangulation mittels der Kathodenstrahlen. Amer. J. Sci. **151**, 1, 245 (März 1896); Phil. Mag. **41**, 463 (Mai 1896); Bbl. Wied. Ann. **20**, 468 (Mai 1896). (Ref.)
959. TSCHIERSCH (Dortmund): Röntgensche Strahlen. Elektr. Z. **17**, 217 (2. April 1896); Bbl. Wied. Ann. **20**, 435 (Mai 1896). (Ref.)
960. TURNER, W. (London): Entzündung der Hände. Zunahme in der Temperatur des phosphoreszierenden Fleckes in einer Crookesschen Röhre. Nature (Lond.) **53**, 388 (27. Febr. 1896); Bbl. Wied. Ann. **20**, 450 (Mai 1896). (Ref.)
961. — Die praktische Anwendung der X-Strahlen in der Chirurgie und chirurgischen Lehrtätigkeit. Lancet **74 I**, 1716 (20. Juni 1896).
962. VANDERYVER, L. N.: Expositionszeit, um gute Radiographien zu erhalten. Bull. Acad. Belg. **32**, 467 (Sept. u. Okt. 1896); Bbl. Wied. Ann. **21**, 271 (März 1897). (Ref.)
963. VARLEY, F. H.: Radiography. Brit. J. Photogr. **43**, 232 (10. April 1896).
964. VARNIER, H.: Eine Anwendung der Röntgenstrahlen zur intrauterinen Photographie. Ann. Gynéc. (März 1896).
965. — Das erste ermutigende Resultat der intrauterinen Photographie mittels der X-Strahlen. Acad. Med. (29. März 1896).

966. Varnier, H.: J. Chappuis, Chauvel u. Th. Funck-Brentano: Ein ermutigendes Resultat der intrauterinen Photographie mittels der Röntgenstrahlen. Ann. Gynécol. Obstét. **45**, 185, 281 (März u. April 1896).

967. Vicentini u. G. Pacher: Von elektrischen Entladungen durch undurchsichtige Körper hindurch erzeugte Photographien und Photographien elektrischer Figuren. Atti Ist. Veneto **7**, 238 (25. Jan. 1896); Nuovo Cim. (Pisa) **4**, 172, 230 (März u. April 1896); Bbl. Wied. Ann. **20**, 416 (Mai 1896). (Ref.)

968. Villari, E.: Über die Röntgenstrahlen. Rend. Accad. Sci. (Napoli) 5, 8 (Febr. u. März 1896). (Sepab.); Nuovo Cim. (Pisa) **4**, 191 (1896); Bbl. Wied. Ann. **20**, 421 (Mai 1896). (Ref.)

969. — Über elektrische Ladungen und Figuren an der Oberfläche Crookesscher und Geißlerscher Röhren. Rend. Accad. Lincei **5**, 1. Sem., 377 (26. April 1896); Nuovo Cim. (Pisa) **4**, 359 (Juni 1896); Bbl. Wied. Ann. **20**, 664 (Juli 1896). (Ref.)

970. — Über die X-Strahlen und die von denselben bewirkten elektrischen Entladungen (III). Rend. Accad. Sci. Fis. e Mat. (April 1896). (Sepab.); Nuovo Cim. (Pisa) **3**, 306 (Mai 1896); Bbl. Wied. Ann. **20**, 665 (Juli 1896). (Ref.)

971. — Auf welche Weise die X-Strahlen die Entladung elektrisierter Körper bewirken. Rend. Accad. Napoli **5**, 419 (9. Mai 1896); Nuovo Cim. (Pisa) **3**, 370 (Juni 1896); C. R. Acad. Sci. (Paris) **123**, 106 (13. Juli 1896); Bbl. Wied. Ann. **20**, 914 (Okt. 1896). (Ref.)

972. — Über das Umbiegen der X-Strahlen um undurchlässige Körper. Rend. Accad. Lincei **5**, 1. Sem., 445 (6. Juni 1896); Nuovo Cim. (Pisa) **4**, 117 (Aug. 1896); Bbl. Wied. Ann. **20**, 912 (Okt. 1896). (Ref.)

973. — Über die durch die Röntgenstrahlen bewirkte Entladung von Leitern, welche von festen, flüssigen oder gasförmigen Isolatoren umgeben sind. Rend. Accad. Sci. Fis. Mat. (4. Juli 1896). (Sepab.); Nuovo Cim. (Pisa) **4**, 170 (Sept. 1896); Bbl. Wied. Ann. **20**, 1012 (Nov. 1896). (Ref.)

974. — Über den Mechanismus der Entladung elektrisierter Körper durch die Röntgenstrahlen und die Verminderung der Wirksamkeit der letzteren durch Röhren aus undurchsichtigen Materialien. Rend. Accad. Sci. Fis. Mat. (Juli 1896). (Sepab.); Nuovo Cim. (Paris) **4**, 114 (Aug. 1896); Bbl. Wied. Ann. **20**, 1012 (Nov. 1896). (Ref.)

975. — Über die Wirkung der Röhren und Metallscheiben auf die X-Strahlen. C. R. Acad. Sci. (Paris) **123**, 107 (13. Juli 1896); Rend. Accad. Sci. Fis. Mat. Napoli (Juli 1896); Nuovo Cim. (Pisa) **4**, 112 (Aug. 1896).

976. — Über das Umbiegen der X-Strahlen hinter undurchlässige Körper. C. R. Acad. Sci. (Paris) **123**, 418 (31. Aug. 1896); L'Eclair. Electr. (Paris) **9**, 33 (3. Okt. 1896); Bbl. Wied. Ann. **20**, 1012 (Nov. 1896). (Ref.)

977. — Die Entladung der elektrisierten Körper durch die X-Strahlen. C. R. Acad. Sci. (Paris) **123**, 446 (7. Sept. 1896); L'Eclair. Electr. (Paris) **9**, 35 (3. Okt. 1896); Bbl. Wied. Ann. **21**, 280 (März 1897). (Ref.)

978. — Über die Wirkung elektrischer Entladungen auf die Eigenschaften der Gase elektrisch geladener Körper zu entladen. C. R. Acad. Sci. (Paris) **123**, 599 (19. Okt. 1896); Bbl. Wied. Ann. **21**, 280 (März 1897). (Ref.)

979. — Über die Wirkung der X-Strahlen auf elektrische Schwingungen. Nuovo Cim. (Pisa) 3. 234 (Okt. 1896).

980. — Über die Kathodenstrahlen und die Röntgenstrahlen. Mem. Accad. Sci. Bologna **5** (1896). (Sepab.); Bbl. Wied. Ann. **20**, 1012 (Nov. 1896). (Ref.)

981. — Über die Eigenschaften der X-Strahlen, Flammen und elektrische Funken, elektrisch geladene Leiter zu entladen. C. R. Acad. Sci. (Paris) **123**, 993 (7. Dez. 1896).

982. — Gase, die den Röntgenstrahlen ausgesetzt sind. Nuovo Cim. (Pisa) **4**, 234 (1896).

983. — Über die in den Gasen durch die X-Strahlen und durch die Funken erregte Entladungsfähigkeit und über ihre Fortdauer in denselben. Rend. Accad. Linc. **5**, 281 (1896); Nuovo Cim. (Pisa) **4**, 234 (1896); Bbl. Wied. Ann. **21**, 280 (März 1897). (Ref.)

984. — Über die Einwirkung undurchlässiger Röhren auf die X-Strahlen, über den Mechanismus der Entladung elektrisierter Leiter durch dieselben und über die Verschiedenheiten, welche sich ergeben, je nachdem diese Strahlen mit dem Elektroskop oder mittels der Photographie studiert werden. Rend. Accad. Lincei **5**, 2. Sem., 35 (1896); Nachtrag zu voriger Mitteilung, ebenda 93; Bbl. Wied. Ann. **20**, 1012 (Nov. 1896). (Ref.)

985. Vogel, H. W.: Prioritätsansprüche auf Kathodenlichtphotographie. Photogr. Mitt. **32**, 340 (1896); Bbl. Wied. Ann. **20**, 465 (Mai 1896). (Ref.)

986. Voller, A. (Hamburg): Mitteilungen über einige im Physik. Staatslaboratorium ausgeführte Versuche mit Röntgenstrahlen. Hamb. wissensch. Anstalt **13** (1896). (Sepab.)

987. Vulpius, O. (Heidelberg): Zur Kasuistik der Röntgenschen Schattenbilder. Münch. med. Wschr. **43**, 609 (30. Juni 1896); Bbl. Wied. Ann. **20**, 719 (Aug. 1896). (Ref.)

988. — Zur Verwertung der Röntgenstrahlen. Dtsch. med. Wschr. **22**, 480 (23. Juli 1896).

989. Waals, J. L. van der: Berechnungen zu Hoorwegs Arbeit „Versuche mit X-Strahlen und über die Ausstrahlungsweise derselben". Zittingsv. Kon. Akad. Wet. Amsterdam 1895/96, 293; Bbl. Wied. Ann. **21**, 70 (Jan. 1897). (Ref)

990. Waddell, J.: Die Durchsichtigkeit der verschiedenen Elemente für die Röntgenstrahlen. Chem. News **74**, 298 (1896); Bbl. Wied. Ann. **21**, 275 (März 1897). (Ref.)

991. Waggett, E.: Skiagraphie zur Lokalisierung eines Fremdkörpers im Larynx. Brit. med. J. 748, 997 (21. März u. 18. April 1896).

992. Walker, N.: Vesikkation der Haut und des Kahlkopfes. Lancet **74 II**, 1049 (10. Okt. 1896).

993. Wall, E. J.: Kathodenphotographie. Brit. J. Photogr. **43**, 37, 68 (17. u. 31. Jan. 1896).

994. Wallace, W., u. H. C. Pocklington: Röntgenstrahlenlampe. Nature (Lond.) **53**, 380 (20. Febr. 1896).

995. Walter, B. (Hamburg): Zwei Versuche mit den Röntgenstrahlen. Naturwiss. Rdsch. **11**, 213 (25. April 1896); Bbl. Wied. Ann. **20**, 440 (Mai 1896). (Ref.)

996. — Über die Brechbarkeit und die Wellenlänge der Röntgenstrahlen. Naturwiss. Rdsch. **11**, 322 (20. Juni 1896); Bbl. Wied. Ann. **20**, 713 (Aug. 1896). (Ref.)

997. — Über die diffuse Reflexion der Röntgenstrahlen. Naturwiss. Rdsch. **11**, 485 (19. Sept. 1896); Bbl. Wied. Ann. **21**, 152 (Febr. 1897). (Ref.)

998. Watmough-Webster: Praktische Photographie mit Röntgenstrahlen. Sci. Amer. Suppl.-Bd. **42**, 17081 (27. Juni 1896); Brit. J. Photogr. **34**, 276 (1. Mai 1896).

999. Watson, W. S. (London): Die neue Art von Strahlen. Brit. med. J. 433 (15. Febr. 1896).

1000. Waymouth, E., u. J. P. Kuenen: Röntgenstrahlen. Nature (Lond.) **53**, 419 (5. März 1896).

1001. Webber, H. S. (Washington, D. C.): Eine Untersuchung von keimenden Pflanzen mit Röntgenstrahlen. Science **3**, 919 (Juni 1896).

1002. Wegele, C. (Bad Königsborn i. W.): Ein Vorschlag zur Anwendung des Röntgenschen Verfahrens in der Medizin. Dtsch. med. Wschr. **22**, 287 (30. April 1896).

1003. Wehnelt: Die Zerstreuung einer elektrischen Ladung. Naturwiss. Rdsch. **11**, 672 (26. Dez. 1896); Bbl. Wied. Ann. **21**, 282 (März 1897). (Ref.)

1004. Wehsen, A.: Die Photographie mit Röntgenstrahlen. Photogr. Mitt. **33**, 175 (1896). (Ref.); Bbl. Wied. Ann. **20**, 1017 (Nov. 1896).

1005. Wendel (Tübingen): Verwendung der Röntgenschen Strahlen zur Entfernung einer Pistolenkugel aus der Hand. Beitr. klin. Chir. **15**, H. 3 (1896); Zbl. Chir. 561 (Mai 1896).

1006. Wendt, G.: Die Röntgenschen X-Strahlen als Atomschwingungen. Dtsch. Chem.-Ztg. **11**, 117 (1896).

1007. Wenham, F. H.: Elektrographie. Brit. J. Photogr. **43**, 84 (7. Febr. 1896).

1008. Wertheimer, J., u. A. C. Morton: Fremdkörper mit X-Strahlen. Nature (Lond.) **53**, 379 (20. Febr. 1896); Bbl. Wied. Ann. **20**, 464 (Mai 1896). (Ref.)

1009. Wertheim-Salomonson (Amsterdam): Röntgens X-Strahlen. Tijdschr. Geneesk. A 241 (1896).

1010. White, J. W. (Philadelphia): Ein Fremdkörper im Ösophagus, der durch Röntgenstrahlen entdeckt und lokalisiert wurde. Univ. Med. Mag. 8 (Sept. 1896).

1011. —, A. W. Goodspeed u. C. L. Leonard: Illustrative Fälle von der praktischen Anwendung der Röntgenstrahlen in der Chirurgie. Amer. J. med. Sci. **112**, 2, 125 (Aug. 1896).

1012. Wiechert, E.: Die Theorie der Elektrodynamik und die Röntgensche Entdeckung. Abh. phys.-ökon. Ges. Königsberg 35, 48 (1896). (Sepab.)

1013. Wiechmann, F. G.: Einwirkung der Röntgenstrahlen auf Zucker. Science **3**, 72, 729 (15. Mai 1896).

1014. Wiesinger (Hamburg): Osteosarkom des Radius, Vorführung von Röntgenschen Photographien der Ellenbogengegend. Münch. med. Wschr. **43**, 300 (31. März 1896).

1015. Willard: Röntgenstrahlenschattenbilder. Z. orthop. Chir. **5**, 356 (1896).

1016. Williams, F. H. (Boston): Eine Methode zur besseren Bestimmung des Umfanges des Herzens durch das Fluoroskop und andere Verwendungen dieses Instrumentes in der Medizin. Boston. med. J. **135**, 335 (1896).

1017. — Eine bemerkenswerte Demonstration der X-Strahlen. Boston. med. J. **134**, 447 (1896).

1018. — Bemerkungen über X-Strahlen in der Medizin. Ass. Amer. Phys. **11**, 375 (April 1896).

1018a. Williams, F. H.: Kupfersplitter im Auge durch Röntgenstrahlen lokalisiert. Trans. Amer. ophthal. Soc. **32**, 788 (1896).

1019. Willyoung u. Sayen: Apparate zur Herstellung der Röntgenstrahlen. Electr. Rev. (N. Y.) **30**, 51 (1896).

1020. Wilson, C. T. R. (Liverpool): Wirkung von Röntgenstrahlen auf wolkige Kondensation. Proc. roy. Soc. Lond. **59**, 338 (März 1896).

1021. Winard, P. A. N.: Vorschläge für X-Strahlen-Experimente. Electr. Eng. **21**, 558 (27. Mai 1896).

1022. Winkelmann, A., u. R. Straubel (Jena): a) Über einige Eigenschaften der Röntgenschen X-Strahlen. b) Nachtrag zu dem Aufsatz: Über einige Eigenschaften der Röntgenschen X-Strahlen. Jena. Z. Naturwiss., N. F. **30** (27. März 1896); **23** (30. Mai 1896); Bbl. Wied. Ann. **20**, 422, 808 (Mai u. Sept. 1896).

1023. — — Über einige Eigenschaften der Röntgenschen X-Strahlen. Ann. Phys. u. Chem. **59**, 324 (15. Sept. 1896).

1024. — — Wirkung der Röntgenstrahlen auf eine Fliege. Naturwiss. Rdsch. **11**, 607 (1896).

1025. Wohlgemuth (Berlin): Photographie eines gerupften Huhnes mit Röntgenstrahlen. Berl. klin. Wschr. 133 (Febr. 1896).

1026. Wolf, J. (Berlin): Zur weiteren Verwertung der Röntgenbilder in der Chirurgie. Zbl. Chir. **43**, 1020 (Juni 1896); Dtsch. med. Wschr. **22**, 645 (1. Okt. 1896); Münch. med. Wschr. **43**, 966 (6. Okt. 1896).

1027. Wood, R. W. (Berlin): Eine Quecksilberluftpumpe. Phil. Mag. **41**, 378 (April 1896); Electr. (Lond.) **37**, 579 (28. Aug. 1896); Bbl. Wied. Ann. **20**, 489 (Mai 1896). (Ref.)

1028. — Notiz über die Fokusröhren zur Erzeugung von X-Strahlen. Phil. Mag. **41**, 382 (April 1896); Bbl. Wied. Ann. **20**, **437** (Mai 1896). (Ref.)

1029. — Über eine neue Form der Quecksilberluftpumpe und die Erhaltung eines guten Vakuums bei Röntgenschen Versuchen. Ann. Physik, N. F. **58**, 205 (1. Mai 1896).

1030. — Experimentelle Bestimmungen der Temperatur innerhalb der Vakuumröhren. Electr. (Lond.) **38**, 289 (25. Dez. 1896).

1031. Woodward, E. A. (Cambridge): Eine neue Lampenform. Electr. World **27**, 219 (29. Febr. 1896); Electr. (Lond.) **36**, **735** (27. März 1896); Elektr. Z. **17**, 218 (2. April 1896); Bbl. Wied. Ann. **20**, 436 (Mai 1896). (Ref.)

1032. Wright, A. W. (New Haven, Conn.): Kathodographien. Electr. Eng. **21**, 132 (5. Febr. 1896).

1033. — Versuche mit Kathodenstrahlen und deren Wirkung. Amer. J. Sci. **1** (151), 235 (März 1896); Bbl. Wied. Ann. **20**, 442 (Mai 1896). (Ref.)

1034. Wuillomenet: Die Röntgenstrahlen im Auge. C. R. Acad. Sci. (Paris) **122**, 727 (23. März 1896); Bbl. Wied. Ann. **20**, 449 (Mai 1896). (Ref.)

1035. Yamaguchi, Y., u. T. Mizuno (Tokio): Eine Serie von 16 Reproduktionen von Photographien, welche mittels Röntgenstrahlen gemacht wurden. Nature (Lond.) **54**, 205 (Juli 1896); Sci. Amer. **75**, 253 (Sept. 1896).

1036. Zacharias, J.: Neue Versuche über X-Strahlen. Elektrotechn. Z. **2**, 73 (April 1896).

1037. Zehnder, L. (Freiburg i. Br.): Innere Teile des lebenden Körpers mit Röntgenstrahlen gesehen. Arch. de Genève 532 (April 1896).

1038. — Über das Wesen der Kathodenstrahlen und Röntgenstrahlen. Sepab. aus der Beilage zur Münch. allg. Ztg. **170**, (24. Juli 1896).

1039. Zenger, Ch. V. (Prag): Eine Bemerkung, die sich auf die kürzlich mitgeteilten Erfahrungen des Herrn Röntgen bezieht. C. R. Acad. Sci. (Paris) **122**, 214 (27. Jan. 1896).

1040. — Photographische Aufnahmen mit Hilfe der Röntgenstrahlen. C. R. Acad. Sci. (Paris) **122**, 315 (10. Febr. 1896); Bbl. Wied. Ann. **20**, 465 (Mai 1896). (Ref.)
1041. — Über die Entstehung der Röntgensilhouetten. C. R. Acad. Sci. (Paris) **122**, 456 (24. Febr. 1896); Bbl. Wied. Ann. **20**, 412 (Mai 1896). (Ref.)
1041. — Über die Entstehung der Röntgensilhouetten. C. R. Acad. Sci. (Paris) **122**, 456 (24. Febr. 1896); Bbl. Wied. Ann. **20**, 412 (Mai 1896). (Ref.)
1042. — Röntgenphotogramme. C. R. Acad. Sci. (Paris) **122**, 1155 (19. Mai 1896); Bbl. Wied. Ann. **20**, 595 (Juni 1896). (Ref.)
1043. Zickler, K. (Brünn): Zur chemischen Wirkung der Röntgenschen X-Strahlen. Elektr. Z. **17**, 232 (9. April 1896); Bbl. Wied. Ann. **20**, 448 (Mai 1896). (Ref.)
1044. Zoth, Oskar: Beitrag zur Kenntnis der Röntgenschen Strahlung und der Durchlässigkeit der Körper gegen dieselbe. Ann. Physik, N. F. **58**, 344 (1. Juni 1896); Nature (Lond.) **54**, 285 (23. Juli 1896).

Namenverzeichnis

Sachverzeichnis

PERSÖNLICHES ÜBER W. C. RÖNTGEN

VON

DR. MARGRET BOVERI

BERLIN

SONDERDRUCK AUS

WILHELM CONRAD RÖNTGEN
UND DIE GESCHICHTE DER RÖNTGENSTRAHLEN

2. AUFLAGE

VON DR. PHIL. OTTO GLASSER
CLEVELAND / USA

SPRINGER-VERLAG
BERLIN · GÖTTINGEN · HEIDELBERG

GPSR Compliance

The European Union's (EU) General Product Safety Regulation (GPSR) is a set of rules that requires consumer products to be safe and our obligations to ensure this.

If you have any concerns about our products, you can contact us on ProductSafety@springernature.com

In case Publisher is established outside the EU, the EU authorized representative is:

Springer Nature Customer Service Center GmbH
Europaplatz 3
69115 Heidelberg, Germany

Batch number: 08340197

Printed by Printforce, the Netherlands